超高工程施工风险数智控制技术

龚　剑　等编著

中国建筑工业出版社

图书在版编目（CIP）数据

超高工程施工风险数智控制技术 / 龚剑等编著.
北京 ：中国建筑工业出版社，2024. 8. -- ISBN 978-7
-112-30163-8

Ⅰ. TU974

中国国家版本馆 CIP 数据核字第 2024Y1N598 号

本书围绕影响建筑工程施工安全的关键因素，以高风险的超高层、高层工程建造为研究对象，将数智化技术与施工安全监控全方位深度融合。全书共分为 8 章，包括：绪论，施工耦合风险监控基础理论，施工人员安全智能监控技术，模架装备安全智能监控技术，机械设备安全智能监控技术，施工环境安全智能监控技术，施工安全智能监控集成平台，超高工程安全风险控制集成平台应用。本书内容全面，具有较强的指导性和可操作性，可供建筑工程施工行业从业人员参考使用。

责任编辑：王砾瑶　范业庶
责任校对：张　颖

超高工程施工风险数智控制技术
龚　剑　等编著
*
中国建筑工业出版社出版、发行（北京海淀三里河路 9 号）
各地新华书店、建筑书店经销
北京科地亚盟排版公司制版
北京君升印刷有限公司印刷
*
开本：787 毫米×1092 毫米　1/16　印张：25½　字数：630 千字
2024 年 10 月第一版　　2024 年 10 月第一次印刷
定价：**128.00** 元
ISBN 978-7-112-30163-8
（43174）

《超高工程施工风险数智控制技术》编委会

主　　编　龚　剑

副 主 编（排名不分先后）

周红波　张晓林　黄玉林　赵挺生　李建春　左自波　李鑫奎

参编人员（排名不分先后）

杨　奇　蔡来炳　徐　磊　姚　浩　林　楠　沈　阳　陈超逸
王彦忠　纪　梅　周秦秦　唐强达　陈利利　赵金城　邱云周
何　军　单联海　谷宇章　张　力　张龙龙　潘　曦　黄　轶
汪小林　扶新立　夏巨伟　曹闻杰　余芳强　蒋　灵　张　充
师玉栋　冯楚璇　胡俊杰　姜雯茜　张　伟　杜　婷　周　锋
才　冰　张　琦　吴小建　卫　海　陶　津　赵学亮　王新新
顾国明　陈峰军　高　蒙　王宝生　况中华　沈志勇　范志宏
何光辉　周文峰　严再春　周向阳　薛　蔚　宋雪飞　范志远
房霆宸　沈　斌

前言

党中央、国务院始终高度重视安全生产，习近平总书记多次强调“人民至上、生命至上”的政治责任，要求牢牢守住安全生产底线。第十三届全国人民代表大会常务委员会第二十九次会议决定对《中华人民共和国安全生产法》进行修改，确定安全生产应当“以人为本，坚持人民至上、生命至上，把保护人民生命安全摆在首位”。建筑业是安全事故最为多发的行业之一，建筑工程施工风险控制一直是安全管理的难点和痛点。长期以来建筑工程信息化管理水平低，缺乏先进的施工安全监督、监测及控制技术手段，导致安全事故频发，给人民生命财产安全带来巨大损失。

近年来，随着施工风险控制技术的发展，安全事故的发生在一定程度上得到了控制，但是施工安全生产形势仍十分严峻，一些特、重大安全事故仍屡有发生。深究原因，施工现场风险因素多、过程动态变化且环境复杂，安全管理方法仍然非常传统、控制手段较少且落后，迫切需要采取创新的技术手段。人工智能、物联网、大数据、信息传输、智能监测和协同控制等数字化技术的发展，为施工风险的数智化控制和转型发展提供了新的契机。

在这样的背景下，“十三五”国家科学技术部发布了相关指南，笔者主持了国家重点研发计划项目“建筑工程施工风险监控技术研究”，围绕影响建筑工程施工安全的关键因素，以高风险的超高层、高层工程建造为研究对象，将数智化技术与施工安全监控全方位深度融合，首先研究了建筑工程施工风险监控理论及方法，其次研究了可覆盖安全生产所涉及的人、机、环等关键对象的专项监控技术及装置，最后研发了多因素的施工风险监控技术及集成平台。本书为该项目的主要研究成果，全书共8章，第1章介绍施工风险监控国内外研究及应用现状、施工风险数智控制技术概况、新型施工安全管控模式以及展望；第2章介绍施工耦合风险监控基础理论，包括重大风险耦合机理与分析方法、施工风险预警指标体系与耦合风险预警预测技术和施工风险定量评估与预警平台系统；第3章介绍施工人员安全智能监控技术，包括施工人员定位跟踪及立体防护技术、施工人员安全状态智能识别与控制技术、施工人员作业行为智能识别与控制技术和施工人员安全监控平台系统；第4章介绍模架装备安全智能监控技术，包括模架支撑系统安全监测与评估技术、模架搁置状态安全监测与预警技术、模架爬升状态智能监测与控制技术和模架装备远程可视化智能监控平台系统；第5章介绍机械设备安全智能监控技术，包括机械设备安全状态监测与评估技术、机械设备作业安全状态智能识别与控制技术和机械设备安全监控平台系统；第6章介绍施工环境安全智能监控技术，包括施工环境安全控制理论与方法、施工环境安全智能监测及评估技术、施工环境微扰动安全控制技术和施工环境安全远程监控平台系统；第7章介绍施工安全智能监控集成平台，包括施工安全风险三维可视化虚拟仿真技术、多因素耦合风险评估与预警控制技术和一体化协同控制的施工安全监控集成平台；第

8章介绍超高工程安全风险控制集成平台应用。此外，还给出了代表性超高层建筑工程的示范应用案例，包括：宁波新世界（高250m）、深圳雅宝大厦（高356m）、徐家汇中心（高370m）、吴江太湖新城（高358m）、杭州之门（高302m）、董家渡金融城（高300m）、深圳乐普大厦（高148m）、南京NO.2016G11（高300m）、苏河湾塔楼（高200m）、南京金鹰（高368m）。

本书介绍的超高工程施工风险数智控制技术通过开发的基于施工应用场景的人-机-环一体化的数字化安全风险监控软硬件和集成平台系统，实现了作业人员、模架设施、机械设备、环境影响等多因素的安全风险在线化、自动化、精细化管控。该技术改变了传统建筑施工安全管理理念和模式，为施工重大安全事故防范提供了新的路径，为建筑行业数字化转型发展提供了关键支撑技术并发挥了示范引领作用，为国家公共安全风险防控保障能力的提升提供了有力支撑，为我国工程建造实现高质量发展提供重要理论和技术支撑。建筑业数字化转型发展进入关键时期，2021年4月住房和城乡建设部办公厅印发了《关于启用全国工程质量安全监管信息平台的通知》，要求全面推行“互联网+监管”模式，本书介绍的软硬件、平台及关键技术具有广阔的应用前景，目前已在全国百余项超高建筑工程中得到推广应用，并可扩大推广应用于智慧工地、智慧城市和数字中国的建设。本书可供相关行业的教学、科研和工程实践工作者参考借鉴。

本书涉及的关键技术历时5年研究和实践，得到许多同志默默付出，也得到了国内、国际施工控制和数字化建造方面专家的大力支持，我们在此表示衷心感谢。

由于水平、时间和认识有限，书中难免存在疏忽、偏差和不妥之处，恳请读者批评指正。

龚　剑

2023年12月于上海

目录

第1章 绪论

1.1 概　　述

建筑业是安全事故最为多发的行业之一，建筑工程施工风险控制一直是安全管理的难点和痛点。长期以来建筑工程信息化管理水平低，缺乏先进的施工安全监督、监测及控制技术手段，导致安全事故频发，给人民生命财产安全带来巨大损失，迫切需要建立系统完善的施工安全监控技术体系，切实提高我国建筑工程施工的安全生产水平。

近年来，世界各国都高度重视施工风险的控制，《中华人民共和国安全生产法》确定了安全生产应当"以人为本，坚持人民至上、生命至上，把保护人民生命安全摆在首位"。随着施工风险控制技术的发展，安全事故的发生在一定程度上得到了控制，但是施工安全生产形势仍十分严峻，一些特、重大安全事故仍屡有发生，与国外发达国家相比，我国每年建筑安全生产事故的发生频率为其 2～3 倍。深究原因，施工现场风险因素多、过程动态变化且环境复杂，迫切需要采取创新的技术手段。人工智能、物联网、大数据、信息传输、智能监测和协同控制等技术的发展，为施工风险数智控制和转型发展提供了新的契机。

我国超高层工程建造技术发展迅猛，超高层建造总量占世界 40%～50%。上海建工于 20 世纪 90 年代以来，先后承建了我国不同时期最高建筑物和构筑物，其中上海中心大厦（632m）和广州塔（610m）分别是国内仅有的超过 600m 的建筑物和构筑物，也分别为世界第二高的建筑物和构筑物。我国综合建造能力已经处于国际先进水平，部分达到国际领先水平。但是，超高层施工过程安全管理方法仍然非常传统，控制手段较少且落后。为此，"十三五"国家科学技术部发布了相关指南，我们主持了国家重点研发计划项目"建筑工程施工风险监控技术研究"。该项目为施工过程安全风险控制能力提升，提供了新的发展契机。项目围绕影响建筑工程施工安全的关键因素，选择了施工安全风险数智控制开展研究，施工安全风险控制的数字化、智能化，是我国亟待开发和发展的关键技术。通过典型施工过程共性技术研究与示范，加强现场安全管理薄弱环节建设。通过施工安全风险控制数智化过程，支撑建筑行业工程建造数字化转型发展。

1.2 国内外研究及应用现状

国内外针对施工风险控制理论、现场人员安全、设备设施安全、环境安全和安全监控平台等方面开展了大量研究和应用，在一定程度上推动了施工风险监控技术的发展。

施工风险控制理论研究方面，德国RAPIDS、美国佛罗里达大学、上海市建筑科学研究院、同济大学等机构率先对人员、设备设施、环境等单因素施工风险控制理论开展了研究，目前已形成较完善的体系。对于施工中多因素耦合风险控制理论的研究，国内外在施工风险分析方面通常采用仿真模拟评价多因素施工安全隐患，在预测预警方面侧重通过描述多因素之间的映射关系以判断施工风险的发展态势，在施工耦合风险控制方面重视考虑环境整体风险预警系统的研发，总体上处于初步研究阶段。

施工现场人员安全监控技术研究方面，美国Time Domain、弗吉尼亚理工学院、密西根大学针对危险区识别及预警、人员定位、视频监控、生理监测等开展了研究，日本东京工业大学、美国佐治亚理工学院、加利福尼亚州立大学分别针对仿生双目视觉、人机工程学、智能传感等技术开展了研究，总体上国外研究尚处于试验阶段，距离工程应用仍有较大差距。国内中科院上海微系统与信息技术研究所、清华大学、上海建工在该方面开展应用研究，在仿生双眼智能机器人、高精定位设备、施工人员行为特征分析方面初步取得了一定成果。

施工设备设施安全监控技术研究方面，施工风险较高的爬升模架设备、垂直运输设备是国内外研究的热点。国外奥地利Doka、德国Liebherr、法国Potain、美国Caterpillar、韩国延世大学等机构侧重于设备设施本体的安全监控技术研究。国内以上海建工、华中科技大学、抚顺永茂、三一重工、中联重科、中国建筑、中国铁建等为代表的机构结合大量重大工程建设实施经验，初步研究形成了关键设备的安全监控技术和系统平台，但施工设备设施作业安全状态监控技术落后，以人员监督、巡查为主，安拆及顶升安全管理存在盲区，程序式安全监控理论缺乏。总体而言，既有研究局限于设备本体的安全性评估论证、安全检查、规范管理和关键参数的监测。

施工环境安全监控技术研究方面，国内外主要从环境监控分级标准、预警体系、监测控制等方面开展研究，初步建立了施工环境安全评估和风险控制技术体系。国内以同济大学、上海交通大学、东南大学、上海建工等为代表的机构研发了基坑工程远程可视化监测系统，并规模化应用于工程实践。但总体上，环境安全监控理论不完善，监测自动化程度低，监测信息不能全面反映环境安全状态，微扰动控制技术缺乏且无法对周边环境进行实时动态评估与控制。

施工安全监控平台开发方面，国外发达国家已开发了多个仿真模拟系统，具有代表性的有英国仿真软件Building EXODUS、欧洲EIBG集成系统、美国Johnson Controls的Metasys系统、加拿大Delta Controls的ORCA系统，但这些系统无法实现与现场实测数据的高效交互，且不能实现对施工现场耦合风险的监控。国内研究以单一因素安全监测系统开发为主，缺乏成熟的多因素耦合安全监控集成平台系统。

数智化技术与施工安全监控的全方位深度融合是建筑施工风险监控技术发展的总体趋势，即通过数字化软硬件和集成平台系统与施工控制技术的深度融合，实现作业人员、模架设施、机械设备、环境影响等多因素的安全风险在线化、自动化、精细化管控。其主要表现为：从单一因素静态风险控制理论向多因素耦合动态风险控制理论发展；从施工现场缺乏有效人员管理手段向人员安全及行为全方位高效管控发展；从重大设备设施局限于本体监测及高度依赖人员操控向与附着时变实体一体化和作业安全的系统监测及可视化、程序化和远程化控制发展；从低效率低精度环境监测向高效多维多级立体监测与智能控制一体化联动发展；从单一因素安全监测平台向多源风险控制要素一体化协同的精细化施工安全监控智能平台系统发展。

以上为我们承担国家重点研发计划项目“建筑工程施工风险监控技术研究”前，国内外关于施工风险控制技术的研究及应用现状。

1.3 施工风险数智控制技术概况

1.3.1 总体研究内容

围绕影响建筑工程施工安全的关键因素，对风险监控理论和人、机、环专项风险监控技术以及“人-机-环”风险监控集成平台等进行了系统研究（图 1-1）。首先，系统研究了施工风险多源耦合理论及方法，用于指导影响人-机-环施工安全关键因素的控制。其次，研究覆盖了安全生产所涉及的人、机、环等关键对象的专项监控技术及装置：人员安全方面，重点研究了人员定位跟踪、安全状态及安全行为的智能识别与监控技术；设施设备安全方面，重点研究了爬升模架设施和垂直运输设备的全过程安全状态监控技术；环境安全方面，重点研究了紧邻构筑物等环境安全控制理论、监测评估和微扰动控制技术。最后，研发了用于工程建设的风险监控集成平台。

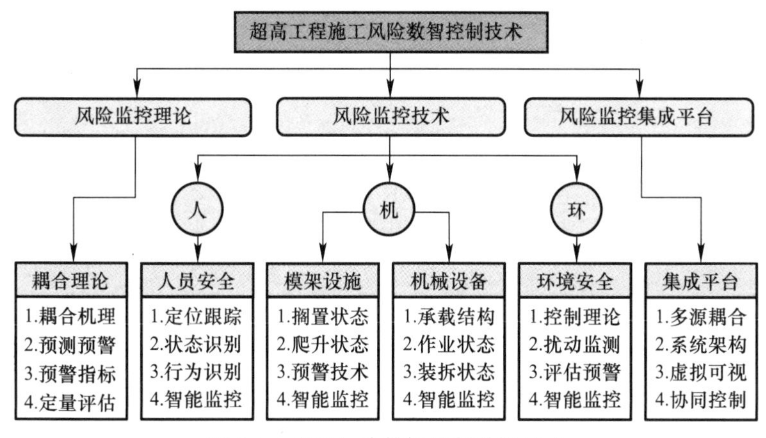

图 1-1　施工风险数智控制关键技术

1.3.2 技术逻辑关系

施工风险数智控制关键技术之间的逻辑关系见图 1-2。第 2 章介绍了施工耦合风险监控基础理论，为第 3～8 章的关键技术提供理论支撑，同时第 3～8 章的相关技术成果也将促进第 2 章相关理论的进一步修正演化。

第 3～6 章所介绍相关安全智能监控技术，为第 7、8 章多因素耦合风险监控提供专项技术及子平台。

第 7、8 章介绍施工安全智能监控集成平台及超高工程安全风险控制集成平台应用，该技术为多因素耦合风险监控的集成体现，为第 3～6 章的技术提供仿真分析、监测数据采集、海量数据处理及在线分析等共性关键技术支撑。

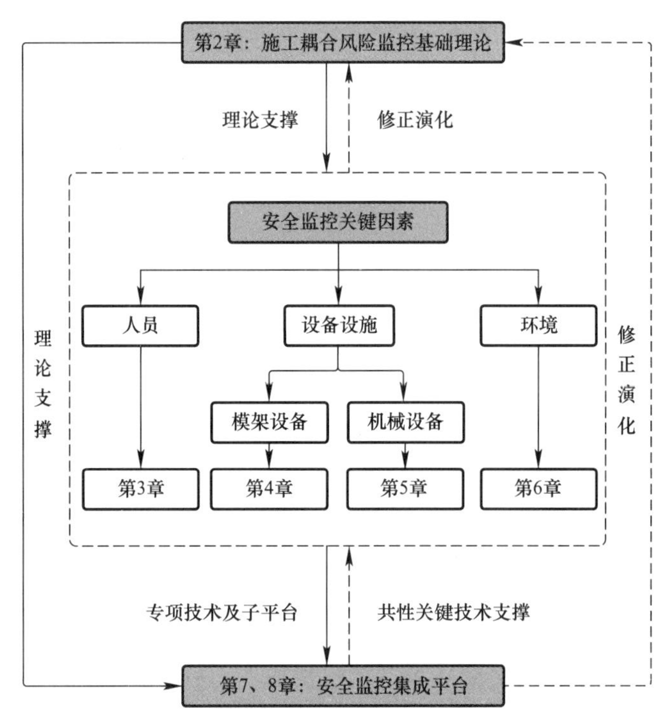

图 1-2　施工风险数智控制关键技术之间的逻辑关系

1.3.3　总体技术路线

以施工风险突出的超高层、高层建筑为载体，以保障建筑施工人员、设备设施及环境的安全为驱动，引入数字化及物联网等数智化技术手段，通过建筑工程、机械工程、计算机、安全科学、信息与系统等多学科交叉和再创新，采用理论推演、方法构建、技术攻关、装置研发、平台开发、系统集成及工程检验相结合方式对施工风险数智控制技术进行系统研究，构筑全方位立体动态防护的智能化施工安全监控技术体系。总体技术路线如图 1-3 所示。

施工耦合风险监控基础理论方面，通过文献研究和归纳总结以及工程实践数据积累和统计分析，形成施工风险事故数据库；基于数据库和风险耦合关系矩阵，通过理论分析、数值模拟等方法，对重大风险耦合机理、风险事故失效模式及演变路径进行研究，提出重大风险关键因素，建立预警指标体系；采用神经网络算法预测风险发展态势，提出施工风险事故预测预警方法；结合数据库数据更新和实时监控数据，完善预警指标体系，以此研发重大风险定量评估与预警平台；通过工程示范应用验证完善理论。

在施工人员安全智能监控技术方面，采用风险因素分析法、最大似然法、元胞自动机法、最小二乘法、概率模型及函数等理论分析方法，建立危险区域判别的概率模型、模型参数识别方法、危险区域相关函数模型、危险区域判别随机场模型；通过文献研究、归纳总结和统计分析方法，建立人员、区域等元素共性参数化 BIM 模型族库及人员行为样本数据库；采用实地调研、试验验证、专家论证和学科交叉等方法，研发人员的高效精确定位与跟踪装备、人员安全状态多源感知及控制可穿戴设备、仿生双眼系统和识别预警设备和基于物联网感知的人员安全监测预警平台，并进行工程示范检验。

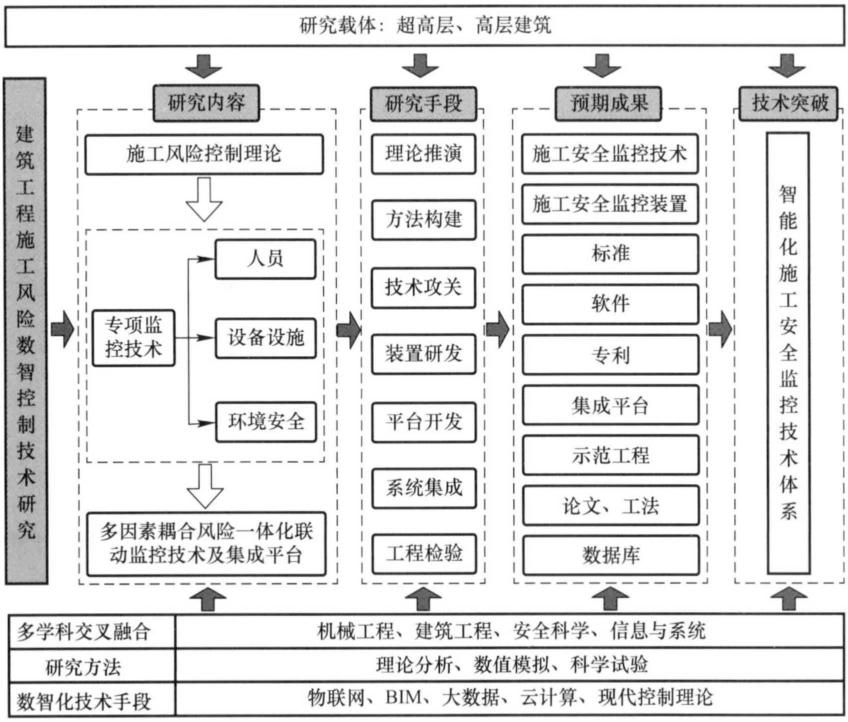

研究载体：超高层、高层建筑

建筑工程施工风险数智控制技术研究

研究内容

施工风险控制理论

专项监控技术

人员

设备设施

环境安全

多因素耦合风险一体化联动监控技术及集成平台

研究手段

理论推演

方法构建

技术攻关

装置研发

平台开发

系统集成

工程检验

预期成果

施工安全监控技术

施工安全监控装置

标准

软件

专利

集成平台

示范工程

论文、工法

数据库

技术突破

智能化施工安全监控技术体系

多学科交叉融合	机械工程、建筑工程、安全科学、信息与系统
研究方法	理论分析、数值模拟、科学试验
数智化技术手段	物联网、BIM、大数据、云计算、现代控制理论

图 1-3 总体技术路线

在模架装备安全智能监控技术方面，采用理论分析、精细化数值模拟和试验验证方法，以时变结构、运动学控制、敏感性分析和系统工程等理论为基础，建立建筑施工爬升模架设备附着混凝土结构、支撑结构、作业环境、架体及爬升姿态安全状态的预警指标，揭示附着混凝土结构实体强度发展和爬升模架姿态监控机理；采用实地调研和专家论证等方法，通过物联网、无线通信、BIM、虚拟仿真、信息远程传输、安全监控等技术的交叉融合与集成创新，研发附着混凝土结构实体强度感知传感元件、工具式智能支撑单元、爬升姿态监控硬件和爬升模架设备远程可视化安全监控平台，并进行工程示范验证。

在机械设备安全智能监控技术方面，采用文献研究、归纳总结、理论分析、数值模拟和统计分析等方法，基于机械设备故障诊断、时变结构和系统工程等理论，研究设备与附墙一体化时变结构安全状态监测与评估技术及装备；创建作业事故 BIM 模型数据库、监测数据 BIM 模型信息库，研究风险规则库与信息库匹配机制，形成作业安全状态智能识别技术；基于机器学习和监测大数据，研究作业安全状态感知和信息化控制技术；采用实地调研、试验验证、专家论证和学科交叉等方法，创建基于物联网的垂直运输设备安全监控数字化平台系统，并进行工程示范检验。

在施工环境安全智能监控技术方面，采用文献研究、归纳总结、理论分析等方法，通过大样本工程监测数据的统计分析和案例经验总结，探求紧邻构筑物环境的安全性评估标准及关键性预警指标，研究基于参数反演的环境安全态势预判理论。通过现场监测、理论分析等方法，研究环境安全状态实时自动化智能化监测、演化规律三维反演预测和综合安全状态立体监测预警与动态评估等技术。通过数值模拟和试验验证，研发自适应智能控制装备，形成环境影响微扰动多级控制技术方法。结合“互联网+”、地理信息系统等信息化技术，研发环境安全数字化远程监控平台系统，并进行工程示范检验。

在施工安全智能监控集成平台方面，采用文献研究、实地调研、理论分析和专家论证等方法，结合 BIM、计算机技术和风险控制理论，研究施工模块化建模、模型轻量化处理、多源异构数据与仿真模型实时交互等技术，建立多因素耦合风险三维可视化虚拟仿真系统和动态评估与预警技术方法；通过数值模拟和试验验证，研究施工耦合风险仿真推演、耦合风险优先控制机制、施工风险高效智能控制技术；通过学科交叉和试验验证，研究集成平台组织构架、子平台数据和硬件接口程序、子平台协同机制、多节点部署和分布式处理技术、海量数据在线采集和快速处理技术；通过工程示范，检验集成平台的稳定性及适用性。

1.3.4 创新技术成果

1. 建筑工程施工风险监控理论及方法

研发了基于复杂网络模型的建筑工程施工重大风险耦合技术，构建了可自动更新的结构化安全风险事故数据库（案例达 1240 个），为风险定量化评估和动态预警预测提供数据和信息基础；建立了重大风险耦合复杂网络模型，提出了安全风险关键节点快速识别和耦合分析方法，实现了重大安全风险耦合定量化评估；提出了基于神经网络算法的建筑工程施工重大风险事故预测预警方法，构建了建筑工程施工安全“人-机-环”预警指标整体框架和超高层施工重大风险预警指标体系，提出了考虑耦合影响的施工风险事故预警方法；研发了建筑工程施工重大风险定量评估与预警平台，集成了事故数据库、风险耦合、风险预警与预测技术。成果为人、机、环高效的数字化安全风险控制提供了理论支撑。

2. 人、机、环专项安全智能监控技术及软硬件

（1）构建了相邻区域协同定位模型，提出跨区覆盖动态实时切换技术和相邻区域加权处理的协同定位算法，开发了施工现场复杂环境人员精确定位跟踪系统，空间定位精度≤0.2m；构建了危险区域全概率判别模型及其实施方法，开发了危险区域电子围栏信息系统，研发了人员安全状态智能识别技术；研发了基于固定双目在线校准技术的仿生立体行为识别装置；研发了基于仿生双目视觉感知的行为智能识别技术，实现了施工现场人员危险作业行为的精确实时智能识别和智能预警控制，风险识别率≥90%；研发了针对洞口临边立体防护的安全风险信息化控制技术及装置、低功耗自组网数据无线传输模块，提出了界面报警、现场警示、信息推送一体化的洞口临边安全管控方法。基于物联网感知技术构建了人员安全监控平台，集成了施工现场危险区域、人员安全状态和作业行为的实时管控功能，实现了施工人员的全方位监测，及时预警防止事故发生。

（2）研发了混凝土结构实体强度演化实时在线监测技术，建立了混凝土强度实时演化分析方法，研制了监测装置，开发了监测装置软件系统，并成功在超高层施工中应用；研发了模架设备支撑系统自感知载荷和行程的智能控制技术及工作状态的模型分析方法，研制了智能支撑装置，开发了监测反馈控制软件系统，丰富和完善了爬升模架设备重大风险监测内容和监控手段；研发了模架设备搁置与爬升安全风险全要素监测、评估、预警的控制技术，构建了模架设备安全监控指标体系；研发了模架设备爬升姿态模拟分析方法，构建了爬升功能部件智能操控准则，率先实现了模架设备爬升过程远程可视化协同联动智能控制。创建爬升模架装备安全监控技术体系和远程可视化监控平台，提升了模架装备智能操控水平。

（3）研发了具有前端预警功能的倾角、逻辑量等系列智能传感器，应变监测精度达到 $2\mu\varepsilon$，应力监测精度达到 0.5MPa，变形监测精度 1mm，倾角监测精度达到 0.005°。开发了监控数据信息与工序逻辑判断的一体化智能工控机；分析了安装、爬升和拆除过程的技术指标与安全指标，以两类指标完成状态条件判断设备的流程逻辑安全，进而建立了垂直运输设备程序安全监控技术，实现了程序安全的数字化监控；研究了垂直运输设备本质安全评估方法，建立了垂直运输设备的安全监控技术体系，结合开发的安全监控智能传感器数字基础设施，开发了垂直运输设备数字化安全监控平台系统，实现了垂直运输设备施工程序作业的实时监测、可视化导航与智能决策及安全监控。

（4）构建了建筑基坑施工紧邻构筑物等环境安全评价三级指标体系，提出了建筑施工环境监测信息智能识别和动态安全态势预判理论；研发了智慧基坑自动化监测技术、紧邻基坑地铁隧道智能监测技术和基于多级预警体系的环境安全状态动态评估技术，环境监测指标精度优于控制值的 2%；研制了基于土体位移反馈的全自动注浆装置和基于围护结构变形反馈的钢支撑轴力自动补偿装置；开发了基于信息化技术的建筑地下工程施工环境安全数字化远程监控平台，实现了监测、评价、控制的高度集成和直观展示。

3. 建筑工程施工安全监控集成平台

研发了基于数字孪生理念的安全风险实测数据驱动的虚拟仿真技术方法，实现了施工人员、垂直运输设备、模架装备、周边环境等安全风险因素的三维可视化仿真模拟与联动交互。构建了参数化风险模型标准库系统，提出了参变模型驱动方法；研发了建筑工程施工可视化协同安全监控集成平台，分节点可支持≥2000 个监测点，并可根据需要扩展。集成“人-机-环”一体化协同管控要素，构建了多源异构风险数据融合的微服务可扩展架构；创新构建了数字化施工安全监控技术体系，提出了施工现场风险管控数字化集成技术方法。

1.4　新型施工安全管控模式

采用所研发的基于物联网的施工现场安全监测软硬件产品系统以及基于互联网的数字化安全风险管控平台对建筑工程安全生产所涉及的人、机、环等关键对象进行数智化管理，新型安全管控的模式及方法如下：

1.4.1　风险监控理论方法

基于创新开发的施工重大风险定量评估与预警平台的应用，对建筑工程施工重大安全风险进行了识别和耦合评估，并提出针对性防控建议；依据预控建议，对塔式起重机垂直度、运行状态，施工升降机载重量、运行高度，模架关键部位应力应变、环境风力等关键因素进行实时监测；所采集数据同步传输至平台存储展示，参建各方可在线查看重大风险预警和预测结果。通过平台的应用，可预防及处理塔机违规吊装、施工升降机超重、模架提升期间违规使用升降机、极端恶劣天气条件下危险作业等安全隐患，有效降低事故发生概率。

1.4.2 施工人员安全监控

基于创新开发的人员远程可视安全监控平台的应用，通过研发的人员定位跟踪技术及装置，对人员所处位置及运动轨迹实施跟踪，当人员处于危险区域时，系统发出预警信息，通过洞口临边立体防护装置实现人员安全状态的高效管控；通过生理特征参数监测装置，实现人员身体状态及生理特征的监测和评估，预防由于身体状态原因导致的安全事故发生；通过仿生立体行为识别装置，对施工人员作业行为进行识别，实现了人员违规作业行为的有效管控。

1.4.3 模架设施安全监控

基于创新开发的模架设施远程可视化安全监控平台的应用，通过爬升模架设备附着混凝土结构强度监测装置和方法，实现了混凝土结构强度的远程、无损、高精度实时监测；通过工具式智能支撑装置及工艺，实时感知支撑结构的支承压力和伸缩状态；通过建立的爬升模架设备搁置安全状态和爬升姿态监控技术及其预警指标体系，实时掌控爬升模架设备的运行状态；通过基于机器视觉的模架封闭性、爬升障碍物监测与预警技术，实现了施工作业状态智能识别和预警。

1.4.4 机械设备安全监控

基于创新开发的垂直运输设备安全监控平台的应用，通过塔式起重机结构安全监控装置，对塔式起重机本质安全进行实时监控；通过垂直运输设备程序安全监控智能工控机，对塔式起重机安装、爬升或顶升、拆除等作业工序进行实时监控，根据传感器监测数据判断工序完成状态，语音播报发出提示，操作人员根据语音提示，进入程序逻辑下一工作步；通过前端预警功能的智能传感器，实现垂直运输设备作业安全的有效管控。

1.4.5 施工环境安全监控

基于创新开发的地下工程施工环境安全远程监控平台的应用，通过建立的环境安全监测技术体系对基坑本体和周边环境安全进行全天候远程监测；通过开发的主动控制装置对紧邻环境安全进行智能控制，有效减小施工对紧邻环境的扰动；环境安全监控平台将自动化监测技术、信息化数据管理和智能预警技术深度融合，实现了环境安全风险的及时评估、超前预判、即时预警、快速反馈。

1.4.6 风险监控集成平台

基于首创的建筑工程施工可视化协同安全监控集成平台的应用，用于施工现场场景的全方位安全管控，为建设、施工、监理等参建方安全管理提供了全新手段。

集成平台前端展示界面分为项目总览、人员安全监测、设备监测、模架设施监测以及环境监测五个模块。项目总览界面左侧展示工程基本信息、当日施工风险以及重要工况等信息，底部展示项目累计报警数、当日报警数、已处置报警数、待处置报警数，右侧展示项目各专项监测要素的风险等级和项目整体风险等级；人员安全监测模块界面左侧显示人员统计、工种统计以及人员进出施工现场动态信息，右侧展示与人员所处位置、身体状态、违规行为相关的风险管控信息，可开展临边洞口、垂直交叉作业、人员身体适岗性、违规行为等安全监测与管控；设备监测模块对塔式起重机工作参数、结构参数、升降梯结构参数、混凝土输送管道结构参数监测，实现机械设备安全风险的评估与管控；模架设施监测模块，对液压油缸行程、压力、关键构件应力、平台空间姿态等指标开展监测与评估；环境监测模块，开展超高层基坑施工对周边环境影响的安全监控，涉及内容包括重要管线、周边道路、周边构筑物、基坑本体、基坑内外承压水等监测内容；其中，项目总览中的风险耦合分析子模块开展专项监测模块以及项目整体安全风险状态评估，点击风险等级评估结果，可查看安全风险因素发生概率以及风险控制最优处置方案，为管理人员进行风险事件处置提供依据。

通过 BIM+GIS 的三维虚拟仿真系统、基于参数化建模的三维虚拟场景构建技术，实现了施工现场安全风险远程可视化；通过基于分布式存储的快速存储与读取机制，实现了海量多源异构监测数据的快速传输和分析，集成平台先后接入的传感设备达千余台套，监测数据日流量最高近十万条；人、机、环专项平台监测数据经处理后与集成平台三维虚拟仿真模型关联，实现施工现场全要素数字孪生的安全管控，提高了安全风险识别速度和处置效率，提升了施工安全管理的精细化水平。

1.5 展　望

1.5.1 发展趋势

本书介绍了用于建筑工程施工安全监督、监测及控制的系列化硬件和软件。硬件方面包括：双目仿生装置、UWB精确定位系统、健康状态智能腕表、洞口临边立体防护装置、混凝土结构实体强度监测装置、智能支撑装置、智能开关传感器、程序监控传感器、基坑微变形主动控制装置等。软件方面包括：用于施工专项安全控制的施工人员安全监控平台、模架安全监控平台、垂直运输设备安全监控平台和施工环境安全监控平台以及用于施工安全综合管控的施工重大风险定量评估与预警平台和施工安全监控集成平台。尽管成果丰硕，但是施工风险控制技术是一个复杂的系统工程，同时建筑业数字化转型也是一个长期过程，因此，所研发的施工风险数智化监控物联网软硬件和数字化平台是一个“应用-改进-迭代升级-再应用”的循环发展过程。

在建筑施工风险数智监控方面，有必要进一步开展以下研究：

（1）施工风险在线监测及事故大数据知识库平台和风险预测预警理论研究；

（2）施工职业工人培育及管理模式研究；

（3）人员安全管理与控制技术及标准体系研究；

（4）远程无人操控爬升模架装备及智能控制技术研究；

（5）垂直运输设备运行全过程智能监控技术研究；

（6）环境安全状态自动化监测传感体系及微变形控制技术研究；

（7）施工质量及安全移动端实用管控平台；

（8）基于数字孪生、智能终端、边缘计算等智能工地核心技术与标准体系研究；

（9）工业化建筑建造、新型施工模式建造风险监控技术及系统研究。

在公共安全管控或智慧城市方面，风险管控对象将从人-机-环向社会-技术宏观系统发展，有必要进一步开展以下研究：

（1）公共安全或智慧城市重大风险事故数据库构建；

（2）公共安全或智慧城市管控共性技术和智能传感仪表研究；

（3）物联网的施工机械自巡检装置及系统研发；

（4）公共安全或智慧城市大数据和管理集成平台研究。

1.5.2 应用前景

本书系统介绍国家重点研发计划项目的研究成果“超高工程施工风险数智控制技术”，该项目针对超高层工程建造，聚焦施工过程安全管理方法传统、控制技术薄弱等关键问题开展研究，构建了安全风险控制的理论方法，形成了施工风险数智控制技术、装置、平台等创新成果，基于数字化技术方法，建立了超高层建造施工过程智能化的安全风险管控技术体系。所提出的建筑工程施工重大风险评估与预警技术，实现重大风险从传统单因素定性评估向耦合风险定量评估的突破；所提出的现场人员安全状态智能识别与行为控制技术，实现从传统缺乏有效管理手段向高效全方位管理的突破；所提出的重大设备设施与附着结构一体化监测及程序化远程控制技术，实现从传统高度依赖人员的操控向远程化、智能化和可视化的突破；所提出的环境安全状态监测预警及控制技术，实现传统环境低效率低精度的监测向环境保护多维多级立体智能化控制的突破，所提出的多因素信息融合和安全风险联动的智能化监控平台系统，实现安全生产所涉及的人、机、环等关键风险因素的一体化协同管控，转变安全生产的监控模式，提升建筑工程施工安全生产水平，有助于降低安全事故率，凸显以人为本、内涵发展的本质要求。

本书介绍的超高工程施工风险数智控制技术通过开发的基于施工应用场景的人-机-环一体化的数字化安全风险监控软硬件和集成平台系统，实现了作业人员、模架设施、机械设备、环境影响等多因素的安全风险在线化、自动化、精细化管控，在宁波新世界（高250m）、深圳雅宝大厦（高356m）、徐家汇中心（高370m）、吴江太湖新城（高358m）、杭州之门（高302m）、董家渡金融城（高300m）、深圳乐普大厦（高148m）、南京NO.2016G11（高300m）、苏河湾塔楼（高200m）、南京金鹰（高368m）等超高层建筑工程成功进行了示范应用，大幅提升了安全管控水平和效率，经济和社会效益显著。本书所提出的施工风险控制技术改变了传统建筑施工安全管理理念和模式，推动建筑行业风险监控标准化、制度化建设，为施工重大安全事故防范提供了新的路径，为建筑行业数字化转型发展提供了关键支撑技术及典型应用场景，发挥了示范引领作用，为国家公共安全风险防控保障能力的提升提供了有力支撑。

建筑业数字化转型发展进入关键时期，2021年4月住房和城乡建设部办公厅印发了《关于启用全国工程质量安全监管信息平台的通知》，要求全面推行“互联网＋监管”模式，本书介绍的软硬件、平台及关键技术可复制、可移植、可落地应用，目前已在全国百余项超高建筑工程中得到推广应用，并可扩大推广应用于智慧工地、智慧城市和数字中国的建设。随着我国新型城镇化的建设和发展，以及建筑行业数字化转型发展的加快推进，本书所涉及的技术具有广阔应用前景。

第2章 施工耦合风险监控基础理论

2.1 概　述

建筑工程施工阶段是安全风险暴露的主要阶段。根据中华人民共和国住房和城乡建设部的官方数据，自 2011 年至 2019 年，全国房屋市政工程生产安全事故达 5381 起。建筑行业施工事故的死亡人数在 2012 年首次超过煤炭行业，排在工业生产领域第一位，且自 2015 年以来，施工过程中的安全事故总数和死亡人数都出现明显的反弹，如图 2-1 所示。提升建筑施工管理水平，保证工程安全完成，减少从业人员职业伤害已经迫在眉睫。

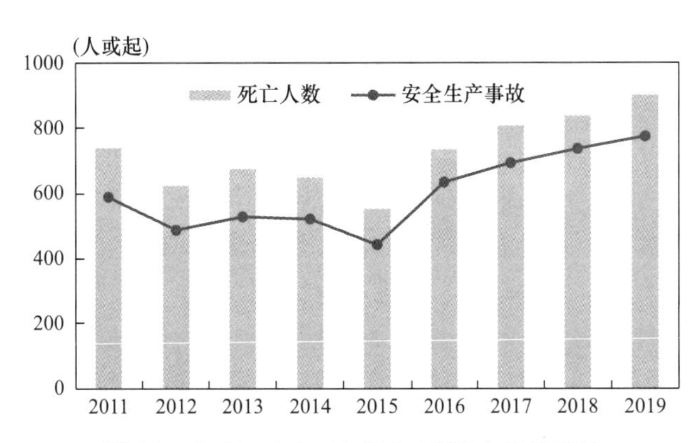

图 2-1　2011～2019 年建筑工程安全事故统计

在以高层、超高层为主体的建筑工程项目规模巨大化、结构复杂化以及工期空间不断压缩的趋势下，施工现场越来越呈现出人员密集（多作业面多工种同时作业）、机械繁多（塔式起重机、施工升降机、整体钢平台、附着式升降脚手架、高压混凝土输送泵等多类型多台数机械同时作业）、环境多变（自然、场地外围、内部局部环境都处于高度动态变化中）的特征，人流、物流和信息流在局促的时空中相互影响，不安全因素的出现概率和引发的后果都远超过去的普通建筑，更易引发建筑工程安全事故问题。

2016 年《国务院安委会办公室关于实施遏制重特大事故工作指南构建双重预防机制的意见》（安委办〔2016〕11 号）要求，建筑工程领域积极建立安全风险分级管控和隐患排查双重预防控制机制，坚持风险预控、关口前移，全面推行安全风险分级管控，进一步强化隐患排查治理，推进事故预防工作科学化、信息化、标准化，实现把风险控制在隐患形成之前、把隐患消灭在事故发生之前。

本章首先介绍重大风险耦合机理与分析方法、施工风险预警指标体系与耦合风险预警预测技术等共性技术，其次介绍施工风险定量评估与预警平台系统，最后介绍施工风险定量评估与预警平台系统在徐家汇中心 T1 塔楼、苏河湾塔楼高层办公楼、吴江太湖新城 B1 地块等超高层建筑工程的示范应用案例。通过施工耦合风险监控共性技术的研究与示范，为建筑工程施工安全风险控制提供技术方法或手段，提升数字化风险管控能力及安全管控效率，为安全管理提供新理论、新思路，支撑建筑行业数字化转型发展。施工安全管控将向着可视化、系统化、定量式和智能化方向发展。

2.2 重大风险耦合机理与分析方法

2.2.1 施工重大风险事故数据库

数据库在工程地质勘察、建筑装饰、城市轨道交通、道路绿地、测绘工程、建筑工程质量和建筑施工安全等方面的应用取得了良好的效果。多年来，为了掌握建筑安全生产事故的发生规律，制定有效的安全事故预防措施，减少人身伤害事故和经济损失，已有的方法从不同维度对建筑安全生产事故的发生机理和防控方法体系进行了研究，包括 RASMUSSEN 风险管理理论、N-K 模型、贝叶斯网络、模糊评价法、“4M”理论、事故致因“2-4”模型等。这些方法多数是基于小样本数据，建立风险因素分析模型，通过一定的算法分析出关键因素并提出相应的预控措施。随着大数据和人工智能的发展，数据库和案例推理法也运用到建筑安全生产事故的分析中。

案例分析统计研究根据目的不同一般分为两大类，一是基于事故出现的时间、空间、组织等宏观特征统计研究事故出现的模式，重点关注事故在何种环境条件下易发，以助于管理者识别主要风险事故。二是基于“人-材-机-环-管”（4ME）系统归纳统计各维度相关因素，以助管理者明确主要风险因素，制定相应措施。

从以往的研究来看，受到事故案例收集难度和分析工作量的限制，针对建筑工程事故案例统计研究主要集中于宏观规律研究，而针对风险因素的统计研究主要聚焦于某一细分事故类型，缺乏全面性统计分析研究。本研究运用案例推理法实现对建筑工程施工风险的初步识别，建立了包含 1240 例地上和地下建筑工程施工安全事故的案例数据库，收集了 8 个方面的信息。通过对事故案例发生的时间、空间、损失等信息和导致事故发生的一～三级风险因素进行分析，揭示事故发生的内在规律，明确导致重大安全事故发生的因素，可为重大风险耦合机理和重大风险事故预测预警技术研究提供基础数据。

1. 事故案例收集

事故案例信息来源主要包括五个方面：1）政府机构信息门户网站。如住房和城乡建设部网站，各省、市、县人民政府网站、应急管理网站、住房建设机构网站等。2）出版著作及刊物，如由住房和城乡建设部工程质量安全监管司组织编写、中国建筑工业出版社出版的《建筑施工安全事故案例分析》。3）安全专业媒体网站。4）涉及建筑施工安全事故案例分析的论文文献。5）其他新闻网页或微博等媒体。由于政府机构信息门户网站提供的案例信息较为全面，将其作为案例库主要信息来源，其他新闻网页或媒体作为补充信息来源。

通过网络爬虫实现案例的自动收集与更新。网络爬虫按照系统结构和实现技术方法，可分为通用网络爬虫、聚焦网络爬虫、增量式网络爬虫和深层网络爬虫，这些网络爬虫各有优劣，本研究中采用网络爬虫系统，该系统融合应用了以上多种爬虫技术。

2. 案例数据结构

数据库案例信息主要包括项目、参建单位、建筑、自然环境、机械设备、物料、事故和其他八大类信息，具体如图 2-2 所示。

3. 事件因素清单

通过对事故案例的归纳、总结，形成了建筑工程安全风险事件清单。事件清单依据主流事故类型进行划分，因素清单则依据事故致因理论从人的不安全行为、机械装备的不安全状态和不利的环境因素进行划分。基于 1240 例事故案例统计分析，建筑工程施工安全风险事件可以分为 12 类，每类由若干风险事件组成，由此推得 30 个风险事件，如表 2-1 所示。

其中，人员安全风险因素聚焦人的不安全行为，从人员状态（生理心理状态、安全意识、专业水平）和一次性动作（违规操作、进入危险区域、安全穿戴）两大维度划分二级风险因素，并主要根据不同人员类型划分三级风险因素，最终形成人员风险因素清单见附表 1。

机械装备风险因素聚焦物的不安全状态，从结构状态（结构功能缺陷、支撑系统不足）和运行状态（超负荷、运动受阻、安全保护装置失效）两大维度划分二级风险因素，并针对不同机械类型和组分划分三级风险因素，最终形成机械装备风险因素清单见附表 2。

环境风险因素聚焦不利的环境条件，从场地状态（狭窄、杂乱、缺乏防护警示、光线不足、地面湿滑）和自然条件（台风、雷雨、高温、寒潮）两大维度划分二级风险因素，并主要针对不同位置环境划分三级风险因素，最终形成环境风险因素清单见附表 3。

4. 建筑工程事故案例多维分析

基于案例数据库（已收集案例 1240 例），从事故的时空分布特征、类型特征和损失特征进行了统计分析。

（1）事故案例空间分布特征

收集案例中，国内事故占比约为 86%，国外占比约为 14%。我国建筑工程安全事故数量分布呈现出沿海区域省份（广东、江苏、山东、上海等）多，内地省份（内蒙古、宁夏、青海）少的总体趋势，华东和华南区域占全国事故数量的 60%，如图 2-3 所示。事故空间分布与各省份区域建筑业规模呈现显著正相关关系。

（2）事故案例时间分布特征

事故案例发生时间统计包括事故案例发生年份、季节、星期和时间段。事故案例发生年份以每 5 年为一个周期进行统计（图 2-4），可见事故案例数量随时间呈现显著增长。

事故案例按季节进行统计时（图 2-5），事故在冬季（1、2、12 月）出现占比最低，这与冬季停工关系紧密，且年底安全管控力度较大；春季（3～5 月）、秋季（9～11 月）、夏季（6～8 月）出现事故占比依次降低，但相差较小。

事故案例按星期进行统计时（图 2-6），未发现明显的事故偏好，事故在周四发生的占比略高于其他时间段。事故案例按一天内时间段进行统计时（图 2-7），下午（13：00～

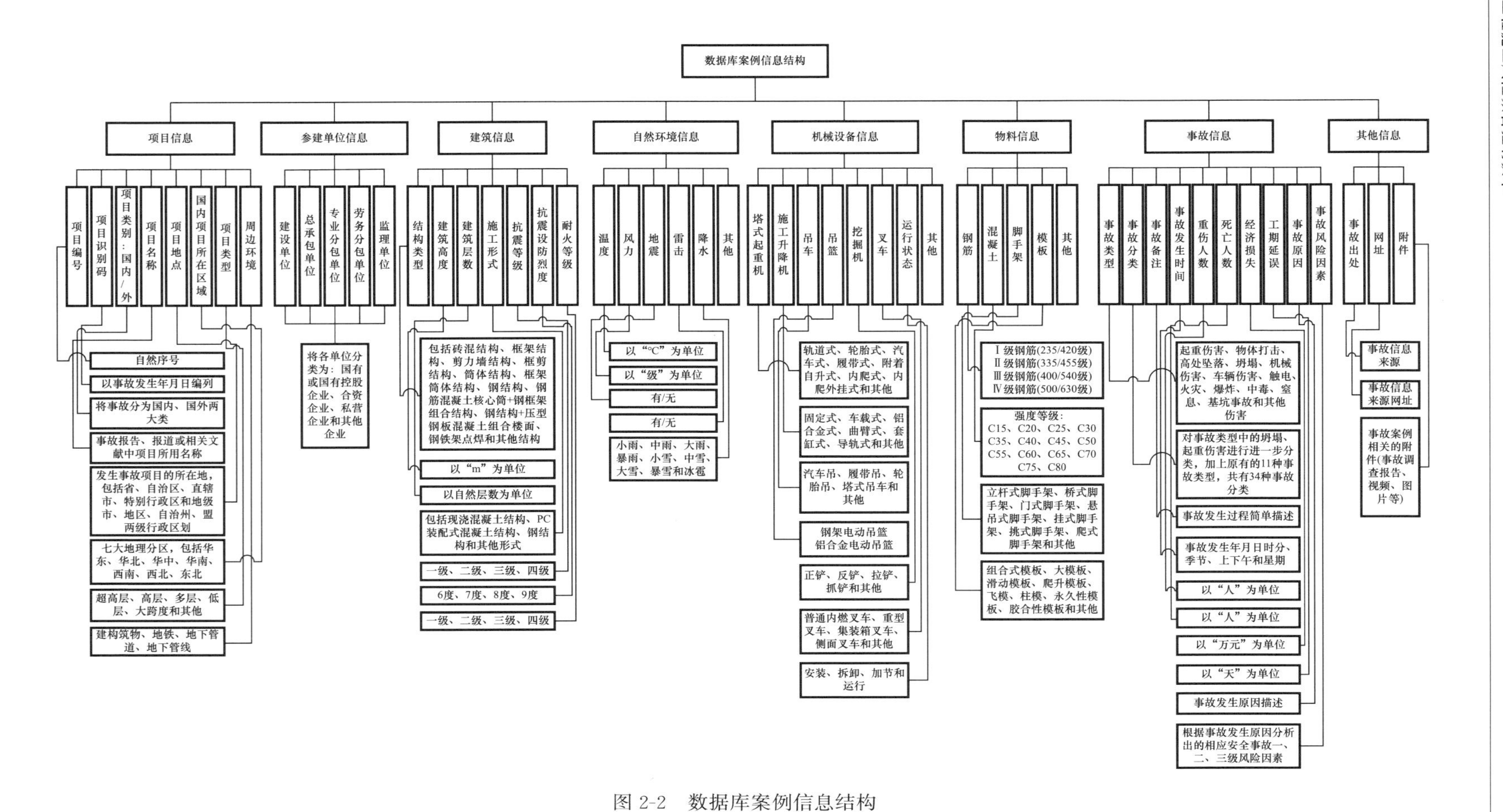

图 2-2　数据库案例信息结构

风险事件清单（12类、30个）　　**表2-1**

编号	事故类型	编号	事故分类（名称）	编号	事故类型	编号	事故分类（名称）
201	高处坠落	2011	人员高处坠落	209	坍塌	2091	整体钢平台体系失稳
202	物体打击	2021	人员遭受物体打击			2092	卸料平台坍塌
203	触电	2031	触电			2093	液压爬模破坏坠落
204	窒息	2041	窒息			2094	附着升降脚手架破坏坠落
205	中毒	2051	中毒			2095	模板支撑系统坍塌
206	起重伤害	2061	塔式起重机吊物坠落			2096	防护棚坍塌
		2062	塔式起重机破坏倾覆			2097	落地脚手架坍塌
		2063	施工升降机梯笼坠落			2098	高压混凝土泵送堵管
		2064	施工升降机夹挤			2099	主体结构坍塌
		2065	物料提升机吊笼坠落			20910	基坑渗漏坍塌
		2066	吊篮坠落			20911	紧邻构筑物变形破坏
		2067	汽车式起重机吊物坠落			20912	其他坍塌事故
		2068	其他起重伤害事故	210	火灾	2101	火灾
207	车辆伤害	2071	车辆伤害	211	爆炸	2111	爆炸
208	机械伤害	2081	机械伤害	212	其他伤害	2121	其他伤害

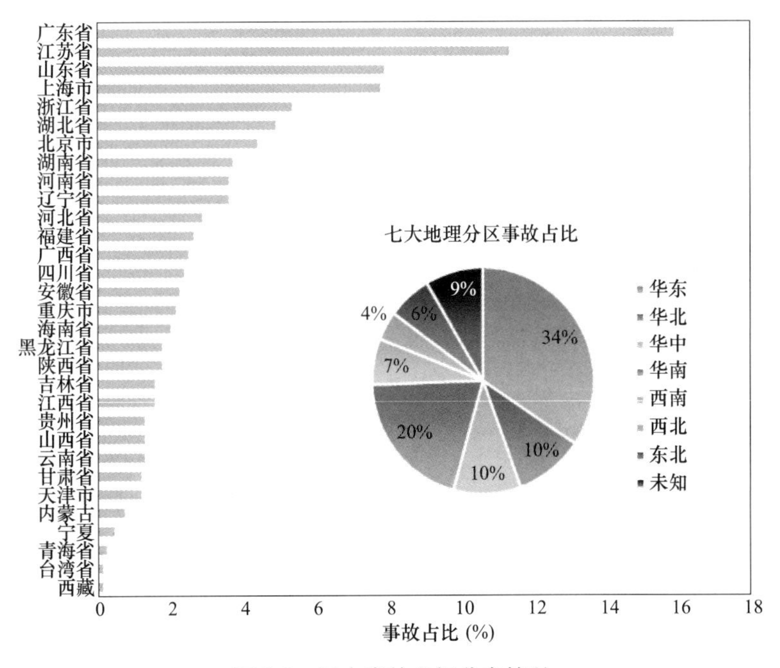

图2-3　国内事故空间分布情况

17：59）单位时间出现的占比最高，其次是上午（7：00～10：59）。统计结果为现场安全巡查应加强管控的时间选择提供支撑。

（3）事故案例类型特征

按照建筑安全生产事故一般的事故类型划分方法，将事故案例划分为起重伤害、物体打击、高处坠落、坍塌、机械伤害、车辆伤害、触电、火灾、爆炸、中毒、窒息和其他伤害共12种事故类型，各事故类型占比如图2-8所示。

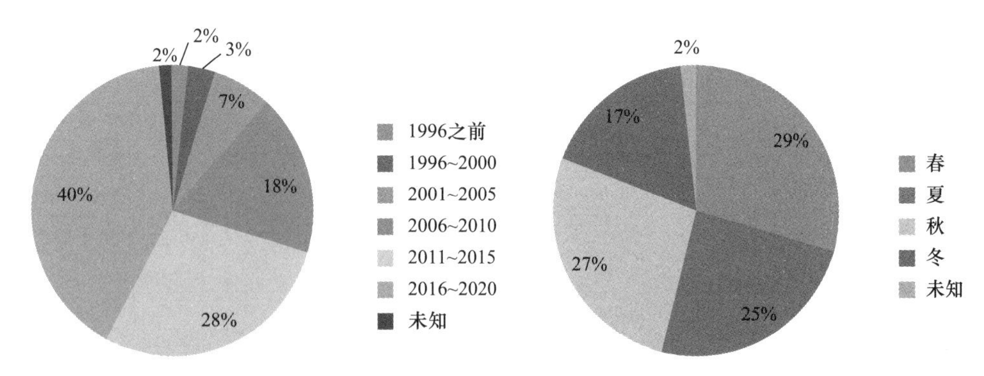

图 2-4　事故案例发生年份占比统计　　　　图 2-5　事故案例发生季节占比统计

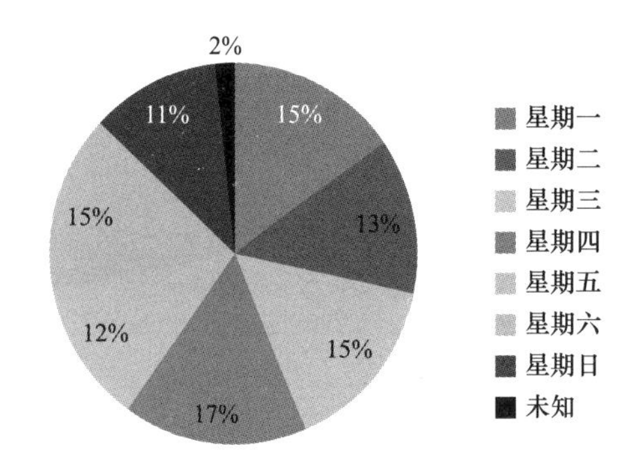

图 2-6　事故案例发生星期占比统计

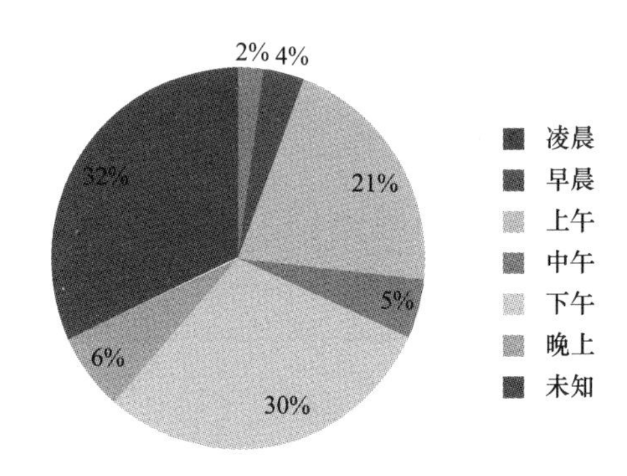

图 2-7　事故案例发生时间段占比统计

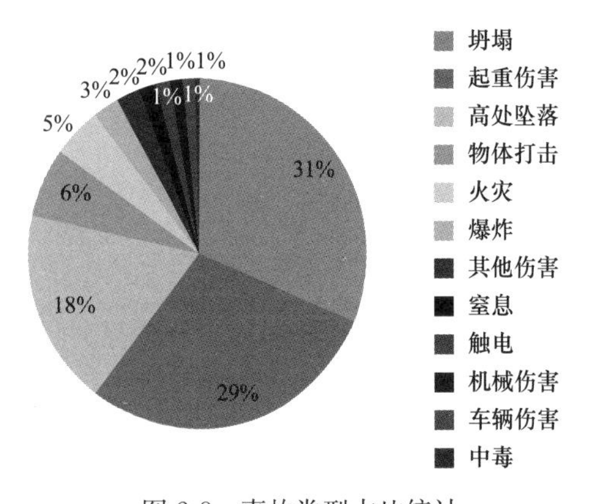

图 2-8　事故类型占比统计

在 12 种事故类型中，坍塌和起重伤害占比最高，根据这两种事故案例的原因，可将坍塌和起重伤害进行进一步分类，其占比分别如图 2-9 和图 2-10 所示。

（4）事故案例损失特征

以事故案例中死亡人数为关注点，对不同死亡人数事故案例数量占比进行统计，如图 2-11 所示。可以发现建筑工程事故死亡人数呈现明显的幂律分布，即虽然大量事故集中于死亡 1～3 人的事件，但损失惨重的事故依然时有发生。

本章将事故案例涉及的工程项目分为 5 种项目类型，包括超高层（建筑高度大于 100m）、高层（建筑高度大于 27m 的住宅建筑和建筑高度大于 24m 的非单层公共建筑）、低多层、大跨度和其他，各项目类型占比如图 2-12 所示。通过占比来看，高层建筑施工中出现安全事故的频次显著高于其他类型，而超高层建筑出现事故频次虽然较低（工程项目总量小），但其事故所导致的平均死亡人数显著高于其他类型建筑。

（5）建筑工程十大安全风险

经过对数据库中的事故案例进行统计分析，结合事故发生后果的严重性，筛选出十种建筑工程施工重大风险事件：人员高处坠落、人员遭受物体打击（人员安全事故）；塔式起重机破坏倾覆、塔式起重机吊物坠落、施工升降机梯笼坠落、整体钢平台体系失稳、液

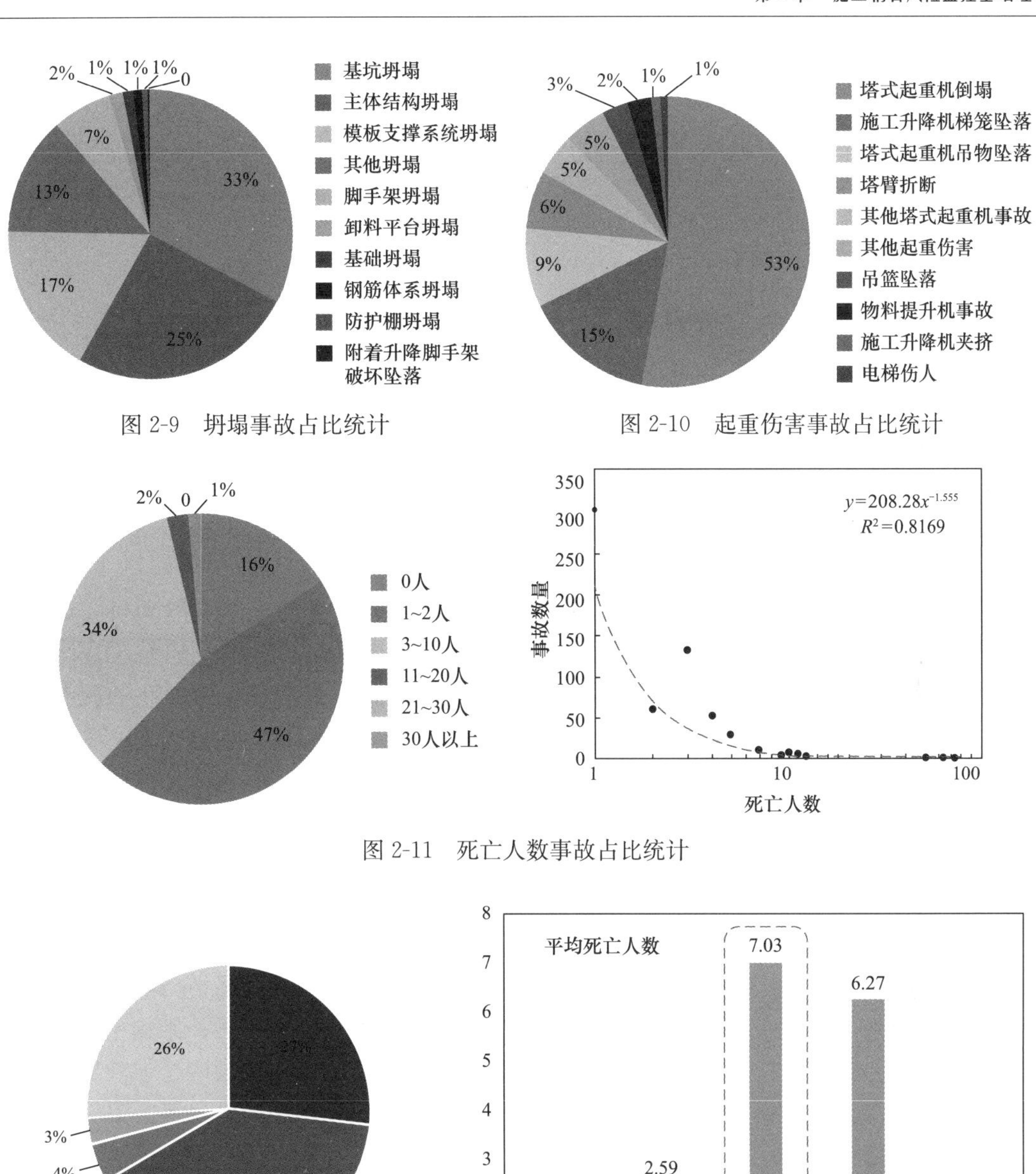

图 2-9 坍塌事故占比统计

图 2-10 起重伤害事故占比统计

图 2-11 死亡人数事故占比统计

图 2-12 事故案例工程对象和损失统计

压爬模破坏坠落、附着升降脚手架破坏坠落、高压混凝土泵送堵管（机械装备安全事故）；紧邻构筑物变形破坏（环境安全事故）。

5. 事故案例数据库的应用

施工重大风险事故数据库的应用场景主要包括两个方面：

一是为风险管理技术的实现提供数据基础：结构化数据库中各类事件、因素及关系数据在不同算法模型的激发下，可支撑风险系统模型的构建、风险评估中的可能性和损失分析，以及预警预测关键参数的选取，降低风险管理技术对于专家经验的依赖。

二是为项目安全管理人员提供知识支撑：项目管理人员可利用事故案例功能进行历史事故查询和具体事故信息获取，并可通过操作知识图谱发现关联案例，提升项目成员风险认知。

2.2.2 施工重大风险耦合技术

建筑施工过程中人员、机械装备、环境等主体繁多且紧密交互，极易酝酿风险并快速传播，这一现象在超高层主体结构施工中更为凸显。虽然安全管理的人力、物力资源投入可有力支撑施工过程安全有序开展，但在面对建筑工程施工过程中多主体、多状态、多耦合的复杂系统特征时，风险可能在系统中多个节点同时孕育、传递，并演化出不可预料的结果，管理资源将必然处于稀缺状态，需要对安全风险进行分级管控和重点防治，通过合理配置资源取得最大的防控效果。

1. 基于案例的风险耦合关系识别

根据近20年国内外建筑工程事故案例库和超高层建筑施工安全特点分析：超高层建筑结构施工中，模板多采用液压爬模、脚手架多为附着升降脚手架；建筑工程事故案例多维分析中归纳出的十大风险事故为超高层建筑施工中安全管理需要关注的核心风险事件。

（1）故障树分析

针对案例库中的每个事故进行故障树分析。对每个事故发生施工现场现象以及产生这些现象的原因进行分析，并将其以树网的形式展现出来，形成风险事件故障树。

（2）耦合邻接矩阵

在故障树分析的基础上，按风险事件间关联度、风险传递路径，对耦合关系进行筛选和分类节点间关系的确定。以故障树为基础，当某一因素的风险由故障树传递给其他因素时，则认为因素间存在耦合关系。风险因素间的耦合作用关系以网络拓扑结构中邻接矩阵进行量化表达，其中，“0”代表两个风险因素间无相互影响，“1”代表两个风险因素间或因素与事件间存在直接相互作用关系。这样可以得到每个风险事件的耦合邻接矩阵。

（3）事故链分析

在建筑施工过程中，风险事件有时并不是独立存在的，会存在由一个主事件导致其他事件发生的情况。例如“塔式起重机破坏倾覆”有可能会造成“人员高处坠落”和“人员遭受物体打击”。而当双事件或多事件耦合时，概率和损失与单事件相比也有明显的不同，风险事件之间耦合方式用事故链来表示，十大风险事件事故链如图2-13所示。

（4）耦合程度识别

根据上述方法所构建的邻接矩阵没有加权，而当实际风险因素的相互作用导致风险状态发生传递时，传递过程具有不确定性，且传递的难易程度并不相同，需以概率表征。超高层建筑施工重大风险耦合系统的风险传递具有随机性和模糊性。对于部分风险因素的演化路径的概率可通过案例库数据获得，但风险传递路径中存在较多无法通过数据库获得的概率，因此需要借助专家意见，引入模糊数并利用模糊推理来计算该路径的概率。

针对前文分析得到的风险演化过程，设计专家调查问卷，针对每一条风险传递路径进行权重的判断。通过去模糊化处理，将客观模糊推理值转化为量化的概率值P，则为该路径的概率。根据案例库统计与专家调查法相结合的方式，利用概率计算方法可以计算出十大风险事件的事故链演化概率，代入风险事件耦合邻接矩阵，得到一个加权的事故链演化概率邻接矩阵，如表 2-2 所示。

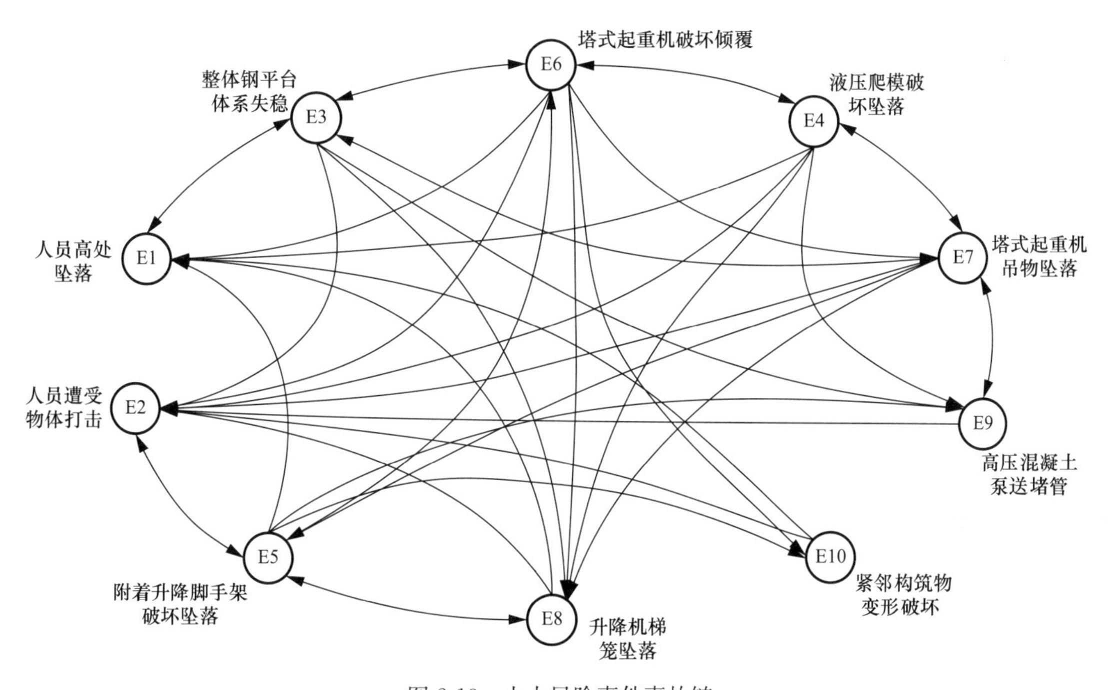

图 2-13　十大风险事件事故链

风险事件的事故链演化概率邻接矩阵　　表 2-2

风险事件	E1	E2	E3	E4	E5	E6	E7	E8	E9	E10
E1	0	0	0	0	0	0	0	0	0	0
E2	0	0	0	0	0	0	0	0	0	0
E3	5.32×10^{-1}	6.73×10^{-1}	0	0	0	8.20×10^{-3}	0	9.10×10^{-3}	7.56×10^{-5}	0
E4	7.33×10^{-1}	5.28×10^{-1}	0	0	0	3.88×10^{-2}	0	8.40×10^{-4}	8.76×10^{-4}	0
E5	5.48×10^{-1}	6.78×10^{-1}	0	0	0	9.40×10^{-4}	0	3.77×10^{-2}	7.47×10^{-5}	7.26×10^{-5}
E6	8.28×10^{-1}	6.78×10^{-2}	7.11×10^{-3}	9.45×10^{-4}	8.33×10^{-3}	0	5.28×10^{-1}	7.46×10^{-5}	0	8.10×10^{-3}
E7	0	5.44×10^{-1}	8.32×10^{-3}	4.17×10^{-2}	3.64×10^{-2}	0	0	3.33×10^{-2}	7.88×10^{-5}	0
E8	3.38×10^{-1}	5.28×10^{-1}	0	0	0	0	0	0	0	0
E9	0	3.78×10^{-2}	0	0	0	0	0	0	0	0
E10	3.41×10^{-2}	2.78×10^{-2}	0	0	0	0	0	0	0	0

2. 施工风险耦合关系特征分析

根据风险耦合的参与因素，将不同因素或风险因子之间的风险耦合分为单因素、双因素和多因素风险耦合，其中单因素风险耦合也称为同质风险耦合，双因素和多因素风险耦合均为异质风险耦合。

（1）单因素风险耦合

一类风险因素下可能存在多种风险因子，其中两个或两个以上的风险因子会形成新的风险。单因素风险耦合是指某一类风险因素的风险因子之间的耦合情况。根据十个风险事件的风险清单，汇总整理出人员因素（图 2-14）、机械因素（图 2-15）及环境因素（图 2-16）单因素耦合关系。

从图 2-14～图 2-16 可以看出：人员单因素之间存在着紧耦合关系，即风险在人员因素之间较容易传递；部分机械单因素之间也存在耦合关系；环境单因素之间相对比较独立，除个别因素存在耦合关系外，基本不存在相互影响。

（2）双因素风险耦合

双因素风险耦合是指影响建设项目施工的两种风险因素之间的相互作用和相互影响，属于异质因素风险耦合，包括人员、机械、环境之间的两两耦合。根据十个风险事件的风险清单，汇总整理出人员-机械因素（图 2-17）、人员-环境因素（图 2-18）及机械-环境因素（图 2-19）双因素耦合关系。

从图 2-17～图 2-19 可以看出：人员与机械因素之间为紧耦合关系，即风险在人员与机械因素之间较容易传递；部分人员与环境因素之间也存在耦合关系，尤其是高温和寒潮对于人员风险因素的影响较大；部分机械与环境因素之间存在耦合关系，但整体呈现弱耦合关系。

（3）多因素风险耦合

多因素风险耦合是指 3 种或 3 种以上的风险因素之间的相互作用和相互影响，包括人员与机械、环境因素间的三因素耦合。根据十个风险事件的风险清单，图 2-20 显示出所有人员-机械-环境因素的多因素耦合关系。

从图 2-20 可以看出，人员、机械与环境三因素之间存在耦合关系，且较为紧密，三种因素之间容易相互影响，存在明显的风险传递过程。

由上述分析可得出，风险事故的发生往往存在单因素、双因素和多因素的耦合作用，且人员单因素之间、人员与机械双因素之间、人员与机械及环境三因素之间耦合关系较为紧密，风险在它们之间较容易发生传递。

3. 施工风险耦合致险模式

在对事故进行调查分析时可以发现，有些风险耦合会导致事故发生，有些则会导致事故后果扩大。根据耦合对象的作用效果可以分为发生型耦合和加重型耦合。发生型耦合是指耦合之后，安全事故发生的概率增大，大部分风险因素之间的耦合都会产生这个效果。加重型耦合是指耦合之后，使原本安全事故后果变得更严重。

通过对大量案例的故障树分析和耦合关系识别可以看出，建筑施工过程中人员的不安全行为、机械设备的不安全状态和不利的环境条件，通过物理联系和逻辑联系，会相互影响相互作用，最终共同改变风险事故的发生概率，形成风险演化过程中的风险耦合作用。建筑施工作为一项复杂的系统工程，具有自我调节和修复的功能，各子系统中影响项目施

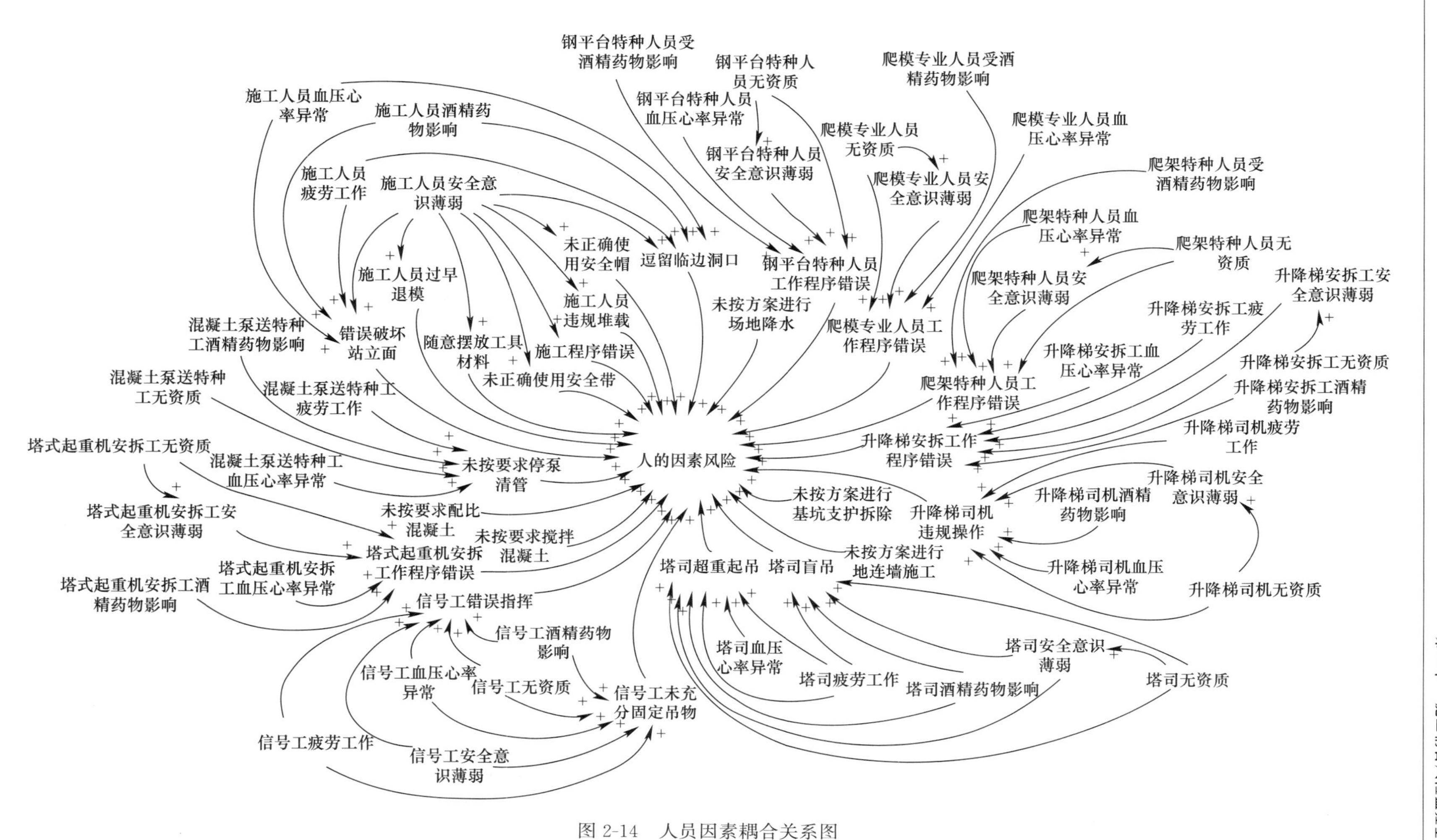

图 2-14　人员因素耦合关系图

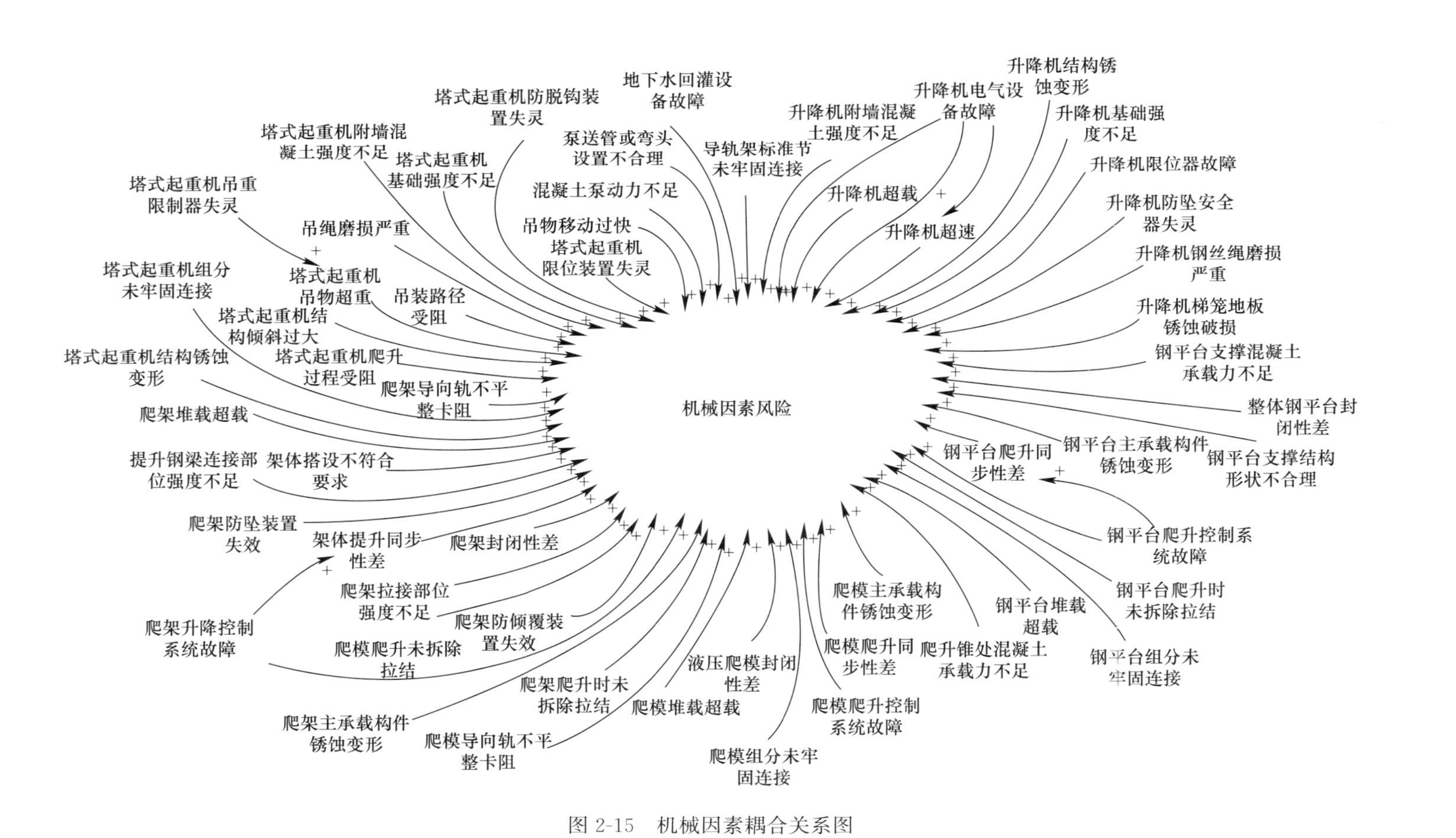

图 2-15　机械因素耦合关系图

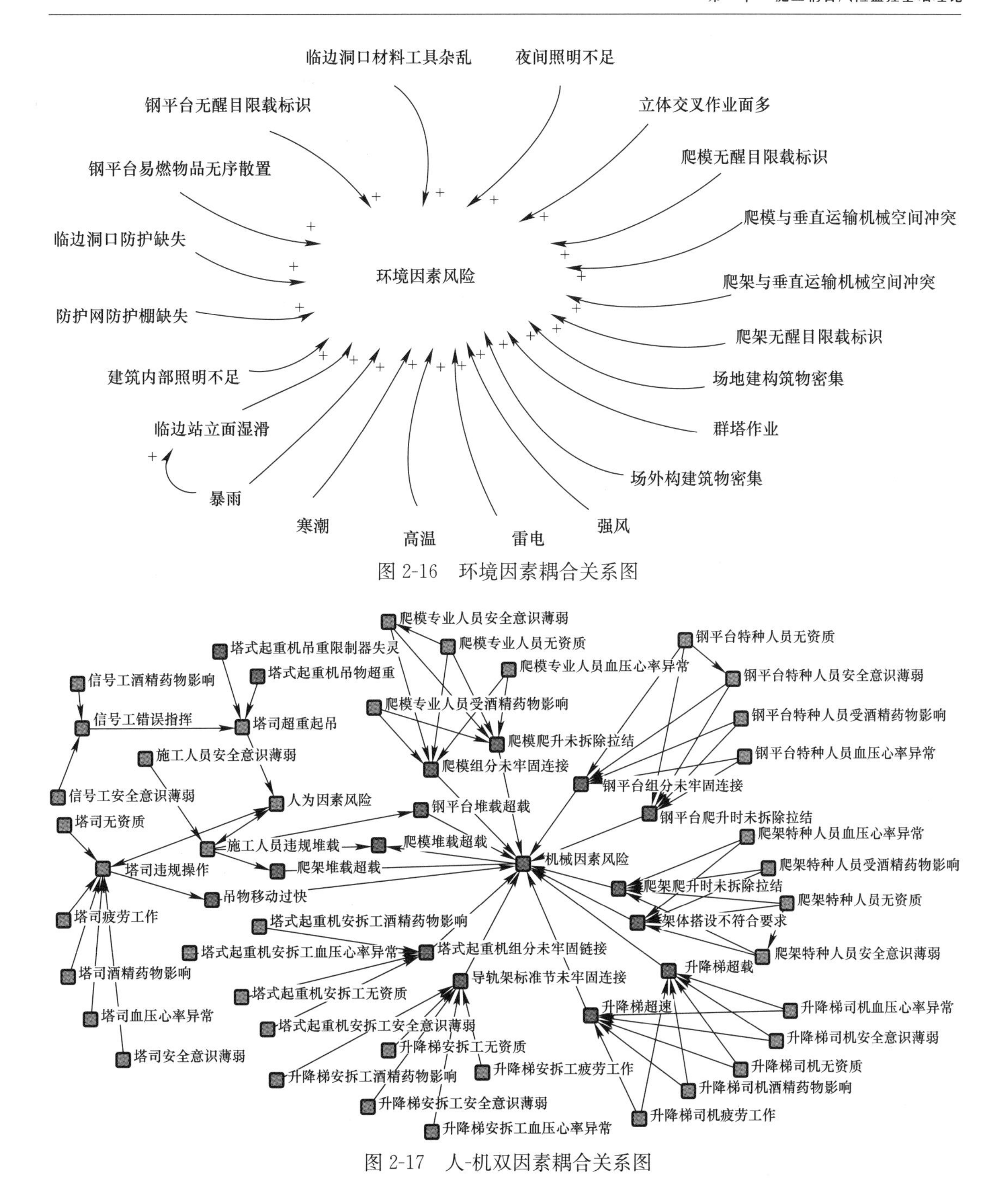

图 2-16　环境因素耦合关系图

图 2-17　人-机双因素耦合关系图

工安全的风险因素在传播过程中交互促进，不同风险之间相互影响，经过系统的风险耦合振荡器之后，如果风险耦合作用没有得到破坏，那么风险就会突破阈值，使得风险流能量增强，导致风险扩大或产生新的风险，最终导致安全事故发生。风险因素耦合形成机理如图 2-21 所示。

2.2.3　施工重大风险量化评估方法

1. 复杂网络分析方法

从耦合分析结果可以看出，建筑工程施工是一个从人-机投入到构筑安全稳定建筑物

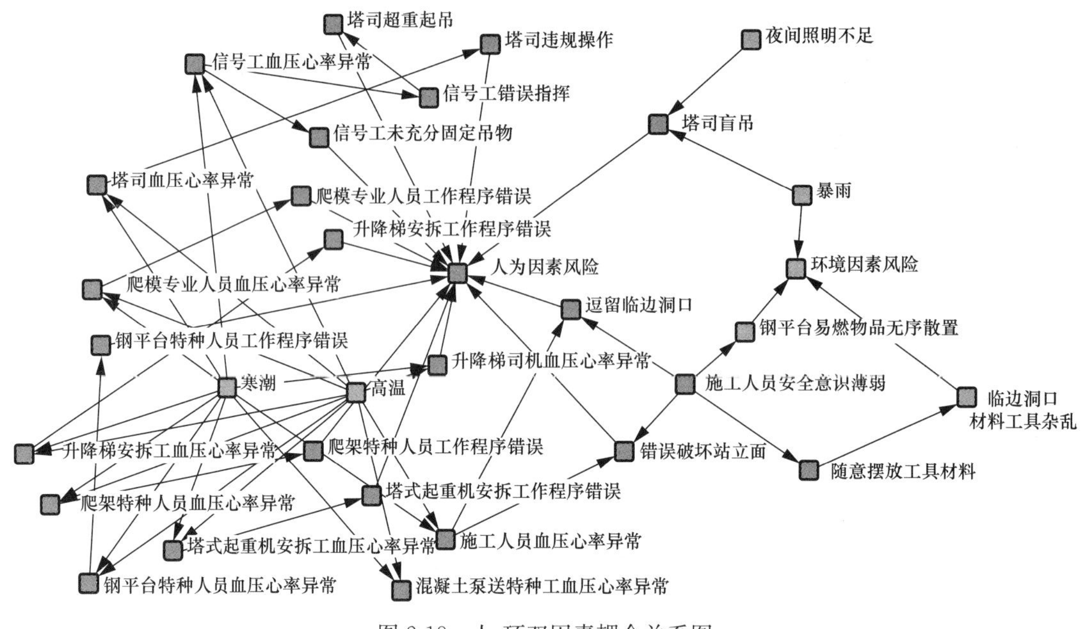

图 2-18　人-环双因素耦合关系图

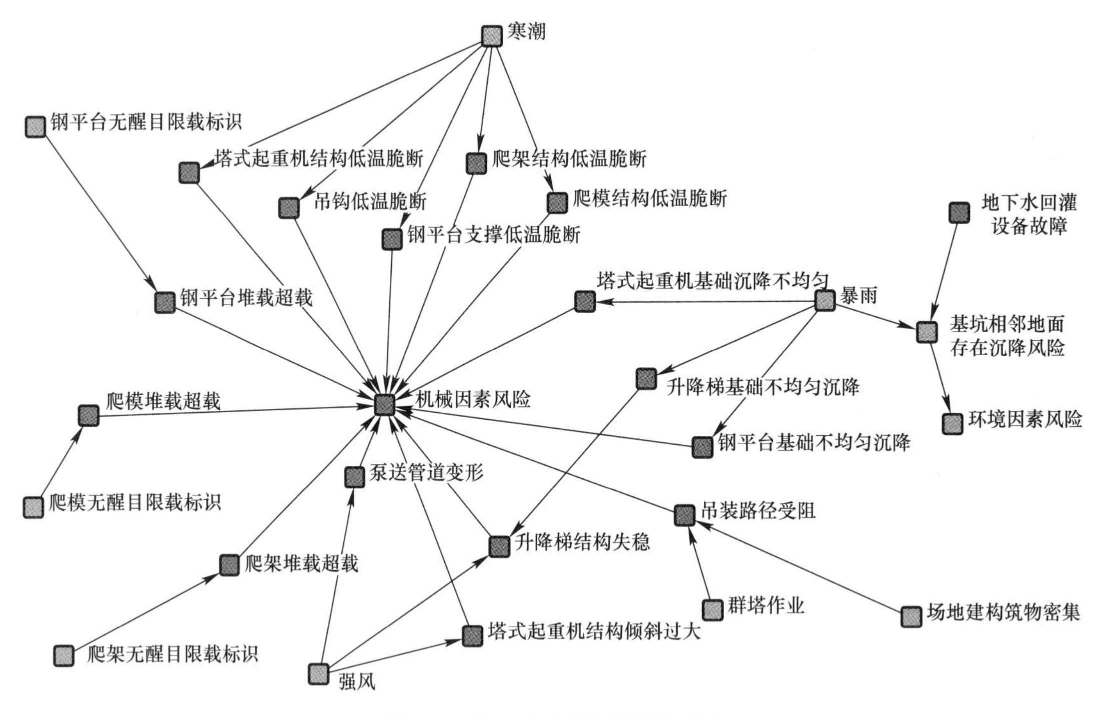

图 2-19　机-环双因素耦合关系图

的复杂系统过程，时刻处于变化的环境之中，人员、机械、环境任何一方面因素的扰动都可能影响其他因素的变化，从而阻碍或破坏安全稳定建筑物的形成，造成建筑施工安全事故的发生。复杂网络是复杂系统研究的拓扑基础，因此采用复杂网络作为风险耦合分析评估的重要手段。

复杂网络的主要研究方法是基于图论的理论和方法展开的，一个典型的网络是由许多

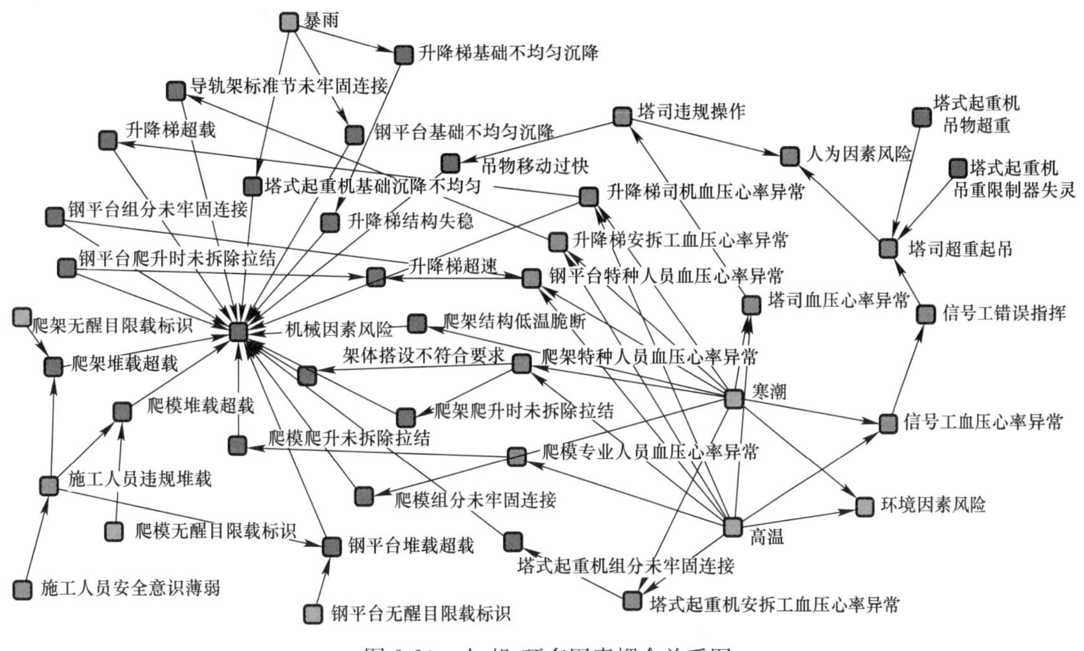

图 2-20　人-机-环多因素耦合关系图

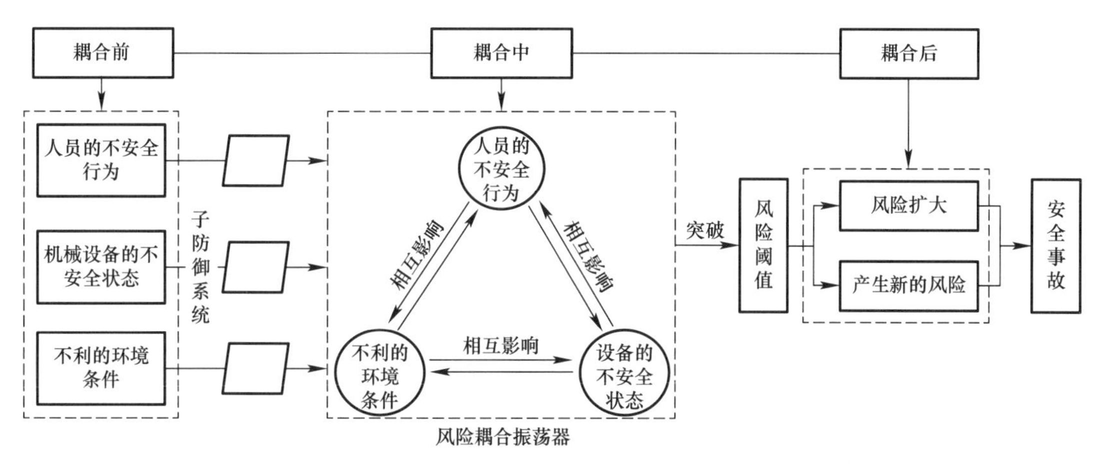

图 2-21　风险因素耦合形成机理

节点与节点之间连边组成，其中节点代表真实系统中不同的个体，边表示个体间的关系，两节点间具有某种特定的关系则连线，反之则不连边。网络的拓扑结构在决定网络的动态特征方面起着至关重要的作用。通过计算来探索网络结构比视觉检查更简洁、精确。计算复杂网络的拓扑参数，有利于更广泛地分析事故扩散情况，掌握网络的全部复杂性，可以通过累积度分布、平均距离、最短路径、聚类系数、中介中心性分析复杂网络特性。

2. 基于复杂网络分析的关键风险因素

（1）施工风险耦合模型建立

根据每个风险事件的风险因素清单，可以在故障树分析和事故链分析的基础上建立风险邻接矩阵。根据风险邻接矩阵，考虑风险因素或事件间相互耦合关系，可以建立一个以风险因素或事件为节点，以风险因素或事件耦合作用关系为边的施工安全风险系统网络模型。

对于单事件，利用风险因素邻接矩阵，借助 Ucinet6.0 软件，输入邻接矩阵并利用 NetDraw 进行复杂网络的可视化建模。对于双事件及多事件耦合的复杂网络，在风险因素层级将每个事件的风险因素邻接矩阵和风险事件耦合邻接矩阵相融合，重复的风险因素相叠加，在风险事件层级通过事故链使其相连（图 2-22），即可得到双事件及多事件耦合邻接矩阵。十大风险事件邻接矩阵合并后在 NetDraw 中的可视化复杂网络图如图 2-23 所示。该复杂网络系统为有向网络，箭线表示其中一个风险因素导致另一个风险因素或者事件发生。

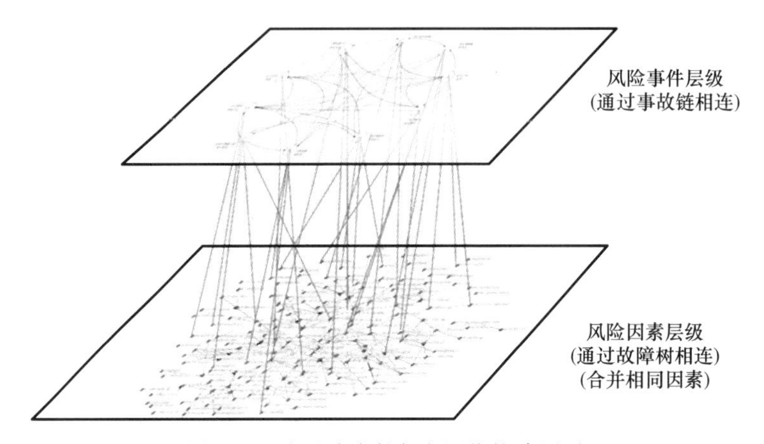

图 2-22　多风险事件复杂网络构建原则

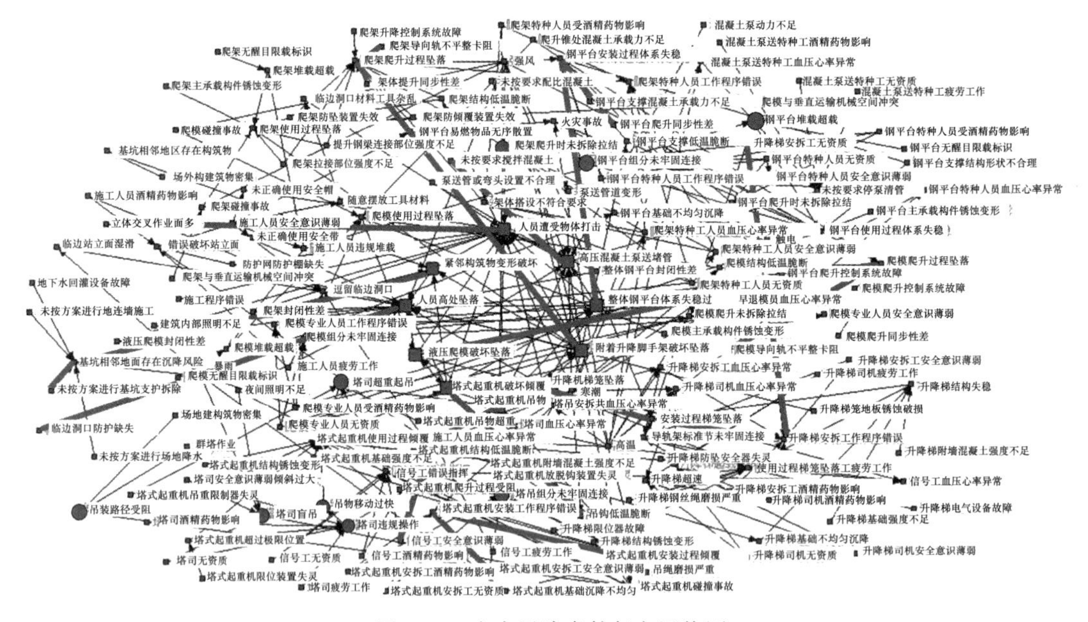

图 2-23　十大风险事件复杂网络图

复杂网络图的量化指标可以利用复杂网络边权值来表示。在复杂网络路径搜索算法中概率不具有可加性，但熵具有可加性，风险传递的过程伴随系统熵增。因此，引入概率风险熵来量化表征风险事件复杂网络中的风险传递过程。根据风险演化路径概率，利用风险熵的计算方法得出每一条风险传递路径的边权值。将风险因素邻接矩阵和事故链邻接矩阵相融合，结合演化概率就能得到加权有向的复杂网络模型，即为超高层建筑工程施工安全重大风险耦合模型。

（2）施工风险系统特征分析

建筑工程施工安全的十个风险事件复杂网络由178个节点组成，借助Ucinet6.0软件，统计得到网络的平均出度和平均入度值均为1.9。这表明网络中的每个节点平均连接到1～2个节点，即该复杂网络中每个风险因素或事件平均与其他1～2个风险因素或事件具有耦合逻辑关系。得到的所有节点的出入度分布情况如图2-24所示。“爬架爬升过程坠落”和“人员遭受物体打击”入度最高，为12。风险事件的入度很高，介于8～12，表示诱发这些风险事件的风险因素和事件种类多，需要从多方面加强预防措施。“高温”和“强风”的出度最高，为16，这种类型的风险因素往往会诱发其他风险因素或事件的发生，需要在风险预控中重点关注。

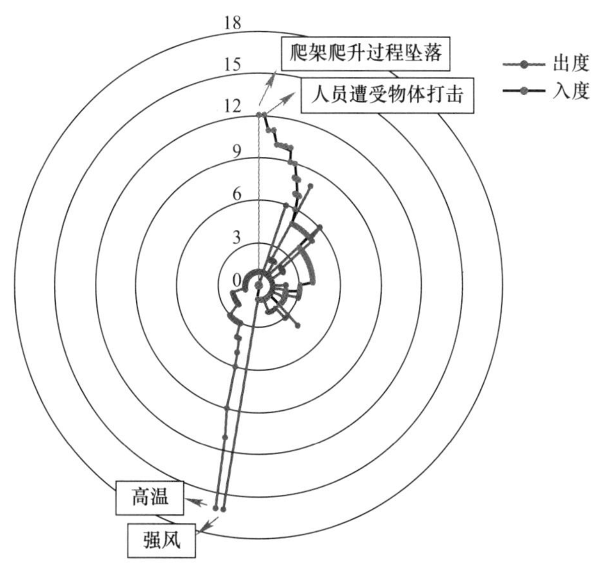

图2-24 十大风险事件复杂网络出度与入度值情况

从累积度分布情况可以看出该网络中度近似满足幂律分布。出度为1的节点占节点总数的58%，入度为0的节点占节点总数的47%，节点的出度高和入度高往往不会同时存在，证明网络有较大的离散性，大部分节点彼此之间并不直接相连（图2-25）。网络中存

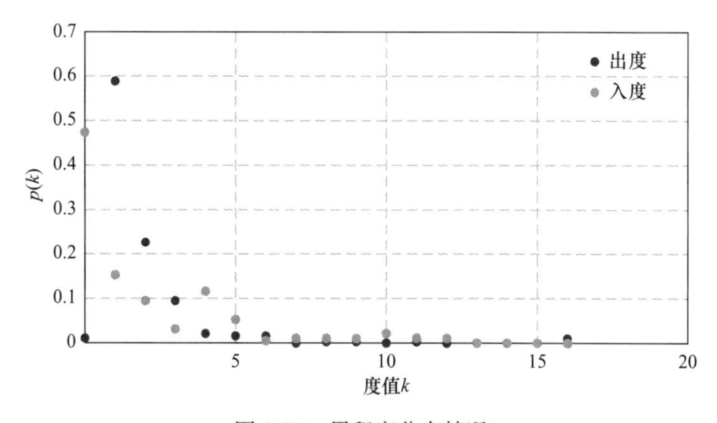

图2-25 累积度分布情况

在一些入度和出度都较高的节点，如“塔式起重机破坏倾覆”，这些节点的存在使网络对随机攻击具有鲁棒性。但如果同时攻击几个度值较高的顶点，网络就会变得脆弱，变成多组孤立的子网络。同时控制这几类风险因素或事件会对网络的连通性产生较大影响，通过这种方式可以在风险网络中阻断事故之间的关系，有利于防止事故的扩散和传播。

通过 Ucinet6.0 软件计算出网络平均距离为 2.737，这表明网络中的每个节点都可以与其他节点平均通过三段路径连接。例如，施工人员安全意识薄弱会造成施工违规堆载，进而导致爬架堆载超载，最终引发爬架在施工过程中的坠落事故。从施工人员安全意识薄弱到爬架施工过程坠落仅通过三步连接。

通过软件计算出网络中所有节点的聚类系数，图 2-26 为网络中节点聚类系数的分布图。图中只有 136 个节点得到了聚类系数的值。其他 54 个节点没有聚类系数，因为这 54 个节点的度数都等于 1，只有一个节点与之相连。聚类系数的最低值和最高值分别为 0 和 0.333。网络的平均聚类系数为 0.054，大于节点集相似的随机网络的聚类系数。聚类系数大表示网络具有较高的派系性，证明网络中大多数节点不是彼此相邻的，但通过少量步骤就可以到达每一个节点。由此可见，网络显示出比常规网络更快的风险传播速度。

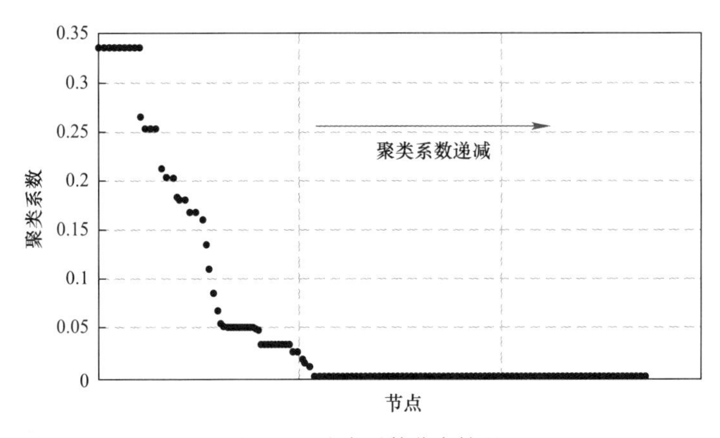

图 2-26　聚类系数分布情况

通过统计每个节点的度和聚类系数，可以得到度为 k 的节点的平均聚类系数 $CC(k)$，如图 2-27 所示，离散点的分布呈现波动性。在度为 3～4、9～10 和 12～14 的三个区间显

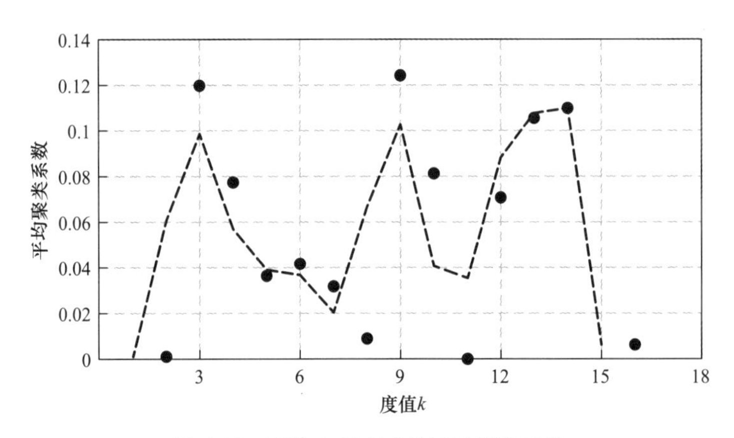

图 2-27　度为 k 的节点的平均聚类系数

示出了较高的聚集性，体现了网络中层级组织的分布，这意味着该网络属于分段互联的“社区”，控制这三个度区间内的节点有助于降低系统风险。

网络平均标准化中介中心性为 0.047。网络节点中介中心性的取值范围为 0～1.253。标准化中介中心度分布如图 2-28 所示，100 个节点不可见，因为它们的中介中心性为零，也就是说它们在其他节点之间的相互作用中没有起到中介的作用。中介中心性大于 0.1 的节点有 18 个。“塔式起重机破坏倾覆”的中介中心性最高，为 1.253。这表明在施工过程中高度重视塔式起重机的安全管理，可以降低系统的整体风险。此外，大多数风险事件都具有较高的中介中心性，表明这些事件的发生会导致一系列连锁反应，从而扩大损失范围。在风险因素中，“信号司索工未充分固定吊物”和“塔司违规操作”等具有较高的中介中心性，表示网络中大部分最短路径都经过了这些节点。采取措施有效地避免这些节点的发生，可以增加网络的平均距离，从而降低事故扩散的效率，最终降低事故之间的连锁反应。

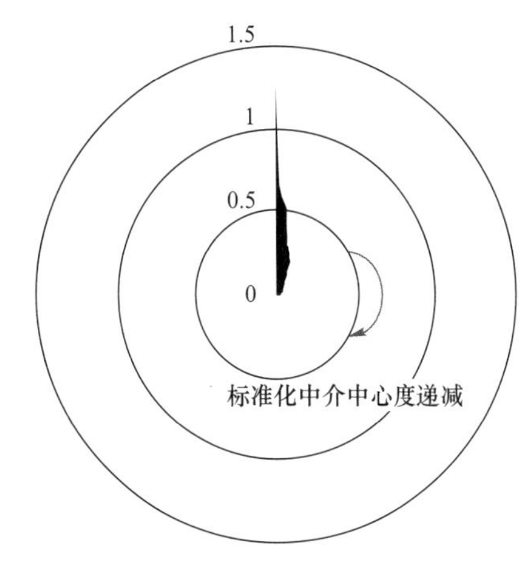

图 2-28 网络中节点的标准化中介中心度

通过以上复杂网络特征参数的分析，可以看出该复杂网络大部分节点具有离散性，彼此之间不相邻，但通过较短的路径就可以与网络中其他任意节点相互连接。网络中一个节点到达或者影响另一个节点的路径可选性较强，网络中风险传递的范围广、速度快，有可能通过几步便可以导致风险事故的发生。控制关键节点可以有效阻断风险的扩散和传播。

（3）关键节点和关键路径

分析风险耦合复杂网络中的关键节点和路径能够在建筑施工中有针对性地降低风险，控制或避免事故的发生。对于不同工程的安全风险系统网络，关键风险因素的识别过程中容易忽视各风险因素之间的相互影响，而各类安全隐患的级联效应最终会导致更为严重的事故发生。根据网络结构特征和应用要求，网络分析需考虑系统动态的全局信息，通过复杂网络特征分析可以看出，中介中心性较高的节点对网络中风险的传播起着关键的传递作用，两节点之间的最短路径为风险传播最快的途径，通过控制这两个参数，可以有效阻断风险的传播。因此，采用中介中心性较高的点来表示风险复杂网络中的关键节点，采用最短路径来表示风险演化的关键路径。根据以上方法找出十个风险事件复杂网络的关键节点，通过深度优先度搜索算法遍历可得，在该复杂网络中，任意两个节点之间存在的最短路径有 1985 条。遍历网络中任意两节点之间的最短路径数量和包含某一风险因素的最短路径数量，得到该因素的中介中心性并标准化，以此形成关键节点（表 2-3）。在关键节点中多个风险因素均与塔式起重机相关施工人员的违规操作有关，这与超高层施工中塔式起重机事故频发的情况相符，加强对这些节点的控制，减少甚至避免塔式起重机施工人员的违规操作，可以有效防止事故的发生。

在超高层建筑施工中，找到风险演化的关键路径有助于控制和减少事故发生可能性。计算出所有路径的风险熵之和，求取由初始风险因素到风险事件的所有演化路径中熵增之和最小的一条路径，即风险事件发生概率最大的路径，即为风险演化的关键路径。十个风险事件对应的关键路径见附表4。

风险复杂网络关键节点（TOP20）　　表2-3

序号	关键节点	序号	关键节点
1	信号司索工未充分固定吊物	11	爬模堆载超载
2	塔司违规操作	12	信号司索工错误指挥
3	塔式起重机组分未牢固连接	13	升降梯结构失稳
4	塔司盲吊	14	钢平台堆载超载
5	塔司超重起吊	15	塔式起重机安拆工作程序错误
6	钢平台组分未牢固连接	16	爬架爬升时未拆除拉结
7	吊装路径受阻	17	爬架特种人员工作程序错误
8	爬模组分未牢固连接	18	架体搭设不符合要求
9	爬架堆载超载	19	基坑相邻地面存在沉降风险
10	吊物移动过快	20	施工人员违规堆载

3. 基于复杂网络模型的施工安全系统风险耦合评估方法

复杂网络作为描述大型复杂系统的定量工具，可以应用于安全风险方面的分析，探索安全风险的演化机制。本节将介绍一种基于复杂网络的超高层建筑工程施工重大安全风险耦合评估方法，与传统风险等级评估相比，该评估方法在应用中对各类风险事件的等级评价都有不同程度的提高，更加符合超高层建筑施工中对风险的认知。风险耦合评估方法流程如图2-29所示：首先，基于识别出的风险清单进行故障树和事故链分析，提取耦合风险复杂网络，利用风险熵分析方法对复杂网络进行加权，形成风险演化模型；其次，进行关键节点及路径分析；再次，进行风险耦合定量化评估；最终，综合单事件和多事件评价结果判定事件风险等级，针对风险等级的评估结果，需要采取相应的应对措施。

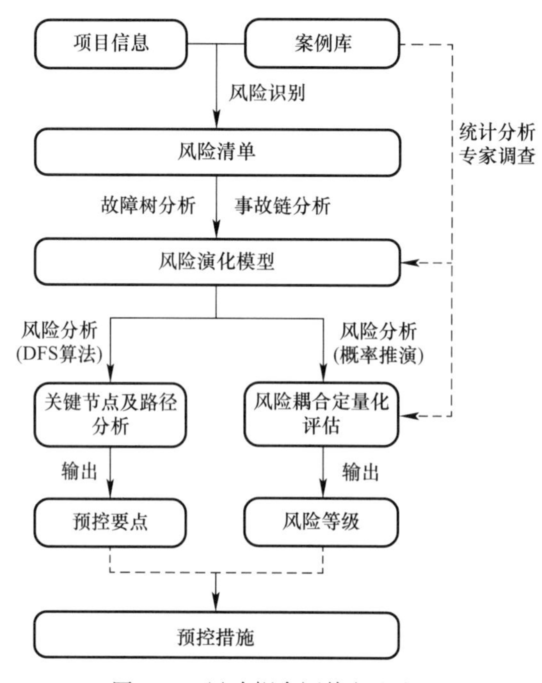

图2-29　风险耦合评估方法流程

（1）基于多路径分析的发生型风险耦合评估

采用深度优先搜索（DFS）算法对带权有向图的所有路径进行计算，可以对复杂网络中的任意两个节点间所有演化路径的风险熵进行计算。基于复杂网络模型，利用初始因素概率和演化路径概率可以计算出风险事件发生的概率，通过案例库数据统计可以得到每个风险事件的平均损失，若无典型案例，则综合考虑设备造价以及机械设备上作业人数，结合专家调查法预估风险事件的平均损失，得出的结果如表2-4所示。

风险事件概率和平均损失　　表2-4

编号	风险事件	概率	平均死亡人数	平均经济损失（万元）
E1	人员高处坠落	0.007674	1.5	107.7
E2	人员遭受物体打击	0.009943	1.1	119.6
E3	整体钢平台体系失稳	0.000246	3.4	980.9
E4	液压爬模破坏坠落	0.000378	4.3	333.9
E5	附着升降脚手架破坏坠落	0.000949	3.5	838
E6	塔式起重机破坏倾覆	0.001225	3	318.9
E7	塔式起重机吊物坠落	0.011016	0	120
E8	升降机梯笼坠落	0.005401	5.1	411.3
E9	高压混凝土泵送堵管	0.032274	0	100
E10	紧邻构筑物变形破坏	0.030912	0	423.7

（2）基于事故链传递的加重型风险耦合评估

风险事件之间的耦合属于加重型耦合。当存在双事件和多事件耦合情况时，概率和损失与单事件相比也有明显的不同。

风险事件之间的耦合关系用事故链来表示，对于任意一条由事件 E_a 引发的事故链 $E_a \rightarrow E_b \cdots E_i \rightarrow E_j$（图2-30），其发生概率 $P(E_{a,b,\cdots,i,j})$ 为：

$$P(E_{a,\ b,\ \cdots,\ i,\ j})=P(E_a)\cdot P(E_{ab})\cdots\cdot P(E_{ij}) \tag{2-1}$$

其中，$P(E_a)$ 表示事件 E_a 的发生概率，参考表2-4，$P(E_{ab})$ 表示事件 E_a 导致事件 E_b 发生的概率，$P(E_{ij})$ 表示事件 E_i 导致事件 E_j 发生的概率。

图2-30　由事件 E_a 引发的事故链

将事故链中所有事件的平均损失相叠加（死亡人数与经济损失分别叠加）可以得到双事件或多事件的总损失。

2.3 施工风险预警指标体系与耦合风险预警预测技术

建筑工程安全管控的关键对象是高层和超高层建筑，其中超高层建筑施工过程涉及更多工序、流程、设备、工种，更是管控中的重点和难点，仅就上部超高结构而言，在工序层面涉及核心筒剪力墙结构施工、外围框架结构施工、二次结构施工、幕墙结构施工、机电设备安装、装饰工程施工等，在工艺层面涉及种类繁多的建筑材料与大型施工装备。本节选取超高层建筑工程核心筒剪力墙结构施工阶段为载体介绍施工风险预警技术，同时以整体钢平台装备体系作为施工装备典型载体，建立建筑工程施工重大风险事故预警指标体系与预警方法。

2.3.1 风险预警指标体系

基于一般状态条件下和极限状态条件下的失效路径分析，简单归纳可发现整体钢平台装备的承力构件在超高层建筑施工现场起决定性作用，故应选取可以反映承力构件安全状态的物理量指标作为反映超高层建筑施工安全状态的特征参数及进行风险预警的核心指标。考虑可实现性，确定整体钢平台的构件变形和受力状态为风险特征参数，并以此为核心建立超高层建筑施工风险预警指标体系和预警方法。

1. 建筑施工核心装备失效模式分析

基于超高层建筑施工致灾失效演变路径的梳理分析，以整体钢平台装备为致灾演变的核心环节，从系统构成层面研究施工安全事故失效模式。采用 FMEA 方法分析整体钢平台装备各个主要部件与零部件的故障模式、故障原因、故障后果，获得整体钢平台装备的主要失效模式，见表 2-5。整体钢平台的破坏主要表现为装备结构失稳、构件断裂等模式，主要破坏原因包括装备构件腐蚀、搭接焊缝疲劳裂缝、施工荷载超标导致的构件塑性变形、提升柱支撑失稳等。

在整体钢平台的使用阶段，整个装备结构自重及施工荷载是由安装在内部脚手架底部的钢牛腿承担；在整体钢平台的提升阶段整个装备结构自重及施工荷载是由提升柱承担。整体钢平台的整体稳定性取决于使用阶段钢牛腿和提升阶段提升柱的稳定性与结构变形情况。将整体钢平台的失效可能性分为一般状态与极限状态分别考虑，表 2-5 和表 2-6 列出了一般状态和极限状态条件下整体钢平台的可能失效模式。

一般状态条件下整体钢平台失效模式　　表 2-5

失效诱因	失效模式	失效机理	失效后果
人员因素、环境因素导致荷载超标	（1）钢平台主梁产生下挠 （2）承力构件发生变形 （3）核心筒结构损伤	（1）装备构件发生塑性变形 （2）核心筒结构混凝土初凝强度不足	（1）影响钢平台顶部平整度 （2）影响施工平顺度及施工人员安全
装备因素导致材料损伤	（1）搭接焊缝疲劳裂缝 （2）主要构件腐蚀	（1）长期疲劳使用 （2）焊缝缺陷或应力集中 （3）构件材质缺陷 （4）防护措施不足	降低钢平台主梁、方管柱等传力构件的承载力，削弱结构整体的强度与刚度
人员因素导致安装缺陷	（1）跨度超差 （2）构件搭接不稳	（1）钢平台拼装时测基不准 （2）安装工艺不严格	（1）可能导致钢平台运行歪斜 （2）影响施工平顺度及施工人员安全

极限状态条件下整体钢平台失效模式　　表 2-6

失效诱因	失效模式	失效机理	失效后果
人员因素、环境因素导致钢牛腿失效	（1）整体钢平台倒塌 （2）整体钢平台歪斜	（1）钢牛腿发生断裂 （2）核心筒结构预留孔混凝土强度不足 （3）各个钢牛腿承力不均匀	（1）造成整体钢平台装备破坏 （2）影响施工人员安全

续表

失效诱因	失效模式	失效机理	失效后果
人员因素、环境因素导致提升柱失稳	(1) 整体钢平台倒塌 (2) 整体钢平台歪斜	(1) 部分提升柱发生失稳破坏 (2) 核心筒结构顶部混凝土强度不足	(1) 造成整体钢平台装备破坏 (2) 影响施工人员安全
环境因素-强风	(1) 整体钢平台歪斜 (2) 物料坠落 (3) 拉结措施失效	(1) 风荷载过大 (2) 强风引发结构振动 (3) 防护措施不足	(1) 造成整体钢平台装备破坏 (2) 影响施工人员安全
环境因素-地震	(1) 整体钢平台倒塌 (2) 整体钢平台歪斜 (3) 物料坠落 (4) 拉结措施失效	(1) 地震导致结构失稳 (2) 防护措施不足	(1) 造成整体钢平台装备破坏 (2) 影响施工人员安全

为获得重大风险失效演变的特征参数，还需进一步分析考虑次级风险因素的超高层建筑施工致灾失效机理。

2. 基于风险失效演变的特征参数分析

前述研究仅考虑人员、装备、环境三大类风险因素耦合的失效演变路径，以上三大类风险因素还可进一步划分次级风险因素。人员因素可分为钢平台人员（P1）、其他人员（P2）两个细分项，在失效演变过程中可作为致灾主体也可作为致灾客体；装备因素可分为整体钢平台承力构件（M1）、整体钢平台动力装置（M2）、整体钢平台附属构件（M3）、混凝土布料机（M4）、施工升降梯（M5）、塔式起重机等其他装备（M6）六个细分项，在失效演变过程中可作为致灾主体也可作为致灾客体；环境因素可分为强风（E1）、雨雪（E2）、其他环境因素（E3，例如地震、撞击、火灾等），在失效演变过程中作为致灾主体，不作为致灾客体。

整体钢平台承力构件（M1）包括钢平台系统、提升柱系统、钢牛腿系统、内筒架系统，M1在一般状态和极限状态条件下存在两种不同的承力模式；整体钢平台动力装置（M2）包括提升动力系统和自动控制系统，M2在一般状态条件下不工作，而在极限状态条件下参与工作；整体钢平台附属构件（M3）包括模板系统、外挂脚手架系统、防护系统等，M3从致灾主体层面可作为荷载考虑，从致灾客体层面可作为潜在的损伤构件考虑。

（1）一般状态条件下施工风险特征参数

整体钢平台的一般状态条件即指《整体爬升钢平台模架技术标准》JGJ 459—2019中的作业阶段。在一般状态条件下，M1钢牛腿伸出插入剪力墙预留孔中，整个装备的荷载通过钢牛腿稳固地传递剪力墙结构。图2-31为一般状态条件下人员因素（P1、P2）、装备因素（M1～M6）、环境因素（E1～E3）在典型超高层建筑施工现场的情况。

分析一般状态条件下施工风险失效演变路径，如图2-32所示，在这个复杂网络中，分析单向箭头线连成的致灾路径可发现，E1～E3一般作为起点，P1、P2、M2～M6多作为终点，M1则始终作为中枢环节。

在一般状态下，M1代表钢牛腿-内筒架-平台梁构成的承力构件体系，因此，特征参数的选取应由M1的性状变化决定。

（2）极限状态条件下施工风险特征参数

整体钢平台的极限状态条件即指《整体爬升钢平台模架技术标准》JGJ 459—2019中

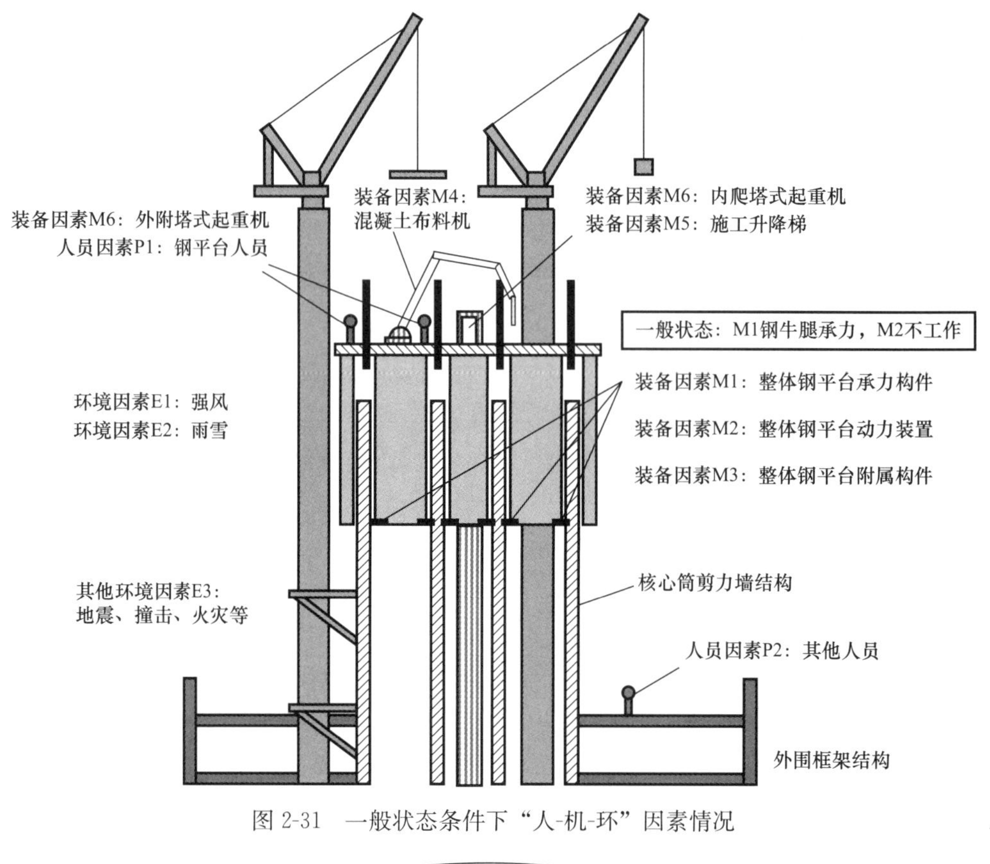

图 2-31　一般状态条件下“人-机-环”因素情况

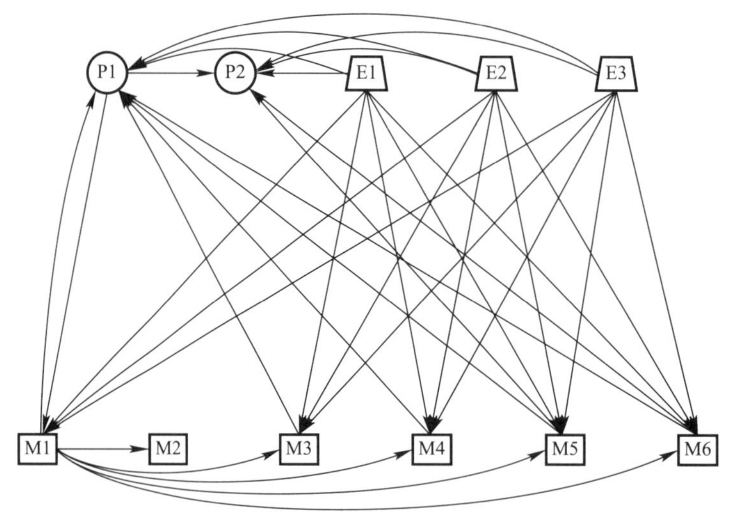

图 2-32　一般状态条件下施工风险失效演变路径

的提升阶段。在极限状态条件下，M1 提升柱搁置于剪力墙顶端，整个装备的荷载通过提升柱传递给剪力墙结构。图 2-33 为极限状态条件下人员因素（P1、P2）、装备因素（M1～M6）、环境因素（E1～E3）在典型超高层建筑施工现场的情况。

分析极限状态条件下施工风险失效演变路径，如图 2-34 所示，分析单向箭头线连成的致灾路径可发现，E1～E3 一般作为起点，P1、P2、M3～M6 多作为终点，M1 始终作为中枢环节，同时 M2 亦起到中枢环节作用。

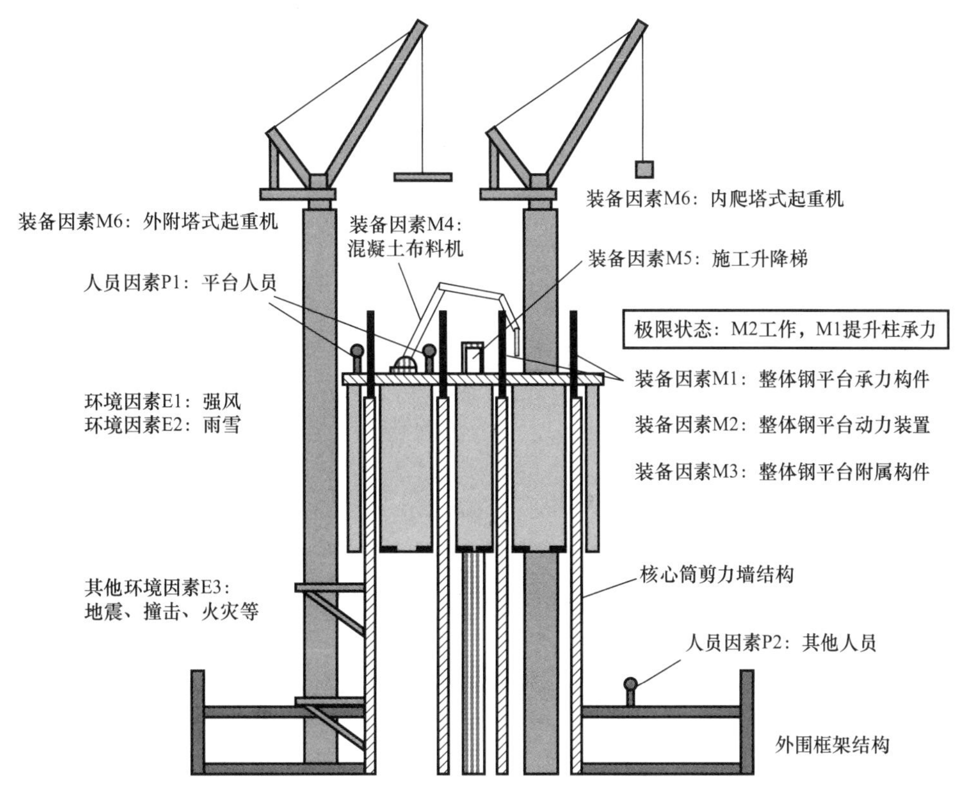

图 2-33　极限状态条件下"人-机-环"因素情况

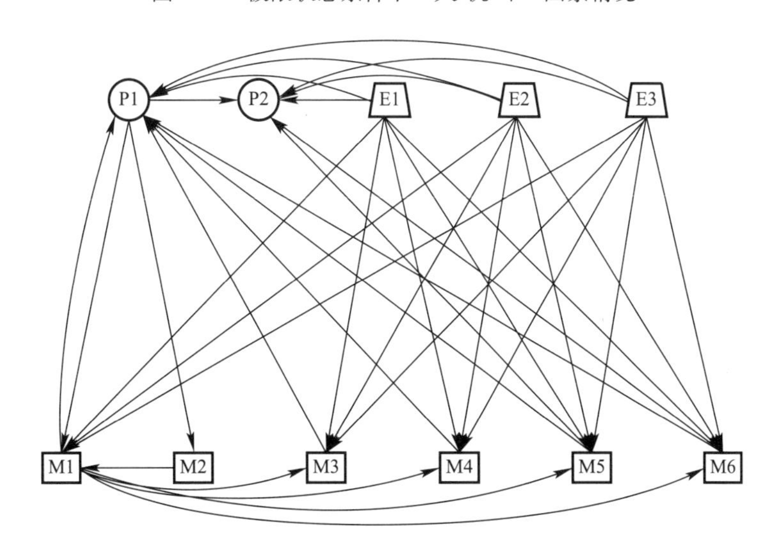

图 2-34　极限状态条件下施工风险失效演变路径

在极限状态下，M1 代表提升柱-平台梁构成的承力构件体系，此时内筒架子系统划归 M2，因此，极限状态条件下失效风险特征参数的选取亦应由 M1 的性状变化决定，同时应考虑 M2 的风险状况。

分析表明整体钢平台装备承力构件 M1 在关键致灾路径中起枢纽作用，由此确定风险特征参数为整体钢平台装备上可获取的构件变形量（挠度、倾角等），下面将围绕装备结构变形量展开超高层建筑施工风险预警指标体系和预警方法研究。

3. 施工风险预警指标分级

超高层建筑施工安全风险采用四级定性分级方法，分别为：极高风险、高风险、中风险、低风险，对应于四级风险须设置四级预警值以进行风险预警发布。施工事故从绝对安全至事故发生的演变过程可抽象为如图 2-35 所示的风险累积曲线，图中纵坐标的施工风险度量指标用于反映风险累积的程度，随着施工风险的不断累积，施工风险度量值也随之增大，依次突破一级、二级、三级、四级预警值，并相应地触发蓝色、黄色、橙色和红色预警。在某一级预警发布后，如果不进行有效的安全控制，施工风险则会继续累积，直至触发下一级的预警，红色预警发布后，如果仍不及时采取安全控制措施，任由风险累积，则会最终导致事故的发生。

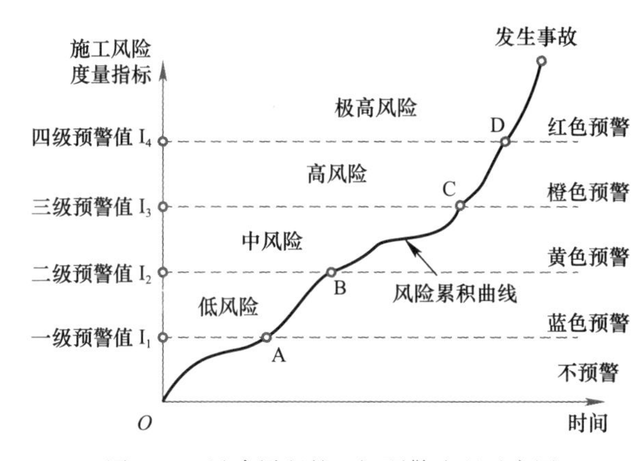

图 2-35　风险累积的四级预警流程示意图

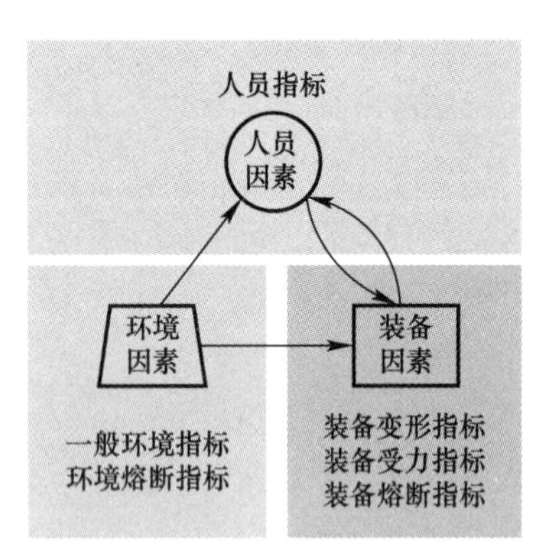

图 2-36　施工风险预警指标体系的一般形式

4. 施工风险预警指标体系的一般形式

风险预警指标体系的建立依赖于在超高层建筑施工过程中可获取的监测指标，施工风险预警指标应按人员、环境、装备三种风险因素进行分类，预警指标在物理意义层面体现如图 2-36 所示的耦合影响关系。

对于人员风险因素，基于现有技术条件可由管理人员采用观察判断或打分等手段定性地获得一些指标，如施工人员素质、人员健康状态等情况。对于环境风险因素，可获取的指标主要是施工现场监测的风速、温度、雨雪状态等。人员和环境风险的监测指标具有简单、直观的特点，从实用性角度出发，采用单一的人员风险度量指标 R_h 作为人员预警指标，由项目管理人员根据分级准则直接给出“红、橙、黄、蓝”的判定值。相似地，采用单一的环境风险度量指标 R_e 作为环境预警指标，由项目管理人员根据实测的风速、温度等基于分级准则直接给出“红、橙、黄、蓝”的判定值。另外，还需设置环境熔断指标 F_e，例如地震、台风等极端自然灾害，以及爆炸、撞击、恐怖袭击等突发事件，如果发生则直接触发红色预警，采用布尔变量（0/1）表征。

对于装备风险因素，采用自动化监测技术可获得较多指标，整体钢平台装备的监测指标可分为三类：变形指标、受力指标和运动状态指标。变形指标主要包括装备构件的变形、垂直度、水平度等，受力指标主要包括装备构件的应力、压力等，运行状态指标主要指提升动力装置的运行是否处于正常的状态。装备运行状态是“一票否决式”的熔断指标，需设置装备熔断指标 F_m，如果动力装置存在异常，则直接触发红色预警。

由此，建立了包含人员指标、一般环境指标、环境熔断指标、装备变形指标、装备受力指标、装备熔断指标共 6 个指标的超高层建筑施工风险预警指标体系，这 6 个指标可作为复杂指标系统的基础形式。

5. 建筑工程施工风险预警指标体系

前文中以整体钢平台装备为研究载体建立包括 6 个指标的超高层建筑施工风险预警指标体系，但该指标体系只能反映超高层核心筒结构顶部作业场景的施工风险情况，无法全面覆盖超高层建筑施工的复杂场景。因此，有必要将塔式起重机、施工升降梯等大型施工装备及其特征指标纳入施工风险预警指标体系。同时，前述人员指标、环境指标也较为笼统，在项目现场有客观条件支撑的情况下，可进一步细化人员、环境指标，建立更为全面的超高层建筑施工风险预警指标体系。

（1）塔式起重机装备预警指标

塔式起重机装备的机械结构与整体钢平台装备存在显著不同，在施工荷载作用下，其受力变形特征主要为倾覆弯矩作用下的倾角变形。塔式起重机装备的监测指标也可分为三类：变形指标、受力指标和运动状态指标，此外由于大型塔式起重机受风荷载作用的影响较大，需考虑风振响应，因此，在条件允许的情况下，需监测塔身的振动情况，可通过安装加速度传感器获取。外附式塔式起重机和内爬式塔式起重机均需在无风条件下进行标准段的爬升作业，在爬升作业过程中装备运行状态是“一票否决式”的熔断指标，需设置装备熔断指标 F_m，如果动力装置存在异常，则直接触发红色预警。

（2）施工升降梯预警指标

超高层建筑施工所采用的施工升降梯在施工过程中承担人员、物料的竖向运输任务，施工升降梯的高度普遍较高，是施工风险较为集中的区域。施工升降梯的监测指标可分为三类：变形指标、受力指标和运动状态指标。变形指标主要为升降梯轨道垂直度，监测物理量为竖向倾角，受力指标主要为轨道筒架应力，运行状态指标主要指电梯动力装置的运行是否处于正常的状态，由于施工升降梯受动力荷载的作用较大，因此，在条件允许的情况下需监测其振动情况，可通过安装加速度传感器获取。在施工升降梯动态运行过程中装备运行状态是“一票否决式”的熔断指标，需设置装备熔断指标 F_m，如果动力装置存在异常，则直接触发红色预警。

（3）超高层建筑施工风险预警指标体系

基于以上分析，在面向超高层核心筒施工时，可构建更全面的超高层建筑施工风险预警指标体系，如表 2-7 所示。

考虑多种施工装备的超高层建筑施工风险预警指标体系　　　　表 2-7

类	子类	序号	预警指标	符号	取值（单位）
人员		1	生理心理缺陷	R_{h1}	红/橙/黄/蓝/不预警
		2	安全意识薄弱	R_{h2}	红/橙/黄/蓝/不预警

续表

类	子类	序号	预警指标	符号	取值（单位）
人员		3	错误违规操作	R_{h3}	红/橙/黄/蓝/不预警
		4	进入危险区域	R_{h4}	红/橙/黄/蓝/不预警
		5	未正确使用防护用品	R_{h5}	红/不预警
环境		1	台风	R_{e1}	红/橙/黄/蓝/不预警
		2	雷雨	R_{e2}	红/橙/黄/蓝/不预警
		3	高温	R_{e3}	红/橙/黄/蓝/不预警
		4	寒潮	R_{e4}	红/橙/黄/蓝/不预警
		5	环境熔断指标	F_e	红/不预警
装备	整体钢平台	1	钢平台水平度	δ_{s1}	红/橙/黄/蓝/不预警
		2	筒架应力	σ_{s1}	红/橙/黄/蓝/不预警
		3	钢平台应力	δ_{s2}	红/橙/黄/蓝/不预警
		4	爬升钢柱垂直度	δ_{s3}	红/橙/黄/蓝/不预警
		5	筒架柱垂直度	δ_{s4}	红/橙/黄/蓝/不预警
		6	牛腿压力（熔断指标）	F_{ms1}	红/不预警
		7	牛腿行程（熔断指标）	F_{ms2}	红/不预警
		8	牛腿伸缩状态（熔断指标）	F_{ms3}	红/不预警
		9	液压油缸位移（熔断指标）	F_{ms4}	红/不预警
		10	液压油缸负载（熔断指标）	F_{ms5}	红/不预警
	塔式起重机	1	塔身垂直度	δ_{t1}	红/橙/黄/蓝/不预警
		2	塔身筒架应力	σ_{t1}	红/橙/黄/蓝/不预警
		3	塔身振动	δ_{t2}	红/橙/黄/蓝/不预警
		4	塔臂旋转速度	δ_{t3}	红/橙/黄/蓝/不预警
		5	爬升油缸压力（熔断指标）	F_{mt1}	红/不预警
		6	爬升油缸行程（熔断指标）	F_{mt2}	红/不预警
	施工升降梯	1	升降梯轨道垂直度	δ_{e1}	红/橙/黄/蓝/不预警
		2	轨道筒架应力	σ_{e1}	红/橙/黄/蓝/不预警
		3	轨道筒架振动	δ_{e2}	红/橙/黄/蓝/不预警
		4	传动齿轮动力输出（熔断指标）	F_{me1}	红/不预警
		5	轿厢竖向行程（熔断指标）	F_{me2}	红/不预警

2.3.2 风险耦合预警方法

1. 建筑施工核心装备失效模式分析

人员指标 R_h 的四级预警值由项目现场管理人员基于对施工现场人员专业素质和身心状态的了解及观察，结合项目管理经验，并根据表 2-8 提供的定性评判准则对项目现场人员进行统一打分，直接给出定性判定结果。

人员状态定性评判准则 **表 2-8**

序号	评判项目	人员状态定性评判准则			
		优秀	良好	一般	差
1	职业培训	专业	部分专业	一般	不专业
2	身体状况	极好	较佳，不影响工作	存在问题，影响工作	差，不适于工作

续表

序号	评判项目	人员状态定性评判准则			
		优秀	良好	一般	差
3	心理状态	极佳	较佳，不影响工作	存在问题，影响工作	差，不适于工作
4	专业能力	极好	良好	一般	不专业
5	安全意识	极高	重视	了解	无

一般环境指标 R_e 的四级预警值应遵循《超高层建筑施工安全风险评估与控制标准》T/CECS 671—2020 的规定，指标分级范围见表 2-9。取现场监测的风速、温度等指标落入的最恶劣预警区间（最大值）作为环境风险预警指标值。环境熔断指标 F_e 无需分级，由项目管理人员根据实际情况直接给出取值。

环境指标分级范围　　表 2-9

序号	监测内容	指标预警区间			
		蓝色	黄色	橙色	红色
1	风速（级）	6	8	10	12
2	高温（℃）	—	35	37	40
3	低温（℃）	5	0	−5	−15

装备变形指标 δ、受力指标 σ 的四级预警值需通过对装备结构进行有限元分析获得，采用设计强度确定蓝色预警值，采用弹性极限强度确定黄色预警值，采用塑性极限强度确定橙色预警值，通过有限元计算获得红色预警值。

此外，装备熔断指标 F_m 的取值由装备机械动力控制系统自动获得。

2. 考虑风险因素耦合的指标修正方法

预警指标体系应当适应并全面反映超高层建筑施工“人-机-环”系统的风险变化特征。采用对装备定量指标取值进行修正的方法，考虑人员、环境风险因素耦合对整体钢平台装备结构的影响，将人员、环境风险因素归一为修正系数 k，对装备四级变形和受力指标预警值进行修正。修正系数 k 的取值通过装备结构有限元分析获得，将不同等级的人员因素和环境因素换算为不同的荷载及边界条件，通过对比不同条件下的计算结果确定修正系数的取值表，将获得的装备变形、受力指标监测值与修正后的预警值进行比对，可获得反映装备整体风险状况的装备指标 R_m 的取值，选取最大指标值作为系统预警指标 R 的取值，以此为预警发布的依据。

3. 超高层建筑施工风险预警方法

（1）超高层建筑施工风险预警方法的原则

为保证超高层建筑施工风险预警的顺利开展，并全面把控风险预警实时动态，应遵循以下原则构建钢平台风险预警框架：

1）科学性原则。针对钢平台风险预警中风险识别与分析方法、评估体系、预警及应对措施等都必须是科学的，能够如实准确反映钢平台工作的潜在风险。

2）系统性原则。应同时考虑各种风险因素，做到预警指标不重复、不遗漏，全面反映钢平台所处风险水平。

3）预测性原则。风险预警系统应根据以往工作中形成的数据资料来分析预测未来可能发生的风险情况，以帮助特定主体采取有效措施来防范风险，尽量将风险消灭在萌芽状态。

4）动态性原则。风险预警应实现动态跟踪，实时反映工作情况。

5）及时性原则。风险预警系统应具备及时性，能够及时发现并警告施工中潜在的不确定因素。

6）实用性原则。一是预警指标及阈值设定等尽量做到因地制宜；二是风险预警应直观反映潜在风险因素，易于理解和掌握；三是预警信号应较为明确，且对风险应对措施的制定具有指导作用。

（2）超高层建筑施工风险预警方法的流程

采用预警指标修正的方法体现多因素耦合对预警指标的影响，风险预警方法流程如图 2-37 所示。

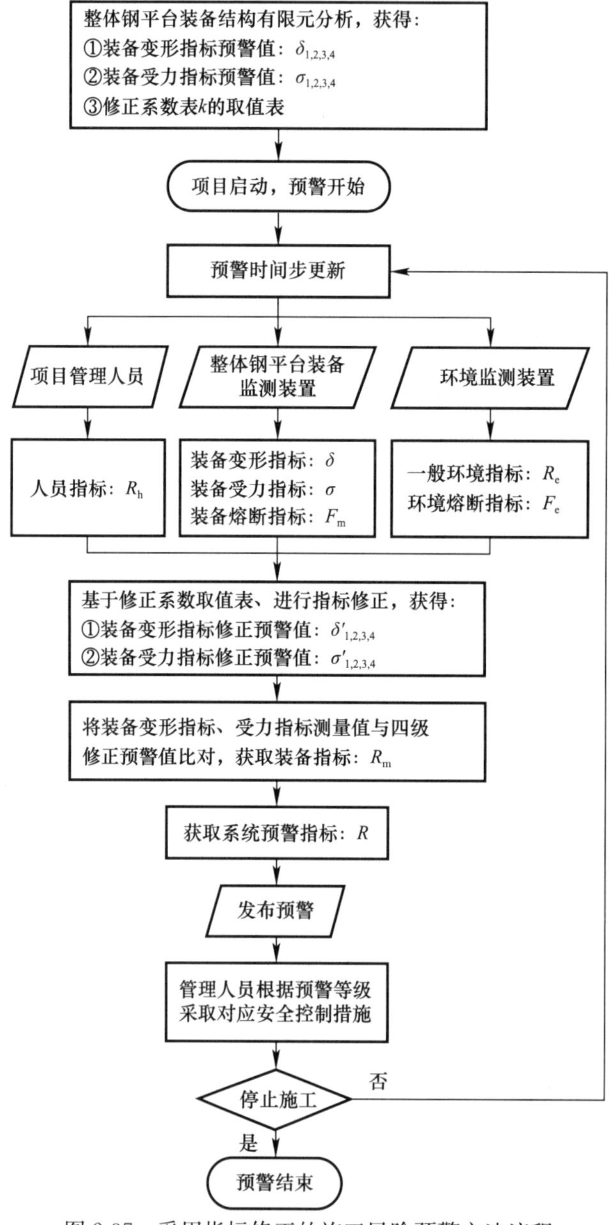

图 2-37　采用指标修正的施工风险预警方法流程

在风险预警过程中采用时间步的形式进行循环，时间步长依据项目情况设定。风险预警结束后，及时将本次风险预警的反馈和改进建议记录下来，同时根据外部环境和内部条件等的变化对原有风险预警系统中的评估指标、评估方法、预警界限、应对方法等进行更新，从而使风险预警系统“与时俱进”，具有良好的学习和自适应能力。

2.3.3 风险智能预测技术

随着系统论、信息论、控制论等理论不断成熟，自动检测与传感技术、计算机仿真模拟、通信等先进技术的不断发展，开展超高层建筑施工安全预测已经成为现实。目前我国的预测方法大多数还是从一个时间点来评价分析项目整体的施工安全状态，是一个静态、宏观的综合预测，欠缺从施工层面进行的动态的、不间断的危险源辨识、评估、发出危险信号并采取响应措施的预测体系。本节基于数值模拟和案例数据确定因素分级准则，并构建大样本模型训练库；以数据驱动神经网络模型结构的构建和优化，实现了重大风险事故状态的可靠预测。

人工神经网络，模拟人脑进行数据的非线性并行处理，可以有效地解决复杂的问题。BP（Back-Propagation）神经网络是人工神经网络中处理问题能力很强的一种类型，通过调节各层的权值，使其学会并记忆学习样本集。本研究采用BP神经网络的预测方法对建筑工程项目的安全状况进行预测，并改进传统预测模型，使改进后的建筑施工安全事故预测模型可以更好地服务于建筑安全管理，有效提高预测的精度与效率。

1. 智能预测技术应用方法流程

基于神经网络算法的施工风险事故预测技术应用方法流程如图2-38所示。

① 基于事故案例库，通过Apriori关联规则模型确定风险关键因素；

② 根据因素特点确定量化及非量化两类预测指标，分别采用结构模拟及统计分析方法进行指标安全状态标准划分；

③ 基于状态划分标准生成专业知识数据集，与历史案例数据集共同形成训练数据库，对BP神经网络进行训练，并最终确定最优预测模型；

④ 输入模型所需的量化和非量化的现场动态监测和阶段评价数据，并输出风险事故的预测结果。该技术已成功应用于徐家汇中心T1塔楼超高层工程等多个示范项目，相关内容见第2.5节。

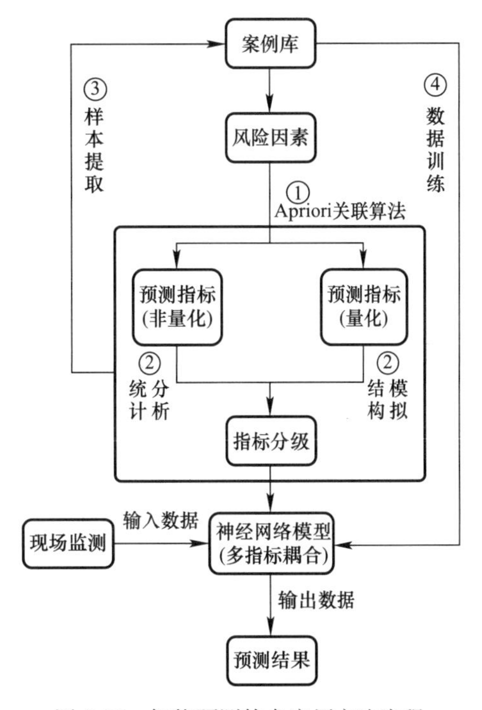

图2-38　智能预测技术应用方法流程

2. 施工风险事故预测参数确定方法

（1）基于风险事故预测参数确定方法

在基于复杂网络的建筑工程风险耦合模型中，通过搜索罗列不同“风险因素”（人员、机械、环境所有三级风险因素）到达“风险事件”的路径，以塔式起重机坍塌为例，计算风险演化的概率并排序，结果如表 2-10 所示。

基于风险耦合评价的塔式起重机事故风险因素 表 2-10

序号	初始风险因素	所有路径演化概率	序号	初始风险因素	所有路径演化概率
1	强风	0.0301	9	塔式起重机爬升过程受阻	0.0037
2	塔式起重机安拆工酒精、药物影响	0.0218	10	塔式起重机安拆工无资质	0.0029
3	塔式起重机附墙混凝土强度不足	0.0100	11	信号工无资质	0.0029
4	塔式起重机基础强度不足	0.0100	12	信号工安全意识薄弱	0.0029
5	塔式起重机结构锈蚀变形	0.0100	13	夜间照明不足	0.0029
6	塔式起重机安拆工安全意识薄弱	0.0054	14	吊绳磨损严重	0.0014
7	塔式起重机吊物超重	0.0054	15	塔式起重机吊重限制器失灵	0.0014
8	塔式起重机结构倾斜角度过大	0.0037			

为筛选出关键风险因素，结合已归纳的人员的不安全行为、机械的不安全状态和不利的环境条件的三级风险因素分类。以塔式起重机倒塌事故为例，对 15 个风险因素进行分类，形成塔式起重机安全事故的风险因素分解结构图，如图 2-39 所示。

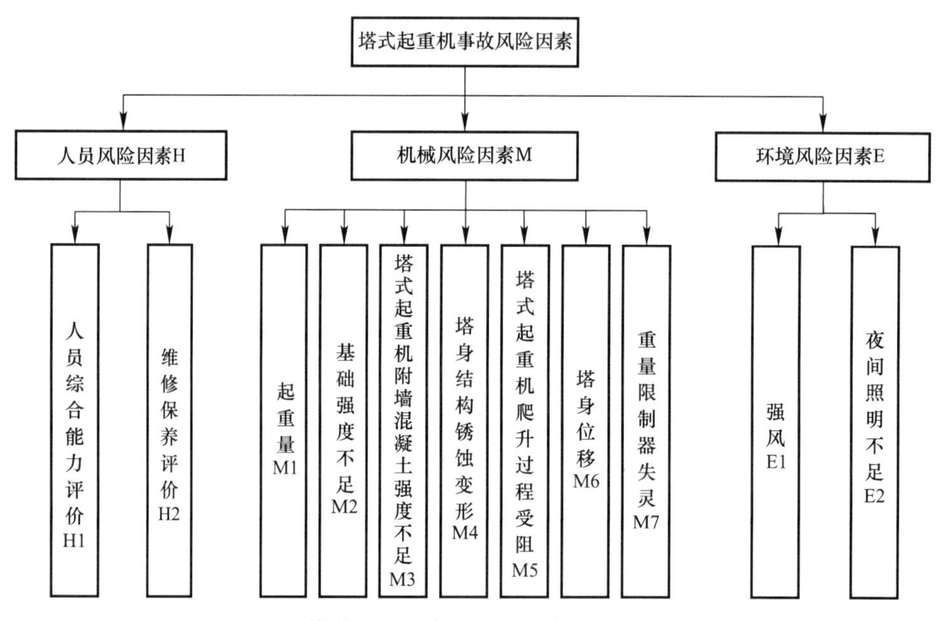

图 2-39 塔式起重机事故相关风险因素分解结构图

（2）基于关联算法关键因素的选取

利用关联规则的分析工具挖掘塔式起重机施工事故数据的特点与规律，通过对塔式起重机事故发生情况的分析，确定事故和风险源之间的联系，找到人员、机械设备、环境之间的内在关系，从而得到导致塔式起重机事故发生的关键因素。塔式起重机施工事故关联规则分析的具体流程，如图 2-40 所示。

Apriori 算法是一种用来挖掘数据关联规则的代表性算法，它的主要任务就是设法发现各子项的内在联系。采用 Apriori 算法对众多塔式起重机风险因素进行关联规则分析，通过支持度概念筛选出塔式起重机风险因素的频繁项集，并通过置信度概念筛选出频繁项

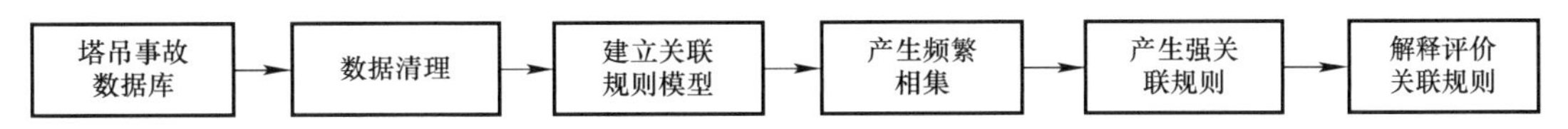

图 2-40　塔式起重机事故关联规则分析流程图

集中各子项中的强关联规则。支持度表示一种或多种风险因素在塔式起重机事故案例集中出现的频率。通过 Python 语言实现该算法，结果如下（其中：H1-人员综合能力评价；H2-维护保养评价；E1-强风；M1-起重量）。

对比表 2-11 和表 2-12，可以发现表 2-12 中的风险因素即表 2-11 中风险因素的组合，因此实际生产过程中应对表 2-12 中的 4 种风险因素重点进行监控。

塔式起重机事故风险因素频繁项集（1 个子集）　　表 2-11

序号	风险因素种类	支持度	序号	风险因素种类	支持度
1	H1	0.31	3	E1	0.27
2	H2	0.29	4	M1	0.27

塔式起重机事故风险因素频繁项集（多个子集）　　表 2-12

序号	风险因素种类	支持度	序号	风险因素种类	支持度
1	E1，H1	0.13	6	M1，H1，H2	0.07
2	E1，M1	0.13	7	M1，E1，H2	0.07
3	E1，H2	0.08	8	E1，H1，H2	0.07
4	H1，H2	0.08	9	M1，H1，E1	0.07
5	M1，H2	0.08	10	M1，E1，H1，H2	0.07

表 2-13 中共 16 组强关联规则，涉及 5 个频繁项集。下面通过举例说明强关联规则的含义。频繁项集［M1，E1，H1］共存在 3 组置信度为 1 的强关联，即 E1，H1=>M1，代表在塔式起重机事故中如果出现 E1 和 H1，则 M1 会出现；同理可得 E1，M1=>H1 与 M1，H1=>E1 的代表含义，所以可以认为 M1，E1，H1 在塔式起重机事故中往往是同时发生的。频繁项集［M1，E1，H1，H2］共存在 4 组强关联，同理可以得出结论：M1，E1，H1，H2 在塔式起重机事故中是同时发生的。

各风险因素之间的强关联　　表 2-13

频繁项集	强关联	置信度	频繁项集	强关联	置信度
M1	E1，H1=>M1	1	M1	M1，H2=>M1	1
E1	E1，M1=>H1	1	H1	M1，M1=>H2	1
H1	M1，H1=>E1	1	H2	H2，M1=>M1	1
M1	M1，H2=>E1	1	E1	H2，E1=>H1	1
E1	M1，E1=>H2	1	H1	H1，H2=>E1	1
H2	H2，E1=>M1	1	H2	E1，H1=>H2	1
M1，E1	M1，E1，H2=>H1	1	M1，E1	M1，H1，H2=>E1	1
H1，H2	M1，E1，H1=>H2	1	H1，H2	E1，H1，H2=>M1	1

因此，可得出如下结论：在众多导致塔式起重机事故的风险因素中，人员综合能力评价、维护保养评价、风速、起重量这四种风险因素在塔式起重机事故中往往是同时发生

的。因此，在塔式起重机作业过程中不仅需要对单个塔式起重机风险因素进行监控，同时应对上述组合塔式起重机风险因素进行监控。

3. 基于数值分析和历史数据融合的训练库构建

（1）数值模拟仿真模型建立

以塔式起重机运行安全风险事故为对象，塔式起重机结构主要由塔身、回转塔身、塔顶、塔臂与平衡臂几部分组成，其中在塔身一定高度处设置中部附墙件支撑，塔顶与平衡臂吊臂有四根拉索相连以平衡，采用有限元程序 midas 构建塔式起重机有限元结构模型并进行三维计算分析。塔式起重机作业安全有两大风险因素：起重量和风荷载，为了更加全面地考察塔式起重机在风险因素下的运行状态，考虑以下几类工况下的风险等级：

1）工况类型 1：空载工况（参照组）

2）工况类型 2：各起重量工况

3）工况类型 3：各非工作状态与风荷载工况

4）工况类型 4：各工作状态与风荷载工况

风荷载分析分为两种状态：一种是工作状态风荷载，另一种为非工作状态风荷载，可以参照《塔式起重机设计规范》GB/T 13752—2017 取值。体型系数：算例中塔式起重机为空间格构式结构，体型系数应综合考虑其结构形式、构件形状，风向和挡风系数等因素；综合《建筑结构荷载规范》GB 50009—2012 和《塔式起重机设计规范》GB/T 13752—2017，最终选取体型系数为 1.4，风振系数为 1.0。

由于塔式起重机吊臂较长，位移可能较大，因而在结构分析时需考虑其几何非线性对结构分析结果的影响。采用 midas 软件的时变静力荷载模块，对塔式起重机的几何非线性效应进行分析，在空载、额定吊重和较低风力工作工况中，采用的时变静力荷载考虑了塔式起重机的几何非线性，并将其结果进行了对比（图 2-41）。通过对比两种计算方法得出的应力云图可以看出，在此工况下，静力分析与时程分析结果基本一致，认为基本满足小变形假定，可以采用静力分析的结果进行荷载效应叠加。

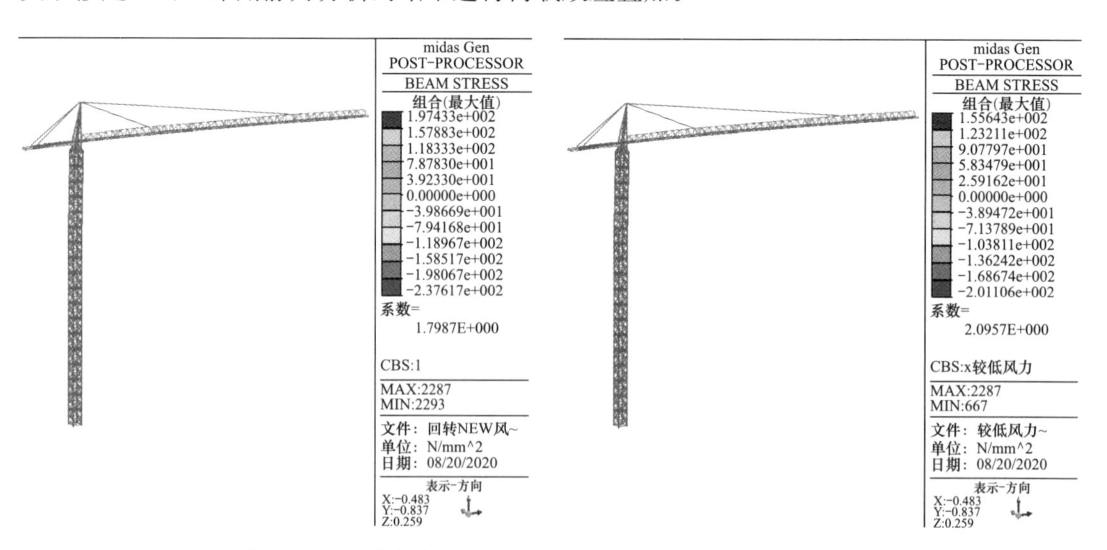

图 2-41　1.5 倍额定吊重工况下（左）和 X 方向较低风力工作状态下（右）塔式起重机应力状态云图

(2) 量化因素状态准则制定

有限元模型主要考虑塔式起重机在两大定量化风险因素（起重量和风荷载）独立和耦合作用下的运行状态，参照《建筑结构荷载规范》GB 50009—2012 和《塔式起重机设计规范》GB/T 13752—2017，对于塔式起重机 Q235B 的钢材，采用《钢结构设计标准》GB 50017—2017 中的正应力幅疲劳截止限 176MPa、材料强度设计值 215MPa、材料强度标准值 235MPa 作为分段点。值得注意的是，在划分风险等级时，对于塔式起重机的主材采取较为严格的标准，对其余杆件适当放松标准等级，这样有助于合理评价事故风险。根据上述标准与划分要点，建立如下三种风险等级，各等级对应的风险描述与风险接受准则如表 2-14 所示。

三级风险等级、风险描述及接受准则　　表 2-14

序号	判断标准		安全状态	接受准则
1	0≤主材应力最大值＜176MPa	0≤协材应力最大值＜215MPa	安全	可接受，但应尽量保持当前水平
2	176MPa≤主材应力最大值＜215MPa	215MPa≤协材应力最大值＜235MPa	告警	允许在一定条件下发生，但必须对其进行监控避免风险升级
3	215MPa≤主材应力最大值	235MPa≤协材应力最大值	危险	不接受，应立即采取有效措施

为综合评价塔式起重机的安全风险状态，结合已制定的量化因素风险，最终塔式起重机结构安全风险指数计算公式如下：

$$K=\sum_{i=1}^{n}\left[w_i\cdot\sum_{j=1}^{m}(w_j\cdot R_{ij})\right] \tag{2-2}$$

式中，w_i 为一级指标权重，$\sum_{i=1}^{n}w_i=1$；w_j 为二级指标权重，$\sum_{j=1}^{m}w_j=1$；R_{ij} 为安全风险评估指标分值。

为进一步统一整体标准，完成非量化风险因素的归一量化处理，将非量化指标人员综合评价及维护保养评价结合现场塔式起重机管理实际情况，按照相应相关要求进行标准化考评分解（具体分解内容详见表 2-15）；同时通过对案例库中符合数据要求的 279 例塔式起重机安全事故进行风险因素分析，针对非量化预测因素“人员综合能力”和“机械健康状态”建立其二级评价指标，对其子级指标的安全风险指数需再次进行评估，分别统计人员综合能力评价及维护保养评价各项子级指标在事故案例中出现的频率，确定其相关的影响权重因子，事故案例事故原因分析示例如表 2-15 所示。

非量化预测因素二级指标表及权重指标　　表 2-15

非量化因素	二级指标	频次	累积频次	权重指数
A 人员综合能力	A1 从业人员是否持证上岗（司机、信号司索工）	17	204	0.083
	A2 塔式起重机司机操作能力	29		0.142
	A3 塔式起重机司机状态	37		0.181
	A4 安装、拆卸人员对说明书的执行程度	52		0.255
	A5 专业技术人员技术水平	26		0.127
	A6 塔式起重机周期检查人员的能力	21		0.103
	A7 是否编制专项塔式起重机安拆方案	9		0.044
	A8 塔式起重机安拆前是否已进行方案及安全交底	13		0.064

续表

非量化因素	二级指标	频次	累积频次	权重指数
B 机械健康状态	B1 主要机械结构部分	17	143	0.119
	B2 回转机构	9		0.063
	B3 起升机构	3		0.021
	B4 变幅机构	19		0.132
	B5 顶升机构	14		0.097
	B6 电气部分	34		0.238
	B7 限位保险	47		0.329

同时再结合风险耦合机理研究中关于各风险因素的演化概率分布，针对事故风险预测所选取的关键因素演化概率进行权重指标分配，具体见表 2-16。

预测参数权重指标分配 **表 2-16**

关键因素	二级指标	演化概率	累计概率	权重指数
A 人员综合能力	塔式起重机安拆工酒精、药物影响	0.0218	0.0359	0.49
	塔式起重机安拆工安全意识薄弱	0.0054		
	塔式起重机安拆工无资质	0.0029		
	信号工无资质	0.0029		
	信号工安全意识薄弱	0.0029		
B 维护保养评价	吊绳磨损严重	0.0014	0.0014	0.03
C 量化指标	强风	0.0301	0.0355	0.48
	起重量	0.0054		

对于已经综合完成耦合的量化因素，最终总体作为一个一级指标进行验算，其相应风险状态标准等级安全、告警、危险分别对应此一级指标的 0（安全）、1（告警）、2（危险）。而对于人员维护评价、维护保养评价非量化因素尽量采取与最终结果相同的三级评价办法，即人员评价 A 及维护保养评价相应取值以其各二级指标状态与相应权重累积取值作为依据。

以总体结合量化指标状态标志准则为基础，结合人员评价及维护保养评价对风险事故的影响，最终计算得到塔式起重机结构的安全风险指数，即若风险指数 $k<0.48$，此时塔式起重机的风险等级为安全；若 $k>0.96$，则此时安全等级为危险。上述安全风险指数和安全风险等级的划分标准与评分体系中评分分值和评分对应安全等级的划分标准相一致。

（3）神经网络学习样本构建

根据前文最终制定的风险因素状态标准，并结合塔式起重机案例数据库，构建 BP 神经网络训练数据库，如表 2-17 所示。

为进一步完善应用于构建和训练神经网络的数据库，通过对重大风险事故关注对象进行数值仿真，确定相应关键因素风险状态评价标准等级，以大量工况计算补足数据集，最终建立基于历史数据和仿真数据融合的人工神经网络模型训练数据库，如表 2-18 所示。

案例训练数据库内容（示例）　　表 2-17

时间	项目	事故原因	起重荷载	风速	维护保养评价	人员综合能力评价
20180702	毕节市七星关区天河广场项目	额定起吊 1290kg，实际起吊重量为 2844kg；事故塔式起重机未按照有关规定安装、检测、维护、保养、使用，施工单位在塔式起重机基础连接处存在焊缝锈蚀和裂纹、安全保护装置力矩限制器失效、未配备特种作业人员的情况下，规违章使用塔式起重机超载吊运，导致整个塔机失去与基础的连接向被吊重物一侧倾斜发生倒塌	2.204651	5.6	1.552	1.219
20151224	崂山区青岛体育中心辅助训练场项目	1号和4号塔机事故发生时吊物分别超载 15.3%和 61.6%，且塔机力矩限制器处于失效状态，不能起到防止塔机超载的作用。在此情况下，4号塔机司机在作业时没有观察现场情况，致使4号塔机整机向东南方向失稳倾覆	1.153	5.8	1.699	0.62
20020305	杭州某建筑工地	吊物超载；起重臂的方向与塔身不垂直，使塔式起重机处于受力最不利的情况；施工企业疏于现场使用管理	1.923	5.6	0.519	0.857
……	……	……	……	……	……	……

塔式起重机事故风险因素频繁项集（多个子集）　　表 2-18

序号	起重	风速	人员评价	维护保养评价	状态	序号	起重	风速	人员评价	维护保养评价	状态
1	0.6	4.2	0.705	1.314	安全	9	0.9	12	1.323	1.208	危险
2	1	5.1	0.755	0.733	告警	10	1	11.9	0.946	0.991	危险
3	0.7	7.8	0.866	1.208	安全	11	1	1.3	0.993	1.552	告警
4	1.2	0.6	0.666	1.318	告警	12	1.2	1.2	1.401	0.873	告警
5	1	6.5	1.146	1.521	告警	13	0.1	2.3	1.420	1.243	安全
6	1.1	10.5	1.685	1.297	危险	14	0.4	11.2	1.645	1.061	危险
7	0.1	11.1	0.76	1.913	危险	15	0.7	3.7	0.225	1.592	安全
8	0.9	3.1	1.557	0.782	告警						

4. 基于神经网络的风险事故预测模型

通过对不同数量的案例数据库数据进行 BP 神经网络训练测试（训练流程见图 2-42），通过对比训练的预测准确率，最终确定最优预测模型。本节分别对 300 组案例训练库、500 组案例数据库、1000 组案例数据库、1500 组数据案例库进行训练测试，可以得到各组达到最高预测准确度时的 BP 神经网络隐含层层数和各层神经元数量。经过对比得出，在数据案例库为 1000 组，预测模型 BP 神经网络隐含层为 3 层，且各层神经元数量均为 64 的情况下，BP 神经网络预测准确度最高，训练准确率达 95.4%，从而最终确认预测 BP 神经网络包含 3 层隐含层，且每层隐含层 64 个神经元，即 64×64×64 为本预测模型最终结构。该模型的训练收敛情况和准确率测试结果如图 2-43 所示，测试准确率达 87%。可在该预测模型中输入所需的量化和非量化的现场动态监测和阶段评价数据，即可输出风险事故的预测结果。

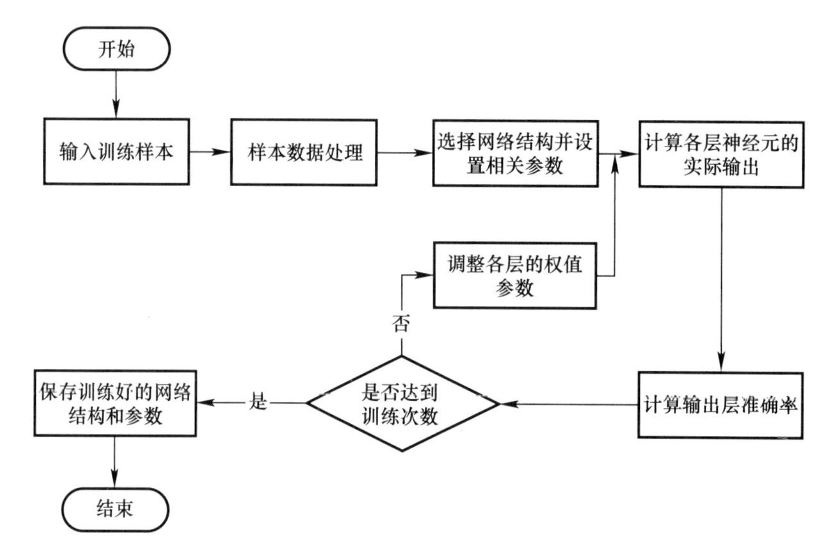

图 2-42　BP 神经网络训练流程图

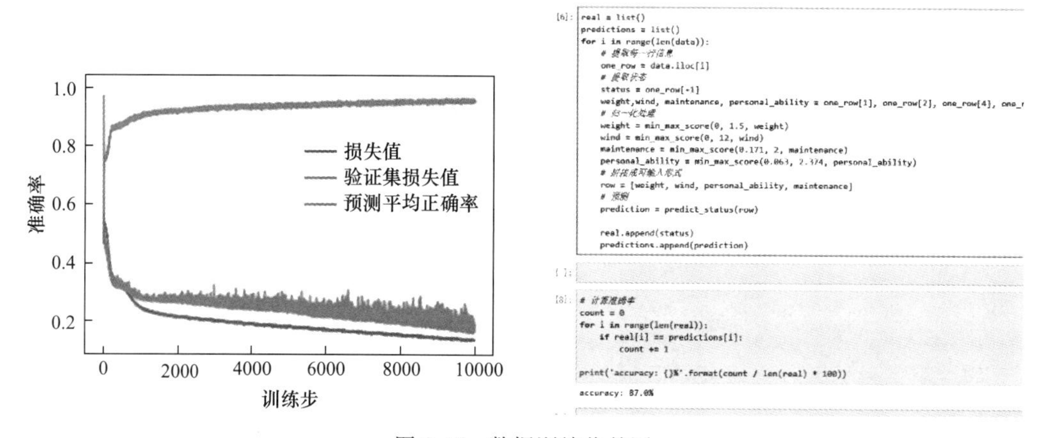

图 2-43　数据训练收敛图

2.4　施工风险定量评估与预警平台系统

大量建筑工程施工过程中管理人员缺乏安全管理意识，未制定规范的安全管理规程，导致风险隐患不能被全面识别和及时管控。尤其是对高层或超高层建筑，其投资规模大、周期长，施工难度大、技术复杂，受各方面的制约条件多，对环境和社会影响程度大，所面临的施工安全风险也更高。建筑工程施工重大风险定量评估和预警平台，能有效提升管理人员的风险管理意识，提高风险管理的科学性及工作效率，并且降低项目安全事故的发生率。

2.4.1　平台系统功能

平台系统是对事故案例数据库、基于案例推理风险识别方法、基于耦合机理的风险分析方法、预测技术、预警方法的集成应用，能够实现对安全事故案例数据的有效管理、对项目施工安全风险进行全面系统的风险评估、对项目安全风险的实时管理、对项目安全风险管理过程的记录。施工定量评估与预警平台系统具有以下功能：（1）多项目管理，包括项目列表和项目录入；（2）单项目风险管理，包括总体风险、专项风险、动态风险、风险监控等功能，其为平台系统的核心功能；（3）系统管理，包括管理员管理、部门管理、角色管理、权限管理等；（4）用户管理等。

该平台的主要特点为：（1）系统性：平台涵盖了风险管理的全部过程，可协助工程管理人员对施工安全风险进行规范化和系统化的管理。（2）实用性：平台使用过程简单明了，提供由简单到复杂的管理流程供不同专业等级的工程管理人员使用。（3）互动性：平台提供不同用户间的交流功能，可以满足不同层级管理人员间的互动需求。（4）创新性：平台融合了建筑工程重大安全风险耦合理论和预测预警方法研究成果，具有显著的创新性。

2.4.2　平台系统使用说明

1. 应用对象

建筑工程施工重大风险定量评估和预警平台可适用于工程项目主要的参建各方：

（1）施工方

1）掌握主要机械设备当前的状态及是否触发预警；

2）预测主要机械设备的下一阶段状态及是否会发生事故。

（2）监理方

1）把控项目的主要风险事件，将对风险等级高的风险事件的管控作为项目重点管控对象；

2）跟踪预控措施的落实情况，切断或管控风险耦合路径从而降低风险。

（3）建设方及相关各方

1）掌握项目的总体风险状况；

2）把握施工方和监理方安全管控的工作结果和效果；

3）了解安全事故的类型分布。

2. 应用场景

建筑工程施工重大风险定量评估和预警平台可应用于项目建设的各个阶段和多个场景。

（1）项目进场初期的总体风险评估

在项目投标阶段或项目进场初期，根据设计方案或部分设计文件，用户录入项目基本概况信息，例如基坑深度、结构最大跨度、周边环境和参与单位管理能力等信息后，系统即可辅助用户进行总体风险评估，总体风险评估结果既包括技术风险，也包括管理风险。基于总体风险评估结果：

1）企业可决策是否进行投标；

2）企业可决策是否增加管理力量；

3）企业可决策是否对该项目提高检查频率并加大技术支撑力度；

4）项目部负责人依据风险等级组建管理团队。

（2）施工准备阶段的专项风险评估

在施工准备阶段，项目设计文件齐全，施工方案经审核确认，主要的施工机械型号已明确，可进行基坑工程、主体工程和幕墙工程专项风险识别、分析和评估。基于专项风险识别、分析和评估结果可实现：

1）项目部通过风险清单，掌握项目的主要风险点和风险事件；

2）项目部通过风险分析结果，掌握项目各个风险事件的关键节点和关键路径；

3）项目部掌握各个风险事件风险等级的高低，从而明确关注重点；

4）通过采取预控措施或跟踪预控措施的落实情况，切断耦合路径，降低专项工程风险；

5）阶段性生成风险评估报告。

（3）施工实施阶段的动态风险管理

在施工实施阶段，主要施工机械已布置在现场并投入生产，通过部署在施工机械上的监控元件，可动态获得机械设备的受力、变形和运动状态，结合机械维护保养状态和操作人员状态的定性评估，可利用系统进行风险状态及趋势的预测与判断，即风险预警与风险预测，基于风险预警和预测结果可实现：

1）通过远程视频监控，了解现场作业面工况及安全管理状态；

2）判断当前机械设备的状态是否达到预警级别，根据不同的级别，采取相应措施进行预警销项；

3）预测机械设备下一阶段的风险状态及判断是否会发生事故，是否需采取管控措施。

（4）事故案例库汲取经验教训

在任何阶段，事故案例库都可单独作为参建各方学习、借鉴和汲取经验教训的重要载体。通过事故案例库可实现：

1）查询了解某个单个事故的具体信息；

2）通过图谱进一步了解该事故相关的其他事故；

3）了解各类事故施工的统计分析。

3. 使用说明

平台是辅助项目风险管理人员开展工作的工具，其使用流程如图 2-44 所示。用户在录入项目基本信息和工程信息完成新建项目后，首先会对项目进行初次的风险评估。随着项目的开展，用户会阶段性更新项目的进度信息，此时可以依据当前项目特征进行阶段性风险评估，并依据评估结果采取预控措施。这一过程在整个建设过程中是往复的，频率依据用户更新项目进度信息的频率 f_1。在项目开始后，预警预测结果也开始动态更新。预测的更新频率 f_2 由项目进度信息和监控数据共同决定，预警的结果主要由监测数据的更新频率决定。此外，在建设过程中如果出现事故，用户可以录入事故信息将其存入案例库。

系统首页如图 2-45 所示，页面左侧是菜单树，右侧是主要功能按钮。

（1）多项目风险

项目管理可在企业层面实现多个项目的风险管理，包括项目列表和项目录入（图 2-46）。通过某个项目的“查看详情”进入单项目风险管理系统（图 2-47），该页面集中展现了该项目的项目概况（效果图）、总体风险评估结果、专项风险评估结果、自然环境信息（风速和温度）、主要机械动态监测信息（塔式起重机、升降机等）和现场视频监控信息。

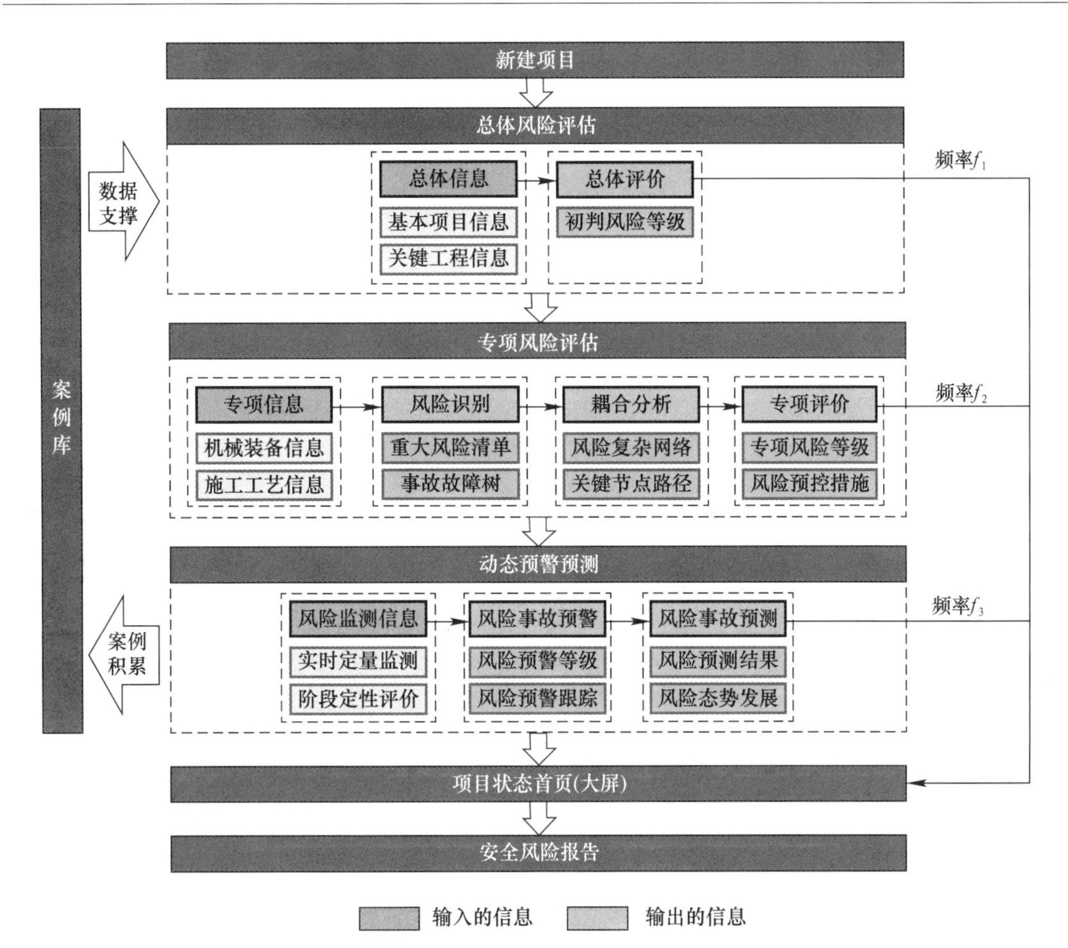

图 2-44　平台用户使用流程示意图

图 2-45　施工风险定量评估与预警平台系统首页

图 2-46　平台项目管理列表

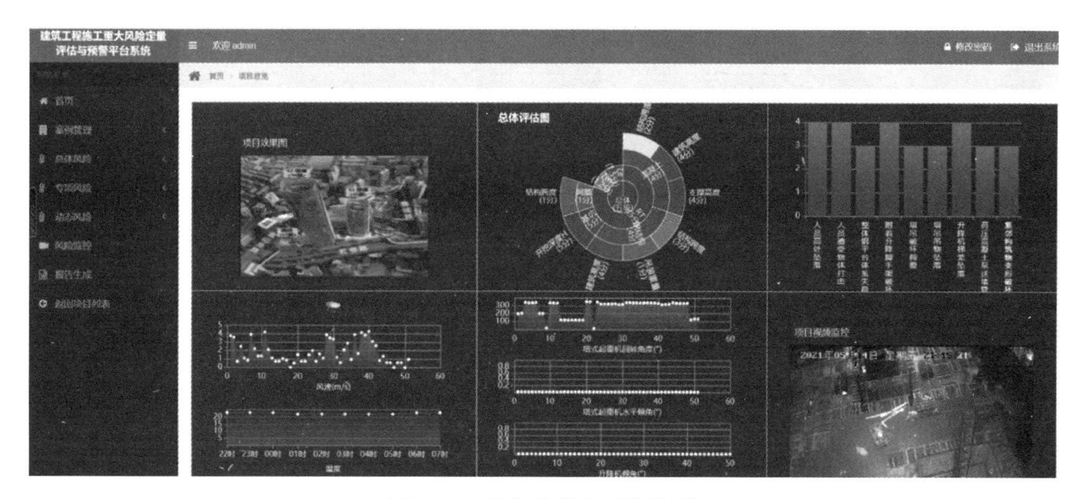

图 2-47　平台单项目系统首页

（2）总体风险

1）输入-工程概况

输入信息包括：项目本体的技术信息（例如结构高度和跨度）、项目周边环境信息和项目管理信息（参建各方的管理能力），见图 2-48。

2）处理-基本算法

总体风险评估采用风险矩阵法，周边环境条件采用表 2-19 中系数修正。

参建方管理能力采用表 2-20 中系数修正。

总体风险等级按下式确定：

$$R = \zeta_e \cdot \zeta_m \cdot R_T \tag{2-3}$$

3）输出-总体风险评估结果

输出内容包括基坑、主体结构等专项工程技术风险及总体技术风险，考虑项目周边环境因素和参建各方管理能力修正参数，总体风险评估结果以图表形式展现（图 2-49）。

混凝土结构工程 建筑最大高度(m)	207	混凝土结构工程 模板支撑最大高度(m)	12.2
钢结构工程 结构最大跨度(m)	24	钢结构工程 单次吊装最大重量(t)	14
钢结构工程 建筑最大高度(m)	220	网架索膜结构工程 结构最大跨度(m)	1.5

风险评估系数

项目环境	城市中心繁忙区域，且周边15m范围存在铁路（地铁）、高架干道、市政总管线、重大建构筑物及其他有特殊保护要求等复杂环境
项目管理	建设单位、总包单位管理较好，总包单位工程经验、技术能力较好；总监/总监代表能力较好

备注信息

备注	预计2020年8月结构封顶，塔吊、部分升降机拆除

图 2-48　工程概况界面

周边环境条件修正系数　　表 2-19

序号	周边环境条件	风险修正系数 ζ_e
1	城市中心繁忙区域，且周边 15m 范围存在铁路（地铁）、高架干道、市政总管线、重大建构筑物以及其他有特殊保护要求等复杂环境	1.5
2	城市中心区域，或周边 15m 范围存在铁路（地铁）、高架干道、市政总管线、居民建筑或其他重要建构筑物、重要河流等复杂环境	1.2
3	周边环境条件一般	1.0
4	周边环境条件比较简单	0.8

参建方管理能力修正系数　　表 2-20

序号	参建方管理能力	风险修正系数 ζ_m
1	建设单位、总包单位管理能力差，总包单位工程经验不足、技术能力差；总监/总监代表经验不足、能力一般	1.5
2	建设单位、总包单位管理能力一般，总包单位工程经验、技术能力一般；总监/总监代表经验不足、能力一般	1.2
3	建设单位、总包单位管理能力较好，总包单位工程经验、技术能力较好；总监/总监代表能力较好	1.0
4	建设单位、总包单位管理规范，总包单位工程经验、技术能力强；总监/总监代表能力强	0.8

（3）专项风险

专项风险主要包括深基坑、幕墙和主体结构三个专项风险。每个专项风险包括风险识别、风险分析及风险评估三个模块。

1）风险识别

① 输入：机械设备信息。

② 处理：识别算法。

对新的项目（目标案例）计算每一个相似性指标的相似度得分，最终可得出目标案例与案例库中案例的相似度，按照案例相似度对案例库中的案例进行降序排列，选取满足一定要求的前 i 个案例作为参考案例。汇总参考案例的事故，作为风险事件形成风险清单（图 2-50）。

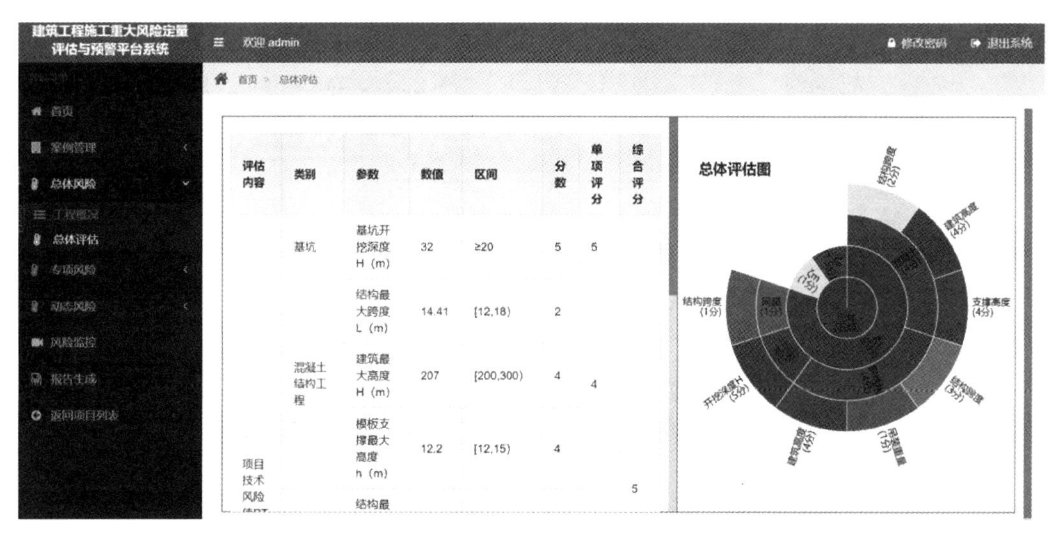

图 2-49　平台项目总体风险评估界面

图 2-50　平台项目风险识别界面

③ 输出

利用基于案例推理的风险识别方法，可显示风险识别结果风险清单。点击故障树图标，可以显示某个风险事件的风险因素分析故障树。

2）风险分析

① 输入：主要为机械设备信息（同风险识别）及风险清单。

② 处理：耦合分析算法。

基于识别出的风险清单进行故障树（FTA）和事故链（AC）分析，提取拓扑关系构建待评价项目的耦合风险复杂网络。

利用风险熵（RE）分析方法对复杂网络进行加权，形成风险演化模型。

利用深度优先搜索（DFS）算法对网络模型进行特征分析，以出度较大的初始风险因素作为关键初始节点，以中介中心性较大的点作为关键中间节点，以初始风险因素到风险事件之间的最短路径作为关键路径。

③ 输出：关键节点及关键路径。

风险分析显示风险因素耦合复杂网络图（图2-51），并显示关键节点和关键路径（图2-52）。

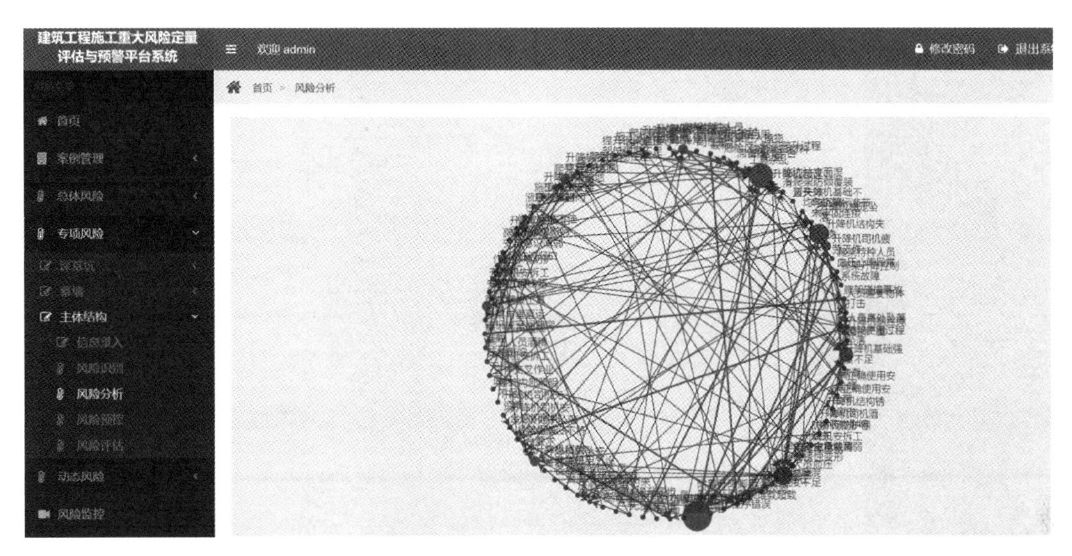

图2-51　平台项目复杂网络图

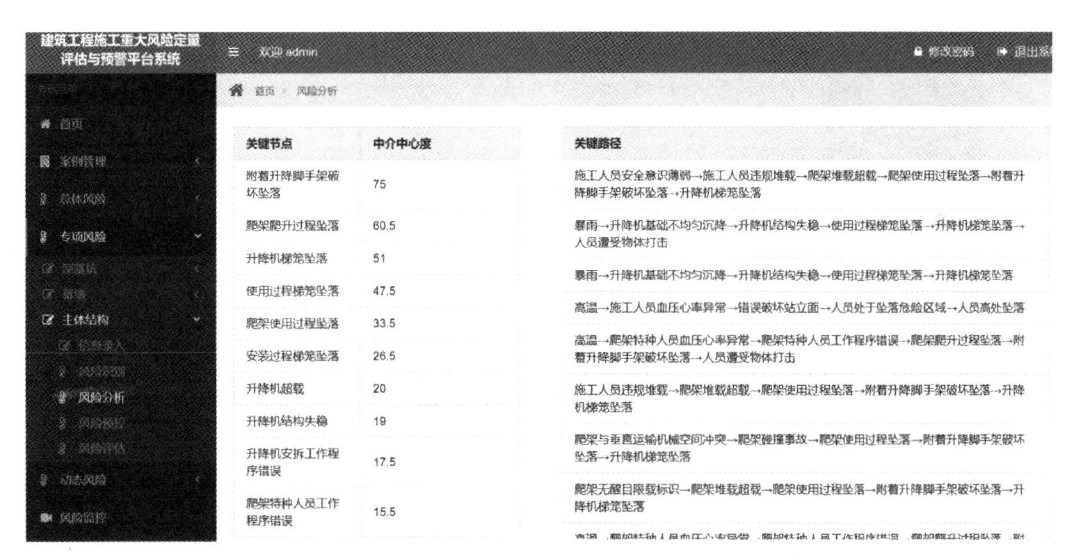

图2-52　平台项目关键节点及关键路径分析

3）风险评估

① 输入：风险分析的结果。

② 处理：耦合评估算法。

首先考虑因素间的发生型耦合，通过推演风险概率进行事故可能性分析，并基于案例库统计结果进行事故损失分析，获得单事件风险等级评价；其次考虑事故间的加重型耦合，以待评事件为起点利用事故链推演分析，获得多事件风险等级评价；最后综合单事件和多事件评价结果判定事件风险等级。

③ 输出：评估等级及预控措施。

风险评估显示基于风险耦合分析的评估结果（图 2-53），针对每个关键节点，给出相应的预控措施（图 2-54）。

风险评估

风险识别

风险名称	风险类型	风险事件	风险概率	风险损失	初始风险等级
主体结构专项风险R (4级)	人员安全风险RH (4级)	人员高处坠落	4	3	4
		人员遭受物体打击	4	3	4
	机械安全风险RM (4级)	整体钢平台体系失稳	2	4	3
		附着升降脚手架破坏坠落	3	4	4
		塔吊破坏倾覆	2	4	3
		塔吊吊物坠落	2	3	3
		升降机梯笼坠落	4	4	4
		高压混凝土泵送堵管	2	4	3
	环境安全风险RE (3级)	紧邻构筑物变形破坏	1	4	3

图 2-53　平台项目风险评估等级输出界面

风险事件	关键风险因素（节点）	预控措施
升降机梯笼坠落	施工人员违规堆载	作业前须接受三级安全教育并组织考核，不合格不得上岗；上岗前组织安全体验
升降机梯笼坠落	爬架无醒目限载标识	在平台上设置醒目限载标志。并设专人检查；
升降机梯笼坠落	施工人员安全意识薄弱	作业前须接受三级安全教育并组织考核，不合格不得上岗；上岗前组织安全体验
升降机梯笼坠落	爬架碰撞事故	吊装工作应满足相关规定，避免与整体脚手架发生碰撞；脚手架体系应与塔吊及升降机等大型机械留出足够的安全空间；爬升时在同一竖向区域禁止进行其他同步作业
升降机梯笼坠落	暴雨	专人负责收集气象资料恶劣天气停止作业；
升降机梯笼坠落	爬架与垂直运输机械空间冲突	吊装工作应满足相关规定，避免与整体脚手架发生碰撞；脚手架体系应与塔吊及升降机等大型机械留出足够的安全空间；
升降机梯笼坠落	爬架堆载超载	在脚手架平台上设置醒目限载标志，并设专人检查；加强人员培训及安全教育
人员高处坠落	高温	专人负责收集气象资料恶劣天气停止作业；备足防暑降温用品，设置遮阳设施，塔机司机室内空调运行良好；
人员高处坠落	错误破坏站立面	作业前须接受三级安全教育并组织考核，不合格不得上岗；上岗前组织安全体验；
人员高处坠落	施工人员血压心率异常	加强对施工人员健康检查，高温、低温作业时合理安排施工时间
人员高处坠落	人员处于坠落危险区域	作业前须接受三级安全教育并组织考核，不合格不得上岗；出入口、危险区域设置危险源警示标志；定期对防护用品及设施检查、检测；安全设施专人维护；发现防护用品及设施出现重大隐患时应停止作业，消除隐患后再恢复施工
人员遭受物体打击	高温	专人负责收集气象资料恶劣天气停止作业；备足防暑降温用品，设置遮阳设施，塔机司机室内空调运行良好；

图 2-54　平台项目风险预控措施输出界面

（4）动态风险

动态风险包括动态信息、风险预测和风险预警模块。其中，在动态信息模块录入塔式起重机、钢平台、施工升降机等主要机械设备实时监测信息。

1）风险预警

风险预警根据当前阶段动态监测信息，判断机械设备的当前工作状态，是否触发预警。

① 输入：动态信息，主要机械设备的监测数据信息及人员和环境信息。

② 处理：识别算法。

风险预警分为蓝、黄、橙和红四个级别。风险预警考虑人员状态、自然环境及机械设备（装置）三类因素。人员状态采用定性评价；机械装置包括设备的受力状态、变形状态和运行状态，采用现场实际检测数据，采用定量化方式进行评价；利用修正系数考虑人机环耦合影响。

③ 输出：输出风险事故预警等级，下达管理指令，并记录处置结果（图 2-55）。

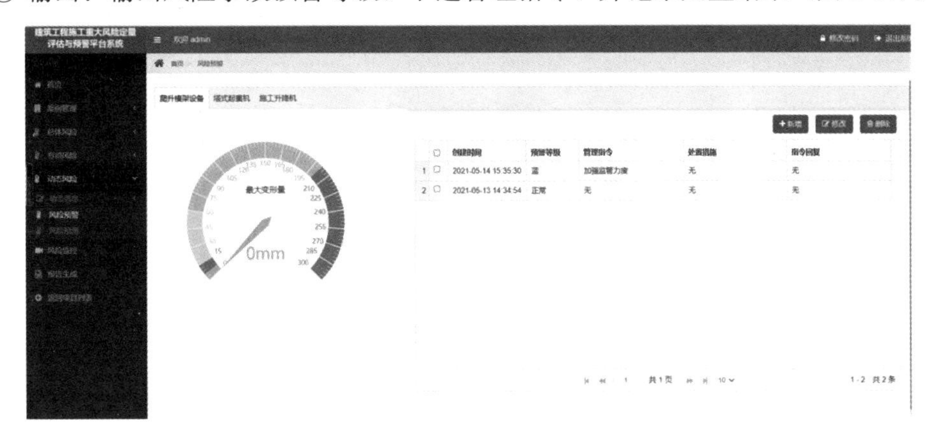

图 2-55　平台项目风险预警界面

2）风险预测

风险预测以当前动态信息为输入信息，动态预测当前及下一阶段的风险状态。

① 输入：动态信息，包括远程传输的现场主要机械设备的实时监测数据信息、设备的维护保养信息和机械司机的人员评价信息，与风险预警信息一起录入。

② 处理：识别算法。

基于状态划分标准生成专业知识数据集，与历史案例数据集共同形成训练数据库，对BP 神经网络进行训练，并最终确定最优预测模型。输入模型所需的量化和非量化的现场动态监测和阶段评价数据，返回当前及下一阶段的风险状态。

③ 输出

风险预测评估设备当前阶段的风险状态及预测下一阶段的风险状态，并输出当前及下一阶段设备处于事故状态的概率（图 2-56）。

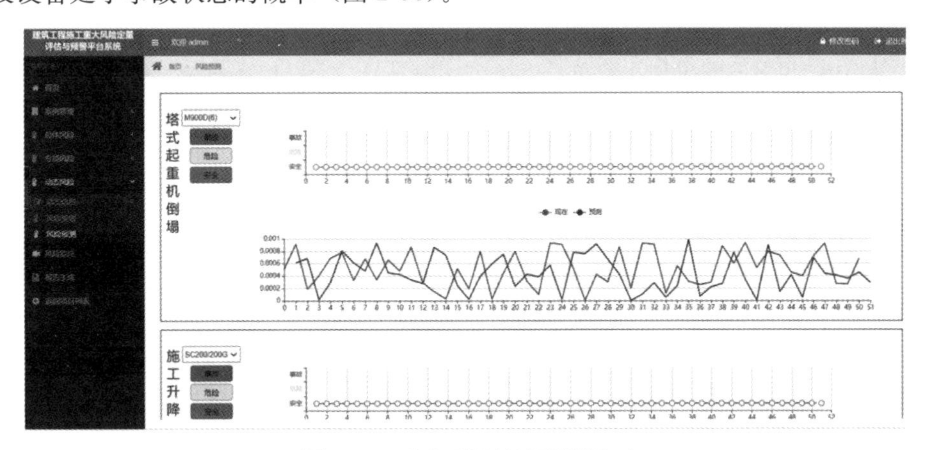

图 2-56　平台项目风险预测界面

3）风险监控

通过远程接入施工场地布置的摄像头，监控作业面工作实况（图 2-57）。

图 2-57　平台项目风险监控界面

2.5　超高层建筑工程的示范应用案例

本节以徐家汇中心 T1 塔楼超高层项目、苏河湾塔楼高层办公楼项目、吴江太湖新城 B1 地块超高层项目为示范工程，对前述技术进行应用、验证。三项示范工程皆为建筑高度超过 200m 的超高层建筑，施工安全管理除需面对垂直运输量大、交叉作业多、吊装难度大等超高层共有特征外，各项目也具有独立的特征。三个项目分别位于新区、城区和商业中心，主体结构施工的核心机械装备系统也存在差异，可以展示不同情形下的技术应用。通过风险耦合分析评估技术、风险事故预警预测技术以及风险评估预警平台的应用，对示范工程实现全面预控风险、准确预警隐患，并规避事故，有效提升项目安全性。

2.5.1　徐家汇中心

1. 项目概况

（1）工程建设基本信息

徐家汇中心位于上海市徐汇区徐家汇商圈核心地带，东至恭城路、南至虹桥路、西北至宜山北路、北临名仕苑住宅区（图 2-58）。地块东侧紧靠地铁 11 号线徐家汇车站，西侧宜山路下方为地铁 9 号线隧道，地块内部北侧有 9 号线隧道从下方穿越。本节主要针对 T1 塔楼进行工程示范应用，T1 塔楼建筑面积约为 12.4 万 m^2，上部建筑面积约 10.8 万 m^2。

（2）重大施工机械设备

T1 塔楼采用两台 600tm 内爬动臂式塔式起重机，主臂长度 55m，塔身高度 56m。核心筒内安装 2 台高立 SCQ200/200VA 施工升降机，施工升降机搭设高度为 135m，共 90 节。T1 塔楼的外围巨型柱和楼板结构施工围护采用附着式升降脚手架体系，布置 48 台机位。附着式升降脚手架从 8 层（＋42.15m）开始安装、提升，待结构施工到顶后进行高空拆除。T1 塔楼核心筒电梯井道采用定型脚手架操作平台体系施工。

（3）施工管理难点

徐家汇中心项目规模超大、功能丰富、结构形式多样且体型复杂、周边环境敏感、施工场地紧邻地铁且狭小，而且又有塔楼、商场裙房提前交付运营业的要求，使得工程建造难度大，给施工管理工作带来了巨大的挑战。

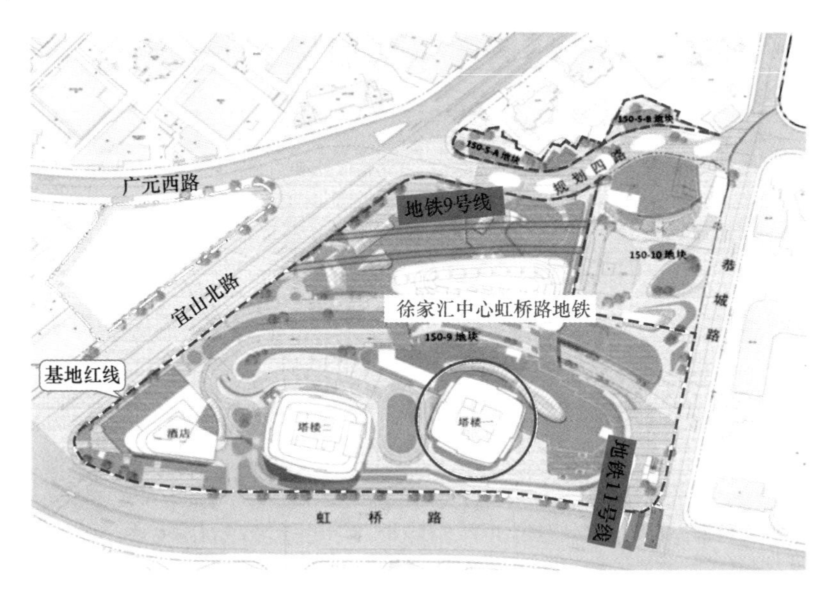

图 2-58 工程平面位置示意图

主要难点如下：周边环境复杂敏感，紧邻周围建筑物；超大超深基坑工程：基坑面积约 5.4 万 m^2，普遍挖深 33～34.5m，局部深坑达 37.5m；超高混凝土泵送：本工程对混凝土材料性能要求高，高强度等级混凝土强度高、黏度大，同时泵送高度大，压力要求高，导致混凝土泵送施工的难度大；立体交叉作业施工多：本工程超高层为垂直向上伸展的建筑，作业空间非常狭小，同一立面施工工序多，施工组织难度非常高；钢结构塔式起重机吊装风险大：钢结构形式多样，施工对象种类丰富，施工难度大、风险高；模板工程复杂、装备要求高；垂直运输体系设备多，管理难，运输量大。

2. 重大安全风险耦合评估

（1）重大风险识别

梳理项目设计、施工和管理相关资料，主要包括：1）总体施工方案类：徐家汇中心 T1 塔楼超高层项目上部结构施工方案；2）专项施工方案类：T1 塔楼附着升降脚手架及电梯筒架专项施工方案、附着升降脚手架及电梯筒架专项施工方案、上部结构施工垂直运输方案、核心筒内施工升降机安装施工方案、上部结构悬挑卸料平台施工方案、钢结构工程塔式起重机安装和爬升专项方案；3）相关安全管理工作方案类：基于工程资料明确工程主体结构特征、危大工程特征、施工工艺流程、项目安全管理信息等，形成风险识别的特征参数输入。

对案例推理结果进行归纳，初步形成重大安全风险事件清单见表 2-21。其中重大安全风险一级因素为人员的不安全行为、机械设备的不安全状态和不利的环境条件。人员的不安全行为包括生理心理缺陷、安全意识薄弱、专业水平不足、错误违规操作、进入危险区域、未正确使用防护用品。机械设备的不安全状态包括结构功能缺陷、支撑系统不足、超负荷运转、运动过程受阻、安全保护装置失效。不利的环境条件包括施工场地狭窄、施工场地杂乱、缺少防护和警示、照明光线不良、地面湿滑、台风、雷雨、高温、寒潮。三级风险因素清单详见附表 6。

徐家汇中心 T1 塔楼超高层项目重大安全风险事件清单　　表 2-21

风险事件	编号	事故分类（名称）	风险编号
高处坠落	2011	人员高处坠落	E1
物体打击	2021	人员遭受物体打击	E2
起重伤害	2051	塔式起重机吊物坠落	E3
	2052	塔式起重机破坏倾覆	E4
	2053	施工升降机梯笼坠落	E5
坍塌	2094	附着升降脚手架破坏坠落	E7
	2098	高压混凝土泵送堵管	E8
	20911	紧邻构筑物变形破坏	E9

（2）风险耦合分析

1）示范项目安全风险演化网络

基于表 2-21 中列出的八个核心事件，构建该项目的风险演化模型，如图 2-59 所示。

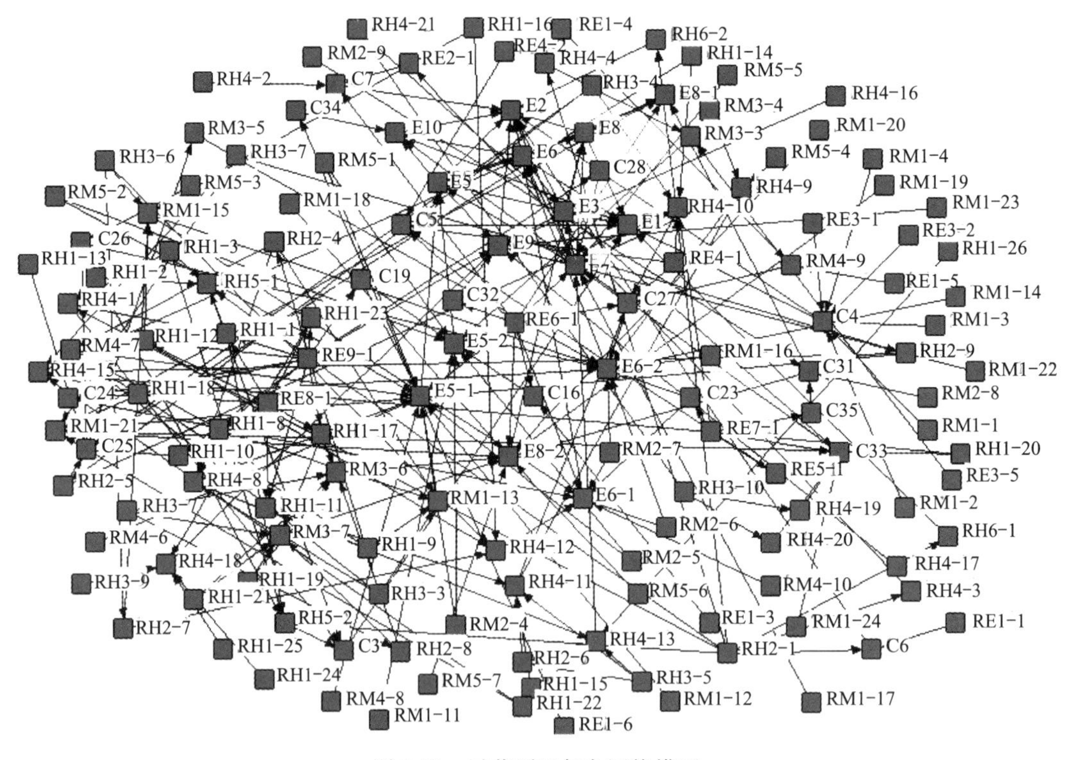

图 2-59　示范项目复杂网络模型

2）示范项目风险关键节点路径

根据复杂网络模型按照前文所述方法进行关键节点和关键路径的分析。根据风险因素和风险事件在网络中的位置，分别计算出中介中心性最大的前 20 个风险因素作为关键中间节点，如表 2-22 所示，对每个风险事件以初始风险因素概率及其到风险事件的最短路径综合判定关键演化路径，用深度优先度搜索算法分别找到每个事件最容易发生的前 5 条路径，如附表7所示。

风险复杂网络关键节点　　表2-22

序号	风险因素	序号	风险因素
1	司索工未充分固定吊物	11	塔式起重机安拆工作程序错误
2	塔司违规操作	12	爬架特种人员工作程序错误
3	塔式起重机组分未牢固连接	13	爬架爬升时未拆除拉结
4	塔司盲吊	14	架体搭设不符合要求
5	塔司超重起吊	15	升降梯超速
6	爬架堆载超载	16	升降梯超载
7	吊装路径受阻	17	信号工血压心率异常
8	导轨架标准节未牢固连接	18	未按要求停泵清管
9	信号工错误指挥	19	升降梯安拆工作程序错误
10	吊物移动过快	20	爬架特种人员血压心率异常

从结果可以看出，在关键节点中塔式起重机相关的风险因素占了8个，表明塔式起重机风险对系统整体风险影响较大，需要在施工过程中加强对塔式起重机安全管控的重视程度；大多数风险因素均与塔式起重机、钢平台、爬架和施工升降梯特种作业人员的违规操作有关，表明机械特种作业人员的不安全行为是导致系统风险的最主要原因，这也与事故案例库中事故原因多为人因的分析相符，应该加强对人员的安全教育和技术交底，避免违规操作；机械的结构功能缺陷如塔式起重机、钢平台、爬架等施工机械组分未牢固连接，对系统的风险影响也较大，应该注重对施工机械的验收及日常巡检；机械超负荷运转如钢平台、爬架堆载超载，升降机超载超速等对系统整体风险的影响也不容忽视，应该严格规范施工机械的使用。有针对性地加强对这些风险因素的管控，可以有效降低风险事件的发生概率。

3）示范项目安全风险等级评价

根据项目可能发生的风险事件考虑加重型耦合，通过耦合评估得出8个事件的风险等级，如表2-23所示，并将结果与传统风险评估方法进行比较，针对不同的风险等级需要采取不同的应对原则。

案例风险等级　　表2-23

编号	风险事件	风险等级		应对原则
		传统评估	耦合评估	
E1	人员高处坠落	3	3	配置资源积极应对
E2	人员遭受物体打击	3	3	配置资源积极应对
E5	附着升降脚手架破坏坠落	2	3	配置资源积极应对
E6	塔式起重机破坏倾覆	3	4	采取明确的预警监控和应对措施
E7	塔式起重机吊物坠落	2	3	配置资源积极应对
E8	升降机梯笼坠落	3	4	采取明确的预警监控和应对措施
E9	高压混凝土泵送堵管	2	2	建立规章制度定期检查
E10	紧邻构筑物破坏变形	2	2	建立规章制度定期检查

在该项目的重大风险中：“塔式起重机破坏倾覆”E6和“升降机梯笼坠落”E8的初

评皆达到 4 级风险，需采取明确的预警监控和应对措施；“人员遭受物体打击”E2、“人员高处坠落”E1、“附着升降脚手架破坏坠落”E5、“塔式起重机吊物坠落”E7 为 3 级风险，需配置资源积极应对；“高压混凝土泵送堵管”E9 和“紧邻构筑物破坏变形”E10 为 2 级风险，应建立规章制度定期检查。

3. 重大安全风险事故预警

针对徐家汇中心 T1 塔楼超高层项目重大安全风险预警需求，构建了以塔式起重机和施工升降机为核心的预警指标体系（表 2-24）。

徐家汇中心 T1 塔楼超高层项目重大安全风险预警指标体系　　表 2-24

项目	事故	风险对象	特征指标	监测指标	红	橙	黄	蓝	正常
徐家汇中心 T1 塔楼超高层项目	核心筒内爬塔式起重机	人员状态	安全状态	能力状态综合评价	≤60	(60，70]	(70，80]	(80，90]	>90
		设备状态	结构变形	关键部位变形	≥100.3	[36.9，100.3)	[15.8，36.9)	[9.8，15.8)	<9.8
			运动异常	控制系统警报	异常	—	—	—	正常
		环境状态	环境风速	风速	12	10	8	[6，8)	<6
			环境温度	低温	40	37	35	30	<30
				高温	−15	−5	0	5	>5
			环境异常	突发事件	异常	—	—	—	正常
	核心筒施工升降机	人员状态	安全状态	状态综合评价	≤60	(60，70]	(70，80]	(80，90]	>90
		设备状态	结构变形	关键部位变形	≥87.4	[42.0，87.4)	[21.9，42.0)	[12.5，21.9)	<12.5
			运动异常	控制系统警报	异常	—	—	—	正常
		环境状态	同“核心筒内爬塔式起重机”						

简化人员因素、环境因素的耦合影响，分别按四级人员因素导致的附加荷载（2kPa、3kPa、4kPa、5kPa）和四级风力荷载（0.5kPa、0.83kPa、1.25kPa、2.08kPa）考虑（图 2-60），对处于红色预警临界状态下的整体钢平台装备结构模型进行分析，获得不同组合作用下的装备最大变形量，以变形指标预警值 δ_4 与计算变形量的比值为修正系数，获得考虑耦合的预警指标修正系数表（表 2-25）。

4. 重大安全风险事故预测

融合定量监测数据和阶段定性评价数据的输入，可进行重大安全风险事故的预测。图 2-61 展示了 2020 年 4 月 20 日徐家汇中心 T1 塔楼超高层项目核心筒塔式起重机的吊重、风速及塔身倾角数据，当日人员综合评价为 90 分，机械维护保养评价在最近一次的记录为 100 分。计算得出在 6:00～7:00 时间段内，风险事故预测保持在了安全状态，施工现场也无险情出现。

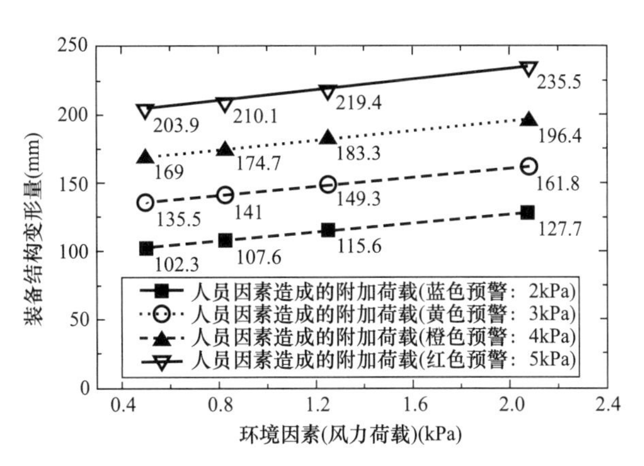

图 2-60　不同人员因素、风力荷载组合下装备最大变形量

案例风险等级　　**表 2-25**

k 的取值		一般环境指标 R_e			
		蓝	黄	橙	红
人员指标 R_h	红	0.50	0.48	0.46	0.43
	橙	0.60	0.58	0.55	0.52
	黄	0.75	0.72	0.68	0.63
	蓝	1.00	0.95	0.88	0.80

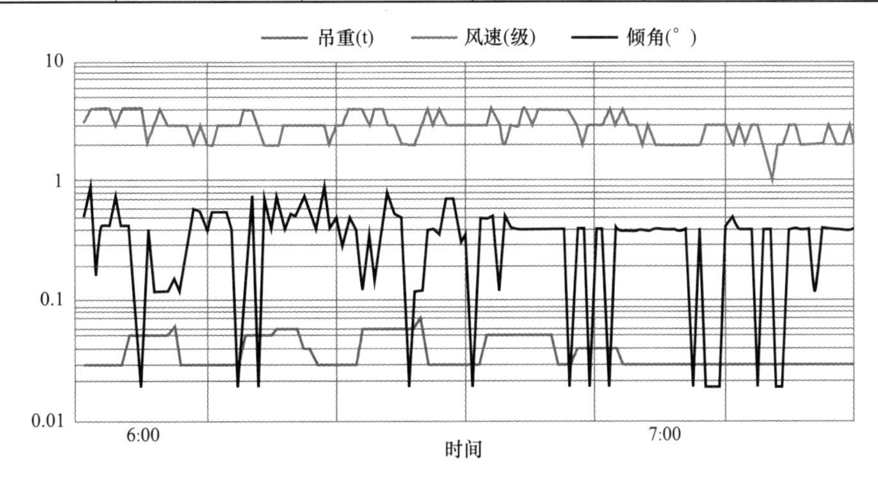

图 2-61　塔式起重机运行预测模型输入（定量化监测）

在示范项目应急管理中，明确塔式起重机和施工升降机在风险预测结果中出现事故结论时需第一时间停止相关设备的使用，相关区域及人员进行撤离，同时按要求进行上报，对塔式起重机、施工升降机等进行全面隐患排查。待相应隐患整改完成，相关责任人进行验收通过后进行试运行，并提高监测预测频率，确保其运行正常方能继续使用。

5. 施工重大风险定量评估与预警平台在示范工程中的应用

平台系统可以为项目提供总体风险认识和管理建议。在示范项目中由监测工程师完成动态数据采集体系的构建，并对过程中数据采集传输的稳定性进行维护。通过对案例库的学习，对识别出的徐家汇中心 T1 塔楼超高层项目重大风险有了更深刻的认识，有助于全体参建单位从源头上做好预控，结合耦合分析、风险路径演化，各参建单位从自身角度出发，找出风险事件的关键节点及演化路径，有针对性地编制和审核专项方案 540 余份，提出针对性整体提高意见近 1000 条。

平台系统同时可为项目提供重大风险的状态监控。通过应用重大风险定量评估与预警平台，可以实现对项目风险评估等级、管控关键节点、现场动态安全管理的实时掌握，以及对现场人员状态、机械状况、环境变化的综合评判，及时让参建各方做到“一屏纵览”，依据可靠算法的分析数据，及时采取预控措施，并根据报警信息，及时消除违章隐患，为项目的运行管理“保驾护航”。

6. 示范效果与分析

面向徐家汇中心 T1 塔楼超高层项目主体结构施工阶段，主要取得以下示范效果：

（1）有效提升了安全管理工作效果

项目的工程管理人员借助平台使用，提升了对于项目安全风险的系统性认知，通过平台获取的风险预控建议，完善了安全管理方案和监理实施细则，优化了日常安全管理工作的策略和重点，显著提升了示范工程的安全管理效果。如图 2-62 所示，可以看出自重大风险定量评估与预警平台开始在示范项目中进行应用以后，日常巡视检查过程中发现的现场安全问题有下降趋势。

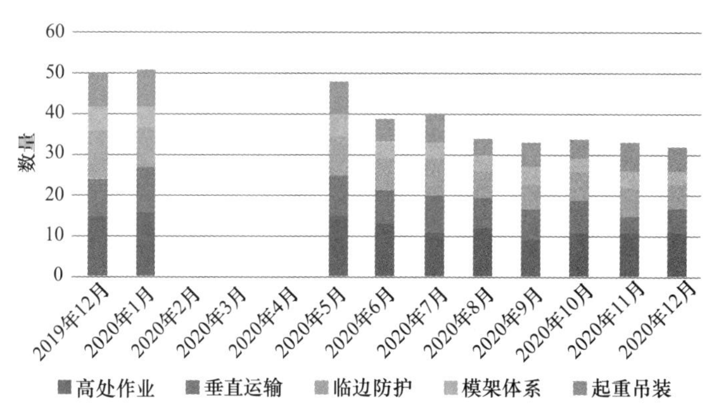

图 2-62　现场安全巡视检查问题类别及数量

（2）有针对性地减少了施工机械安全隐患

通过对塔式起重机、施工升降机的相关数据进行监测和采集，提高了对现场重大安全风险状态的实时把控程度。徐家汇中心 T1 塔楼超高层项目塔式起重机、施工升降机监测预警次数均呈下降趋势（图 2-63），各类垂直运输机械零缺陷运行时长有显著增长，消除了因施工机械隐患故障引发的各类安全事故，提高了垂直运输效率，取得了一定的经济效益。

（3）保障了示范工程项目塔楼结构施工零伤亡

得益于平台系统应用支持，示范项目徐家汇中心 T1 塔楼超高层项目在示范应用期间的安全管理工作皆有序开展，对识别出来的风险因素进行全面的管控和整改，并对管控情况进行实时跟踪督查，以确保安全风险管理工作取得切实的成效。通过风险预测和预警，有效提高了安全管理效率，工程施工过程中未出现安全事故。徐家汇中心 T1 塔楼超高层

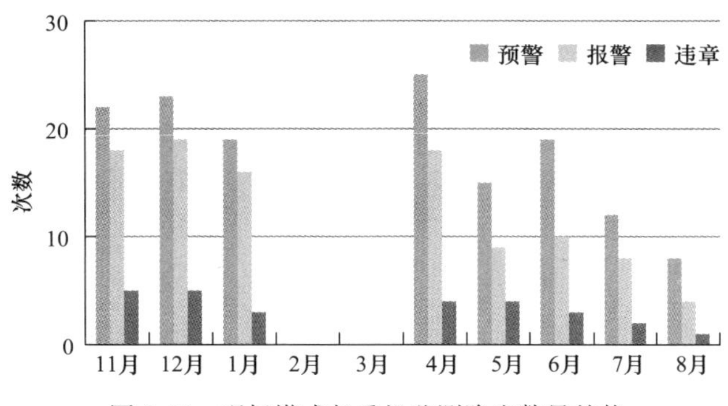

图 2-63　现场塔式起重机监测隐患数量趋势

项目示范工作达到预期效果，得到项目各方一致好评。平台系统及其项目应用模式可为同类型建筑工程的安全管控提供支持和参考。

2.5.2　吴江太湖新城

1. 项目概况

（1）工程建设基本信息

吴江太湖新城位于江苏省苏州市吴江区太湖河畔，项目北侧为主干道开平路，东侧为映山街，项目西侧毗邻太湖，并与文博中心大剧院项目“一墙之隔”，南侧为规划拟建中央绿轴。该项目用地面积为 36825.8m^2，总建筑面积为 322948m^2，其中地上建筑面积 226896m^2，地下建筑面积 96052m^2，塔楼结构高度 343.60m（78 层）。

（2）重大施工机械设备

吴江太湖新城 B1 地块超高层项目采用钢柱筒架交替支撑式整体液压爬升钢平台模架体系进行核心筒混凝土结构施工。通过钢梁组成的钢平台与挂脚手架连接，形成一个全封闭的施工操作环境。外脚手架采用整体电动提升脚手架作为施工操作平台和安全防护体系，选用 DS95-Ⅲ-2 全集成组装式附着升降脚手架体系。该工程分别在核心筒东西两侧分别安装两台大型核心筒内爬式塔式起重机（塔楼西侧动臂内爬式 M900D 塔式起重机、塔楼东侧动臂内爬式 M440D 塔式起重机）。主塔楼核心筒内布置 3 台双笼施工电梯。选配 3 台高性能固定泵（HBT90C-2135D），并配以特制高合金泵管、液压截止阀、伸缩式布料机泵送混凝土。

（3）施工管理难点

主要难点在于：核心筒结构形式特殊、施工难度大，对装备安全控制要求高；外框架结构异型安全防护难度大；连体桁架钢结构吊装施工难度大，吊装施工安全风险较高；对垂直施工运输技术提出较高要求，面临较高的安全风险。

2. 重大安全风险耦合评估

基于工程资料明确工程主体结构特征、危大工程特征、施工工艺流程、项目安全管理信息等内容，以便于项目资料员在平台中对项目信息进行初始化输入。通过对案例推理结果进行归纳，初步风险识别结果如表 2-26 所示。

根据示范工程的工程重大安全风险事件和因素识别结果，以人员高处坠落、人员遭受物体打击、整体钢平台体系失稳、附着升降脚手架破坏坠落、塔式起重机破坏倾覆、塔式起重机吊物坠落、施工升降机梯笼坠落、高压混凝土泵送堵管、紧邻构筑物变形破坏九个事件为核心，构建该项目的复杂网络模型，如图 2-64 所示。

吴江太湖新城 B1 地块超高层项目重大安全风险事件清单　　表 2-26

事故类型	编号	事故分类（名称）
高处坠落	2011	人员高处坠落
物体打击	2021	人员遭受物体打击
起重伤害	2051	塔式起重机吊物坠落
	2052	塔式起重机破坏倾覆
	2053	施工升降机梯笼坠落
坍塌	2091	整体钢平台体系失稳
	2098	高压混凝土泵送堵管

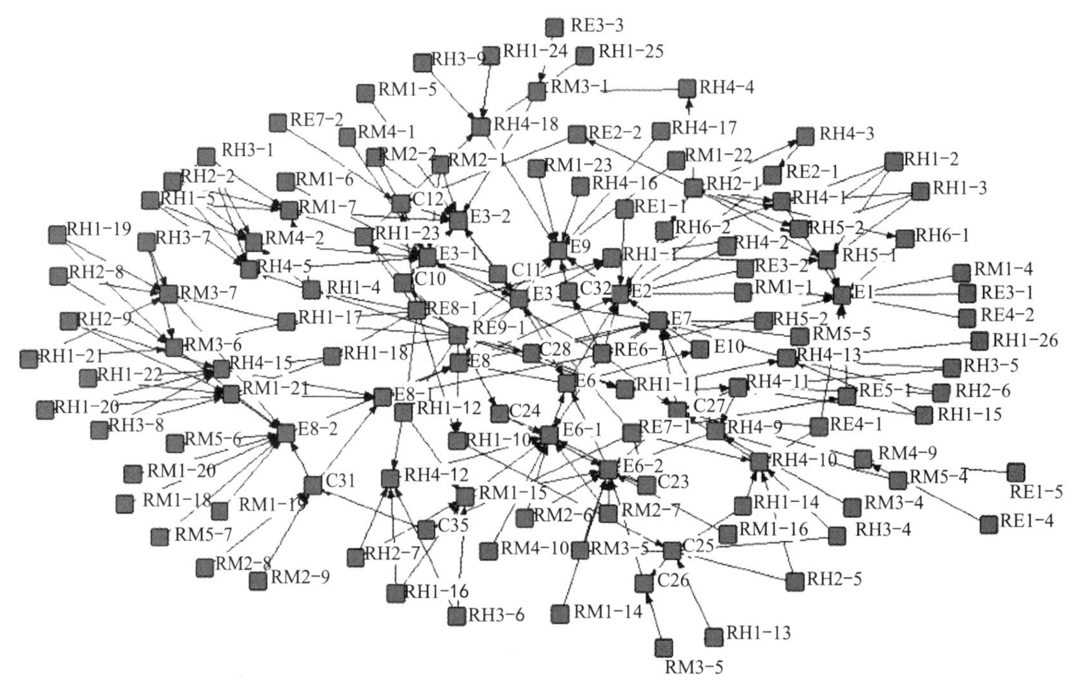

图 2-64　吴江太湖新城 B1 地块超高层项目示范工程复杂网络模型

根据项目可能发生的风险事件，进行耦合评估得出 9 个风险事件等级，如表 2-27 所示，并将结果与传统风险评估方法进行比较，针对不同风险等级采取不同应对策略。

案例风险等级　　表 2-27

编号	风险事件	风险等级		应对原则
		传统评估	耦合评估	
E1	人员高处坠落	3	3	配置资源积极应对
E2	人员遭受物体打击	3	3	配置资源积极应对
E5	整体钢平台体系失稳	2	3	配置资源积极应对
E6	塔式起重机破坏倾覆	3	4	采取明确的预警监控和应对措施
E7	塔式起重机吊物坠落	2	3	配置资源积极应对

续表

编号	风险事件	风险等级		应对原则
		传统评估	耦合评估	
E8	升降机梯笼坠落	3	4	采取明确的预警监控和应对措施
E9	高压混凝土泵送堵管	2	2	建立规章制度定期检查

3. 施工重大风险定量评估与预警平台的应用

本次示范主要应用平台进行安全风险的评估和预控，为项目提供总体风险认识和管理建议。由项目资料员对基本信息和主体结构施工的专项信息进行初始化输入，并在专项信息出现变化时进行更新。安全管理员是该场景下平台系统的主要操作者，通过平台输出的总体风险初评结果和主体结构专项风险分析评价结果树立了对于项目总体风险的认知，同时参考预控措施优化安全管理工作的重点和计划。当专项信息出现变化时，安全管理员利用平台生成阶段风险管控报告，供项目负责人审阅和使用（图 2-65）。

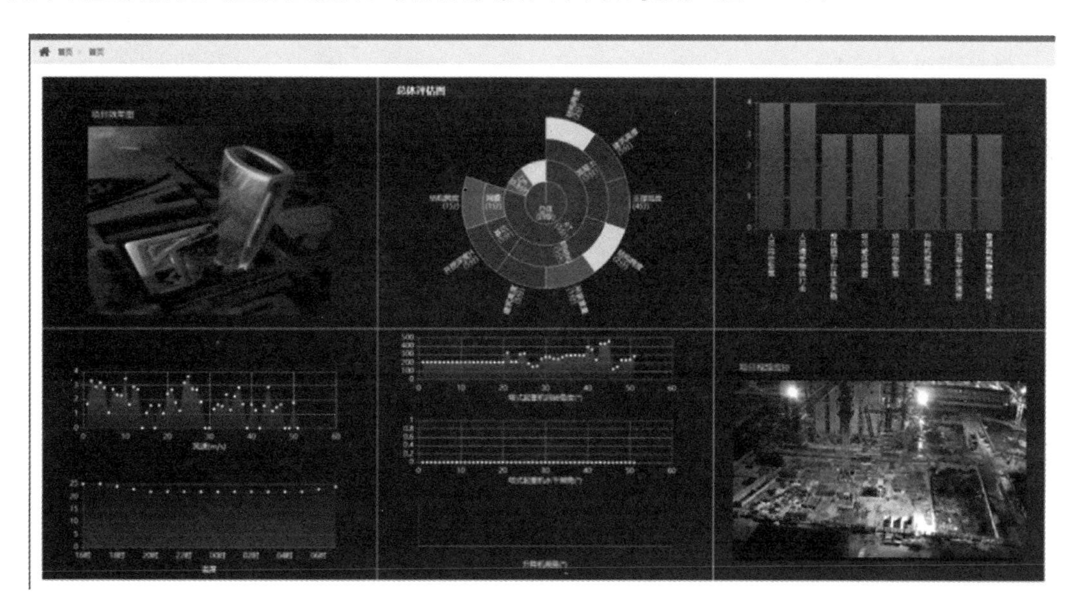

图 2-65　平台系统中吴江太湖新城 B1 地块超高层项目首页

4. 工程示范应用效果

吴江太湖新城 B1 地块超高层项目示范应用过程中，主要取得以下效果：

（1）验证了技术成果的有效性和可靠性

充分考虑吴江太湖新城 B1 地块超高层项目的工程特征和施工状况，基于风险耦合等关键技术所提出的项目施工重大安全风险、风险等级、需控制关键因素、制定的预控措施得到了管理团队的认同，在项目相关安全管理方案中得到充分体现，验证了建筑工程重大风险耦合等关键技术的有效性和可靠性。

（2）提供了项目管理人员进行安全管控的手段

建筑工程施工风险耦合评估与预测预警平台在吴江太湖新城 B1 地块超高层项目首次示范应用，经过前期的调试和功能完善，最终形成了稳定性好、可靠度高的风险管控平台系统，为项目日常安全管理工作的开展提供了支撑。平台系统及其项目应用模式可为同类型建筑工程的安全管控提供支持和参考。

（3）强化了项目人员对超高层建筑施工安全风险的认知

在示范工程中，通过各项技术成果的应用、讨论和培训，强化了项目各方人员对超高层建筑施工安全问题的认知，施工重大风险定量评估与预警平台案例数据库中的案例查询和知识提取帮助项目人员更加全面地了解建筑工程施工过程中所面临的风险。

（4）保障了示范工程塔楼结构施工零伤亡

事故是工程安全管控工作成效的决定性指标，关键技术和平台的应用使得吴江太湖新城 B1 地块超高层项目在示范期间的安全管理工作有序开展，施工过程未出现安全事故。

总结来说，吴江太湖新城 B1 地块超高层项目示范工作达到预期效果，为后续同类型示范工作的开展和深化奠定了基础。

2.5.3 苏河湾塔楼

1. 项目概况

（1）工程建设基本信息

苏河湾塔楼位于上海市静安区苏河湾地带，地块总用地面积 50847m²，46 号地块基地位置西至福建北路、东至山西北路、南靠规划三泰路、北邻天潼路，中间由分隔墙分割为 46-01 和 46-02 两个地块（图 2-66）。苏河湾塔楼高层办公楼项目的总建筑面积为 131294.1m²，其中上部建筑结构屋面层标高为 209.75m，建筑面积为 103048.1m²，结构高度为 209.75m。

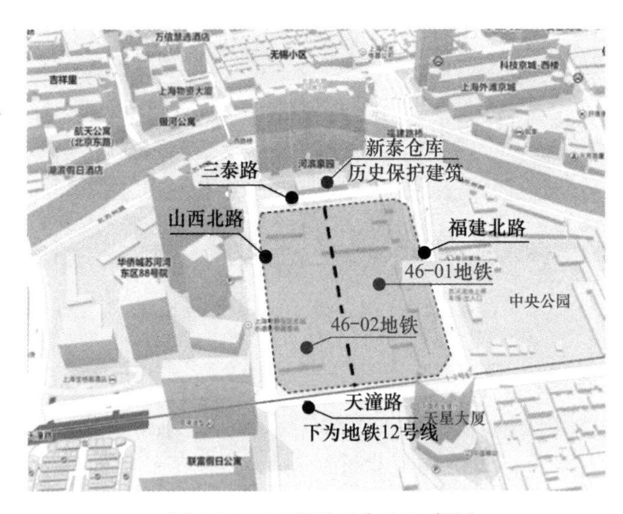

图 2-66　工程平面位置示意图

（2）重大施工机械设备

项目涉及的重大机械包括塔式起重机、施工升降梯、高压混凝土泵、整体爬升钢平台和附着式升降脚手架。采用两台动臂式塔式起重机，其中一台 STL420 供核心筒施工使用，一台 STL230 外附钢框架供外框架施工使用；商住楼处设置一台 STL230 供结构吊装使用。结构施工阶段塔楼核心筒安装一台单笼施工电梯 SC200/200G。依据混凝土泵送施工高度选用 HBT80C-1818 拖泵（150m 以下使用）和 9018C-1818 车载柴油泵（泵送设计高度为275m）进行混凝土泵送。采用钢柱筒架交替支撑式整体液压爬升钢平台模架体系进行施工，该钢平台模板系统通过钢梁组成的钢平台与挂脚手连接。

（3）施工管理难点

该工程主要施工管理难点在于：垂直运输高度高，运输量大；钢结构施工难度高，立体交叉作业多；建筑周边存在大量管线，环境保护要求高。

2. 重大安全风险耦合评估

基于工程资料明确工程主体结构特征、危大工程特征、施工工艺流程、项目安全管理信息等，提取输入苏河湾塔楼高层办公楼项目的指标特征值，并与案例库中案例进行相似度比对，推理系统输出与苏河湾塔楼高层办公楼项目最相近的案例作为施工重大安全风险初判的依据（表2-28），辅助项目管理者完成重大安全风险识别。

苏河湾塔楼高层办公楼项目重大安全风险事件　　**表2-28**

事故类型	编号	事故分类（名称）
高处坠落	2011	人员高处坠落
物体打击	2021	人员遭受物体打击
起重伤害	2051	塔式起重机吊物坠落
	2052	塔式起重机破坏倾覆
	2053	施工升降机梯笼坠落
坍塌	2091	整体钢平台体系失稳
	2098	高压混凝土泵送堵管

根据示范工程的工程概况和机械使用情况，识别出该项目的重大安全风险事件包括：人员高处坠落、人员遭受物体打击、整体钢平台体系失稳、附着升降脚手架破坏坠落、塔式起重机破坏倾覆、塔式起重机吊物坠落、升降机梯笼坠落、高压混凝土泵送堵管、紧邻构筑物变形破坏九个核心事件，以此为基础采用上述方法构建该项目的复杂网络模型，如图2-67所示。

根据项目可能发生的风险事件，进行耦合评估得出九个事件的风险等级，如表2-29所示，并将结果与传统风险评估方法进行比较，针对不同的风险等级采取不同的应对策略。

在本项目的重大风险中："塔式起重机破坏倾覆"E6和"升降机梯笼坠落"E8的初评皆达到4级风险，需采取明确的预警监控和应对措施；"人员遭受物体打击"E2、"人员高处坠落"E1、"整体钢平台体系失稳"E3、"附着升降脚手架破坏坠落"E5、"塔式起重机吊物坠落"E7为3级风险，需配置资源积极应对；"高压混凝土泵送堵管"E9为2级风险，建立规章制度定期检查。

3. 重大安全风险事故预警

针对苏河湾塔楼高层办公楼项目重大安全风险预警需求，以装备变形为核心构建了包括钢平台模架体系、内爬塔式起重机和施工升降机的预警指标体系（表2-30）。

简化人员因素、环境因素的耦合影响，分别按四级人员因素导致的附加荷载（2kPa、3kPa、4kPa、5kPa）和四级风力荷载（0.5kPa、0.83kPa、1.25kPa、2.08kPa）考虑，对处于红色预警临界状态下的整体钢平台装备结构模型进行分析，获得不同组合作用下的装备最大变形量，取变形指标预警值δ_4与计算变形量的比值为修正系数，获得考虑耦合的预警指标修正系数表（表2-31）。

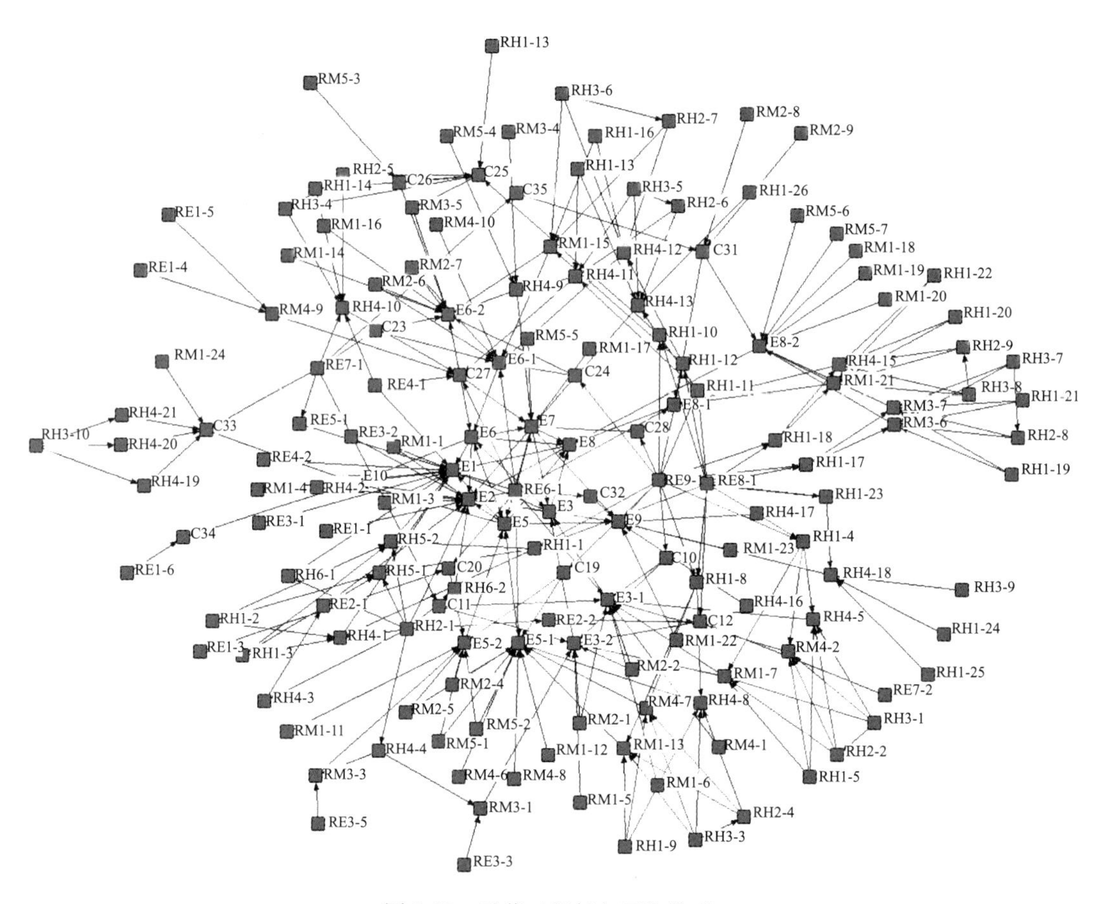

图 2-67 示范工程复杂网络模型

案例风险等级 **表 2-29**

编号	风险事件	风险等级		应对原则
		传统评估	耦合评估	
E1	人员高处坠落	3	3	配置资源积极应对
E2	人员遭受物体打击	3	3	配置资源积极应对
E3	整体钢平台体系失稳	2	3	配置资源积极应对
E5	附着升降脚手架破坏坠落	2	3	配置资源积极应对
E6	塔式起重机破坏倾覆	3	4	采取明确的预警监控和应对措施
E7	塔式起重机吊物坠落	2	3	配置资源积极应对
E8	升降机梯笼坠落	3	4	采取明确的预警监控和应对措施
E9	高压混凝土泵送堵管	2	2	建立规章制度定期检查

苏河湾塔楼高层办公楼项目重大安全风险预警指标体系 **表 2-30**

项目	事故	风险对象	特征指标	监测指标	红	橙	黄	蓝	正常
苏河湾塔楼高层办公楼项目	钢平台模架体系	人员状态	安全状态	能力状态综合评价	≤60	(60～70]	(70～80]	(80～90]	>90

续表

项目	事故	风险对象	特征指标	监测指标	红	橙	黄	蓝	正常
苏河湾塔楼高层办公楼项目	钢平台模架体系	设备状态	结构变形	关键部位变形	≥95.6	[41.9，95.6)	[19.8，41.9)	[8.2，19.8)	<8.2
			运动异常	控制系统警报	异常	—	—	—	正常
		环境状态	环境风速	风速	12	10	8	[6，8)	<6
			环境温度	低温	40	37	35	30	<30
				高温	−15	−5	0	5	>5
			环境异常	突发事件	异常	—	—	—	正常
	内爬塔式起重机	人员状态	安全状态	能力状态综合评价	≤60	(60~70]	(70~80]	(80~90]	>90
		设备状态	结构变形	关键部位变形	≥157.3	[65.1，157.3)	[29.8，65.1)	[15.7，29.8)	<15.7
			运动异常	控制系统警报	异常	—	—	—	正常
		环境状态	同“钢平台”						
	施工升降机	人员状态	安全状态	状态综合评价	≤60	(60~70]	(70~80]	(80~90]	>90
		设备状态	结构变形	关键部位变形	≥79.6	[37.8，79.6)	[18.9，37.8)	[11.4，18.9)	<11.4
			运动异常	控制系统警报	异常	—	—	—	正常
		环境状态	同“钢平台”						

考虑风险因素耦合的装备变形指标修正系数　　**表 2-31**

k 的取值		一般环境指标 R_e			
		蓝	黄	橙	红
人员指标 R_h	红	0.50	0.48	0.46	0.43
	橙	0.60	0.58	0.55	0.52
	黄	0.75	0.72	0.68	0.63
	蓝	1.00	0.95	0.88	0.80

风险预警开展前，在苏河湾塔楼高层办公楼项目核心筒结构施工整体钢平台装备上，选择关键承力构件布设应变片，共设 12 个监测点，并配置多通道高新信号采集设备，实现监测数据向项目管理人员的及时反馈。

4. 重大安全风险事故预测

苏河湾塔楼高层办公楼项目主要针对塔式起重机和施工升降机的风险事故状态进行预测。

融合定量监测数据和阶段定性评价数据的输入，可进行重大安全风险事故的预测。图 2-68 展示了 2020 年 7 月 8 日苏河湾塔楼高层办公楼项目核心筒塔式起重机的吊重、风速及塔身倾角数据，当日人员综合评价为 78 分，机械维护保养评价在最近一次的记录为 100 分。计算得出在 7:00～8:00 时间段内，风险事故预测保持在安全状态，施工现场也无险情出现。

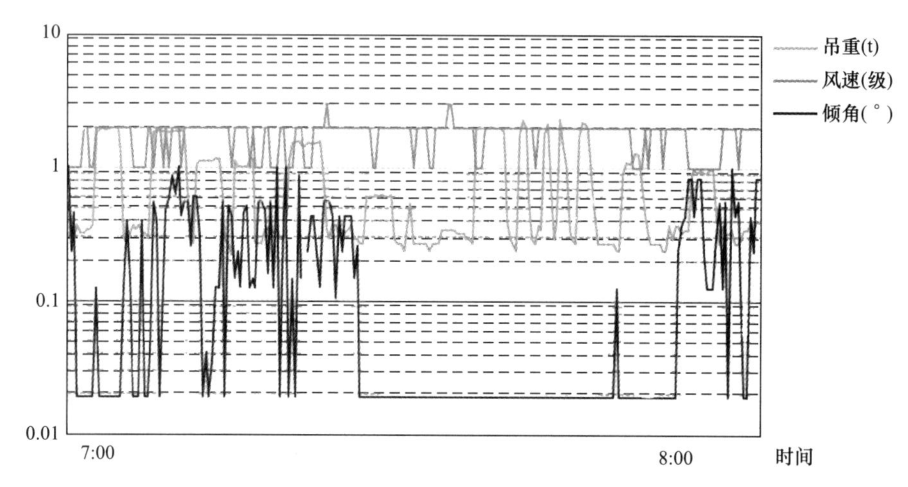

图 2-68　塔式起重机运行预测模型输入（定量化监测）

5. 施工重大风险定量评估与预警平台在示范工程中的应用

苏河湾塔楼高层办公楼项目在平台使用过程中累积出现 22 次预警，其中以蓝色预警为主；过程中未出现风险预测达到事故的结果，因此将危险状态累积统计入“预测非安全次数”，累积出现 5 次危险提醒。经安全管理人员到场确认，警报主要是由于违章堆载、超重等人员不安全行为导致。可见在正常施工过程中，重大机械设备和模架体系具有较高的安全冗余，在未出现人员违规操作的情况下安全风险状态可控。

6. 工程示范应用效果

苏河湾塔楼高层办公楼项目的示范效果如下：

（1）技术的有效性和可靠性得到全面验证；

（2）为工程安全管理提供有力手段，提高管控能效。借助关键技术和集成平台使用，提升了管理人员对于项目安全风险的系统性认知；通过平台获取的风险预控建议，优化了日常安全管理工作的策略和重点；借助动态预测预警工具，加强对于重大风险状态的掌控力，最终提升了项目人员的安全管控工作能效。

（3）保障了项目塔楼结构施工零伤亡。得益于平台系统应用支持，苏河湾塔楼高层办公楼项目在示范期间的安全管理工作有序开展，施工过程未出现安全事故，确保了项目建设的安全推进。

总结来说，苏河湾塔楼高层办公楼项目示范工作达到预期效果，得到项目参建各方一致好评。

第3章 施工人员安全智能监控技术

3.1 概　　述

人的安全关系到社会和谐稳定，是政府和社会关注的重点。建筑工程施工现场人员安全管控一直是安全管理的重点、难点和痛点，特别是超高层、高层建筑工程，由于建筑形态复杂、施工量大、交叉作业多、高空作业多、施工周期长、人员相对流动大，致使施工现场的不安全因素多、危险源分布广、安全隐患凸显，因此人员安全管控面临更大挑战，常规监管技术已难以满足安全施工要求，迫切需要引入物联网等先进的智能感知技术手段，研发施工人员安全状态监控技术，改变施工现场人员安全管理理念，实现施工现场人员安全的有效管控。

本章重点阐述施工人员安全智能监控技术，施工人员安全监控对象和主要监测内容及推荐监测方法见表3-1。首先介绍施工人员定位跟踪及立体防护、施工人员安全状态智能识别与控制、施工人员作业行为智能识别与控制等共性技术，其次介绍施工人员安全监控平台系统，最后介绍施工人员安全智能监控技术在宁波新世界、徐家汇中心等超高层建筑工程的示范应用案例。通过人员安全监控共性技术的研究与示范，为人员安全事故防范提供新的技术方法，实现对施工现场重点区域目标的全天候、立体化、多角度实时监测预警，提升施工现场人员数字化风险控制能力和管理效率，支撑建筑行业数字化转型发展，推动我国安全管理技术的发展。

施工人员安全监控对象和主要监测内容及推荐监测技术方法　　表3-1

监测对象		监测内容	监测方法	备注
门禁实名制	人员信息	人员基本信息	二维码扫描填报、扫描仪	应测
		人脸及身份证	人脸采集、身份证录入	应测
	人员考勤	进门考勤	人脸识别	应测
		数量统计	RFID	应测
	考勤报表	考勤、奖惩、诚信记录	手机APP、OA移动端	应测
人员行为安全	违规行为	安全帽、安全带、安全扣等	双目仿生装置、AI视频监控、现场巡视	应测
		吸烟等	视频、现场巡视	应测
	重点区域人员行为	电梯、塔式起重机	人脸、生物识别、门禁	应测
		电焊等	视频、无线锁、现场巡视	选测

续表

监测对象		监测内容	监测方法	备注
人员行为安全	重点区域人员行为	基坑支撑管道行走	双目仿生装置、现场和报警	选测
		围栏、围墙违规	双目仿生装置	选测
		电箱管控	移动开锁	选测
		模架设备外围钢结构人员	视频	应测
人员位置安全	重点区域人员定位	人员定位、跟踪	UWB 精确定位系统（水平）、RFID（楼层）	应测
		危险区识别（洞口临边、垂直交叉、有限空间、大型设备、上下基坑）	电子围栏、智能围挡、视频	应测
	人员数量	区域人数统计	视频、UWB 精确定位系统	应测
人员生理安全	健康状态	体温	无接触测温	应测
		心率	智能腕表	选测

3.2 施工人员定位跟踪及立体防护技术

3.2.1 施工现场危险区域判别模型及方法

1. 施工现场危险区域划分及特征

超高层、高层建筑施工现场，危险源的分布广、风险差异大，并会随着施工阶段的推进不断变化。为了描述施工现场的风险特性，需要对危险源（危险和有害因素）进行归纳和识别。施工现场的危险源与人、料、机、工艺、环境等密切相关，危险源种类繁多（多达上千种）、范围广且实时动态变化，对所有危险源进行识别和评价分析难度较大，因此有必要划分出一定数量的危险区域，既能描述施工现场的风险特性，又便于后续评估模型的建立。

根据建筑施工过程，施工现场通常包含基础施工作业区、临建辅助生产区和主体施工装修区三大施工区。在这三大施工区中，不同作业活动下的危险源分布虽然复杂，但是可以结合工程经验进行危险区域划分。划分的原则一方面是能反映高层建筑施工现场的一般情况，以保证分析的全面性；另一方面是数量合理可行，以保证概率评估模型的简化、实用性。根据这两大原则，基于三大施工区各作业活动的顺序及过程中的危险源空间分布，划分出 18 个危险区域 $A_1 \sim A_{18}$，针对高层建筑施工现场可普遍适用。每个危险区域中可能存在多个危险源，会导致各种事故产生，比如 A_1 土方开挖区的比较容易发生触电、机械伤害、高处坠落等事故。图 3-1 为危险区域划分三维图解及主要特征（危险源）。

2. 危险区域随机场模型及危险区域相关函数

（1）风险因素识别

危险源的存在或危险事件的发生，是由施工现场大量的风险因素导致的。这些因素可以分为作业人员的因素、机械设备及材料的因素、施工方法的因素、作业环境因素和安全管理因素，《建设工程施工重大危险源辨识与监控技术规程》DGJ 13—91—2007 给出了工程项目风险评价指标因素集，如图 3-2 所示。

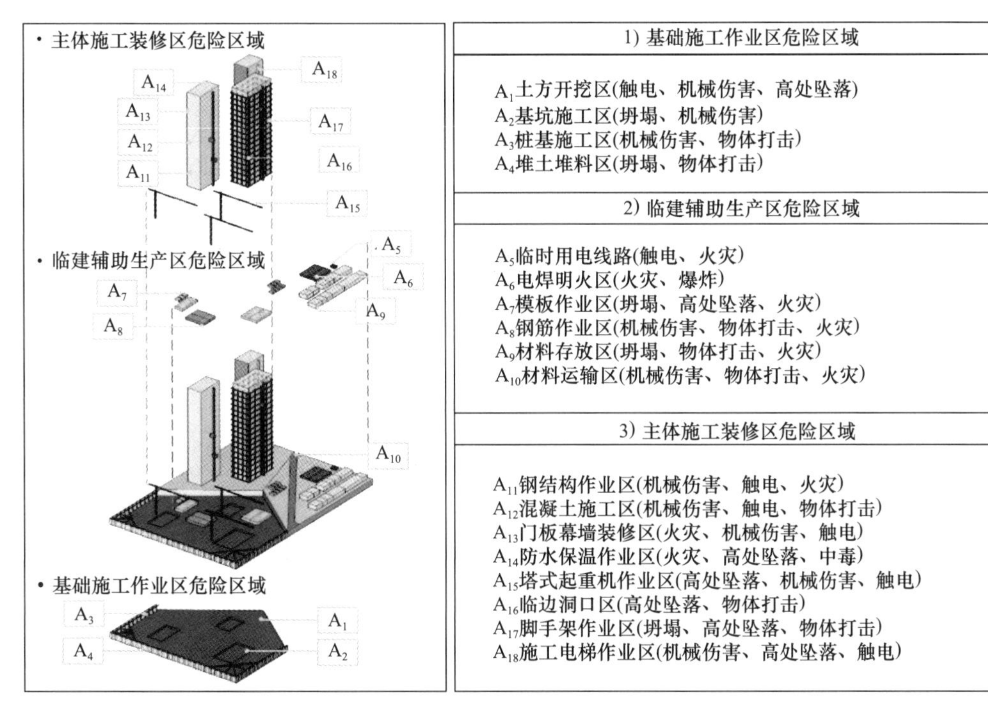

图 3-1 危险区域划分三维图解及主要特征（危险源）

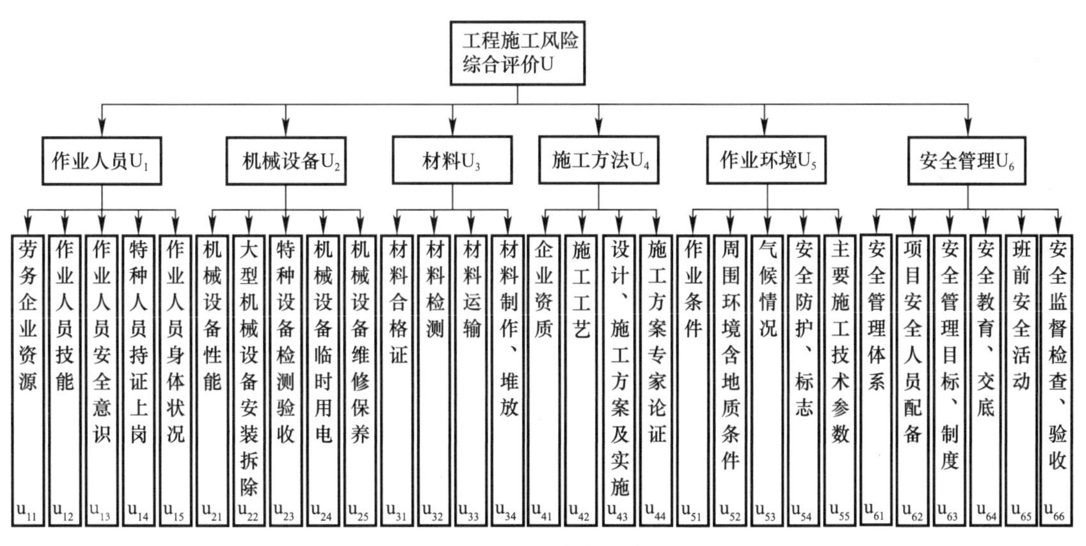

图 3-2 工程项目风险评价指标因素集（参考 DGJ 13—91—2007）

工程施工风险综合评价 U 由六大方面决定，即作业人员 U_1、机械设备 U_2、材料 U_3、施工方法 U_4、作业环境 U_5 和安全管理 U_6。1）作业人员 U_1 下的风险因素有 5 点：劳务企业资源 u_{11}、作业人员技能 u_{12}、作业人员安全意识 u_{13}、特种人员持证上岗 u_{14}、作业人员身体状况 u_{15}；2）机械设备 U_2 下的风险因素有 5 点：机械设备性能 u_{21}、大型机械设备安装拆除 u_{22}、特种设备检测验收 u_{23}、机械设备临时用电 u_{24}、机械设备维修保养 u_{25}；3）材料 U_3 下的风险因素有 4 点：材料合格证 u_{31}、材料检测 u_{32}、材料运输 u_{33}、材料制作/堆放 u_{34}；4）施工方法 U_4 下的风险因素有 4 点：企业资质 u_{41}、施工工艺 u_{42}、设计/施工方案及实施 u_{43}、施工方案专家论证 u_{44}；5）作业环境 U_5 下的风险因素有 5 点：作业条件 u_{51}、周围环境含地质条件 u_{52}、气候情况 u_{53}、安全防护/标志 u_{54}、主要施工技术参数 u_{55}；6）安全管理 U_6 下的风险因素有 6 点：安全管理体系 u_{61}、项目安全人员配备 u_{62}、安全管理目标/制度 u_{63}、安全教育/交底 u_{64}、班前安全活动 u_{65}、安全监督检查/验收 u_{66}。

施工现场危险区域的风险因素识别，就是对具体事故发生原因的层层分解。建立 18 个危险区域的事故树模型，对划分所得的危险区域进行风险因素辨别与归纳，结果如表 3-2 所示。

基于事故树模型的风险因素归纳　　表 3-2

A_i	风险因素 u_{ij}
A_1	u_{11}，u_{12}，u_{13}，u_{21}，u_{24}，u_{25}，u_{41}，u_{42}，u_{43}，u_{51}，u_{52}，u_{53}，u_{54}，u_{55}，u_{61}，u_{62}，u_{63}，u_{64}，u_{65}
A_2	u_{11}，u_{12}，u_{21}，u_{24}，u_{25}，u_{34}，u_{41}，u_{42}，u_{43}，u_{44}，u_{51}，u_{52}，u_{53}，u_{55}，u_{61}，u_{63}，u_{66}
A_3	u_{11}，u_{12}，u_{13}，u_{14}，u_{21}，u_{22}，u_{23}，u_{24}，u_{25}，u_{31}，u_{33}，u_{41}，u_{42}，u_{43}，u_{44}，u_{51}，u_{52}，u_{53}，u_{54}，u_{55}，u_{61}，u_{62}，u_{63}，u_{64}，u_{66}
A_4	u_{13}，u_{22}，u_{34}，u_{51}，u_{52}，u_{53}，u_{61}，u_{63}
A_5	u_{13}，u_{24}，u_{31}，u_{34}，u_{51}，u_{53}，u_{54}，u_{61}，u_{66}
A_6	u_{11}，u_{12}，u_{13}，u_{14}，u_{24}，u_{31}，u_{34}，u_{51}，u_{53}，u_{54}，u_{61}，u_{62}，u_{66}
A_7	u_{11}，u_{12}，u_{13}，u_{21}，u_{24}，u_{31}，u_{34}，u_{42}，u_{43}，u_{44}，u_{51}，u_{53}，u_{54}，u_{61}，u_{62}，u_{63}，u_{64}，u_{66}
A_8	u_{11}，u_{12}，u_{13}，u_{14}，u_{21}，u_{24}，u_{25}，u_{31}，u_{32}，u_{33}，u_{34}，u_{42}，u_{51}，u_{53}，u_{54}，u_{61}，u_{62}，u_{63}，u_{64}，u_{66}
A_9	u_{31}，u_{34}，u_{52}，u_{53}，u_{54}，u_{61}，u_{62}，u_{63}，u_{64}，u_{65}
A_{10}	u_{13}，u_{22}，u_{33}，u_{34}，u_{51}，u_{52}，u_{53}，u_{54}，u_{61}，u_{62}，u_{63}，u_{64}
A_{11}	u_{11}，u_{12}，u_{13}，u_{14}，u_{21}，u_{24}，u_{25}，u_{31}，u_{34}，u_{42}，u_{43}，u_{51}，u_{53}，u_{54}，u_{61}，u_{62}，u_{63}，u_{64}，u_{66}
A_{12}	u_{11}，u_{12}，u_{13}，u_{21}，u_{24}，u_{25}，u_{31}，u_{33}，u_{42}，u_{43}，u_{51}，u_{53}，u_{54}，u_{61}，u_{62}，u_{64}，u_{65}
A_{13}	u_{12}，u_{13}，u_{14}，u_{23}，u_{24}，u_{25}，u_{34}，u_{42}，u_{51}，u_{52}，u_{53}，u_{54}，u_{61}，u_{62}，u_{66}
A_{14}	u_{13}，u_{14}，u_{15}，u_{31}，u_{34}，u_{42}，u_{51}，u_{52}，u_{54}，u_{61}，u_{62}，u_{63}
A_{15}	u_{11}，u_{12}，u_{13}，u_{14}，u_{15}，u_{21}，u_{22}，u_{23}，u_{24}，u_{25}，u_{31}，u_{34}，u_{41}，u_{43}，u_{51}，u_{52}，u_{53}，u_{54}，u_{61}，u_{62}，u_{63}，u_{64}，u_{65}，u_{66}
A_{16}	u_{13}，u_{34}，u_{43}，u_{51}，u_{54}，u_{61}，u_{64}，u_{66}
A_{17}	u_{11}，u_{12}，u_{13}，u_{14}，u_{15}，u_{25}，u_{31}，u_{33}，u_{34}，u_{43}，u_{44}，u_{51}，u_{52}，u_{53}，u_{54}，u_{61}，u_{62}，u_{63}，u_{64}，u_{66}
A_{18}	u_{12}，u_{13}，u_{14}，u_{15}，u_{21}，u_{22}，u_{23}，u_{24}，u_{25}，u_{31}，u_{33}，u_{34}，u_{43}，u_{51}，u_{52}，u_{53}，u_{54}，u_{61}，u_{63}，u_{64}，u_{66}

（2）施工现场危险区域风险概率评估

尽管工程项目复杂多样，但危险事件通常为非独立变量且具有概率性。因此可采用多维随机变量的联合分布，建立随机数学模型对施工现场危险区域进行风险概率评估。根据 Copula 理论，随机变量间的相依关系主要由联合分布函数描述，可由两个解耦的过程构建：1）边缘分布建模；2）相关结构建模。边缘分布函数描述各变量的分布特征，相关结构刻画变量间的相关性。该理论能灵活地构造任意分布的边缘分布连接成为多维变量的联合分布，同时可与相关结构的分析分开研究，且求解相对较简单，具有很强的应用灵活性。

工程风险分析中最常用的联合分布模型为 Normal Copula 函数（即 Nataf 模型），利用边缘分布和相关系数矩阵将多维非正态变量转换为标准独立正态变量进行处理。该概率模型只考虑变量间的线性相关性，只能在某些特定分布（正态分布、对数分布）下才能较好地描述变量间的相关性，结果才较为精确。

考虑标准正态随机向量 $\boldsymbol{Z}=(Z_1,\cdots,Z_n)$，其与任意分布 $\boldsymbol{X}=(X_1,\cdots,X_n)$的关系为

$$Z_i=\Phi^{-1}[F_{X_i}(x_i)],i=1,\cdots,n \tag{3-1}$$

式中，$F_{X_i}(\cdot)$ 为 X 的累积分布函数，$\Phi^{-1}(\cdot)$ 为逆标准正态累积分布函数。

采用等概率转换原则，随机向量 $\boldsymbol{X}$ 的联合概率密度函数和联合分布函数分别为

$$f_X(x)=f_{X_1}(x_1)f_{X_2}(x_2)\cdots f_{X_n}(x_n)\cdot\frac{\varphi_n(z,\boldsymbol{R}')}{\varphi(z_1)\varphi(z_2)\cdots\varphi(z_n)} \tag{3-2}$$

$$F_X(x)=\Phi_n(z,\boldsymbol{R}') \tag{3-3}$$

式中，$f_X(\cdot)$ 是 X 的联合概率密度函数，$f_{X_i}(\cdot)$ 为 X_i 的概率密度函数，$F_X(\cdot)$ 为 X 的联合分布函数；$\varphi(\cdot)$ 为标准正态分布的概率密度函数；$\varphi_n(z,\boldsymbol{R}')$ 和 $\Phi_n(z,\boldsymbol{R}')$ 是相关矩阵为$\boldsymbol{R}'$的 n 维标准正态分布的概率密度函数和累积分布函数。

1）边缘分布估计

由于工程问题较为复杂且欠缺统计数据，变量的边缘分布通常难以精确建立。结合作业条件危险性评价法（LEC），进行危险区域风险性的边缘分布估计。LEC 法应用简便、评价结果清晰，可以应用于整个施工周期，是国内外使用最多的风险评价方法之一。该方法由美国安全专家 K. J. 格雷厄姆和 K. F. 金尼提出，其认为影响事故危险性 D 的主要因素为事故发生的可能性 L、人体暴露于危险环境的频度 E 和发生事故后果的严重度 C，即风险性分值

$$D=L\times E\times C \tag{3-4}$$

假定 D 服从对数正态分布，即 $\ln D\sim N(\mu,\sigma^2)$，可得边缘分布的概率密度函数及累积分布函数

$$\mu_{\ln D}=\mu_{\ln L}+\mu_{\ln E}+\mu_{\ln C} \tag{3-5}$$

式中，$\mu_{\ln D}$、$\mu_{\ln L}$、$\mu_{\ln E}$ 和 $\mu_{\ln C}$ 分别为 D、L、E 和 C 取对数后的均值。

$$\sigma_{\ln D}=\sqrt{\sigma_{\ln L}^2+\sigma_{\ln E}^2+\sigma_{\ln C}^2} \tag{3-6}$$

式中，$\sigma_{\ln D}$、$\sigma_{\ln L}$、$\sigma_{\ln E}$ 和 $\sigma_{\ln C}$ 分别为 D、L、E 和 C 取对数后的标准差。

$$f_D(d)=\frac{1}{d\sigma_{\ln D}}\varphi\left(\frac{\ln d-\mu_{\ln D}}{\sigma_{\ln D}}\right) \tag{3-7}$$

式中，$f_D(\cdot)$ 代表 D 的概率密度函数，$\varphi(\cdot)$ 为标准正态分布的概率密度函数。

$$F_D(d)=\Phi\left(\frac{\ln d-\mu_{\ln D}}{\sigma_{\ln D}}\right) \tag{3-8}$$

式中，$F_D(d)$ 代表 D 的累积分布函数，$\Phi(\cdot)$ 为标准正态分布的累积分布函数。

2）相关性分析

危险区域之间并不完全独立，可能由相同的风险因素导致，Nataf 模型中的相关系数矩阵可由风险因素间的关系给出。将每个危险区域作为一个随机事件，发生的条件由各自

的风险因素确定。对风险因素进行归纳，可得随机变量间的相关系数，而得到多维变量联合分布的相关矩阵。

$$\rho_{i,j}=\begin{cases}\dfrac{Q(u_i\cap u_j)}{Q(u_i\cup u_j)}, & i\neq j\\ 1, & i=j\end{cases} \tag{3-9}$$

式中，$\rho_{i,j}$ 代表危险区域 i 和 j 风险性分值的相关系数。

$$\boldsymbol{R}=\begin{bmatrix}\rho_{1,1} & \rho_{1,2} & \cdots & \rho_{1,18}\\ \rho_{2,1} & \rho_{2,2} & \cdots & \rho_{2,18}\\ \vdots & \vdots & \ddots & \vdots\\ \rho_{18,1} & \rho_{18,2} & \cdots & \rho_{18,18}\end{bmatrix} \tag{3-10}$$

式中，$\boldsymbol{R}$ 为危险区域 i 和 j 风险性分值的相关系数矩阵。

$$\begin{aligned}\rho_{i,j}&=\int_{-\infty}^{\infty}\int_{-\infty}^{\infty}\left(\frac{x_i-\mu_i}{\sigma_i}\right)\left(\frac{x_j-\mu_j}{\sigma_j}\right)f_{X_i}(x_i)f_{X_j}(x_j)\frac{\varphi_2(z_i,z_j,\rho'_{ij})}{\varphi(z_i)\varphi(z_j)}\mathrm{d}x_i\mathrm{d}x_j\\&=\int_{-\infty}^{\infty}\int_{-\infty}^{\infty}\left(\frac{x_i-\mu_i}{\sigma_i}\right)\left(\frac{x_j-\mu_j}{\sigma_j}\right)\varphi_2(z_i,z_j,\rho'_{i,j})\mathrm{d}z_i\mathrm{d}z_j\end{aligned} \tag{3-11}$$

式中，$\rho'_{i,j}$ 为变换到标准正态分布后危险区域 i 和 j 风险性分值的相关系数。

$$\rho'_{i,j}=\rho_{i,j}F \tag{3-12}$$

式中的变换函数 F 为

$$F=\frac{\ln(1+\rho_{i,j}\delta_i\delta_j)}{\rho_{i,j}\sqrt{\ln(1+\delta_i^2)\ln(1+\delta_j^2)}} \tag{3-13}$$

式中，δ_i 和 δ_j 分别为危险区域 i 和 j 风险性分值的变异系数。

因此，n 个危险区域风险性分值的联合累积分布函数 $F_D(d_1,\cdots,d_n)$ 可以写为

$$F_D(d_1,\cdots,d_n)=\Phi_n(d,R) \tag{3-14}$$

式中，$\Phi_n(\cdot)$ 为 n 维标准正态累积分布函数，$d=(d_1,\cdots,d_n)$。

3. 施工现场环境参数及其检测数据的融合

为全面评价施工现场环境参数，需要采用多种传感器采集环境参数，即使对同一环境参数，也需要多个同类传感器均等地放置在多个位置进行多点采集。对同质传感器的多源数据，采用自适应加权融合算法实现环境监测数据的融合。假设单只传感器的测量数据有两组，两组数据的均值和方差分别为 $\overline{x}_1$、$\overline{x}_2$、σ_1 和 σ_2，则第一级数据融合的结果和方差为

$$\hat{k}=\frac{\sigma_1^2}{\sigma_1^2+\sigma_2^2}\overline{x}_1+\frac{\sigma_2^2}{\sigma_1^2+\sigma_2^2}\overline{x}_2 \tag{3-15}$$

和

$$\hat{\sigma}^2=\frac{\sigma_1^2\sigma_2^2}{\sigma_1^2+\sigma_2^2} \tag{3-16}$$

若最后参与全局数据融合的环境监测传感器数量为 m，相应每只传感器局部决策值为 $\hat{k}_1$，$\hat{k}_2$，…，$\hat{k}_m$，标准差为 $\hat{\sigma}_1$，$\hat{\sigma}_2$，…，$\hat{\sigma}_m$，则每只传感器最终融合值为

$$\hat{k}=\sum_{i=1}^{m}\hat{k}_iw_i \tag{3-17}$$

式中，w_i 为加权因子，满足条件

$$\sum_{i=1}^{m}\omega_i=1 \tag{3-18}$$

融合后的标准差为

$$\hat{\sigma}=\sqrt{\sum_{i=1}^{m}w_i^2\hat{\sigma}_i^2} \tag{3-19}$$

基于第一级数据融合结果，可进行环境质量的预警判断。为此，将预警状态分为（好、一般、差）三个状态，则采用随机森林法，由检测数据可以得到决策和预警判断模型。

4. 考虑危险区域影响的施工现场人员安全撤离

（1）元胞自动机理论

当建筑施工现场发生危险事件甚至大型灾害时，人员疏散过程非常复杂，可供研究人员参考的实际统计数据也很缺乏。元胞自动机模型可以很好地模拟人群运动的不确定性，结合前文提出的风险概率评估方法，人员疏散模型可以更有效地考虑环境的复杂性及不确定性，从而为工程项目提供直观的应用和安全管控建议。基于二维元胞自动机的行人动力学仿真理论，将施工现场的风险概率评估作为随机因素耦合进疏散分析。疏散模型采用二维四方形网格，每个网格可由障碍物、一个粒子（行人）占据或为空，大小为 40cm×40cm，这是密集人群中行人占据的典型空间，且单个行人（不与其他人交互）以每个时间步长一个单元的速度移动。将二维元胞自动机模型用于施工现场紧急疏散的行人流分析，重点将行人的个体智能用模型语言-“地面场”描述。计算过程如下：

在某一施工阶段，主要建筑物、基坑、临时建筑物等的位置是确定的，它们可以被定义为元胞自动机模型中的障碍物。由于静态场代表着出口的吸引力，行人往往期望以最短的距离到达出口。计算元胞 $cell(i,\ j)$ 选择不同出口元胞时对应的最短距离

$$dis_{i,j}=\min\{dis_{i,j}^1,dis_{i,j}^2,\cdots,dis_{i,j}^n\} \tag{3-20}$$

式中，n 为仿真区域内所有出口元胞的总个数。

计算所有元胞选择不同出口元胞时对应的最短距离，取结果中的最大值 maxdis 与元胞 $cell(i,\ j)$ 的最短距离 $dis_{i,j}$ 之差作为该元胞相对于整个仿真区域的静态场值。因此，元胞 $cell(i,\ j)$ 的静态场值

$$S_{i,j}=\max dis-dis_{i,j} \tag{3-21}$$

静态场的计算程序基于拓扑网络，将每个元胞的中心作为网络的节点，节点之间的距离是 1 或$\sqrt{2}$。

动态场用于模拟行人之间的“远程”吸引力相互作用，每个行人都会留下一个运动“痕迹”，即代表被占用的单元格的地面场增加。由于总的转移概率与动态场成比例，因此跟随其他行人的脚步变得更有吸引力，可以模拟从众的集体现象。动态场会受到扩散和衰减的影响，会“稀释”而最终在一段时间后消失。通常，方向（i，j）上的转移概率 p_{ij} 由下式给出

$$p_{ij}=NM_{ij}D_{ij}S_{ij}(1-n_{ij}) \tag{3-22}$$

式中，i，j=1，−1，D_{ij} 为动态场地面场，N 为概率归一化因数（保证九个可能的目标元胞的转移概率之和 $\sum_{(i,\ j)}p_{ij}=1$），n_{ij} 是在（i，j）方向上的目标元胞的占用编号（比如：空元胞 $n_{ij}=0$，占用的元胞 $n_{ij}=1$，因此行人无法转移到已经被占用的单元格）。

所采用的离散地面场，在每个元胞（x，y）开始模拟时，静态玻色子 s-bosons 的占

用数 $\tau_s(x, y)$ 为固定值，动态玻色子 d-bosons 还不存在。每当一个费米子从 (x, y) 运动到相邻元胞时会留下痕迹，则元胞 (x, y) 的动态玻色子占用数 $\tau_d(x, y)$ 增加 1：

$$\tau_d(x, y) \rightarrow \tau_d(x, y) + 1 \tag{3-23}$$

一个时间步后所有费米子的运动完成，如果一个元胞的玻色子是在上一个更新步骤或更早创建，即它的寿命大于 1，则这个元胞中最老的动态玻色子以概率 α 销毁，这就意味着动态场的衰减。

采用四方元胞空间网格以及 Moore 型元胞邻居（图 3-3），定义元胞自动机模型的静态部分；而动态部分的演化规则，主要由“地面场”模型实现，地面场由行人修改并且反过来修改转移概率，将远距离的相互作用转化为元胞局部的相互作用。静态场部分描述出口对行人的吸引，不受时间和行人运动演变的影响，基于拓扑网络计算每个元胞到所有出口元胞的距离，并将最小值作为静态场值。动态场部分由转移概率描述行人的运动，每个行人根据转移矩阵的概率选择一个目标单元格，通过玻色子的扩散和衰减模拟行人的从众现象。

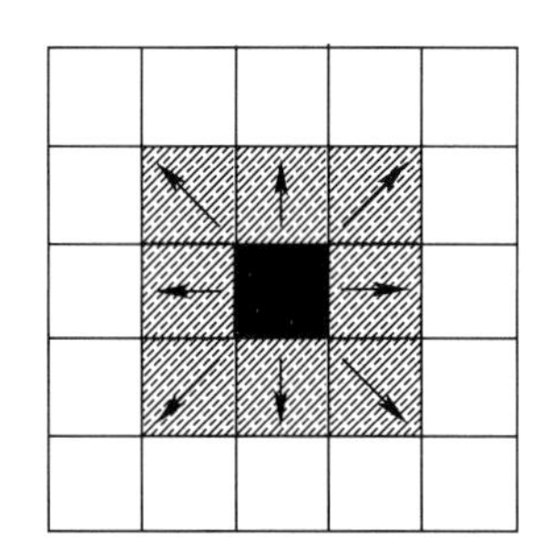

$M_{-1,-1}$	$M_{-1,0}$	$M_{-1,1}$
$M_{0,-1}$	$M_{0,0}$	$M_{0,1}$
$M_{1,-1}$	$M_{1,0}$	$M_{1,1}$

图 3-3　Moore 型元胞邻居的移动方向及相应的偏好矩阵

粒子转移概率为

$$p_{ij} = N\exp(\beta J_s \Delta_s(i, j))\exp(\beta J_d \Delta_d(i, j))(1 - n_{ij})d_{ij} \tag{3-24}$$

式中，$\Delta_s(i, j)$ 和 $\Delta_d(i, j)$ 分别为网格 i 和 j 的静态场和动态场差值，n_{ij} 代表从网格 i 到网格 j 的状态指标，d_{ij} 代表网格 i 到网格 j 的惯性参数，β、J_s 和 J_d 为粒子与静态场和动态场的耦合参数，N 为概率归一化系数。

（2）危险区域风险分析与人员疏散模拟的耦合

为了考虑施工现场危险区域的不确定性，将危险区域的风险评估与行人疏散的模拟相耦合，对二维元胞自动机模型中的转移概率进行危险区域风险修正，可以更加客观有效地模拟施工现场的人员紧急疏散，修正后的转移概率为

$$p_{ij}^r = N\exp(\beta J_s \Delta_s(i, j))\exp(\beta J_d \Delta_d(i, j))(1 - n_{ij})d_{ij}n_{ij}^r \tag{3-25}$$

式中，n_{ij}^r 为考虑危险区域风险的从网格 i 到网格 j 的状态指标修正系数，N 为对应的概率归一化系数。

基于前文的理论，提出一个危险区域风险分析和人员疏散模拟相结合的框架，如图 3-4 所示。主要包含两大板块：施工现场危险区域风险识别和评估的概率模型-简化的随机场模型；考虑危险区域影响的人员疏散模型-修正的元胞自动机模型。通过该框架，将危险区域的风险分析与疏散模型相结合，可以更客观、有效地模拟施工现场的人员疏散。

5. 工程案例分析

通过算例说明提出的危险区域风险分析和人员疏散模拟相结合的框架的有效性和灵活性。

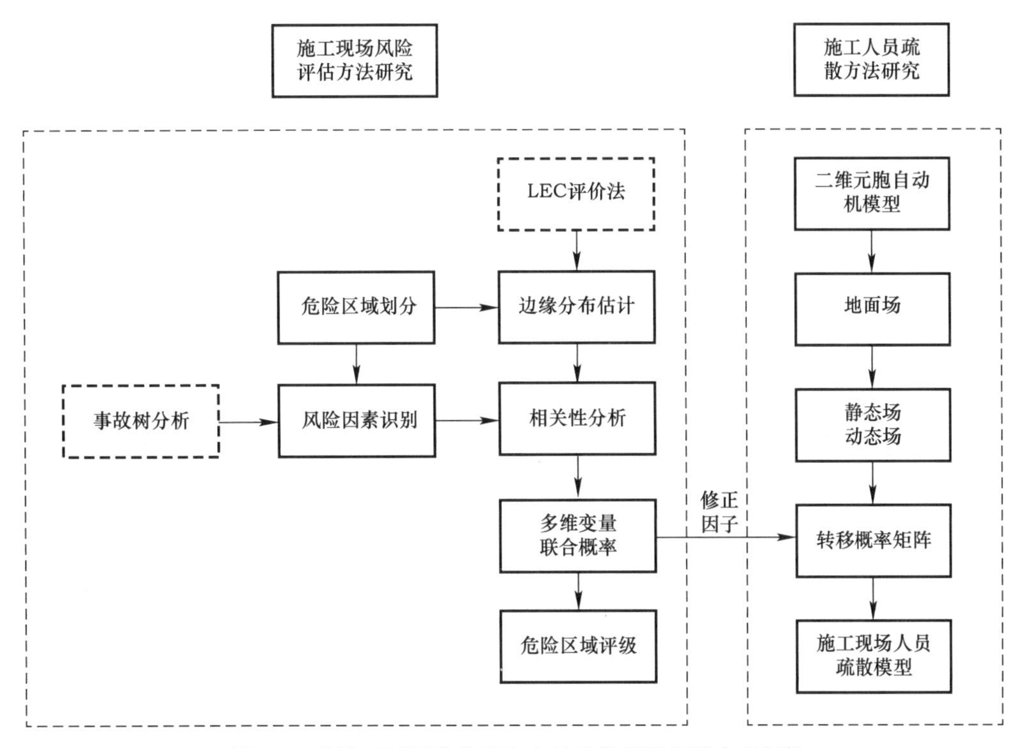

图 3-4 危险区域风险分析和人员疏散模拟相结合的框架

假定长 150m×宽 100m 的高层建筑施工现场如图 3-5 所示，项目拟建 6 栋楼，其中 1～3 号楼的施工进度仍处于正负零以下，4～6 号楼的施工进度在正负零以上。在整个施工过程中，包含基础施工作业区、临建辅助生产区、主体施工装修区这三大施工区，场地平整、桩基施工、土方开挖、基础施工、土方回填、模板钢筋制作、办公生活临时建筑施工、模板安装拆除、混凝土施工、钢构件安装、屋面和装修工程等施工作业活动交替进行。另外，现场共有 3 个出入口，分别在西北角（4m 宽）、东侧（4m 宽）和南侧（6m 宽）。

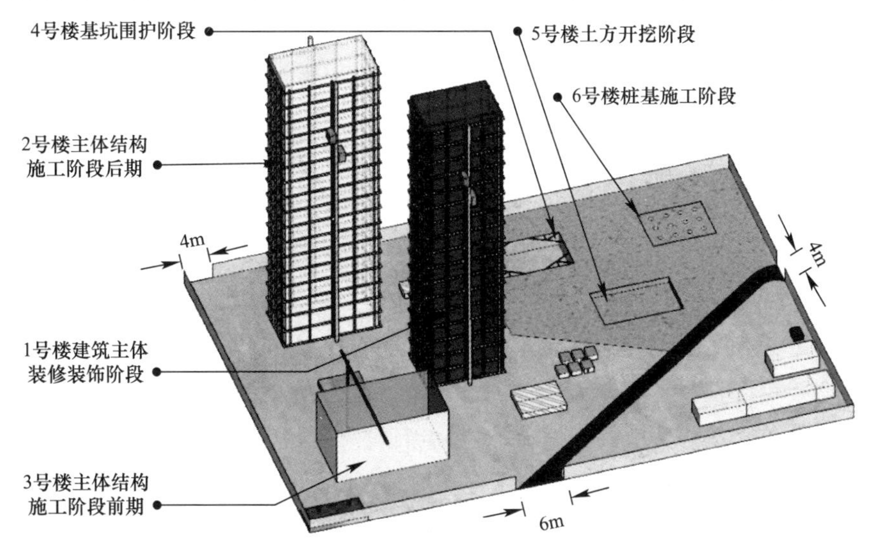

图 3-5 案例场景三维图解

考虑到随着施工进度的推进，施工现场的情况会发生变化，因此有必要将模型设定在某一工况场景下。其中，1 号楼处于建筑主体装修装饰阶段，2 号楼处于主体结构施工阶段的后期，3 号楼处于主体结构施工阶段的前期，4 号楼处于地下结构的基坑围护阶段，5 号楼处于土方开挖阶段，6 号楼处于桩基施工阶段。此时 1 号楼在装修阶段不慎失火且火势较大，因此全体人员需紧急撤离施工现场。

针对该场景，做出以下假定：1）紧急状况在极短时间内发生，施工现场内设备、材料等保持位置不变；2）人员疏散考虑危险区域的风险影响，仍采用研究框架前半部分提出的评估方法，暂时不单独考虑紧急事件本身的属性；3）为了简化模型，现阶段仅考虑在地面上的水平疏散，即不考虑主楼中施工人员的竖直疏散。

根据每个元胞大小为 40cm×40cm 划分元胞网格，本文设定的施工场景大小为 150m×100m，因此共有 375×250＝93750 个网格。除了被障碍物占用的元胞，240 位施工人员被随机布置在剩余的元胞中。主体建筑、基坑、临时搭建等的位置是确定的，可定义为元胞网格被占用的障碍物。主楼的尺寸有长 24m×宽 16m、长 20m×宽 16m、长 30m×宽 20m 三种类型，模板、钢筋作业区的尺寸有长 12m×宽 8m、长 12m×宽 4m 两种类型，堆土堆料区的尺寸有长 8m×宽 6m、长 12m×宽 6m 两种尺寸，临时建筑群长 40m×宽 8m。具体尺寸标注如图 3-6 所示。

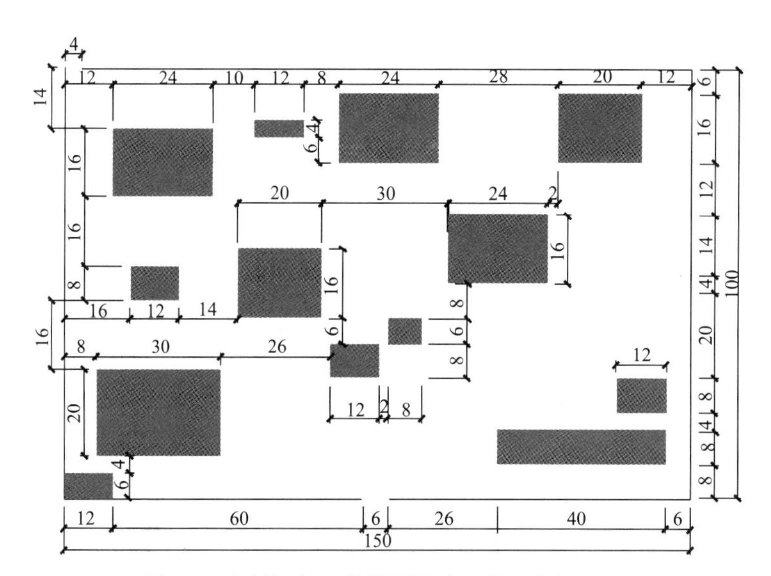

图 3-6　案例场景二维简图尺寸标注（单位：m）

危险区域则布置在这些障碍物周边，由于各种施工作业活动而存在，在人员运动时可能会发生危险事件而影响运动路径选择。危险区域的布置如图 3-7 所示，施工人员除了被障碍物占用的元胞，240 位施工人员被随机布置在剩余的元胞中，如图中黑色点所示。

（1）危险区域评估

采用基于多维变量联合分布的简化随机场模型评估建筑施工现场的风险特性，其中边缘分布的估计结合作业条件危险性评价法（LEC）进行。根据该工程项目风险评价报告，整理汇总了各个危险区域中 L、E、C 的取值。这 851 组数据参考自实际工程项目的风险评价报告，由施工人员考虑实际的现场环境凭经验判定，保证了数据的相对专业性。

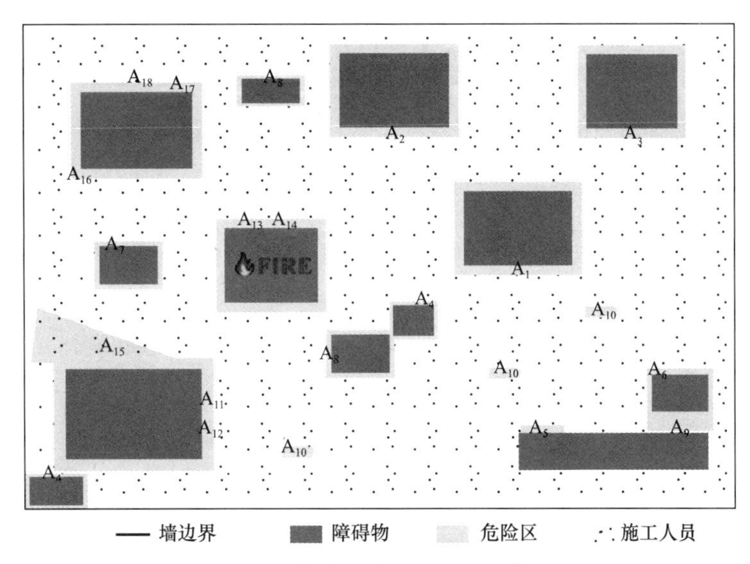

图 3-7　危险区域及施工人员布置

分别计算 L、E、C 的对数值，并得出对数期望和对数标准差，再由公式计算风险性分值 D 的对数期望及对数标准差，结果如表 3-3 所示。基于风险性分值 D 是对数正态分布的假定，即依据 $\ln D \sim N$（μ，σ^2）绘制概率密度曲线和累积分布曲线，如图 3-8 所示。由图中可看出，危险区域风险性分布差异巨大，曲线越平缓代表样本数据离散程度越高、发生高危险性事件的概率越大。

对数期望及对数标准差　　**表 3-3**

A_i	$\mu_{\ln L}$	$\sigma_{\ln L}$	$\mu_{\ln E}$	$\sigma_{\ln E}$	$\mu_{\ln C}$	$\sigma_{\ln C}$	$\mu_{\ln D}$	$\sigma_{\ln D}$
A_1	1.02	0.87	1.19	0.56	1.74	1.02	3.94	1.45
A_2	1.66	0.47	1.43	0.57	2.04	0.50	5.13	0.89
A_3	1.03	0.42	1.35	0.62	2.13	0.70	4.50	1.03
A_4	1.16	0.87	1.09	0.65	1.85	0.46	4.10	1.18
A_5	0.76	0.69	0.99	0.60	2.10	0.65	3.85	1.12
A_6	0.83	1.01	0.96	0.53	1.98	0.34	3.77	1.19
A_7	1.55	0.53	1.20	0.39	1.70	0.56	4.45	0.86
A_8	1.54	0.12	1.31	0.32	1.17	0.34	4.02	0.48
A_9	1.35	0.68	1.20	0.52	1.26	0.76	3.81	1.14
A_{10}	1.66	0.38	1.08	0.25	1.73	0.52	4.48	0.69
A_{11}	1.66	0.46	1.21	0.44	1.36	0.44	4.23	0.77
A_{12}	1.62	0.55	1.03	0.43	1.71	0.75	4.35	1.03
A_{13}	1.67	0.44	1.36	0.34	1.45	0.45	4.49	0.71
A_{14}	1.40	0.64	0.98	0.52	1.30	0.88	3.68	1.21
A_{15}	1.14	0.80	0.61	0.69	2.42	0.76	4.18	1.30
A_{16}	1.40	0.57	1.28	0.45	1.67	0.68	4.35	1.00
A_{17}	1.06	0.90	1.49	0.59	1.89	0.73	4.44	1.30
A_{18}	1.44	0.66	0.60	0.73	1.61	0.59	3.66	1.15

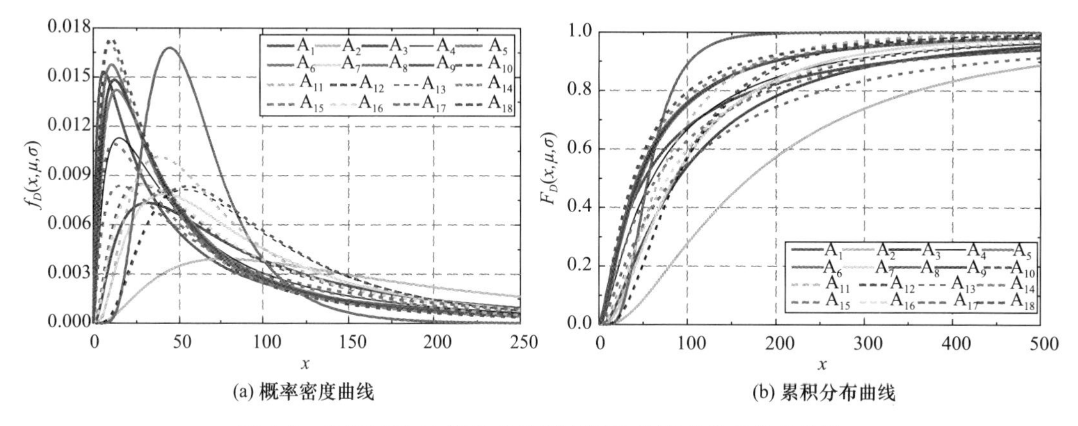

(a) 概率密度曲线　　(b) 累积分布曲线

图 3-8　危险区域 D 值分布的概率密度曲线和累积分布曲线

（2）危险区域评级

对危险区域进行风险性评级，如表 3-4 所示。该风险评级表将提出的 18 个危险区域划分为 5 个风险等级：A_2 基坑施工区和 A_{17} 脚手架作业区的风险等级为Ⅴ级，属高度危险，需要时刻监测；A_3 桩基施工区、A_{15} 塔式起重机作业区和 A_1 土方开挖区的风险等级为Ⅳ级，属非常危险，需要重点监管；A_{12} 混凝土施工区、A_{16} 临边洞口区、A_7 模板作业区和 A_{13} 门板幕墙装修区的风险等级为Ⅲ级，属显著危险，需要重点控制；A_{10} 材料运输区、A_4 堆土堆料区、A_{11} 钢结构作业区、A_5 临时用电线路、A_9 材料存放区和 A_6 电焊明火区的风险等级为Ⅱ级，属十分危险，需要控制；A_{14} 防水保温作业区、A_{18} 施工电梯作业区和 A_8 钢筋作业区的风险等级为Ⅰ级，属一般危险，需要注意。

危险区域风险性评级　　表 3-4

等级	D’	危险区域	危险程度
Ⅴ	＞160	A_2 基坑施工区、A_{17} 脚手架作业区	高度危险，时刻监测
Ⅳ	120～160	A_3 桩基施工区、A_{15} 塔式起重机作业区、A_1 土方开挖区	非常危险，重点监管
Ⅲ	100～120	A_{12} 混凝土施工区、A_{16} 临边洞口区、A_7 模板作业区、A_{13} 门板幕墙装修区	显著危险，重点控制
Ⅱ	70～100	A_{10} 材料运输区、A_4 堆土堆料区、A_{11} 钢结构作业区、A_5 临时用电线路、A_9 材料存放区、A_6 电焊明火区	十分危险，需要控制
Ⅰ	50～70	A_{14} 防水保温作业区、A_{18} 施工电梯作业区、A_8 钢筋作业区	一般危险，需要注意

该风险评级表的提出是一种从数据分析的角度对施工现场危险区域的风险程度进行定性分析，只能反映本研究由 LEC 法得到的统计特性，期望能为工程人员提供一定的参考。

（3）危险区域风险联合概率

为了描述施工现场危险区域的风险特性，将施工现场危险区域近似成空间位置作为场域参数，所确定维度的变量分布是标准正态分布，因素分析法得出的相关系数矩阵近似为变量间的相关结构，建立简化的高斯随机场模型，并给出随机场处于给定状态下的概率-多维变量联合概率。

基于 LEC 法提出的危险区域边缘分布可以描述事件的显性特征，即风险期望值、标准差等，而考虑相关性的联合概率分布则可以用来分析危险事件发生的概率。计算危险区

域 A_i 的联合概率时安全界限值取 μ_i/σ_i，其余区域 A_j 的界限值基于相关系数取 $\rho_{ij} \cdot \mu_i/\sigma_i$。此时联合概率的物理意义为：当危险区域 A_i 达到风险临界点 μ_i/σ_i 时，其余区域也正处于相应的风险状态 $\rho_{ij} \cdot \mu_i/\sigma_i$。

案例中由于1号楼在装修阶段不慎失火，危险区域 A_{13} 和 A_{14} 达到风险临界状态，而其余16个危险区域根据相关性得出相应状态值。因此，本案例中18个危险区域的风险联合概率结果如表3-5所示。联合概率可作为施工项目安全管理的参考，比如：概率值最小的 A_1 土方开挖区，对应于实际工程中前期土方处理的面积大，危险事件的分散性发生；而除了已确定发生风险事件的危险区域 A_{13} 和 A_{14} 之外，概率值最大的 A_8 钢筋作业区，对应于实际工程中钢筋加工区小型危险事件的频繁、密集性发生。

危险区域风险性联合概率　　表3-5

危险区域	A_1	A_2	A_3	A_4	A_5	A_6	A_7	A_8	A_9
联合概率（%）	28.17	63.90	54.46	29.60	37.99	34.26	82.12	95.45	41.49
危险区域	A_{10}	A_{11}	A_{12}	A_{13}	A_{14}	A_{15}	A_{16}	A_{17}	A_{18}
联合概率（%）	89.53	72.22	47.37	99.26	99.26	43.05	49.33	52.79	40.95

（4）考虑危险区域影响的施工现场人员疏散

根据设定的场景编写二维元胞自动机模型，简要的程序流程示意图如图3-9所示。其中参数设定为：静态场参数取 $J_s=5$，表明施工人员对现场物理环境，即出口位置的感知程度较高；动态场参数取 $J_d=J_0=0.5$，表明疏散人员间存在从众心理驱动下的长距离相互作用，但程度较轻。另外，动态玻色子衰减概率 $\alpha=0.6$，表明人员的长距离相互作用消散很快。

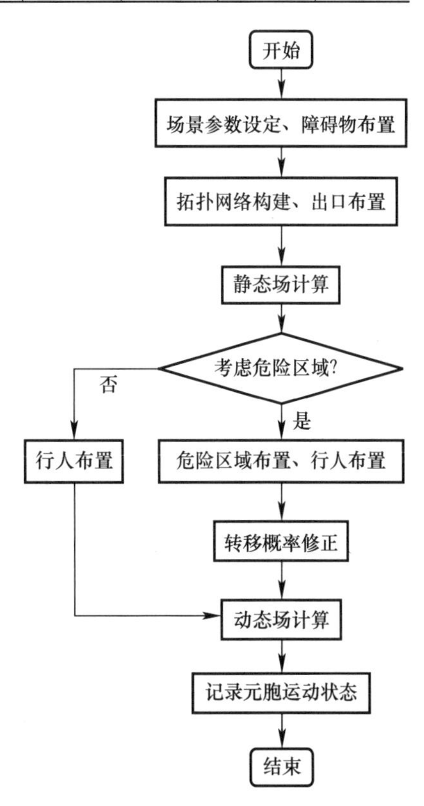

图3-9　仿真模型的程序流程示意图

疏散模型的静态场的求解是基于拓扑网络，每个元胞的中心作为网络的节点，按照Moore型的邻居法则得到拓扑网络关系。拓扑模型的计算求解效率会受到节点数量的影响，数量越多会导致计算效率越低。本施工现场的尺寸较大，因此节点数量很多、计算效率不高。但是对于小场景的求解，计算效率会很高，并且拓扑网络非常适用于考虑最短路径的疏散求解问题。

静态场代表着行人往往期望以最短的距离到达出口，因此，分别计算每个元胞选择不同出口元胞时相应的静态场值（由于施工现场的出口通常很大，一个出口可能占用多个元胞，因此静态场计算的量也较大），求解得到的静态场如图3-10所示，它只与仿真区域的大小、障碍物布局有关，因此不随时间演变，并且不会因行人的存在而改变，可以用来反映出口的吸引力。从图中可以看出三个出口处的静态场值最大，在后续的疏散仿真模型中，行人根据静态场值的引导向出口疏散。

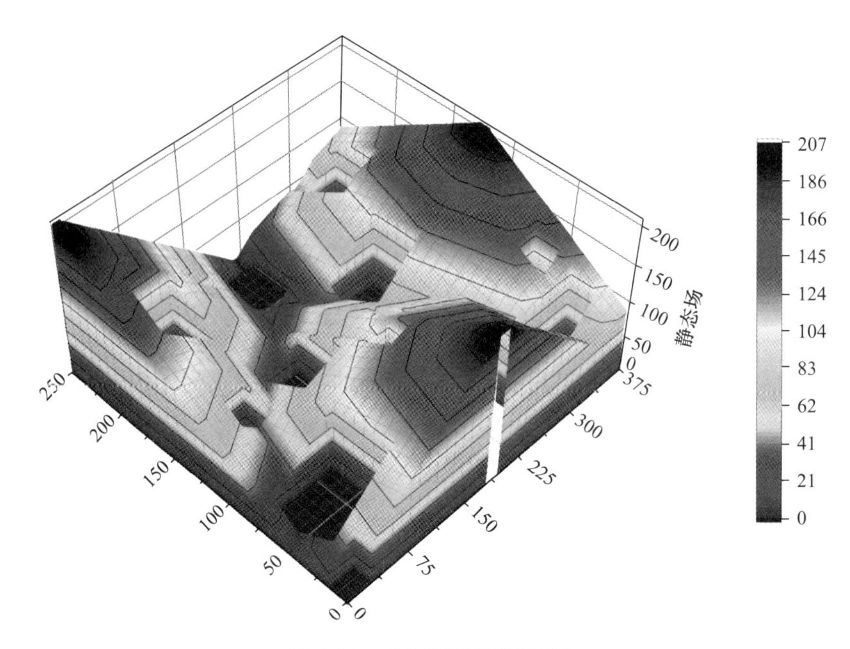

图 3-10 仿真模型的静态场

建立仿真模型，考虑施工现场危险区域的风险影响，模拟人员紧急疏散的不确定性。在二维元胞自动机模型中，引入危险区域的风险特性作为随机因素，对元胞自动机模型中的转移概率进行风险修正，将风险评估与疏散模拟相耦合，可以更加客观有效地模拟施工现场的人员紧急疏散情况。对设定好的障碍物、施工人员布局，分别不考虑和考虑施工现场危险区域的影响，对人员疏散仿真各模拟 50 次。模拟结果如图 3-11～图 3-14 所示。

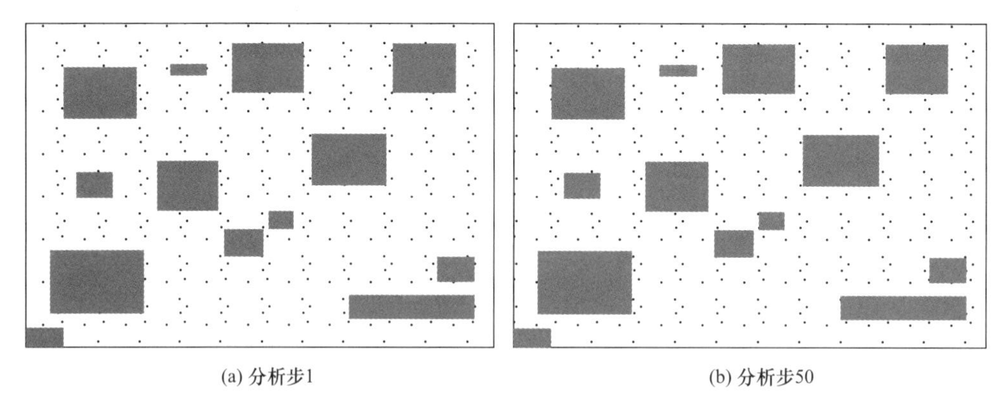

(a) 分析步1　　(b) 分析步50

图 3-11 不考虑危险区域影响时不同时间步下的疏散人员分布

对比结果表明，一方面疏散时从众现象比较明显，人们总是倾向于在往出口移动的同时与其他人聚集；另一方面，在各障碍物周边的危险区域内，尤其是风险联合概率高的区域，由于随机事件的发生，人员运动会受到干扰，疏散路径波动性更强，平均疏散时间、最大疏散时间都会有不同程度的增加。考虑危险区域影响时，平均时间比不考虑该因素时的平均时间增加 16.7%，最大时间比不考虑该因素时的最大时间增加 36.5%。

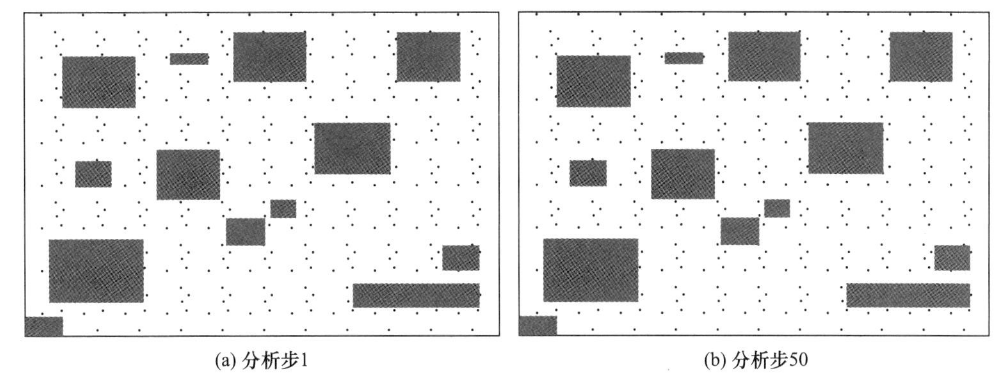

(a) 分析步1　　(b) 分析步50

图 3-12 考虑危险区域影响时不同时间步下的疏散人员分布

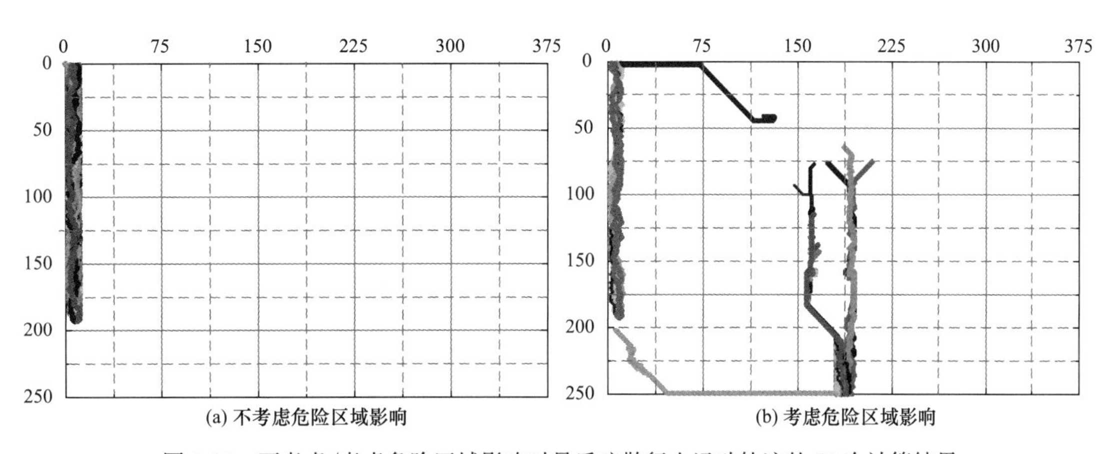

(a) 不考虑危险区域影响　　(b) 考虑危险区域影响

图 3-13 不考虑/考虑危险区域影响时最后疏散行人运动轨迹的 50 次计算结果

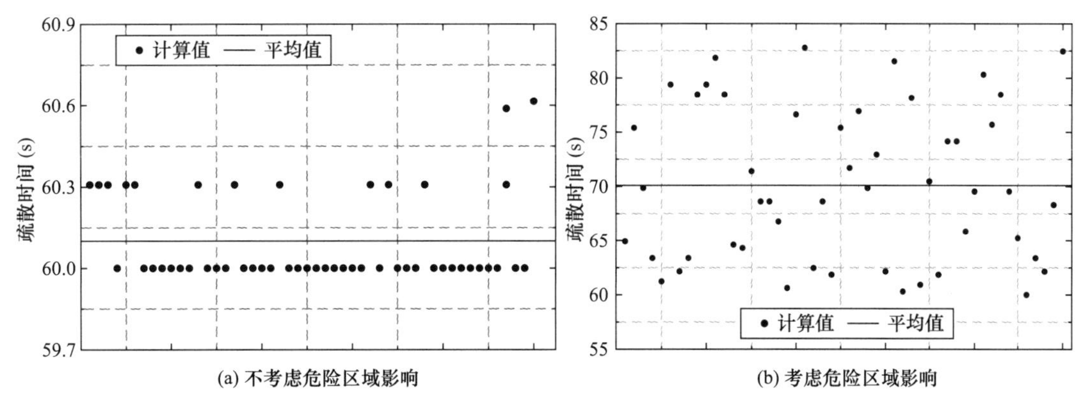

(a) 不考虑危险区域影响　　(b) 考虑危险区域影响

图 3-14 不考虑/考虑危险区域影响时案例 50 次计算的疏散时间结果

3.2.2 施工人员高效精确定位技术

1. 复杂场景高效精确定位技术

以高精度超宽带 UWB（Ultra Wide Band）定位为基础，采用双曲线定位 TDOA（Time Difference of Arrival）算法作为判定移动目标位置的测量与计算方法，研发了高效精确定位系统，该系统主要由定位标签、定位基站、核心交换机、定位服务器以及实现定位的数学模型和算法软件构成，系统网络模型如图 3-15 所示。系统中定位基站位置已知，定位标签位置未知，定位过程需要对其进行计算。在定位基站布设区域，定位标签周期性地发送无线脉冲，定位基站接收到信号后，将信号经由系统通信网络传送给定位服务器，定位服务器根据无线脉冲在空间中的传播时间，基于 TDOA 算法找出多条双曲线交点，并计算出标签与各基站之间的绝对距离，通过空间解算获得标签的实时位置。

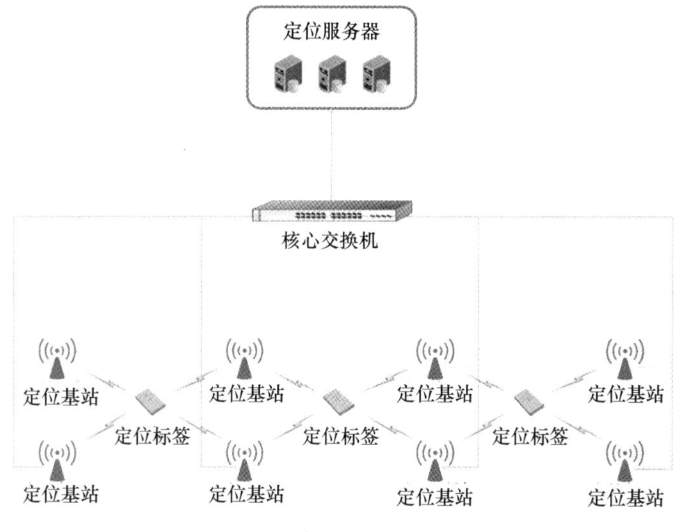

图 3-15　定位系统网络模型

TDOA 算法是基站在完全同步的前提下，发出 UWB 脉冲信号，标签通过各个基站发出的 UWB 信号的到达时间差，再结合基站的位置坐标对标签进行定位。TDOA 算法通过比较信号到达时间差，做出一组双曲线，如图 3-16 所示，双曲线的交点是标签的位置，而双曲线的焦点是基站的位置。

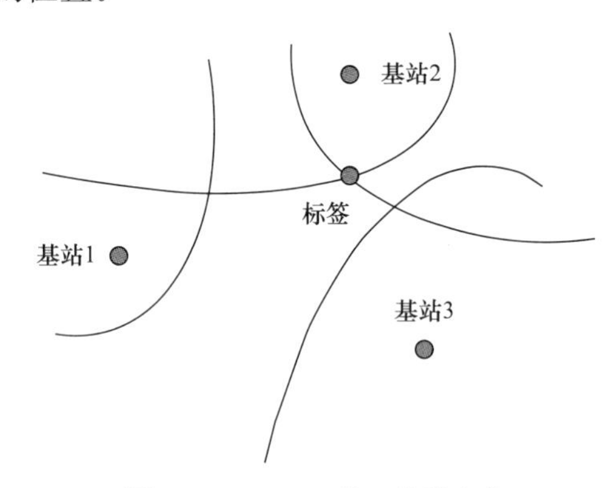

图 3-16　TDOA 的双曲线定位

根据到达时间差获得的 TDOA 方程为：

$$\begin{cases}\sqrt{(x-x_2)^2+(y-y_2)^2}-\sqrt{(x-x_1)^2+(y-y_1)^2}=c\cdot(t_2-t_1)\\\sqrt{(x-x_3)^2+(y-y_3)^2}-\sqrt{(x-x_1)^2+(y-y_1)^2}=c\cdot(t_3-t_1)\\\vdots\\\sqrt{(x-x_n)^2+(y-y_n)^2}-\sqrt{(x-x_1)^2+(y-y_1)^2}=c\cdot(t_n-t_1)\end{cases}\tag{3-26}$$

式中，(x_n，y_n) 是基站 n 的坐标 ($n \geqslant 2$)；(x，y) 是标签的坐标；t_n 是第 n 个基站到达标签的时间；c 是电磁波的速度，为 3×10^8 m/s。TDOA 标准算法可以通过方程组 (3-26) 推导出标签的坐标。由于基站的绝对完全同步，可以通过最小二乘法、线性约束等数学方法得到最优解。标签将根据到达时差、保护时隙和基站的坐标计算自己的位置。

复杂场景下定位基站和目标标签之间的直射路径可能由于障碍物的存在而受到影响，使得它们之间的信号发生非视距（Non Line of Sight，NLOS）传播，导致信号测量值不能反映真实情况，因此要得到稳定可靠的定位服务，NLOS 是必须解决的一个问题，其定位误差具有以下特点：

(1) 正均值。由于信号的传播时间与传播距离成正比，而 NLOS 路径比视距的路径长，这使得传播的时间长。基于 TDOA 方法的定位存在误差，而这种误差是由于电波在传输途中遭遇障碍物而发生超量延迟引起的，所以误差总是正值。

(2) 随机性。由于到达接收机的信号是由很多随机的反射和衍射路径信号叠加而成的，所以应用 TDOA 方法得到的结果在一定程度上具有很大的随机性。

(3) 独立性。接收机上得到的时间值是由真实值、标准测量误差以及 NLOS 误差三部分组成的，由于引起这两种误差的原因完全不同，所以是彼此独立的，基于这种独立性可以对其进行鉴别并分别予以消除。

2. 高精度确定位改进算法

到达时差和接收信号强度都可以用来获取定位基站和定位标签之间的距离信息，而且这两种距离的测量值易于获得。值得注意的是施工现场环境复杂且具有时变性，障碍物随机分散。因此，不可避免地存在 NLOS 情况。提出了一种 RSS 残差加权（RRW）算法，可有效减小 NLOS 误差，提高复杂场景非视距传播定位性能。

常用的衰落信道模型给出了在第 i 个定位基站处接收的来自定位终端信号的平均 dB 接收功率：

$$p_i = p_0 - 10n\log_{10}\left(\frac{d_i}{d_0}\right) - \zeta_i \tag{3-27}$$

式中，n 是路径损耗指数；i 表示第 i 个定位基站 ($i=1$，2，…，Q)；d_0 和 d_i 分别表示参考距离（这里设 $d_0=1$）和定位标签 MT 与第 i 个定位基站之间的实际距离，因此，p_0 和 p_i 分别指的是 d_0 参考位置处的 RSS 值和视距情况下 d_i 处的 RSS 的值；ζ_i 表示遮蔽因子，假设 ζ_i 是均值为 0 和方差为 σ_{dB}^2 的正态随机变量。

通过 Taylor 算法，可以估计 MT 的位置为 ($\hat{x}$，$\hat{y}$)。然后可以估计定位终端和第 i 个定位基站之间的距离：

$$\hat{d}_i = \sqrt{(X_i - \hat{x})^2 + (Y_i - \hat{y})^2} \tag{3-28}$$

假设 MT 和第 i 个定位基站之间的传播路径是 LOS，那么估计的 RSS 为：

$$\hat{p}_i = p_0 - 10n\log_{10}\left(\frac{\hat{d}_i}{d_0}\right) \tag{3-29}$$

然后，将 $p_{res,i}$ 定义为第 i 个定位基站的 RSS 残差：

$$p_{res,\ i} = \hat{p}_i - p_i \tag{3-30}$$

$p_{res,i}$ 值也被粗略估计为遮蔽因子 ζ_i：

$$\zeta_i \approx p_{\mathrm{res},i} \tag{3-31}$$

考虑 $p_{\mathrm{res},i}$ 的绝对值，将 $p_{\mathrm{res},i}^2$ 视为 NLOS 的遮挡程度是合理的。假设定位基站的数目（即 Q）大于 TDOA 所需的最小定位基站数目，可以通过不同的定位基站组合得到多个估计位置。使用 $1 \sim Q$ 来标识 Q 个定位基站的索引，并使用集合符号 S 来表示所有索引的集合。在 RRW 算法中，在每一轮选择一部分定位基站来估计位置。在每轮评估后，将从 S 中删除一个最有可能是 NLOS 的定位基站。因此，为保证至少 3 个定位基站，只需要计算 $Q-2$ 种组合，因为除了第一轮外，具有最高 $p_{\mathrm{res},i}^2$ 值（最有可能的 NLOS）的定位基站将在每一轮中被踢出。在第 k（$k=1, 2, \cdots, Q-2$）轮中，计算其定位基站索引组合集合 S_k 的估计位置（$\hat{x}_k$，$\hat{y}_k$）。显然，每轮中的定位基站数量，即 S_k 的值为 $Q-k+1$。此外，除了最后一轮（$k=Q-2$），计算其组合中每个定位基站的 $p_{\mathrm{res},i}^2$，并且在下一轮中，具有最高 $p_{\mathrm{res},i}^2$ 值的定位基站将被踢出。为了评估每轮的结果（$\hat{x}_k$，$\hat{y}_k$），可以使用 RSS 残差的平方和来表示结果的可信度。下式给出了 RSS 残差的平方和：

$$RRES_k = \sum_{i \in S_k} p_{\mathrm{res},\ i}^2 \tag{3-32}$$

但由于每一轮中 S_k 的大小是不同的，因此，有必要重新定义标准化的 $RRES_k$，即 $\widetilde{RRES_k}$，以减轻对 S_k 大小的依赖性。

$$\widetilde{RRES_k} = \frac{RRES_k}{Sizeof\ \boldsymbol{S}_k} = \frac{RRES_k}{Q-k+1} \tag{3-33}$$

$\widetilde{RRES_k}$ 值的大小可用于表征结果（$\hat{x}_k$，$\hat{y}_k$）的质量。（$\hat{x}_k$，$\hat{y}_k$）的值越小，则 S_k 中 NLOS 的可能性越低，该结果越值得信赖。因此，可以考虑将 $\widetilde{RRES_k}$ 作为权重参数对每个（$\hat{x}_k$，$\hat{y}_k$）进行加权。最后，最终位置的估计是（$\hat{x}$，$\hat{y}$）与（$\hat{x}_k$，$\hat{y}_k$）的线性组合，将 $\widetilde{RRES_k}$ 的倒数作为每项的权重。

$$\hat{\boldsymbol{x}} = \frac{\sum_{k=1}^{M-2} \hat{\boldsymbol{x}}_k (\widetilde{RRES_k})^{-1}}{\sum_{k=1}^{M-2} (\widetilde{RRES_k})^{-1}} \tag{3-34}$$

其中 $\hat{\boldsymbol{x}}$ 和 $\hat{\boldsymbol{x}}_k$ 均为向量：

$$\hat{\boldsymbol{x}} = [\hat{x},\ \hat{y}]^T \tag{3-35}$$

$$\hat{\boldsymbol{x}}_k = [\hat{x}_k,\ \hat{y}_k]^T \tag{3-36}$$

总之，假设定位基站的数目大于 3（即 $Q>3$），则 RRW 算法流程如图 3-17 所示。

```
1 S← {1,2,...,Q}
2 for k = 1 to Q − 2 do
3  | S_k← S.
4  | 使用索引位于S_k中的AN，通过Taylor方法(请参阅算法6)计算(x̂_k, ŷ_k)。
5  | 针对每个AN计算P²_res,i，i ∈ S_k。
6  | 计算RRES_k（~）。
7  | 在S_k中找到具有最大p²_res,i值的AN索引，然后将其从S中踢出。
8 end
```

图 3-17　RRW 算法流程图

模拟了一个运动物体的真实轨迹（1000 个点），NLOS 误差以均值为 λ 的指数分布，给出了在添加测量误差和 NLOS 误差后由传统 Taylor 算法、Convex 算法和 RRW 算法计算的结果，如图 3-18、图 3-19 所示。三种算法的均方根误差 RMSE 的比较结果表明 RRW 算法的精度明显高于 Taylor 算法和 Convex 算法，RRW 算法模拟的轨迹更接近真实轨迹。

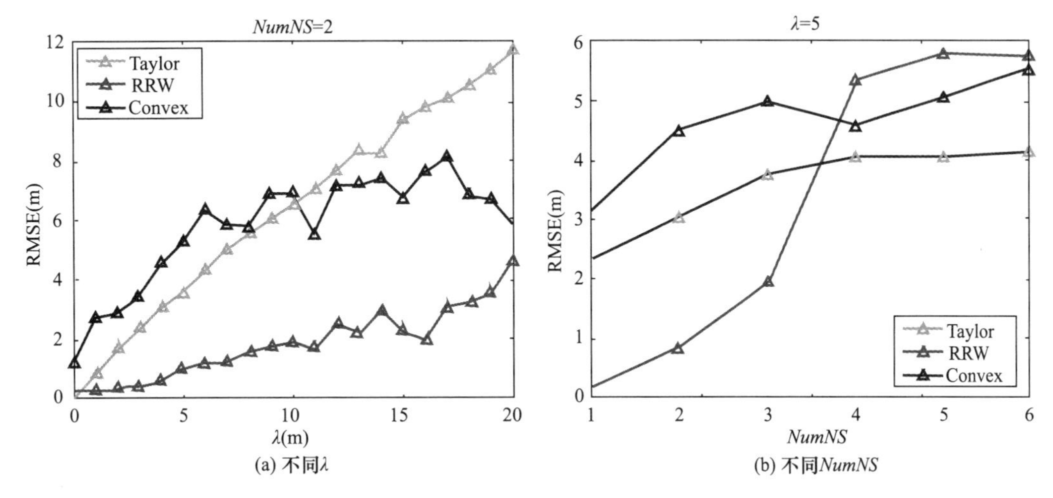

图 3-18　均方根误差 RMSE 比较

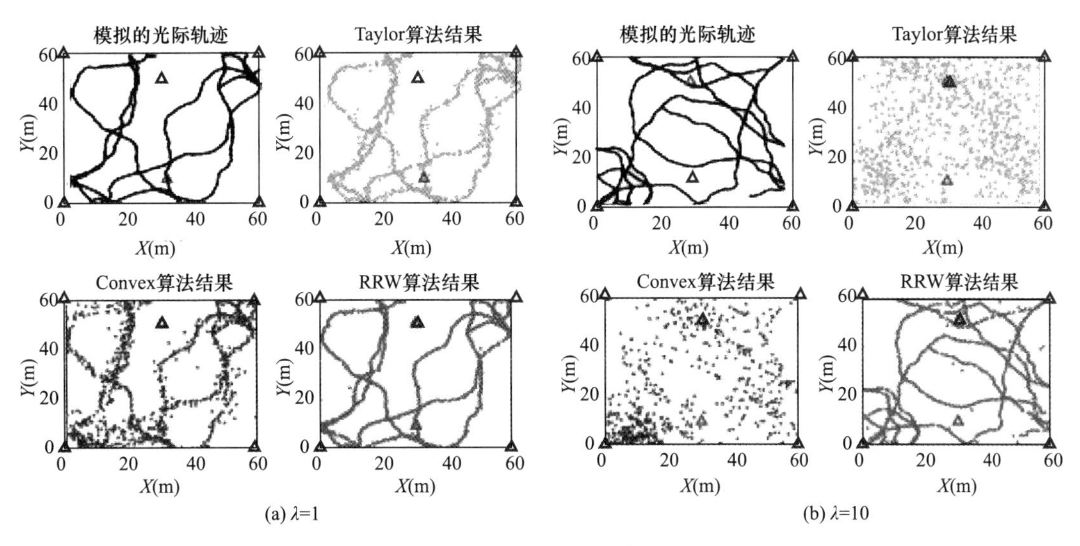

图 3-19　位置轨迹计算结果

针对复杂的施工现场，研究施工现场定位基站的布设方案，将整个施工现场分成若干个定位子单元，每个定位子单元都包含若干定位基站，定位子单元之间无缝连接，将定位空间无限扩展，并结合优化的 TDOA 算法和相邻区域协同的 RSS 残差加权算法，可实现复杂场景下 NLOS 的实时精确定位。

3.2.3　施工人员实时跟踪溯源技术

基于 UWB 技术的室内跨区域无缝定位系统，如图 3-20 所示，包括定位标签、定位基站和信息处理系统，所述定位系统覆盖的场景被划分为多个区域，每个区域内布置定位基站，定位标签用于向定位基站发送 UWB 信号，定位基站用于将收到的 UWB 信号传输给所述信息处理系统，信息处理系统对定位基站收到的 UWB 信号进行解析，得到定位标签的位置信息，定位基站根据得到的位置信息选择采用独立定位或协同定位。

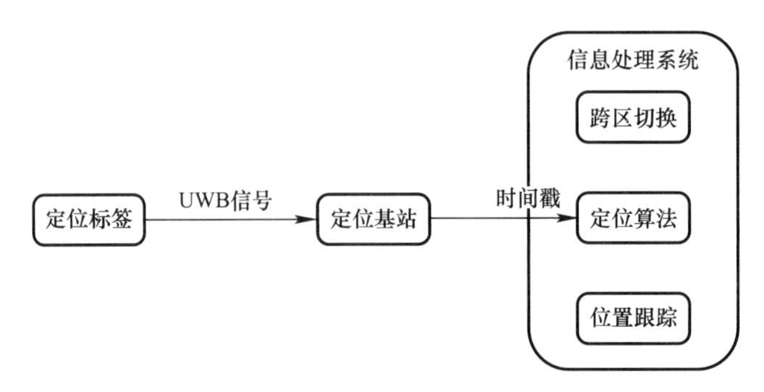

图 3-20　室内跨区域无缝定位系统架构

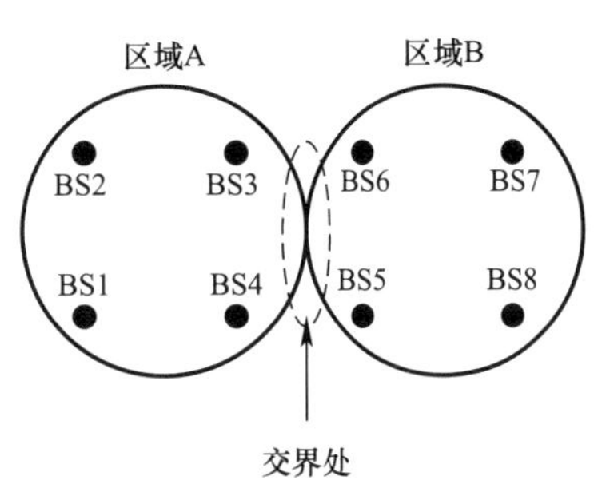

图 3-21　分区域定位模型

信息处理系统在解析标签的位置信息时，根据标签位置和接收定位基站的数量来确定当前最优的定位方式。施工现场的特点非常适合采用分区域的定位方式。以图 3-21 所示的分区域定位模型为例，假设整个定位场景可以分为区域 A 和区域 B 两部分，在区域 A 周围部署基站 BS1～BS4，区域 B 周围部署基站 BS5～BS8。

定位过程中，只要区域内有足够数量的基站能成功接收标签的定位信号，就可以用 TDOA 方式计算出一个定位结果。当标签位于区域 A 时，区域 A 的定位结果，即由 BS1～BS4 的测量值计算出的定位结果是可靠的，而 BS5～BS8 的基站测量值可能由于区域间遮挡物或硬件设置的障碍产生 NLOS 误差，导致区域 B 的结果不可靠。此时选择区域 A 的定位结果作为最终结果就可以达到较高的定位精度。当标签从区域 A 向区域 B 运动，且位于两区域交界处时，系统将会依据跨区切换算法将定位方式从区域 A 切换到区域 B。因此，在分区域定位系统中，只要选取了合适的区域定位结果，就可以排除 NLOS 基站对定位结果的影响。

与其他 NLOS 误差消除方法不同的是，分区域定位方法并没有对测量值逐个进行处理或改进传统定位算法，而是预先指定一组不受 NLOS 影响的基站，在定位中对不同基站组合的定位结果进行选择，以达到排除 NLOS 基站的目的。该方法可以不用保证基站全局同步，只需要区域内的基站保持同步即可，避免了 NLOS 因素对基站同步的影响。

分区域定位算法由两个步骤组成，先通过区域选择算法对所有区域进行初选，然后用跨区切换算法修正区域交界处的误选，得到终选区域，最后将该区域的定位结果作为最终定位结果。

1. 区域选择算法

分区域定位方法中，每个区域的定位结果可通过传统定位算法得到。采用置信度对区域定位结果进行选择，该参数与残差成反比关系。残差描述的是定位结果与测量值的接近程度。假设某一区域的基站数量为 N，区域定位结果为（$\hat{x}$，$\hat{y}$），则该区域的残差定义为：

$$R_{\mathrm{es}}(\hat{x},\hat{y},N)=\left[\sum_{i=2}^{N}(r_{i,1}-\sqrt{(\hat{x}-x_i)^2+(\hat{y}-y_i)^2}+\sqrt{(\hat{x}-x_1)^2+(\hat{y}-y_1)^2})^2\right]/N \tag{3-37}$$

通常一组测量值受 NLOS 影响越大，计算出的残差也越大，因此残差越小的定位结果可信度越高。定义区域置信度为区域残差的倒数：

$$C=\frac{1}{R_{\mathrm{es}}(\hat{x},\hat{y},N)} \tag{3-38}$$

假设有 M 个区域，计算每个区域的置信度 C_m，$m=1$，2，…，M。找出置信度最高的区域 u：

$$u=\underset{m}{\mathrm{argmax}}(C_m) \tag{3-39}$$

令区域 u 的定位结果为（$\hat{x}_u$，$\hat{y}_u$），然后判断该点所在的区域，该区域即为初选区域，记为 $region(\hat{x}_u,\ \hat{y}_u)$。

2. 跨区切换算法

标签位于两区域交界处时，区域的置信度差异不够明显，此时区域初选结果容易反复跳变，使定位轨迹产生位置抖动现象。传统的室内外切换算法一般将 RSSI 值高于或低于预设门限作为判决条件，将区域置信度作为判决依据，对基于计数和阈值的切换机制进行改进，实现跨区切换功能。

将 k 时刻的初选区域表示为 $region_k(\hat{x}_u,\ \hat{y}_u)$，$S$ 表示 $k-1$ 时刻的终选区域。定义 $\alpha(k)$ 为计数函数，记录 $region_k(\hat{x}_u,\ \hat{y}_u)$ 与 S 为不同区域的次数，表达式如下：

$$\begin{cases}\alpha(0)=0\\ \alpha(k)=\alpha(k-1)+1,region_k(\hat{x}_u,\hat{y}_u)\neq S\\ \alpha(k)=\alpha(k-1)\cdot D,region_k(\hat{x}_u,\hat{y}_u)=S\end{cases} \tag{3-40}$$

式中，$D\in(0,\ 1)$ 为区域选择结果不变时的计数值减少率。定义切换阈值 α_{T}，当 $\alpha(k)>\alpha_{\mathrm{T}}$ 时，定位方式从区域 S 切换到区域 $region_k(\hat{x}_u,\ \hat{y}_u)$。跨区切换算法流程如图 3-22 所示。

定位区域间的切换是否准确和稳定与切换阈值 α_{T} 和计数值减少率 D 的取值有关。增大 α_{T} 或减小 D 会使切换的稳定性增加，但会增加触发切换所需要的时间。

假设标签从图 3-21 所示的区域 A 运动到区域 B，则定位流程包括以下步骤：

（1）定位标签位于区域 A

当定位标签从区域 A 向区域 B 运动，还未进入两区域交界处时，根据上一时刻定位结果可知定位标签位于区域 A 内部，此时采用定位基站 1～定位基站 4 进行定位，若其中少于 3 个定位基站接收到了 UWB 定位信号，则定位标签重新发送定位信号，直到接收到 UWB 定位信号的定位基站数量不少于 3 个。然后根据区域 A 的定位基站测量值计算出当前时刻定位标签的位置。

（2）定位标签位于交界处

当上一时刻的定位标签位置移动到两区域交界处时，则采用区域 A 与区域 B 协同定位的方式，采用定位基站 1～定位基站 8 的测量值完成定位。采用加权平均算法，将定位基站 1～定位基站 4 的定位结果赋予权重因子 w，定位基站 5～定位基站 8 的定位结果赋

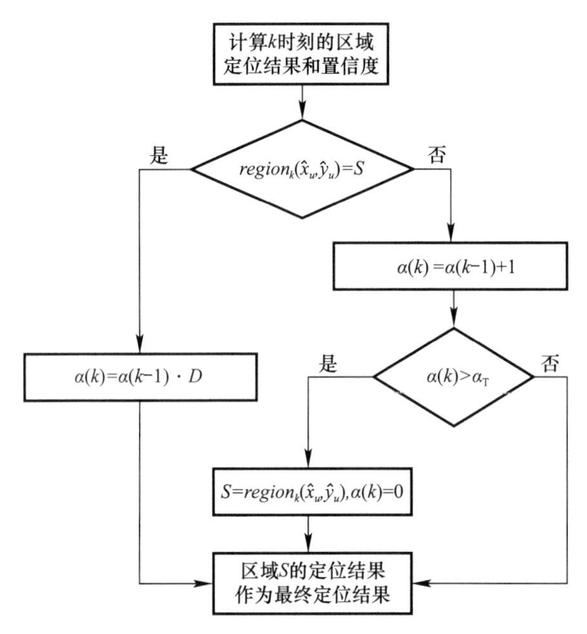

图 3-22　跨区切换算法流程图

予权重因子（$1-w$），融合结果为：

$$P(x,y)=wP_A(x,y)+(1-w)P_B(x,y)$$

式中，$P_A(x,\ y)$ 为区域 A 定位结果坐标，$P_B(x,\ y)$ 为区域 B 定位结果坐标。

若此时区域 A 或区域 B 内接收到 UWB 定位信号的定位基站数量少于 3 个，则采用另一个区域的定位基站进行独立定位；若两个区域接收到 UWB 定位信号的定位基站数量都少于 3 个，则定位标签重新发送 UWB 定位信号，直到其中一个区域内接收到 UWB 定位信号的基站数量不少于 3 个，然后计算当前时刻定位标签的位置。

（3）定位标签位于区域 B

当上一时刻的定位标签位置离开交界处进入区域 B 时，切换到区域 B 独立定位的方式，使用定位基站 5～8 的测量值完成定位。若其中少于 3 个基站接收到了 UWB 定位信号，则定位标签重新发送 UWB 定位信号，直到接收到 UWB 定位信号的基站数量不少于 3 个。然后根据区域 B 的定位基站测量值计算出当前时刻定位标签的位置。

在这三个步骤中，不管定位标签位于区域内部还是区域交界处，都会有相应的定位机制来求解标签的位置信息，形成一种人员或物品的全方位实时定位系统，在跨区域定位过程中，同时使用两个区域的基站来进行协同计算标签坐标，完成了标签位置的平滑过渡。

仿真场景如图 3-23 所示，矩形定位场景中间由 2 块长度为 L 的遮挡物隔开形成 2 个边长为 20m 的正方形区域。定义左侧正方形为区域 A，部署基站 BS1～BS4，坐标分别为（1，1），（1，19），（19，19），（19，1），右侧正方形为区域 B，部署基站 BS5～BS8，坐标分别为（21，1），（21，19），（39，19），（39，1）。标签沿图示正弦曲线运动，对运动轨迹按 x 轴等间隔采样取 301 个测试点。噪声误差服从均值为零的高斯分布，标准差 $\sigma_i=a\%\times r_i$，其中 r_i 为标签到基站 i 的距离，a 用于调整噪声标准差的大小。NLOS 误差服从指数分布，其中 λ 为 NLOS 误差均值。

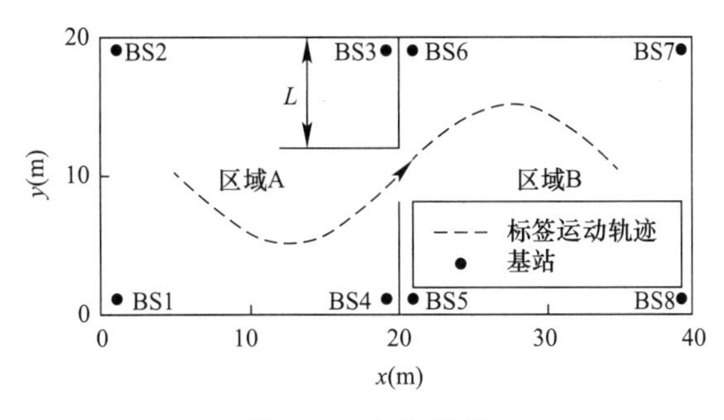

图 3-23 仿真场景

固定$\sigma=1\%\times r$，$L=8m$，改变 NLOS 误差均值进行试验。其中泰勒级数展开法的定位精度对 NLOS 误差较为敏感，残差加权法对 NLOS 误差进行了削弱，但还留有残余 NLOS 误差，区域选择算法中的位置抖动对定位精度的影响随着λ的增大得到了放大。图 3-24 为 RMSE 与 NLOS 误差均值的关系，相比之下，所提出的算法性能最好，且表现稳定，定位精度受 NLOS 误差的影响较小。

固定$\sigma=1\%\times r$，$\lambda=1m$，改变遮挡物长度L的值进行试验，L越大代表有越多的基站信号处于 NLOS 传输状态。得到的 RMSE 与遮挡物长度的关系如图 3-25 所示。随着L的增加，泰勒级数展开法的定位精度显著下降，残差加权法的表现优于泰勒级数展开法。当L较小时，在区域交界处不会有 NLOS 传输，两个区域的定位结果都可以满足要求，故反复切换不会影响定位精度；当L足够大时，区域选择算法才会与本研究算法产生性能差距，所提出的算法能始终保持较好的定位效果。

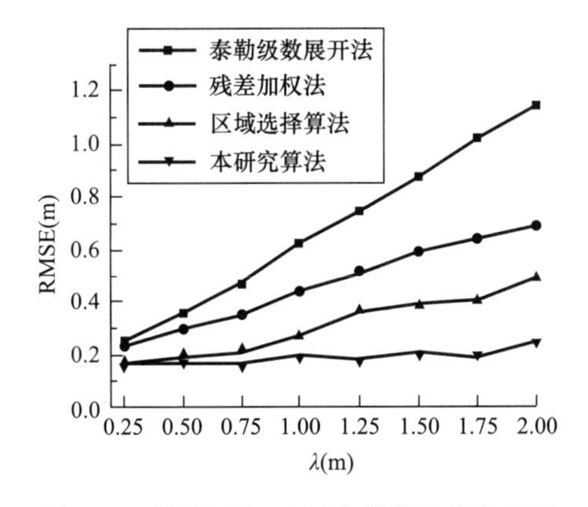

图 3-24 RMSE 与 NLOS 误差均值的关系

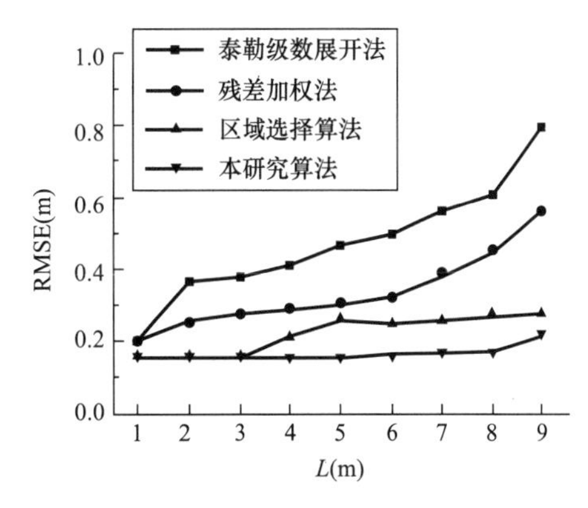

图 3-25 RMSE 与遮挡物长度的关系

3.2.4 施工人员定位跟踪设备及系统

1. 系统软件研发

平台的总体框架采用目前 IT 技术中较成熟的“N”层结构方案。建筑施工现场人员定位跟踪智能管理系统以 SOA 为基本架构，将系统从下至上按基础设施层、数据层、应用层进行划分。

（1）基础设施层：主要包括服务器主机、网络、路由设备及其他外围设备，还包括服务器软件平台、操作系统、数据库系统等；

（2）数据层：主要包括基础地形数据、设备设施采集数据、专业空间数据、用户及权限数据等；

（3）应用层：与用户交互的层面，包括设备管理系统、用户认证访问控制和授权管理系统，采用B/S结构，客户端为通用浏览器。

系统软件方面分为核心服务软件、应用服务软件两部分，用于与前端UWB高精度定位系统、RFID识别系统共同构成一个完整的建筑施工现场人员定位跟踪体系。核心服务软件接收终端信息，进行数据汇聚融合处理，存储至数据库中；对应的数据处理结果发送给应用服务软件，进行统计分析、分权限展示和报警管理等操作，用户通过应用服务软件与整个系统进行交互。

核心服务软件包含了核心后台软件模块、核心数据库，主要功能是采集终端获取的实时定位与识别信息，并进行数据汇聚融合和报警处理。应用服务软件包含了应用后台服务软件、信息展示及用户交互模块、定位识别数据融合处理模块、应用数据库、应用配置模块、地图交互接口，主要功能是进行现场设备相关信息的展示、事件信息的记录、用户权限的配置、自动化处理报警信息，提供报警预案，指挥调度管理等。

系统软件平台采用B/S架构，主要通过电脑端的浏览器实现对施工现场人员定位信息的查询、删除、修改、增加；本部分是整个系统的操作界面，主要实现对定位信息的管理功能。

2. 装置研发制造

研制了施工现场人员精确定位跟踪装置，空间定位误差在20cm以内。装置包括定位基站和定位标签等。

（1）定位基站

研制了用于施工现场人员精确定位、跟踪的小型模块化动态配置的定位基站，图3-26为定位基站原理及结构设计示意图，图3-27为定位基站实物及内部结构。

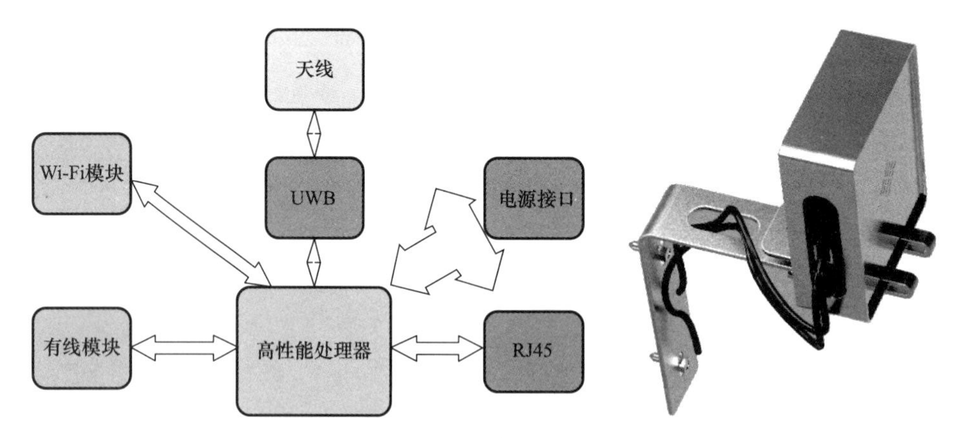

图3-26　定位基站原理及结构设计示意图

（2）定位标签

研发了适用施工现场复杂环境的低功耗工作模式定位标签，可安装在安全帽或吸附于设备上。图3-28为定位标签原理，图3-29为定位标签实物及内部结构。

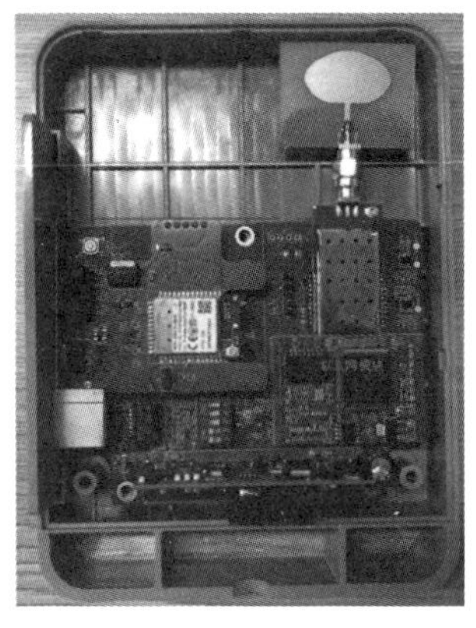

图 3-27　定位基站实物及内部结构

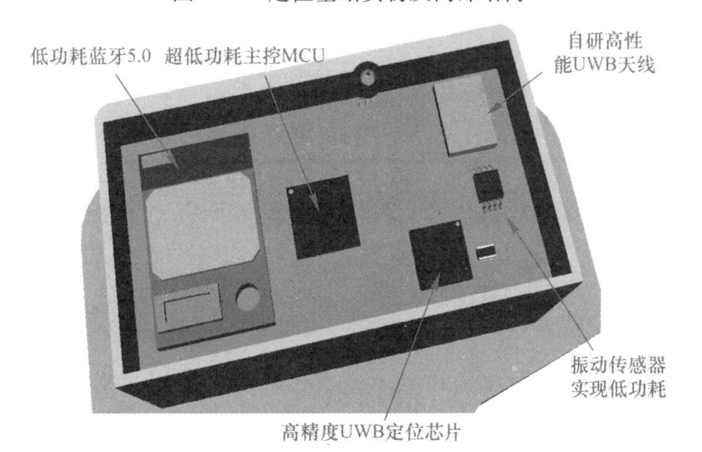

图 3-28　定位标签原理

图 3-29　定位标签实物及内部结构

3.2.5　洞口临边立体防护状态监控技术及装置

临边洞口存在安全隐患，高空坠落时有发生。针对建筑工程施工现场临边洞口安全防护装置缺乏主动反馈控制的问题，研发了洞口临边立体防护状态监控技术及装置，为洞口临边安全风险管控提供新方法，提高安全防控能力，从而降低临边洞口高空坠落风险事故的发生率。

1. 临边洞口安全防护装置状态自感知技术

状态自感知主要依据临边洞口防护设施（例如：围挡、盖板等）是否处于有效安装来判断，即判断临边洞口防护设施是处于正常安装状态还是失效的高风险状态。以围挡为例，判断围挡是否处于正常安装状态，状态自感知功能主要是通过激光传感器、采集传输模块、数据处理模块、云端服务器等组成监控系统来协同实现。其中，激光传感器安装于围挡两侧立柱上或洞口侧边缘处，通过实时监测围挡或洞口盖板与传感器间的间距来判断围挡或盖板覆盖是否处于有效状态。采集传输模块用来采集传感器监测的实时数据，并对监测数据进行预处理，然后将处理后的监测数据发送至服务器（云端）。数据处理模块处于云端服务器内部，用来对预处理数据进行深度解析，并根据设定好的判断标准进行对比分析，最终判断感知临边围挡或洞口或盖板的安全状态是否处于可控范围，从而实现现场临边洞口防护设施的安全状态自感知功能。

（1）采集传输装置研发

激光传感器主要由激光发射器、接收器、信号处理器等组成。其工作原理是利用激光技术进行测量，激光发射器发出激光，经过目标物反射后，由接收器接收并处理信号，得到目标物的距离、角度等信息。激光传感器把激光束信号转换成电信号，并通过信号放大、滤波、数字化等方式将其处理成串行数字信号供计算机进一步分析处理。封装后的激光传感器留有 4 个引脚，分别为电源地线端（GND）、接收数据端（RXD）、发送数据端（TXD）、外接供电电源输入端（VDD）。

（2）采集传输系统构架

考虑到施工现场临边洞口环境不可控，采集传输模块采用无线通信方式，在窄带物联网（NB-IoT）技术的基础上，将数据采集模块和数据远程传输模块集合在一起，即将多个采集单元、无线传输模组整合至同一电路芯片上，从而实现采集传输模块与传感器之间的“一对多”节点管理，同时根据设置好的采集策略开始有序获取数据，并依据设定好的传输规则将获取的数据远程转发至云端服务器。

（3）传感器数据准确读取方案

时序控制是指对激光传感器各部件的时钟信号进行控制，以确保各部件能够协调一致地工作。读取时序是指主控制器按照一定的时序关系读取传感器的数据。在读取数据之前，主控制器需要向传感器发送读取数据的命令，并等待传感器准备好数据。当传感器准备好数据后，主控制器通过总线或其他通信方式读取数据。在读取数据时，需要保证数据的完整性和准确性，同时需要考虑数据的传输速度和实时性要求。激光传感器数据读取方案需要考虑具体的传感器和应用场景，同时需要解决数据的实时性、准确性和异常处理等方面的问题。通过对激光传感器的数据读取方案进行优化和调整，可以提高整个系统的性能和可靠性。

（4）数据传输机制方案

采集传输模块主要是小包传输，并且数据的发包频率不高，因此，为了节约成本，提高数据传输效率，选用控制面数据传输方案。控制面数据传输模式无需数据承载，直接通过承载在信令上的 NAS 协议数据单元进行传输。

（5）采集传输装置低功耗方案

施工现场环境复杂，受施工影响经常出现断电情况，为解决断电所带来的用电设备失效问题，设计了正常电源与备用电池之间的切换功能，并且进行低功耗设计，延长电池供电状态下工作时间。传输方式选择采用基于 NB-IoT 的无线监测数据传输方案。通过超窄带设计和重复发送技术，NB-IoT 实现了覆盖增强，即使在复杂的施工现场环境或严重遮挡情况下，仍能保持稳定的数据传输能力。NB-IoT 通过优化通信协议、简化物理层设计和降低数据采集量等方式，达到降低功耗的目的。该低功耗通信机制通过优化设备芯片、定制节能模式、合理管理设备功耗、采用窄带技术以及支持 DRX 功能等，实现设备的低功耗通信。这种机制可以最大程度地降低设备在使用过程中的能耗，提高设备的能效比，从而延长设备的电池寿命并提高其续航时间。

2. 安全防护装置主动反馈控制技术

安全防护装置主动反馈控制技术不仅能够对防护装置进行实时监测，还能够根据防护装置的运行状态和环境变化做出快速响应（语音报警＋信息推送），及时预防潜在的安全风险，具有更高的智能性和适应性。

（1）主动反馈控制功能设计

主动反馈控制技术的核心部分为数据处理和主动反馈控制模块。

1）数据处理模块主要负责对采集传输模块上传的监测数据进行实时分析，以判断安全防护设施的当前状态。这些数据包括设施发生的位移、距离等物理量，通过综合分析这些数据，可以得出防护设施的工作状态，状态结果分为正常安装状态和被拆除状态，这些状态结果以数值或二进制语言表示。

2）主动反馈控制模块是监控系统的控制终端，通过无线网络与监控系统之间形成双向通信，进行数据交互，并通过与数据处理模块、安全控制执行器之间的通信交互，实现洞口盖板风险状态的主动反馈控制。其具体工作原理如图 3-30 所示：实时记录并保存安全防护设施的状态历史数据，当数据处理模块发送的状态结果为风险状态（即安全防护设施处于被拆除状态）时，主动反馈控制模块根据预设的规则向执行器发送报警指令。执行

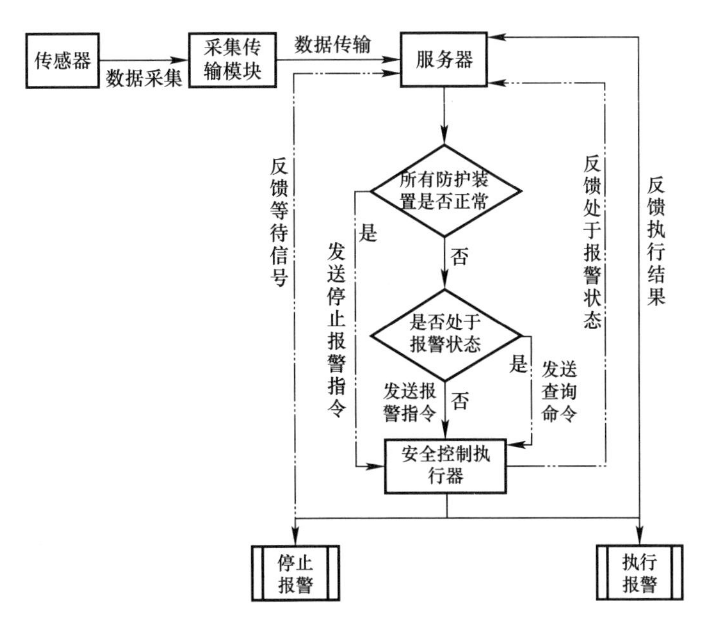

图 3-30　主动反馈控制报警机制流程图

器在接收到报警指令后，立即按预定规则执行报警动作。这些报警动作可以通过发出声音、灯光闪烁、发送手机短信、邮件通知等多种提示形式来实现，以便及时警示施工作业人员远离危险区域，同时通知项目管理人员及时排查并消除安全隐患。

（2）安全控制执行器研发

为了实现高效的信息传递和安全控制，安全控制执行器选用智能音柱（图 3-31）和声光报警灯（图 3-32）作为终端设备，其可以通过无线网络与服务器进行数据双向通信。服务器中的主动反馈控制模块可以通过无线网络向智能音柱和声光报警灯发送报警预定指令，智能音柱根据接收到的报警预定指令进行解析，并立即执行语音功能报警，声光报警灯执行声光功能报警。同时，智能音柱还会将语音报警的执行结果通过无线网络反馈给服务器的主动反馈控制模块，以便管理人员能够及时了解报警情况和处理报警事件。这种反馈机制可以确保安全控制执行器的稳定运行和安全防护设施的有效监控。

图 3-31　智能音柱实物图

图 3-32　声光报警灯

3. 模块化装配式安全防护装置研制

采集传输设备（图 3-33）总体包含微处理器模块、无线通信模块、电源模块等。微处理器模块用于采集传感器监测数据的信号，并将数据信号转变成服务器认可的数据格式。无线通信模块为 NB-IoT 数据传输模块，其主要与基于移动通信平台的 NB-IoT 网络之间进行通信交互。采集传输设备具体包括信号放大器、MCU、升压器、数据信号卡、传输模组、无线、天线接线端、语音播报接线端子、数据通道连接端子、电源连接端子等电子元器件。

(a) 采集传输设备及与安全围挡的连接

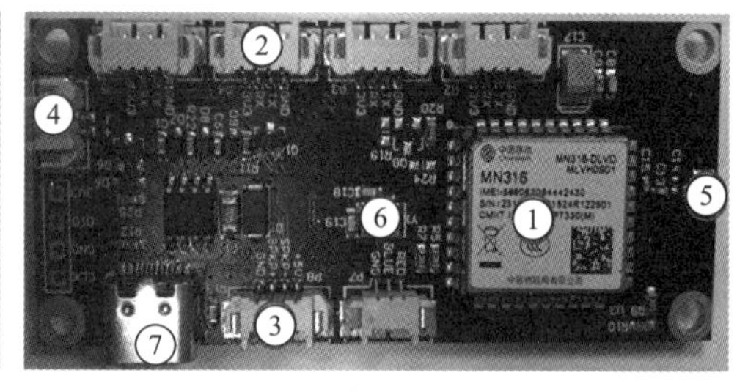

(b) 电路芯片

图 3-33　采集传输设备实物及内部电路芯片图

4. 洞口临边安全防护装置管控平台

开发了临边洞口安全防护装置管控平台，平台上位机软件包括项目管理、用户管理、设备报警、日志管理四个板块，其中项目管理部分包括项目管理、区域管理、设备管理、设备数据查看四个子板块，其架构如图 3-34 所示。

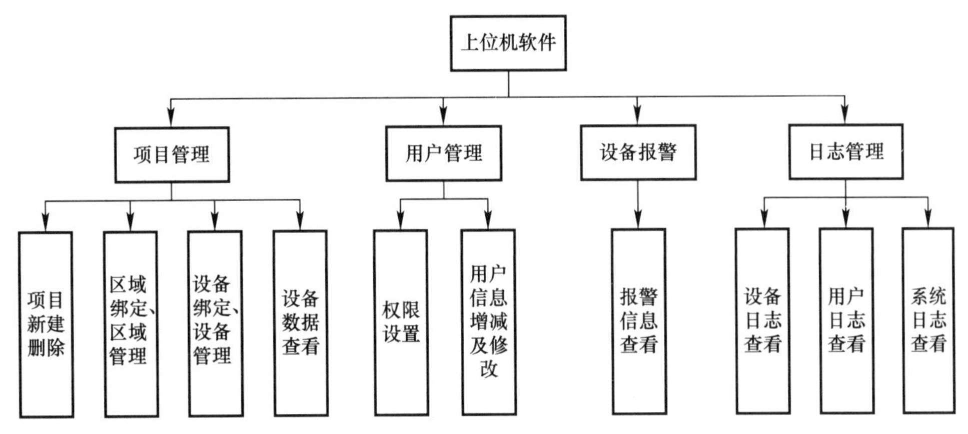

图 3-34　平台软件架构图

管控平台包括网页端和微信小程序（图 3-35），其中微信小程序包括登录界面、主页面、区域详情、围挡、盖板详情、测点详情、报警日志等功能。利用“现场＋后台”的双向管控手段，平台、小程序与装置交互，实时监控施工现场围挡、临边洞口围挡或盖板的工作状态（正常/缺失），使得管理人员能够快速获取报警信息，并对围挡或盖板缺失位置进行精准定位，及时安排施工人员进行恢复，避免现场临边洞口区域的施工人员进行违规作业，保障安全生产，降低施工现场临边洞口的安全事故率，解决了施工现场洞口临边围挡设施信息化管控难题。

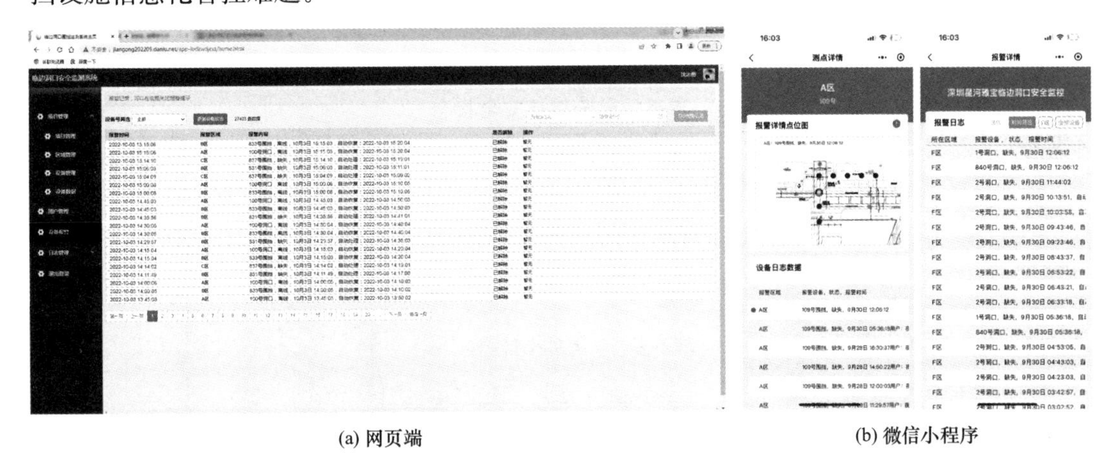

(a) 网页端　　(b) 微信小程序

图 3-35　平台软件界面

3.3　施工人员安全状态智能识别与控制技术

3.3.1　施工人员状态及生理特征感知技术

1. 现场危险源对人体状态及生理特征的影响及内在机理

施工现场危险源对人体状态及生理特征的影响及内在机理是特别复杂的，有关研究还较薄弱，成熟的定量分析方法还不够完善。一般情况下，可以采用施工人员危险性评价方法进行施工现场危险源对人体状态及生理特征的影响分析。危险性评价对系统存在的危险性进行定性和定量分析，依据已有的专业经验，建立评价标准和准则，得出系统发生危险的可能性及其后果严重程度，并根据评价结果确定风险级别。危险性评价既要考虑危险源的本质属性，还要考虑针对危险源所采取的控制措施及有效性，在此基础上把风险划分为可容许风险和不可容许风险，然后对可容许风险维持管理，对不可容许风险制订改进计划并实施。

定性评价是指根据经验和判断能力对危险源对于人体状态及生理特征的影响进行非量化评价。定性评价结果总体来说比较粗略，只能大概了解人员的危险程度，评价结果受评价人员的经验、思维倾向、分析判断能力以及所占有资料的影响。

定量评价包括半定量评价和定量评价两种类型。半定量评价是指用一种或几种可直接或间接反映人员危险性的指数指标来评价危险源对人体状态及生理特征的影响大小。定量评价根据危险源对人体状态及生理特征影响量化方法的不同，分为相对的定量危险性评价和概率危险性评价。目前常用的概率危险性评价方法给出危险源对人体状态和生理特征影响的概率，其内在机理为：危险源作用于暴露在危险区域内的施工人员，从而产生一定的不良后果，此后果的概率为危险源对施工人员人体状态及生理特征造成危险性的概率。因此，现场危险源对人体状态及生理特征影响（危险性）的概率评价方法考虑危险源发生概率、施工人员暴露于危险源的概率、危险源对人体状态及生理特征造成伤害的严重度。

2. 疲劳状态分级

采用参数融合方法，预测和评估施工人员的生理疲劳状态。首先，采用 Borg 自感疲劳分级（Rating of Perceived Exertion，简称 RPE）进行人员身体疲劳的分级，如表 3-6 所示。然后，由监测的心率和体表温度数据，结合试验人员的语言描述，给出各疲劳水平下人员的监测心率和体表数据。

自感疲劳分级及安全状态 **表 3-6**

<table>
<tr><th>RPE</th><th>费劲程度</th><th>语言描述</th><th>疲劳水平</th><th>安全状态</th></tr>
<tr><td>6</td><td>不费劲</td><td rowspan="3">我不累，就像在休息一样</td><td rowspan="7">1-低</td><td rowspan="7">安全</td></tr>
<tr><td>7</td><td></td></tr>
<tr><td>7.5</td><td>极轻</td></tr>
<tr><td>8</td><td></td><td rowspan="3">我不累，就像在散步一样</td></tr>
<tr><td>9</td><td>非常轻</td></tr>
<tr><td>10</td><td></td></tr>
<tr><td>11</td><td>轻</td><td rowspan="2">我挺好，能坚持下去</td></tr>
<tr><td>12</td><td></td><td rowspan="3">2-中等</td><td rowspan="3">一般</td></tr>
<tr><td>13</td><td>有点艰苦</td><td rowspan="4">我开始感到累了，但我还能坚持下去</td></tr>
<tr><td>14</td><td></td></tr>
<tr><td>15</td><td>艰苦（重）</td><td rowspan="2">3-高</td><td rowspan="6">危险</td></tr>
<tr><td>16</td><td></td></tr>
<tr><td>17</td><td>非常艰苦</td><td rowspan="2">我非常累，我不得不强迫自己坚持下去</td><td rowspan="4">4-非常高</td></tr>
<tr><td>18</td><td></td></tr>
<tr><td>19</td><td>极艰苦</td><td rowspan="2">这是我做过的最累的事情</td></tr>
<tr><td>20</td><td>精疲力竭</td></tr>
</table>

对人员安全状态预警分析，假设有三种安全状态，分别为安全、一般和危险，对应的疲劳水平分别为低、中等、高和非常高。因此，由Borg自感疲劳分级预判人员安全状态。

3. 基于多源感知数据的安全状态决策

采用随机森林法，进行基于多源感知数据的安全状态决策分析和预警。随机森林（Random Forest，简称RF）在决策树的训练过程中引入了随机属性选择，具体来说，传统决策树在选择划分属性时是在当前结点的属性集合（假定有d个属性）中选择一个最优属性，而在RF中，对决策树的每个结点，先从该结点的属性集中随机选择一个包含k个属性的子集，然后从这个子集中选择一个最优属性用于划分。参数k控制随机性的引入程度：若$k=d$，则决策树的构建与传统决策树相同；若$k=1$，则是随机选择一个属性用于划分；一般情况下，取$k=\log_2 d$。

现有25组施工人员心率和体表温度的检测数据以及对应的安全状态，见表3-7。

施工人员心率、体表温度和安全状态　　表3-7

采样编号	心率（次/s）	体表温度（℃）	安全状态	采样编号	心率（次/s）	体表温度（℃）	安全状态	采样编号	心率（次/s）	体表温度（℃）	安全状态
1	70	32.7	一般	10	81	35.3	一般	19	71	35.9	一般
2	73	34.5	一般	11	76	35.1	安全	20	73	35.6	一般
3	77	35.4	一般	12	80	35.3	一般	21	68	36.9	一般
4	71	35.9	一般	13	81	35.5	一般	22	71	36.3	一般
5	72	35.2	一般	14	80	34.8	一般	23	72	35.6	一般
6	78	35.5	一般	15	76	35.1	一般	24	75	36	一般
7	76	36	一般	16	60	35.5	一般	25	74	35.8	一般
8	79	34.9	一般	17	68	35.4	一般				
9	77	36	一般	18	72	35.3	一般				

利用表3-7中给出的监测数据和基于Borg自感疲劳分级划分的安全状态进行统计学习，可以获得基于多源感知数据的安全状态决策模型，从而进行施工现场施工人员的安全状态决策分析和预警。如某施工人员的心率和体表温度监测数据为80次/s和35.7℃，则由学习成的随机森林决策模型，判别出该施工人员处于一般状态，如图3-36所示。同样地，某施工人员心率和体表温度监测数据为75次/s和35.1℃或88次/s和35.7℃时，可判别出该施工人员都处于一般状态，判别过程见图3-37和图3-38。

4. 危险区域疲劳评估法试验方案

疲劳是导致施工人员工作效率降低、质量降低和事故风险提高的重要因素之一。施工人员的不安全行为可视为一种危险感知的失败，而疲劳的累积会减弱施工人员对危险的感知能力，因此施工人员在不同危险区域的安全状态评估可采用疲劳指标进行描述。

（1）试验目的

基于Fang等（2015）提出和Aryal等（2017）改进的疲劳监测试验方法，进行示范工程危险区域的施工人员安全状态评估。试验设计三种典型的人工搬运任务，分别模拟三种程度的施工体力工作。使用可穿戴式手环采集30名参与试验施工人员的心率、体温和环境温度，监测模拟施工任务时的生理状态变化。采用Borg提出的主观疲劳感知评估Rating of Perceived Exertion（RPE）（Borg，1982）主观量表，收集并衡量参与试验的施

```
文件 (F)  编辑 (E)  插入 (I)  格式 (R)  单元 (C)  图形 (G)  计算 (V)  面板 (P)  窗口 (W)  帮助 (H)

In[1]:= trainingset = {
        {70, 32.7, BS} → "middle", {73, 34.5, BS} → "middle", {77, 35.4, BS} → "middle",
        {71, 35.9, BS} → "middle", {72, 35.2, BS} → "middle", {78, 35.5, BS} → "middle",
        {76, 36, BS} → "middle", {79, 34.9, BS} → "middle", {77, 36, BS} → "middle",
        {81, 35.3, BS} → "middle",
        {76, 35.1, BS} → "safe", {80, 35.3, BS} → "middle", {81, 35.5, BS} → "middle",
        {80, 34.8, BS} → "middle", {76, 35.1, BS} → "middle", {60, 35.5, BS} → "middle",
        {68, 35.4, BS} → "middle", {72, 35.3, BS} → "middle", {71, 35.9, BS} → "middle",
        {73, 35.6, BS} → "middle",
        {68, 36.9, BS} → "safe", {71, 36.3, BS} → "middle", {72, 35.6, BS} → "middle",
        {75, 36, BS} → "middle", {74, 35.8, BS} → "middle"};
     c = Classify[trainingset, Method → "RandomForest"]
         分类                  方法
     c[{80, 35.7, BS}]

Out[2]= ClassifierFunction[ Method: RandomForest
                            Number of classes: 2 ]

Out[3]= middle
```

图 3-36　第 1 个处于一般状态的施工人员状态判别示意

```
文件 (F)  编辑 (E)  插入 (I)  格式 (R)  单元 (C)  图形 (G)  计算 (V)  面板 (P)  窗口 (W)  帮助 (H)

In[10]:= trainingset = {
        {70, 32.7, BS} → "middle", {73, 34.5, BS} → "middle", {77, 35.4, BS} → "middle",
        {71, 35.9, BS} → "middle", {72, 35.2, BS} → "middle", {78, 35.5, BS} → "middle",
        {76, 36, BS} → "middle", {79, 34.9, BS} → "middle", {77, 36, BS} → "middle",
        {81, 35.3, BS} → "middle",
        {76, 35.1, BS} → "safe", {80, 35.3, BS} → "middle", {81, 35.5, BS} → "middle",
        {80, 34.8, BS} → "middle", {76, 35.1, BS} → "middle", {60, 35.5, BS} → "middle",
        {68, 35.4, BS} → "middle", {72, 35.3, BS} → "middle", {71, 35.9, BS} → "middle",
        {73, 35.6, BS} → "middle",
        {68, 36.9, BS} → "safe", {71, 36.3, BS} → "middle", {72, 35.6, BS} → "middle",
        {75, 36, BS} → "middle", {74, 35.8, BS} → "middle"};
     c = Classify[trainingset, Method → "RandomForest"]
         分类                  方法
     c[{75, 35.1, BS}]

Out[11]= ClassifierFunction[ Method: RandomForest
                             Number of classes: 2 ]

Out[12]= middle
```

图 3-37　第 2 个处于一般状态的施工人员状态判别示意

```
文件 (F)  编辑 (E)  插入 (I)  格式 (R)  单元 (C)  图形 (G)  计算 (V)  面板 (P)  窗口 (W)  帮助 (H)

In[13]:= trainingset = {
        {70, 32.7, BS} → "middle", {73, 34.5, BS} → "middle", {77, 35.4, BS} → "middle",
        {71, 35.9, BS} → "middle", {72, 35.2, BS} → "middle", {78, 35.5, BS} → "middle",
        {76, 36, BS} → "middle", {79, 34.9, BS} → "middle", {77, 36, BS} → "middle",
        {81, 35.3, BS} → "middle",
        {76, 35.1, BS} → "safe", {80, 35.3, BS} → "middle", {81, 35.5, BS} → "middle",
        {80, 34.8, BS} → "middle", {76, 35.1, BS} → "middle", {60, 35.5, BS} → "middle",
        {68, 35.4, BS} → "middle", {72, 35.3, BS} → "middle", {71, 35.9, BS} → "middle",
        {73, 35.6, BS} → "middle",
        {68, 36.9, BS} → "safe", {71, 36.3, BS} → "middle", {72, 35.6, BS} → "middle",
        {75, 36, BS} → "middle", {74, 35.8, BS} → "middle"};
     c = Classify[trainingset, Method → "RandomForest"]
         分类                  方法
     c[{88, 35.7, BS}]

Out[14]= ClassifierFunction[ Method: RandomForest
                             Number of classes: 2 ]

Out[15]= middle
```

图 3-38　第 3 个处于一般状态的施工人员状态判别示意

工人员疲劳程度，参与者的安全状态通过在执行搬运任务时的失误来衡量。试验设计的搬运任务旨在有效地诱发参与人员的疲劳，从而对疲劳状态下的危险感知失误情况进行统计；同时手环的心率和温度传感器采集的数据，用于进行特征提取和训练 Boosted Tree 模型，可进一步用于预测参与者的疲劳程度。根据 Aryal 等（2017）的研究成果，将心率传感器和温度传感器的信息结合而提取的特征，用于预测模型的训练，可达到 82%的最佳准确性。

具体测量目标如下：

1）参与试验施工人员的心率、体温和环境温度，监测模拟施工任务时施工人员的生理状态变化；

2）收集并衡量参与试验的施工人员疲劳程度，参与者的安全状态通过在执行搬运任务时的失误来衡量。

（2）试验模型

试验平台如图 3-39（Fang 等（2015）和 Aryal 等（2017））所示，试验任务是在 10m 设定场地来回搬运沙袋，并通过 1.6m 的危险区域，危险区域分为 4 个子区域，采用的警示灯随机在某个子区域或者多个子区域中发出灯光信息进行危险模拟，施工人员需要感知危险所处的子区域并避开，如图 3-40（Fang 等（2015））所示。

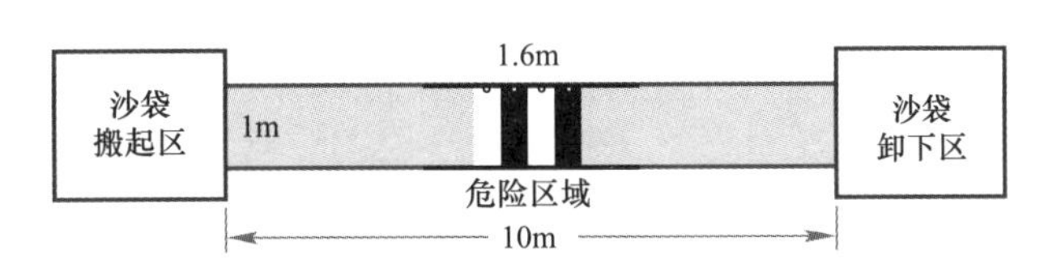

图 3-39　试验平台简图

随着搬运任务的反复进行，施工人员的疲劳程度不断加深，出现失误的概率和频率都会不断增加，试验平台对失误进行采集，作为疲劳程度判定的主要依据之一。比如：当子区域 2 出现危险警示时，施工人员需要避开，失误判断的准则如图 3-41（Fang 等（2015）和 Aryal 等（2017））所示，同时采用 Borg（1982）提出的主观疲劳感知评估 RPE 主观量表。

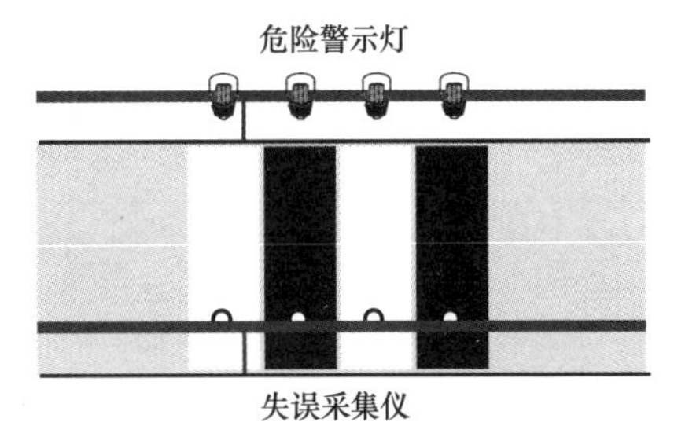

图 3-40　危险区域布置简图

（3）试验平台布置

平台：Fang 等（2015）设计的试验支持对平台全景和重要组成部分进行简化，警示

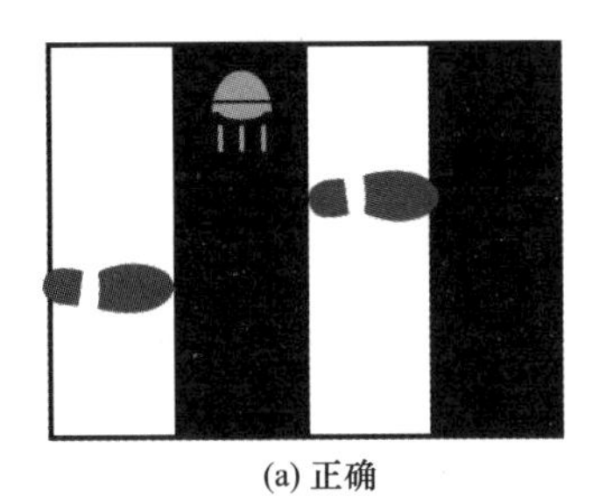

(a) 正确

(b) 失误类型一

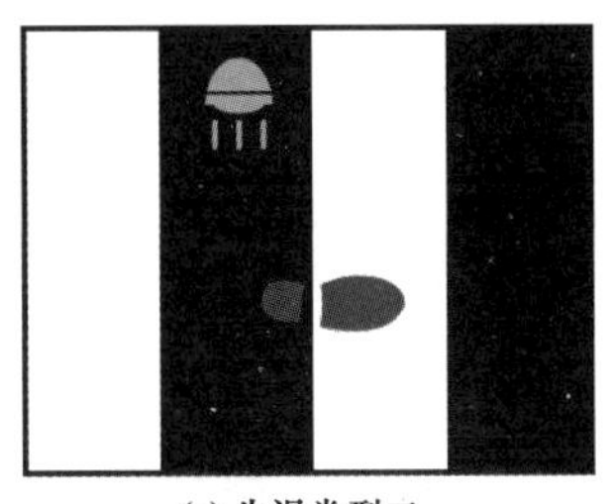

(c) 失误类型二

图 3-41　危险区域疲劳失误判断准则

灯采用普通灯泡代替，人工控制随机的顺序，失误记录采用相机录像，后续人工判定和统计，共三套。

设备：心率、体温测量手环，共35个。

材料：20kg沙袋一袋，15kg沙袋一袋，10kg沙袋一袋。

（4）试验方案

疲劳评估试验方案见表3-8。

疲劳评估试验方案 表3-8

工人编号	分组	搬运次数	试验日期	试验时间	负责同学
1	1 （20kg）	200	Day1	8：00～11：00	同学1：警示灯控制 同学2：试验观察及口头调查提问
2		200		14：00～17：00	
3		200	Day2	8：00～11：00	
4		200		14：00～17：00	
5		200	Day3	8：00～11：00	
6		200		14：00～17：00	
7		200	Day4	8：00～11：00	
8		200		14：00～17：00	
9		200	Day5	8：00～11：00	
10		200		14：00～17：00	
11	2 （15kg）	200	Day1	8：00～11：00	同学3：警示灯控制 同学4：试验观察及口头调查提问
12		200		14：00～17：00	
13		200	Day2	8：00～11：00	
14		200		14：00～17：00	
15		200	Day3	8：00～11：00	
16		200		14：00～17：00	
17		200	Day4	8：00～11：00	
18		200		14：00～17：00	
19		200	Day5	8：00～11：00	
20		200		14：00～17：00	
21	3 （10kg）	200	Day1	8：00～11：00	同学5：警示灯控制 同学6：试验观察及口头调查提问
22		200		14：00～17：00	
23		200	Day2	8：00～11：00	
24		200		14：00～17：00	
25		200	Day3	8：00～11：00	
26		200		14：00～17：00	
27		200	Day4	8：00～11：00	
28		200		14：00～17：00	
29		200	Day5	8：00～11：00	
30		200		14：00～17：00	

3.3.2 施工人员生理及状态感知设备及评估技术

对施工人员的心率、体温等进行现场实时监测，根据监测数据及时掌握施工人员的生理和心理状况，对危险性较高的施工人员进行及时的安全管理，能够有效地减少施工人员的伤亡事故。

1. 人员状态感知设备

(1) 前期调研

为研制人员状态感知设备，经过对面向普通消费者的智能手环进行调研和测试（图 3-42 和图 3-43，以华为手环 4 和华为运动健康 APP 及心脏健康研究 APP 为例）发现：

1) 数据采集及传输问题。面向普通消费者的智能手环，具备人员心率和体温采集功能，但监测的数据，大部分情况下只能通过手机端 APP 进行数据同步后再进行查看，首先数据查看的延迟程度较高，其次大多数智能手环不开放数据端口，这意味着无法获取设备采集的数据用于施工现场危险状态评估。

2) 功能适用性及稳定性问题。面向普通消费者的智能手环虽然功能较多，但与施工现场应用的匹配度不高，且无法稳定持续地进行数据采集及存储。

因此，有必要开发具有独立传输和管理监测数据功能的施工人员心率和体温监测装置，实现对施工现场人员生理状态的监测和评估。

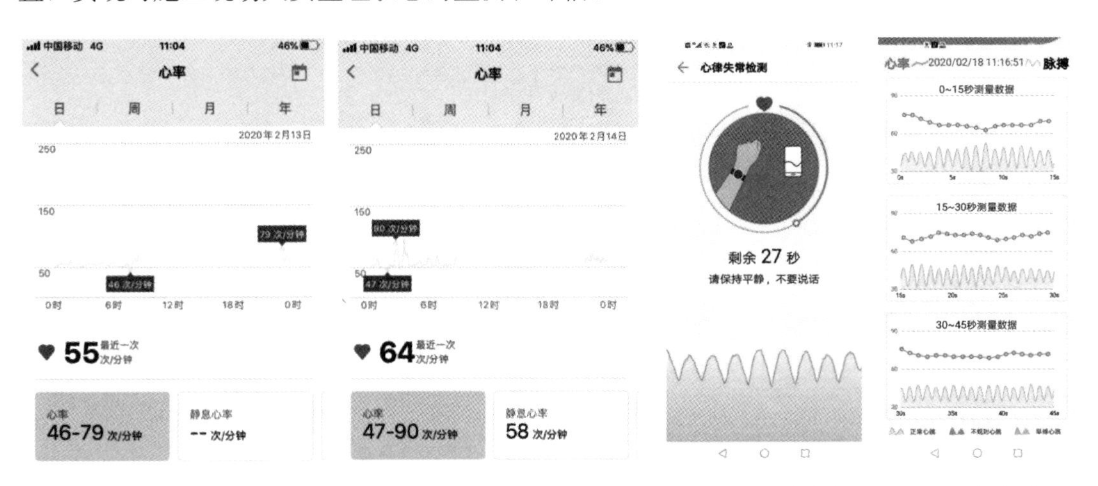

图 3-42　华为运动健康 APP 连续心率测量曲线　　图 3-43　心脏健康研究 APP 心率检测界面

(2) 研发装置设计方案

1) 装置开发原则

硬件需满足舒适性、便携性和可靠性的要求；设备的形状应类似于普通腕表，携带便捷，佩戴方便；设备实时监测的心率和体温数据应具有足够的可靠性；软件需满足数据实时传输性能的要求；该设备的配套软件应能够将监测的心率和体温等数实时传输到指定的终端平台，并可在终端平台上实时获取和分析监测数据。

2) 关键技术和难点分析

施工人员心率和体温监测装置实时监测的心率误差不超过±3 次/s，体温误差不超过±0.3℃，不同设备监测数据的变异系数应小于 10%。设备能将监测数据实时准确地传输到指定平台上，且平台能够实时获取和分析监测数据。

3) 装置监测机理

监测装置中的心跳传感器通过一对 LED 和 LDR 以及微控制器来测量人的脉搏率。传感器的基本工作原理是光电测量法。IR 发光二极管发出的红外线会撞击表面并反射回来，反射的光线量会随表面反射率发生变化。反射的光撞击反向偏置的 IR 传感器，从而导致反向漏电流。产生准粒子的体积根据入射 IR 辐射的大小而变化。较高强度的辐射会导致反向漏电流增加，该漏电流随后会流入电阻器以产生等效电压。因此，随着射线强度的变化，电压会相应地发生变化。监测装置设置两路温度检测单元，即人体温度检测单元与环境温度检测单元，且均与装置的主处理器连接。人体温度检测单元采用人体温湿度传感器进行检测，环境温度检测单元采用环境温度传感器进行检测。

4）功能设计

施工人员心率和体温监测装置设计为一块智能手表，附带一个 USB 接口充电线，满电续航时间大于 72h。表面液晶显示器可显示当前时间施工人员的心率、体温和环境温度，显示方式通过表侧面的功能按钮控制。

5）装置设计方案

对监控装置方案进行设计，图 3-44 和图 3-45 分别为基于物联网的实时心率及体温监测流程和施工人员健康监控框架，对施工现场人员状态进行监控，一旦出现危险情况，监控装置会在第一时间发出警报，保证施工人员的安全。

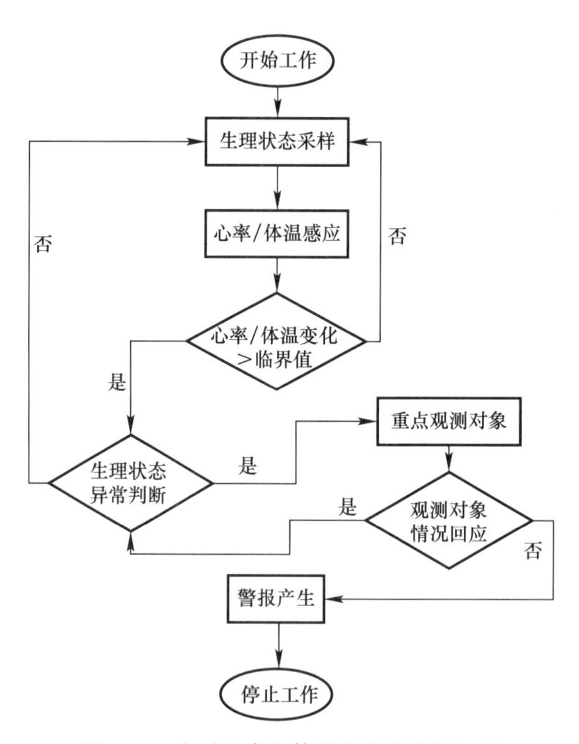

图 3-44　实时心率和体温监测流程框架图

6）装备软硬件参数

人员状态感知设备软硬件的设计参数如表 3-9 所示，其中包括芯片组和存储、显示、操控、移动网络、蓝牙、GPS、传感器和电池等软硬件的参数。

2. 人员状态感知设备应用效果分析

对施工人员状态智能监控装置进行了功能测试，如图 3-46 所示。装置采用离线数据采集传输方式直接与服务器通信，数据先存储再上报（存储最近 7 天数据），心率、体温和环境温度监测数据能够传输至控制软件。

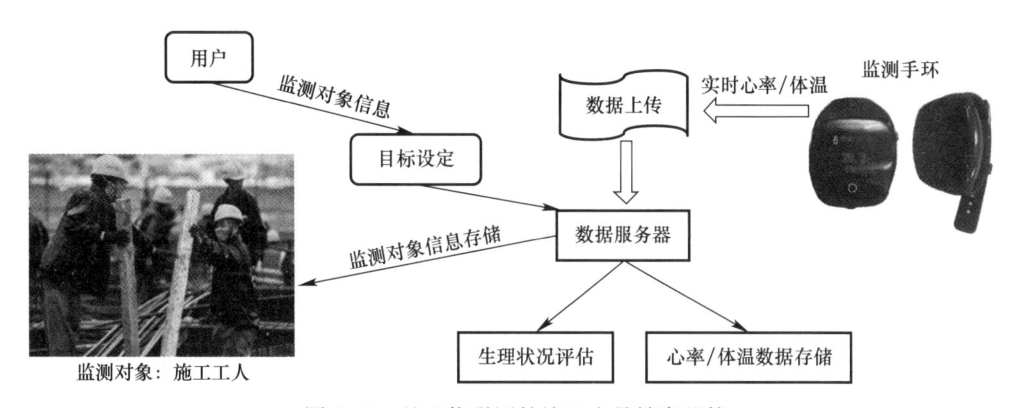

图 3-45　基于物联网的施工人员健康监控

装置软硬件参数　　表 3-9

硬件平台	芯片组	NRF52832
	存储	32MB
显示	LCD	彩色 128×96
操控	功能键	侧面：心率、温度长摁键；顶面：翻页键
移动网络	模式/频段	单频：25.5kbps/16.7kbps；多频：25.5kbps/62.5kbps
蓝牙	频段/天线	2.4GHz/内置 LDS 天线
GPS	模式/天线	支持北斗和 GPS/内置 LDS 天线
传感器	加速度	陀螺
	心率	高精度动态
	体温	高精度动态
电池	座子连接	锂电池

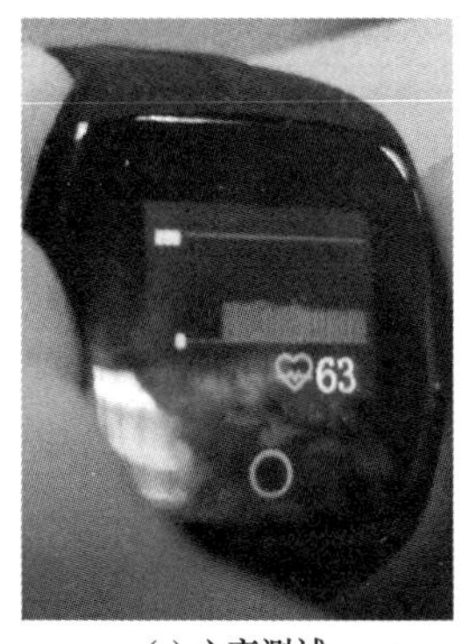

(a) 心率测试

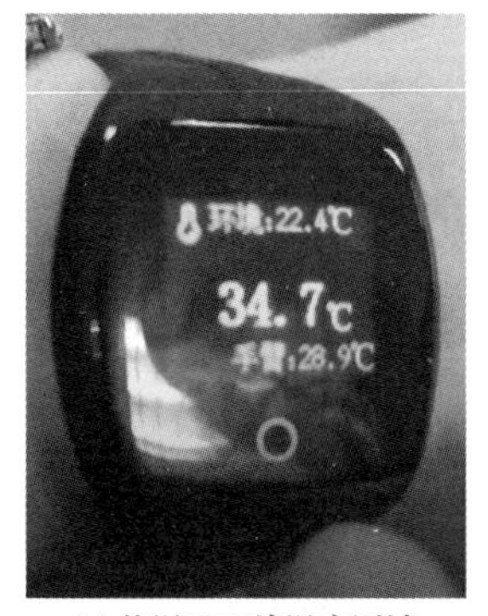

(b) 体温及环境温度测试

(c) 装置内部电路

图 3-46　装置及其功能测试

（1）心率监测与传输

设备本地储存一段时间心率数据，服务器通过主动请求获取离线心率数据。心率间隔 5s，24h 数据分包 288 包，每包 60 个心率（5min 心率）。服务器主动请求数据如表 3-10 所示。

服务器主动请求数据　　表 3-10

键	类型	含义
heartRequest	string	年月日，为空则默认请求当天数据
start	int	请求的心率的起始包序号
end	int	请求的心率的结束包序号
dev	string	msgid，mac

离线数据每储存一包数据就会主动上报一次（表 3-11）。

离线数据上报　　表 3-11

键	类型	含义
heartOfflineData	string	上报的心率数据，为空则本地没有存数据
count	int	上报的心率个数
pack	int	心率包的包序号
interval	int	心率数据的时间间隔，单位：s
date	string	年月日，如：20201014
dev	string	msgid，mac

为了保证心率数据质量，离线数据主动上报后需要服务器响应，无响应设备将会在下次发送的时候重传（表 3-12），重传三次失败后将会放弃该包数据重传（服务器可通过主动请求方式重新获取）。

离线数据重传　　表 3-12

键	类型	含义
ackheartOfflineData	string	上报的心率数据
pack	int	服务器接收到的心率包的包序号
date	string	年月日，如：20201014
dev	string	msgid，mac

注：一天数据的总包数可通过心率数据间隔时间和上报个数计算得出，如间隔时间 5s，上报个数为 60，则总包数为 86400（一天秒数）/5/60=288。

（2）环境温度及手臂温度监测与传输

环境温度及手臂温度监测每 5min 存储一次数据，全天共 288 个字节。请求温度数据和上报温度数据分别如表 3-13 和表 3-14 所示。

请求温度数据　　表 3-13

键	类型	含义
rsqTempData	string	年月日，如：20201014，为空则默认请求当天数据
dev	string	msgid，mac

上报温度数据　　表 3-14

键	类型	含义
tempData	string	温度数据
pack	int	包序号

续表

键	类型	含义
total	int	总包数
date	string	年月日，如：20201014
dev	string	msgid，mac

3.4 施工人员作业行为智能识别与控制技术

3.4.1 施工人员作业行为智能识别设备及技术

与人相关的重大危险源主要是人的不安全行为，即“三违”：违章指挥、违章作业、违反劳动纪律。事故原因统计分析表明70%以上事故是由“三违”造成的，因此对施工人员作业行为的管控至关重要。

1. 仿生立体视觉感知在线校准及立体识别设备研制

视觉是人类感知外部世界、获取环境信息的重要途径，其具有独特的时空特性。传统的单目视觉感知由于其深度信息的缺失，导致在复杂工况下误报、漏报情况仍较严重。传统的固定双目立体视觉感知具备感知环境三维信息的能力，理论上可极大地提升检测与识别的准确性，但在现实应用中仍存在较多的问题，比如可能因为受外力影响或者环境温度变化而导致标定参数失效问题，从而影响获取三维空间信息的准确性和可靠性。基于仿生双目立体视觉感知原理，研发了具备在线校准功能的固定双目设备，有效解决了传统固定双目应用中的参数失效问题，并提出一系列措施保障双目设备在现场应用的可靠性。

（1）仿生双眼立体视觉系统的在线校准原理

与传统平行双目视觉系统不同，仿生双眼视觉系统完全仿照人眼视觉系统模型。人眼在注视一个目标时，两眼视轴聚焦在这个物体上，如果将两只眼球看到的图像重合起来，该目标的图像应该大致重合（即零视差）。这时人眼可以看清这个物体，并根据该物体不同部位的视差感受物体的立体形状，同样根据环境在左右眼成像的差异性感受背景的三维形状。人眼需要保持标准辐辏状态才能实现三维意识空间的重构，所以在开始执行目标监视任务之前，仿生眼视觉系统也需要完成自动在线校准，将左右眼相机调整到标准辐辏状态以为后续动态目标检测、行为识别等任务提供基础保障。

固定双目的研发过程，借鉴了可动仿生双眼自动校准原理，通过硬件图像加速电路替代电机运动实现左右相机的实时自动校准。固定双目相机在受到外力作用或温度变化产生热胀冷缩影响相机外部参数时，自动校准算法检测到当前位置与目标位置的误差，并将该误差转化为硬件图像加速电路的校正参数，由硬件加速电路执行实时校正运算，从而实现固定双目的实时校正出图，保证双目相机在工作状态下始终保有良好3D视觉功能。固定双目在线校准功能框架如图3-47所示。

固定双目在线校正中实现误差计算的视觉反馈机制通过提取左右眼图像对中的特征点以及特征点匹配得到它们的对应关系，利用该映射的唯一性约束，为实现仿生双眼的在线自动校准提供准确依据。要求提取的特征点一要稳定，二要对平移、旋转、一定程度的尺度缩放及亮度变化具有良好的不变性，同时还要求算法具备较快的速度以保证仿生双目系统的实时性。因此选取了基于 SIFT 特征改进的具有更快速度的 SURF 特征，并使 K 最近邻（KNN，K-Nearest Neighbor）算法进行特征点匹配。为了将误匹配概率降到最低，采取左右眼特征交叉匹配、RANSAC（Random Sample Consensus）等一系列方法对得到的特征点匹配对进行过滤，最终得到稳定可靠的用于计算左右眼相机位置关系的匹配特征点对集合。根据得到的特征点匹配对来计算左右眼在各自对应三个自由度上的调整参数，最后反馈参数给 FPGA 重映射 IP 进行图像加速，如此循环直至计算处理的调整参数满足最小误差要求，实现固定双目的自动校准。图 3-48 展示了两张左右眼图像特征匹配测试结果，为了方便展示算法效果，将两视图的图像旋转 180°，可以看出过滤后最终得到的特征点匹配对基本没有误匹配。

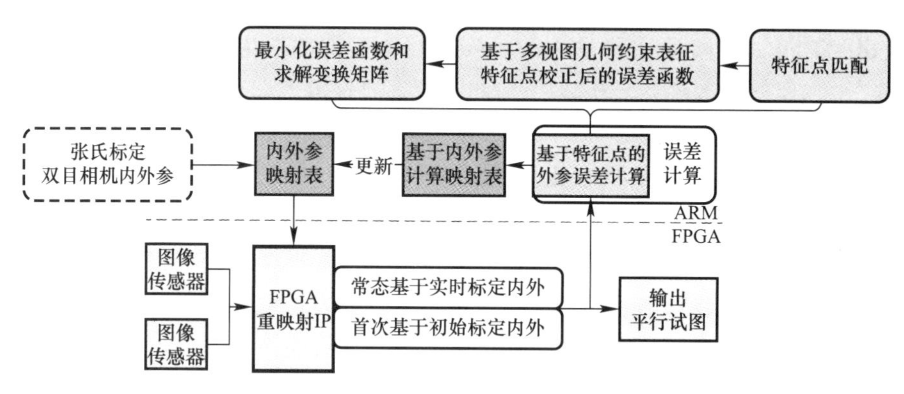

图 3-47　固定双目在线校准功能框架

图 3-48　双目 SURF 特征匹配结果示例

（2）仿生立体行为识别装置研制

研制了仿生立体行为识别装置，如图 3-49 所示。

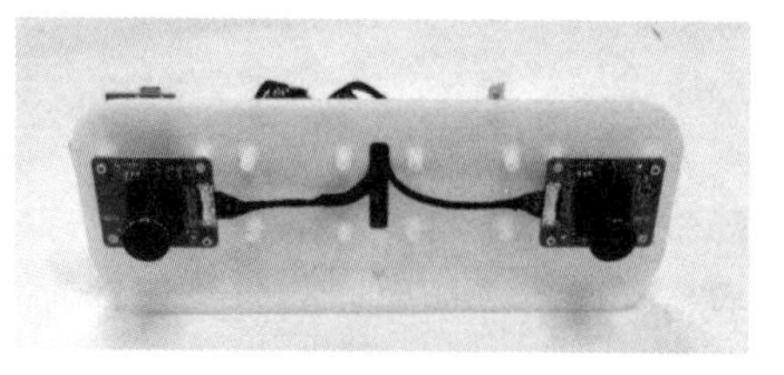

图 3-49　仿生立体行为识别装置及内部结构

1）金属结构

为了避免固定双目设备在施工现场受到外力作用而发生变形，该设备采用了全金属外壳的结构设计方案。一方面提供更高的强度以抵抗外部冲击，另一方面利用金属优良的导热性能，使得内部电路始终保持在目标温度以下。

2）防水设计

镜头前方的玻璃和接头处均按 IP68 防水标准设计，保证设备在全天候环境下正常工作。

3）使用 SDI 作为视频数据输出方式

SDI 协议可支持最高 3GB（1920×1080@60Fps）的 RGB 图像，在相同的带宽下，较 USB 接口具有更远的传输距离；在相同的传输距离下，较网口具有更高的传输带宽，更适于在建筑工地环境下的安装工作。同时，SDI 的实时性高，有利于提升整个系统的实时性指标，在实时监控的项目中，能更快地发现危险并做出反应。

4）图像处理支持强光环境成像

考虑到施工现场可能在露天环境作业，强光环境会导致相机过曝，双目相机正常成像是实现危险行为检测算法的前提和基础。双目设备通过对镜头光学通道的优化外，选用高动态范围图像传感器，并增加图像处理的强光抑制功能，保持双目相机能在 10 万 Lux 环境下正常成像（图 3-50）。

图 3-50　校正后的双目效果图

2. 施工人员危险行为智能识别与分析模型

针对施工人员的危险行为分析，通过基于仿生双目立体视觉感知的人体姿态识别与分类判断其行为，从而实现危险行为分析。对于人体姿态识别，目前大多采用端到端的一阶段方法或者先将问题分解成 2D 姿态估计，再从 2D 关节位置恢复 3D 姿态的两阶段方法，两阶段的 3D 人体姿态估计先利用 2D 人体姿态估计网络输出中间结果（2D 人体姿态或者热力图等），再利用中间结果作为 3D 人体姿态估计网络的输入来预测 3D 人体姿态。由于目前两阶段方法的性能优于一阶段方法，所以拟采取两阶段的思路。

（1）施工人员危险行为分析系统框架

危险行为分析系统框架如图 3-51 所示，主要分为现场数据采集、后台数据采集、智能计算和识别结果输出。

（2）施工人员安全状态 3D 姿态估计模型设计

3D 姿态估计模型设计如图 3-52 所示，将两个视角的图像输入 3D 姿态估计网络，然后计算两个视角的 3D 姿态，并将视角 2 的姿态通过视角变换，变换为 1 视角下的姿态，最后将两个姿态取平均得到最终的 3D 姿态。

记视角 1 图像经过 3D 姿态估计网络后的输出结果为 $p_{3D}^{1} \in \mathbb{R}^{J\times 3}$，视角 2 图像经过 3D 姿态估计网络后的输出结果为 $p_{3D}^{2} \in \mathbb{R}^{J\times 3}$，$J$ 代表关节点数量。记视角 2 到视角 1 的变换

为 T_{21}（·），最终输出的姿态为 $p_{3D}=0.5\times[p_{3D}^{1}+T_{21}(p_{3D}^{2})]$。

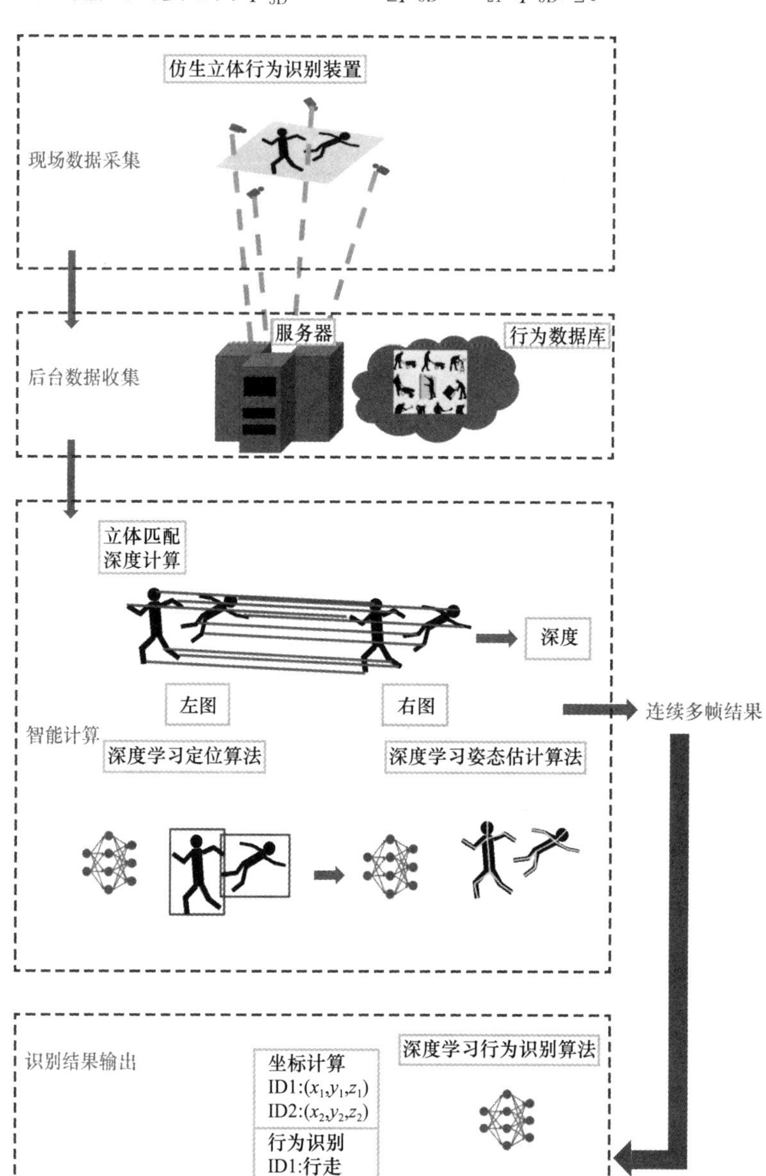

图 3-51　施工人员危险行为分析系统框架

（3）施工人员 3D 姿态估计深度学习网络框架方案

3D 姿态估计网络框架主要分为两个部分，第一部分为目标检测网络，第二部分为姿态估计网络。对于输入图像，首先使用目标检测器检测图像中的人，其次利用姿态估计模块分别计算出各个人的 3D 姿态，最后输出多人 3D 姿态，3D 姿态估计算法流程如图 3-53 所示。

首先利用 ResNet-50 的前 2 个 Layer，作为特征提取模块，在特征提取模块后面再使用一个卷积层，调整输出的形状，调整形状后分别对后三个维度进行单独求和，求和后压缩维度为 1 的那个维度，对得到的三个特征图进行融合串联操作，融合操作的输出维度与

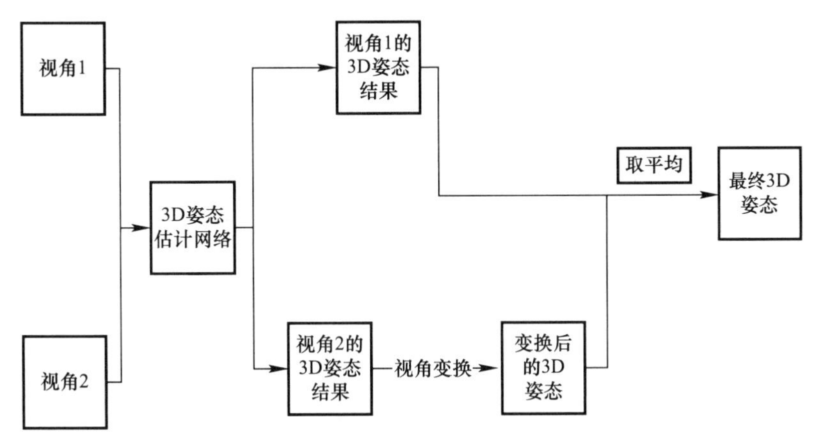

图 3-52　施工人员安全状态 3D 姿态估计模型

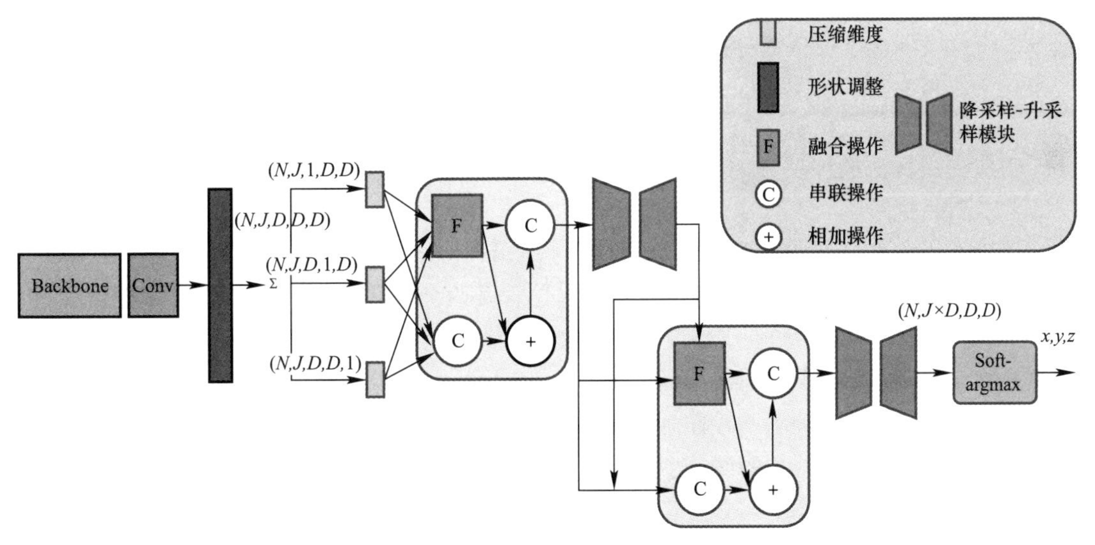

图 3-53　3D 姿态估计算法流程

串联后的维度保持一致，将融合特征和串联特征相加，相加后再串联上融合特征，将其送入升采样-降采样模块。随后将升采样-降采样模块的输入以及输出再进行上述融合串联操作，将最终串联的特征送入第二个升采样-降采样模块，模块输出 $N\times(J\times D)\times D\times D$，最后送入 soft-argmax 计算三个维度的坐标以及 MSE Loss。

所展示的特征融合并非简单地对三个张量进行拼接后采用 1×1 卷积融合，融合操作同样利用一个降采样-升采样模块，同时对空间尺寸以及通道数量进行缩小，然后再同时将其放大。

所提出的核心模块降采样-升采样模块采用简单的残差块的形式，其结构如图 3-54 所示。其中下采样部分包含三个残差块，两个如同 ResNet 中一样的基本残差块（stride 为 1 且 padding 为 1 的 3×3 卷积、BN、ReLU、stride 为 1 且 padding 为 1 的 3×3 卷积、BN、ReLU 以及短连接构成），中间的基本残差块的第一个卷积层的 stride 为 2，进行下采样操作。上采样部分与下采样部分对称，两个如同 ResNet 中一样的基本残差块，中间的残差块的结构与 ResNet 中基本残差块一样，但将其中的卷积层替换为反卷积，且第一个反卷积层的 stride 为 2。

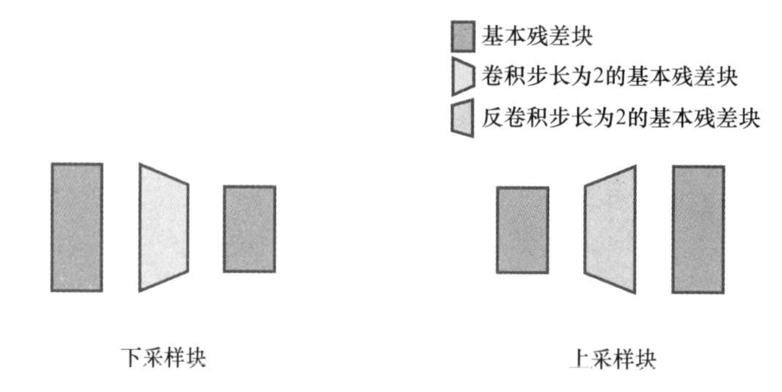

图 3-54　降采样-升采样模块示意图

损失函数的计算比较简单，将第二个下采样块输出的特征进行形状调整，调整成 $N\times J\times D\times D\times D$，送入 soft-argmax。在 soft-argmax 中直接计算得到 x，y，z 的坐标。由于 soft-argmax 是积分的形式，并且可导，所以可以采用端到端的训练。

（4）算法评估分析

对所提出算法的评估分为定量和定性两部分。

1）定量评估

给出所提出算法与当前先进的算法在数据集 Human3.6M 上的结果，Human3.6M 数据集是在室内环境下采集的大型数据集，它包含几百万张图像和相应 3D 人体姿态标注。该数据集捕获了在 15 种场景中以 4 种不同视角表演的 11 名专业演员。采用当前最常用的协议来评估模型性能，即使用对象 S1 及 S5～S8 的数据并对这些数据进行 5 倍下采样，在下采样后的数据上进行训练，并在对象 S9 和 S11 的所有数据进行 64 倍降采样，在降采样得到的数据上进行评估。报告的误差度量是平均每关节位置误差（MPJPE），即从 Human3.6M 骨骼模型的 17 个关节预测的 3D 姿态与真实的 3D 姿态的欧几里得距离的平均值。

试验指标采用 MPJPE，具体的指标计算公式如下：

$$\frac{1}{B\times N}\sum_{b}^{B}\sum_{i}^{N}\|\hat{P}_{bi}-P_{bi}\|_{2} \tag{3-41}$$

式中，B 是样本数量，N 是关节数量，$\hat{P}_{bi}$ 为样本号为 b 的第 i 个关节的预测的 3D 坐标。P_{bi} 为样本号为 b 的第 i 个关节的 3D 坐标的真值。

试验采用 Pytorch 深度学习框架，batch size 设置为 16，初始学习率为 0.001，学习率分别在第 12 及第 17 个 epoch 衰减为原来的十分之一，训练过程在第 20 个 epoch 结束。采用带有 Nesterov 动量的 SGD 进行优化，动量设置为 0.9。根据以上指标的计算，得出所提出算法的指标数值，与当前 3D 人体姿态估计算法的比较，如表 3-15 所示。

Human3.6M 定量评估结果　　**表 3-15**

算法	指方向	讨论	吃东西	打招呼	打电话	摆姿势	付款动作	坐着
Mehta	62.6	78.7	63.4	72.5	88.3	63.1	74.8	106.6
Pavlakos	67.4	72.0	66.7	69.1	72.0	65.0	68.3	83.7
Martinez	51.8	56.2	58.1	59.0	69.5	55.2	58.1	74.0

续表

算法	指方向	讨论	吃东西	打招呼	打电话	摆姿势	付款动作	坐着
Zhou	54.8	60.7	58.2	71.4	62.0	53.8	55.9	75.2
Yang	51.5	58.9	50.4	57.0	62.1	49.8	52.7	69.2
Sun	52.8	54.8	54.2	54.3	61.8	53.1	53.6	71.7
Dabral	46.9	53.8	47.0	52.8	56.9	45.2	48.2	68.0
Ours	54.4	62.2	56.1	55.3	61.2	51.3	57.0	73.5
算法	坐下	抽烟	拍照	等待	走路	遛狗	结伴而行	平均
Mehta	138.7	78.8	93.8	73.9	55.8	82.0	59.6	80.5
Pavlakos	96.5	71.7	77.0	65.8	59.1	74.9	63.2	71.9
Martinez	94.6	62.3	78.4	59.1	49.5	65.1	52.4	62.9
Zhou	111.6	64.1	65.5	66.1	63.2	51.4	55.3	64.9
Yang	85.2	57.4	65.4	58.4	60.1	43.6	47.7	58.6
Sun	86.7	61.5	67.2	53.4	47.1	61.6	53.4	59.1
Dabral	94.0	55.7	63.6	51.6	40.3	55.4	44.3	55.5
Ours	96.7	60.5	65.7	54.0	45.8	63.6	50.0	61.1

2）定性评估

定性的结果展示了所提出算法对测试者在不同姿态下的估计结果，如图 3-55 所示。从图中可以看出，提出的算法能很好地对测试者的不同姿态做出评估，且具有较好的性能。

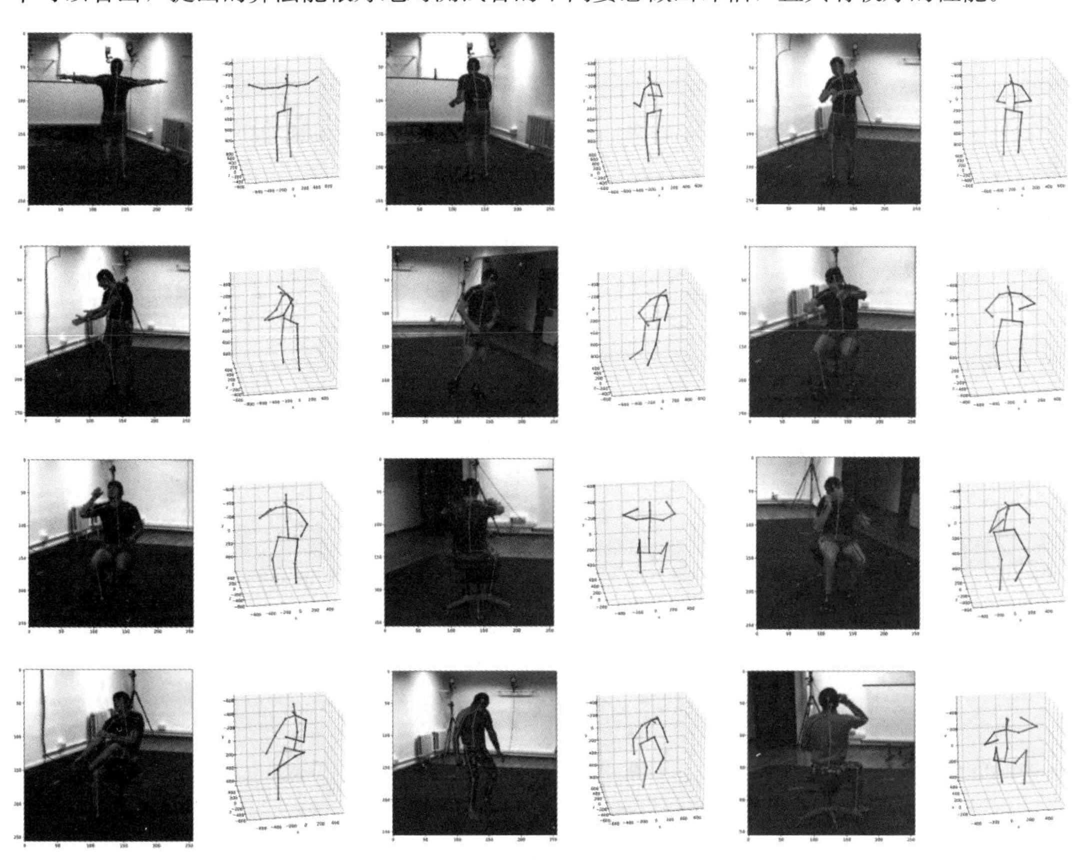

图 3-55　3D 姿态估计算法定性测量结果

3.4.2 施工人员作业危险行为智能预警控制技术

1. 施工人员危险行为类别分析模型技术

(1) 人员危险行为类别分析模型理论

为了对骨架序列进行行为类别分析，利用骨架本质上是一种对图的结构性质这一特征进行分析。自神经网络再度兴起以来，CNN在众多的计算机视觉任务中表现出了优异的性能。但目前CNN所处理的数据是非常规则的数据，如图像、视频等。而在许多问题中，数据往往是不规则的，如社交网络、化学式、点云等。这些数据往往被构建成图的形式。Thomas Kpif提出图卷积神经网络（GCN），将卷积拓展到骨架图的分析。

每个网络层可以写作一个非线性函数：

$$H^{(l+1)}=f(H^{(l)},\boldsymbol{A}) \tag{3-42}$$

其中，$H^0=\boldsymbol{X}$，$H^L=\boldsymbol{Z}$，L 为层数，l 为第 l 层，$\boldsymbol{X}$ 为 $N\times F_{\mathrm{IN}}$ 的特征矩阵，$\boldsymbol{Z}$ 为 $N\times F_{\mathrm{OUT}}$ 的特征矩阵，F_{IN} 和 F_{OUT} 分别为输入特征数和输出特征数。$\boldsymbol{A}$ 为邻接矩阵。Thomas Kpif在其原论文中引入了这样一个逐层的传播公式：

$$f(H^{(l)},\boldsymbol{A})=\sigma(\hat{\boldsymbol{D}}^{-\frac{1}{2}}\hat{\boldsymbol{A}}\hat{\boldsymbol{D}}^{-\frac{1}{2}}H^{(l)}\boldsymbol{W}^{(l)}) \tag{3-43}$$

其中，$\boldsymbol{W}^{(l)}$ 为第 l 层的权重矩阵，σ（•）为非线性激活函数，$\hat{\boldsymbol{A}}=\boldsymbol{A}+\boldsymbol{I}$，$\boldsymbol{I}$ 是单位矩阵，$\hat{\boldsymbol{D}}$ 是 $\hat{\boldsymbol{A}}$ 的对角度矩阵。

在ST-GCN中时空图的构建规则如下：对于空间维度，各个关节以及它们的自然连接构成了空间图；对于时间维度，同一个关节与其在相邻两帧的位置构成了时间图。即对于关节点集合 $G_V=\{v_{ti}\,|\,t=1,2,\cdots,T,i=1,2,\cdots,V\}$，其中，$T$ 是总帧数，V 是总关节数量，边的集合 $E=E_s\cup E_t$，其中 $E_s=\{v_{ti}v_{tj}\,|\,(i,j)\in L\}$，$E_t=\{v_{ti}v_{(t+1)i}\}$，$L$ 是关节连接的集合。建立在骨架数据上的时空图如图3-56所示。

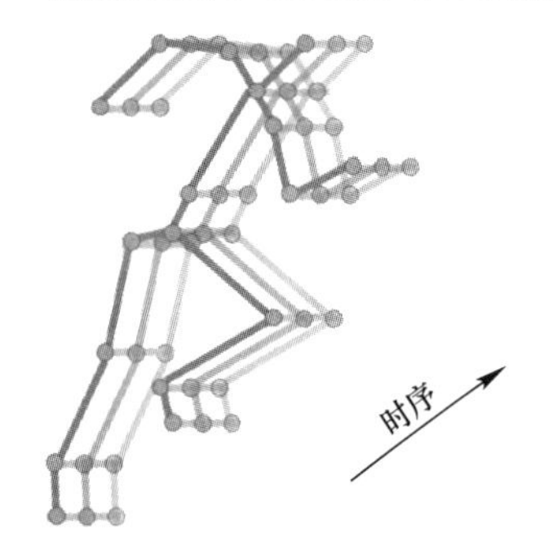

图3-56 建立在骨架数据上的时空图

对于一个无向图 $G=(G_V，E)$，其中，G_V 是顶点的集合，E 是边的集合。令 $\boldsymbol{A}$ 为该图上的邻接矩阵，$\boldsymbol{D}$ 为对角度矩阵，则：

$$\boldsymbol{D}_{ij}=\sum\nolimits_j\boldsymbol{A}_{ij} \tag{3-44}$$

时空间卷积网络ST-GCN由许多时空图卷积层组成，每个空间图卷积层可以用以下公式进行表示：

$$f_{\mathrm{out}}=\sum\nolimits_{p\in P}W_p(f_{in}\hat{\boldsymbol{A}}_p)\odot M_p \tag{3-45}$$

其中，P 是分组的集合，$\hat{\boldsymbol{A}}_p$ 是 $V\times V$ 归一化的邻接矩阵，M_p 是用来学习每个顶点重要性的注意力，W_p 是卷积操作权重，$\odot$表示Hadamard乘积，$\hat{\boldsymbol{A}}_p$ 可以由下式计算得到：

$$\hat{\boldsymbol{A}}_p=D_p^{-\frac{1}{2}}A_pD_p^{-\frac{1}{2}} \tag{3-46}$$

对于时间维度，$K\times1$ 卷积直接操作在输出的特征图 f_{out} 上，其中，K 是时间维度上的卷积核。

对于骨架数据的行为识别，关键在于学好空间特征与时间特征。空间特征，即每一帧骨架中各个关节的状态。时间特征指的是骨架各个关节随着时间的推移而改变位置。因此将该模型的输入分为3D姿态序列以及3D运动序列，如图3-57所示。

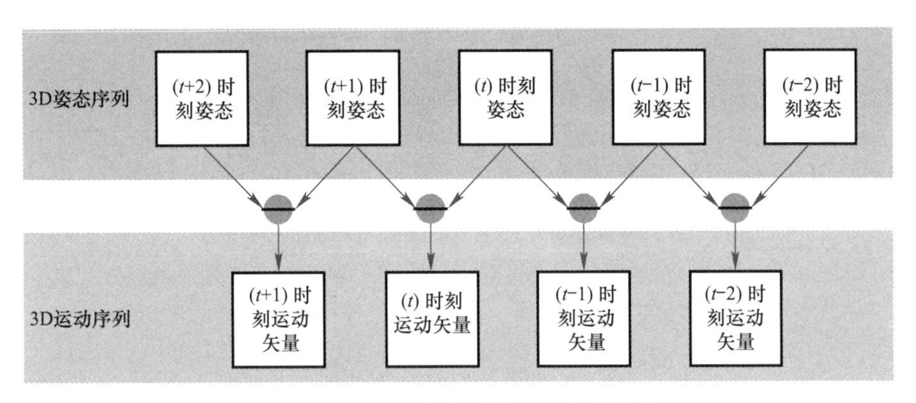

图3-57　3D姿态序列与运动序列模型

对图像中的人p，其在t时刻的姿态表示为$sk_t^p \in \mathbb{R}^{J\times D}$，运动矢量表示为$m_t^p \in \mathbb{R}^{J\times D}$。其中，$m_t^p = sk_{t+1}^p - sk_t^p$，$J$是关节数量，$D$是坐标维度，这里$D=3$。

（2）人员危险行为类别分析模型

人员危险行为类别分析模型设计如图3-58所示，将3D姿态序列以及3D运动序列分别送入空间网络与时间网络进行特征学习，然后将学习到的空间特征与时间特征再进行特征融合，并将融合后的特征送入分类器中进行行为分类并输出最终结果。

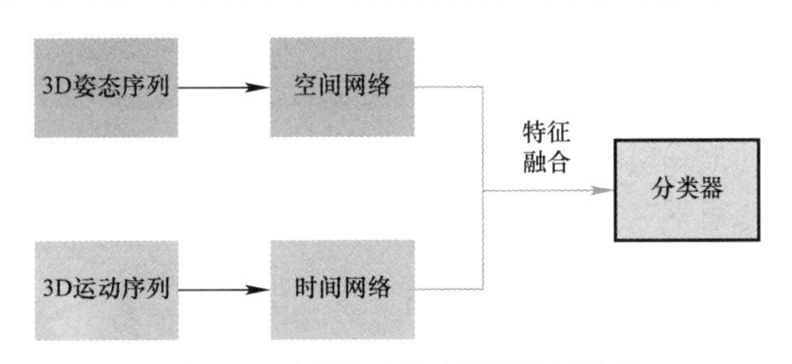

图3-58　人员危险行为类别分析模型

（3）危险行为类别分析网络模型设计

所提出行为类别分析网络模型如图3-59所示，图中“⊞”代表数据串联，“⊕”代表数据相加，（a，b）中a为输入通道数，b为输出通道数。

首先将一个人的骨架数据转换为$T\times V\times C$的张量，T代表帧数，V代表关节数量，C代表通道数量。其次将骨架数据转换成相对于顶点的坐标并且计算时间上的差分。再次串联相对坐标数据以及时间上的差分数据，将其作为网络的输入。最后采用一个BN层对网络进行归一化后将其送入网络。网络一共有10个伪图卷积块。第一个块的输入是6个通道，输出是64个通道，接下来的3个块的输入和输出都是64个通道。第五个块的输入有64个通道，输出有128个通道，紧接着的2个块的输入和输出都是128个通道。第八个块的输入有128个通道，输出有256个通道，紧接着的2个块的输入、输出都是256个通道。将输出的数据通过一个全局池化层之后送入全连接层进行分类输出。每个伪图卷积块由一个伪图卷积层、BN、ReLU、Dropout、时间-通道注意力模块、时间卷积层、BN、

ReLU 组成，并且使用短连接。

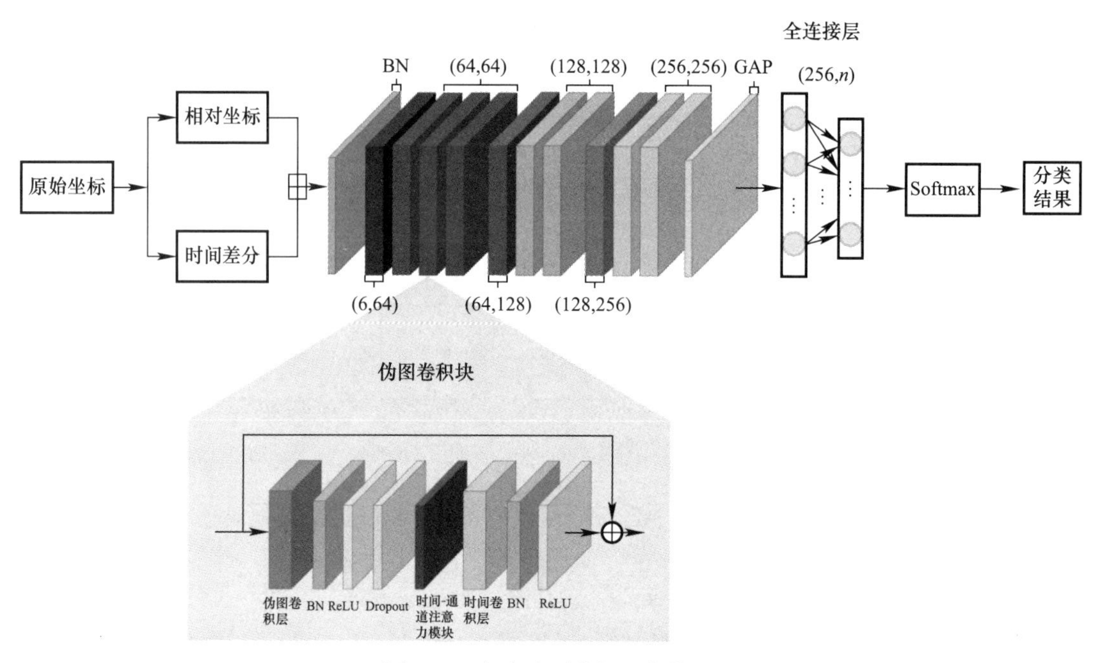

图 3-59　行为类别分析网络模型

对于 ST-GCN 以及相关衍生算法，大多在每一层中采用固定的邻接矩阵，即这个矩阵通过数据集关节点以及关节连接的定义就可以直接计算得到，并且在训练过程中保持不变。这会导致无法学习不相连的两个关节点之间的关系，另外每一层中固定且层与层之间相同的邻接矩阵无法提取多层次的语义信息。

所提出的算法采用可学习 $V\times V$ 的矩阵 $\overline{\mathbf{A}}_i$ 来代替原来固定的归一化邻接矩阵，并且 $\overline{\mathbf{A}}_i$ 是可学习的，其优势在于可以使它起到与注意力矩阵一样的作用，因此无需再采用一个额外的注意力矩阵。

对于空间伪图卷积，可以用下式表示：

$$f_{\text{out}}=\sum_{i}^{n}W_i(f_{in}\overline{\mathbf{A}}_i) \tag{3-47}$$

其中，n 是每一层中所采用的可学习矩阵 $\overline{\mathbf{A}}_i$ 的数量。为了简单起见，可以令 $n=1$ 以减少计算量。对于时间上的卷积，仍然采用将 $K\times 1$ 卷积直接操作在输出的特征图 f_{out} 上的方式，其中 K 是时间维度上的卷积核。

一个关节在 x，y，z 方向上的不同位置以及在这三个方向上不同的运动对行为分类起到不同的作用。另外，包含显著特征的帧对行为分类也起到至关重要的作用。受到 SENet 的启发，提出了时间通道注意力模块，如图 3-60 所示。

首先利用全局池化来抽取各个通道的特征信息。一个全连接层和 ReLU 紧随其后来减少通道数量，紧接着再用一个全连接层和 ReLU 来恢复通道数量。r 是压缩比率：对 NTU-RGB+D 数据集，令 $r=16$；对 HDM05 数据集，令 $r=48$。最后将其恢复成原来的形状。通过这样一种方式，可以对通道特征进行重新调整。为了重新调整时间上的特征，首先交换通道轴和时间轴，然后采用全局池化，紧接着采用两个全连接层和 ReLU 来对时间上的信息进行重建，最后将其恢复成 $C \times T \times V$ 的大小，并将时间轴和通道轴交换位置（即与 f_{in} 具有相同的形状）。

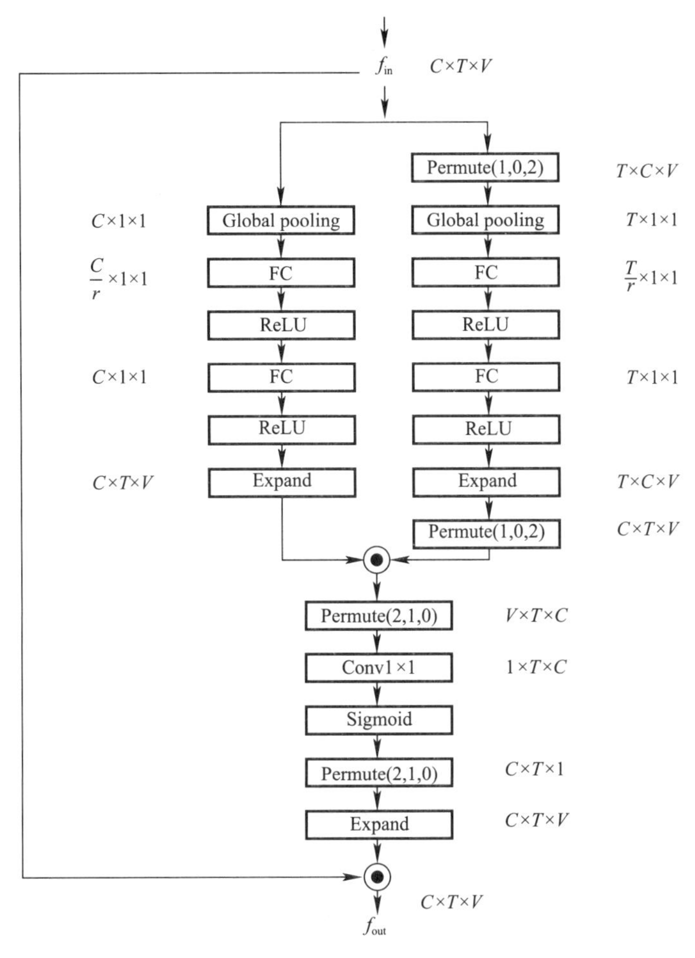

图 3-60　TCA 模块网络图

时间-通道注意力模块和 CBAM 不同，如图 3-61 所示。CBAM 串行地计算通道注意力和空间注意力。CBAM 的空间注意力是直接由原特征张量与通道注意力张量做 Hadamard 乘积得到新的特征后，在新特征上得到空间注意力张量，最后用新特征与空间注意力张量做 Hadamard 乘积，因此，CBAM 中的空间注意力不能直接描述原特征张量的本质特征。为了保留原特征张量的本质特征，提出的时间通道注意力模块同时计算通道和时间注意

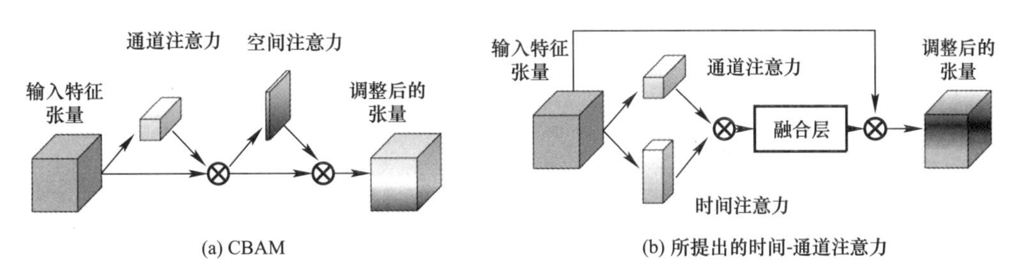

图 3-61　TCA 模块与 CBAM 的区别

力。得到计算通道注意力和时间注意力张量后对两个张量做 Hadamard 乘积，然后采用简单的 1×1 进行融合以更好地融合重新调整的特征，最后与原特征张量做 Hadamard 乘积。

（4）危险行为综合概率评估模型

当施工人员在施工现场作业时，人员危险行为与人员所处的工地区域存在着强相关的联系。首先，对 18 个施工现场的危险区域进行风险评级，如前述表 3-3 所示。其次，基于作业条件危险性评价法（LEC）和 Normal Copula 函数，建立危险区域的联合分布概率模型，计算出对应的危险区域风险联合概率，如表 3-16 所示。最后，结合危险区域风险联合概率，定义了危险行为与危险区域的综合概率评估模型，如下式所示：

$$P_{com}=P_{a}\cdot P \tag{3-48}$$

其中，P_{com} 为综合概率，P_{a} 为危险区域风险联合概率，P 为危险行为概率。

危险区域风险联合概率　　表 3-16

危险区域	A_1	A_2	A_3	A_4	A_5	A_6	A_7	A_8	A_9
联合概率（%）	28.17	63.90	54.46	29.60	37.99	34.26	82.12	95.45	41.49
危险区域	A_{10}	A_{11}	A_{12}	A_{13}	A_{14}	A_{15}	A_{16}	A_{17}	A_{18}
联合概率（%）	89.53	72.22	47.37	A_{13}	A_{14}	A_{15}	A_{16}	A_{17}	A_{18}

（5）危险行为识别方法测试性能分析

为了验证整体算法的性能，首先与目前最先进的基于骨架的危险行为识别算法进行了对比。表 3-17 和表 3-18 分别展示了在 NTU-RGB+D 数据集以及 HDM05 数据集的试验结果比较，指标为 top-1 准确率。

所提出的算法与其他先进的算法在 NTU-RGB+D 数据集上的比较　　表 3-17

算法	Cross-Subject Top-1 Acc（%）	Cross-View Top-1 Acc（%）
Lie Group	50.1	52.8
H-RNN	59.1	64.0
Deep LSTM	60.7	67.3
PA-LSTM	62.9	70.3
ST-LSTM+TS	69.2	77.7
Temporal Conv	74.3	83.1
Visualize CNN1	76.0	82.6
Visualize CNN2	79.6	84.8
ST-GCN	81.5	88.3
MANs	82.7	93.2
DPRL	83.5	89.8
SR-TSL	84.8	92.4
HCN	86.5	91.1
PB-GCN	87.5	93.2
RA-GCN	85.9	93.5
AS-GCN	86.8	94.2
2s-AGCN	88.5	95.1
Ours	88.0	93.6

所提出的算法与其他先进算法在 HDM05 数据集上的比较　　表 3-18

SPDNet	61.45±1.12
Lie Group	70.26±2.89
LieNet	75.78±2.26
PA-LSTM	73.42±2.05
Deep STGC	85.29±1.33
ST-GCN	82.13±2.39
PB-GCN	88.17±0.99
Ours	86.59±1.84

NTU-RGB+D：NTU-RGB+D 数据集是带有 3D 关节标注的行为识别任务最大的数据集。它包含 56880 个骨骼行为序列，同时包含 RGB 视频、深度图序列以及红外视频。这些行为由 40 个不同 subjects 执行并分为 60 个类别。每个行为序列由 1～2 个人完成。数据集为每个人提供了 25 个关节的 3D 坐标，如图 3-62（a）所示。

为了评估模型，选择两种协议：Cross-Subject 和 Cross-View。在 Cross-Subject 的设置下，数据集分为具有 40320 个样本的训练集和具有 16560 个样本的验证集。每套包括 20 个 subjects。在 Cross-View 设置下，训练集由摄像机 2 和摄像机 3 捕获了 37920 个样本。测试集从摄像机 1 中捕获了 18960 个样本。基于该协议，在两个基准上报告 top-1 的准确率。

HDM05：HDM05 用基于光学标记的 Vicon 系统进行采集。它包含 5 个演员执行的 130 个动作类别中的 2337 个动作序列。演员被命名为"bd" "bk" "dg" "mm"和"tr"，每个人标注有 31 个关节，如图 3-62（b）所示。由于同一动作的多种实现和大量运动类别引起的类内变化，因此该数据集具有挑战性。选用被深度学习方法广泛采用的由 Huang Z 等提出的协议，并报告 top-1 的准确率。

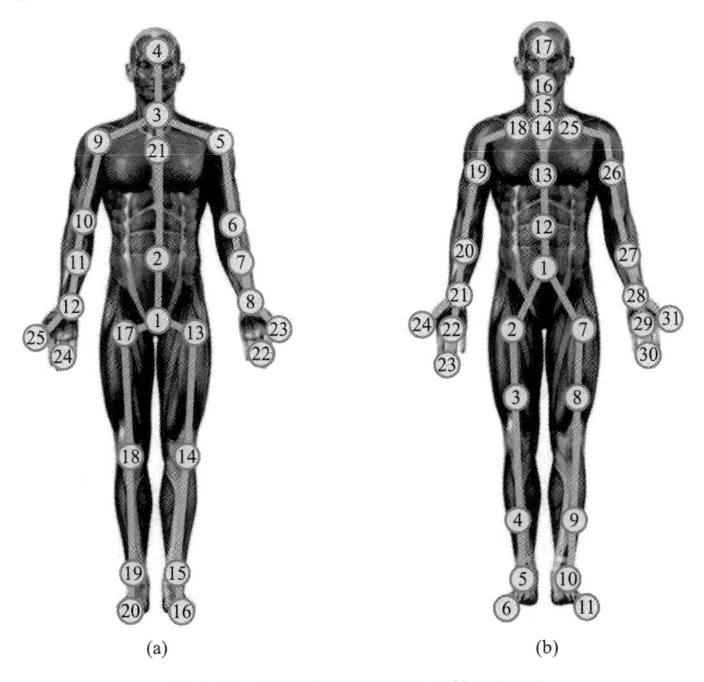

图 3-62　两个数据集中的人体骨架图

在 NTU-RGB+D 数据集中，在 Cross-Subject 以及 Cross-View 两种设置下计算 top-1 准确率，所提出算法在 Cross-Subject 的设置下达到 88.0%的准确率，仅仅比当前最好的算法 2s-AGCN 低 0.5%。在 Cross-View 的设置下达到 93.6%的准确率，仅仅比当前最好的算法 2s-AGCN 低 1.5%，比 AS-GCN 低 0.6%。

在 HDM05 数据集中，同样采取 10 次随机评估，所提出的算法达到了与当前最优结果相近的性能。

2. 施工现场人员危险行为样本数据库

为了进一步提升算法在现场环境下的性能，对人员危险行为动作进行了数据采集，建立了符合现场监测需求的施工现场人员危险行为样本数据库，具体如表 3-19 所示，数据库包含在 8 种不同的场景（普通室内场景 1 种，普通室外场景 1 种，建筑工地室内场景 2 种，建筑工地室外场景 4 种）下采集的 40 段视频数据。采集过程中，对施工现场中多种比较常见的危险动作进行了视频录制，基本覆盖了在实际场景中现场监测所需求的动作类别。

施工现场人员危险行为样本数据库中的动作类别　　表 3-19

编号	行为类别	编号	行为类别	编号	行为类别	编号	行为类别
1	打电话	4	双手抛物	7	交叉挥双手	10	推小车
2	举物体	5	低头看（手机等）	8	踢东西	11	翻越围栏
3	转动上身	6	挥单手（小幅度）	9	推栅栏	12	跨越闸机

图 3-63 是数据库中具体的样本示例。

图 3-63　数据库中的样本示例（从左到右依次为低头、踢腿、打电话、推东西、举物体）

通过这些数据样本可以看出，与常规的动作识别数据集不同，施工场景下的环境更为复杂，干扰因素更多，对行为分析算法的要求也更高。

3.5 施工人员安全监控平台系统

3.5.1 平台系统功能

1. 平台需求分析

研发的施工现场人员安全状态监控管理平台集成人员定位跟踪、安全状态识别、行为识别及预警等技术，利用物联网立体化的感知技术，实现对施工现场危险区域、人员安全状态及作业行为的立体化智能态势分析、在线管理及预警控制。平台开发所面向的主要管理对象为施工现场人员安全，通过各类传感器实现对人员的安全状态分析、预警报警，达到安全管控的目的。平台可承担多项目的管理任务，需具备以下特点：高度兼容、方便使用、灵活性强、可扩展、数据量大、数据多元异构、数据安全可靠等。

2. 平台架构设计

建筑工程施工现场人员安全监控平台采用“数据层＋平台层＋应用层”的架构，如图 3-64 所示。

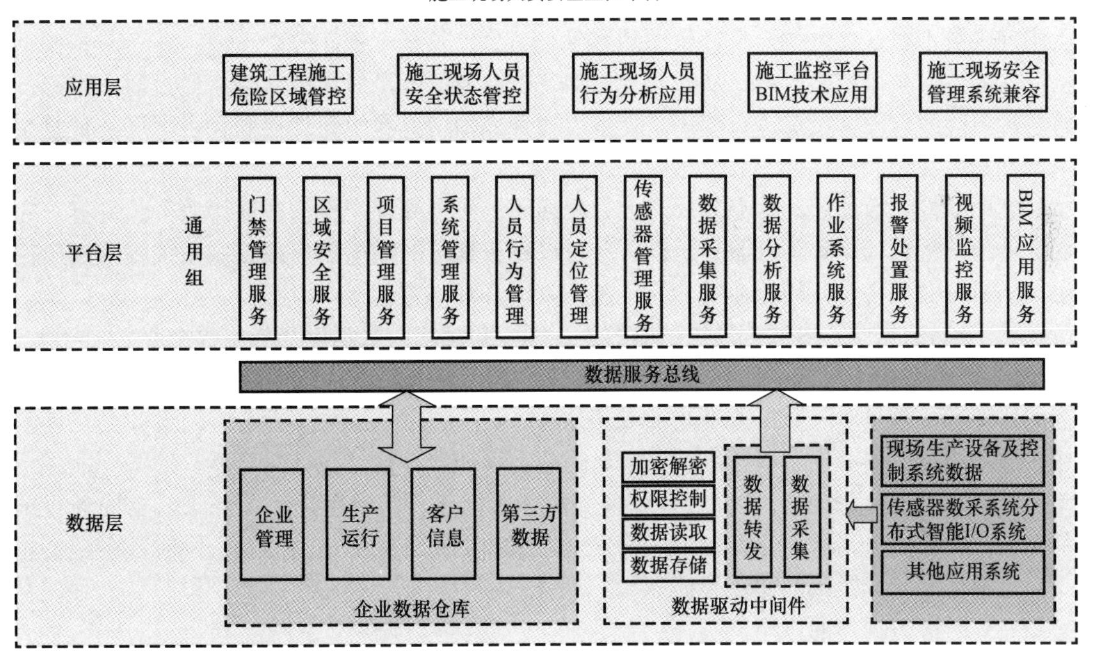

图 3-64 平台架构图

1）数据层：主要是由各类现场的传感器、感知人和物的读卡器、视频摄像头等感知设备，以及数据传输设备、传输网络等组成。该层作为整套系统数据来源的底层，负责将现场所有的底层原始数据通过传感器或者感知设备上传到服务器端，为智慧管理提供底层数据。

2）平台层：平台层作为整个系统的“中枢系统”，向下对底层的原始数据进行采集、存储、分类处理、分析等，将所有数据进行集中管理。向上利用原始数据实现各类专业应用，通过手机APP端、电脑Web端、现场控制室端实时对现场进行监控和管理。同时该系统能与施工现场的BIM系统及其他管理系统进行数据融合和系统功能融合，实现数据共享，协同管理。

3）应用层：应用层是具体的智慧工地功能层，每一个子功能作为一个独立的功能模块可以独立运行，也可以与其他系统进行联动控制和管理，主要有区域安全防护管理、人员行为管理、人员定位管理服务、BIM应用管理等。

平台采用基于JAVA快速应用程序构件框架下的B/S结构，客户端利用IE浏览器就能运行登录信息化监控平台，具有操作方便和界面的美观等优点。程序结构设计基于MVC（Model View Control）模型，最大限度地体现数据、业务逻辑和界面相分离的原则，提高程序的可维护性、稳定性和安全性。

3. 数据传输及在线处理

（1）数据传输处理实现方式

数据层将针对平台的应用特点以及数据采集需求，使用数据中间件处理完成数据的采集、过滤和存储工作。对于不同的数据采集链路，提供各种有线和无线的信息采集方式；对于不同的通信协议，通过多协议总线网关达到相互之间数据交互的目的；对于不同的协同工作系统，提供数据驱动中间件实现数据的实时收集和转存。

首先建立平台信息总线，为分散的信息服务提供交互、组合和治理的基础架构。总线由中间件技术实现，支持异构环境中的服务、消息以及基于事件的交互。

在人员安全监控平台中，从下至上贯穿每个层面的就是通用中间件。通过通用中间件将各种不同的软硬件情况进行统一，使下层各种异构情况在中间件层同化，下层各种复杂情况和条件在中间件层之上完全透明。

在中间件、数据层和信息总线之上根据通用的协同处理逻辑构建通用服务组件群，完成企业运行管理的基本需求服务组件，并可以将数据层的数据采集或控制系统提升到应用层，同时可实现各个应用行业的专项定制。具体开发内容包括：

1）全局数据库：内部全局统一的数据视图，包括实时数据库与历史数据库。

2）服务总线：系统内外交互的统一接口。其为整个信息系统内部各系统之间数据交互的协调者，也是对外数据服务的标准化接口。开发模块主要包括通信、服务交互、集成、服务质量、安全性、服务级别、消息处理、管理和自治、服务交互等。

3）单点登录服务器：整合所有分系统的登录构建，实现用户单点登录，全局通行证的功能，避免由多系统用户管理带来的安全隐患和更新维护困难的问题。同时该系统也将是对于数据层整合效果的初步验证。

（2）时序数据库的应用

数据库存储采用LSM tree：数据写入和更新时首先写入位于内存里的数据结构，为了避免数据丢失也会先写到WAL文件中。内存里的数据结构会定时或者达到固定大小刷到磁盘，这些磁盘上的文件不会被修改。随着磁盘上积累的文件越来越多，会定时地进行合并操作，消除冗余数据，减少文件数量。

分布式存储：时序数据库面向的是海量数据的写入存储读取，单机是无法解决问题的，所以需要采用多机存储，也就是分布式存储。时序数据库分片方式采取一致性哈希分片法，该方法均衡性好，集群扩展容易。

4. 施工现场三维虚拟仿真

（1）三维虚拟模型轻量化

主要是利用成熟商业化BIM轻量化图形引擎，并在其基础上进行二次开发，实现人员安全管控平台的功能要求。轻量化图形引擎主要提供了三类服务：模型转化服务，可视化服务，数据服务。

（2）基于虚拟模型的应用功能

要实现人员安全管理平台的监控功能，需要在BIM模型导入的基础上，借助轻量化图形引擎的API接口实现基于模型的功能开发。

（3）平台与图形引擎的集成

首先需要将展示的三维模型上传到图形引擎，图形引擎对模型进行数模分离处理。图形引擎提供了手动上传和基于API自动上传两种模型上传方式。图形引擎提供了SDK支持用户将三维模型的可视化服务集成到用户的应用中，通过SDK支持用户加载、显示及操作三维模型，并获取模型数据等。图形引擎提供了JS SDK和iframe两种方式以支持用户将三维模型可视化服务集成到其应用中，两种方式都支持用户对模型操作，并支持应用页面接受用户操作模型的反馈，如选中高亮、隐藏模型构件等。平台支持应用页面根据应用的业务逻辑来驱动模型的可视化显示，如人员位置展示等。

5. 预警控制实现方法

应急预案系统是基于系统的架构模式，按照监控配备条件以及处理各类报警事件的经验预先建立的，当施工人员有突发事件时，可根据不同突发报警事件的类型、性质、发生地点环境等，实现面向对象的、人机交互的智能化与数字化控制，在最短的时间内，提供最佳的处理方案，以实现施工区域发生的突发报警事件的快速指挥和调度。针对施工现场人员安全预警报警实施情况，主要从以下几个方面进行预警报警的方案制订和执行。

1）施工现场综合监测

结合BIM技术，快速在模型中定位施工位置并查看建筑和监控设备分布情况及人员实际位置信息，实时采集并同步展示各监测设备的实时数据和报警信息，主要包括监控区域、位置描述、监测介质、报警值、报警状态、首报时间、后报警时间，并在BIM模型上方显示工地安全责任人姓名和电话，可快速联系责任人进行故障处理。当发生预警报警情况时及时进行位置查看和人员通知。

2）传感器智能监测设备安全预警管理

采用物联网技术，将现场人员定位设备、形态监测设备、视频设备、人员状态监测设备等接入平台中进行集中、智能监测，使现场监测设备可正常监测现场数据，确保传回数据的准确性、完整性、及时性。采用大数据分析等手段，按设备状态、数量分类统计，可监测设备总数、正常设备、故障设备、报警设备、未连接设备、未标定设备数量，并可通过颜色对设备状态进行直观判断，当设备故障或出现报警时，系统可通过短信、APP等多种方式自动通知安全责任人进行故障和报警处理。

3）重点人员安全监测及预警

平台对重点人员进行全方位的监控和重点监控，支持按照工种、作业时间等逐级筛选进行重点监控，支持单一人员、多个人员、按工种等多种方式监控，监控方式可灵活选择，监控人员既可通过列表方式查看重点监控人员身体状况及主动报警信息，又可通过实时状态曲线方式查看各人员随时间变化的实时报警值，使监控工作更形象、直观、高效。

4）智能预警提醒

当现场设备出现故障或产生报警时，系统将依据报警阈值设置情况对报警进行自动分级，并在BIM模型和实时报警列表中进行展示，同时出现高亮、声光等多种报警提醒，同步以自动短信方式通知预设的不同报警级别安全责任人；如自动短信发送失败，可通过手动发送短信的方式向指定用户发送短信，以确保安全责任人能及时发现报警并进行处理。

5）视频联动预警监控

平台提供联动视频监控，可监测现场各视频监测点的实时视频，当施工场地内人员出现报警时，安全管理人员可先查看现场设备报警关联的联动视频，确认现场人员安全区域情况以及报警人员周围的情况，再精确进入现场进行报警的处理，达到安全、快速定位并处理故障的效果。

3.5.2 平台系统使用说明

施工现场人员安全监控平台（图3-65）主要功能包括：施工现场三维模型创建、基于施工人员高效精确定位与跟踪技术的区域安全管控、基于人员生理及状态感知技术的人员状态监控、基于人员安全作业行为智能识别技术的人员行为违规管理、报警控制等功能，同时拓展了多项适用于建筑工程现场人员管理的功能：施工现场人员信息自动录入、人员基本信息管理、人员信息保存查询、现场人员数量统计、实时现场人员位置信息、项目管理和系统管理等。

1）三维模型创建

创建三维虚拟仿真模型，采用虚拟仿真和分布式计算技术，对场地、人员和施工资源进行实时、快速、精确模拟，并根据现场人员、物料实际状态将现场实测数据与模型数据进行交互。解决施工现场三维虚拟仿真模型缺失问题，保障态势数据分析结果的精准和高效，为施工现场安全管理决策提供科学依据（图3-65）。

2）区域安全管控

区域安全管控通过模型数据交互技术，实现人员、物料移动轨迹的可视化展示，并利用人员精确定位技术进行在线人员区域安全管控。区域安全管控包括两方面：一是利用施工现场人员定位跟踪设备进行人员精确定位，即在施工现场安装定位基站，并将基站按照对应坐标在系统上进行配置，施工现场人员携带电子标签，电子标签实时与基站通信，完成定位工作；二是采用RFID技术进行人员区域定位，主要用于施工现场楼层、门禁、施工电梯等位置的人员统计。管理人员可根据现场需要，添加电子围栏，点击绘制围栏，则进入绘制页面，右击鼠标确定围栏位置。同时，管理人员可在平台界面上查询施工现场人员的历史移动轨迹，掌握危险区域人员的轨迹信息。

区域安全管控（图3-66）中包含实时定位、轨迹查询和人员定位3项功能控件：通过“实时定位”控件可获取当前管控区域内施工人员的实时位置信息；通过“轨迹查询”控件可获取施工人员的历史移动轨迹；通过“人员定位”控件可按人员姓名查询指定人员的当前位置信息。

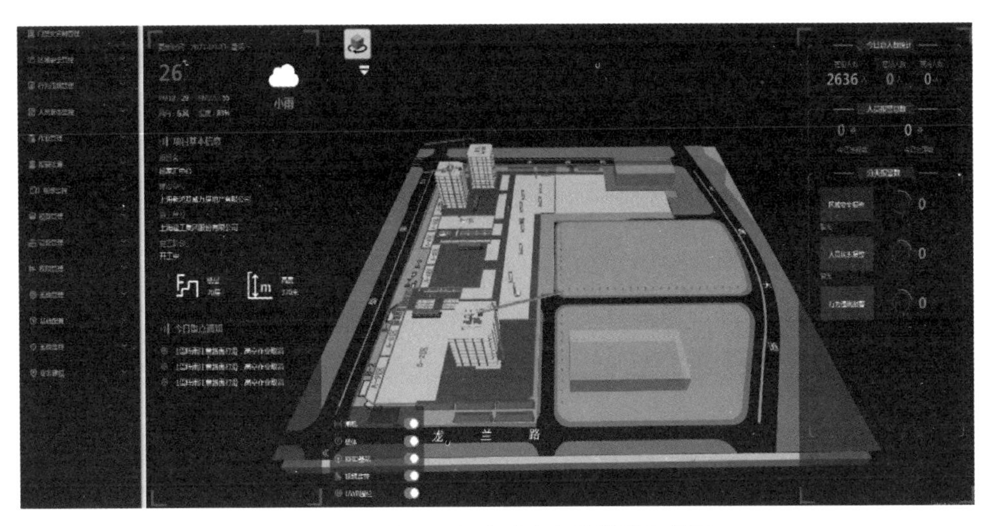

图 3-65　施工现场人员安全监控平台首页

图 3-66　区域安全管控界面

3）人员状态监控

通过施工人员状态智能监控装置获取施工人员的身体体征（心率、体温），利用监控管理平台的人员信息管理系统进行人与设备的数据关联，在监控管理平台（图 3-67）上实时监测现场施工人员的身体状态，并通过内嵌人员安全状态智能识别算法，判断施工人员的风险状态，进行人员风险状态预警控制。

4）人员行为违规管理

通过仿生立体行为识别装置监测并获取施工现场人员行为动作信息（时间、动作三维坐标、状态），并利用无线数据传输技术实现设备与监控管理平台之间的数据实时通信，通过监控管理平台（图 3-68、图 3-69）的数据解析和模型重构，在平台上进行人体行为动作的可视化展示，让管理人员直观地掌握施工人员的实时行为动作并实现人员行为的风险预警。

5）报警处置

根据设定的预报警条件，当人员监测数据达到预报警条件时，系统（图 3-70）自动发出预警、报警信息，同时记录历史报警信息。通过点击控件进入平台导航栏的“报警处置”功能模块，可以处理未确认的报警记录以及对以往报警历史进行查询。

图 3-67　人员状态监控界面

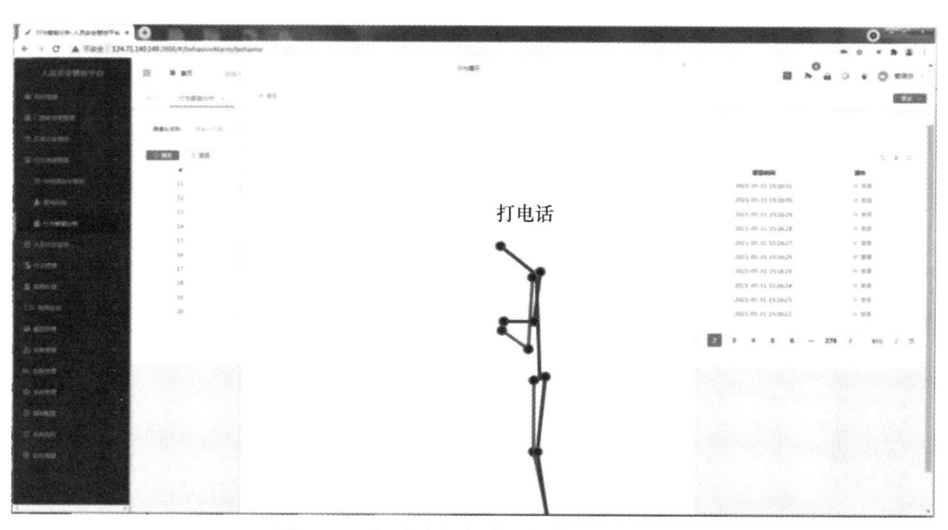

图 3-68　人员违规行为可视化展示界面

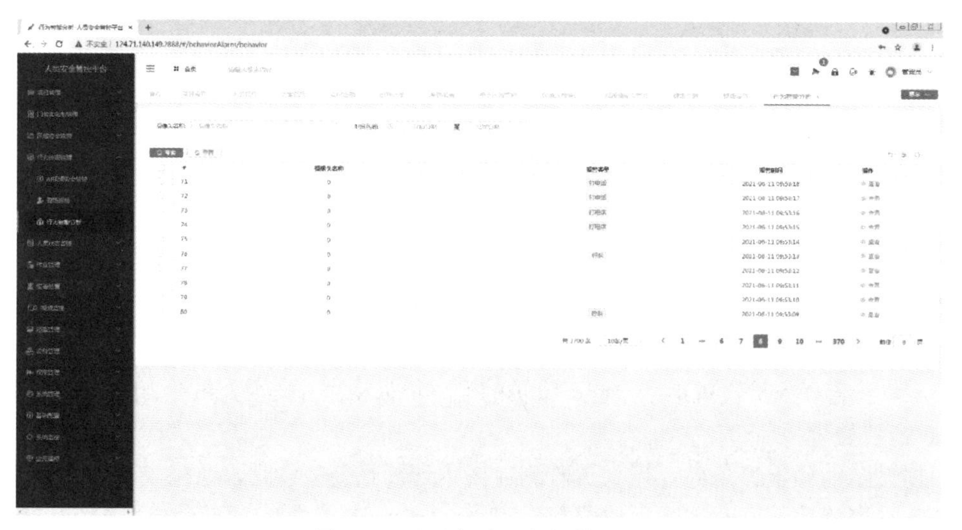

图 3-69　人员行为违规报警界面

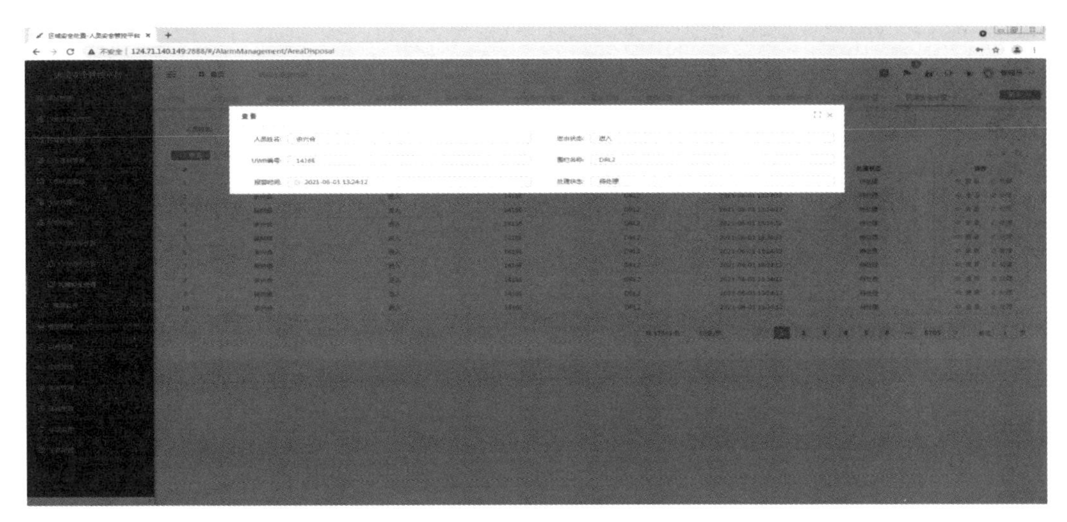

图 3-70　报警处置界面

6）人员管理

人员管理（图 3-71～图 3-73）主要包括人员信息录入、身份验证、性别、健康状态、所属单位、所属项目、具体工种、佩戴设备编号配置、访客管理等。通过人员安全管理系统对进出施工现场施工人员或管理人员信息进行管理，人员信息包括身份证号、所属公司、所属工种、照片等信息。采用刷卡信息录入和批量表格形式录入，实现快速便捷的信息录入。利用扫码方式进行访客入场预约和审批管理。同时，通过安装在每个大门上的远距离 RFID 读卡器实现人员进出自动信息读取，无需刷卡，高速精确实现人员进出场统计管理。

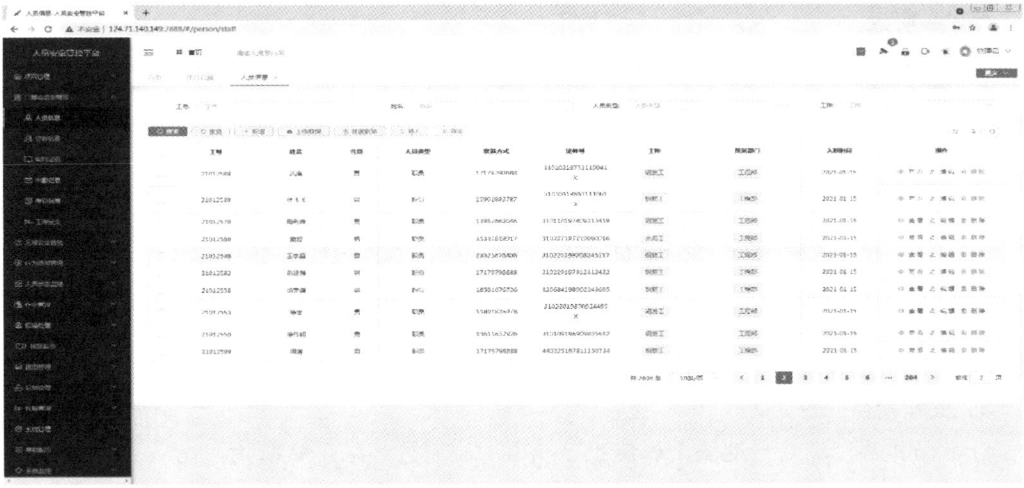

图 3-71　人员信息管理界面

通过软件系统进行每天人员进出施工现场的数据收集、分析、归类和统计，可以进一步应用大数据技术，比如统计每天、每周、每月的在场人数，每个公司的在场数量、每个工种的人数，在场人员出勤率等信息，提高管控的信息化水平。

图 3-72　访客扫码预约界面（示意）

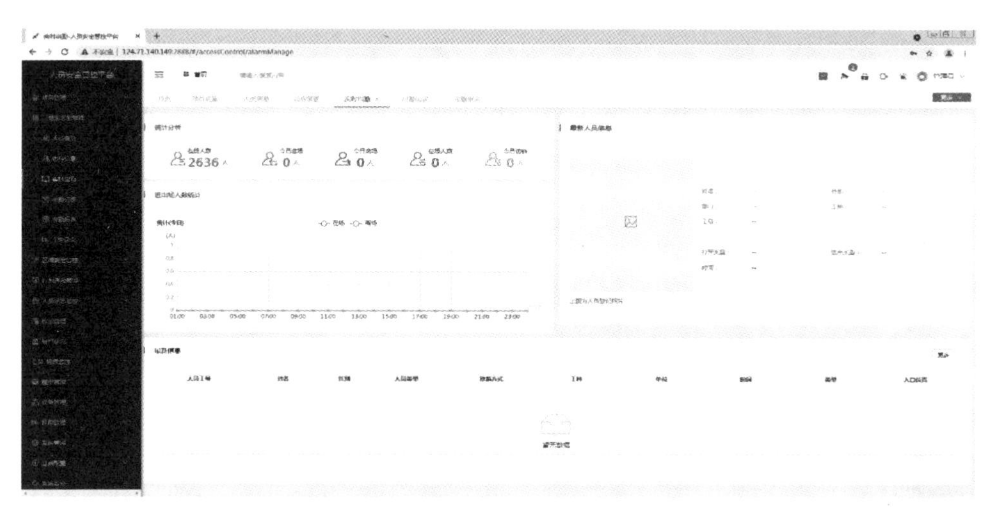

图 3-73　在场人员出勤管理界面

3.6 超高层建筑工程的示范应用案例

3.6.1 宁波新世界

1. 工程项目介绍

宁波新世界广场 5 号地块工程位于宁波市中心城区，东至箕漕街，南达百丈路，西接江东北路，北临中山东路，紧邻江厦桥东地铁站。项目用地面积 10700m^2，总建筑面积 15.9 万 m^2，其中地上建筑面积 12 万 m^2，地下建筑面积 3.9 万 m^2。建筑结构高度 249.80m，塔楼地上 56 层，地下 4 层，核心筒施工采用自主研发的整体爬升钢平台模板装备，钢平台初始面积约为 875m^2。图 3-74 为宁波新世界广场项目施工现场情况。

2. 现场硬件安装实施

示范工程采用身份证读卡器精伦 IDR210，可自动读取现场人员的身份信息，在信息录入的同时于系统中将人员工种、定位标签及腕表 MAC 号进行数据匹配，从而利用系统对人员进行管控。人员精确定位跟踪装置，布设定位基站 7 个。人员状态管理选用基于 NB－IoT 的智能腕表，主要监测参数为心跳、心率、体温、环境温度信息。在施工现场安装 4 台仿生双目立体行为识别装置（图 3-75），可全方位覆盖示范施工区域人员行为识别。

图 3-74　宁波新世界广场超高层建筑工程

图 3-75　仿生双目立体行为识别装置

3. 示范效果

（1）施工现场三维虚拟仿真模型构建

通过将轻量化图形引擎嵌入监控管理平台，构建施工现场的三维虚拟仿真环境，实现施工人员作业场景的可视化展示。同时，通过模型简化和存储备份新机制，提高三维模型调用和渲染效率，并建立了模型管理模块，可支持主流建模软件和标准交换格式，从而使平台模型构建脱离原生建模工具，实现三维虚拟模型的快速重建。

（2）施工危险区域风险评估

引入基于危险区域判别概率模型和危险区域相关函数，对宁波新世界广场示范工程钢平台进行危险区域等级划分，并根据其危险程度给出相应分值。钢平台体系作为施工操作平台和物料中转堆场，设备、物料密集，场地空间复杂，施工人员面临着巨大的安全风险。风险评估的前提是定义风险，首先将项目钢平台体系划分、定义为 9 个危险区域 HA1～HA9，现场实拍及三维模型示意见图 3-76。

采用 LEC 评价法对危险区域进行风险性量化，HA1～HA9 中事故发生的可能性 L、人体暴露于危险环境的频度 E 和发生事故后果的严重度 C 采用的 879 组数据来源于问卷调研，调研对象为上海建工集团参加过钢平台体系设计或建造的施工专家。根据 LEC 的调研数据，计算风险性 D 值的对数特征如表 3-20 所示，各个危险区域的 D 值数据频数分布直方图和对数正态分布概率密度拟合曲线（即风险边缘分布）如图 3-77 所示。

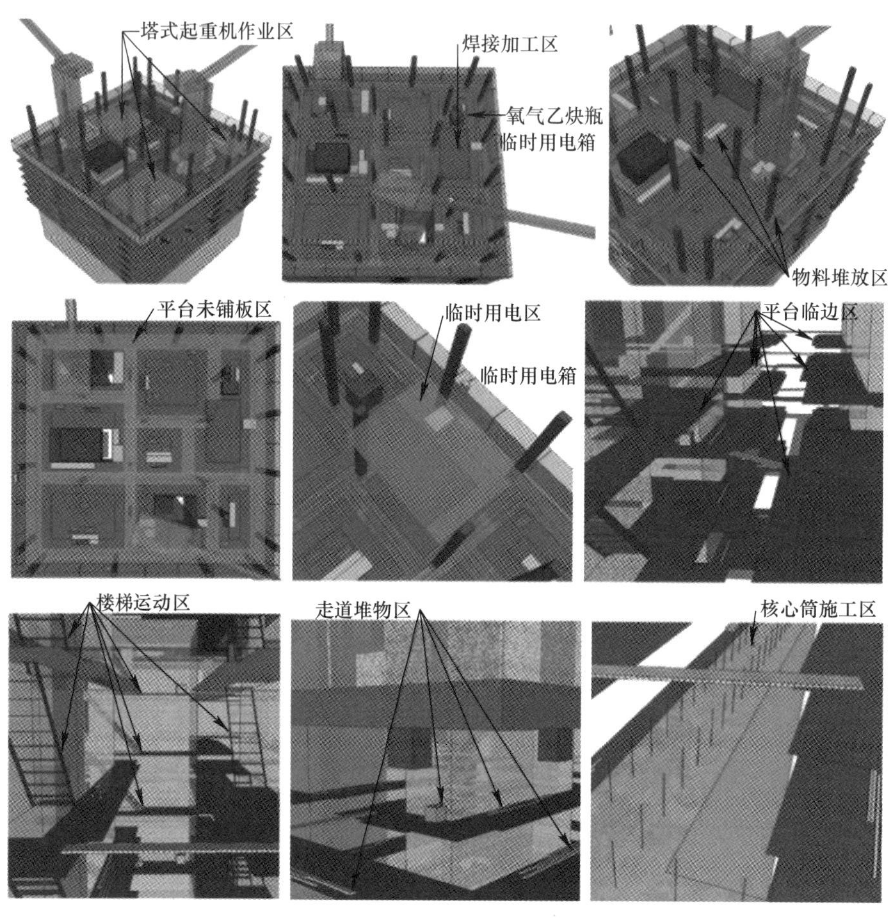

图 3-76　危险区域现场实拍图及三维模型示意图

钢平台危险区域 LEC 风险调研结果　　表 3-20

HAi	危险区域名称	$\mu_{\ln D}$	$\sigma_{\ln D}$	$\max_{\ln D}$
HA1	塔式起重机作业区	1.652	1.555	8.294
HA2	焊接加工区	1.319	1.531	5.598
HA3	物料堆放区	1.642	1.531	5.529
HA4	平台未铺板区	1.865	1.539	4.836
HA5	临时用电区	1.479	1.315	6.292
HA6	平台临边区	1.614	1.526	4.836
HA7	楼梯运动区	1.150	1.433	4.094
HA8	走道堆物区	1.360	1.443	5.193
HA9	核心筒施工区	1.126	1.506	4.836

结合事故树分析和风险因素识别，可得危险区域相关系数矩阵 $\boldsymbol{R}'$ 如表 3-21 所示，在完成边缘分布估计和相关性分析之后，多维变量联合概率分布得以建立。基于调研数据所

得的风险性 D 值的最大特征值 $max_{\ln D}$ 得到相应的逆标准正态累积值，并采用等概率转换原则，计算依次以危险区域 HAi（i=1，2，…，9）作为主风险区，在相关性影响下其他危险区域作为次风险区时的联合概率值，结果如表 3-22 所示。

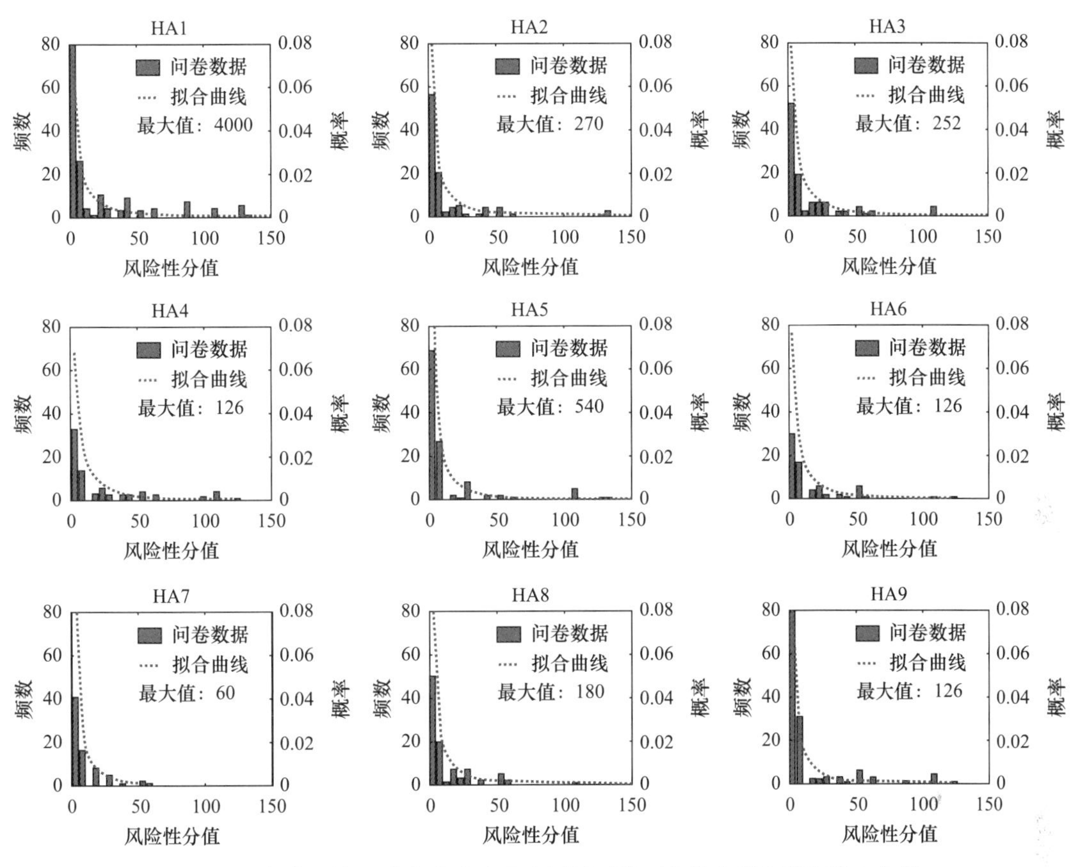

图 3-77　危险区域 D 值频数分布直方图及对数正态分布概率密度拟合曲线

钢平台危险区域相关系数矩阵　　表 3-21

HAi	HA1	HA2	HA3	HA4	HA5	HA6	HA7	HA8	HA9
HA1	1.000	0.513	0.349	0.365	0.433	0.267	0.284	0.370	0.555
HA2	0.513	1.000	0.466	0.405	0.684	0.348	0.254	0.406	0.433
HA3	0.349	0.466	1.000	0.488	0.430	0.478	0.498	0.585	0.380
HA4	0.365	0.405	0.488	1.000	0.362	0.472	0.455	0.409	0.376
HA5	0.433	0.684	0.430	0.362	1.000	0.291	0.187	0.360	0.419
HA6	0.267	0.348	0.478	0.472	0.291	1.000	0.599	0.241	0.274
HA7	0.284	0.254	0.498	0.455	0.187	0.599	1.000	0.256	0.289
HA8	0.370	0.406	0.585	0.409	0.360	0.241	0.256	1.000	0.345
HA9	0.555	0.433	0.380	0.376	0.419	0.274	0.289	0.345	1.000

钢平台危险区域 HA1～HA9 分别作为主风险区的风险联合概率　　表 3-22

主风险区	HA1	HA2	HA3	HA4	HA5	HA6	HA7	HA8	HA9
P_{HA1}	1.000	0.245	0.166	0.143	0.269	0.126	0.128	0.179	0.235

续表

主风险区	HA1	HA2	HA3	HA4	HA5	HA6	HA7	HA8	HA9
P_{HA2}	0.406	0.980	0.221	0.160	0.466	0.153	0.125	0.204	0.202
P_{HA3}	0.294	0.257	0.961	0.192	0.311	0.203	0.206	0.308	0.191
P_{HA4}	0.285	0.211	0.228	0.845	0.243	0.189	0.180	0.204	0.179
P_{HA5}	0.301	0.310	0.190	0.140	0.999	0.130	0.106	0.172	0.182
P_{HA6}	0.193	0.172	0.203	0.164	0.183	0.892	0.205	0.132	0.136
P_{HA7}	0.195	0.137	0.202	0.156	0.134	0.202	0.878	0.134	0.137
P_{HA8}	0.252	0.191	0.239	0.149	0.216	0.117	0.119	0.971	0.156
P_{HA9}	0.398	0.209	0.175	0.144	0.258	0.127	0.129	0.169	0.952

(3) 人员高精度定位与跟踪

对场地、人员和施工资源进行实时、快速、精确模拟，实现人员的精准定位与显示，定位精度保持在 20cm 内。现场人员定位效果如图 3-78 所示。

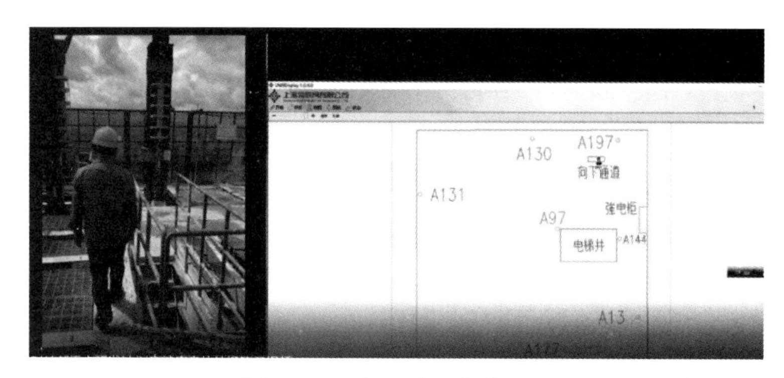

图 3-78 现场人员定位效果图

(4) 人员安全状态智能识别与管控

基于现场测试和采样获取的人员体征大数据建立人员风险状态数据库，将人员风险状态数据库嵌入监控管理平台，并针对人体状态及生理特征多源感知数据进行融合处理分析，评估施工人员的健康状态。

示范工程中施工人员心率和体表温度的检测数据以及对应的安全状态，如表 3-23 所示。基于监测数据和 Borg 自感疲劳分级划分的安全状态进行统计学习，可以获得基于多源感知数据的安全状态决策模型，从而进行施工现场施工人员的安全状态决策分析和预警。如某施工人员的心率和体表温度监测数据为 80 次/s 和 35.7℃，则由学习成的随机森林决策模型，判别出该施工人员处于一般状态。

施工人员心率、体表温度和安全状态 **表 3-23**

采样编号	心率（次/s）	体表温度（℃）	安全状态	采样编号	心率（次/s）	体表温度（℃）	安全状态
1	70	32.7	一般	5	72	35.2	一般
2	73	34.5	一般	6	78	35.5	一般
3	77	35.4	一般	7	76	36	一般
4	71	35.9	一般	8	79	34.9	一般

续表

采样编号	心率（次/s）	体表温度（℃）	安全状态	采样编号	心率（次/s）	体表温度（℃）	安全状态
9	77	36	一般	18	72	35.3	一般
10	81	35.3	一般	19	71	35.9	一般
11	76	35.1	安全	20	73	35.6	一般
12	80	35.3	一般	21	68	36.9	一般
13	81	35.5	一般	22	71	36.3	一般
14	80	34.8	一般	23	72	35.6	一般
15	76	35.1	一般	24	75	36	一般
16	60	35.5	一般	25	74	35.8	一般
17	68	35.4	一般				

（5）人员安全作业行为智能识别

利用仿生立体行为识别装置进行施工人员作业行为动作感知，识别结果如图3-79所示。监控管理平台通过对人员行为的四维信息（时间、关节点三维坐标）处理分析，进行人员动作模型重建，实现对施工现场人员危险行为智能识别和动作的可视化展示（图3-80），通过危险行为类别和概率分析确定危险等级，并通过监控平台针对危险行为进行预警。

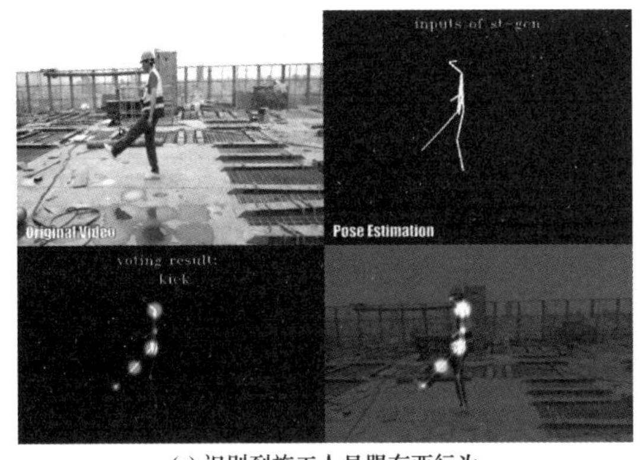

(a) 识别到施工人员踢东西行为

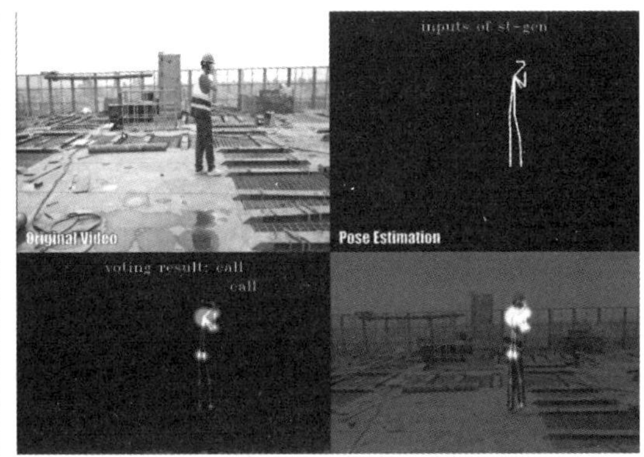

(b) 识别到施工人员打电话行为

图3-79　终端行为识别结果显示

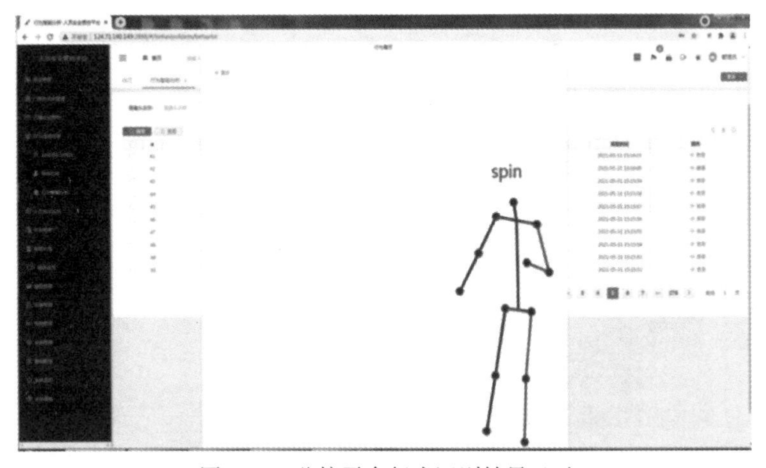

图3-80　监控平台行为识别结果显示

3.6.2 徐家汇中心

1. 工程项目介绍

徐家汇中心工程（图 3-81）位于上海市徐汇区，项目总建筑面积 78.3 万 m^2，T1 塔楼 42 层，高 220m，T2 塔楼 70 层，高 370m。

图 3-81 徐家汇中心施工场地情况

2. 现场硬件安装实施

示范工程信息录入采用身份证读卡器精伦 IDR210。采用精确定位跟踪装置对各施工要素进行实时高精度定位。人员状态管理选用基于 NB-IoT 的智能腕表。在施工现场安装 2 台仿生双目立体行为识别装置，对示范施工区域人员进行行为识别。

3. 示范效果

（1）施工现场三维虚拟仿真模型构建

通过监控管理平台，构建施工现场的三维虚拟仿真环境，实现施工人员作业场景的可视化展示。

（2）人员危险区域风险评估与定位

引入基于危险区域判别概率模型和危险区域相关函数，对徐家汇中心示范工程钢平台进行危险区域等级划分，并根据其危险程度给出相应分值（图 3-82）。根据现场危险状况

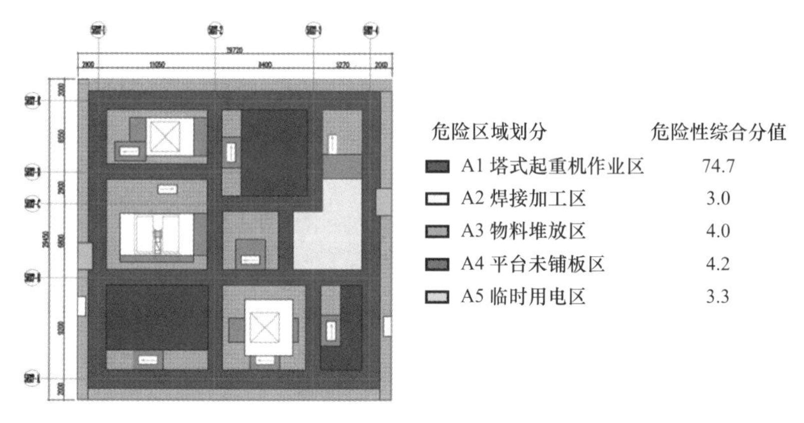

图 3-82 危险区域划分

设定了2处高风险区域，并在模型中进行标识，通过坐标判断实现预报警功能。人员安全风险区域管控如图3-83所示。将系统分为预警区域、报警区域、风险区域，对施工人员进行精准定位与显示。

图3-83　人员安全风险区域管控

（3）基于物联网全面感知的人员状态管控

通过创建场景三维虚拟仿真模型，进行施工场地的人员统一管理维护，管理人员可实时查看现场人数，施工现场地面人数、建筑区域人数、钢平台人数，不同区域人员的基本身份信息、对应岗位等信息，以及人员的身体特征状态，以便于对现场人员实行精准管控。通过软件端配置人员、定位标签、智能穿戴设备信息，将其身份、体征信息进行匹配，实现施工人员心率、体温等体征信息的实时管控（图3-84）。

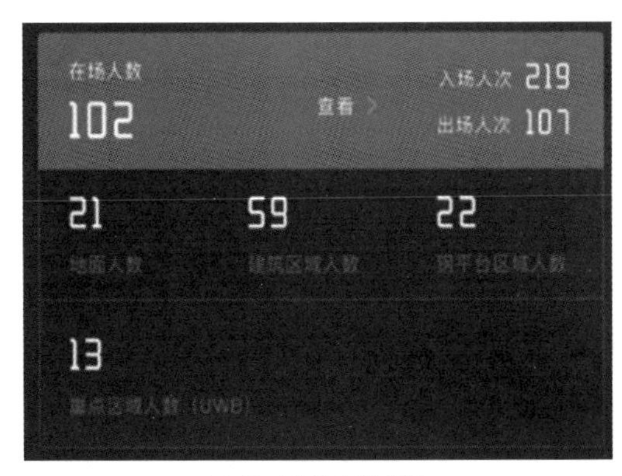

(a) 施工在场人数统计

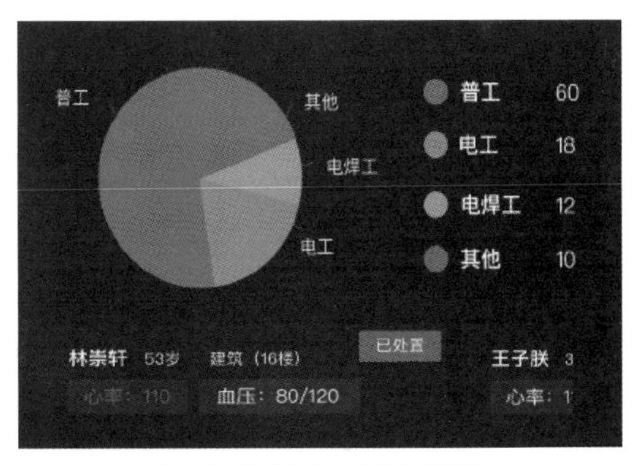

(b) 工种统计及人员心率血压数据

图3-84　人员状态管控

系统可实时记录各个门禁闸机人员进出情况，如人员进入项目超过24h未出场，则在报警栏中滚动报警，直至系统处置之后不再报警，对双目相机识别的人员不安全行为进行报警，并按照危险行为严重程度对其进行扣分（图3-85和图3-86）。

（4）人员行为安全管控

通过仿生立体行为识别装置对施工人员作业行为进行动作感知（图3-87），监控平台对人员行为的四维信息（时间、关节点三维坐标）进行处理分析，并对人员动作模型重建，实现对施工现场人员危险行为智能识别和动作的可视化展示，通过危险行为类别和概率分析确定危险等级，针对危险行为开展不安全行为预警。

图 3-85　闸机报警

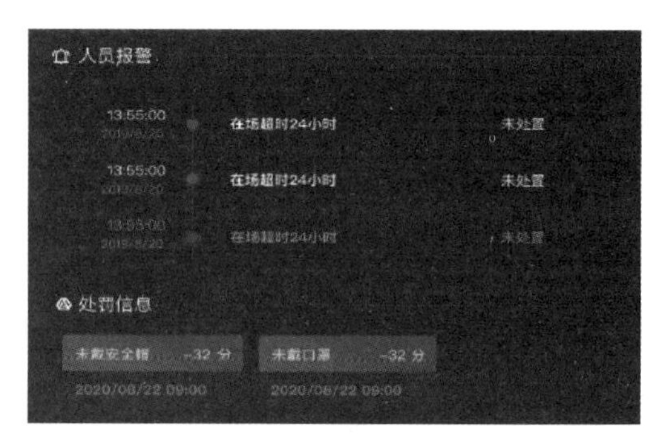

图 3-86　超时报警

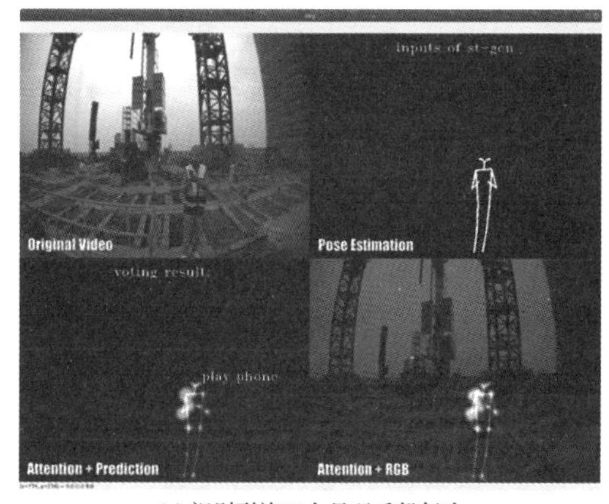

(a) 识别到施工人员玩手机行为

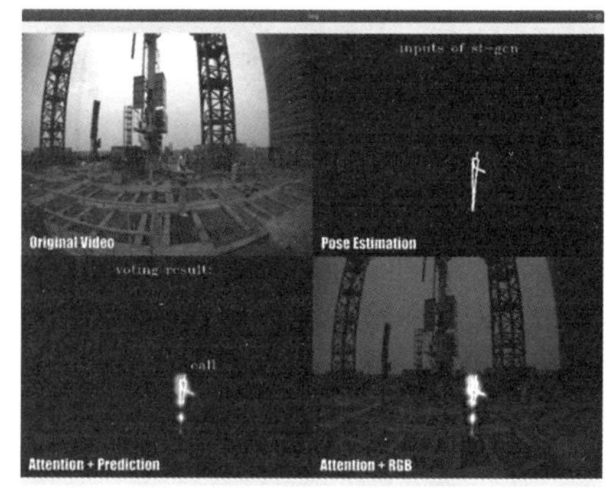

(b) 识别到施工人员打电话行为

图 3-87　终端行为识别结果显示

通过开发的人员安全状态监控平台，实现了示范工程施工人员位置安全、身体状态安全、行为安全的数字化安全风险管控，提高了施工现场人员安全管控水平，保证了徐家汇中心超高层建筑工程施工中人员安全。

第4章 模架装备安全智能监控技术

4.1 概　　述

爬升模架设备是大量高耸建构筑物建造的关键装备，同时也是建筑工程施工重要的安全管控对象。该设备主要包括液压爬模、整体提升脚手体系和整体钢平台模架装备等，其中整体模架装备（简称模架装备）是高空复杂环境作业的关键设备，可实现施工环境从恶劣高空作业向安全舒适陆地施工转变，在我国超高层建筑建造中发挥了关键作用。该装备最早由上海建工在 20 世纪 90 年代提出并研发制造，广泛应用于东方明珠（1994 年，468m）、金茂大厦（1998 年，420.5m）、上海环球金融中心（2008 年，492m）、广州塔（2009 年，610m）、南京紫峰大厦（2010 年，450m）、上海中心大厦（2015 年，632m）、白玉兰广场（2017 年，320m）等工程。与传统施工设备相比，模架装备操控安全风险巨大且设备监控面临较大挑战：巨型设备（达 1000t）作业为动态爬升过程；模架为复杂超静定结构；运行过程承受多种随机荷载。此外，模架装备静态钢结构监控技术尚不完善、动态爬升及结构变化形态控制缺乏，一旦发生事故，将造成重大社会影响及经济损失。

本章选择超高层、高层工程建造设备中最具代表性的模架装备阐述爬升模架设备安全智能监控技术，模架装备安全监控对象和主要监测内容及推荐监测方法见表 4-1。首先介绍模架支撑系统安全监测与评估、模架搁置状态安全监测与预警、模架爬升状态智能监测与控制等共性技术，其次介绍模架装备远程可视化智能监控平台系统，最后介绍模架装备安全智能监控技术在南京金鹰、宁波新世界、深圳雅宝大厦等超高层建筑工程的示范应用案例。通过模架装备共性技术的研究与示范，提升数字化风险控制能力，支撑模架行业数字化转型发展。模架装备安全监控将向着可视化、智能化、远程化和无人操控方向发展。

模架装备安全监控对象和主要监测内容及推荐监测技术方法　　表 4-1

监控对象	监测内容	监测方法	备注	监控对象	监测内容	监测方法	备注
混凝土结构	混凝土结构强度	强度演化实测法	应测	爬升系统	爬升钢柱垂直度	倾角计	应测
支撑系统	承力销压力	智能支撑装置	应测		爬升钢梁水平度	静力水准仪	应测
	承力销位移	智能支撑装置	应测		爬升油缸压力	油压传感器、液压控制	应测
	承力销应力	应力传感器	选测		爬升油缸位移	位移传感器、液压控制	应测

续表

监控对象	监测内容	监测方法	备注	监控对象	监测内容	监测方法	备注
支撑系统	承力销搁置状态	AI 图像识别技术	应测	爬升系统	爬升速度	可编程逻辑控制器	应测
钢平台系统	钢平台水平度	静力水准仪	应测		爬升位移	可编程逻辑控制器	应测
	钢平台应力	应变计	应测	吊脚手架系统	结构应力	应变计	选测
	作业舒适度	加速度传感器	选测		结构变位	静力水准仪	选测
筒架系统	竖向型钢杆件应力	应变计	应测		底部封闭性状态	图像识别技术	选测
	筒架垂直度	倾角计	应测	作业环境	风速风向	风速风向仪	应测
	底部封闭性状态	AI 图像识别技术	选测		温湿度	温湿度测量仪	选测
模板系统	混凝土侧压力	压力传感器	选测		施工作业状态	视频监控技术	应测

4.2 模架支撑系统安全监测与评估技术

4.2.1 现场实体混凝土结构强度实时监测系统及技术

混凝土结构的时变强度检测评估至关重要，直接影响施工过程中的安全和工期。混凝土结构若过早承受巨型模架装备外部重型荷载，由于强度较低，容易引发重大事故；若过晚承受巨型模架装备外部重型荷载，由于混凝土硬化时间过长，容易延误工期。传统的混凝土结构强度检测评估方法有回弹法、钻芯法、贯入法、抗折法、抗剪法、后锚固法、剪压法和同条件养护试块法等，但是这些方法通常容易引起结构破坏或者无法做到实时评估；成熟度法、埋入传感器法、超声波法、振动共振频率、机电阻抗、核磁共振、声发射法、压电陶瓷的主动感应和红外法等的引入，实现了混凝土强度的无损评估，并解决了评估的实时性问题。但是，由于影响混凝土结构强度的因素较多，如混凝土成分（水胶比等）、原材料特性（骨料、细骨料或混合物等）、混凝土养护条件（养护温度、养护湿度、养护制度等）、龄期、内部湿度、压实系数、尺寸效应等，导致这些实时评估方法预测的可靠度不高。

1. 实时监测系统原理及方法

（1）成熟度法的启示

Nurse-Saul 成熟度法是用于评估混凝土强度等力学性能的一种最为有效和实用的方法，具有无损实时监测的特点。该方法假定导致混凝土力学性能发展的化学和物理过程的速率随混凝土温度呈线性增加，预测计算中需要引入基准温度 T_O 作为温度敏感性影响系数。T_O 被解释为低于混凝土不会增加强度的温度。但是，成熟度法在实际应用中，T_O 是未知的。统计了国内外关于基准温度的研究成果，基准温度取值在－27～10℃，平均值为－3℃。我国标准建议 T_O 采用－15℃。美国 ASTM-C1074 标准指出，基准温度 T_O 取决于水泥的类型、混合物的类型和剂量、影响水化速率的其他添加剂，以及混凝土硬化时所经历的温度范围，美国不同标准版本 T_O 取值不同，最初取值为 0℃（养护温度范围在 0～40℃），之后取值为－10℃，11 版本之后，建议采用双曲线拟合作为从一系列恒定混凝土温度下收集的抗压强度时间数据中提取速率常数的方法，但是该方法试验相对复杂，无法可靠地计算绝对速率常数，以至于得到的 T_O 可靠度不高。因此，科学研究和工程实践中，多数情况下通常放弃这种提取速率常数的方法，仍然假定其为固定值。为此，寻找一种替代通过试验或选定常数法获取基准温度是本领域亟须解决的问题。Lee 等先后基于化学动力学的闭合方程和试验数据探讨了基准温度与活化能及养护温度的相关关系，通过迭代搜索方法研究了基准温度和活化能对成熟度法预测准确性的影响。总体而言，尽管国内外针对成熟度法基准温度 T_0 开展了大量研究工作，但是，关于基准温度取值仍未达成共识。

（2）远程实时监测系统原理

受成熟度法的启示，攻克了基准温度无法定量而引起混凝土强度评估可靠性不高等技术问题，研发了适用于建筑施工的模架装备建造过程中混凝土强度实时监测系统和方法（强度演化实测法）。基于物联网的无线监控模块和基于云服务的监测系统原理如图 4-1 所示，该系统由监测子系统和分析子系统构成。

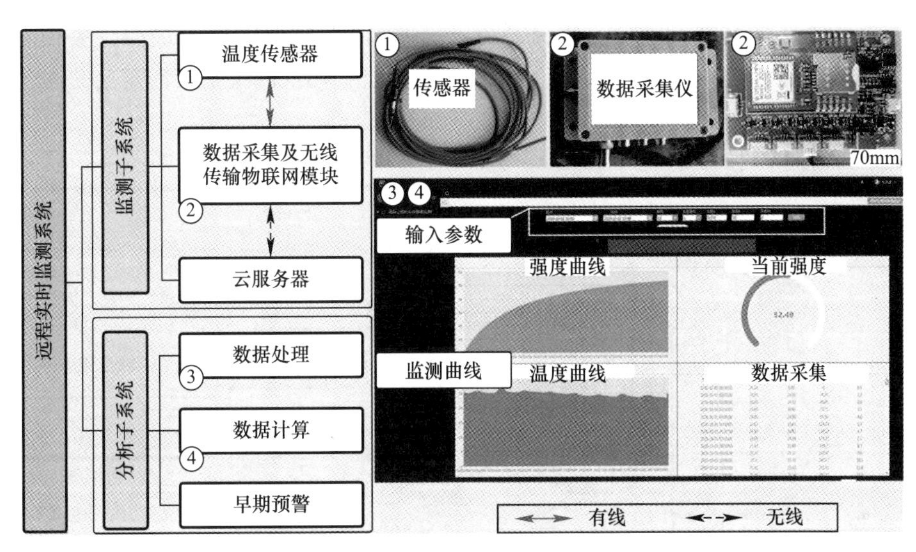

图 4-1　混凝土强度远程实时监测系统原理

监测子系统包括温度传感器模块、数据采集及无线传输物联网模块和云服务器，主要用于监测获取混凝土的温度。

温度传感器模块采用热敏电阻温度传感器串，如图 4-2 所示。热敏电阻温度传感器之间的距离为 1000mm，单个传感器的长度约为 30mm，直径为 8mm，暴露在空气中的长度为 15～20mm，其精度为±0.5℃，并且范围是－30～120℃。研发了数据采集及无线传输物联网模块，主要包括信号天线、锂电池、数据通道终端和集成电路模块，如图 4-1 中②所示。集成电路模块主要由通信模块、NB-IOT 模块和电路板组成，尺寸为 70mm。采用中国移动生产的工业级 NB-IOT 模组 M5310A。云服务器为商用云服务器（CPU：Intel Xeon E3 1275，内存：8GB，硬盘：2TB，带宽：300M）。其中温度传感器模块与数据采集及无线传输物联网模块通过有线连接，数据采集及无线传输物联网模块与云服务器无线连接（图 4-2）。图 4-2（b）为温度传感器模块与数据采集及无线传输物联网模块组合的应用示意图。在每次应用中，热敏电阻温度传感器串中的一个传感器嵌入混凝土中，而在下一次应用中，切断前一次嵌入混凝土中的传感器的导线，所提出的监控子系统的应用非常方便。图 4-2 中 L 为传感器中心到混凝土模板的距离，H 为传感器中心到混凝土上表面的高度。

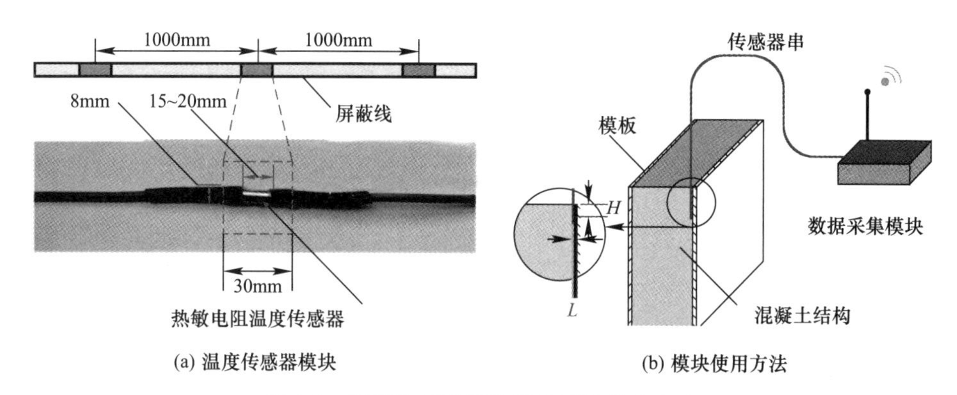

(a) 温度传感器模块　　(b) 模块使用方法

图 4-2　温度传感器模块的使用原理和方法

分析子系统采用 Web 端形式，包括数据处理模块、数据计算模块和预警模块，用于温度监测数据远程处理、混凝土结构强度远程计算分析，以及混凝土结构安全的远程评估。

（3）实时监测系统主要流程

模架装备建造过程中混凝土强度实时监测系统使用方法及流程如图 4-3 所示，具体如下：

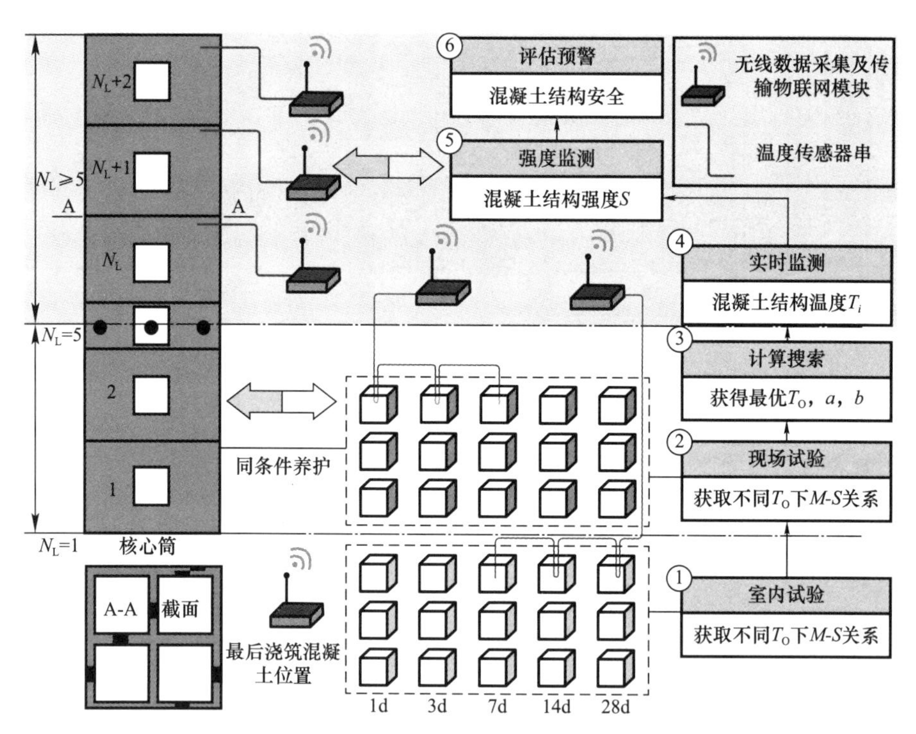

图 4-3　混凝土强度实时监测系统使用方法及流程

步骤 1：室内试验确定不同基准温度（T_O）混凝土成熟度-强度（M-S）关系。

（a）室内制备与超高层建筑核心筒结构相同材料的混凝土试块 N 个（$N \geqslant 15$，为 3 的整数倍），混凝土试块形状为立方体或圆柱。

（b）在混凝土试块中埋入温度传感器模块，用于监测混凝土试块的内部温度，埋入温度传感器模块的试块数至少为 3 个；将混凝土试块在室内进行标准养护（养护温度 20℃，养护湿度95%～100%），监测养护环境的温度传感器模块数至少为1个；通过数据分析子系统实时监测获取混凝土试块的内部温度 T 和养护环境温度 T_C。

（c）在龄期为1d、3d、7d、14d和28d（至少5个龄期）进行抗压试验，每个龄期测试3个试块，得到室内试验不同龄期-强度（t-S）关系曲线。

（d）根据实时监测的 T 和 T_C，通过数据分析子系统计算不同龄期对应的成熟度（t-M），如下式：

$$M=\sum_{i=0}^{i=n-1}[(T_{i+1}+T_i)/2-T_O](t_{i+1}-t_i) \tag{4-1}$$

式中，M 为成熟度，单位为℃·h；（$t_{i+1}-t_i$）为时间间隔，单位为h；（$T_{i+1}+T_i$）/2为（$t_{i+1}-t_i$）时间间隔内的平均温度，单位为℃；T_O 为基准温度，单位为℃。

（e）根据龄期-强度（t-S）关系、龄期-成熟度（t-M）关系，通过数据分析子系统进行拟合得到室内试验不同基准温度 T_O 混凝土成熟度-强度（M-S）关系，M-S 的拟合方程不限于指数、对数和双曲函数模型，可选用双曲函数进行拟合：

$$S=\frac{M}{aM+b} \tag{4-2}$$

式中，S 为混凝土抗压强度，单位为MPa；a、b 为拟合系数。通过拟合，得到室内试验混凝土拟合系数 a、b。

步骤2：现场试验确定不同基准温度（T_O）混凝土成熟度-强度（M-S）关系。

（a）超高层建筑核心筒结构施工时（核心筒层数 $N_L \leqslant 1$），此时模架装备未安装。制备超高层建筑核心筒结构同条件养护混凝土试块 N 个（$N \geqslant 15$，为3的整数倍），混凝土试块的材料与核心筒结构相同，形状为立方体或圆柱。在混凝土试块中埋入温度传感器模块，用于监测混凝土试块的内部温度，埋入温度传感器模块的试块数至少为3个。

（b）将混凝土试块放置超高层建筑核心筒结构附近区域进行同条件养护；在混凝土试块附近布设1个温度传感器模块，用于监测养护环境的温度；同时通过数据分析子系统中的数据处理模块实时监测获取混凝土试块的内部温度 T 和养护环境温度 T_O。

（c）在龄期为1d、3d、7d、14d和28d（至少5个龄期）进行抗压试验，得到现场试验不同龄期-强度（t-S）关系曲线。

（d）根据实时监测的混凝土试块温度 T 和养护环境温度 T_C，通过数据分析子系统中的数据分析模块和式（4-1）计算不同龄期 t 对应的成熟度 M，其中 $T_O=-30$～10℃，间隔取5℃，即 $T_O=-30$℃、-25℃、…、10℃。

（e）根据龄期-强度（t-S）关系、龄期-成熟度（t-M）关系，通过数据分析模块进行拟合，得到不同基准温度 T_O 同条件养护混凝土的成熟度-强度（M-S）关系，M-S 的拟合方程不限于指数、对数和双曲函数模型，可选取式（4-2）进行拟合，得到现场试验不同 T_O 的同条件养护混凝土拟合系数 a、b。

步骤3：计算搜索确定最优基准温度 T_O。

（a）根据室内试验结果，通过数据分析子系统中的数据分析模块计算不同基准温度 T_O 下混凝土在龄期 t 的强度 S 预测值。

（b）根据现场试验得到的不同龄期-强度（t-S）关系，通过数据分析子系统中的数据分析模块和式（4-3）计算不同基准温度条件下混凝土预测强度与实测强度的标准误差。

$$SE=\sqrt{\frac{1}{N}\sum_{k=1}^{N}(S_{\mathrm{P}}-S_{\mathrm{M}})^2} \tag{4-3}$$

式中，SE 为混凝土预测强度与实测强度的标准误差，单位为MPa；S_{P} 为预测强度或基于实时监测系统的强度监测值，单位为MPa；S_{M} 为实测强度或试块试验强度值，单位为MPa；N 为强度预测值与实测值对比的数量。

（c）数据分析子系统中的数据分析模块计算搜索混凝土强度标准误差最小值，所对应的基准温度，即为最优基准温度 T_{O}。

（d）从步骤2中寻找最优基准温度 T_{O} 对应的现场试验混凝土拟合系数 a、b。

步骤4：实时监测附着混凝土结构的温度 T_i。

（a）超高层建筑核心筒结构施工时（核心筒层数 $N_{\mathrm{L}}\geqslant5$），此时模架装备已安装，模架装备附着混凝土浇筑前，在附着混凝土结构关键位置埋入温度传感器模块，传感器模块与混凝土紧密接触，不能与金属等物体接触，传感器中心到混凝土模板的距离 $L<1$mm，传感器中心到混凝土上表面的高度 H 在30～50mm。通过这种埋设方法可以间接监测整个附加混凝土结构的强度。由于混凝土的尺寸效应，在相同条件下，混凝土结构中心温度远高于表面温度，15cm×15cm×15cm立方体试块的温度低于大型混凝土结构温度。因此，采用该方法监测的强度小于混凝土结构的强度，更可靠、更安全。

（b）待模架装备附着混凝土浇筑后，在附着混凝土结构附近安装布设温度传感器模块，至少2个。

（c）通过数据分析子系统中的数据处理模块实时监测获取模架装备附着混凝土结构的内部温度 T 和养护环境温度 T_{C}。

步骤5：估算模架装备附着混凝土结构的强度 S。

（a）基于式（4-1），通过数据分析子系统中的数据分析模块和步骤3所确定的最优基准温度 T_{O}，计算模架装备附着混凝土结构的成熟度 M。

（b）基于式（4-2）和步骤3所确定的现场试验混凝土拟合系数 a、b，通过数据分析子系统中的数据分析模块估算不同时刻 t 模架装备附着混凝土结构的强度 S_{P}。

步骤6：评估预警模架装备附着混凝土结构的安全。

（a）通过数据分析子系统中的评估预警模块，评估模架装备附着混凝土结构的安全性，模架装备爬升导轨底部混凝土结构允许爬升受荷的强度及爬升洞口混凝土结构允许爬升支撑放置受荷的强度应满足下式：

$$S_{\mathrm{P}}\geqslant\begin{cases}\mathrm{MAX}\left(10\mathrm{MPa},\dfrac{G_{\mathrm{C}}+G_{\mathrm{A}}}{N_{\mathrm{R}}A_{\mathrm{R}}}\right) & \text{导轨下方位置}\\ \mathrm{MAX}\left(20\mathrm{MPa},\dfrac{G_{\mathrm{C}}+G_{\mathrm{A}}}{N_{\mathrm{F}}A_{\mathrm{F}}}\right) & \text{支撑下方位置}\end{cases} \tag{4-4}$$

式中，G_{C} 为模架装备整个结构自重等恒荷载，单位为N；G_{A} 为人员、材料、设备和风等活荷载，单位为N；N_{R} 为爬升导轨的数量；A_{R} 为爬升导轨的底部面积，单位为m^2；N_{F} 为爬升支撑的数量；A_{F} 为爬升支撑附着爬升洞口的面积，单位为m^2。如果模架装备附着混凝土结构强度满足式（4-4），则允许爬升作业；否则，不允许爬升作业。

（b）重复步骤4～6，实现超高层建筑核心筒结构后续施工中（核心筒层数 $M\geqslant5$）模架装备附着混凝土结构强度的实时监测和预警评估。

（c）在极端低温条件，需通过原位试验或同条件养护试验校核混凝土强度实时监测系统预测附着混凝土结构强度的准确性。

2. 系统及方法验证试验

（1）试验材料及设备

超高层核心筒结构多数采用C50和C60混凝土，因此试验中选用C50和C60混凝土材料，混凝土材料配合比见表4-2。其中水胶比分别为0.31和0.28，砂率分别为27%和30%，水泥为海门海螺P·Ⅱ52.5级，矿粉为S95，天然砂包括粗砂和细砂两种（含水量率分别为5%和6%），天然石含水率为3%，外加剂803掺量为1%。

试验用混凝土材料配合比　　**表4-2**

配比	水胶比	砂率（%）	水（kg/m³）	水泥 P·Ⅱ52.5（kg/m³）	矿粉 S95（kg/m³）	粉煤灰 Ⅱ级（kg/m³）	天然粗砂（kg/m³）	天然细砂（kg/m³）	天然石（kg/m³）	外加剂803	
										用量（kg/m³）	掺量（%）
C50	0.31	27	155	325	110	73	421	300	863	5.08	1.00
C60	0.28	30	155	337	146	78	496	300	863	5.61	1.00

试验设备主要包括所研发的混凝土强度实时监测系统，以及压力试验机、振动台等。研究中混凝土远程实时监测分析子系统的数据库是MYSQL的开源版本，软件使用Visual Basic和JAVA计算机编程语言编写。

（2）试验方法及条件

开展步骤1混凝土强度实时监测的室内试验，代表性试验如图4-4所示，试验试块尺寸为150mm×150mm×150mm。混凝土强度实时监测系统使用步骤1中的室内试验方案（表4-3），共7组，试验S1～S4、S7采用C50混凝土，试验S5、S6采用C60混凝土，试验S1、S3、S5养护条件为室内标养，试验S2、S4、S6养护条件为室外自然养护，试验S7养护条件为自然养护，试验S4、S6的平均养护温度高于试验S2，各室内试验的养护温度历史曲线见图4-5。

(a) 试验S1

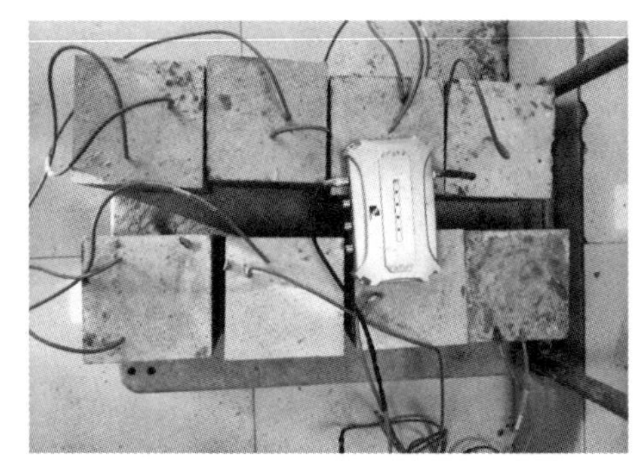
(b) 试验S7

图4-4　混凝土强度实时监测的室内试验

混凝土强度实时监测的室内试验方案　　**表4-3**

试验编号	材料	养护条件	试块数	养护温度（℃）
S1	C50	室内标养	15	18±1
S2	C50	室外自然养护（低温）	15	见图4-6

续表

试验编号	材料	养护条件	试块数	养护温度（℃）
S3	C50	室内标养	5	20±1
S4	C50	室外自然养护（高温）	5	见图 4-6
S5	C60	室内标养	15	20±1
S6	C60	室外自然养护（高温）	15	见图 4-6
S7	C50	室内自然养护	8	10～20

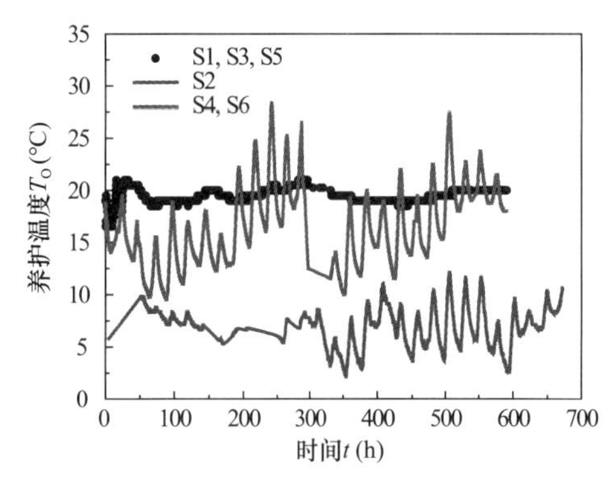

图 4-5 不同室内试验的养护温度历史曲线

试验方法为：(a) 试验中通过混凝土强度实时监测系统监测各混凝土试块的温度，在龄期为 1d、3d、7d、14d、28d 开展混凝土试块抗压强度测试，获取抗压强度；(b) 基于试验 S1 结果、式 (4-1) 和式 (4-2)，通过混凝土强度实时监测系统中数据分析模块，实时监测预测试验 S2～S4 中试块的强度，同时在龄期为 1d、3d、7d、14d、28d 开展试验 S2～S4 混凝土试块抗压强度测试，获取抗压强度，通过式 (4-3) 计算得到预测强度（监测系统监测获取）与实测强度（试块抗压试验获取）的偏差；(c) 以试验 S2 为基准条件，按照步骤 (b) 相同的方法，实时监测预测试验 S4 中试块的强度；(d) 以试验 S5 为基准条件，按照步骤 (b) 相同的方法，实时监测预测试验 S6 中试块的强度；(e) 以试验 S1 为基准条件，实时监测预测试验 S7 中试块的强度；(f) 比较不同基准条件下强度实时监测预测值。

3. 结果及分析

(1) 混凝土温度变化规律

图 4-6 为不同室内试验混凝土温度历史曲线。由图可见，不同养护条件下混凝土的温度不同（试验 S1 和 S2 中所有的试块均埋入温度传感器）。相同养护条件、同一种混凝土材料，不同试块的混凝土温度存在差异，但差值较小，最大差值（D_M）在 1.3℃以内，因此，同种材料同条件试验，不同试块内温度的差异可忽略，试验中无需在全部试块中埋入测温传感器。试验 S3～S6，试块中埋入温度传感器的数量为 1 个或 3 个。

图 4-7 为不同室内试验混凝土温度与养护温度的对比。由图可见，混凝土试块的温度随着外界养护温度的变化而变化，并且变化规律相似。室内标养条件下，混凝土试块的温

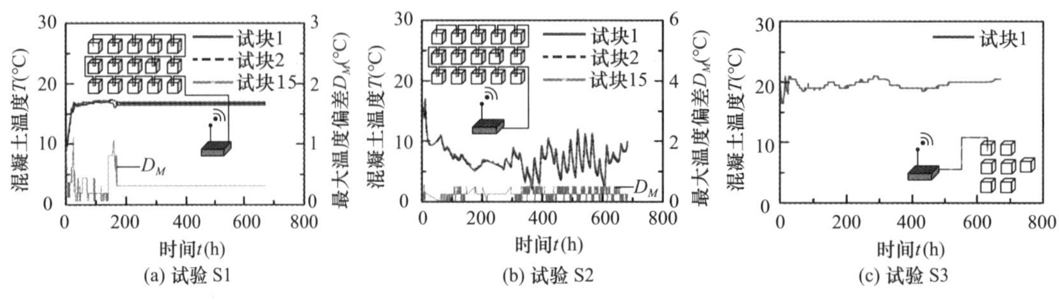

图 4-6 不同室内试验的混凝土温度历史曲线（一）

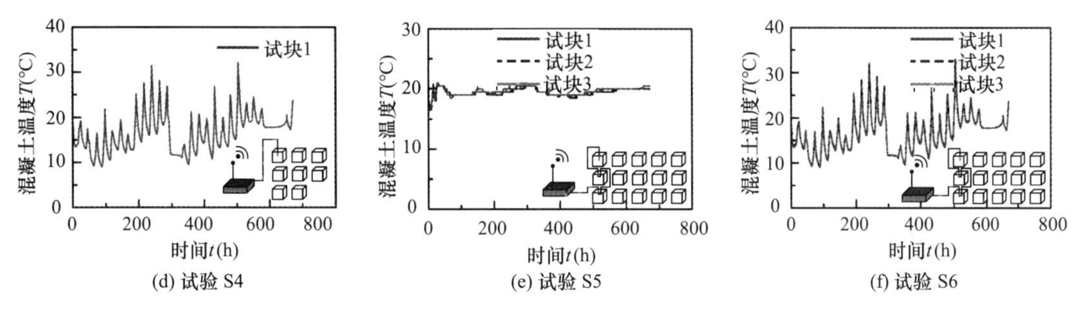

图 4-6　不同室内试验的混凝土温度历史曲线（二）

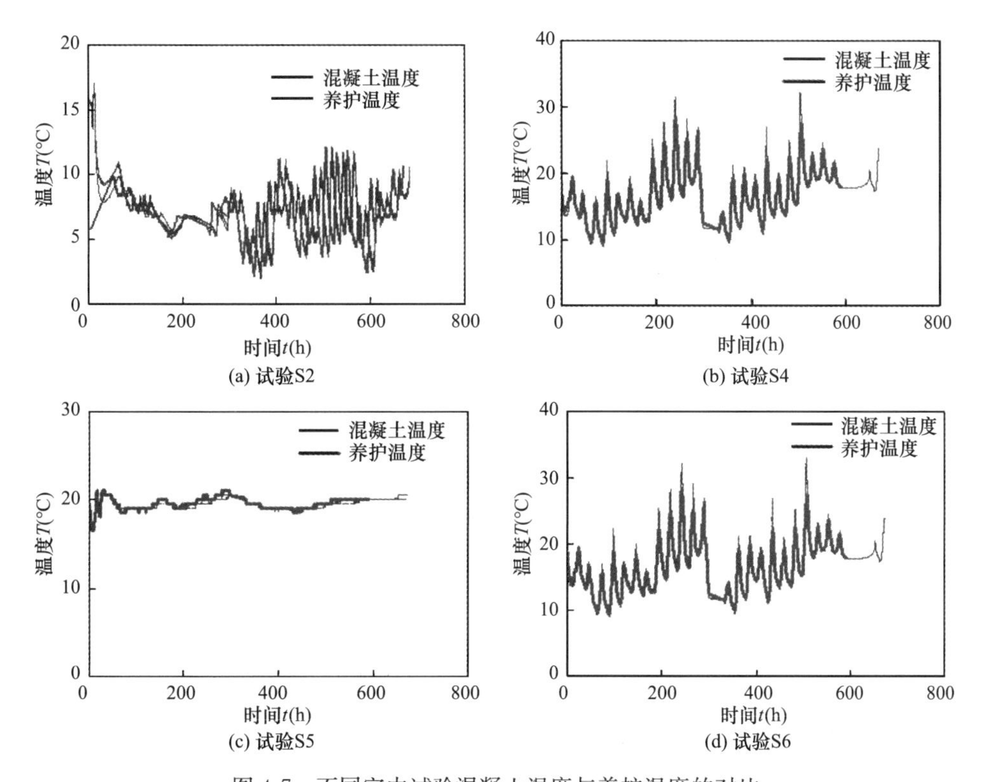

图 4-7　不同室内试验混凝土温度与养护温度的对比

度与养护温度变化规律高度重合。自然养护条件下，混凝土温度的峰值滞后于养护温度，但其峰值高于环境温度峰值，增量温度来源于混凝土内部的水化热。

（2）混凝土强度变化规律

图 4-8 为不同室内试验混凝土时间-强度曲线（试验 S1、S6）。由图可见，不同条件下混凝土时间-强度曲线发展规律相似，但混凝土强度不同。相同材料和养护条件下，不同试块的混凝土强度差异较小，差值在 10%以内。将每组试验不同龄期不同试块的强度取平均值，比较不同室内试验混凝土时间-强度历时，如图 4-9 所示。相同材料，不同养护条件下的混凝土强度不同，养护温度会对混凝土强度产生显著的影响。

（3）基准温度的影响

图 4-10 为不同基准温度下混凝土成熟度-强度的关系。由图可见，基准温度对混凝土成熟度-强度的关系产生显著的影响，基准温度不同，所拟合的混凝土成熟度-强度关系式

不同，试验 S1 和试验 S2 的混凝土拟合系数 b 随着基准温度的增大而减小，试验 S1 的混凝土拟合系数 a 随着基准温度的增大而增大，而试验 S2 的混凝土拟合系数 a 随着基准温度的增大而减小。可见，基准温度对混凝土强度评估预测的影响不可忽略。需要说明的是，式（4-1）成熟度计算要求计算值大于 0，即要求基准温度小于混凝土监测温度，因此图 4-10（b）并未取基准温度大于 2℃的数据。

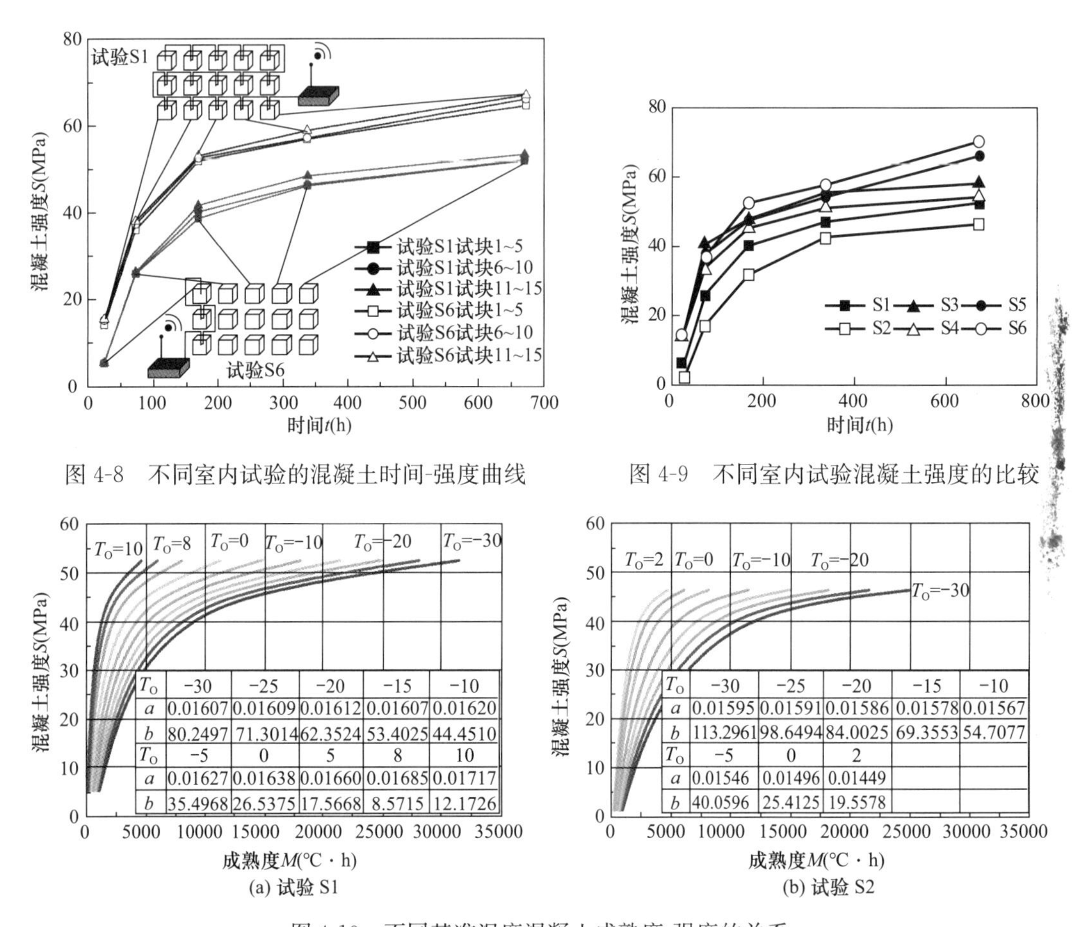

T_O	−30	−25	−20	−15	−10
a	0.01607	0.01609	0.01612	0.01607	0.01620
b	80.2497	71.3014	62.3524	53.4025	44.4510
T_O	−5	0	5	8	10
a	0.01627	0.01638	0.01660	0.01685	0.01717
b	35.4968	26.5375	17.5668	8.5715	12.1726

T_O	−30	−25	−20	−15	−10
a	0.01595	0.01591	0.01586	0.01578	0.01567
b	113.2961	98.6494	84.0025	69.3553	54.7077
T_O	−5	0	2		
a	0.01546	0.01496	0.01449		
b	40.0596	25.4125	19.5578		

图 4-8　不同室内试验的混凝土时间-强度曲线

图 4-9　不同室内试验混凝土强度的比较

图 4-10　不同基准温度混凝土成熟度-强度的关系

图 4-11 为不同基准温度混凝土时间-强度预测值的关系，S2-S1、S3-S1、S4-S1 和 S4-S2 分别表示试验 S2（以 S1 为基准条件）、S3（以 S1 为基准条件）、S4（以 S1 为基准条件）和试验 S4（以 S2 为基准条件）。由图可见，基准温度对混凝土不同时间-强度预测值产生影响，且不同试验条件影响显著性程度不同。与试验 S3-S1、S4-S1 相比，试验 S2-S1、S4-S2 基准温度对混凝土不同时间-强度预测值产生影响更加显著；试验 S4-S1 基准温度对混凝土不同时间-强度预测值产生的影响最小。分析原因，试验 S2 与基准试验 S1、试验 S4 与基准试验 S2 的养护条件相差较大，试验 S3 与基准试验 S1、试验 S4 与基准试验 S1 的养护条件相差较小。因此，在实际工程应用中，工程混凝土结构养护条件与基准试验养护条件越接近，基准温度对混凝土不同时间-强度预测值影响越小，反之，影响则越大。从图 4-11 还可以看出，通过改变基准温度，可实现混凝土时间-强度预测值曲线趋近于混凝土强度实测值，这也是混凝土强度实时监测系统应用的基本理论依据。

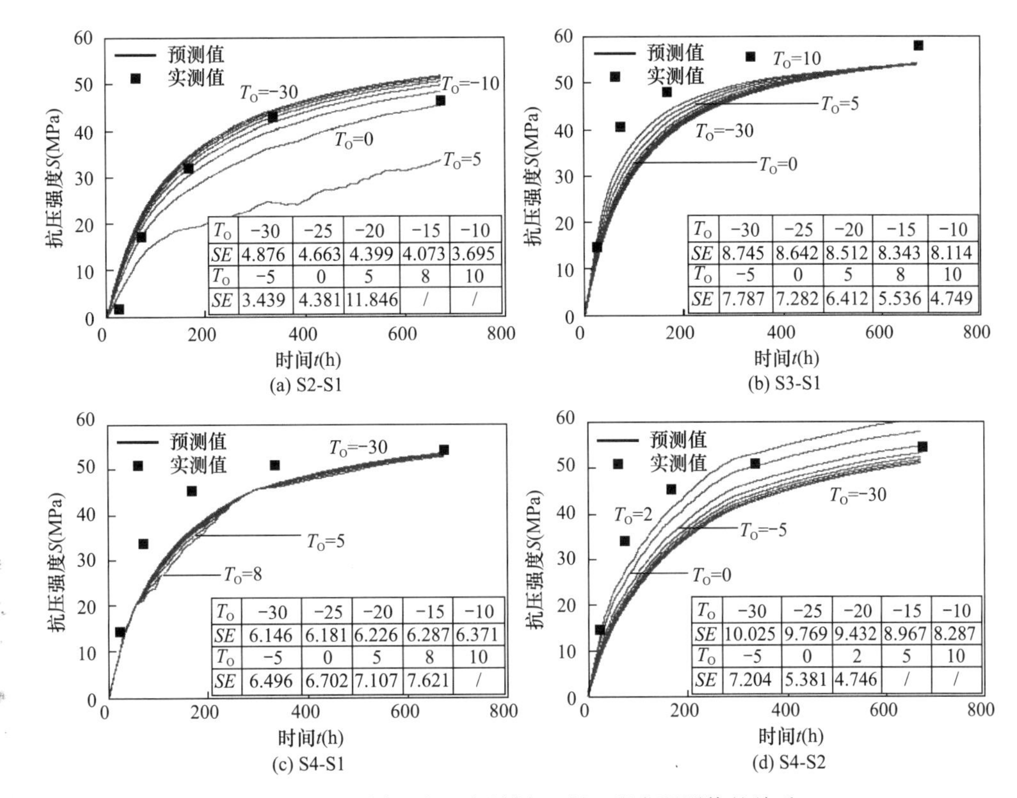

(a) S2-S1

T_O	−30	−25	−20	−15	−10
SE	4.876	4.663	4.399	4.073	3.695
T_O	−5	0	5	8	10
SE	3.439	4.381	11.846	/	/

(b) S3-S1

T_O	−30	−25	−20	−15	−10
SE	8.745	8.642	8.512	8.343	8.114
T_O	−5	0	5	8	10
SE	7.787	7.282	6.412	5.536	4.749

(c) S4-S1

T_O	−30	−25	−20	−15	−10
SE	6.146	6.181	6.226	6.287	6.371
T_O	−5	0	5	8	10
SE	6.496	6.702	7.107	7.621	/

(d) S4-S2

T_O	−30	−25	−20	−15	−10
SE	10.025	9.769	9.432	8.967	8.287
T_O	−5	0	2	5	10
SE	7.204	5.381	4.746	/	/

图 4-11　不同基准温度混凝土时间-强度预测值的关系

图 4-11（a）还表明，通过改变 T_O，混凝土的 t-S 曲线可以接近混凝土强度的测量值。T_O 为－10℃时，混凝土强度预测值与实测值之差最小，对应的 SE 为 3.695MPa。该规律也是所开发混凝土强度远程实时监测系统应用的基本理论依据。

基准温度对混凝土预测强度与实测强度标准误差的影响如图 4-12 所示。试验 S3-S1、S4-S1 基准温度对混凝土预测强度与实测强度标准误差影响相对较小，试验 S2-S1、S4-S2 基准温度对混凝土预测强度与实测强度标准误差影响相对较大，这与图 4-10 的规律一致，即待监测混凝土结构养护条件与基准试验养护条件越接近，基准温度对混凝土预测强度与实测强度标准误差的影响越小，反之，影响则越大。

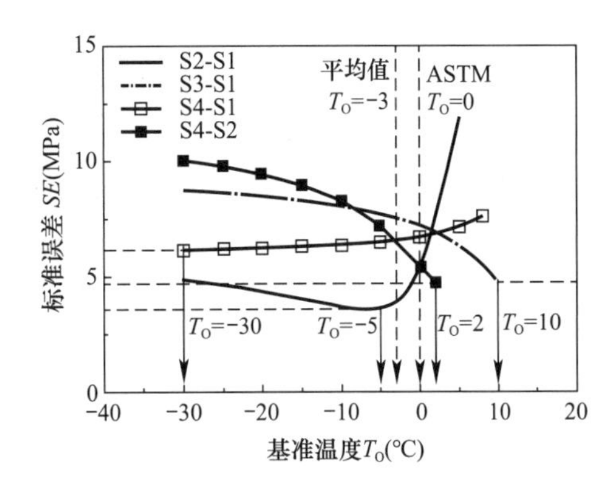

图 4-12　基准温度对混凝土预测强度与实测强度标准误差的影响

图 4-12 中试验 S2-S1 混凝土预测强度与实测强度标准误差初期随着基准温度的增大而减小，在基准温度达到－5℃之后，随着基准温度的增大而增大，可见强度标准差存在最小值；试验 S3-S1、S4-S2 混凝土预测强度与实测强度标准误差随着基准温度的增大而减小；试验 S4-S1 强度标准误差随着基准温度的增大而增大。由此可见，对于相同混凝土材料，最优基准温度并不是固定不变的，试验中可通过迭代搜索改变基准温度，当混凝土预测强度与实测强度标准误差最小时，即为最优基准温度。试验 S2-S1、S3-S1、

S4-S1 和 S4-S2 确定的最优基准温度分别为−5℃、10℃、−30℃、2℃，对应的混凝土预测强度与实测强度标准误差分别为 3.439MPa、4.749MPa、6.146MPa、4.746MPa。可见，改变养护条件和基准条件均可引起最优基准温度的变化，根据最优基准温度，可确定最佳的混凝土成熟度-强度关系曲线。这为混凝土强度实时监测系统应用奠定了基础。

（4）养护温度的影响

图 4-13 为不同室内试验最优基准温度条件下混凝土强度预测值与实测值的对比。由图可见，试验 S2-S1 混凝土强度预测值与实测值的误差多数控制在 10%以内，仅在龄期为 24h 时误差大于 20%；试验 S3-S1、S4-S2 混凝土强度预测值与实测值的误差控制在 20%以内；试验 S4-S1 混凝土强度预测值与实测值的误差多数控制在 20%以内，仅在龄期为 72h 时误差大于 20%。

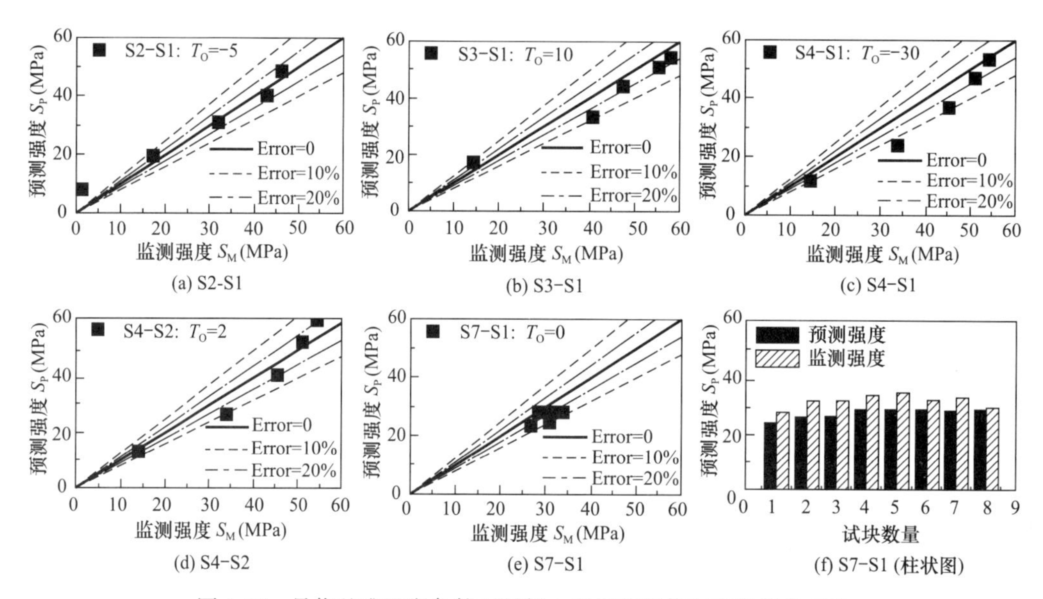

图 4-13　最优基准温度条件下混凝土强度预测值与实测值的对比

由图 4-13（a）～（c）可见，相同基准条件（以 S1 为基准条件），不同养护温度混凝土强度预测误差不同，待监测混凝土结构养护条件与基准试验养护条件越接近，强度预测精度越高，反之，精度越低；相同基准条件及养护温度下，早期混凝土强度（龄期≤72h）预测误差较大，后期（龄期＞72h）预测误差较小。由图 4-13（b）、（d）可见，基准条件和养护温度均不同，但待监测混凝土结构养护条件与基准试验养护条件相似，混凝土强度预测误差相近。进一步说明工程应用混凝土结构养护条件与参考试验养护条件相近，是准确预测混凝土强度的关键，否则，最优 T_O 对混凝土 S_P 的可靠性不高。

图 4-13（e）和（f）为室内自然养护条件下混凝土的预测强度和实测强度的比较，监测准确率大于 80%，误差的主要来源是混凝土试块 24h 脱模的影响和试验室试验中材料制备的标准化程度低，但是，这些误差不影响通过参考测试和参考条件搜索最优 T_O。

（5）基准条件的影响

图 4-14 为不同基准条件混凝土时间-强度预测值的关系。由图可见，相同养护条件（试验 S4），不同基准条件（以 S1、S2 为基准条件）混凝土强度预测值不同，与图 4-13 规

律相似，待监测混凝土结构养护条件与基准试验养护条件越接近，强度预测精度越高。这为混凝土强度实时监测系统使用步骤 2 通过开展同条件养护现场试验确定最优基准温度提供了理论思路。

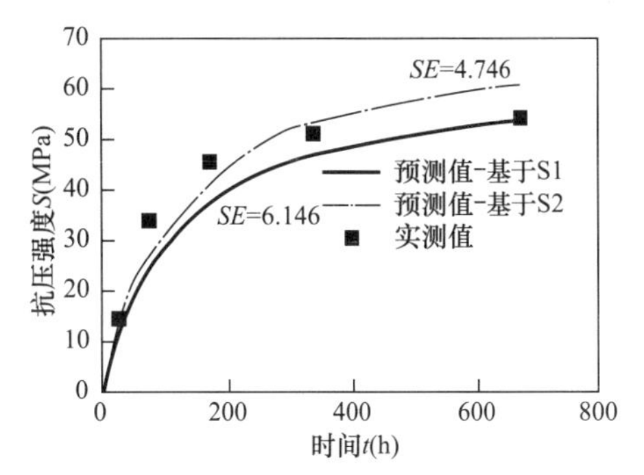

图 4-14　不同基准条件混凝土时间-强度预测值的关系

（6）数据采集频率的影响

了解现场无线通信测量引起的问题至关重要。为考虑混凝土强度无线监测环境对监测精度的影响，设置不同的混凝土温度数据采集频率来表征无线监测数据缺失等条件的影响。温度数据采集频率 f 设置为每 10min 采集 1 次（$f=1/600$）、每 1h 采集 1 次（$f=1/3600$）和每 2h 采集 1 次（$f=1/7200$）。以试验 S4-S2 为例，图 4-15 为不同温度数据采集频率对混凝土强度预测的影响。显然，温度数据采集频率对混凝土强度预测的影响并不显著。这是因为自然养护环境中的混凝土温度在短时间内（通常为 1h）没有明显变化，这与 ASTM-C1074 的结果一致，建议式（4-1）中温度监测的采集间隔为 1h（$f=1/3600$）。研究过程中为保证强度监测的可靠性，避免无线通信的影响，在混凝土结构强度现场监测应用中，提高了温度数据的采集频率，即 $f=1/600$，这远远高于式（4-1）要求的 $f=1/3600$。

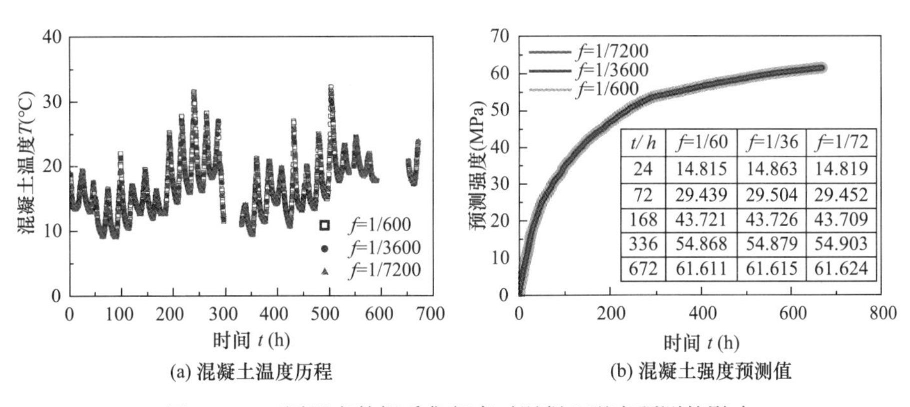

t/ h	f=1/60	f=1/36	f=1/72
24	14.815	14.863	14.819
72	29.439	29.504	29.452
168	43.721	43.726	43.709
336	54.868	54.879	54.903
672	61.611	61.615	61.624

(a) 混凝土温度历程　　(b) 混凝土强度预测值

图 4-15　不同温度数据采集频率对混凝土强度预测的影响

（7）现场试验及分析

以宁波新世界超高层建筑为案例，开展模架装备建造过程中混凝土强度实时监测系统使用流程步骤 2 中的同条件养护现场试验，如图 4-16 所示。现场试验编号为 N1，试验材料为 C60 混凝土，与施工现场超高层建筑核心筒混凝土强度等级相同，混凝土试块数为 15 个，将试块放置于核心筒结构附近区域进行同条件养护，混凝土强度实时监测系统使用流程步骤 1 的方案见表 4-3 中的试验 S5、S6。由步骤 1 中的室内测试结果表明，在相同材料和养护条件下，不同试验试块之间的温差可以忽略不计，因此，现场测试中埋入温度传感器的试块数量为 3 个。

开展模架装备建造过程中混凝土强度实时监测系统使用流程步骤 3，得到同条件养护现场试验不同基准温度的混凝土成熟度-强度关系，如图 4-17 所示。通过数据分析子系统中的数据分析模块计算得到试验 S6（以 S5 为基准条件，图中为 S6-S5）、试验 N1（以 S5

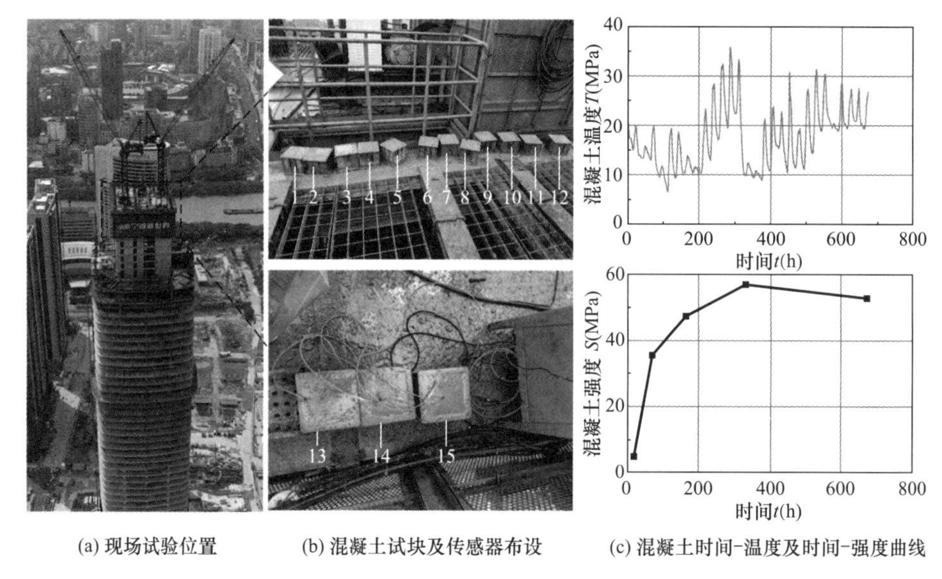

图 4-16　模架装备建造过程中同条件养护混凝土强度实时监测现场试验

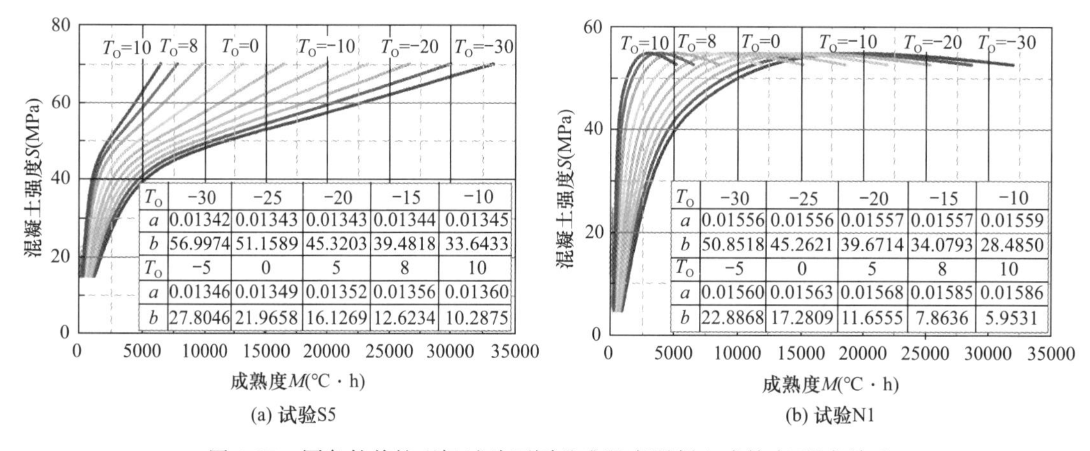

T_O	−30	−25	−20	−15	−10
a	0.01342	0.01343	0.01343	0.01344	0.01345
b	56.9974	51.1589	45.3203	39.4818	33.6433
T_O	−5	0	5	8	10
a	0.01346	0.01349	0.01352	0.01356	0.01360
b	27.8046	21.9658	16.1269	12.6234	10.2875

(a) 试验S5

T_O	−30	−25	−20	−15	−10
a	0.01556	0.01556	0.01557	0.01557	0.01559
b	50.8518	45.2621	39.6714	34.0793	28.4850
T_O	−5	0	5	8	10
a	0.01560	0.01563	0.01568	0.01585	0.01586
b	22.8868	17.2809	11.6555	7.8636	5.9531

(b) 试验N1

图 4-17　同条件养护现场试验不同基准温度混凝土成熟度-强度关系

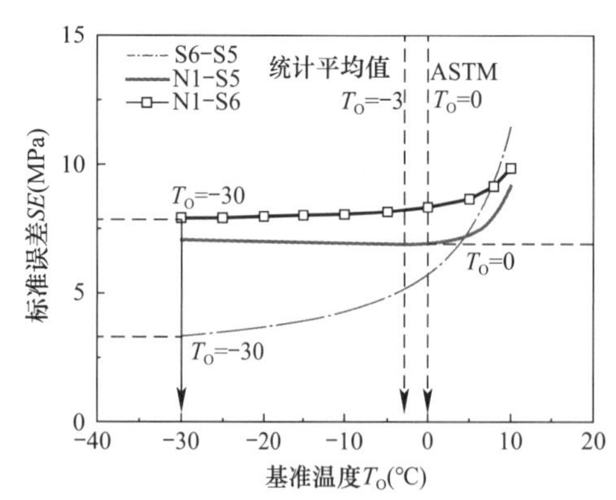

图 4-18　同条件养护现场试验基准温度与混凝土强度标准误差的关系

为基准条件，图中为 N1-S5）、试验 N1（以 S6 为基准条件，图中为 N1-S6）的基准温度与混凝土强度标准误差的关系，如图 4-18 所示。由图 4-18 可见，试验 N1-S5 存在最小的混凝土强度标准误差，即最优基准温度 T_O 为 0℃。从图 4-16 中寻找最优基准温度 T_O=0℃时对应的现场试验混凝土拟合系数 a、b 分别为 0.01563、17.2809。

（8）工程应用及分析

将混凝土强度实时监测系统应用于宁波新世界工程模架装备建造过程中，开展实时监测系统使用流程中的步骤 4～步骤 6，600t 模架装备爬升前，通过混凝土强度实时监测系统的数据分析子系统计算预测附着混凝土结构的强度，如图 4-19（a）所示。当前时刻，监测系统中显示混凝土强度为 13MPa，满足式（4-4）中大于允许值 10MPa 的要求，表明模架装备可以进行爬升作业。虽然研究发现温度数据采集的频率对混凝土强度的预测没有显著影响，但为了保证工程应用中对强度的实时监测足够可靠，避免无线通信的影响，模架装备至地面监测中心增加了光纤通信连接。

为了验证混凝土强度实时监测系统算法的准确性，将系统预测值与理论公式计算值进行了比较，如图 4-19（b）所示。可见系统预测的混凝土强度与理论公式计算值偏差较小，可忽略不计。

将系统预测强度与现场同条件养护试块试验获得的混凝土强度进行对比，如图 4-19（c）所示。与传统成熟度法相比，提出的方法解决了基准温度 T_O 无法定量的问题，预测精度更高。在最优 T_O 条件，混凝土强度预测值与实测值的相对误差为 10.7%。因此，所研发的模架装备建造过程中混凝土强度实时监测系统和方法，可用于超高层建筑附着混凝土结构实体强度的评估。

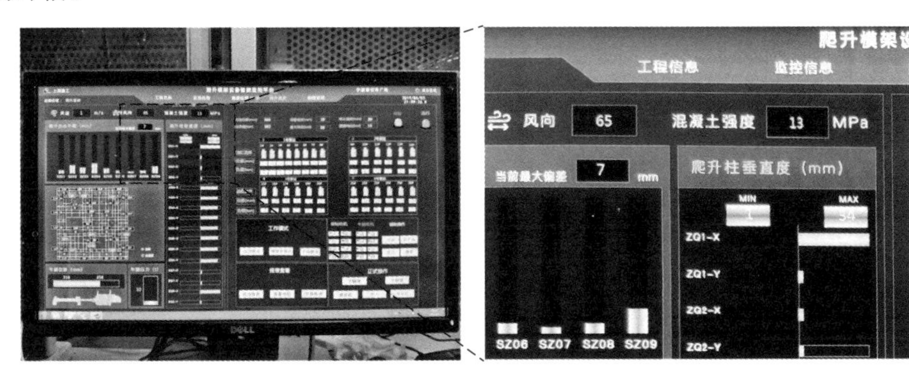

(a) 混凝土强度监测画面

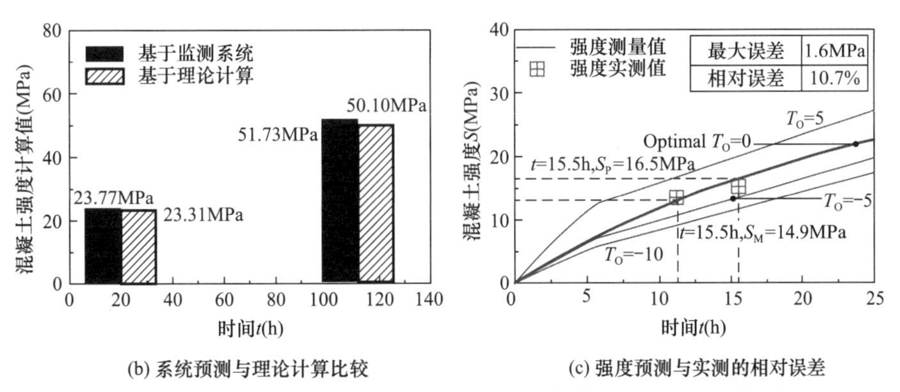

(b) 系统预测与理论计算比较　　(c) 强度预测与实测的相对误差

图 4-19　宁波新世界模架装备附着混凝土结构强度实时监测结果

（9）应用挑战

研究最大的贡献是提出了混凝土强度实时监测系统和方法，实现了混凝土结构强度的无损、高精度实时监测，提高了模架装备应用的安全性，并缩短了施工周期。同时解决了钻孔法等传统监测方法易引起结构破坏、无法做到实时评估，超声波法等非接触无损监测方法的可靠度不高，成熟度法的基准温度无法定量而引起监测值波动较大等问题。与迭代搜索法不同，研究中将试验室测试获得最优 T_O 的应用移植到施工现场的应用中，这面临着更大的挑战，例如工程混凝土材料的不均匀性、尺寸效应和现场养护温度的随机可变性。为此，引入了参考条件和参考测试的概念，通过同条件现场试验校准，搜索并获得最优 T_O，使得混凝土强度监测的准确性更高。

为了进一步提高混凝土强度实时监测系统和方法监测混凝土强度的精度，一些理论和技术有待完善。例如，通过对成熟度理论的进一步修正，可有效考虑环境温度、环境湿度和尺度效益的影响，可按照下式计算：

$$M_N=\sum_{i=0}^{i=n-1}k_ih_is_i[(T_{i+1}+T_i)/2-T_O](t_{i+1}-t_i) \tag{4-5}$$

式中，M_N 为修正成熟度，单位为℃·h；k_i 为养护温度影响系数；h_i 为养护湿度影响系数；s_i 为尺寸效应影响系数。k_i、h_i、s_i 的取值可通过自然养护与大量标准养护条件下（养护温度 20℃，养护湿度 95%～100%）试验的对比确定，图 4-20 为取值的示意图，图中 H_C 为养护湿度，V/V_S 为体积比，V 和 V_S 分别为混凝土结构体积和试块体积。示意图中影响系数的取值及趋势仅供参考，有待进一步研究。此外，可通过大量监测数据的积累，引入人工智能算法，在没有监测数据的情况下对混凝土强度进行模拟预测，以及与建筑信息模型、数值计算、物联网等信息技术结合，实现混凝土结构强度的远程三维可视化智能监测。随着新技术应用的深入，可推广应用于高大混凝土结构实体强度的预测评估（拆模、爬升、预应力、固化）。

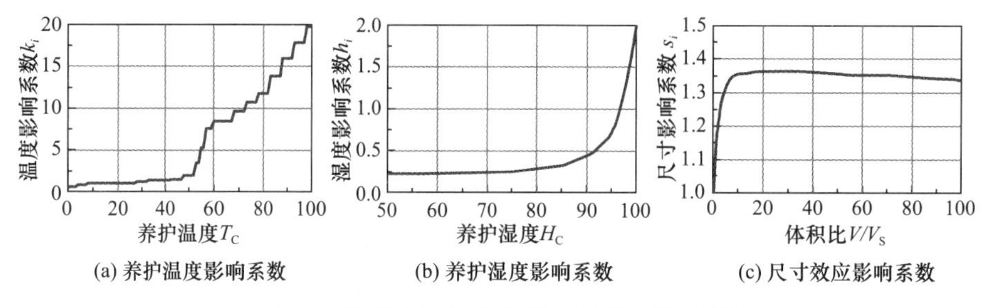

图 4-20　混凝土结构强度影响系数取值示意图

4.2.2　模架装备智能支撑装置及控制技术

传统爬升模架设备支撑结构伸缩操控以手动控制为主，控制效率低、精度不高。承载巨型模架装备的活动支撑结构承载力和伸缩行程无法感知，缺乏有效的技术手段，存在较高风险。

1. 工具式智能支撑装置

（1）承载力自感知元件

图 4-21 为智能支撑装置的核心部件之一，即为承载力自感知元件，可监测支撑结构受力点的承载力。该元件与模架装备支撑系统的承力销（也称牛腿）一体化集成，设置于承力销前端底部，部分嵌入深为 3mm 的环槽内，通过螺杆穿过承力销预留孔与自感知元件内螺纹孔连接。

承载力自感知元件及内置电桥电路设计原理如图 4-22 所示。自感知元件采用平面式压力传感器，测量范围为 0～80t，信号输出为电压信号，输出灵敏度为 1.2MV/V，激励电压 5～12V（DC）。根据传感器受压载荷传递均匀性分布的原则以及承力销的装配尺寸，将自感知元件最大外径设计为100mm，装配凸台圆面直径设计为80mm。自感知元件内部设置了4组应变片R1～R4，由4个电阻形成电桥电路，通过电阻值的变化规律测量变形体的变化。当弹性体承受载荷时，各应变计随之产生与载荷成比例的应变，通过输出电压即可测出外荷载值。承载力自感知元件的压力精度<0.3MPa。

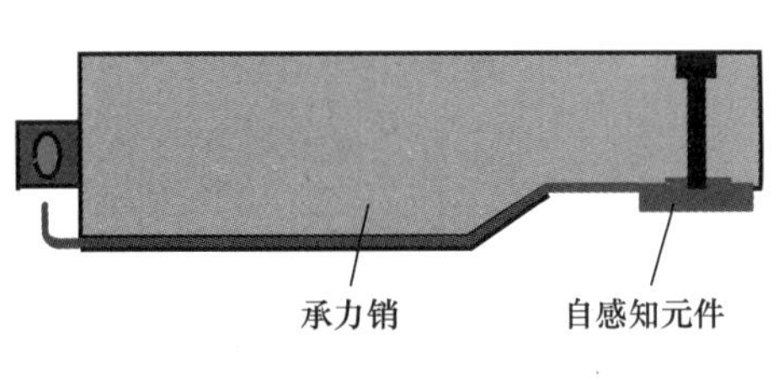

(a) 自感知元件与承力销的位置关系

(b) 自感知元件与承力销一体化集成

图4-21　承载力自感知元件

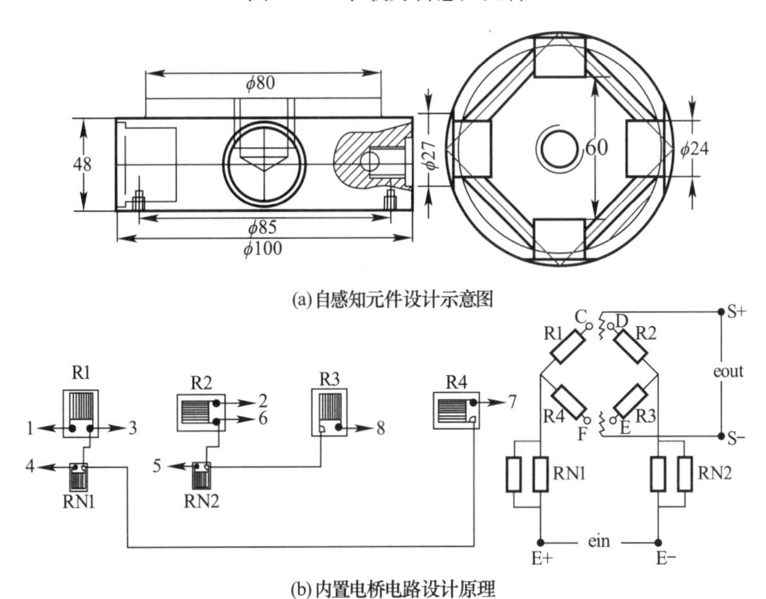

(a) 自感知元件设计示意图

(b) 内置电桥电路设计原理

图4-22　承载力自感知元件及内置电桥电路设计原理

对承载力自感知元件的可靠性进行了测试与模拟，如图4-23和图4-24所示。

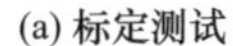

(a) 标定测试

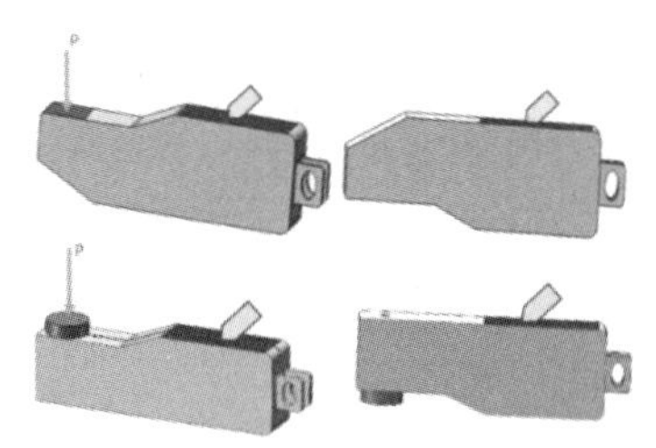

(b) 模拟模型

图4-23　承载力自感知元件测试与模拟

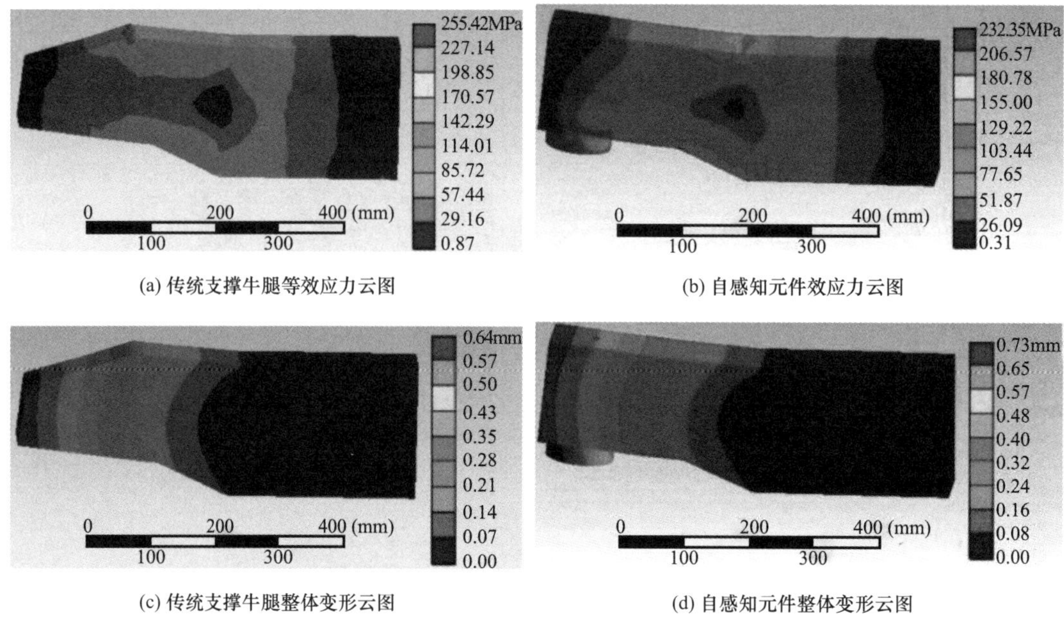

(a) 传统支撑牛腿等效应力云图　(b) 自感知元件效应力云图

(c) 传统支撑牛腿整体变形云图　(d) 自感知元件整体变形云图

图 4-24　承载力自感知元件及传统牛腿支撑的模拟结果（外荷载 40t）

图 4-25 为承载力自感知元件监测值与砝码值的关系及偏差。监测值随砝码值增长而增加，承载力自感知元件的监测数值误差逐渐减小。当砝码值大于 25000kg 后，监测偏差率均小于 4％；当砝码值为 50000kg 时，监测偏差率达到最小值，约为 1％。

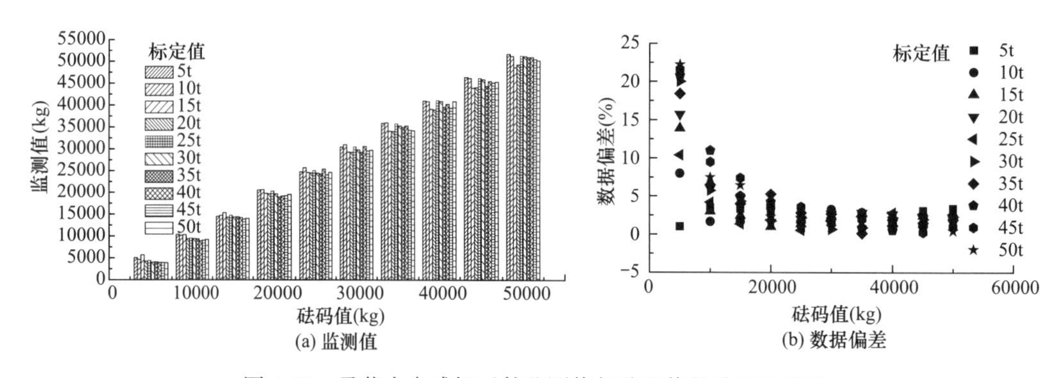

(a) 监测值　(b) 数据偏差

图 4-25　承载力自感知元件监测值与砝码值的关系及偏差

图 4-26 为不同荷载下承载力自感知元件的应力及变形。当荷载≤20t 时，承载力自感知元件（图中传感支撑）的应力接近传统支撑牛腿（图中为传统支撑）的应力（图中统称牛腿等效应力）；当荷载＞20t 时，传统支撑牛腿的等效应力大于承载力自感知元件的应力。承载力自感知元件虽然进行了开槽等削弱处理，但通过设计优化实现了承载力自感知元件应力小于传统支撑牛腿的 15％。不同荷载下承载力自感知元件的整体变形虽然均大于传统支撑牛腿的整体变形，但满足允许变形要求。

（2）行程自感知元件

图 4-27 为智能支撑装置的核心部件之一，即为行程自感知元件。该元件为一体化内置位移传感器的支撑油缸，通过内置非接触测量的磁致伸缩位移传感器监测活塞杆位移变

化，实现模架装备支撑系统油缸水平行程的识别，并把位移信号传递给控制系统，控制系统根据监测值反馈控制支撑系统油缸的水平行程。其中，磁致伸缩位移传感器的监测原理是依靠两个磁场相互感应的反馈信号转换成油缸伸缩的位移值，该传感器内置于油缸内部，可适用于复杂现场施工环境。行程自感知元件的位移精度<0.74%。

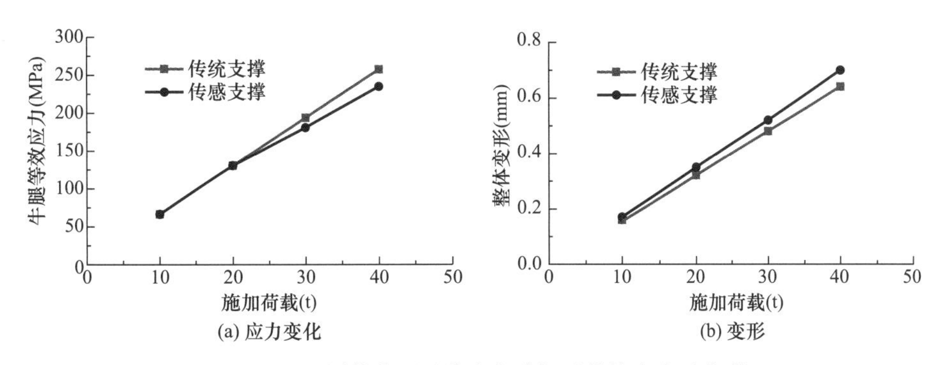

图 4-26　不同荷载下承载力自感知元件的应力及变形

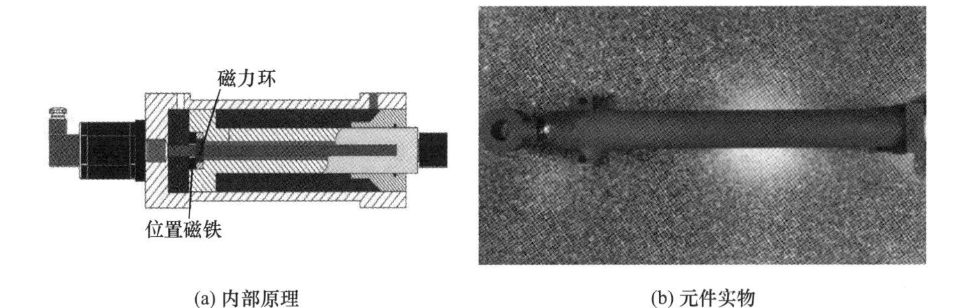

图 4-27　行程自感知元件

（3）一体化的工具式智能支撑装置

采用新型传感和封装技术，将行程自感知元件前端与承载力自感知元件后端铰接，后端与模架装备支撑构件连接，实现两种感知元件的有效集成。一体化的工具式智能支撑装置如图 4-28 所示。

(a) 装置效果图　　(b) 装置实物

图 4-28　一体化的工具式智能支撑装置

（4）智能支撑装置状态评估指标

智能支撑装置结构受力点的承载力最大值 P_{SMAX} 应满足下式：

$$P_{\mathrm{SMAX}} \leqslant k_{\mathrm{S}} \cdot \frac{M_{\mathrm{A}}}{N_{\mathrm{S}}} \tag{4-6}$$

式中，M_{A} 为模架装备总荷载（含活荷载），单位为 t；N_{S} 为承力销的数量；k_{S} 为承载力的影响系数。

以 $M_{\mathrm{A}}=600\mathrm{t}$、$N_{\mathrm{S}}=31$ 的模架装备为例，为保证模架装备结构支撑结构受力点的稳定性和安全性，并确保承力销附着混凝土的安全性，若 $k_{\mathrm{S}}=1.0$，则 $P_{\mathrm{SMAX}}=19.4\mathrm{t}$，即每个承力销承载力的监测报警值为 19.4t；若 $k_{\mathrm{S}}=1.8$，则 $P_{\mathrm{SMAX}}=35\mathrm{t}$，即每个承力销承载力的监测报警值为 35t。

图 4-29 为智能支撑装置行程计算简图，当承力销为回缩状态时，油缸位移初始值为 L_{a}，伸出位移为 L_{b1}（相对于油缸完全缩回的状态），油缸伸出总位移为 L_1，模架装备与混凝土墙体的距离为 L_{d}，承力销伸入混凝土墙体预留洞口的位移为 L_{e}，则油缸伸出总位移 L_1 满足下式：

$$L_1=L_{\mathrm{a}}+L_{\mathrm{b1}} \tag{4-7}$$

当承力销为伸出搁置状态时，油缸实际伸出位移为 L_{b2}，承力销伸入混凝土墙体预留洞口的安全余量为 L_{c}，则油缸伸出总位移 L_2 满足下式：

$$L_2=L_{\mathrm{a}}+L_{\mathrm{b2}}=L_{\mathrm{a}}+L_{\mathrm{b1}}+L_{\mathrm{d}}+L_{\mathrm{e}}=L_1+L_{\mathrm{d}}+L_{\mathrm{e}} \tag{4-8}$$

当模架装备爬升时，承力销再一次缩回，缩回长度为 L_{r}，则控制系统缩回的预警值 L_{r} 应该满足下式：

$$L_{\mathrm{r}} \geqslant L_{\mathrm{d}}+L_{\mathrm{e}} \tag{4-9}$$

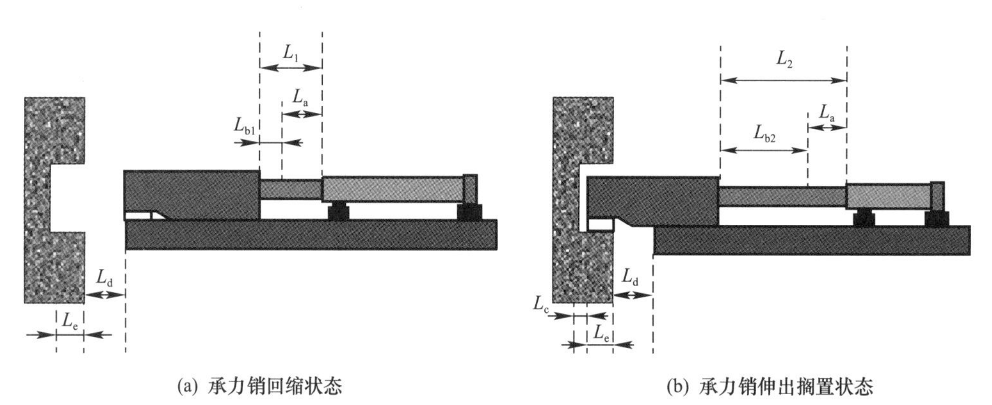

(a) 承力销回缩状态　　(b) 承力销伸出搁置状态

图 4-29　智能支撑装置行程计算简图

当模架装备搁置使用时，承力销再一次伸出，伸出长度为 L_{s}，则控制系统伸出的预警值 L_{s} 应该满足下式：

$$L_1+L_{\mathrm{d}}+L_{\mathrm{e}} \leqslant L_{\mathrm{s}} \leqslant L_1+L_{\mathrm{d}}+L_{\mathrm{e}}+L_{\mathrm{c}} \tag{4-10}$$

模架装备在应用智能支撑装置前，应对安装的每个智能支撑装置的基本参数进行测量与标定，包括 L_{a}、L_{b1}、L_{d} 和 L_{e}。例如，通过测量得到一个智能支撑装置安装后的 L_{a}、L_{b1}、L_{d} 和 L_{e} 分别为 100mm、50mm、200mm 和 135mm，则控制系统中设置智能支撑装置缩回的预警值为 335mm，智能支撑装置伸出的预警值分别为 485mm 和 500mm。通过控制每一个智能支撑装置伸出和缩回行程，确保模架装备搁置使用前所有承力销伸出进入混凝土墙体预留洞口，并确保模架装备爬升前所有承力销从混凝土墙体预留洞口缩回且达到安全距离。

2. 智能支撑装置监测及反馈控制系统

单个智能支撑装置监测及反馈控制系统的原理如图4-30所示，该系统采用基于压力及行程感知和图像识别的反馈控制系统，主要包括控制模块、动力模块、监测模块、执行模块和监控软件等。

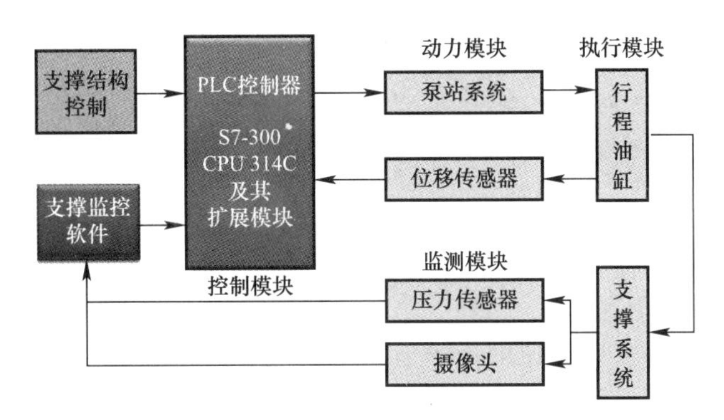

图4-30　单个智能支撑装置监测及反馈控制系统的原理

智能支撑装置监测及反馈控制系统的架构如图4-31所示，智能支撑装置的动力模块采用液压泵站，液压泵站为油缸伸缩提供动力；控制模块采用PLC可编程控制器控制系统，通过控制器内的逻辑处理实现泵站电机及电磁阀的动作；执行模块为行程自感知元件，油缸伸出时，承力销伸入预留洞口实现模架装备的搁置功能，模架装备爬升时，油缸缩回，承力销缩回到初始位置；监测模块主要通过组态软件接收传感器的信号后，对数据格式进行转换，在监控画面内呈现支撑结构状态的压力、位移值，其中承载力自感知元件与PLC控制器之间连接电压转电流模块。

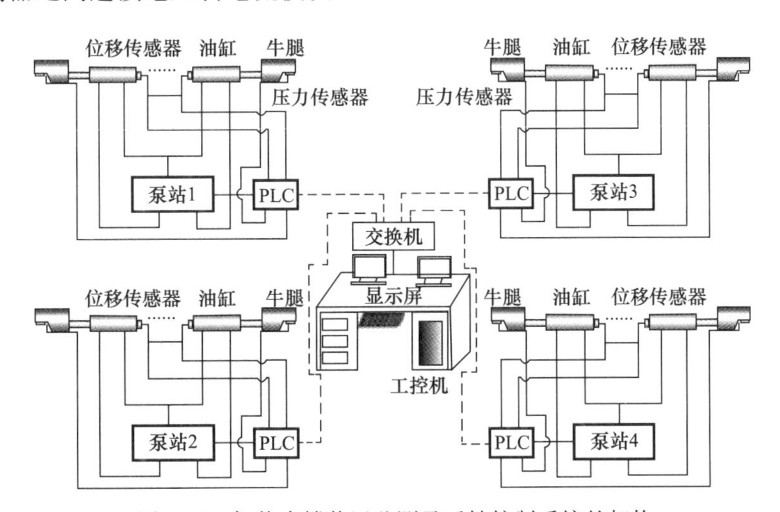

图4-31　智能支撑装置监测及反馈控制系统的架构

开发智能支撑装置配套监测及反馈控制软件，集成于模架装备远程可视化智能监控平台系统中，如图4-32所示，实时监测智能支撑装置承力销伸缩位移和搁置状态下承力销压力，通过软件监测和反馈控制承力销的伸缩动作。通过曲线或者柱状图等方式展示监测数据的变化情况，并能够实现监测数据预警、报警等。

(a) 支撑承力销伸缩控制界面

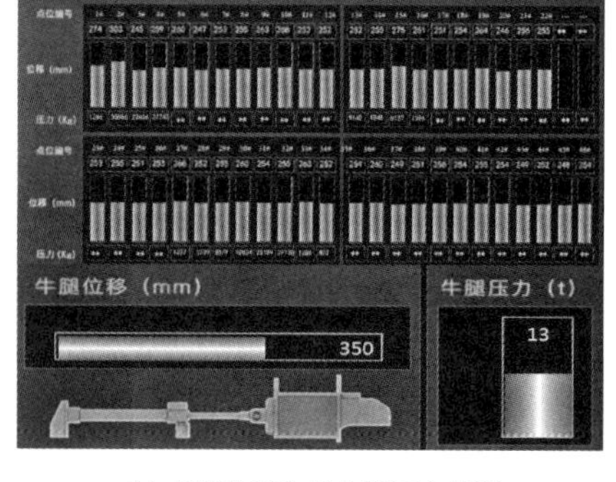

(b) 支撑位移和承力销压力监测

图 4-32　智能支撑装置配套监测及反馈控制软件

研发了基于深度学习 AI 算法的支撑牛腿状态智能识别技术，实现了模架装备支撑承力销伸入和离开洞口的智能识别，如图 4-33 所示。具体实施步骤为：在支撑承力销上方布设摄像头，实时获取图像；引入深度学习 AI 算法，对视频图像进行训练；在施工现场代替人工视觉，实现承力销伸入和离开洞口的自动识别，进一步实现智能支撑装置伸缩的反馈控制。

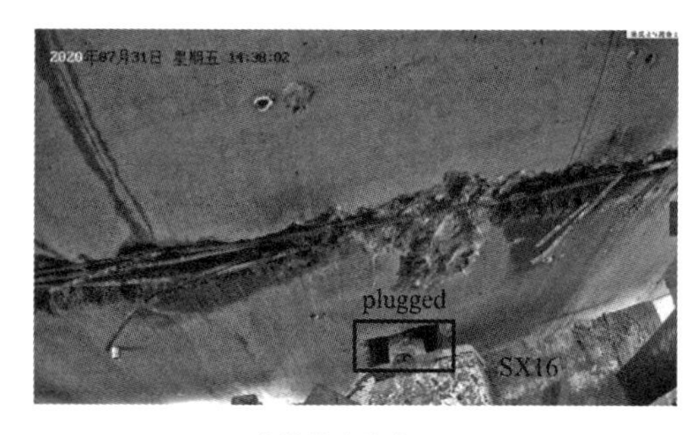

(a) 承力销伸出状态(plugged)

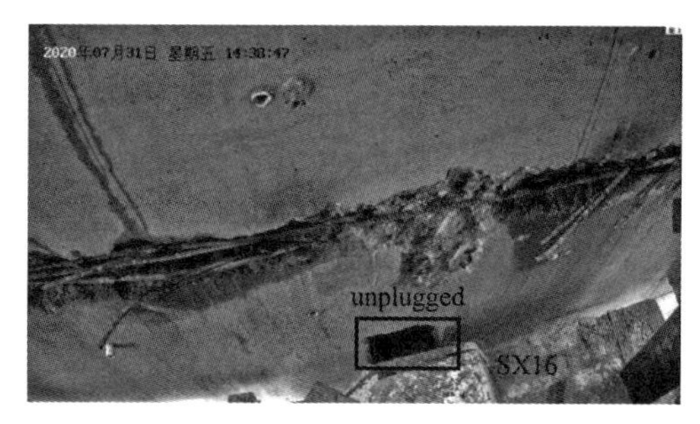

(b) 承力销缩回状态(unplugged)

图 4-33　承力销伸出和缩回状态的智能识别

3. 智能支撑装置控制工艺

智能支撑装置控制的工艺流程如图 4-34 所示，包括以下步骤：混凝土墙体浇筑完成、强度达到承载力要求后，模架装备从搁置状态进入爬升阶段；模架装备微提升 50mm，各承载力自感知元件监测的压力数据为零；控制支撑装置油缸，承力销缩回并离开混凝土墙体预留洞口；当承力销缩回动作完成时，模架装备进入爬升状态；模架装备完成一个爬升高度后，进入悬停状态，当承力销前端底面高度略高于混凝土墙体预留洞口底面时，模架装备停止提升；控制支撑装置油缸，承力销伸出并进入预留洞口；当承力销到达设定位置时，油缸停止伸出，模架装备开始缓慢下降，承力销搁置预留洞口，各承载力自感知元件监测得到压力数据。

通过研发的智能支撑装置及监测与反馈控制系统，可实现支撑系统受力点承载力的自感知、超限承载预警，支撑系统承力销伸缩行程及支撑状态的智能识别、自动控制，确保模架设备附着安全，同时实现群体智能支撑装置的自适应协同控制（表 4-4），解决了传统支撑系统操控自动化程度低（操控人员通常 8～10 人）以及支撑承重销压力大小无法感知（高风险）的技术难题。该装置及技术可推广应用于爬升模架设备、塔式起重机支撑结构等工程。

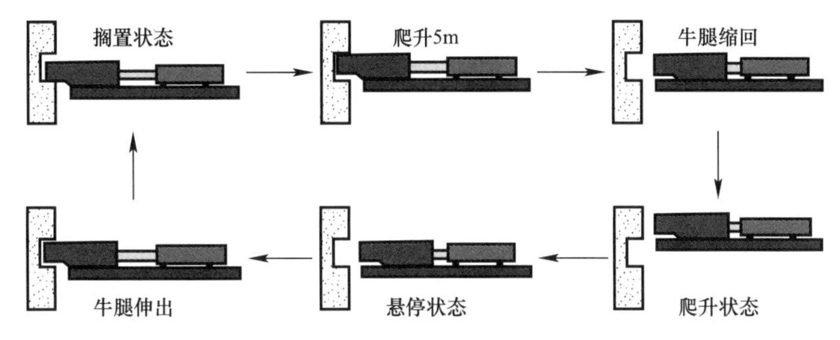

图 4-34　智能支撑装置控制的工艺流程

智能支撑装置控制的智能化元素　　表 4-4

施工状态	非正常施工条件	智能化元素	智能化元素描述
爬升状态	不同位移初始值条件（钢平台偏移过大）	多个智能支撑自适应伸入洞口目标位置	随着伸出行程自动调节油压，达到目标位置，行程和油压数据监测反馈后，支撑自动停止
	不同竖向高度条件（钢平台堆载差异变形）	多个智能支撑自适应伸入洞口	根据智能支撑行程和图像识别反馈控制，未伸入洞口的智能支撑自动缩回，通过自动差异爬升，再次通过行程和图像识别反馈控制，自动伸入洞口
搁置状态	不同竖向高度条件（钢平台堆载差异变形）	多个智能支撑自适应离开洞口	根据压力和行程监测反馈控制，未离开洞口的智能支撑对应的爬升系统自适应控制差异爬升，实现自动离开洞口

4.3 模架搁置状态安全监测与预警技术

4.3.1 模架搁置状态安全监测预警指标

1. 模架装备构成及工艺原理

建筑工程施工爬升模架设备包括液压爬模、整体提升脚手和模架装备（或称空中造楼机）等。选取最具代表性的模架装备为研究对象，其不仅包含了常规爬升模架设备的支撑系统、爬升系统、模板系统、架体平台等全部监控对象，而且监控更复杂、更系统、更全面，因此具有更好的适用性、通用性。根据爬升系统的动力位置不同，模架装备结构形式包括下部顶升式、上部提升式和混合式 3 种（图 4-35），应用较为广泛的为下部顶升式和上部提升式，前者的优势是施工平台表面作业空间大且不影响塔式起重机的使用，缺点是顶升系统的安装和操作较复杂；后者的优势是安装和操作相对简单，缺点是对塔式起重机的使用存在一定的影响。模架装备通常包括钢平台系统、支撑系统、爬升系统、筒架系统、吊脚手架和模板系统。

模架装备的基本原理如图 4-36 所示，其荷载主要包括整个平台结构自重等恒荷载，以及人员、设备、材料、风荷载等活荷载。钢平台系统作为主体结构，为人员、设备设

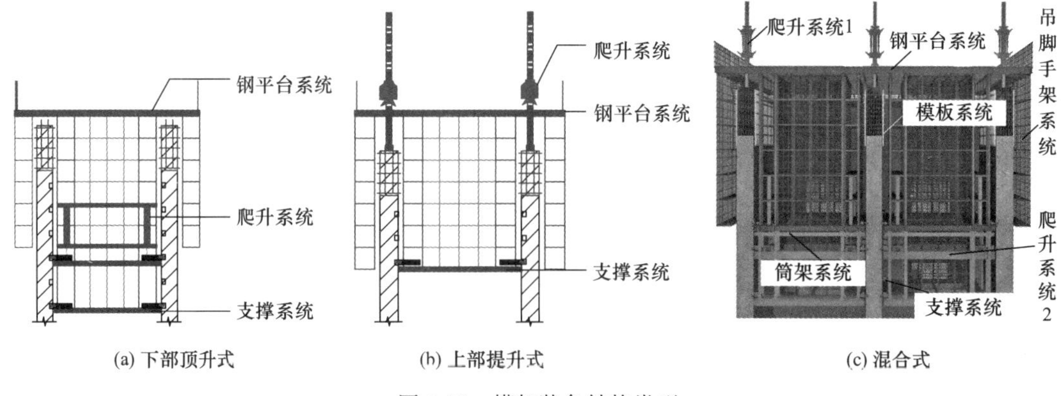

(a) 下部顶升式　(b) 上部提升式　(c) 混合式

图 4-35　模架装备结构类型

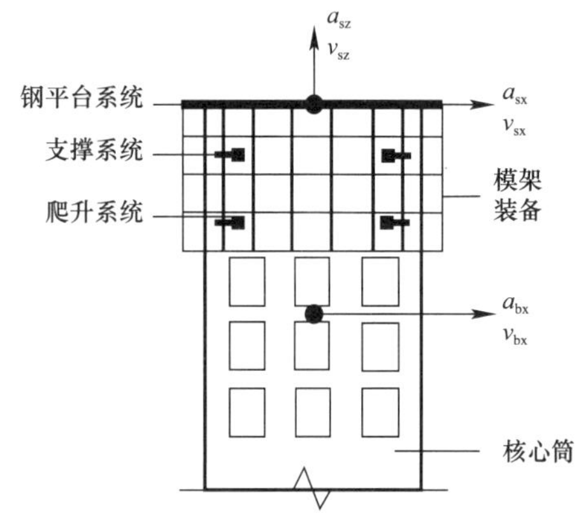

图 4-36　模架装备基本原理

施、建筑材料提供适宜环境场所和操作平台；支撑系统为模架装备与超高层核心筒的连接支撑，将模架装备的荷载传递至混凝土结构，根据与混凝土结构的接触形式分为直接接触型和间接接触型 2 种（图 4-37），前者通过支撑结构将荷载直接传递给混凝土结构，后者通过钢模板组件将荷载传递给混凝土结构；爬升系统为整个装备提供爬升动力，实现模架装备沿着核心筒进行竖向爬升；吊脚手架系统悬挂在施工平台框架上，提供用于施工作业的脚手架并抵抗风荷载；模板系统用于混凝土结构的浇筑成型及承受浇筑过程中传递的荷载。图中 a_{sz}—模架装备的竖向加速度，m/s^2；v_{sz}—模架装备的竖向速度，m/s；a_{sx}—模架装备的水平加速度，m/s^2；v_{sx}—模架装备的水平速度，m/s；a_{bx}—核心筒结构的水平加速度，m/s^2；v_{bx}—核心筒结构的水平速度，m/s。

图 4-38 为上部提升式模架装备的运动力学模型，主要包括作业及爬升 2 种状态。图中 a_0—核心筒水平加速度实测值，m/s^2；v_0—核心筒水平速度实测值，m/s；v—模架设备爬升速度，m/s。

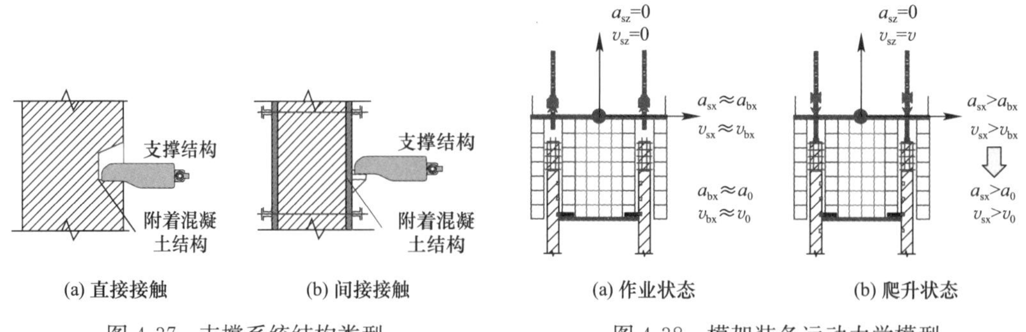

(a) 直接接触　(b) 间接接触

图 4-37　支撑系统结构类型

(a) 作业状态　(b) 爬升状态

图 4-38　模架装备运动力学模型

当处于作业状态时，爬升模架设备 a_{sz} 和 v_{sz} 满足下式：

$$a_{sz}=0; \quad v_{sz}=0 \tag{4-11}$$

由于模架装备为非完全挡风结构（透风结构），附着在核心筒结构上，其水平加速度 a_{sx} 和速度 v_{sx} 与同等位置超高层核心筒对应的水平加速度 a_{bx} 和速度 v_{bx} 均近似相等，即同时满足下式：

$$\begin{cases} a_{sx} \approx a_{bx} \approx a_0 \\ v_{sx} \approx v_{bx} \approx v_0 \end{cases} \tag{4-12}$$

当处于爬升状态时，模架装备以速度 v 匀速爬升，则 a_{sz} 和 v_{sz} 满足下式：

$$a_{sz}=0; \quad v_{sz}=v \tag{4-13}$$

模架装备在风荷载等主控外荷载作用下，爬升后加速度等参数响应大于爬升前状态，即其水平加速度和速度均大于同等位置超高层核心筒对应的水平加速度和速度，即同时满足下式：

$$\begin{cases} a_{sx} > a_{bx} \approx a_0 \\ v_{sx} > v_{bx} \approx v_0 \end{cases} \tag{4-14}$$

可见，在施工状态下，模架装备与超高层具有相似的力学响应关系；爬升状态下，模架装备力学响应大于超高层建筑。研究收集哈利法塔、上海中心大厦、台北101大厦等20个国内外超高层安全监测工程实例，汇总于表4-5。统计结果表明：施工期和运营期进行监测的工程数分别占统计数的70%和50%，均开展监测的工程数占统计数的20%。

超高层安全监测工程实例监测项目及指标统计及分析　　表4-5

工程名称	监测项目及指标																						施工期	运营期
	高度(m)	风速	加速度	温度	风向	变形	应变	标高	应力	位移	倾斜度	地震	沉降	垂直度	湿度	降雨量	风压	水平度	气压	收缩	蠕变	土压力		
1	196		•																				•	
2	245			•			•																•	
3	268	•		•	•	•							•										•	
4	288			•			•																•	
5	325	•	•		•																			•
6	330													•									•	
7	390	•																						•
8	412	•	•		•					•														•
9	438													•									•	
10	441			•		•		•	•	•													•	
11	484	•	•		•					•														•
12	492	•	•																					•
13	508		•																					•
14	530	•		•		•		•					•										•	
15	550	•	•				•																•	
16	596	•	•	•	•	•	•	•	•		•	•				•							•	
17	599	•	•	•	•	•	•	•	•		•	•	•		•	•	•	•	•			•	•	•
18	600	•	•	•	•	•	•	•	•		•	•			•	•	•	•	•	•	•		•	•

续表

工程名称	监测项目及指标																						施工期	运营期
	高度(m)	风速	加速度	温度	风向	变形	应变	标高	应力	位移	倾斜度	地震	沉降	垂直度	湿度	降雨量	风压	水平度	气压	收缩	蠕变	土压力		
19	632	•	•	•	•	•	•	•	•	•	•	•	•	•			•	•					•	•
20	828	•	•	•	•	•									•								•	•
占总比例/%		65	60	50	45	40	35	30	25	20	20	20	20	15	15	15	15	15	10	5	5	5	70	50
重要程度		★★★★★		★★★★☆			★★★☆☆			★★☆☆☆									★☆☆☆☆					

注：1 智利 Titanium La Portada；2 深圳证券交易所；3 长沙北辰新河三角洲；4 东吴国际广场；5 深圳帝王大厦；6 珠海中心大厦；7 广州中信广场；8 香港国际金融中心二期；9 广州国际金融中心；10 京基 100；11 香港环球贸易广场；12 上海环球金融中心；13 台北 101 大厦；14 广州东塔；15 韩国乐天世界大厦；16 天津高银金融 117；17 深圳平安金融中心；18 广州塔（构筑物）；19 上海中心大厦；20 哈利法塔。

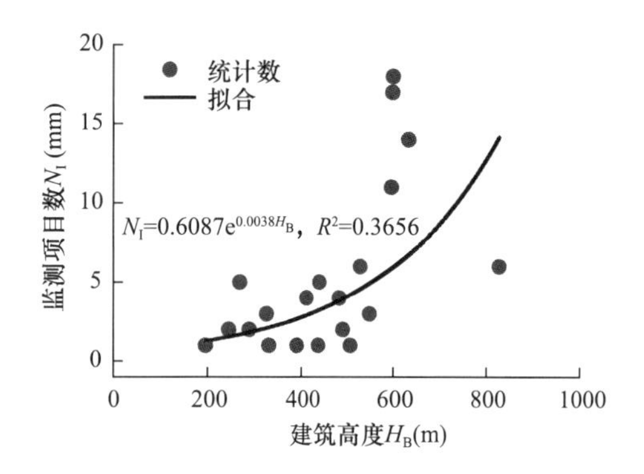

图 4-39 超高层监测项目数与建筑高度的关系

表 4-5 同时给出了不同高度超高层建筑的监测项目及指标，共计 21 项。统计超高层建筑监测指标数 N_I 与建筑高度 H_B 的关系，如图 4-39 所示。可见 N_I 随着 H_B 的增加近似呈现指数增长关系：

$$N_I = 0.6087\exp(0.0038H_B) \tag{4-15}$$

因此，随着建筑高度的增加，安全监测应更加引起重视，同时监测项目要求更加精细。

根据超高层建筑不同指标对应的工程数量，对监测项目重要性程度进行分析，如图 4-40 所示。由图可见：13 个超高层建筑开展了风速的监测，占统计数的 65%，12 个超高层建筑开展了加速度的监测，占统计数的 60%，为此将风速和加速度作为 5 星级（极其重要）指标；开展温度、风向和变形监测的工程数分别为 10 个、9 个和 8 个，分别占统计数的 50%、45%和 40%，将其作为 4 星级（特别重要）指标；开展应变、标高、应力监测的工程数分别为 7 个、6 个和 5 个，分别占统计数的 35%、30%和 25%，将其作为 3 星级（重要）指标；此外，根据统计结果将位移、倾斜度、地震、沉降、垂直度、湿度、降雨量、

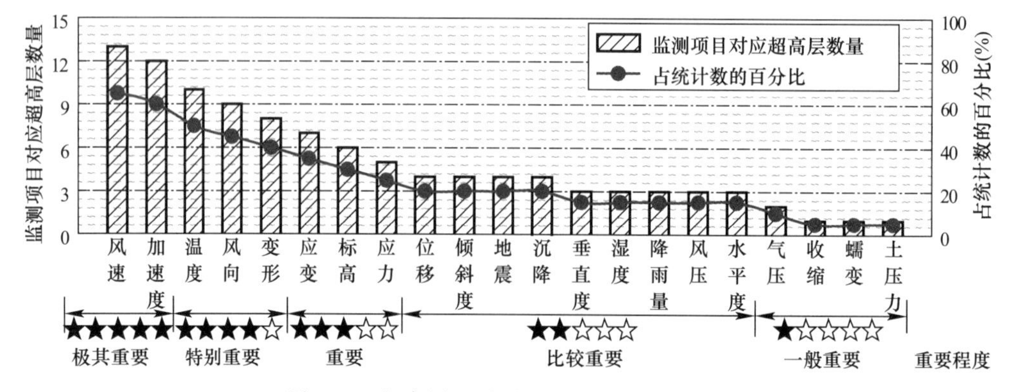

图 4-40 超高层监测项目重要性程度及分级

风压和水平度作为 2 星级（比较重要）指标，将气压、收缩、蠕变、土压力作为 1 星级（一般重要）指标。

将风速和加速度作为极其重要指标进行统计分析，如图 4-41 所示，图中 g 表示重力加速度。由图可见，超高层建筑结构加速度 a_{A} 随着风速 U 的变化而变化，且呈现幂函数响应关系：

$$a_{\mathrm{A}}=c_1U^{c_2} \tag{4-16}$$

式中，c_1、c_2 为拟合系数。实际工程中，监测过程中获取风速后，即可预估对应位置结构的加速度大小。

图 4-42 统计了不同建筑高度的最大加速度 a_{M}，可见超高层建筑中最大加速度的平均值为±0.0023g。

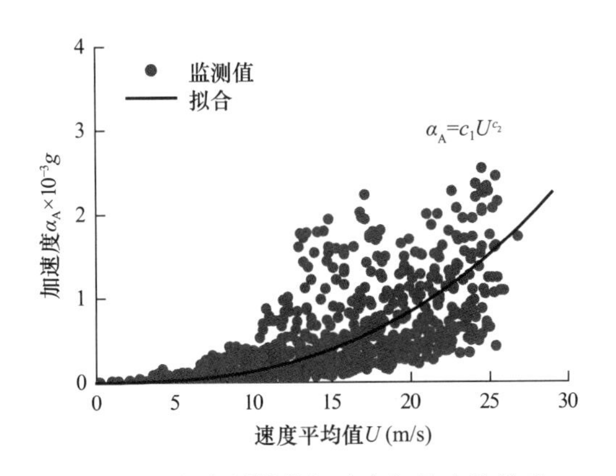

图 4-41　超高层结构加速度与风速的关系

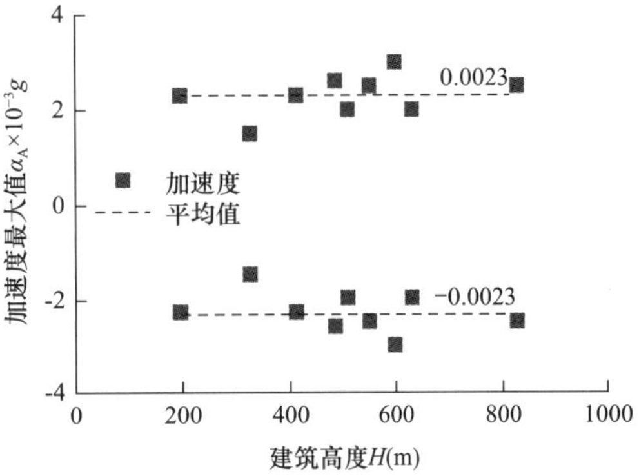

图 4-42　超高层加速度最大值与建筑高度的关系

2. 模架装备特性仿真分析

对不同施工工况以及在大雪、大风、暴雨等极端天气条件下模架装备搁置状态特性进行有限元仿真分析，评估不同外部荷载对模架装备安全状态的影响。

（1）仿真分析方法

以上部提升式模架装备为案例阐述仿真分析方法，采用建筑领域通用结构分析软件 midas Gen2013。仿真模拟工况包括对照组、8 级风荷载、12 级风荷载、雪荷载和雨荷载，对应荷载条件如表 4-6 所示。模架装备结构自重由分析软件根据模型进行计算，在模架装备内、外挂脚手架上最不利位置和钢平台外围连续布设施工活荷载，取值分别为 1kN/m^2 和 0.5kN/m^2；在钢平台上布设钢筋堆载，取值为 5kN/m^2；模架装备代表性结构体型如图 4-43 所示，对应的风荷载标准值如表 4-7 所示，挡风系数 φ 为 0.5，阵风系数 β_{gz} 为 1.775，风压高度变化系数 u_z 为 1.81；雨荷载作用按照每层有 5cm 积水考虑。荷载效应组合时，标准组合下各个荷载组合系数均为 1.0，基本组合时 γ_{G} 取 1.3，γ_{w}、γ_{F} 均为 1.5，风荷载、雪荷载、雨荷载与活荷载的组合系数为 0.6。模架装备钢平台大梁材料为 Q345 钢，其余构件材料均为 Q235 钢。

不同端天气条件下模架装备的仿真模拟工况　　**表 4-6**

组号	计算工况	荷载条件
1	对照组	自重、施工活荷载、钢筋堆载
2	8 级风荷载	自重、施工活荷载、钢筋堆载、风荷载 8 级

续表

组号	计算工况	荷载条件
3	12级风荷载	自重、施工活荷载、钢筋堆载、风荷载12级
4	雪荷载	自重、施工活荷载、钢筋堆载、雪荷载
5	雨荷载	自重、施工活荷载、钢筋堆载、雨荷载

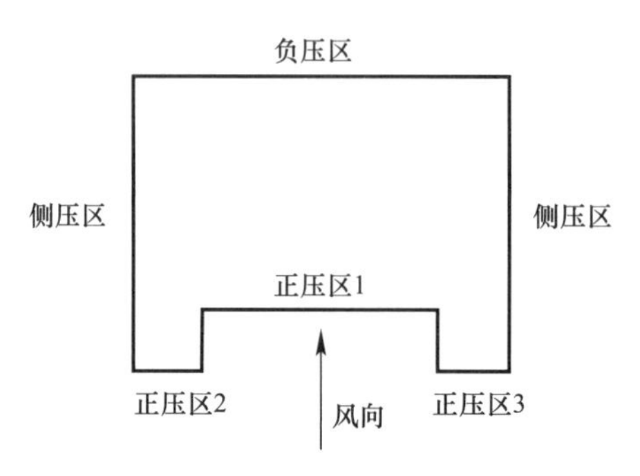

图 4-43　模架装备代表性结构体型

模架装备代表性的风荷载标准值　　**表 4-7**

风向	风速 v（m/s）	风荷载体型系数 u_s	基本风压 ω_0（kN/m^2）	风荷载标准值 ω_k（kN/m^2）
正压区 1	20.7（8级风）	1.0	0.268	0.43
	36.9（12级风）	1.0	0.851	1.37
正压区 2	20.7（8级风）	0.8	0.268	0.34
	36.9（12级风）	0.8	0.851	1.09
负压区	20.7（8级风）	0.5	0.268	0.22
	36.9（12级风）	0.5	0.851	0.68
侧压区	20.7（8级风）	0.7	0.268	0.30
	36.9（12级风）	0.7	0.851	0.96

仿真模拟模型中钢梁、筒架柱、内挂脚手架等均采用梁单元，各层的走道板及围护网采用板单元。边界条件，智能支撑装置的承载力自感知元件约束。以对照组为例，模架装备 3D FEM 模型如图 4-44 所示。

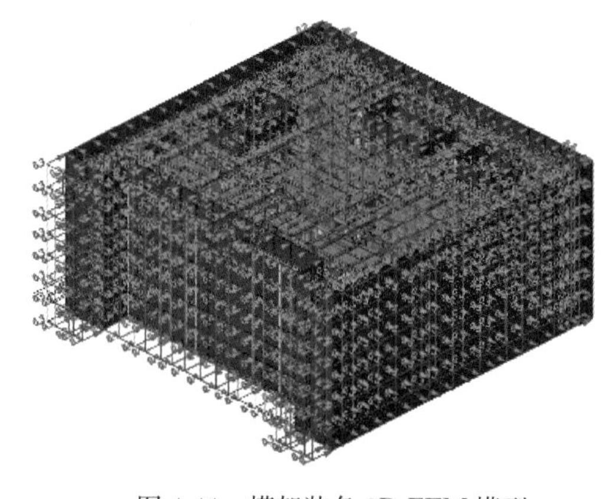

图 4-44　模架装备 3D FEM 模型

（2）模拟结果及分析

计算得到不同极端天气条件下模架装备应力比、竖向位移和水平位移等结果，代表性模拟结果如图 4-45 所示。由模拟结果可评估不同极端天气条件下模架设备的强度和稳定性，并识别不利的控制点（局部应力比达到 0.8 以上，竖向位移达到 21mm 以上，水平位移达到 19mm 以上），为模架安全监控提供指导原则。

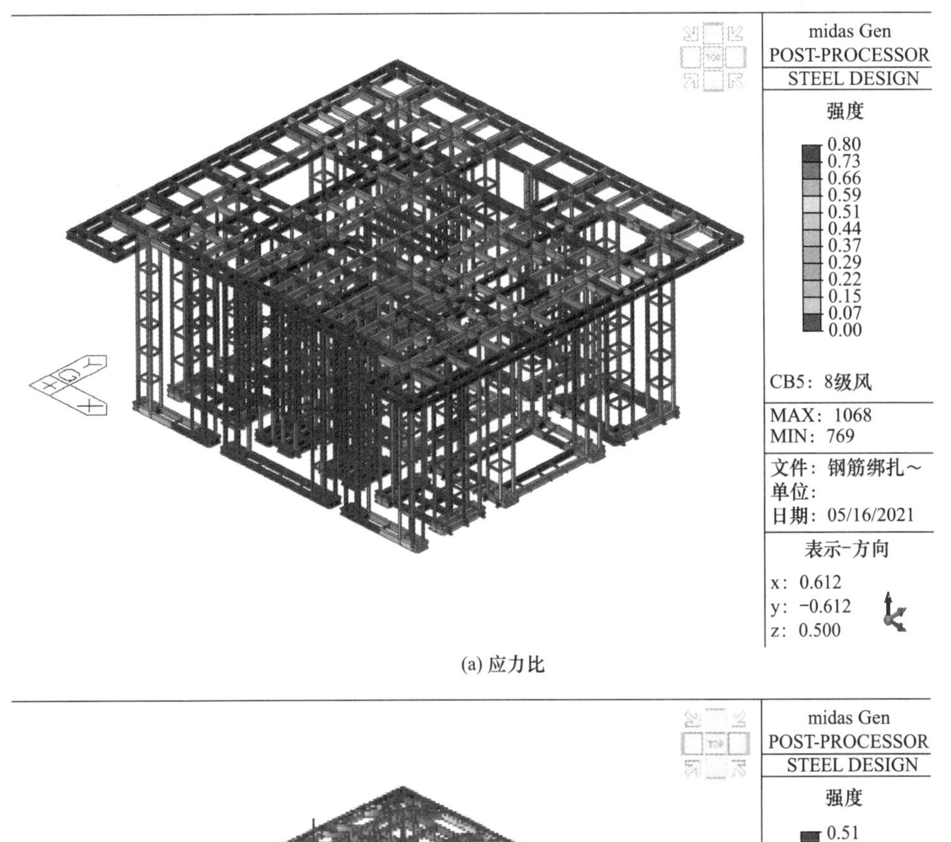

(a) 应力比

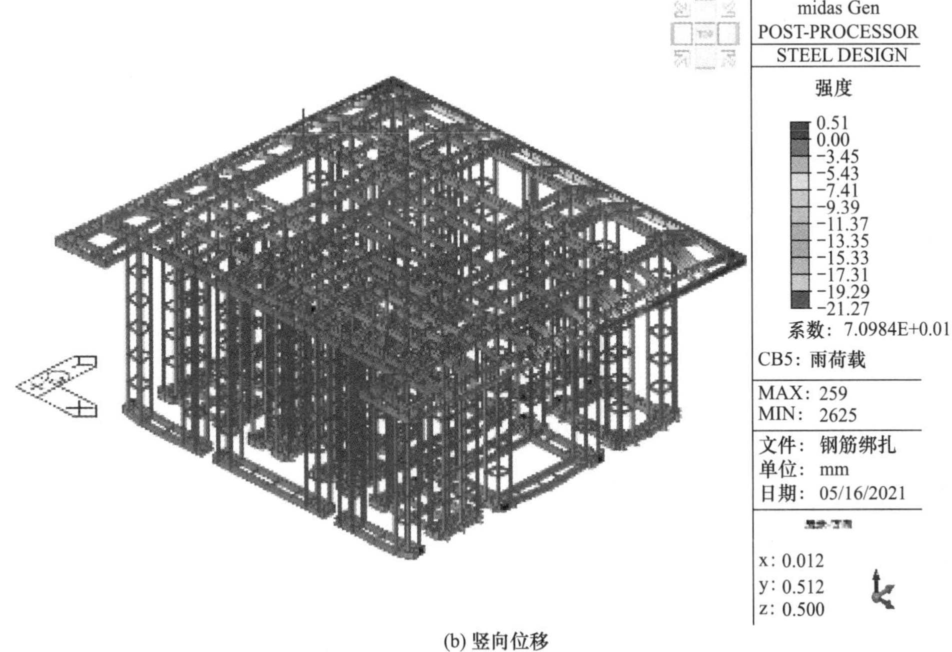

(b) 竖向位移

图 4-45　模架装备代表性模拟结果

3. 模架装备安全监控对象

模架装备安全监控包括装备本体、混凝土结构和作业环境。开展模架设备安装、爬升、作业、拆除全过程的模拟和试验，综合模架装备各系统的受力特点和空间分布，得到模架装备监控对象及总体原则，如图 4-46 所示。应重点监控的对象包括钢平台系统、筒架系统、支撑系统、爬升系统、混凝土结构和作业环境等，辅助监控的对象包括吊脚手架系统和模板系统等。

图 4-46　模架装备监控对象及总体原则

4. 主要监测内容及监测方法

模架装备各监控对象的主要监测内容如表 4-1 所示，可采用适宜的监测方法进行感知监测。

（1）混凝土结构

混凝土结构强度监测的目的是评估附着混凝土实体强度，判断是否具备爬升的条件；其监测建议采用强度演化实测法，即所研发的现场实体混凝土结构强度实时监测系统及技术。

（2）支撑系统

支撑系统应测的内容包括承力销压力、位移和搁置状态，选测的内容为承力销应力。承力销压力、位移和搁置状态监测的目的是感知和智能控制承力销的受荷、行程及安全状态，建议采用所研发的智能支撑装置及控制技术、AI 图像识别技术。承力销应力监测的目的是评估承力销本体的受荷状态，采用应力传感器进行监测。

（3）钢平台系统

钢平台系统应测的内容包括钢平台水平度和应力，选测的内容为作业舒适度。模架装备爬升阶段，水平度监测的目的是实时监测整体结构的竖向差异变形，并实现水平度数据与安全监控系统控制的协同联动；作业阶段，水平度监测的目的是评估模架装备的堆载情况；水平度监测建议采用静力水准仪。应力监测的目的是评估钢平台系统结构自身的安全性，建议采用应变计。作业舒适度监测的目的是评估爬升阶段振动情况，建议采用加速度传感器。

（4）筒架系统

筒架系统应测的内容包括竖向型钢杆件应力和筒架垂直度，选测的内容为底部封闭性状态。应力监测的目的是评估筒架结构自身的安全性，建议采用光纤光栅式或振弦式应变计。垂直度监测的目的是监测单个筒架的垂直度和水平方向变形情况，建议采用倾角计。底部封闭性状态监测的目的是评估筒架底部的封闭状态和安全性，建议采用 AI 图像识别技术。

（5）模板系统

模板系统选测的内容为混凝土侧压力。侧压力监测的目的是监测浇筑侧向压力和评估模板安全性，建议采用压力传感器。

（6）爬升系统

爬升系统应测的内容包括爬升油缸压力及位移、爬升速度及位移，爬升钢柱垂直度、爬升钢梁水平度。模架装备爬升阶段，垂直度监测的目的是监测爬升钢柱的倾角，建议采用倾角计；水平度监测的目的是监测爬升钢梁支撑点的高差，建议采用静力水准仪；爬升油缸压力监测的目的是实时监测和反馈控制爬升油缸的压力，分别采用油压传感器和液压控制系统实时获取油缸压力数据和实时控制油缸压力；爬升油缸位移监测的目的是实时监测和反馈控制爬升油缸的位移，分别采用位移传感器（外置拉线式或内置磁环式）和液压控制系统实时获取油缸位移数据和实时控制油缸位移；爬升速度和位移的监测目的是分别控制爬升的速度和获取爬升的总位移，均通过可编程逻辑控制器（Programmable Logic Controller，简称 PLC）控制软件实现。

（7）吊脚手架系统

吊脚手架系统选测的内容为结构应力、结构变位和底部封闭性状态，建议分别采用应变计、静力水准仪和图像识别技术。

（8）作业环境

作业环境应测的内容包括风速风向和施工作业状态，选测的内容包括温湿度。风速风向的监测目的是实时监测模架装备顶部的风速风向并评估作业条件，建议采用风速风向仪。环境温湿度监测是用于评估施工现场工作条件，建议采用温湿度测量仪。施工作业情况监测主要监测施工人员的作业规范性情况及安全行为以及监测模架封闭性和爬升障碍物，建议采用视频监控技术，其中模架封闭性和爬升障碍物也可采用红外、激光测距等技术进行监测。

5. 安全状态监测预警指标

研究分析模架装备与超高层建筑安全监控的内在联系和差异，受超高层建筑安全监测工程实例统计分析结果的启发，开展模架装备与附着结构一体化受力分析和关键构件节点精细化数值模拟和试验，完成增量加载及爬升同步性模拟，并结合大量模架装备的工程实践，得到模架装备安全状态监测预警指标，如表 4-8 所示。表中将混凝土结构强度、支撑系统中的承力销压力及位移和搁置状态、钢平台系统中的钢平台水平度和模架加速度、筒架系统中的筒架垂直度、爬升系统中的爬升钢柱垂直度等（爬升钢梁水平度、爬升油缸压力及位移、爬升速度）、作业环境中的风速作为 5 星级（极端重要）监测项目。

模架装备安全状态监测预警指标　　表 4-8

监测对象	监测项目及指标	重要程度	监测指标最大值的建议取值	
			施工状态	爬升状态
混凝土结构	混凝土结构强度	★★★★★	≥MAX [20MPa，$(G_C+G_A)/N_FA_F$]（支撑下方）	≥MAX [10MPa，$(G_C+G_A)/N_RA_R$]（导轨下方）
支撑系统	承力销压力	★★★★★	≤$1.2M_A/N_S$	—
	承力销位移	★★★★★	—	—
	承力销搁置状态	★★★★★	准确率 100%	准确率 100%
	承力销应力	★★★☆☆	≤70%f_b	≤70%f_b
钢平台系统	钢平台水平度	★★★★★	≤L/400 或 20mm	≤L/400 或 20mm
	模架加速度	★★★★★	≤±0.0023g	≤±0.0023g
	钢平台应力	★★★☆☆	≤60%f_s	≤60%f_s
	作业舒适度	★★★☆☆	—	—
	钢平台垂直度	★★☆☆☆	1.2‰	1.2‰
筒架系统	筒架垂直度	★★★★★	5mm	5mm
	竖向型钢杆件应力	★★★☆☆	≤70%f_r	≤70%f_r
	底部封闭性状态	★★★☆☆	—	—
模板系统	混凝土侧压力	★☆☆☆☆	—	—
爬升系统	爬升钢柱垂直度	★★★★★	1.2‰	1.2‰
	爬升钢梁水平度	★★★★★	1.2‰	1.2‰
	爬升油缸压力	★★★★★	—	≤P_c 且压力差≤3MPa
	爬升油缸位移	★★★★★	—	位移差≤5mm
	爬升速度	★★★★★	—	≤0.28cm/s
	爬升位移	★★★☆☆	—	0.4m/次
吊脚手架系统	结构应力	★☆☆☆☆	≤70%f_j	≤70%f_j
	结构变位	★☆☆☆☆	—	—
	底部封闭性状态	★☆☆☆☆	—	—
作业环境	风速	★★★★★	≤32m/s（8 级）	≤18m/s（6 级）
	方向	★★★★☆	—	—
	施工作业状态	★★☆☆☆	—	—

注：L—架体最大宽度，mm；f_s—架体应力设计值，MPa；f_r—筒架应力设计值，MPa；f_b—承力销应力设计值，MPa；f_j—吊脚手架结构应力设计值，MPa；P_c—油缸允许压力，MPa；模架加速度－可以通过监测超高层主体结构的加速度进行转化。

4.3.2　模架搁置状态安全监测预警共性基础技术

1. 传感设备选型和布设

传感器选型和布设是模架装备安全监测的重要环节，会直接影响监测的可靠性。针对不同的监测内容，可根据表 4-1 选择对应的传感器或监测装置。动态环境监测建议选择光纤光栅式传感器，可实现高频采集，静态环境监测建议选择传统传感器（如振弦式应变计），图 4-47 为模架装备安全监测常用的传感设备。传感器布设位置根据有限元分析计算结果或试验结果确定。

(a) 传统监控传感器　　(b) 光纤光栅传感器

图 4-47　模架装备安全监测传感设备

2. 数据采集及传输技术

模架装备监测传感器根据采集原理不同分为数字输出、光纤光栅和电流输出及电压输出等类型，对应的传感器分别通过数字信号采集仪、光纤光栅采集仪和模拟量型号采集仪将接收的数据传至现场工控机。根据不同的监测场景及条件，数据传输可采用有线数据传输、无线数据传输等方式。为了保证数据传输的同步性，针对静态采集和动态采集，数据同步间隔差、采样周期均应分别设定，并设置合理的值。针对模架装备爬升高度不断增加、传输距离较远、复杂钢结构信号屏蔽等问题，研发有线和无线融合数据采集及远程高效实时传输技术，以视频采集与传输为例，其原理为：安装模架装备上的摄像头与数字视频录像机之间采用网线连接，模架监控室的硬盘录像机与交换机通过网线连接，模架监控室交换机与模架装备钢平台顶部的 5G 无线网桥通过网线连接，模架钢平台顶部的 5G 无线网桥与地面 5G 无线网桥进行通信（图 4-48），地面 5G 无线网桥与监控中心的交换机通过网线连接，模架顶部监控室与地面监控中心的数据传输也可采用光纤传输技术，该技术实现了远程点对点数据高效传输，保证了数据传输的可靠性、安全性，为地面的远程控制创造条件。

(a) 超高层模架顶部传输设备

(b) 地面监控中心传输设备

图 4-48　5G 无线网桥传输设备

3. 作业环境安全状态监测与预警技术

（1）风速风向环境安全状态监测与预警技术

风速风向的监测为数值计算的荷载条件提供准确数据，为安全施工提供保障措施。风速风向环境安全状态监测可采用机械式或超声波式风速风向仪（图 2-2），与机械式相比，超声波式风速风向仪具有测量精度及稳定性高、体积小、易安装的特点，风向测量精度可达±1°，风速测量精度可达±0.3m/s。

风速风向传感器建议安装在模架装备的顶层施工操作面周边对角上方，且高于模架装备围护结构，代表性风向风速仪的安装和风速风向监测数据分别如图 4-49 和图 4-50 所示。通过风速风向仪可实时监测模架装备顶部的风速风向，当达到预警值时，停止作业。风速在 8 级（32m/s）以上时严禁进行结构施工，在 6 级（18m/s）以上时严禁进行模架爬升。

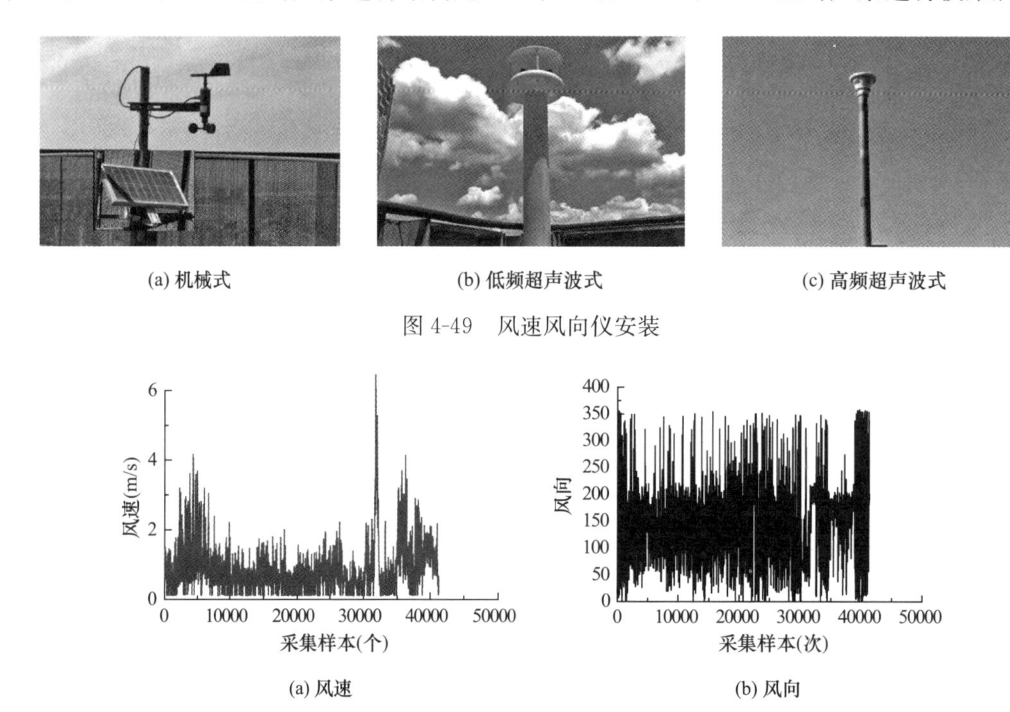

(a) 机械式　(b) 低频超声波式　(c) 高频超声波式

图 4-49　风速风向仪安装

(a) 风速　(b) 风向

图 4-50　模架装备代表性风速风向监测数据

（2）作业舒适度环境安全状态监测与预警技术

模架装备爬升的平稳性和风速环境作用直接影响作业舒适度。作业舒适度环境安全状态监测可采用加速度传感器，加速度传感器建议安装在钢平台主梁和钢平台筒架柱上（图 4-51）。图 4-52 为不同代表性振动加速度监测数据，可根据监测结果判断模架作业舒适度环境的安全。研究指出，模架装备在爬升期间，其振动波动呈现一定规律：爬升初期加速度波动

图 4-51　作业舒适度监测加速度传感器安装位置

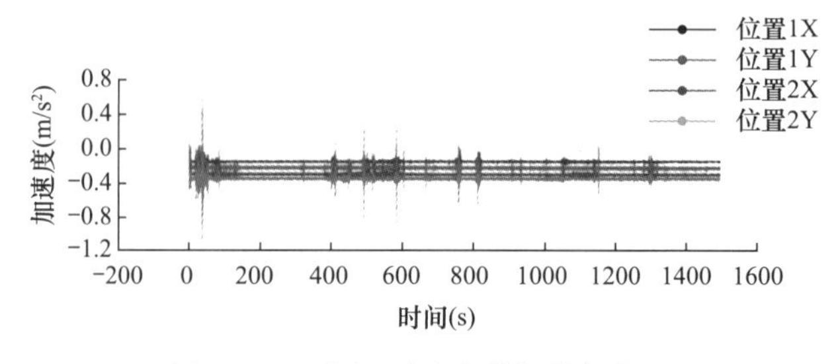

图 4-52　不同爬升阶段模架装备位置振动加速度变化

较大；同步爬升温度稳定后波峰振幅变小，加大提升速率后，出现了规律性的波峰，波峰钢平台液压动力有关；爬升最后阶段，波峰振幅变小，并趋于直线；不同竖向位置振动幅度不同，柱顶的振动幅度比柱底的大；同一平面，加速度波动规律和大小一致；平均振幅差和波峰差的时间总占比超过90%和低于10%以及不同位置的振幅中性线差距较小，振动加速度平均振幅中性线控制在0.1m/s^{2}以内，说明爬升周期内模架装备平稳，作业舒适度环境安全状态可靠。

4.3.3　基于AI的模架安全状态监测及辅助控制技术

1. 技术原理

模架装备安全状态监测及辅助控制采用AI图像识别技术，具体采用机器视觉技术，其实施路径如图4-53所示。针对模架装备施工作业状态的特定问题，确定安全状态监控关键应用场景，在模架装备重点监测部位安装摄像机，实时捕捉各类图形状态画面，对模架部件安全状态、爬升过程中的障碍物（如伸出墙面的钢管、木方、型钢牛腿等）建立视频画面样本，通过基于卷积神经网络的深度学习算法对典型障碍物进行图像特征识别训练，由工控机根据训练结果实时采集爬升画面并进行分析，对问题区域发出预警，从而在模架装备使用过程中代替人工视觉判断模架关键区域及部件的安全状态。视频数据采用有线和无线融合数据采集及远程高效实时传输技术。为提高模架装备辅助控制的智能化水平，采用YOLOv5机器视觉算法，实现自主准确地检测作业规范性、模架封闭性、爬升障碍物等安全状态。YOLOv5网络结构包括Input、Backbone、Neck和Prediction四个处

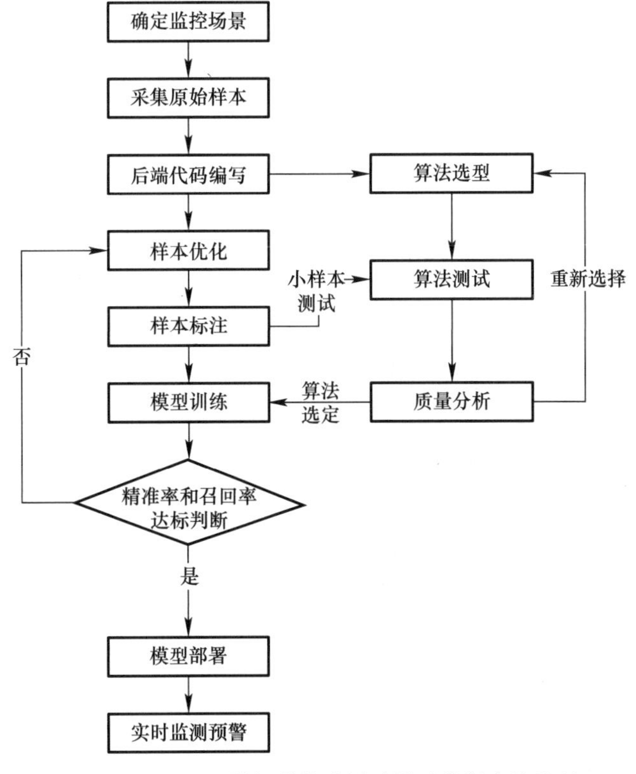

图4-53　基于机器视觉的监测及辅助控制实施路径

理阶段，如图 4-54 所示：Input 阶段包括数据增强和自适应图片缩放及锚框计算等步骤；Backbone 阶段作为主干网络，主要使用 CSP 结构提取出样本中的主要信息；Neck 阶段使用 FPN、PAN 结构，基于 Backbone 部分提取的信息，增强特征融合；Prediction 阶段进行预测并计算 GIOU_Loss 等损失值。

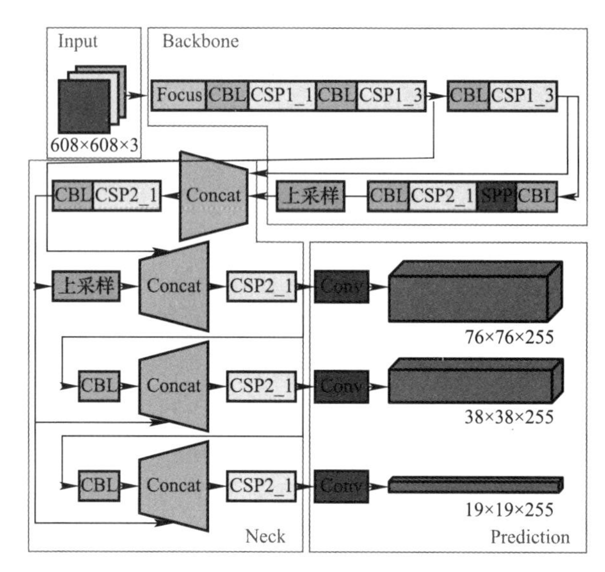

图 4-54 YOLOv5 网络结构框架

为阐述数据集及模型构建和测试的方法，图 4-55 给出了模架装备作业状态监测测试样本示例。采集模架装备底层翻板开合状态 41 张，通过图像变换生成测试样本 441 张，用于模架装备底部封闭状态监测；爬升过程中共采集 1000 张墙面凸出障碍物样本图片，用于爬升过程中障碍物监测。针对使用场景对所有样本图片进行了标记，将图片数据随机拆分，其中 80%作为训练集，20%作为测试集进行模型训练，训练迭代次数 epochs 选择 200 次，每次样本数量 batch-size 选 16 张，选择 Adam 优化算法作为训练模型的优化器，以爬升障碍物为例，代表性检测训练的 Loss 均值如图 4-56 所示，最终得到相应场景的训练模型。

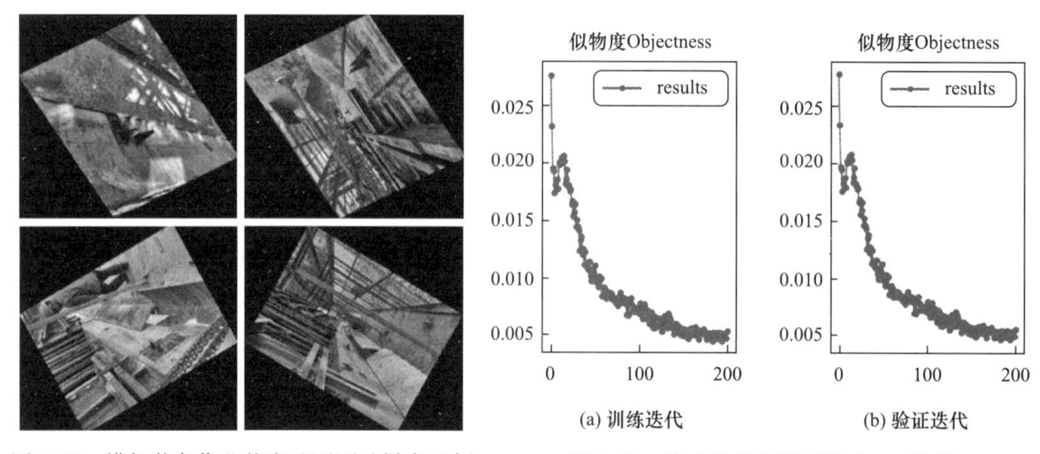

图 4-55 模架装备作业状态监测测试样本示例

图 4-56 代表性检测训练的 Loss 均值

2. 基于机器视觉的作业规范性情况及安全行为监测与预警

监测作业规范性情况及安全行为的摄像头通常布设在塔式起重机、施工电梯、吊脚手架、筒架支撑系统以及模架装备外围网上，也根据需要在模架装备内部的重点位置进行布设，布设数量需确保实现模架主要工作区域的全覆盖。图 4-57 为不同位置爬升模架设备作业规范性情况及安全行为的视频监测数据。

(a) 钢平台系统顶部作业安全

(b) 底部支撑系统及封闭性

图 4-57　不同位置作业规范性情况及安全行为监测

引入卷积神经网络等机器视觉方法，通过连续摄像图像、计算机编程分析图像特征，对图像进行分析判断。基于机器视觉的模架装备监测预警系统由图像捕捉系统、光源系统、图像数字化模块、图像处理模块、智能判断决策模块和预警控制模块组成，可实现作业规范性情况及安全行为的监测与预警，如对绑扎钢筋等作业的规范化、违规作业行为和安全隐患进行智能识别以及预警控制，其代表性应用如图 4-58 所示。

图 4-58　模架顶部作业规范性情况及安全行为监测与预警

3. 基于机器视觉的模架封闭性监测与预警

模架装备封闭性监测内容为格栅盖板、防坠挡板、吊脚手架底部与墙体距离，其目的是防止物体和人员的坠落。模架封闭性监测预警采用与作业规范性情况及安全行为相同的技术方法，以吊脚手架底部封闭性为例，其表性应用如图 4-59 所示。

4. 基于机器视觉的爬升障碍物监测与预警

模架装备爬升障碍物监测目的是检测爬升过程是否存在障碍物，避免模架主体钢结构与核心筒墙体上障碍物钩挂，以消除安全隐患。爬升障碍物监测预警原理与作业规范性情况及安全行为的相同，不同爬升工况下爬升障碍物监测与预警如图 4-60 所示。

(a) 监测视频数据

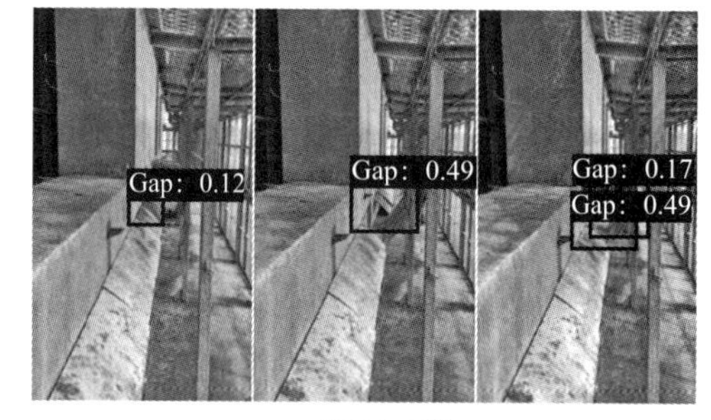

(b) 监测与预警

图 4-59 基于机器视觉的模架封闭性监测与预警

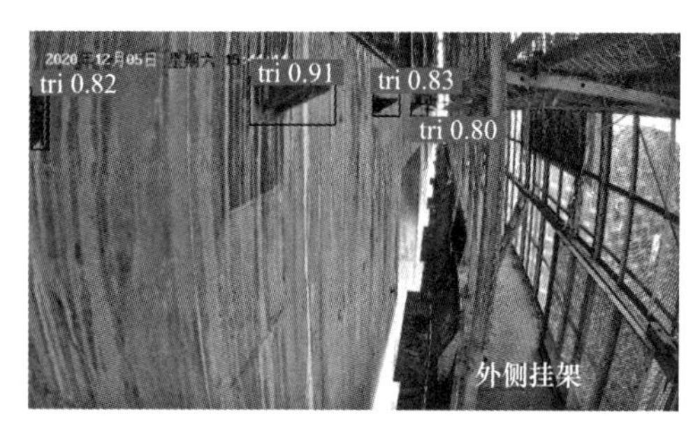

(a) 爬升工况1

(b) 爬升工况2

图 4-60 基于机器视觉的模架爬升障碍物监测与预警

4.4 模架爬升状态智能监测与控制技术

4.4.1 模架爬升姿态机理及模拟方法

油缸动力群的一体化伸缩运动带动施工平台移动，巨型施工平台的自重和外部荷载会引起结构自身变形，同时非均匀荷载传递于油缸动力群，即油缸动力群与建筑结构存在耦合作用关系。以模架为例，通常而言，整体结构为巨型时变结构，施工平台为复杂超静定柔性结构，荷载传递难以预测，并且运行过程承受多种不确定性随机荷载，以至于油缸动力群中单个油缸承担的荷载呈现不确定性，这使得油缸动力群的同步性控制面临挑战。目前模架监控多数侧重于结构本体受力机制的研究。

油缸动力群不同步直接引起施工平台（如主体结构）变形，同步控制会影响施工平台的姿态变化，同时，堆载等活荷载和外部随机荷载共同作用引起施工平台产生差异变形，以至于影响油缸动力群的同步性控制，即同步控制与运行姿态相互影响、相互制约，并且由于模架为巨型时变结构，这种影响更加显著且控制的敏感度更高。通过建立爬升工况状态下的模架装备计算模型，以爬升过程常见的不安全因素作为研究基础，主要分析模架装备单筒顶升不同步、局部油缸顶升不同步等工况对模架装备结构体系的影响，研究模架装备结构的竖向变形以及水平变形规律。

1. 模架爬升姿态控制机理

模架装备包含多个核心筒单元钢结构系统，每个单元系统均设置空间钢结构子系统（可视为刚性结构，即空间刚架单位子系统）、若干个的竖向顶升机构（液压油缸顶升子单元系统）、支撑结构系统（支撑子系统），各个子系统存在耦合时变关系，爬升过程各子系统耦合时变关系若不明确，则会出现位移不同步且不能及时有效控制的情况，并进一步影响模架装备结构的受力、架体姿态以及施工安全，如图 4-61 所示。

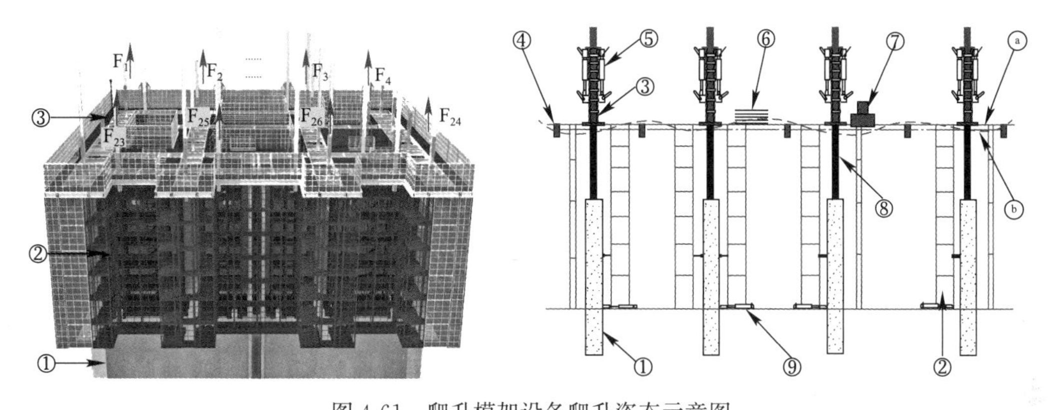

图 4-61 爬升模架设备爬升姿态示意图

①—混凝土结构；②—模架装备；③—爬升系统；④—水平度测量仪（静力水准仪）；⑤—爬升油缸；⑥—堆载；⑦—机械设备；⑧—爬升钢柱；⑨—智能支撑装置

模架装备姿态控制主要分为两个阶段：搁置施工过程姿态控制和动态爬升过程姿态控制。模架姿态的变化主要受到以下荷载的影响：爬升模架设备搁置状态下，即正常施工作业时，受力包括结构自重、施工荷载、堆载、模板脚手架荷载和风荷载等，荷载由筒架支撑系统的竖向限位支撑装置传递到结构；爬升状态下，受力包括结构自重、堆载、模板脚手架荷载、爬升操作人员荷载和风荷载，由钢平台系统承受施工过程主要荷载，爬升时，钢平台及其荷载传递至爬升系统，爬升系统作用在核心筒的混凝土结构上，荷载由内筒的竖向限位支撑装置传递到结构。其荷载传递路径如图 4-62 所示。

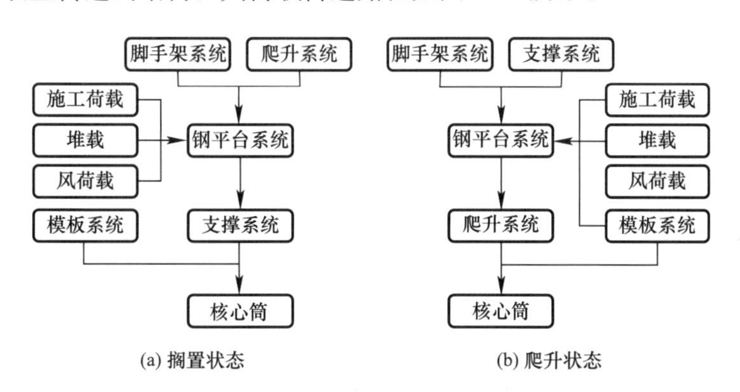

图 4-62 爬升模架设备荷载传递路径

2. 模架爬升姿态模拟方法

通过建立爬升工况状态下的爬升模架设备计算模型，以爬升过程常见的不安全因素作为研究基础，分析不同梁刚度、堆载、导轨柱跨度、不同步位移等对爬升模架设备结构体系的影响，研究爬升同步性和模架结构的竖向变形以及水平变形一体化联动的规律，以期揭示爬升姿态控制机理。

爬升模架设备计算工况如表 4-9 所示，实际施工中正常施工和爬升阶段允许的风速分别为 8 级、6 级，混凝土允许搁置的强度分别为 20MPa、10MPa，计算中取正常施工和爬升阶段允许的风速分别为 12 级、8 级。

爬升模架设备计算工况　　表 4-9

工况名称	编号	施工状态	荷载	风速	混凝土强度	约束
正常施工（搁置阶段）	N1	模板提升	自重、风荷载、施工活荷载、模板荷载、电梯荷载、卷扬机自重	≤8 级（计算时取 12 级）	20MPa	底层平台支撑
	N2	钢筋绑扎	自重、风荷载、施工活荷载、钢筋堆载、电梯荷载、卷扬机自重			
	N3	塔式起重机提升	自重、风荷载、施工活荷载、卷扬机自重、定滑轮荷载			
爬升阶段	C	爬升模架设备爬升	自重、风荷载、施工活荷载（爬升操作）、卷扬机荷载	≤6 级（计算时取 8 级）	10MPa	爬升柱支撑

对爬升模架设备搁置状态和爬升状态下的荷载进行分析，其主要荷载包括恒荷载和活荷载，取值见表 4-10。

爬升模架设备荷载取值　　表 4-10

荷载属性	项目	施工状态（搁置状态）	爬升状态
恒荷载	平台自重	爬升模架设备自重	爬升模架设备自重
	走道板	钢板及钢板网自重	钢板及钢板网自重
	外挂脚手	3kN/m^2	3kN/m^2
	爬升柱自重	20kN/机位	20kN/机位
	泵站自重	10kN	10kN
	电梯荷载	竖向 80kN，水平 12kN	—
	卷扬机自重	100kN	100kN
	定滑轮荷载	160kN	—
活荷载	施工荷载	F1～F6 层中连续 3 层满布 1kN/m^2	顶部平台、F1 及 F6 层取 0.5kN/m^2，F2～F5 层清空
	机房荷载	2kN/m^2	2kN/m^2
	模板荷载	5.5kN/m^2	—
	钢筋堆载	5kN/m^2	—
	风荷载	基本风速 36.9m/s（12 级风） 挡风系数 0.5；体型系数，正压取 0.8，负压取 0.5	基本风速 20.7m/s（8 级风） 挡风系数 0.5；体型系数，正压取 0.8，负压取 0.5

以深圳雅宝大厦（高 356m）为例，采用有限元软件 midas 对爬升模架设备全过程进行数值模拟，爬升阶段有限元模型如图 4-63 所示。爬升模架设备总重约 500t，爬升状态考虑自重、风荷载（风速 8 级）、施工活荷载（爬升操作）。荷载效应组合时，标准组合下各个荷载组合系数均为 1.0，基本组合时 γ_G 取 1.3，γ_W、γ_F 均为 1.5，风荷载与活荷载的

组合系数为 0.6。

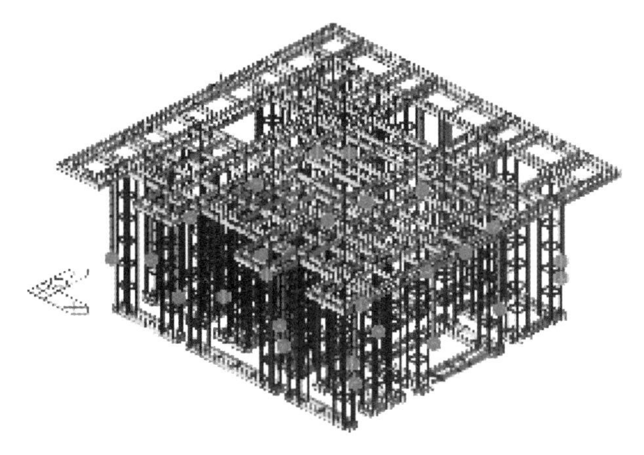

图 4-63 爬升阶段爬升模架设备有限元模型

(1) 梁刚度的影响

为研究梁刚度对爬升状态模架设备的影响，分别选取大梁单型钢 HN 400×200×8/13 和双拼型钢 HN 298×200×8/12 进行对比。由于爬升过程中模架设备承受的荷载较小，爬升状态下单型钢模架设备主要构件的设计应力比均在 0.6 以内。不同刚度对爬升阶段爬升模架设备位移的影响如表 4-11 所示，提高梁的刚度对爬升模架设备爬升姿态竖向位移影响并不显著，但是可以显著减少爬升模架设备的水平位移。

刚度对爬升阶段爬升模架设备位移的影响 **表 4-11**

施工状态	计算组	主要结构最大竖向位移（mm）	主要结构最大水平位移（mm）
爬升阶段	单型钢 HN 400×200×8/13	8.68	110.95
	双拼型钢 HN 298×200×8/12	8.39	83.02

(2) 堆载对爬升模架设备的影响

为了研究堆载对爬升状态下模架设备的影响，分别对爬升模架设备平台面施加满布 $1kN/m^2$、$3kN/m^2$ 和半布 $3kN/m^2$ 堆载，堆载加载图如图 4-64 所示。

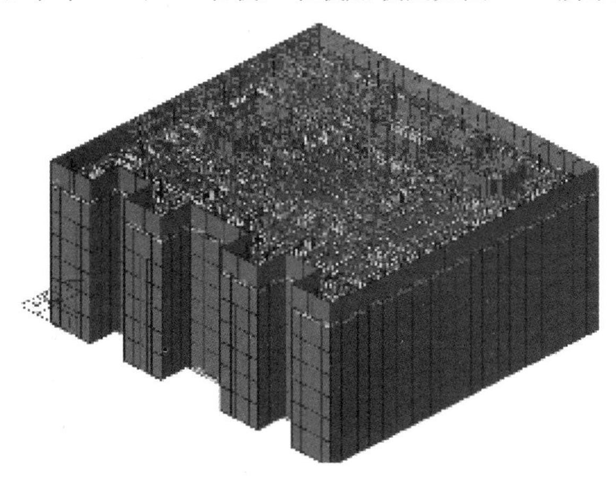

图 4-64 爬升阶段爬升模架设备堆载加载图

堆载对爬升阶段爬升模架设备位移的影响如表 4-12 所示，由于爬升模架设备受力较小且堆载区在中心施工区域，堆载对爬升模架设备的变形影响不大，随着堆载的增加，爬升模架设备的设计应力比有所提升，但都处于安全范围之内。

堆载对爬升阶段爬升模架设备位移的影响　　表 4-12

施工状态	计算组	主要结构最大竖向位移（mm）	主要结构最大水平位移（mm）	主要结构最大设计应力比
爬升阶段	无堆载	8.68	110.95	0.28
	满布 $1kN/m^2$	10.37	105.19	0.38
	满布 $3kN/m^2$	8.60	110.44	0.45
	半布 $3kN/m^2$	8.69	110.63	0.39

（3）堆载对爬升钢柱的影响

图 4-65 为堆载对爬升阶段爬升钢柱安全状态的影响，可以看出，相同堆载条件不同爬升钢柱反力不同，且存在较大的差异，最大为 47.6t，最小为 13.7t。汇总不同堆载条件下爬升钢柱的反力，如图 4-66 所示，不同堆载条件对爬升钢柱的反力有一定影响，同一支撑结构引起的最大差值为 9.4t。

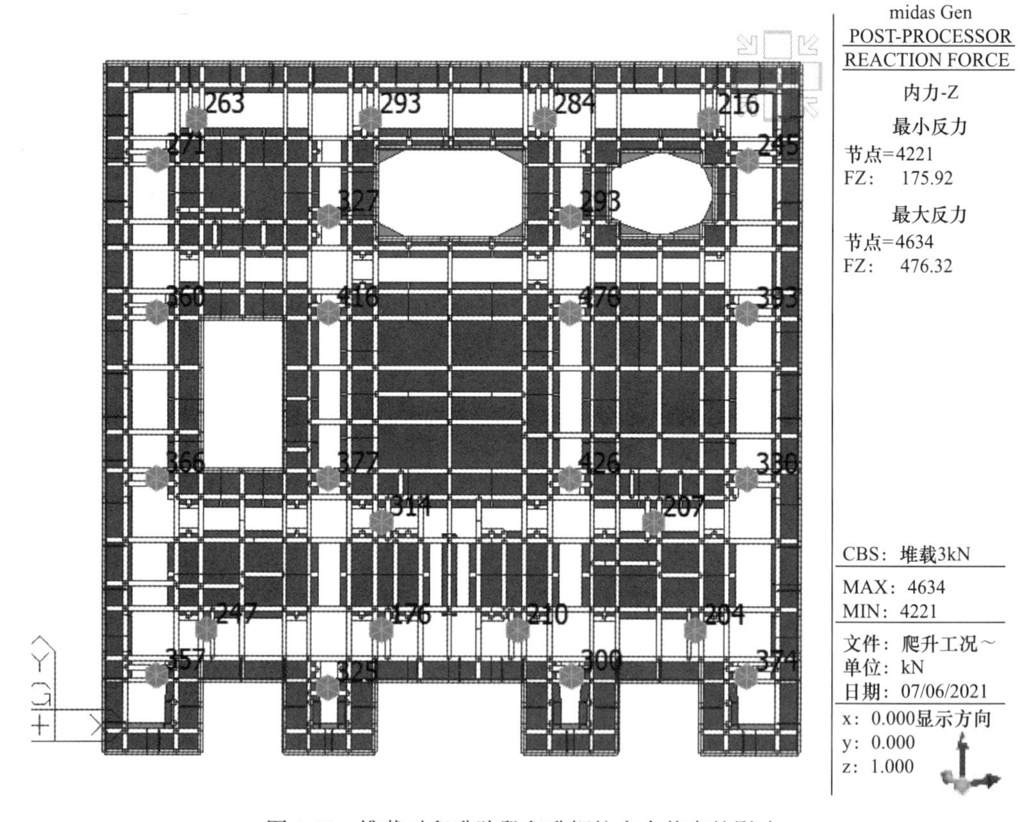

图 4-65　堆载对爬升阶段爬升钢柱安全状态的影响

爬升模架设备爬升导轨柱底部附着混凝土结构满足以下强度要求：

$$\sigma = \frac{N_{\max}}{LD} \tag{4-17}$$

爬升导轨柱底部附着混凝土结构局部受压面积通常取值 $LD=0.28\times0.55=0.154m^2$，附着混凝土结构承受最大荷载 $N_{max}=476\times10^3N=4.76\times10^5N$，得到 $\sigma=3.09MPa$，为了满足安全系数要求，取值 $\sigma=10MPa$。

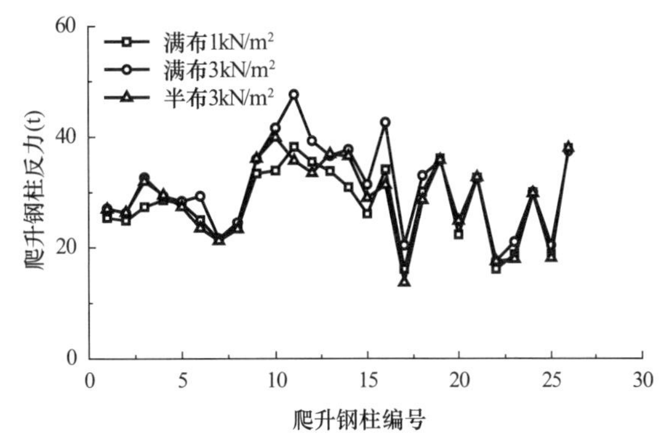

图 4-66 堆载对爬升阶段爬升钢柱反力的影响

（4）导轨柱跨度的影响

为了研究导轨柱跨度对爬升状态下模架设备的影响，在原有内部局部跨度4.7m基础上，将导轨柱内部4个导轨柱拆除，使其跨度增加到8.8m，经计算分析得出，导轨柱跨度对爬升阶段爬升模架设备的影响如表4-13所示。由于减少了导轨柱，不仅导致了爬升模架设备主要荷载区域跨度增加，还导致其他的导轨柱承担的荷载增加，设计应力比显著增加。同时，增加局部跨度对于整体竖向位移变化影响不大，但对水平位移有一定影响，增加约14%。因此，在荷载相对集中的区域，适当增加导轨柱来减少跨度，可以有效降低爬升模架设备的设计应力比。

导轨柱跨度对爬升阶段爬升模架设备的影响 **表 4-13**

施工状态	计算组	主要结构最大竖向位移（mm）	主要结构最大水平位移（mm）	主要结构最大设计应力比
爬升阶段	局部跨度4.7m（对照组）	8.68	110.95	0.55
	局部跨度8.8m	8.57	125.19	0.89

（5）群缸顶升不同步对爬升模架设备的影响

为了研究局部爬升位移不同步对爬升模架设备的影响，通过改变导轨柱相对位移进行模拟，分别对爬升模架设备导轨柱固定端施加相对位移5mm和10mm，相应计算结果如图4-67和表4-14所示。局部爬升位移不同步对爬升模架设备最大位移影响不大，但对位移分布和主要构件的应力比影响较大。因此，爬升位移的同步控制至关重要，会直接影响结构的安全。

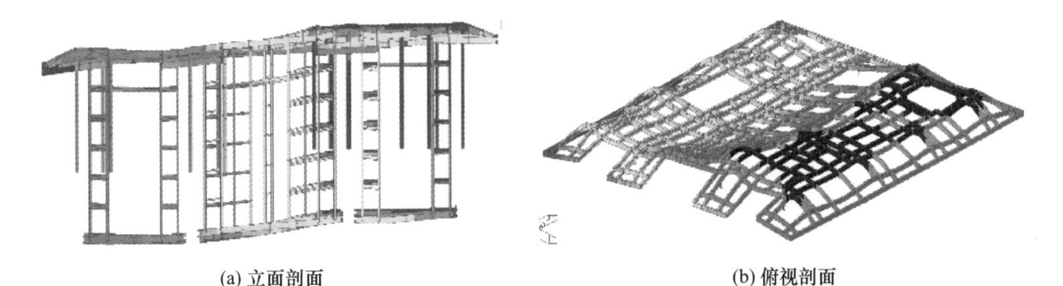

(a) 立面剖面　　(b) 俯视剖面

图 4-67 局部爬升位移不同步对爬升模架设备的影响

局部爬升位移不同步对爬升模架设备的影响 **表 4-14**

施工状态	计算组	主要结构最大竖向位移（mm）	主要结构最大水平位移（mm）	主要结构最大设计应力比
平台提升	无位移	8.68	110.95	0.55
	5mm相对位移	9.08	111.19	0.75
	10mm相对位移	10	111.50	0.81

3. 模架爬升多因素耦合响应规律

对深圳雅宝大厦高层建筑工程中的爬升模架设备爬升数据进行研究，探讨油缸顶升同步位移与爬升模架设备架体水平度之间的影响规律。统计爬升 4m 高度的油缸同步位移与爬升模架设备水平度的数据，油缸同步位移与爬升模架设备水平度之间的变化关系，如图 4-68 和图 4-69 所示。当油缸顶升同步位移在 5mm 范围内变化时，爬升模架设备水平度在 30～48mm 变化范围内随机波动，油缸顶升同步位移对爬升模架架体水平度影响的定量规律并不显著；当油缸顶升同步位移大于 5mm 时，爬升模架架体水平度随油缸同步位移的变大呈现显著变化；当油缸顶升不同步位移较大，达到 24mm 时，爬升模架设备水平度约为 55mm（含爬升模架设备初始状态变形值 25mm 左右）。

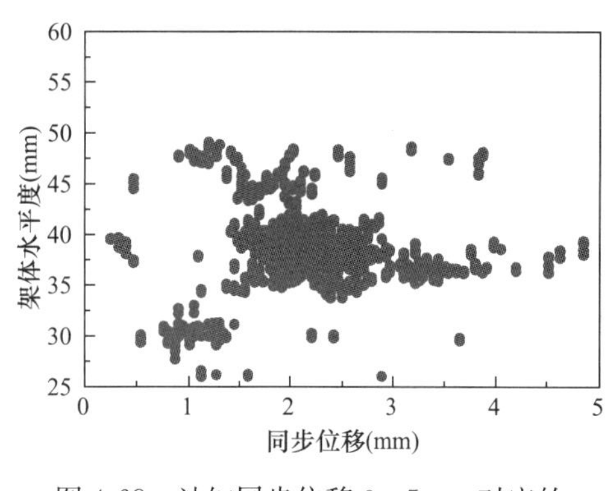

图 4-68　油缸同步位移 0～5mm 对应的架体水平度

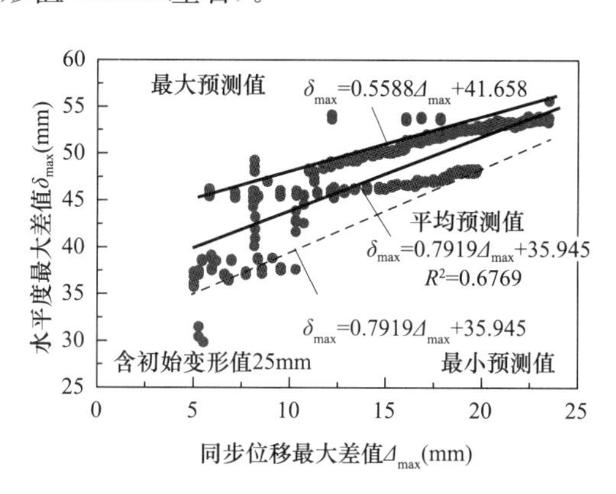

图 4-69　同步位移 5～24mm 内的水平度变化

爬升模架设备爬升控制采用同步控制策略，油缸同步位移预警值为 5mm，但实际爬升模架设备爬升控制过程中，受到外部不稳定负载、油管油路长度不同、系统稳定性等影响，爬升模架设备爬升过程中只有约 90%的时间内油缸同步位移可控制在设定目标范围内。当油缸位移同步位移超过 5mm 后，爬升模架设备水平度最大差值（δ_{max}）随着同步位移最大差值（Δ_{max}）的增大而呈线性增大，如式（4-18）所示。该公式可用于爬升模架设备水平度的定量预测，同时为爬升模架设备的智能监控提供基础。

$$\delta_{max} = 0.7919\Delta_{max} + 35.945,\ R^2 = 0.6769 \tag{4-18}$$

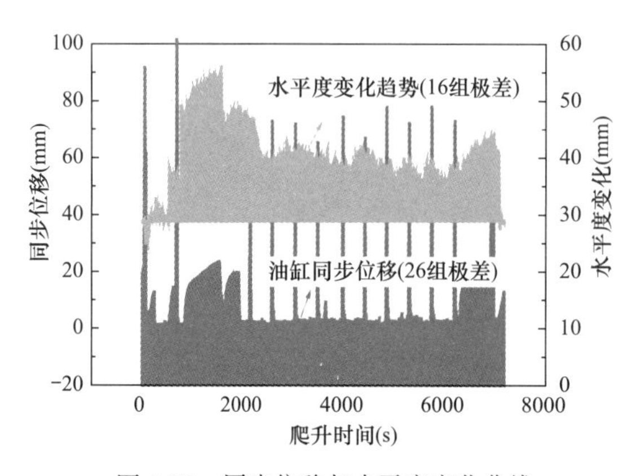

图 4-70　同步位移与水平度变化曲线

图 4-70 为同步位移与架体水平度随爬升时间的变化趋势，单次爬升周期内，同步位移曲线波动出现 12 次峰值，但同一时刻对应的爬升模架设备水平度未出现差异波动峰值。原因在于：支撑钢柱的标高不同，附着于支撑钢柱两侧的爬升油缸预顶升位移不同，油缸预顶升结束时同步位移数值呈现急剧增大的现象，预顶升结束后油缸位移清零，全部位移值设置为 0。爬升模架设备搁置在支撑钢柱上后，爬升油缸准备回缩，油缸回缩同步位移较小，

架体水平度差值基本保持不变；爬升油缸回缩完毕后，准备爬升模架的预顶升，预顶升过程中油缸压力设定值较小，爬升模架设备模架搁置在支撑钢柱系统上保持静止状态，预顶升过程中的爬升模架设备水平度保持不变；当处于爬升状态时，爬升模架设备通过26组爬升油缸进行匀速爬升，当油缸顶升位移不同步且差值增大时，爬升模架设备水平度产生较大差异变形。当同步位移差超过5mm时，爬升模架设备的水平变化趋势与油缸同步位移差一致，这进一步说明爬升模架设备水平度变化与油缸同步位移变化呈现强相关的联系。

研究表明，爬升模架设备载荷分布不均是导致油缸顶升压力不同且急剧变化的重要因素，从而影响多油缸同步顶升控制效果。爬升模架设备荷载大小分布越均匀，各伸缩油缸所承受载荷压力越接近；伸缩油缸压力波动幅度越小，爬升过程中爬升模架设备同步性控制就越好。

由图4-71可见，当油缸压力值波动幅度较大时，对应的油缸同步位移差也较大；当油缸处于缩缸状态时，油缸所承受的外部荷载较小，油缸压力数值较小且平稳，各油缸运行近乎完全同步。预顶升结束后，当爬升模架设备进入自动爬升控制模式时，油缸压力波动很小，各油缸伸缩位移保持一致，同步效果较好。由监测反馈控制数据证明，采用多油缸PID同步控制策略，有助于改善爬升模架设备爬升过程的稳定性及安全性。

油缸压力对于爬升模架设备同步位移产生影响，并且直接影响爬升模架设备的水平度。由图4-72可见，各组油缸顶升压力在0～40t范围内变化，爬升模架设备各个测点水平度在−20～30mm范围内波动；在预顶升后、正式爬升前（800～2000s），爬升模架设备各油缸压力波动变化剧烈，同时爬升模架设备水平度变化较明显。在爬升阶段的中、后期（2000～6000s），爬升模架设备各油缸同步控制系统运行状态较好，油缸压力波动较小，爬升模架设备水平度变化幅度很小。爬升模架设备下降搁置过程（6000～7000s），爬升模架设备水平度变化幅值由大变小，搁置后总体恢复至初始状态。爬升模架设备下降过程中的油缸压力变化波动幅度较大，直接影响爬升模架设备水平度的大小。

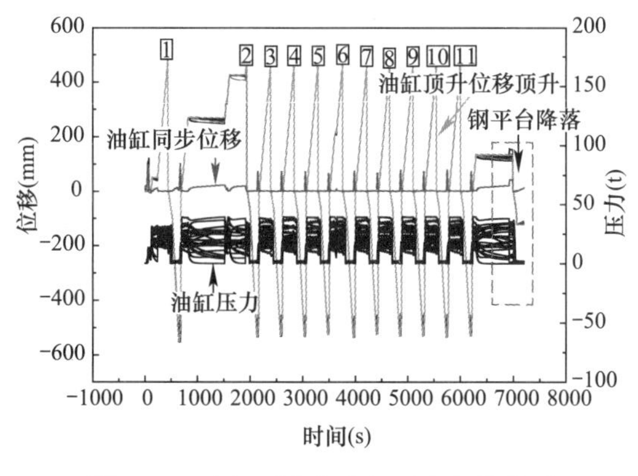

图4-71　油缸顶升位移与压力变化关系

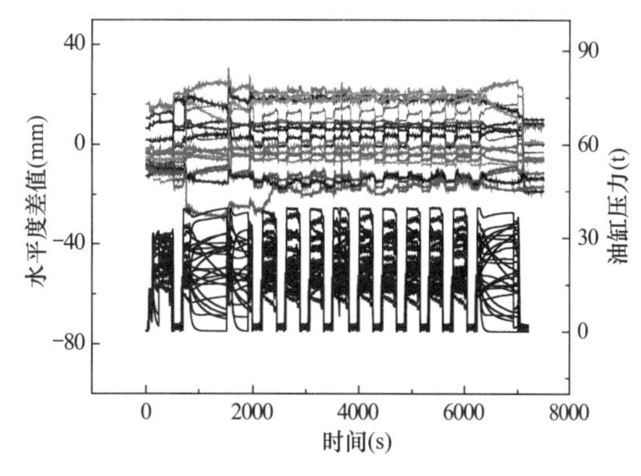

图4-72　油缸顶升压力与模架水平度之间的关系

4.4.2　模架爬升状态监测及控制策略

1. 基于实时监测数据的动态评估反馈控制准则

超高层爬升模架设备爬升姿态环境不确定性强，操控难度大。为了保证模架设备爬升效率、安全性和平稳性，实现爬升过程中的动态反馈控制，爬升模架设备动态评估控制准则的研究至关重要。

由于外部随机荷载和自重的作用，柔性爬升模架设备架体产生差异变形，以及单个爬升系统油缸承担的荷载不同，使得模架设备爬升不同步以及承担的压力大小不同，导致架体水平度产生变化。根据相关规范、多工况数值模拟以及监测数据的统计分析，得到爬升模架设备动态爬升过程多级预警指标，如表 4-15 所示。图 4-73 为基于实测结果的爬升实时动态评估反馈控制准则。

爬升模架设备动态爬升过程监测数据多级预警指标　　　　表 4-15

监测对象	监测内容	爬升状态多级预警值		
		Ⅰ	Ⅱ	Ⅲ
钢平台系统	平台水平度	≤20mm 或 $L/400$（不含初始值）	≤30mm 或 $L/400$（不含初始值）	≤40mm 或 $L/400$（不含初始值）
支撑系统	牛腿（承力销）压力	≤45t 或 K_SM_A/N_S	≤55t 或 K_SM_A/N_S	≤65t 或 K_SM_A/N_S
	牛腿伸出位移	$L_2 \leqslant L_s \leqslant L_2+L_c$	$L_2 \leqslant L_s \leqslant L_2+L_c$	$L_2 \leqslant L_s \leqslant L_2+L_c$
	牛腿缩回位移	$\geqslant L_d+L_e$	$\geqslant L_d+L_e$	$\geqslant L_d+L_e$
	牛腿（承力销）脱离	准确率 100%	准确率 100%	准确率 100%
	牛腿（承力销）搁置	准确率 100%	准确率 100%	准确率 100%
	筒架柱垂直度	≤5mm 或 3‰	≤6‰	≤8‰
爬升系统	爬升导轨柱垂直度	≤1.2‰	≤3‰	≤5‰
	油缸压力（同步爬升）	≤30t 或 P_c	≤40t 或 P_c	≤50t 或 P_c
	油缸位移（同步爬升）	位移差≤5mm	位移差≤15mm	位移差≤25mm
	爬升速度	≤2.2mm/s	≤2.8mm/s	≤3.6mm/s
作业环境	风速方向	≤18m/s（6 级）	≤18m/s（6 级）	≤18m/s（6 级）

根据不同的工程等级选择不同的预警指标，例如同步爬升监测与控制中报警指标设定油缸压力差和位移差分别为 3MPa 和 5mm，单个油缸预警指标为 40t，控制系统设定位移差和油缸压力差采集的频率为 0.14Hz；架体水平度控制指标为 20mm，筒架垂直度控制指标为 5mm，爬升导轨柱垂直度控制指标为 1.2‰；风速控制指标为小于 18m/s（6 级）。

2. 爬升同步反馈控制原理

爬升模架设备爬升同步控制是通过对油缸顶升位移、油缸顶升负载、油缸同步顶升位移差 3 个目标参数进行逻辑判断而实现。爬升模架设备提升前准备阶段，首先在控制系统内输入目标参数，通常油缸顶升位移值设置为 550mm，油缸承受最大负载值设置为 50t，油缸同步顶升位移差值设置为 20mm。不同工况下输入的目标参数可能不同。图 4-74 为爬升模架设备爬升同步控制原理。速度同步控制策略是通过控制顶升油缸的速度来保证爬升模架各顶升点的位置实时同步。假定各顶升点初始高度 $H(0)$ 一致，升降动作执行时间 T，速度为 $V(t)$，那么 $H(t)=H(0)+V(t)\cdot T$。

如果各顶升点的爬升速度 V 一致，显然 $H(t)$ 也保持一致。这里我们使用一个带速度闭环的增量型 PID 运算，来保证速度同步性。对每一个顶升油缸单独进行速度闭环控制，速度设定值 V_n 由多次测试取其最小值，以保证每个油缸都能达到这个速度。假定速度差值 $e=V_0-V_n$。经过调试和校准，速度同步能保证其位置同步，极端情况，各支撑油缸之间的最大误差 E_{max} 大于 e_0，这时需使用位置 PID 控制算法介入模架设备的升降过程，但会引起爬升模架设备升降停顿现象。控制流程如图 4-75 所示。

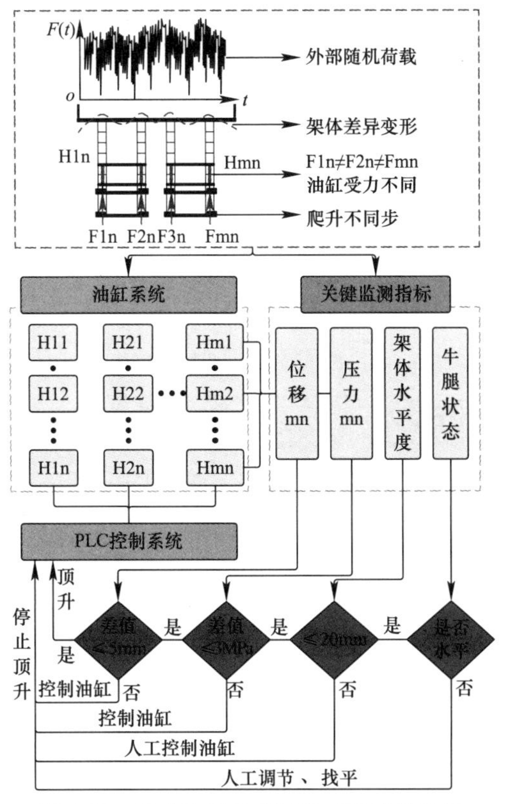

图 4-73　爬升实时动态评估反馈控制准则

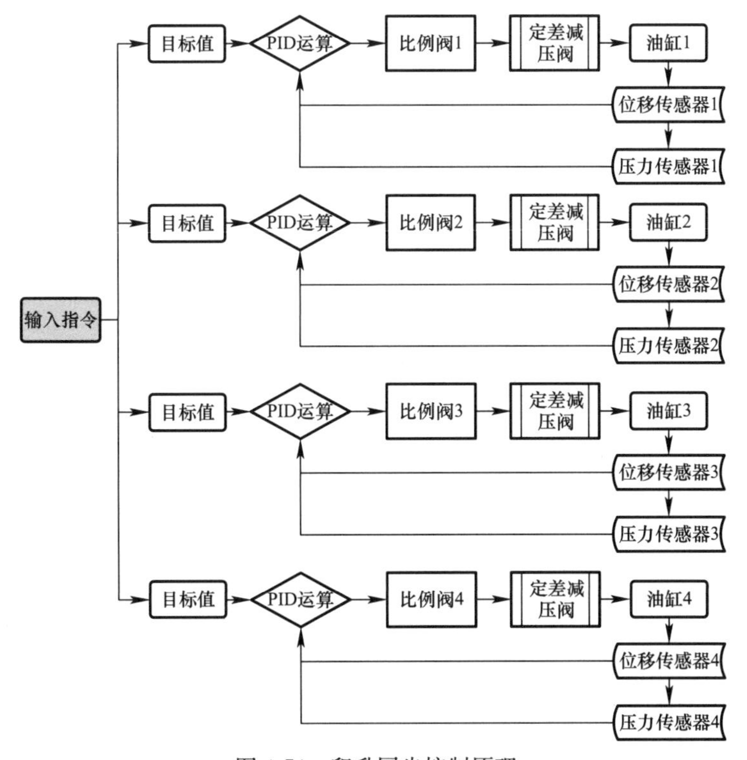

图 4-74　爬升同步控制原理

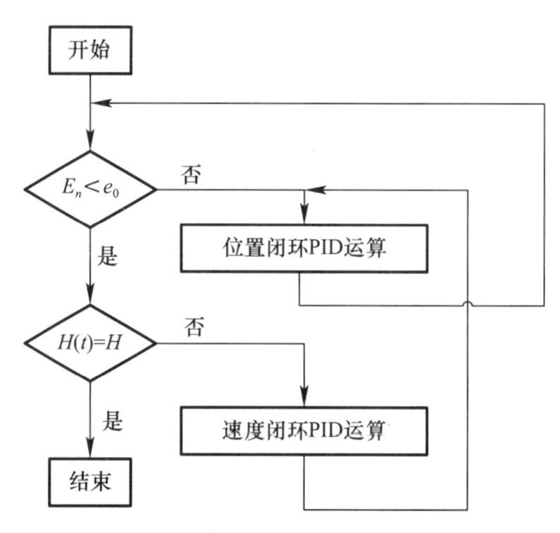

图 4-75 位置与速度双闭环 PID 控制流程

4.4.3 模架爬升姿态监控预警方法

针对模架装备爬升姿态的控制与预警指标的研究尚不充分，通过模架装备爬升姿态的关键影响因素分析，提出建筑工程模架装备爬升姿态动态监控预警方法，在模架装备爬升过程中实时监控钢平台系统水平度，并根据每次爬升前后的水平度差异，动态修正监测值和预警界限值，形成爬升分级预警区间，增加爬升状态感知的灵敏度和准确度，保障模架装备的运行安全。

1. 技术原理

模架装备的爬升阶段和作业阶段分别采用钢立柱导轨和承力装置交替支撑在混凝土结构上，根据支撑点所处的阶段，可将其分为爬升支撑点和作业支撑点两种形式，这两种支撑点在混凝土结构平面位置均匀分布，图 4-76 给出了爬升支撑点和作业支撑点分布情况。作业支撑点主要影响模架装备爬升前后的初始姿态和就位姿态，而爬升支撑点则对爬升过程中对钢平台系统的支撑能力和平台的整体稳定性产生持续影响。

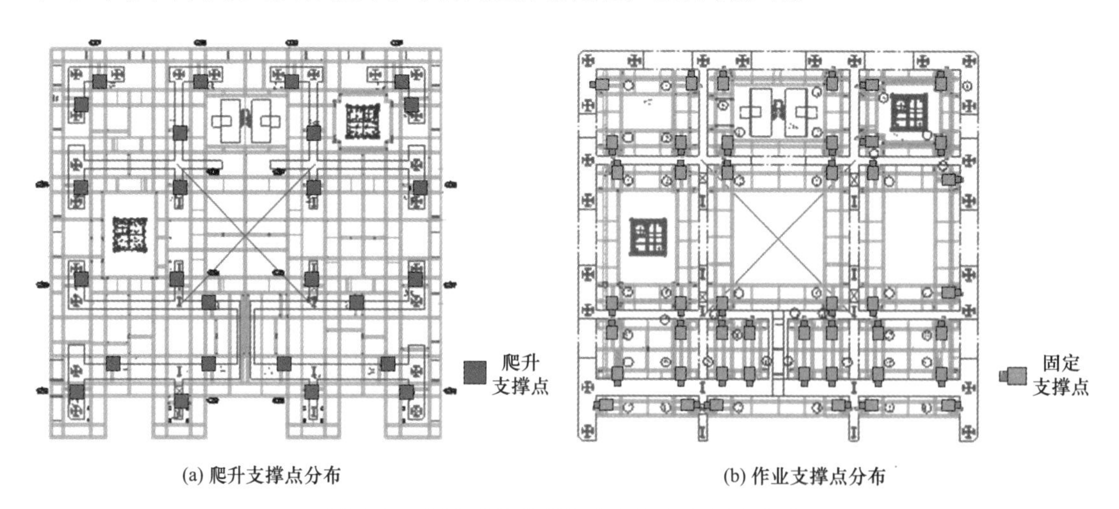

(a) 爬升支撑点分布　(b) 作业支撑点分布

图 4-76 爬升支撑点和作业支撑点分布示意图

爬升阶段影响钢平台系统整体稳定性状态指标为其水平度，其影响因素主要包括各个顶升油缸的伸缩同步性、各个支撑点的高度差。其中，顶升油缸的伸缩可通过在PLC系统中设置相邻油缸的允许伸缩位移偏差值进行控制，支撑点主要依靠人工在混凝土结构墙体设置预留孔洞或者预埋件，同一楼层的标高难以精确控制，实际施工过程中各个支撑点的高度存在差异。如图4-77所示，筒架支撑点的高差 Δh_{L2} 造成钢平台系统产生初始高差 Δh_0，爬升过程中的支撑点高差 Δh_{L1} 以及爬升油缸的不同步高差 Δh_{ab}、Δh_{bc}、Δh_{ac} 相互耦合作用，造成钢平台系统爬升过程各个点存在误差，钢平台系统产生最大高差 Δh_t。钢平台系统过大的高度差异对模架装备的爬升姿态造成不利影响。

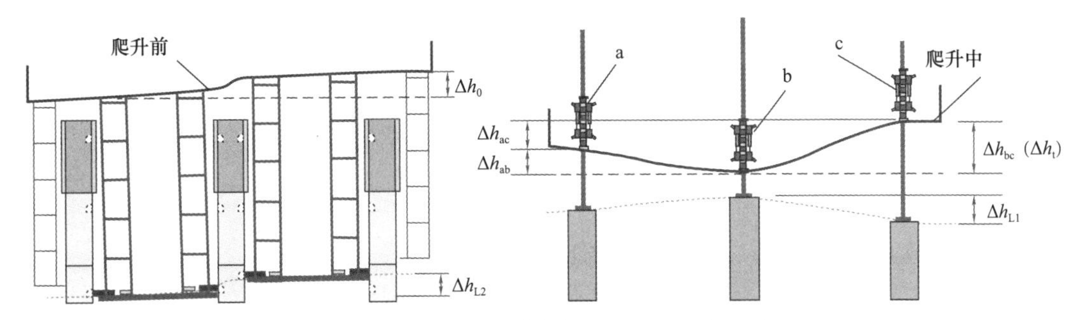

图4-77 支撑点对模架装备爬升姿态的影响

为实时管控模架装备工作状态，在钢平台系统分散设置多个监测点，在每个监测点设置监测传感器实时采集该点的垂直位移偏移数据，并发送至监控信息系统。监测传感器可采用传输稳定性好、受外界干扰影响小、数据准确的光纤光栅静力水准仪，安装在钢平台系统钢梁腹板的中轴位置，通过系统校正确保各个水准仪处于同一水平面位置，即各个水准仪的初始值均为零。

光纤光栅静力水准仪技术原理：水准仪利用连通液的原理，多个通过连通管连接在一起的储液罐的液面总是位于同一水平面，通过液位传感器测量不同储液罐的液面高度，经过计算得出各个静力水准仪的相对垂直位移差，特别适用于高精度监测垂直位移的场合。

2. 模架装备爬升姿态实时监测

以深圳雅宝大厦超高层项目的模架装备为例，介绍模架爬升姿态监控预警方法。根据多个超高层建筑工程模架装备监控项目的工程实践结果，以钢平台系统平面最大边长的2‰作为最大预警控制值进行试验验证，则模架装备最大位移差预警控制值为60.4mm，设置三级监控预警界限值，并以最大位移差预警控制值的50%、80%、100%分别作为一级、二级、三级预警区间的分级比例系数，则该工程项目中钢平台系统爬升水平度的基准一级、二级、三级预警界限值分别为30.2mm、48.3mm、60.4mm。

为了实时监测模架装备的水平度情况，在模架装备的主要受力平面（钢平台系统）的钢梁位置设置了16个静力水准仪传感器，中间4个，四周共12个，编号为SZ1～SZ16，测点位置与编号如图4-78所示。

图4-79给出了模架装备在爬升开始前某时刻的16个监测点的实测值，最高点和最低点分别位于钢平台系统的对角位置，最大高差达到37.9mm。

图4-80给出了该次爬升全过程的16个水准仪实测时程数据结果，模架装备大约从11：10开始爬升，到13：25左右结束爬升流程，爬升阶段每个水准仪的实测数值变化幅度

远大于施工阶段，将 16 个测点的最大位移差实测值 Δh_t 作为模架装备水平度的监控指标。

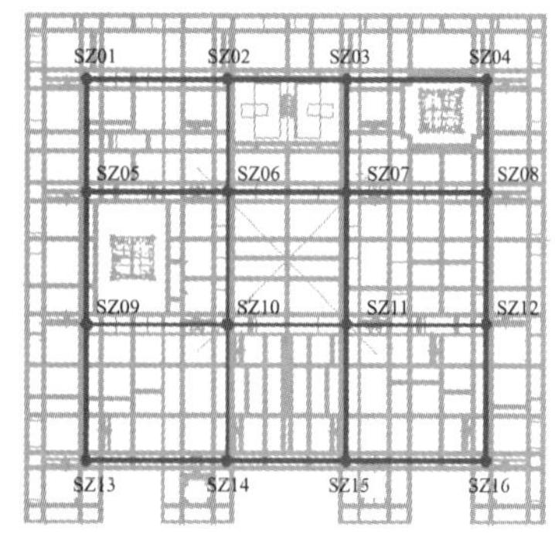

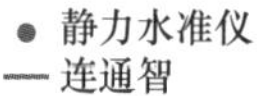

图 4-78　模架装备静力水准仪布置

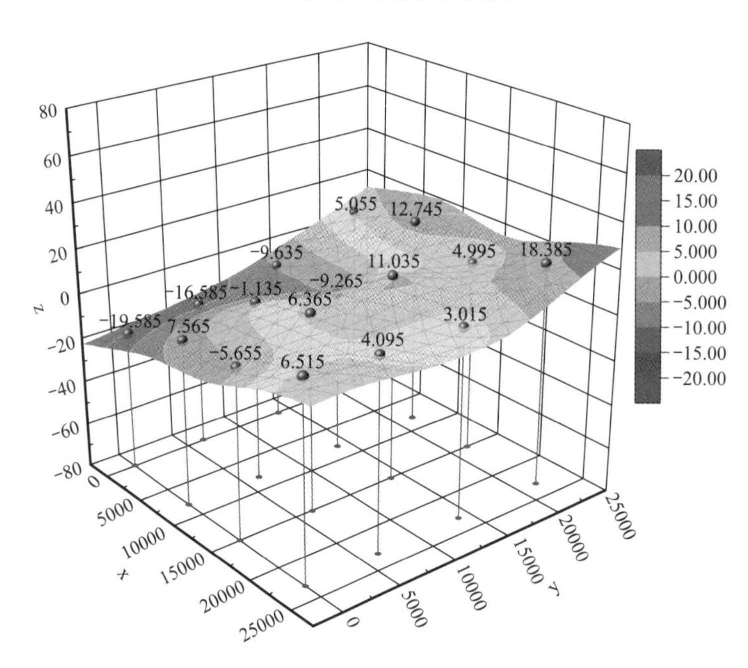

图 4-79　单次爬升钢平台水准仪实测值

图 4-81 给出了连续三次爬升的最大位移差实测值 Δh_t 的时程数据，由于每次爬升前后的作业支撑点存在位移差，导致每次爬升过程中最大位移差的起始和结束位置呈现阶跃式特征，这种阶跃的水平位移差不利于爬升过程中对模架装备状态进行精细化判断，如果采用固定指标界限值，这种初始差异会对爬升过程中的变化状态造成干扰。

3. 模架装备爬升姿态分级预警

图 4-82 给出了该次爬升过程中修正后实测值与分级预警应用情况。模架装备爬升过程中，钢平台系统最大位移差在此次爬升过程中的变化幅度较大，尤其是在初始阶段和转换阶段，而在平稳爬升阶段的变化幅度相对较小；最大位移差修正值在转换阶段的末端时刻，即模架装备顶升油缸收缩回落就位时，超过了三级预警界限值，此时在现场及时进行了停机复位处理，模架装备水平度快速修复至正常可控范围，因此，通过该方法可较好地反映模架装备爬升时的整体工作姿态，有助于发现爬升中的问题并及时恢复正常爬升流程。

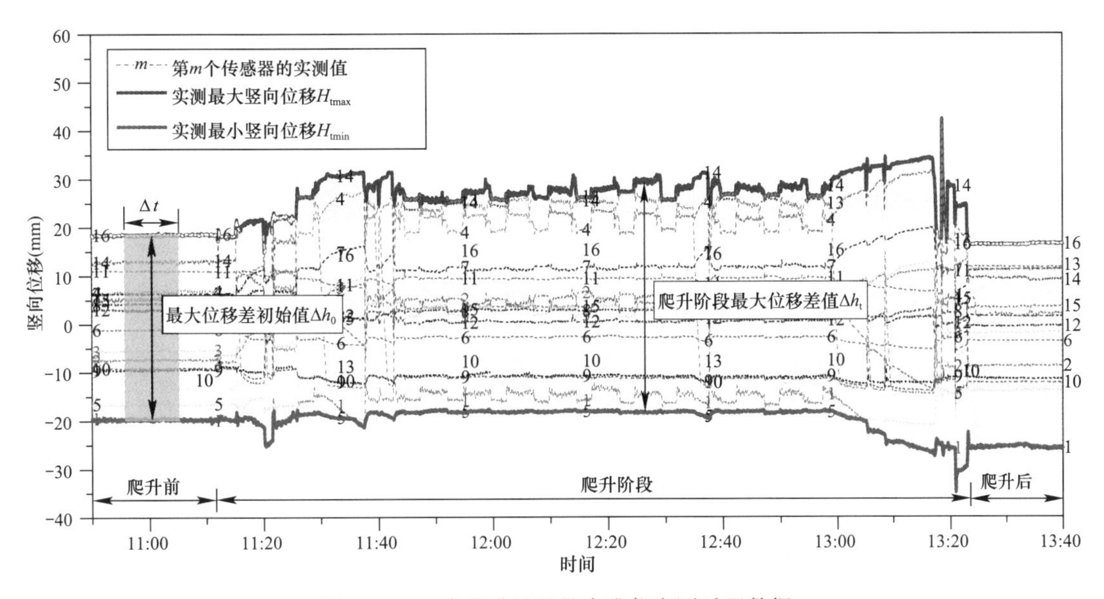

图 4-80 一次爬升过程的水准仪实测时程数据

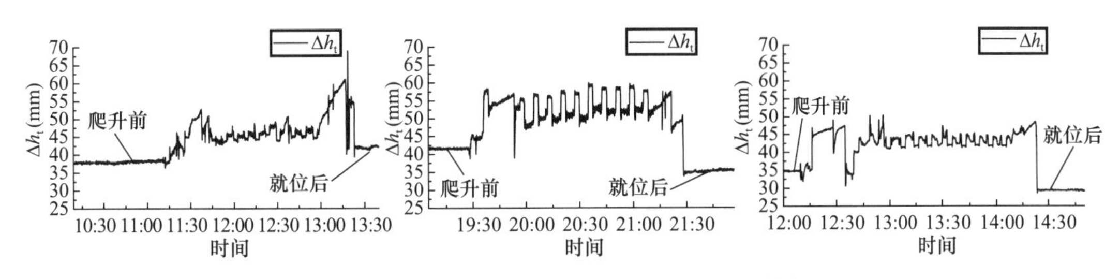

图 4-81 连续三次爬升过程的水准仪实测时程数据对比

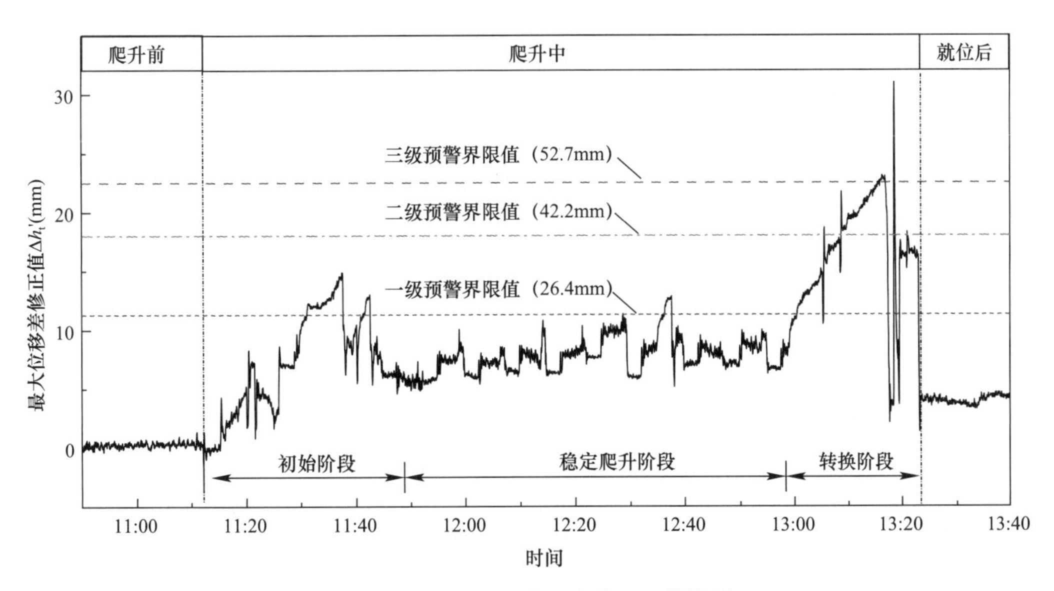

图 4-82 修正后的水平度分级预警结果

模架装备爬升姿态的监控重点在于对其主受力平面水平度的监测与预警，因此可以将主受力平面分布点的最大位移差作为模架装备爬升姿态的判别指标，并设置分级预警界限值，实时掌握模架装备行进过程的水平度状态。影响模架装备爬升平稳性的主要因素有顶升油缸的行程差、爬升支撑点和作业支撑点的位移差，位移差对模架装备爬升前后的结构应力和变形影响较为显著。研究形成的建筑工程模架装备爬升姿态动态监测预警方法，可有效解决建筑工程模架装备爬升阶段的固定预警指标识别灵敏度差的问题，实时监控模架的爬升姿态，实现动态识别并预警，保障爬升模架设备的运行安全。

4.4.4 模架爬升姿态智能控制技术

1. 反馈控制系统设计

反馈控制系统主要由上位机监控软件、控制系统、液压泵站、执行机构、传感单元等组成。反馈控制系统采用 PLC（可编程控制器），上位机软件采用工控组态软件，设计的液压泵站系统为爬升模架设备顶升油缸及水平支撑牛腿油缸提供动力源，执行机构包括多个顶升油缸、水平伸缩油缸，传感单元包括油压式压力传感器、拉线式位移传感器、磁致式位移传感器以及各类控制阀通信传感器。

爬升模架设备动态爬升反馈控制过程主要通过表 4-16 中功能步骤配合实现。

爬升控制功能介绍 表 4-16

功能	介绍
称重	通过液压顶升控制系统实现爬升模架设备重量的称重
预顶升	油缸位置标高不在同一水平面时，先通过油缸预顶模式，使得所有油缸进入受力状态
压力补偿	油缸压力较大或系统供压不足时，可自我进行压力保护以及压力补偿来弥补
同步控制与力跟随	爬升模架设备预顶升结束后，开启油缸同步顶升模式，直到油缸柱塞杆伸出至设定行程；若个别油缸因设备问题或特定原因无法跟随同步，则通过单独顶升实现该点的升降
手动控制	爬升模架设备爬升完成后，需要恢复到搁置状态模式，启动油缸同步降落模式，爬升模架设备缓慢落下；当系统无法进行同步模式操作时，可采用手动模式进行控制

图 4-83 为爬升模架设备液压同步控制系统设计原理图。通过电机旋转联动柱塞泵工作向油缸供油，单向阀用来保证油液单方向流动避免回灌，泵站出口连接溢流阀组（也称为泵站系统的安全阀）调节泵站工作压力。三位四通换向阀控制油液流通方向，通过电磁比例换向阀可连续调整油缸进油量大小，保证油缸运行同步。双向液压锁可保证爬升模架设备悬停时不会下滑，双向平衡阀可提高爬升模架设备上升或者下降的稳定性。爬升模架设备顶升过程中，油缸位移传感器及压力传感器实时为监控平台、控制系统提供监测数据。

2. 传感反馈监测单元硬件设计

位移传感器采用外置的拉线式位移传感器，由可伸缩的不锈钢丝缠绕在一个可转动的轮毂上，此轮毂与绝对（独立）编码器连接。位移传感器设置于支撑钢柱两侧挡板上，伸缩钢丝线悬挂于顶升油缸底部爬升靴连接块上，如图 4-84 所示。油缸压力传感器采用电流输出型压力传感器，在顶升油缸进油口油路附近设置一个三通连接件，将压力传感器直接安装于三通管件上，如图 4-85 所示。当顶升油缸承受一定载荷后，压力通过有杆腔传递给无杆腔油液，再通过压力传感器对内部液体压力进行监测。

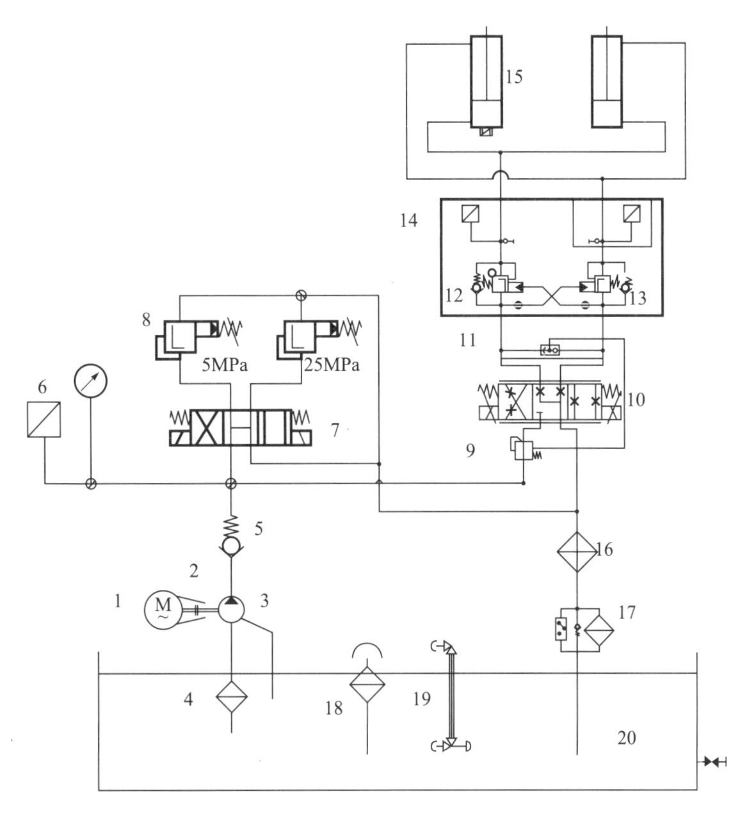

图 4-83　液压同步控制系统基本回路

1—电机；2—联轴器；3—柱塞泵；4—吸油滤油器；5—单向阀；6—压力表组件；7—三位四通换向阀；8—调压溢流阀；9—压力补偿阀；10—电磁比例换向阀；11—信号放大器；12—双向液压锁；13—双向平衡阀；14—压力传感器；15—顶升油缸；16—回油滤油器；17—回油被压阀；18—空气滤清器；19—液位液温计；20—油箱

图 4-84　位移传感器

图 4-85　压力传感器

液压泵站系统由液压油箱、电机泵组、控制阀组、油管及连接头装配而成，如图 4-86 所示。液压油箱的容积为 500L，油箱上分别设有热交换器、液位计、空气滤清器、放油堵头等配件。电机泵组包括一台 15kW 电机泵组。比例换向及调压阀组包括系统调压阀、比例换向阀、叠加式压力补偿器、压力表、压力变送器等。阀均采用叠加式结构，装于阀块上，系统工作压力由电磁溢流阀控制，执行机构换向采用比例阀控制，可实现无级调速，通过平衡阀及锁止阀可实现任意位置停止并保压。

图 4-87 为爬升模架设备液压同步顶升系统的本地端液压泵站配套电气控制系统，主要由 PLC、通信模块、空气开关、接触器、无触点继电器、传感器等配件组成，电路高压部分均进行接地保护。当系统负载电流过大、短路时，断路器和熔断器会起到保护作用。同步顶升控制系统选用 1 台 300 PLC 控制器作为整个系统逻辑处理判断“大脑”，可向整个爬升模架设备顶升控制系统发送执行命令，并能够采集各设备的监测信息。4 台液压泵站系统分别配置 1200 PLC 作为执行控制子站单元，子站控制系统可独立发送操作命令，驱动 1 台液压泵站系统工作，在中央控制室通过主站可实现 4 台泵站系统的运行控制。

图 4-86　液压泵站系统

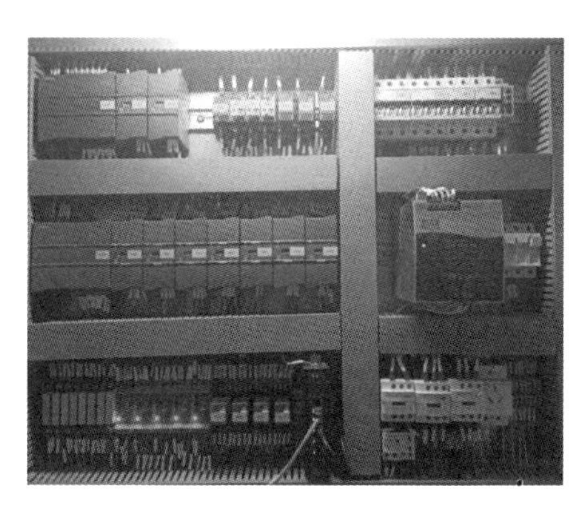

图 4-87　电气控制系统

3. 爬升姿态反馈控制

（1）控制原理

模架装备智能化控制通过智能式的自传感反馈控制系统执行，该控制系统由传感装置、智能控制平台系统、反馈控制装置等组成，可在施工过程中通过实时监测数据评估模架装备的安全性。当超过报警值时，智能控制平台系统向反馈控制装置发出控制指令，反馈控制装置驱动功能部件进行相应的调整，从而实现模架装备的控制。

智能控制平台系统是监控系统的核心，包含整个监控系统的实时数据、历史数据、统计分析、报警信息和数据服务请求，可完成与现场反馈控制装置的点对点双向交互信息传递。

模架装备的反馈控制装置主要包括高性能工控机、可编程逻辑控制器、液压泵站、双作用液压油缸以及压力、位移传感元件。高性能工控机实现对控制器参数变量设置，可编程逻辑控制器进行逻辑运算处理，液压泵站为双作用液压缸顶升和回缩提供动力，双作用液压油缸作为执行机构完成具体操作，传感元件监测双作用液压缸的位移和压力数据，并及时反馈给可编程逻辑控制器。

反馈控制装置与智能监控平台系统结合，通过指令控制双作用液压油缸活塞杆的顶升和回缩。在爬升阶段，双作用液压缸提供模架装备爬升以及爬升系统回提活塞杆的动力；钢梁爬升系统中，双作用液压缸驱动钢梁运动进而带动模架装备爬升，爬升到位后双作用液压油缸带动爬升钢梁回提；工具式钢柱爬升系统中，双作用液压油缸驱动爬升靴组件装置在工具式钢柱上运动进而带动模架装备爬升，爬升到位后双作用液压油缸带动工具式钢柱爬升。在作业阶段，双作用液压油缸提供功能部件运行的动力；双作用液压油缸驱动滚轮装置移位，带动吊脚手架系统进行空中滑移；双作用液压油缸驱动竖向支撑装置承力销水平伸缩，控制承力销在混凝土结构支承凹槽上的搁置与脱离。

(2) 控制流程

控制流程主要采用液压油缸荷载和位移综合调控的补偿技术，设定爬升指令，动态调节液压油缸输出的液压和位移，分别通过荷载监测系统及位移监测系统实时监控荷载及位移数据，并将其实时反馈到液压控制室作为控制指令的依据，保证模架装备爬升过程的同步平稳；模架装备爬升到预定高度后，通过智能控制平台系统设定控制指令，使得竖向支撑装置承力销精准搁置在混凝土结构支承凹槽上。其中，爬升速率通过液压控制系统直接进行控制；爬升平稳度及爬升同步性通过监测各液压缸的位移差进行控制，当位移差超过预警值时，通过智能控制平台系统调节液压缸的顶升距离，同时实时接收位移差监测数据，直到预警消除；搁置安全性通过智能支撑装置和视频监控设备实现竖向支承装置承力销完全搁置在混凝土结构支承凹槽内。

整体钢平台模架装备智能化控制技术能够实现数字化监测的预警信息及实时安全评估危险状态结果的有效反馈控制，使整体钢平台模架装备具备安全状态自我调控能力，大幅提高整体钢平台模架装备数字化管控能力。

4.4.5　模架工艺流程状态实时识别方法

1. 智能识别方法

混凝土结构主体进行每一层施工时，模架装备均需经过爬升、绑扎钢筋、开合模、浇筑混凝土等多道工序流程，不同的工序流程中需要监控的部位、部件各有侧重，依靠传统建模方式和信息模型更新手段，无法有效感知模架装备的实时工作性态，并且由于施工干扰因素多，其工作状态识别准确度不高。为了解决上述问题，提出了一种面向模架装备的工艺流程状态实时识别方法，采用参数化、标准化方法，建立模架装备工艺流程数字状态模型，在模架装备运行过程中，采用三轴振动传感器实时采集模架装备主受力构件上的振动信号，分析其时域和频域特征，并通过机器学习的方法，对各种工作状态进行监测识别，迅速准确反映现场动态变化，从而增强模架装备工作性态自主判别能力，提升智能化水平，保障装备运行安全。

(1) 根据实际工艺流程将模架装备工作状态划分为不同类型，在模架装备的主水平受力层的中心位置，设置1个三轴振动传感器，如图4-88所示，三轴振动传感器固定在模架装备的主受力构件上。三轴振动传感器的采样频率不低于100Hz，每个传感器可实时测量自身所在点位X、Y、Z三个方向的振动加速度，通过采集仪将数据发送至工控机中的监控信息系统。

(2) 针对特定工作状态，将三个方向的振动读数转化为单一的时程信号，通过计算各方向读数的平方和的平方根来构建综合时程信号。对于每一个综合时程信号，提取关键的时域和频域特征，例如均方根值（R_{rms}）、平均值（$\overline{R}$）、峰峰值（R_{pp}）、熵值（R_{H}）等，构建振动加速度信号的特征向量。对不同工作状态下的特征向量进行分类器训练，分类器可以选择KNN、SVM等机器学习或深度学习算法进行分类。

(3) 将训练完成的分类模型部署在工控机的信息监控系统中，实现对实时振动数据的工作状态类别判断。每隔一段时刻读取加速度时程曲线，获得当前实测时程信号和相应的特征向量，通过分类模型进行实时对比，分别输出当前实测时程信号相应工作状态结果。

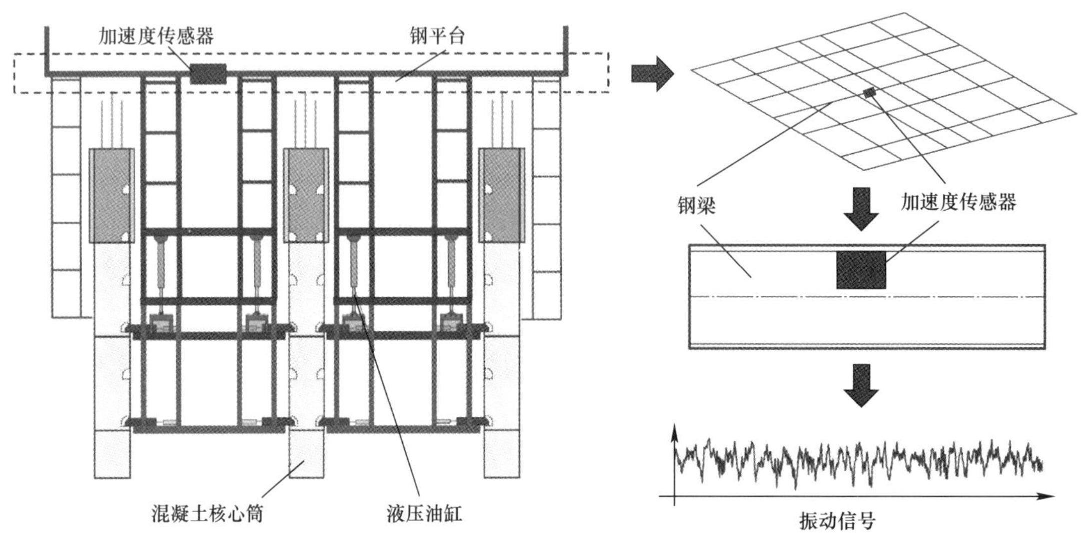

图 4-88　基于振动信号特征的工艺流程状态实时识别

2. 基于振动信号分析的模架工序状态识别

以某超高层建造项目为例，项目采用框架核心筒结构体系，结构高度为 350.10m，地上 70 层，其混凝土核心筒结构采用模架装备施工。在该模架装备主受力平面的型钢梁的腹板位置布设 1 个三轴振动传感器实时采集振动信息，如图 4-89 所示。传感器采样频率为 125Hz，采样间隔取 30s，则单个时间段三轴振动传感器单方向上采样点数为 3750 个。

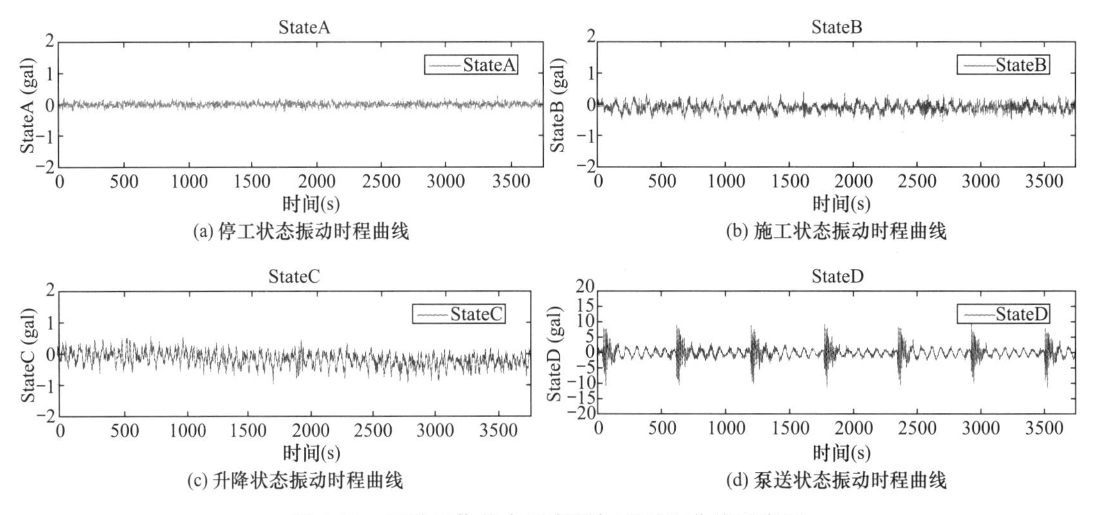

图 4-89　四种工作状态下实测加速时程曲线示意图

根据标准层施工工艺流程，模架装备在 1 个标准层的工作状态可划分为停工、施工、升降、泵送四种，分别用 S_A、S_B、S_C、S_D 表示。停工状态为模架装备静止搁置在核心筒上，并且其上没有人员和设备活动的状态。施工状态为模架装备上正常进行绑扎钢筋、拆合模板等作业状态。升降状态是指模架装备通过自身的机械动力系统进行上升或者下降活动的动作状态。泵送状态是指部署在模架装备上的混凝土布料机通过泵送设备向楼层中输送混凝土的状态。

为了比较相关数据特征，每种状态截取了 $n=53$ 段加速度时程数据，通过上述步骤，得到 53 个时程信号的组合特征向量。

图 4-90 给出每种工作状态下 53 个时程信号的特征值对比散点图，通过均方根值、平均值、峰峰值、熵值就可以较好地区分四种工作状态。

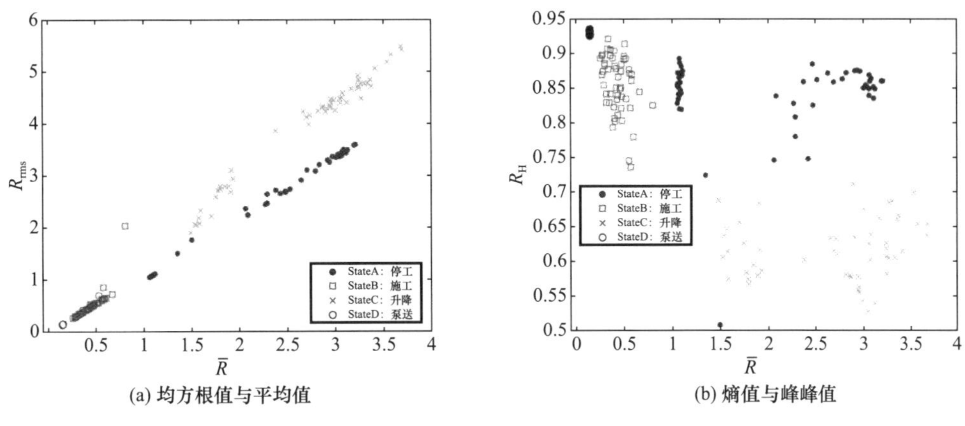

图 4-90　S_A、S_B、S_C、S_D 四种工作状态下的特征值散点图

将组合特征向量通过 KNN 分类器（临近点个数 $K=10$）进行训练，在工控机的信息监控系统中部署训练完成的分类模型，并通过实测时程信号进行验证。在实际施工过程中，根据四种工作状态的实测结果，每种状态分别截取 538 个加速度时程曲线。图 4-91 给出了四种工作状态验证结果的分类预测混淆矩阵。

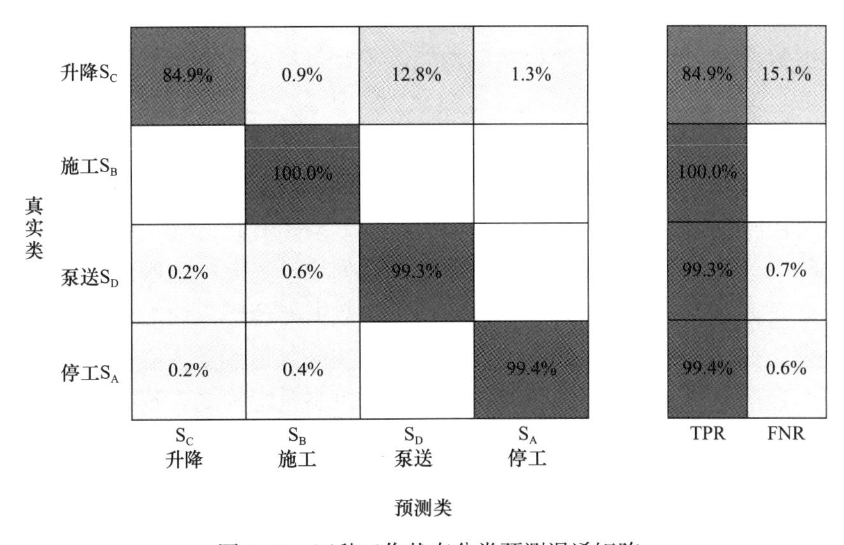

图 4-91　四种工作状态分类预测混淆矩阵

从验证结果可以看出，停工、施工、升降、泵送四种工作状态的识别率分别为 99.4%、100.0%、84.9%、99.3%，总体识别率达到 95.9%，满足高层、超高层建筑模架装备工作状态识别准确度要求。实测数据算例表明，仅利用有限的 1 个三轴振动传感器

的相关时域和频域特征数据，就可较好地识别模架装备关键的工作状态，该技术具有较好的工程应用前景。

4.5 模架装备远程可视化智能监控平台系统

4.5.1 远程可视化安全监控平台软件总体架构

图 4-92 为爬升模架设备远程可视化安全监控平台系统总体构架，监控平台系统通过感知层、传输层和应用层对爬升模架设备的安全状态进行监测和控制，采取本地、远程同步监控策略。

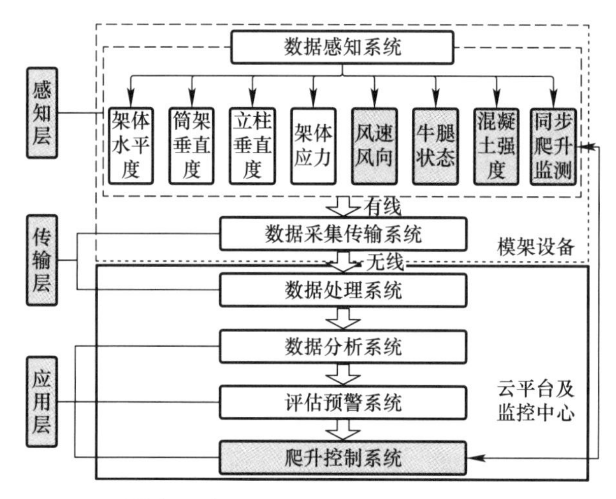

图 4-92　爬升模架设备远程可视化安全监控平台系统总体构架

感知层由数据感知系统实现数据感知功能，主要包括：架体水平度、筒架垂直度、爬升立柱垂直度、架体应力、风速风向、牛腿状态（伸缩状态、压力及油缸位移）、混凝土强度、同步爬升监测（钢柱爬升系统油缸位移及压力）等监测子系统。

传输层由数据采集传输系统、数据处理系统构成，数据采集传输系统中数据传输基于物联网技术采用有线和无线结合的模式，模架设备上采用有线传输模式，模架设备至地面云平台和监控中心采用无线传输模式，所有监测数据均设置于远程服务器上；数据处理系统包括非正常数据处理、数据剔除和目标传感信号数据处理等模块，分别用于重复数据及无效数据处理、拟合及重新取样、应力变形及动态响应目标数据转换等。

应用层由数据分析系统、评估预警系统、爬升控制系统构成，数据分析系统包括静态分析、特征提取和数据挖掘等模块，分别用于特征值及趋势分析、群组分析及主成分分析、相关性分析和演化预测；评估预警系统通过人机交互的网页端和移动端，对监测数据和分析结果进行三维可视化展示，以及对搁置和爬升状态下钢平台系统、筒架支撑系统和钢柱爬升系统的安全性和可靠性进行评估与预警，同时对其安全性进行预测；爬升控制系统通过人机交互的 PC 端，对筒架支撑系统和钢柱爬升系统的液压油缸进行控制。

传感系统、数据采集和传输系统位于爬升模架设备，数据处理系统、数据分析系统、评估预警系统和爬升控制系统位于监控中心。

此外，系统设计还包括用户与系统的人机交互界面等，实现信息的录入、查询、下载和权限管理等功能。

4.5.2 远程可视化安全监控平台设备数据传输架构

爬升模架设备远程可视化安全监控平台系统 I/O 设备数据传输架构，如图 4-93 所示。监控平台系统接入光纤光栅式、超声波、MEMS、电阻式等传感器的数据。光纤光栅式应变计和光纤光栅静力水准仪通过光纤接入光纤光栅解调仪中；支撑牛腿状态等各类监控摄像头通过网线连接硬盘录像机；油缸位移传感器、油缸压力传感器和电磁比例换向阀通过屏蔽线接入 PLC 控制器中；筒架柱倾角计、爬升柱倾角计和超声波风向风速仪通过屏蔽线连接 MEMS 采集仪；支撑牛腿压力传感器通过屏蔽线连接数字接线盒；MEMS 采集仪和数字接线盒通过屏蔽线连接串口服务器；混凝土温度传感器通过屏蔽线连接多功能采集仪，通过无线组网方式（4G）传输给模架交换机。光纤光栅解调仪、硬盘录像机、PLC 控制器、MEMS 采集仪、数字接线盒和多功能采集仪通过网线连接到模架监控室的模架交换机中；采集的信号经解析、格式转换后传送给本地工控机，最终数据由爬升模架设备顶部监控室的工控机上位监控软件进行展示。爬升模架设备顶部监控室和地面项目部监控中心均设置远程可视化安全监控平台系统，分别侧重于爬升监控和安全管控，模架交换机与顶部模架通过无线网桥连接，模架无线网桥（5G）与地面无线网桥（5G）进行无线通信，地面无线网桥和项目部交换机进行连接，顶部监控室与地面项目部监控中心通过无线网桥或光纤的方式进行通信，实现监控数据传输、资源共享，以及爬升模架设备监测数据的远程传输、显示、监测和爬升控制。

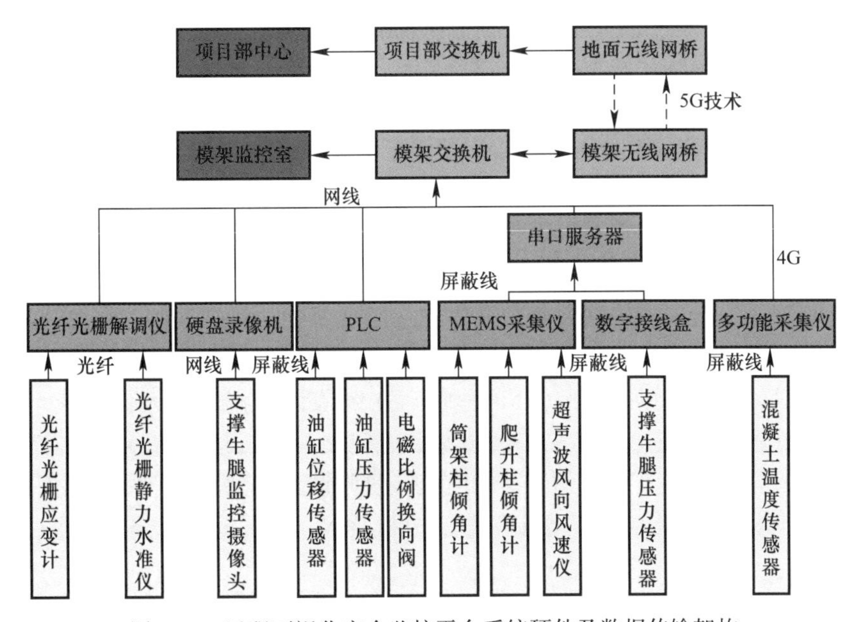

图 4-93 远程可视化安全监控平台系统硬件及数据传输架构

4.5.3 远程可视化安全监控平台控制系统架构

爬升模架设备远程可视化安全监控平台控制系统架构如图 4-94 所示，通过静力水准仪监测爬升模架设备结构本体竖向变形姿态，通过倾角仪监测结构本体水平变形姿态，通过位移传感器和摄像头监测支撑的伸缩状态，对油缸顶升位移、油缸压力、油缸位移差值指标进行实时监测、判断及逻辑控制，保证所有顶升油缸位移在同一时间内处于相同水平高度，油缸压力值控制在安全范围内。

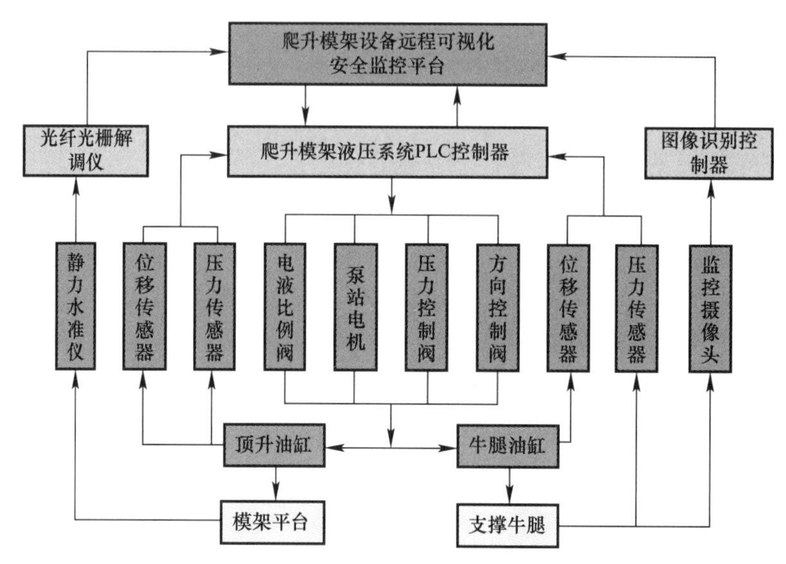

图 4-94　远程可视化安全监控平台控制系统架构

4.5.4　远程可视化安全监控平台系统开发

集成建筑工程施工爬升模架设备支撑体系安全状态监测与评估、搁置状态下安全监测与预警、爬升姿态监测与控制等专项技术，以高可靠度、高稳定性的模块式“组态软件”为底层平台，研发了爬升模架设备远程可视化安全监控平台系统，涵盖附着混凝土结构、支撑结构、模架本体、爬升姿态安全监控等功能模块，实现了爬升模架设备风险全要素全过程的监控、预警、评估预警及反馈控制，以及爬升监测与控制联动。

图 4-95 为爬升模架设备远程可视化安全监控平台 V1.0，可实现爬升模架设备的远程可视化安全监测，但监测和控制分离。具体包括以下功能：管理功能，可实现多个项目的监测管理、登录权限管理；查看功能，软件可在客户端、浏览器、移动端应用；数据分析处理功能，可实现监测数据的自动处理分析、在线统计分析（最大值、最小值、均值、方差）等；安全预警功能，可实现多级预警及可视化展示、预警信息发布及传输，以供管理人员决策；远程可视化显示功能，可实现远程查看，监测数据的可视化显示，基于实测结果和仿真模型的模架设备爬升姿态重构和显示，以及模架设备爬升姿态与监测数据展示。

图 4-96 为爬升模架设备远程可视化安全监控平台 V2.0，爬升控制策略为爬升油缸力同步控制策略，爬升位移预警指标可以自我设定，可实现爬升模架设备全状态的定量监测、评估、预警及反馈控制，以及爬升监测与控制联动。

图 4-97 为爬升模架设备远程可视化安全监控平台 V3.0，爬升控制策略为位移同步、速度同步控制策略，预警指标可以自我设定，可实现爬升模架设备全状态的定量监测、评

估、预警及反馈控制。与平台 V2.0 相比，操作友好性和智能化水平大幅提高，调试运行稳定后，模架装备可按设定的程序自动爬升，无需人员干预，油缸同步偏差较小，大幅度提高提升效率。

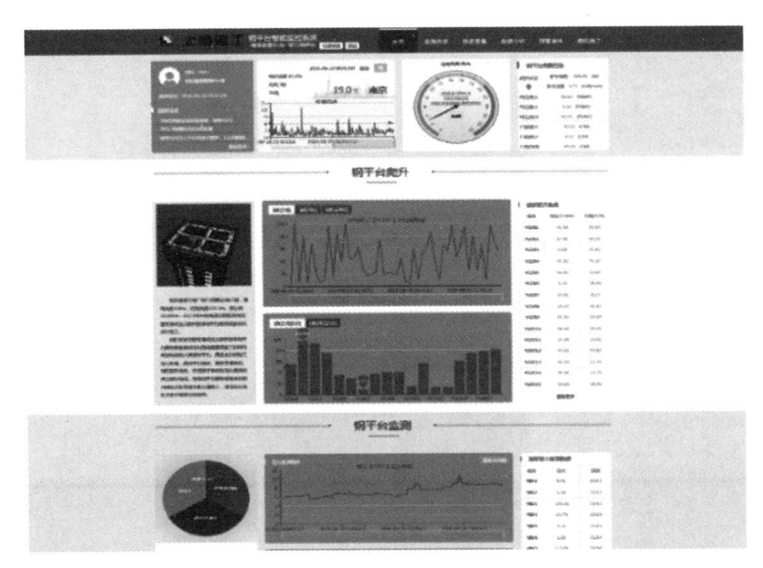

(a) 网页端

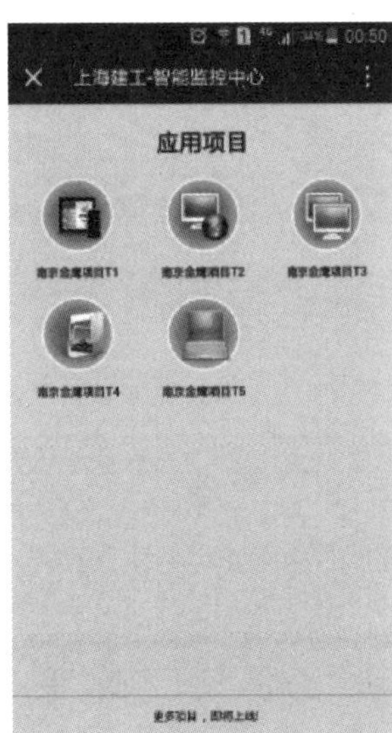

(b) 移动端

图 4-95　爬升模架设备远程可视化安全监控平台 V1.0

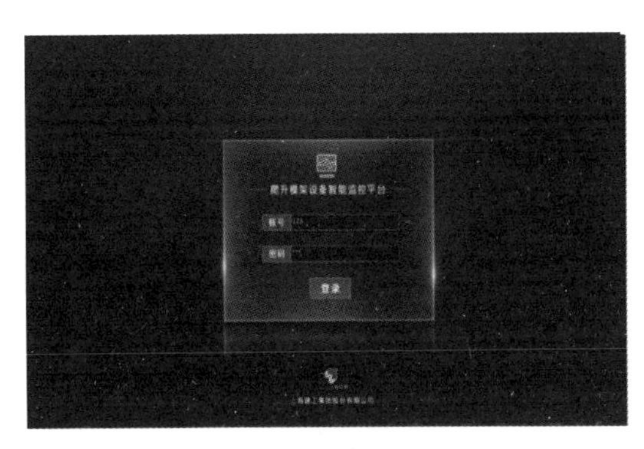

(a) 登录界面

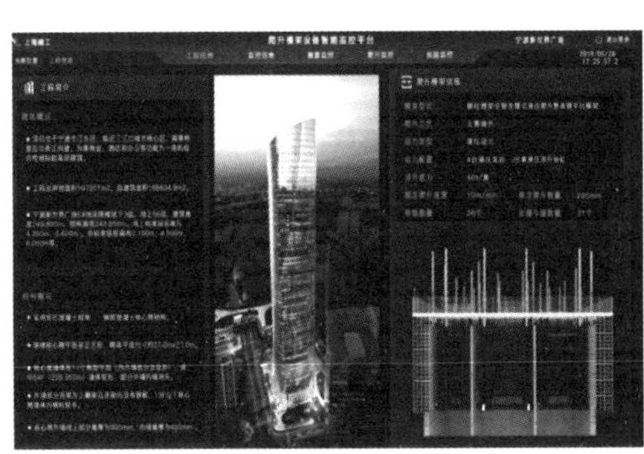

(b) 工程信息

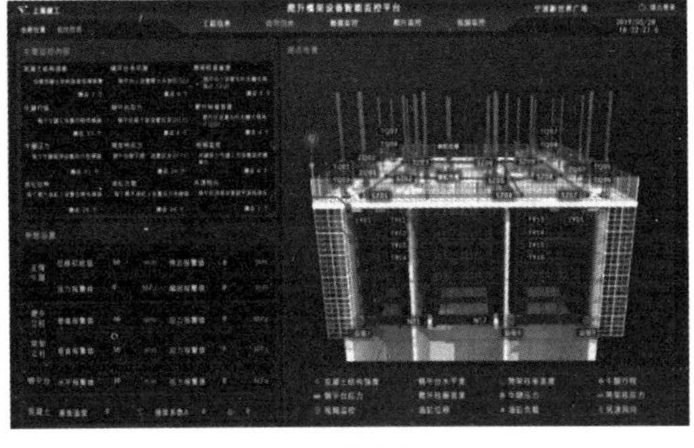

(c) 监控信息

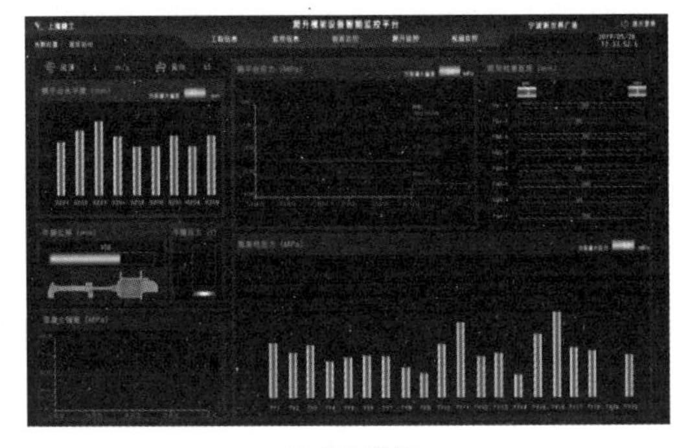

(d) 搁置监控

图 4-96　爬升模架设备远程可视化安全监控平台 V2.0（一）

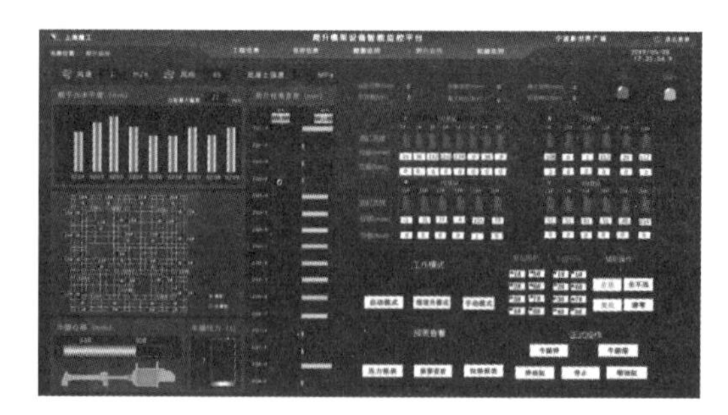

(e) 爬升监控

(f) 视频监控

图 4-96　爬升模架设备远程可视化安全监控平台 V2.0（二）

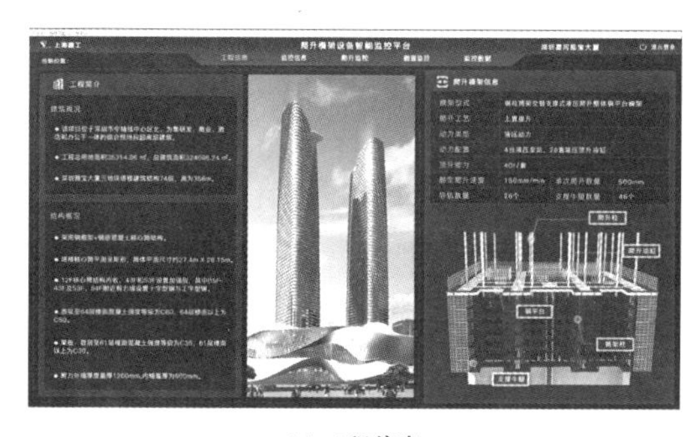

(a) 工程信息

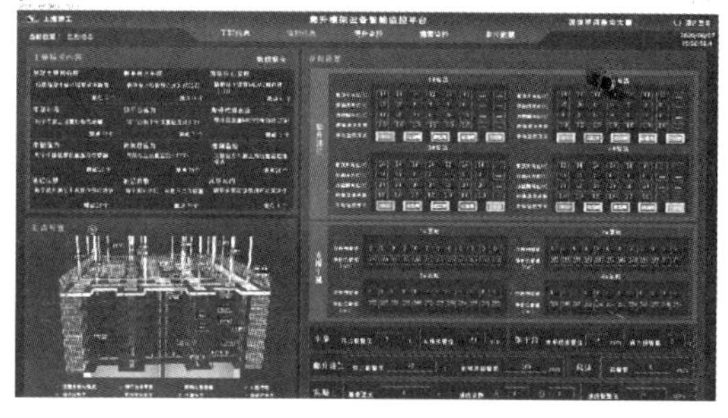

(b) 监控信息

(c) 爬升监控

(d) 支撑监控

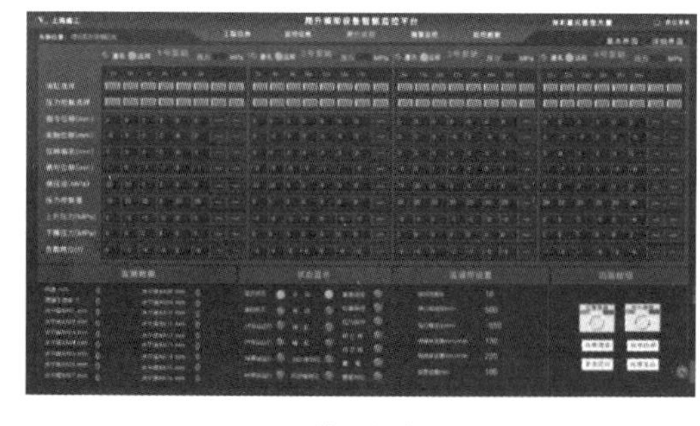

(e) 精细化控制

(f) 搁置监控

图 4-97　爬升模架设备远程可视化安全监控平台 V3.0（一）

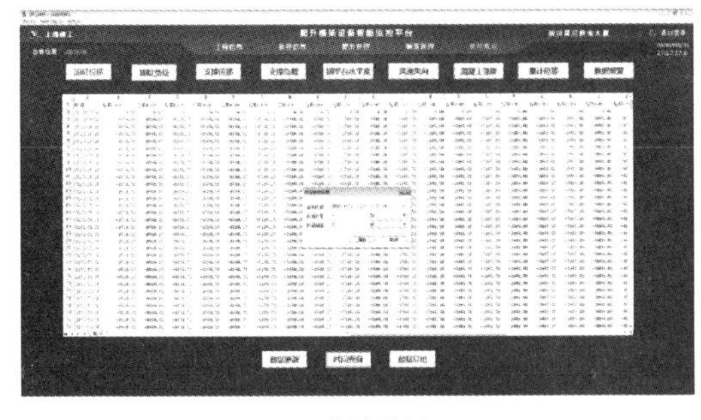

(g) 监控数据

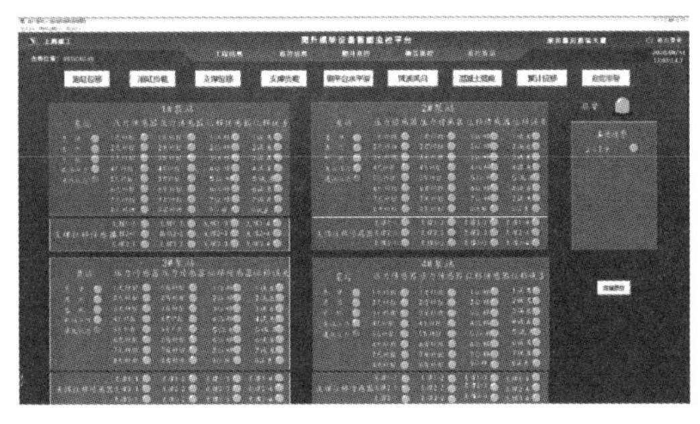

(h) 监控数据

图 4-97　爬升模架设备远程可视化安全监控平台 V3.0（二）

4.5.5　平台系统使用说明

1. 平台系统功能

爬升模架设备远程可视化安全监控平台包括工程信息、监控信息、爬升监控、搁置监控、监控数据菜单。

（1）工程信息菜单包括：项目建筑概况、结构概况、模架模型信息。

（2）监控信息菜单包括：模架监控信息、传感器测点位置、搁置与爬升参数设置、监控预警值设置。

（3）爬升监控菜单包括：模架爬升控制和模架支撑控制。具体包括风向风速、混凝土强度、模架水平度等监测信息，以及液压控制系统状态监测、控制参数设置、爬升油缸控制与监测、支撑油缸控制与监测等。

（4）搁置监控菜单包括：风向风速、混凝土强度、支撑牛腿压力与位移、模架水平度、筒架柱垂直度、爬升钢柱垂直度、筒架柱应力、钢平台应力等监测信息。

（5）监控数据菜单包括：监测数据查询、历史数据保存、监测指标报警等，实现了爬升模架设备监测数据的采集、存储、筛选、分析与预警。

2. 平台系统使用流程方法

针对支撑钢柱与筒架交替支撑式爬升模架设备模架装备（上部顶提升式整体爬升模架设备），在监控平台内输入同步顶升系统运行参数、各泵站系统、执行油缸监测数据报警值，在远端控制中心实现爬升模架设备同步爬升。远程可视化智能监控平台系统的使用方法如下：

模架操控工人通过平台系统进行模架设备操控作业，作业环境必须满足爬升安全标准：风力过大时，平台系统无法正常启动，禁止爬升；混凝土实体强度未达到要求，平台系统无法正常启动，禁止爬升。

模架具备爬升条件后，首先进行支撑钢柱预顶控制，通过输入油缸预顶压力，实现支撑钢柱自动预顶；接下来进行支撑牛腿缩回操控作业，通过平台系统控制模架设备进行预爬升，随后完成支撑牛腿自动缩回操控作业。模架支撑牛腿全部缩回后，设定爬升油缸顶升位移、速度、压力等控制参数，进入模架设备自动爬升过程；模架设备爬升至目标高度后，进行模架支撑牛腿伸出操控，完成模架设备安全搁置。

远程可视化智能监控平台系统详细使用流程如表 4-17 所示。通过使用监控平台系统，可实现模架设备爬升过程与搁置过程安全的数字化监控。

远程可视化智能监控平台系统的使用流程 表 4-17

编号	施工阶段	应用步骤流程
1	爬升准备阶段	通过智能监控平台自动监测的风速和混凝土结构强度数据自动判断模架装备是否具备爬升条件
2	预顶升调试	设定油缸预顶压力（10t 左右）、观察油缸位移及压力 判断顶升油缸是否进入顶升状态
3	预爬升	智能平台发送预爬升指令（设定 5cm 左右），保证在负载和油缸接触的起始位置不在同一平面时的同步爬升 观察智能平台所监测的液压油缸压力和位移数据 自动判断是否爬升指定高度、液压油缸工作状态是否具备爬升条件
4	自动称重	所有油缸都爬升设定位移后，以实际压力换算成输出力进行记录 完成对爬升模架设备的自动称重
5	支撑牛腿缩回	通过智能平台发送的智能支撑装置牛腿回缩指令，牛腿进行缩回，自动监测支撑牛腿压力状态 通过基于深度学习 AI 算法的智能识别子系统自动识别牛腿是否处于非支撑脱离状态 通过智能平台自动监测智能支撑装置位移数据，自动识别牛腿是否回缩到位，判断是否可以进入正式爬升状态
6	正式爬升	智能平台发送爬升指令，模架装备进行自动爬升 爬升过程通过智能监控平台自动监测钢平台水平度、爬升油缸压力、爬升油缸位移等 通过监测软件自动监测爬升钢柱垂直度、筒架柱垂直度、钢平台主梁应力、筒架柱应力等，并自动评估爬升过程是否处于安全状态
7	爬升过程	设定智能平台爬升油缸伸缩运行速度、位移，进入自动运行模式 平台根据设定的预警值自动评估模架设备的安全状态及爬升姿态 若实时监测数据达到预警值，智能平台将自动发出调整液压油缸位移及压力指令，实现模架设备的动态调整，直至完成爬升 若水平度、爬升位移差达到最大阀值，模架设备自动停止爬升
8	支撑牛腿伸出	爬升到位后，通过智能平台发送的智能支撑装置牛腿伸出指令，牛腿进行伸出 通过智能平台自动监测智能支撑装置位移数据，自动识别牛腿是否伸出到位 通过基于深度学习 AI 算法的智能识别子系统自动识别牛腿是否处于搁置支撑状态 通过智能平台自动监测牛腿压力数据，自动识别牛腿是否伸出到位，进而判断模架设备是否可以进入搁置状态，直至处于正确位置的搁置状态
9	爬升钢柱回提	全部翻转爬升钢柱爬升靴扳手，通过智能平台设定油缸伸缩位移、速度，爬升钢柱进行自动提升，直至回提设定位置，自动停止提升
10	作业过程	爬升模架设备作业过程通过智能平台自动监测风速、钢平台水平度、筒架垂直度、钢平台应力等数据，实现模架设备安全状态的可视化监测、评估和预警

4.6 超高层建筑工程的示范应用案例

4.6.1 南京金鹰

南京金鹰（全称：南京金鹰天地广场项目）是超大型综合体项目。项目位于南京市建邺区所街 6 号地，总建筑面积 91.8 万 m^2，由三座 300m 以上的连体塔楼组成，如图 4-98 所示。其中 T1、T2、T3 塔楼分别为 76 层 368m、69 层 328m、62 层 300m。

(a) 现场概况

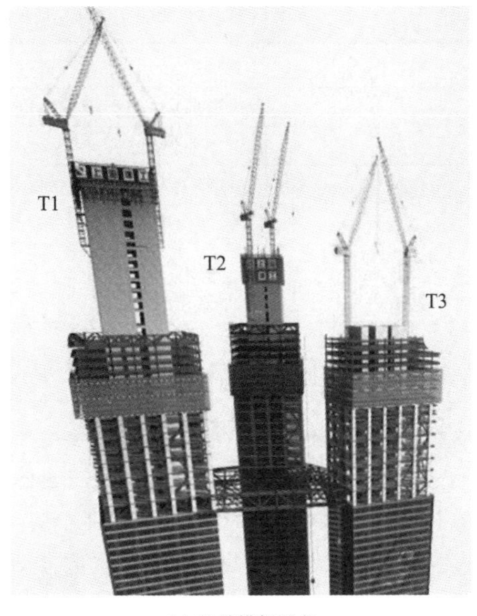

(b) 爬升模架设备

图 4-98　南京金鹰项目概况

T1 塔楼核心筒为九宫格，面积为 916m²，核心筒施工采用了下部顶升式爬升模架设备，模架设备自重约 800t（含钢模提升）、额定顶升动力约 1560t，模架设备钢平台受力主钢梁主要由 HN500×200×10×16 型钢组成，部分 HM340×250×9×14 钢梁分布在核心筒翼墙外侧，所有钢梁上翼缘顶面位于同一水平面。T2 和 T3 塔楼则采用上部顶提升式爬升模架设备，T2 钢平台面积约为 650m²，钢梁主要由 H400×200×8×13 型钢组成。

基于模架设备典型工况的数值模拟结果，重点监测影响爬升模架设备安全性的关键构件和节点。对多种状态爬升模架设备全过程进行仿真分析，重点关注响应或变化较大的构件、节点。表 4-18 为 T1 塔楼爬升模架设备监测内容及对应监测设备。

T1 塔楼爬升模架设备监测内容及对应监测设备　　表 4-18

监测对象	监测内容	监测设备	单位	数量
作业环境	风速风向	风速风向仪（无线）	套	2
	施工环境	摄像头	套	1
架体应力及水平度	应力	应变传感器	个	8
	水平度	静力水准仪	个	12
爬升柱垂直度	垂直度	激光倾角仪	个	5
牛腿状态	伸缩状态	摄像头	套	1
同步爬升状态	油缸压力	压力传感器	项	
	油缸位移	拉线位移传感器	项	

T2 塔楼爬升模架设备监测对象及对应监测设备，如表 4-19 所示。除油缸压力和位移外，传感器与无线采集仪连接，无线采集仪数据通过 4G 网络结合中继模块传输至云服务器。

T2 塔楼爬升模架设备监测对象及对应监测设备　　　　表 4-19

监测对象	监测内容	监测设备	单位	数量
作业环境	风速风向	风速风向仪（无线）	套	1
	施工作业情况	摄像头	套	1
架体应力及水平度	应力	应变传感器	个	8
	水平度	静力水准仪	个	8
筒架应力及垂直度	应力	应变传感器	个	4
	垂直度	激光倾角仪	个	5
爬升柱应力及垂直度	应力	应变传感器	个	3
	垂直度	激光倾角仪	个	3
同步爬升状态	油缸压力	压力传感器	项	
	油缸位移	拉线位移传感器	项	

针对 T1（368m）、T2（328m）塔楼核心筒施工，研究了多种监测硬件以及 BIM 与监测数据融合技术，开展了爬升模架设备安全状态监控技术的现场测试，开发了集数据自动化采集和远程传输于一体的多源异构数据集成采集系统，开发了可实现数据展示、分析、初步预警等功能的爬升模架设备远程可视化安全监测平台系统 PC 端（Web 端）、移动端（微信端），实现爬升模架设备搁置、爬升状态的安全监测，提高施工安全管理水平。图 4-99 为 T1 塔楼爬升模架设备监控中心。

图 4-99　T1 塔楼爬升模架设备监控中心

4.6.2　宁波新世界

宁波新世界广场 5 号地块工程位于宁波市中心城区，项目用地面积 10700m^2，总建筑面积 15.9 万 m^2，其中地上建筑面积 12 万 m^2，地下建筑面积 3.9 万 m^2。建筑结构高度 249.80m，结构形式为塔楼，采用钢管混凝土框架柱＋钢梁＋两道腰桁架＋钢筋混凝土核心筒。超高层建筑核心筒施工采用自主研发的上部顶提升式爬升模架设备，如图 4-100 所示。钢柱爬升系统动力系统由4台液压泵站、26套液压顶升油缸和1套集中控制系统组成。模架设备初始设置26根导轨立柱，54层核心筒结构截面发生变化，调整为13根导轨立柱。每个导轨立柱装有2套上、下爬升靴，每套爬升靴配有一个顶升油缸，可以实现工作平台的整体爬升。

(a) 施工现场

(b) 模架设备

图4-100　宁波新世界模架装备

基于模架装备结构仿真分析结果，整体钢平台结构安全监测对象、监测内容及对应的监测设备，如表4-20所示。其中，爬升立柱垂直度监测采用无线倾角传感器，通过无线组网方式将监测数据接入Lora无线网关中，顶部监控室与地面项目部监控中心通过光纤的方式进行通信。

宁波新世界爬升模架设备监测对象及对应监测设备　　表4-20

监测对象	监测内容	监测设备	单位	数量
作业环境	风速风向	超声波风速风向仪	套	1
牛腿（支撑承重销）监测	牛腿压力	牛腿行程加内部压力一体化支撑装置	套	1
	牛腿位移	牛腿行程加内部压力一体化支撑装置	套	1
	牛腿视频	枪型摄像机	台	9
架体应力及水平度	应力	钢结构表面安装光纤光栅式应变计	个	6
	水平度	光纤光栅式静力水准仪	个	9
筒架应力及垂直度	应力	钢结构表面安装光纤光栅式应变计	个	20
	垂直度	光纤光栅式倾角计	个	8
爬升立柱垂直度	垂直度	无线倾角传感器	个	8
同步爬升状态	油缸压力	压力传感器	项	26
	油缸位移	拉线位移传感器	项	26
附着混凝土结构	温度及强度	附着混凝土结构实体强度监测系统	套	2

针对宁波新世界超高层模架设备，研发了爬升模架设备远程可视化安全监控平台（图4-101），可以实现附着混凝土结构、支撑结构、架体安全的监测、评估、预警和动态管控，以及爬升姿态安全的远程监测控制。

（1）爬升模架设备爬升前，通过安全监控平台的安全监测系统监测风速风向、牛腿伸缩状态、牛腿压力、牛腿油缸位移和混凝土强度，判断爬升模架设备是否满足爬升条件，直至风速风向环境条件、核心筒结构混凝土强度，以及牛腿伸缩离开结构预留洞口等满足条件后，进行爬升作业。

（2）通过安全监控平台的爬升控制系统控制爬升模架设备进行爬升作业。爬升控制分

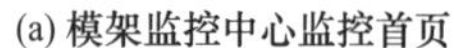
(a) 模架监控中心监控首页

(b) 模架监控中心爬升过程监控

图 4-101　宁波新世界远程可视化安全监控平台应用

为三种工作模式：预顶升模式、自动模式、手动模式。预顶升模式与自动模式能够根据监控软件设置参数自动进行爬升模架设备爬升控制。当自动模式无法完成同步性顶升控制时，启用手动模式解决个别油缸爬升不同步问题。预顶升模式开始前需设置预顶升参数，使爬升模架设备进入油缸顶升准备阶段；待全部油缸对爬升模架设备进行支撑作用后，开启自动模式，爬升模架设备进入正式顶升过程，爬升模架设备在油缸数次顶升作用下完成整个爬升过程。爬升模架设备爬升过程中，通过安全状态监控系统监测架体水平度、筒架垂直度、爬升立柱垂直度、架体应力，以及爬升系统油缸位移及压力，监测爬升模架设备本体结构的安全状态和爬升姿态，并通过爬升控制系统调节控制钢柱爬升系统油缸位移及压力，完成爬升模架设备的同步爬升作业。

（3）爬升模架设备搁置及结构施工状态下，通过安全监控平台监测风速风向、架体水平度、筒架垂直度、立柱垂直度、架体应力等参数，实现爬升模架设备安全状态的可视化监测、评估和预警。

监控平台持续运行 4320h，控制爬升次数达 30 余次，保证了宁波新世界项目中爬升模架设备的安全。通过新技术应用，验证了爬升模架设备安全状态监控技术的正确性、合理性以及适用性。应用结果表明：研发的爬升模架设备安全状态监控技术，丰富了爬升模架设备本体及支撑体系状态的监控诊断理论和方法，改变了传统安全监控“只监不控”的模式和现状，降低了安全隐患和事故发生率，提高了施工的安全保障能力以及信息化、智能化水平。

4.6.3　深圳雅宝大厦

深圳雅宝大厦（全称：深圳星河雅宝高科创新园三地块施工总承包项目）位于深圳市中轴线中心区北、深圳市龙岗区，东为雅中路，西为坂田五和路，北为雅南路，紧邻雅宝地铁站。用地面积为 3.5 万 m^2，总建筑面积约 32.5 万 m^2。建筑结构 74 层，高 356m。深圳雅宝大厦超高层建筑核心筒施工采用自主研发的上部顶提升式爬升模架设备，如图 4-102 所示，总重量约 500t。爬升动力系统由 4 台液压泵站、26 套液压顶升油缸（40t）和 46 个水平伸缩油缸（430mm）等组成，可以实现模架设备的整体爬升。

基于爬升模架设备施工虚拟仿真及结构分析计算结果，根据工程特点确定工程监测对象、监测内容及对应的监测设备，如表 4-21 所示。在施工现场与项目部传输方式采用有线＋5G 无线网桥传输技术，本地与远端可同时完成对爬升施工平台的监测与控制。

(a) 工程现场

(b) 模架设备

图 4-102　深圳雅宝大厦核心筒施工爬升模架设备

深圳雅宝大厦爬升模架设备监测对象及对应监测设备　　表 4-21

监测对象	监测内容	监测设备	单位	数量
作业环境	风速风向	超声波风速风向仪	套	1
		高频风向风速仪	套	2
牛腿监测	牛腿压力	牛腿行程加内部压力一体化支撑装置	套	16
	牛腿位移	牛腿行程加内部压力一体化支撑装置	套	46
	牛腿视频	枪型摄像机	台	16
架体应力及水平度	应力	钢结构表面安装光纤光栅式应变计	个	7
	水平度	光纤光栅式静力水准仪	个	16
筒架应力及垂直度	应力	钢结构表面安装光纤光栅式应变计	个	16
	垂直度	MEMS 倾角计	个	6
支撑钢柱垂直度	垂直度	MEMS 倾角计	个	8
钢平台振动加速度	加速度	MEMS 加速度传感器	个	10
人货梯侧向支撑应力	应变计	光纤光栅式应变计	个	12
同步爬升状态	油缸压力	压力传感器	个	26
	油缸位移	拉线位移传感器	个	26
附着混凝土结构	温度及强度	附着混凝土结构实体强度监测系统	套	2

通过对安全监控装置、技术和平台进一步改造、优化和升级，研发了建筑工程爬升模架设备附着混凝土结构、支撑结构、架体和爬升姿态安全状态监控、预警、评估和控制一体化智能平台系统（图 4-103），实现了爬升模架设备施工风险全要素全过程的定量监测预警及反馈控制。针对爬升模架控制动力系统，基于电液比例同步控制技术，改善传统的开关式电磁阀，利用电磁比例换向阀控制技术，以位移、压力反馈控制作为判断准则，建立了爬升模架同步控制系统，提高了爬升模架提升同步性、稳定性、安全性。通过平台系统应用，保证了示范工程爬升模架设备的安全，提升了爬升模架设备智能操控和风险监控水平；安全监控系统操控友好性和智能化水平大幅提高；设备调试运行稳定后，模架装备可按设定的程序自动爬升，无需人员干预，多数时间内油缸群（26 个）同步性误差≤5mm（图 4-104）；大幅度提高提升效率，单次爬升时间缩短 50%。

图 4-103　深圳雅宝大厦远程可视化安全监控平台应用

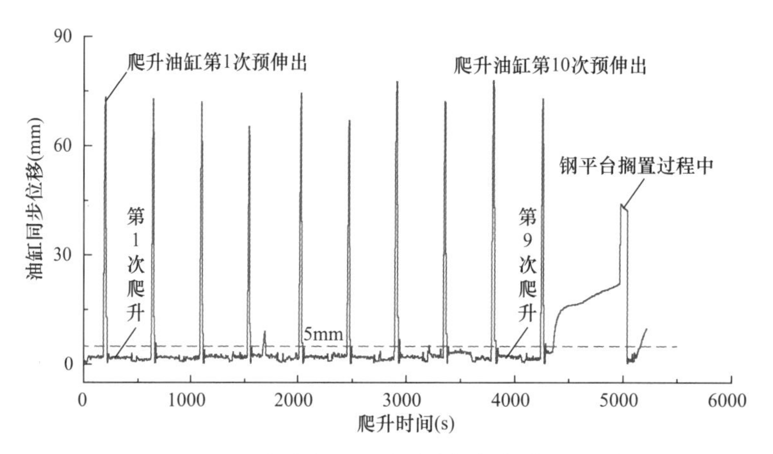

图 4-104　运行稳定后爬升同步控制位移差的变化

第5章 机械设备安全智能监控技术

5.1 概　述

建筑施工中起重作业常使用的重要机械设备，如塔式起重机、施工升降机、混凝土泵送管等，具有高空作业、操作复杂的特征，存在多层次多维度复杂系统作用下的安全问题。机械设备的安全性与施工现场人员、材料、工程结构的安全性息息相关。根据事故调查，建筑业中机械设备造成的起重伤害、高处坠落事故情况十分严重。据不完全统计，2005～2020 年我国发生塔式起重机事故 229 起，造成 358 人死亡，133 人受伤。2013～2020 年发生施工升降机事故 58 起，造成 191 人死亡，43 人受伤。另外，混凝土泵送管堵管、爆管事故也时有发生。

目前，机械设备的安全监控侧重于使用阶段的状态监控，例如塔式起重机吊钩状态监控、碰撞监控、施工升降机载重监控等。对于设备结构本质安全、安拆阶段的工序流程安全等仍缺乏全面科学的监控技术。随着物联网技术在施工领域的应用，安全监控手段逐渐智能化。

本章以建筑工程施工塔式起重机、施工电梯、混凝土超高输送设备为载体，阐述施工机械装备安全智能监控技术，机械装备安全监控对象和主要监测内容及推荐监测技术方法见表 5-1。首先介绍机械设备安全状态监测与评估、作业安全状态智能识别与控制等共性技术，其次介绍机械设备安全监控集成平台系统，最后介绍机械装备安全智能监控技术在宁波新世界、深圳乐普大厦等超高层建筑工程的示范应用案例。通过施工机械设备共性技术的研究与示范，提升施工现场风险控制能力，支撑施工机械设备行业数字化转型发展。机械设备安全监控将向着可视化、程序化、智能化、远程化控制方向发展。

机械装备安全监控对象和主要监测内容及推荐监测技术方法　　表 5-1

<table>
<tr><th colspan="2">监控对象</th><th>监控内容</th><th>监测方法</th><th>备注</th><th colspan="2">监控对象</th><th>监控内容</th><th>监测方法</th><th>备注</th></tr>
<tr><td rowspan="5">塔式起重机</td><td rowspan="5">结构安全</td><td>风速风向</td><td>智能风速仪</td><td>应测</td><td rowspan="5">施工升降机</td><td rowspan="4">结构安全</td><td>风速风向</td><td>智能风速仪</td><td>应测</td></tr>
<tr><td>塔式起重机倾角</td><td>倾角传感器</td><td>应测</td><td>导轨架连接及受力</td><td>智能振弦传感器</td><td>选测</td></tr>
<tr><td>塔式起重机结构受力</td><td>振弦传感器</td><td>应测</td><td>升降机导轨倾角</td><td>智能倾角传感器</td><td>应测</td></tr>
<tr><td>标准节连接</td><td>振弦传感器</td><td>应测</td><td>附墙支撑连接</td><td>智能振弦传感器</td><td>应测</td></tr>
<tr><td>塔式起重机支撑及附墙</td><td>振弦传感器</td><td>应测</td><td>程序安全</td><td>工序状态</td><td>智能开关等传感器</td><td>选测</td></tr>
</table>

续表

监控对象		监控内容	监测方法	备注	监控对象		监控内容	监测方法	备注
塔式起重机	程序安全	顶升高度和速度	位移传感器	应测	施工升降机	运行安全	笼门、层门状态	智能开关传感器	选测
		工序状态	智能开关等传感器	应测			吊笼载重	重量传感器	选测
	作业安全	起重量	张力传感器（塔式起重机 PLC 自带）	应测			司机身份	指纹、人脸识别	选测
		幅度、臂架仰角、回转角、吊钩高度	旋转传感器（塔式起重机 PLC 自带）	应测			运行速度	线速度传感器	选测
		群塔作业	GPS、红外等测距技术	应测	泵管	结构安全	泵管损伤	智能应变传感器	应测
		人员位置	定位传感器	选测			泵管连接密封性	智能应变传感器	应测
		司机身份	指纹或人脸识别	选测		运行安全	堵管位置	加速度传感器	应测

5.2 机械设备安全状态监测与评估技术

5.2.1 机械设备风险规则数据库

机械设备风险规则数据库是用来研究塔式起重机、施工升降机等机械设备事故发生规律，按照统一的分类模式存储机械设备各类事故数据的一种数据库。数据库数据来源于我国各地住房和城乡建设部门官网、应急管理部门官网和其他相关事故网站上公布的机械设备事故调查报告，系统由软件与本地数据库组成，软件系统包括两类目标对象的两项操作功能，统一采用 C# 开发语言。

1. 需求分析与功能分析

为便于建筑施工领域机械设备的安全生产事故信息统计和查询，本数据库将满足以下需求和功能，具体如表 5-2 所示。

机械设备风险规则数据库需求分析和功能分析　　表 5-2

需求分析	基础信息统计	统计事故发生的特点频次与占比情况
	事故原因统计	统计每类致因因素的频次
	事故详细信息展示	提供针对每例事故的查询窗口，并提供未处理的原始资料
功能分析	数据录入功能	提供录入界面，根据界面进行输入，并存储入后台数据库
	数据展示功能	具体包括事故时间、地点、后果、发生阶段、事故类型等
	数据存储功能	对录入的事故数据信息和事故 pdf 文件进行存储

2. 数据库平台系统设计

（1）数据库平台系统结构设计

机械设备风险规则数据库结构包含 15 张表单，其中 3 张事故地点关系表，1 张基础信息关系，11 张数据存储表，以塔式起重机为例，如图 5-1 所示。事故地点表（province、city、county）主要包含了省、市、县（区）的对应关系；基础信息关系表（information_ relationship）为基础信息表的一种简化规则，基础信息通过本表简化后存入基础信息（basic_information）表中；数据存储表包括1张基础信息表和10张原因表（如人员自身、塔式起重机装置、塔式起重机结构等）。

（2）信息处理方式

机械设备风险规则数据库信息处理的对象包括事故基础信息和事故原因信息。事故基础信息包含事故时间、地点、后果等，以塔式起重机为例，具体如表5-3所示。

其中，事故时间、事故地点和事故后果可从事故调查报告中获得，无需进一步说明，对事故项目特征、事故发生阶段和事故类型需作详细说明。

事故原因信息分为塔式起重机事故原因和施工升降机事故原因，本数据库对这两类机械设备的事故原因分类见表5-4和表5-5。

图5-1　塔式起重机数据库总表

机械设备风险规则数据库需求分析和功能分析　　**表5-3**

基础信息类型	具体内容	示例
事故时间	年、月、日	2019年9月30日
事故地点	省市县（区）	××省××市××县（区）
事故后果	死亡人数、受伤人数、直接经济损失	1死、0伤、148万元
事故项目特征	民用建筑、工业建筑、桥梁、其他	民用建筑
事故发生阶段	安装、拆卸、使用	使用
事故类型	塔式起重机倒塌/折断、塔式起重机上部结构倾覆、吊物伤人、高处坠落、碰撞、构件脱落	吊物伤人

塔式起重机事故原因分类　　**表5-4**

总原因	原因类型	事故原因
人因	人员自身	身体/精神不适、安全意识/责任心不强、其他
	人员操作	安全防护装备未落实、信号工违规指挥、司索工违反安全操作规程、塔式起重机司机违反安全操作规程、安拆工违反安全操作规程、班组长/技术人员违规指挥、汽车式起重机司机违反安全操作规程、塔式起重机司机例行检查不到位、其他
物因	塔式起重机装置	起升机构故障、起吊钢丝绳损伤、防脱钩装置失效、起重力矩限制器失效、起升高度限位器失效、小车行程限位器失效、塔式起重机回转制动失效、塔式起重机起升制动失效、顶升横梁缺陷、踏步/耳板缺陷、液压系统故障、顶升横梁防脱装置、其他
	塔式起重机结构	塔式起重机安全防护设施失效、塔式起重机基础损伤、塔身标准节损伤、塔身连接件损伤、塔臂损伤、附墙损伤、其他
	其他机械	辅助安拆汽车式起重机损伤、其他
环因	自然环境	天气恶劣、大风、能见度低、其他
	作业环境	交叉作业、现场作业环境复杂、其他
管因	制度管理	项目开工手续不齐全、塔式起重机相关单位无相应资质、塔式起重机专项施工方案不合格、塔式起重机作业手续不全、塔式起重机不符合规范、其他
	日常管理	未开展教育培训、塔式起重机维修保养不到位、其他
	现场管理	现场安全监督管理缺失、未按照施工方案组织施工、特种作业人员无证作业、其他

施工升降机事故原因分类　　表 5-5

总原因	原因类型	事故原因
人因	人员自身	身体精神不适、安全意识不强、其他
	人员操作	安全防护装备未落实、安拆工违反安全操作规程、司机违反操作规程、普通工人违反操作规程、其他
物因	施工升降机结构	基础损伤、标准节损伤、附墙损伤、梯笼损伤、对重损伤、连接螺栓失效、支撑钢管失效、其他
	施工升降机配件	钢丝绳失效、顶部卷筒轴失效、外笼损伤、楼层防护失效、固定轮滑失效、司机操作按钮失效、绳夹夹座失效
	施工升降机安全保险装置	减速开关失效、限位装置失效、极限限位开关失效、防坠安全装置失效、安全钩失效、漏电保护器损坏、急停按钮失效、其他
环因	自然环境	天气恶劣、大风、能见度低、高温、雨天、其他
	作业环境	交叉作业、缺少警示牌、其他
管因	制度管理	项目开工手续不齐全、施工升降机相关单位无相应资质、施工升降机专项施工方案不合格、施工升降机不符合规范、其他
	日常管理	作业人员教育培训不到位、施工升降机运维保养不到位、整改不及时、其他
	现场管理	现场安全监督管理缺失、未按照施工方案组织施工、安拆作业人员无证作业、违章指挥、司机无证作业、缺少应急预案、其他

（3）数据库平台使用

数据库软件功能包含录入功能与查询功能，通过软件输入系统对信息进行录入，采用查询系统对数据库中的数据进行提取、分析与计算，并反映到软件查询系统中。数据录入功能主要包括基础信息录入和事故原因录入，共有 5 个录入界面。以塔式起重机事故为例，数据库软件主界面如图 5-2 所示。

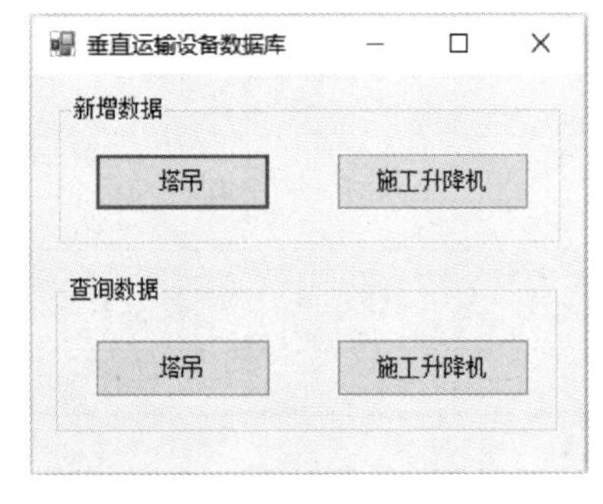

图 5-2　数据库软件主界面

1）录入功能

数据库软件录入功能的显示界面，包括事故基础信息录入和事故原因录入，见图 5-3。基础信息录入界面，时间可选择任意年月日，支持输入与点击选择；事故原因录入界面采用勾选模式，根据人机环管四大类，展示出所有致因因素，在事故调查报告基础上，人工识别所具有的致因因素。当所有要求均被满足，点击“确认添加”按钮，数据库内自动生成该事件的唯一事故编号。

2）查询功能

事故查询分为三种查询方式：基础信息统计、事故原因统计、事故详细信息。基础信息统计界面中，点击下拉栏，可选择查询角度，从事故时间、地点、后果、项目特征、发生阶段等七个方面中任一方面进行查询，如图 5-4 所示。

事故原因统计包含了总体分布、细节分布和数量统计。总体分布分为人机管环四类因素，利用条形图统计致因种类；细节分布在人机环管基础上进行细分，用条形图展现频次；数量统计为每一项致因因素具体的频率统计，使用表格形式进行展示查看，如图 5-5 所示。

事故详细信息默认展示了数据库全部事故的基础信息，包含时间、地点与死亡人数三项信息，可根据时间与地点进行查询筛选。

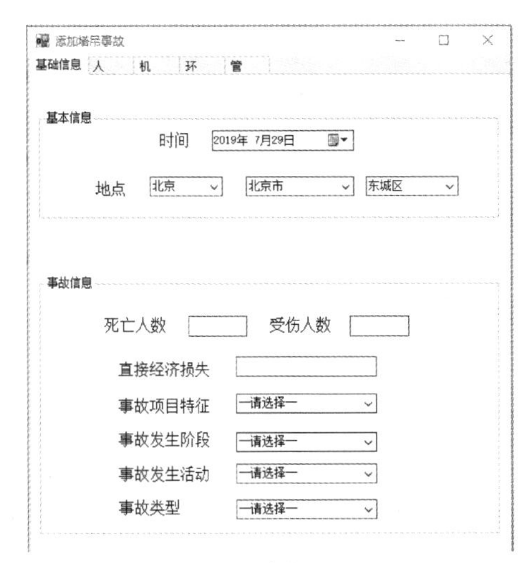

(a) 基础信息录入

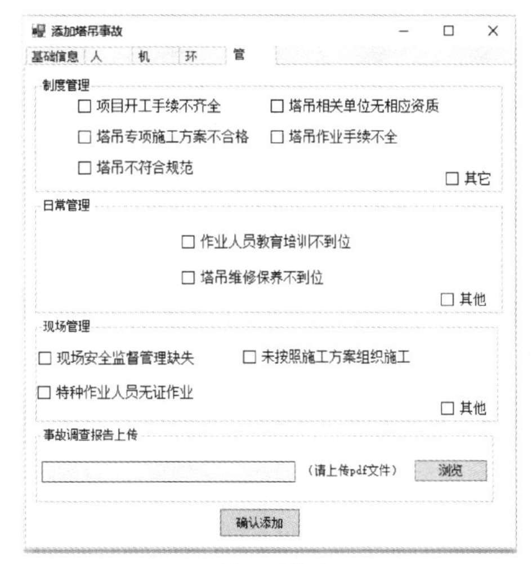

(b) 管理因素录入

图 5-3　数据库软件录入功能部分显示界面

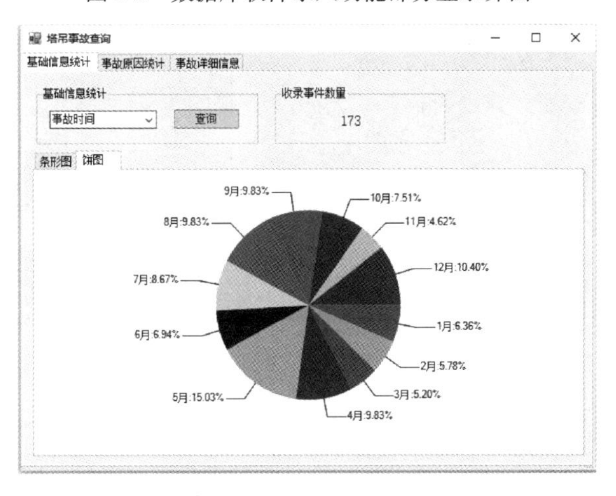

图 5-4　数据库软件录入功能部分显示界面

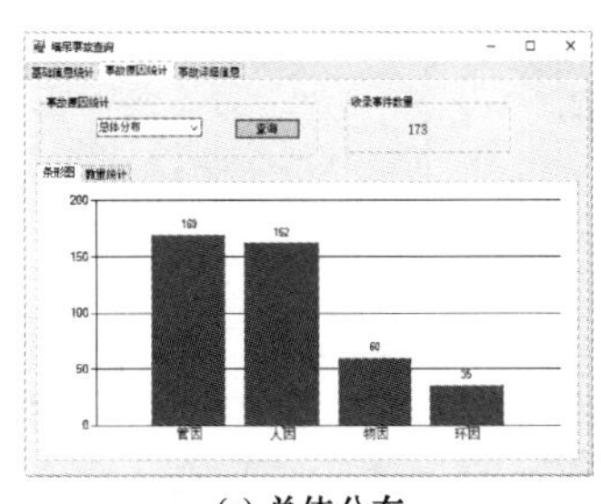

(a) 总体分布

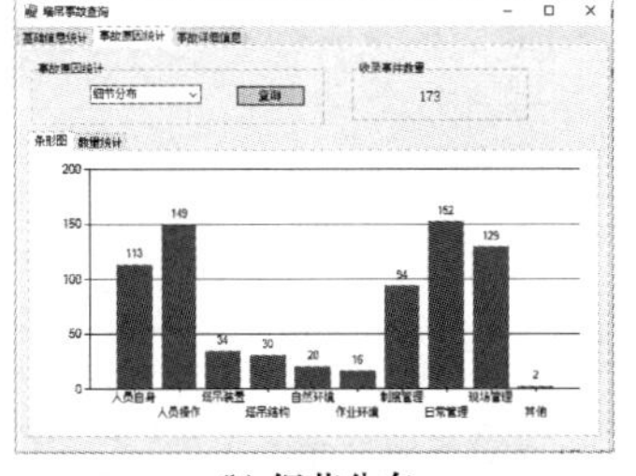

(b) 细节分布

(c) 致因按频率统计

图 5-5　数据库软件查看功能部分显示界面

5.2.2　塔式起重机本体结构安全状态监测与评估技术

构建塔式起重机全过程安全系统风险分析模型，揭示塔式起重机事故致因机理和全过程风险演化规律，为塔式起重机安全状态评估提供理论支持。

1. 塔式起重机安全状态分析与评估技术

（1）复杂社会技术系统视角下的事故致因机理

考虑技术和社会子系统内因素复杂的交互作用，突出从塔式起重机整体和系统层面的认识，以复杂社会技术系统视角分析塔式起重机安全系统的结构、要素和行为，揭示塔式起重机事故的致因机理。

定性研究中建立了塔式起重机 AcciMap 模型，如图 5-6 所示。其中监管机构层包含 4 个要素，塔式起重机参与单位层包含 5 个要素，施工现场安全管理层包含 15 个要素，现

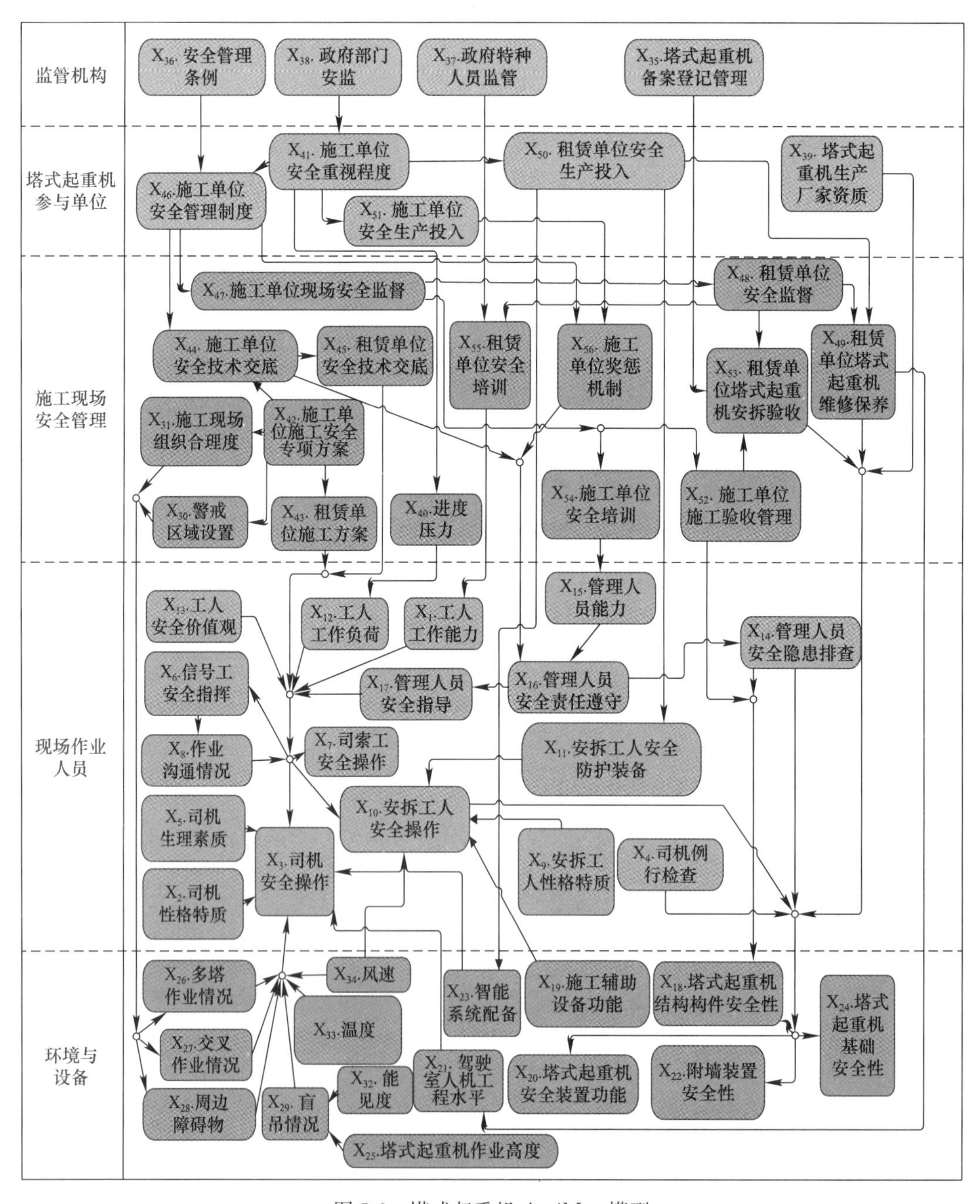

图 5-6　塔式起重机 AcciMap 模型

场作业人员层包含17个系统要素，环境与设备层包含15个系统要素。

定量研究中依据56个塔式起重机安全系统要素，通过问卷调查分析塔式起重机安全系统的主要维度和关键要素，得到塔式起重机安全系统的9个维度和12个系统关键要素（表5-6）。

塔式起重机安全系统关键要素与重要性排序　　表5-6

排序	要素名称	平均值	标准差
1	X_{18} 塔式起重机结构构件安全性	4.648	0.690
2	X_3 司机安全操作	4.627	0.647
3	X_{24} 塔式起重机基础安全性	4.617	0.757
4	X_{20} 塔式起重机安全装置功能	4.570	0.773
5	X_{48} 租赁单位安全监督	4.563	0.722
6	X_{19} 施工辅助设备功能	4.561	0.806
7	X_1 特种作业工人工作能力	4.533	0.678
8	X_{49} 租赁单位塔式起重机维护保养	4.521	0.725
9	X_{52} 施工单位施工验收管理	4.521	0.795
10	X_{45} 租赁单位安全技术交底	4.510	0.781
11	X_{10} 安拆工人安全操作	4.505	0.834
12	X_{42} 施工单位施工安全专项方案	4.489	0.740

结合定性和定量研究获得的塔式起重机安全系统的层次结构、系统要素、因果路径、主要维度和关键要素，进一步分析塔式起重机事故致因机理，归纳复杂社会技术系统下塔式起重机事故致因机理的7项特征。

（2）基于IFS和BBN的风险不确定性评估

针对塔式起重机全过程，构建包含风险影响因素、关键事件、事故类型和后果的风险识别框架，依据塔式起重机事故致因机理分析塔式起重机全过程风险演化过程；基于IFS和BBN风险不确定性评估方法，设计塔式起重机各阶段风险模型，依据风险演化过程总结塔式起重机全过程风险演化规律。

采用BT方法进行风险识别，得到塔式起重机全过程包括结构构件可靠性、功能构件可靠性等15个风险影响因素。然后基于IFS和BBN建立塔式起重机风险演化模型，根据风险演化模型，结合应用案例分析施工塔式起重机各阶段风险演化过程，得到塔式起重机全过程风险的共性。1）复杂社会技术系统特征：塔式起重机各阶段都涉及人员、设备、环境和管理等多类的风险影响因素，各关键事件受多类风险影响因素联合作用，因此塔式起重机全过程风险呈现复杂社会技术特征。塔式起重机风险管理应联合优化人员、设备、环境和管理等方面，系统设计风险管理体系和技术流程。2）风险方向：关键事件是复杂社会技术系统下多个风险影响因素耦合作用的结果，描述塔式起重机各类事故的直接原因，是制定塔式起重机风险控制措施的出发点。分析塔式起重机全过程风险关键事件间关联性，得出施工塔式起重机全过程风险汇聚于结构本质安全、功能组件安全和程序作业安全三大方向（图5-7）。

（3）基于FRAM的塔式起重机作业系统安全风险建模分析

在对塔式起重机作业过程进行系统梳理的基础上建立FRAM模型，然后开展功能变

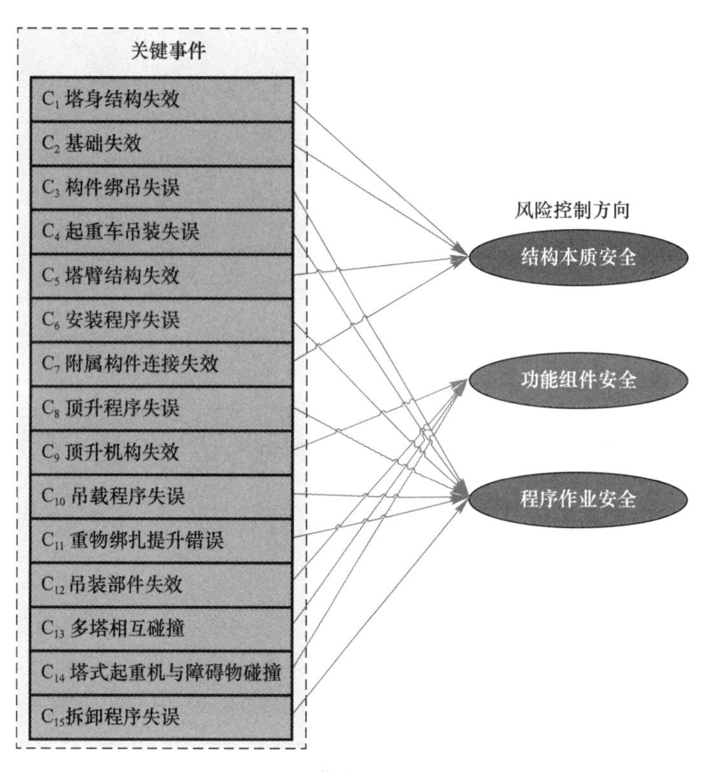

图 5-7　施工塔式起重机风险方向

化耦合分析，研究具体情境中功能状态与系统状态间的关系，解释引发系统不期望状态的原因或过程。通过定性和定量分析，识别容易参与事故涌现的关键功能和功能变化耦合路径。

在定性分析中，分析了吊物坠落、高处坠落、倒塌、塔式起重机碰撞等多类型事故涌现时的功能变化耦合路径。根据对各种事故形式的功能变化耦合分析得到以下结论：1）塔式起重机作业系统有三种事故形成路径，如表 5-7 所示，大多数事故仍是多项功能变化耦合的结果，包括多项功能变化的因果关联和多项功能变化的共振；2）塔式起重机作业系统有常见的四条功能变化耦合路径，如表 5-8 所示，这些功能变化耦合路径有同时出现的可能，且在不同的事故形式中分别表现出不同的重要程度。

塔式起重机作业系统的三种事故形成路径　　表 5-7

事故形成路径类型	示例
单因素	“吊运”功能司机操作错误，变幅过大引发超载倒塌
多因素因果关联	“信号指挥”功能信号工发出错误信号，而“吊运”功能司机未能纠偏，执行了错误的指挥信号，导致变幅过大引发超载倒塌
多因素共振	“塔式起重机安装与维修保养”“班前安全检查与试运转”功能实施不到位，导致塔身螺栓连接可靠性稍有退化，“吊运”功能处于高作业荷载运行，司机急开急停形成较大动荷载，综合导致塔式起重机倒塌

塔式起重机作业系统的四条常见功能变化耦合路径　　表 5-8

编号	功能变化耦合路径
O1	塔式起重机安装与维修保养—班前安全检查与试运转—吊运—人员避让
O2	安全教育培训与安全技术交底—司机就位—吊运—人员避让

续表

编号	功能变化耦合路径
O3	安全教育培训与安全技术交底—信号工就位—信号指挥—吊运—人员避让
O4	安全教育培训与安全技术交底—司索工就位—吊物与吊索具准备—吊挂吊物—吊运—人员避让

在量化分析中，从变化程度和发生可能性两个维度反映功能变化耦合关系的相对重要性，如图 5-8 所示。通过分析可知，塔式起重机作业系统中存在许多容易影响系统运行安全的功能和功能变化耦合关系，可据此实施适当的安全风险管控措施，以约束系统的异常表现。

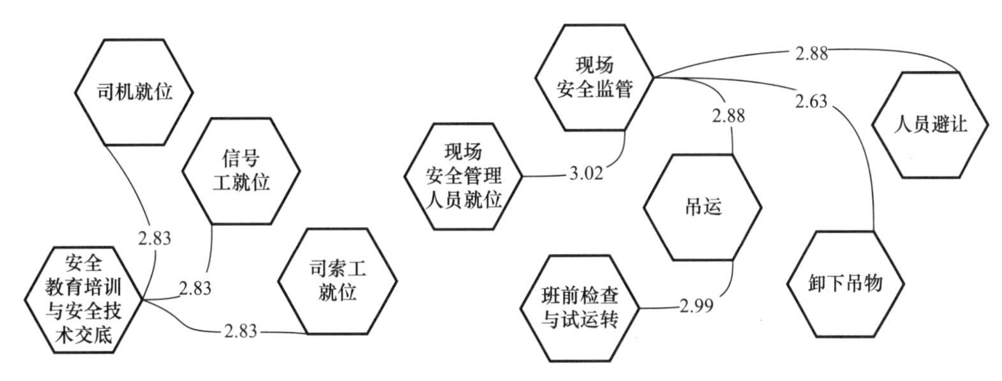

图 5-8　高评分的功能变化耦合关系（按均值）

2. 塔式起重机及附墙一体化结构本质安全监测

开展塔式起重机结构本质安全分析，分析控制塔式起重机本质结构安全的关键部位，提炼表征本质安全状态和程序安全状态的指标，建立评估塔式起重机安全状态的体系，为实现塔式起重机安全状态的监控技术研究提供指导。

（1）基于时变理论的全周期本质安全分析

采用时变理论的观点，建立不同阶段、不同荷载工况的力学分析模型来有效模拟塔式起重机的实际状态，并通过有限元软件计算得到塔式起重机整体的内力及变形图，研究塔身标准节主弦杆轴力随起重臂回转角度、吊重的变化规律，以及各道附着装置的附着杆内力在多因素影响下的变化规律，提炼能够表征本质安全状态的物理指标。

1）安装与拆卸阶段

在安装阶段模型中，根据附着式塔式起重机的安装顺序，采用慢速时变力学中的时间冻结法，选取最不利工况进行分析，得到影响塔式起重机本质安全的控制节点为：①平衡臂安装完成时刻，塔身两端的不平衡力矩全部由基础节承担，基础混凝土强度应该达到安装要求；②拉杆与平衡臂连接节点，耳板-销轴连接节点，最底层基础节靠近平衡臂一侧套筒连接节点等均为受力较大部位；③起重臂安装完成时刻，由于起重臂体系重力力矩大于平衡臂体系重力力矩，导致塔身靠近起重臂一侧由受拉变为受压，此时的标准节间的连接螺栓可能出现松动状况。

2）顶升加节阶段

建立顶升阶段力学特征模型，展开力学分析，得到顶升作业阶段的安全状态控制节点为：①顶升作业前必须重点检查液压顶升系统是否处于正常工作状态；②顶升作业前应仔细检查塔身踏步是否变形、焊缝有无开裂情况；③在顶升过程中，必须控制平衡臂体系与起重臂体系两端的重力弯矩平衡，使得套架以上结构重心落在顶升横梁处；④在顶升过程中，必须严格保证塔式起重机各机构处于制动状态，避免机构运动导致塔式起重机上部重心偏移。

3）使用阶段

使用阶段分别取具有代表性的起重臂转角、载重和变幅位置形成分析工况，展开塔式起重机的力学分析，并开展针对使用阶段的塔式起重机试验，对理论分析结论进行验证，得到在塔式起重机使用阶段，影响塔式起重机安全状态的关键点为：①最上一道附着杆处于高应力循环状态，更容易出现失效状况；②起重臂内侧、平衡臂内侧杆件的应力响应幅值较大，更容易出现强度失效状况。

（2）基于瞬态动力学观点的塔式起重机本质结构安全分析

为研究塔式起重机结构振动对构件的性能影响，开展使用过程中起升、变幅、回转三大作业过程的动态响应分析，提取不同作业过程中表征塔式起重机安全状态的指标，为塔式起重机结构整体安全监控提供指导。

1）起升作业动力响应分析

建立有限元模型通过瞬态动力学分析后，观测起重臂和塔身不同位置处特征物理量的响应，部分结果如图 5-9 所示。

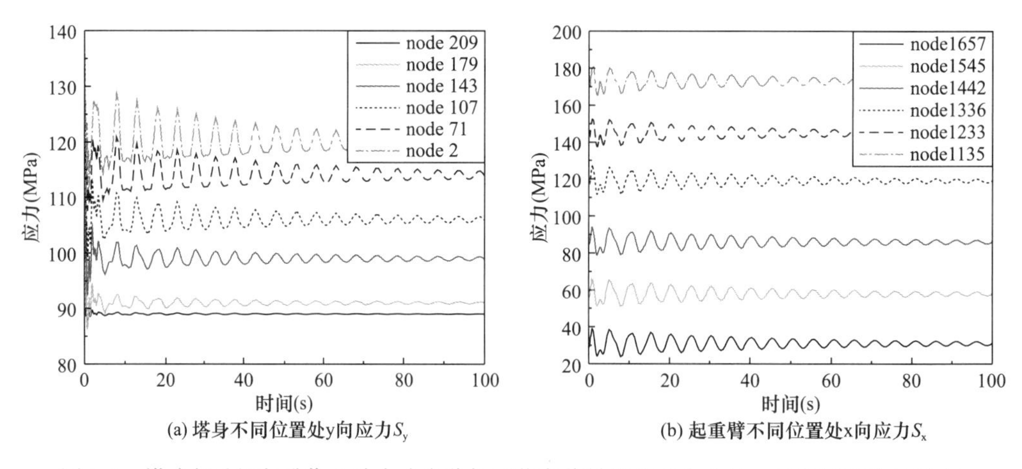

图 5-9　塔式起重机起升作业动力响应分析（节点编号以基础为 0 号，远离基础编号越大）

控制起升过程中塔式起重机结构本质安全的关键结论为：①同在起重臂上，距离回转中心越远，竖向位移 U_y 振动幅度越大，沿起重臂方向位移 U_x 振动幅度越大。距离塔身与回转交接处越近的节点，其所在的单元沿塔臂方向的应力响应 S_x 的平衡点应力值越高，各点应力幅值相近。②同在塔身上，距离地面越远，沿起重臂方向位移 U_x 振动幅度越大。越靠近塔身底部的节点，其所在的单元沿塔身方向的应力响应 S_y 的平衡点应力值越高，且应力响应 S_y 的幅值也越大。

2）变幅作业动力响应分析

通过瞬态动力学分析后，观测起重臂和塔身不同位置处特征物理量的响应，部分结果如图 5-10 所示。

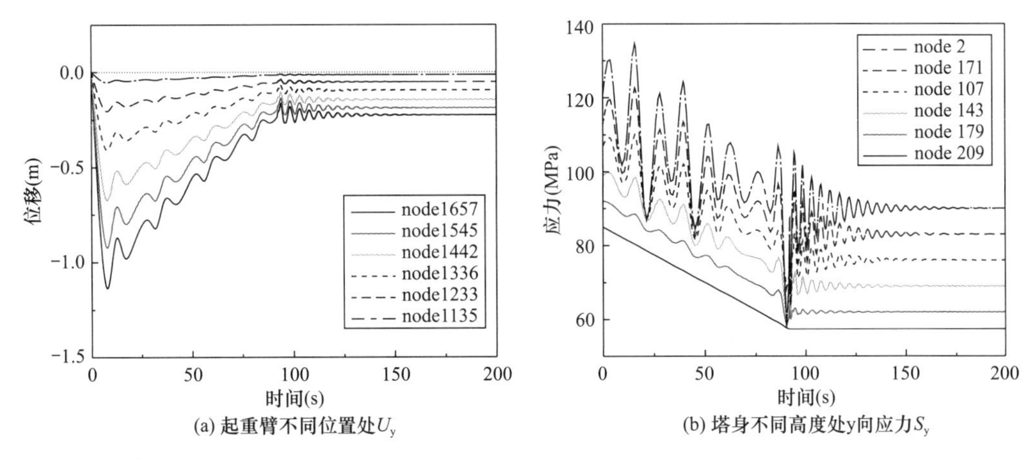

图 5-10　塔式起重机变幅作业动力响应分析（节点编号以基础为 0 号，远离基础编号越大）

控制变幅作业过程塔式起重机结构本质安全的关键结论为：①同在起重臂上，距离回转中心越远，竖向位移 U_y 振动响应越强烈。②同在塔身上，距离地面越远，沿起重臂方向位移 U_x 振动响应越强烈。越靠近塔身底部的节点，其所在的单元沿塔身方向的应力响应 S_y 的平衡点应力值越高，且应力响应 S_y 的幅值也越大。而且在变幅过程中，随着吊物不断靠近塔身回转支承处，各节点所在单元的应力响应 S_y 的平衡点应力值，有逐步降低的趋势。

3）回转作业动力响应分析

通过瞬态动力学分析后，观测起重臂和塔身不同位置处特征物理量的响应，部分结果如图 5-11 所示。

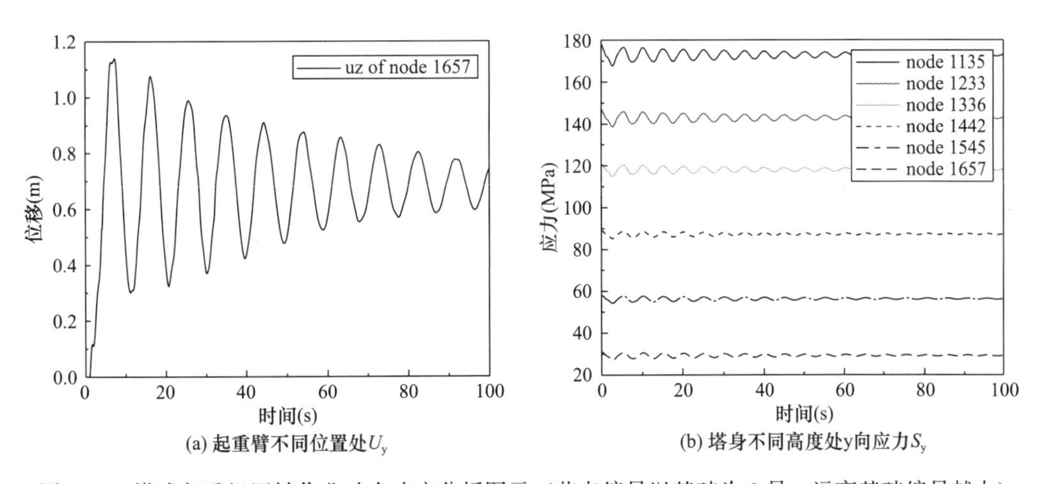

图 5-11　塔式起重机回转作业动力响应分析图示（节点编号以基础为 0 号，远离基础编号越大）

在回转作业过程中，控制塔式起重机结构本质安全的关键结论为：①塔身各部位主要承受的冲击荷载类型为扭转荷载，振动形式表现为扭转振动。②同在起重臂上，距离回转中心越远，垂直于起重臂方向的位移响应 U_z 越明显。同时距离回转支承越近，该处节点所在单元沿起重臂方向的应力响应 S_x 的平衡点应力值越高，且 S_x 的幅值越大。

总之，塔式起重机结构整体安全监控工作中，塔身顶端和起重臂外端是动态位移指标的重点监控部位；在塔式起重机维保工作中，塔身底部（或最上一道附墙杆处）的螺栓连接结构是重点检查部位。

（3）塔式起重机结构安全监测关键技术

1）基于运动特征分析的监测参数选取方法

结构安全监测的内容分为静力监测和动力监测两个部分。静力监测关键参数主要通过求解塔式起重机结构静力平衡方程并分析控制整体静力响应的最不利点位确定。动力监测关键参数可通过求解结构系统的动力学方程并分析关键振型的控制参数确定。塔式起重机结构安全监测测点布置内容包括监测对象、测点分布和测点布置。

2）监测测点的布置原则

静力测点通过塔式起重机静力分析确定，包括构件应力测点、结构变形或位移测点、温度测点以及风荷载测点，确定具体测点位置的原则为：①应变测点应布置在各部件应力最大的构件上，位移测点应布置在变形最大节点处；②在温度变化敏感的部位布置温度测点；③在塔式起重机上尽可能高且平整开阔的位置布置风速测点；④测点位置应避开塔式起重机运行的碰撞区域；⑤测点的布置应考虑信号发送强度，尽量避开干扰严重的区域。

动力测点通过塔式起重机使用过程的动力分析确定，包括构件应力测点、振动位移测点、加速度测点、频率测点以及运动速度测点，确定具体测点位置的原则为：①应力测点应布置在结构构件应力响应最大处，位移测点应布置在节点位移响应最大处；②为完整反映结构系统的实际振型，应在各振型关键点处布置加速度测点；③测点位置应避开塔式起重机运行的碰撞区域；④测点的布置应考虑信号发送强度，尽量避开干扰严重的区域。

3）测点布置方法

塔式起重机作为一种大型钢结构特种施工机械，其构件繁多且排列紧密，安拆工序烦琐且涉及的工作区域较广，因此在布置测点位置时，不仅需要考虑每个类型测点的监测内容及机理，同时需要考虑人工操作可行性。

应力、应变类测点布置需注意以下几点：①塔式起重机构件一般仅承受轴向力，截面各点应变区域相同；当受到较大压力时，构件中间部位可能出现挠曲，可在中部布置 1 个应变传感器；②标准节主肢对称，可选取对角对称的部位各布置 1 个应变传感器；③塔式起重机标准节等部件之间的连接测点布置传感器时需要保证传感器跨过连接界面，两端分别位于不同部件之上。

结构变形测点一般布置在构件中部和挠度较大的节点处。塔式起重机结构部件整体刚度较大，因此其整体较大的变形一般发生在部件之间的连接节点位置，监测结构整体变形可以将测点布置在关键连接节点附近；构件受压变形时，其变形最大位置一般处于构件中部，因此监测局部变形可以将测点布置在关键构件的中部位置。

监测结构温度分布和结构风荷载时，将温度测点和风荷载测点设置在结构关键构件上，即应变测点分布的位置，监测关键构件温度变化以及风荷载大小。

加速度测点应设置在塔式起重机关键振型的控制点位。

5.2.3 施工升降机本体结构安全状态监测与评估技术

1. 施工升降机安全状态分析与评估

以施工升降机全过程的安全管理内容分析为基础，针对识别出的各阶段危险源，建立施工升降机安全性评价指标体系，详见表5-9。

施工升降机安全风险因素指标体系　　表5-9

一级指标	二级指标	具体指标
综合安全性	安拆作业前安全管理	安拆操作相关人员技术教育培训
		安拆操作相关人员技术交底
		安拆操作现场区域安全管理
		安拆操作相关人员安全护具使用情况
		安拆操作专职人员驻场管理
		操作控制人员技术交底
	安装检查验收	基础
		金属结构质量
		附着墙体
		安全防护设施
		升降机吊笼
		相邻标准节间垂直度
		驱动电机异常情况
		电气设备及电缆线路
		整机性能试验记录
	使用保养	各项检查验收情况
		异常项排除处理
		安全装置检查
		限位装置检查
		维修保养状况
	稳定性	附墙架倾角
		导轨架垂直度
		标准节螺栓拧紧力矩
		标准节杆件腐蚀情况
		顶部风速

然后针对一级指标（施工升降机使用的综合安全性）、二级指标（包含安拆作业前安全管理、安装检查验收、使用保养和稳定性四个阶段）建立评价标准体系。采用具有定性与定量特点的模糊综合评价法（Fuzzy Comprehensive Evaluation）完成安全风险评价。基于构建的因素指标体系，结合对应的规范以及标准形成相应的评价标准，如表5-10所示。

施工升降机安全风险因素指标体系　　表5-10

施工升降机安全指标评分 F	$90 \leqslant F < 100$	$80 \leqslant F < 90$	$60 \leqslant F < 80$	$F < 60$
安全评价等级	优	良	中	差

2. 施工升降机及附墙一体化监测

通过建模分析，得出施工升降机正常工作状态下轴力最大的部位为底端标准节，弯矩与剪力最大的部位为施工升降机中央的标准节，找出竖向正常运行荷载下施工升降机受力最大的部位，在对其具体结构进行分析的基础上选取传感器安装位置（图5-12）。

无线读数传输装置安装在吊笼内部，当吊笼上升至顶部或者下降至底部时，传感器处于数据接收范围内，可将监测数据发送给无线读数传输装置，再进行下一步的数据处理。

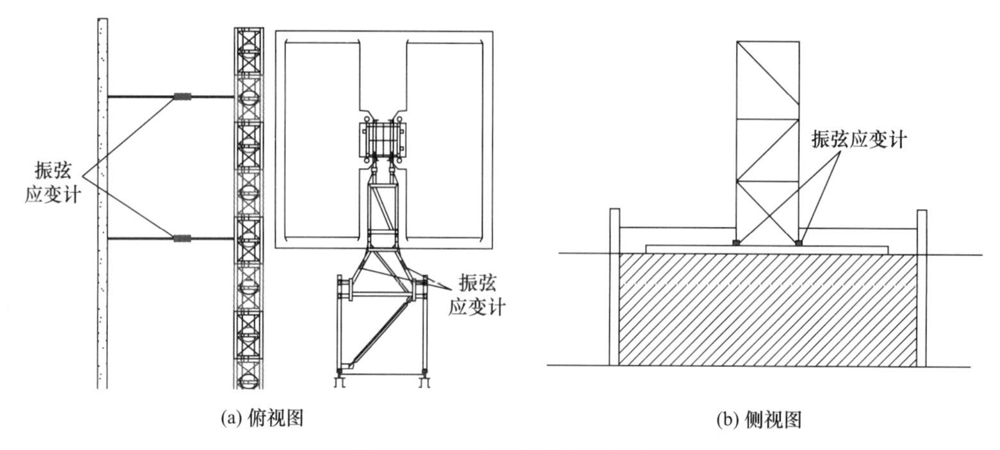

(a) 俯视图　　(b) 侧视图

图 5-12　振弦应力计布置部位

5.2.4　混凝土泵送管本体结构安全状态监测与评估技术

1. 混凝土泵送管道安全状态分析与评估

基于事故致因理论和混凝土泵送危险源分析及“4M1E”理论，结合安全评价指标体系构建原则，建立混凝土泵送安全评价指标体系。对最常见的爆管事故进行分析，得到人-机-料-法-环等方面影响混凝土泵送堵管的风险因素及其评价指标权重，如表 5-11 所示。

混凝土泵送施工堵管风险评价指标权重表　　表 5-11

一级指标		权重 W	二级指标	权重 w
混凝土泵送施工堵管风险评价指标 C	操作人员 C_1	0.0957	泵送操作人员身体状态 C_{11}	0.0795
			泵送操作人员专业技能掌握程度 C_{12}	0.2067
			泵送速度、泵送压力选择 C_{13}	0.3706
			停机时间控制 C_{14}	0.1908
			余料量控制 C_{15}	0.1524
	混凝土材料 C_2	0.2765	现场坍落度 C_{21}	0.2976
			坍落度经时损失 C_{22}	0.1307
			泌水率 C_{23}	0.2126
			粗细骨料级配、粗骨料粒型 C_{24}	0.1385
			拌合物凝胶材料含量 C_{25}	0.0998
			外加剂选择 C_{26}	0.1208
	机械设备及实施方案 C_3	0.1422	机械设备选配 C_{31}	0.3848
			泵送机械安全质量合格证 C_{32}	0.1867
			定期维护保养 C_{33}	0.1642
			混凝土泵送实施方案 C_{34}	0.2643
	泵送管道 C_4	0.2946	管道的布置设计 C_{41}	0.3365
			管道的安装、固定、密封 C_{42}	0.3159
			管道清洗 C_{43}	0.1805

续表

一级指标		权重W	二级指标	权重w
混凝土泵送施工堵管风险评价指标C	泵送管道C_4	0.2946	管道润滑C_{44}	0.1671
	施工管理C_5	0.1041	现场调度指挥人员C_{51}	0.2621
			相关法规标准执行情况C_{52}	0.3185
			堵管预防及处理对策C_{53}	0.4194
	环境C_6	0.0869	夏季高温C_{61}	0.5190
			冬季低温C_{62}	0.2999
			施工现场及周边道路环境C_{63}	0.1811

采用风险矩阵法对堵管风险进行评价，混凝土泵送施工堵管风险发生的可能性和影响后果见表5-12，堵管风险等级划分及接受准则、处理措施等如表5-13所示。

混凝土泵送施工堵管风险发生的可能性和影响后果　　表5-12

堵管发生的可能性	泵送堵管风险影响程度				
	极轻后果1	轻微后果2	中等后果3	严重后果4	极重后果5
极低可能性1	Ⅰ1	Ⅰ2	Ⅰ3	Ⅰ4	Ⅱ5
低可能性2	Ⅰ2	Ⅰ4	Ⅱ6	Ⅱ8	Ⅲ10
中等可能性3	Ⅰ3	Ⅱ6	Ⅱ9	Ⅲ12	Ⅳ15
高可能性4	Ⅰ4	Ⅱ8	Ⅲ12	Ⅳ16	Ⅴ20
极高可能性5	Ⅱ5	Ⅲ10	Ⅳ15	Ⅴ20	Ⅴ25

混凝土泵送施工堵管风险等级、接受准则和处理措施　　表5-13

堵管风险等级	赋分区间	接受准则	处理措施
Ⅰ级（极低）	[0，5)	可忽略	混凝土正常泵送，定期进行泵送现场安全检查和泵送状态相关风险因素检查
Ⅱ级（低）	[5，10)	可接受	混凝土正常泵送，但要注重泵送前和泵送过程中相关风险因素的巡查
Ⅲ级（中）	[10，15)	不期望	泵送前要进行泵送现场管理和泵送状态相关风险因素巡查，泵送过程中对主要风险源和风险因素进行重点监控，若发现堵管隐患马上暂停泵送，直至排除隐患
Ⅳ级（高）	[15，20)	不可接受	暂停泵送，查找堵管风险隐患，直至隐患排除后方能继续泵送，且恢复泵送后仍须实时监测混凝土工作性能和混凝土泵送过程，采取措施预防和防止堵管的发生
Ⅴ级（极高）	[20，25]	不接受	停止泵送，对泵送现场进行整改，逐一检查堵管风险源和风险因素，高度重视泵送现场管理，排除堵管隐患，采取一切措施降低风险

2. 混凝土泵送管道监测

（1）基于声发射的混凝土管道渗漏监测

以ZLJ5180THBJE-10528R型混凝土车载泵为监测对象，选择底面水平泵管和竖直管连接弯管及第1根竖管测点进行声发射测试，现场测试如图5-13所示。

弯管测试结果如图5-14（a）所示，第1根竖管测试结果如图5-14（b）所示。现场测试结果表明，接近地面的弯管测点的声发射水平明显高于竖直管测点，地面及地下施工作业活动的影响显著；图中较高的声发射事件均处理未泵送混凝土期间，混凝土介质对周围干扰有隔离作用。

图 5-13　声发射现场测试

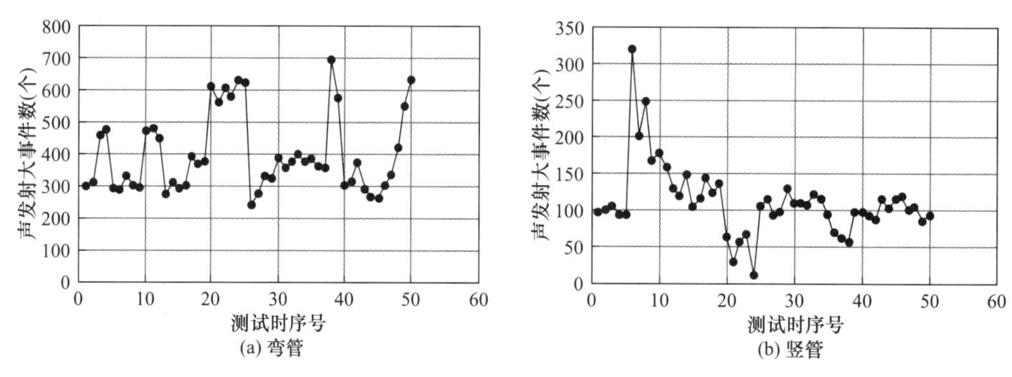

图 5-14　弯管和竖管发射大事件测试结果

此外采用通用的应变监测传感器或所研发的智能应变传感器，开展泵送混凝土管道的振动和应力分布的监测试验。选择泵送管线的第一段直管和竖管相连处的弯管以及弯管前后直管的中部布设智能应变传感器，管与管连接接头布设连接牢固性监测传感器。

水平管与竖管弯管接头变形和竖管连接水平管管身纵向应变如图 5-15 所示。连接牢固性监测表明，在监测过程早中期，受泵送混凝土输送影响，连接接头表现为压缩变形，后期因泵管的巨幅振动导致固定应变传感器的钢棒脱开，位移增大，连接牢固性测试表明管与管连接接头由于振动从牢固转变为松动。

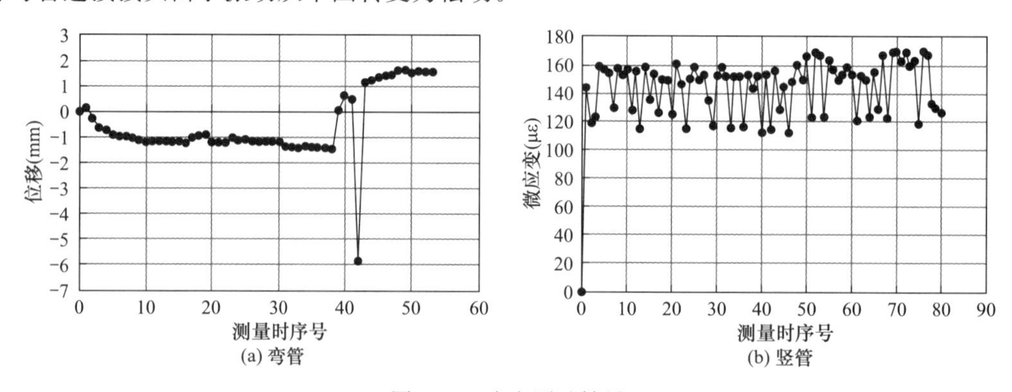

图 5-15　应变测试结果

（2）混凝土管道振动监测

选择武汉市光谷广场附近一栋58层的在建高层住宅，对混凝土泵送管道系统进行监测，在每个控制截面布置2个相互垂直的加速度传感器，将管道2个相互垂直的方向分别定义为X方向和Y方向，如图5-16所示。

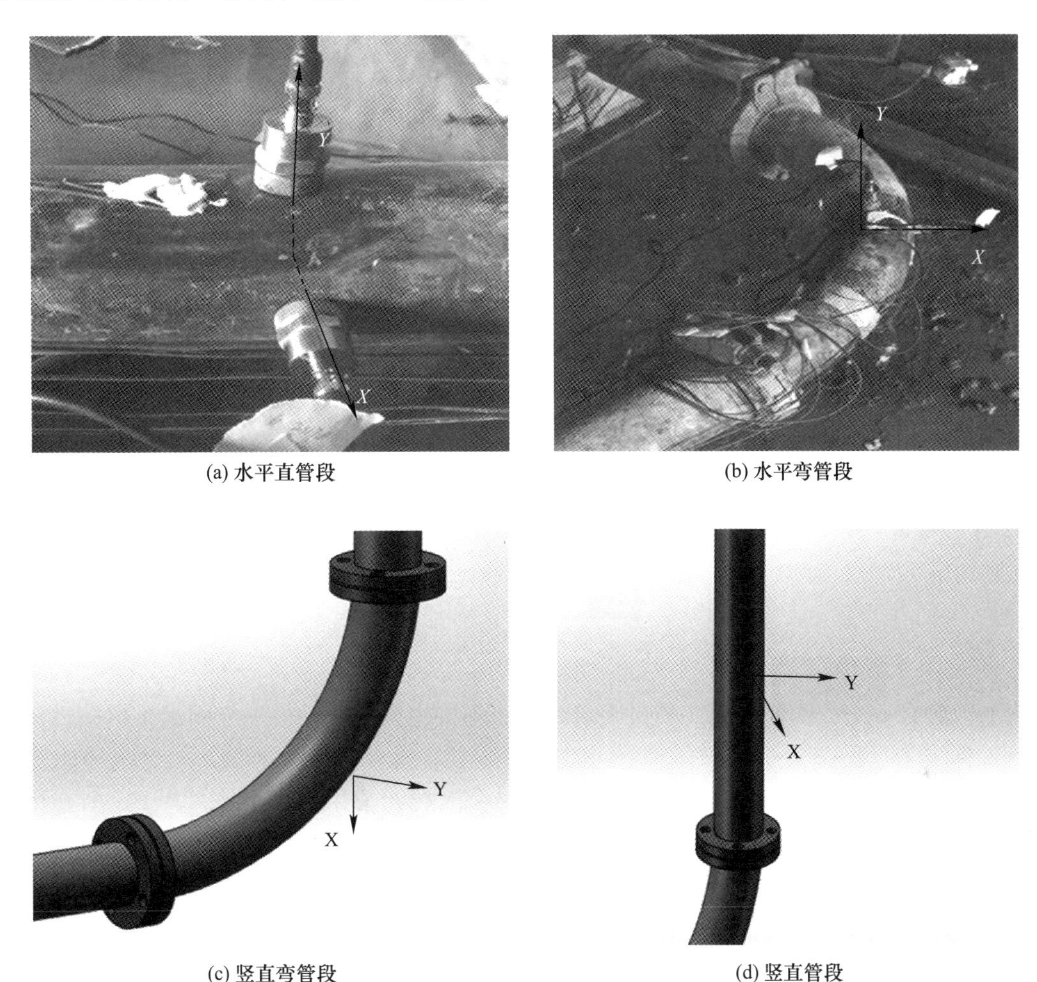

(a) 水平直管段　(b) 水平弯管段

(c) 竖直弯管段　(d) 竖直管段

图5-16　泵送管道振动加速度传感器布置方向示意图

通过振动位移能更直观地判断管道运行状态，因此，选取20MPa泵压下正常泵送过程中的加速度曲线进行二次积分和去趋势项处理，得到各截面沿X和Y方向的振动位移，如图5-17所示。试验表明经过弯管后管道振动大幅减弱，且以水平振动为主，随着管道长度延伸，振动位移逐渐减小。

5.2.5　机械设备安全程序逻辑分析与监控

1. 机械设备安全程序逻辑分析

程序型作业除设备本身故障面临安全风险外，由于工序错误可能造成流程运行安全风险。机械设备程序型作业具有严格工艺流程、复杂技术要求、有限时空环境、严重事故后果等特性。机械设备程序作业具有流程逻辑属性。该类施工活动需要施工管理和安全管理

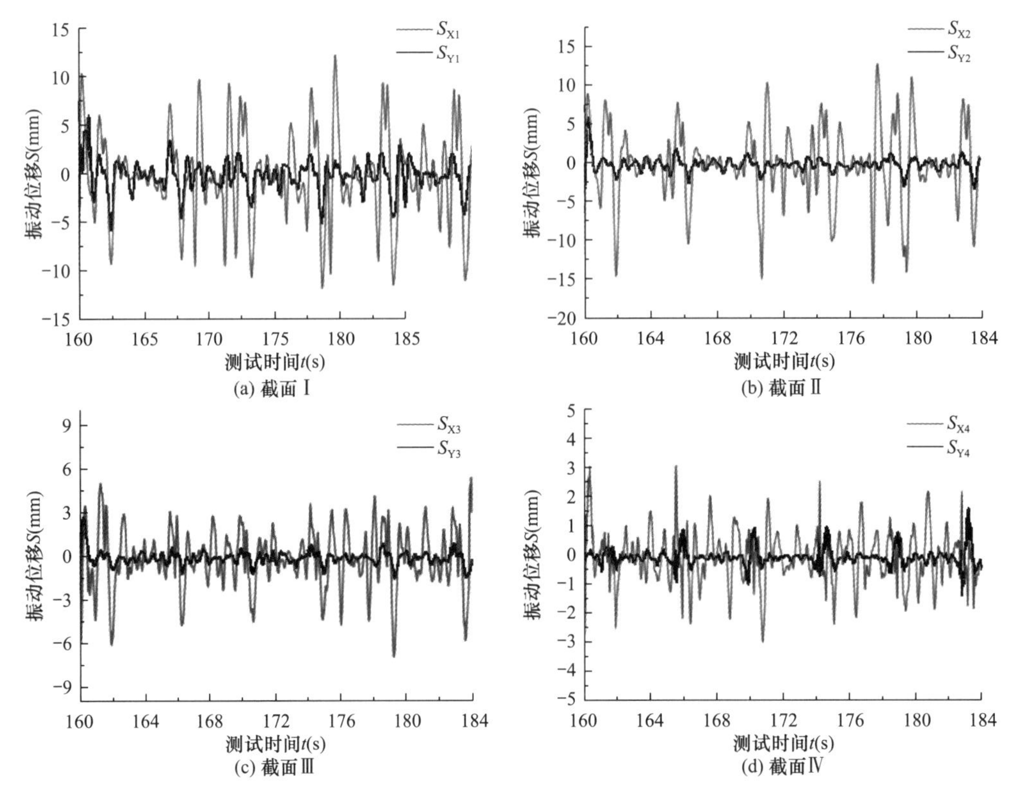

图 5-17 部分截面振动位移变化

两者有效融合，一方面满足施工质量要求，完成施工生产任务；另一方面满足风险控制要求，确保施工过程安全可靠。

为系统解决施工现场机械设备程序作业安全问题，采用有限状态机（FSM）、Petri网、多空间过程状态转移等方法对机械设备程序作业过程和监控要点进行分析，以顶升作业为例将塔机作业流程化，并得到塔式起重机顶升多空间过程状态转移过程（图 5-18）。基于机械设备程序作业的流程逻辑和监控要点，制定机械设备安全程序逻辑监控方案，实现程序安全智能监控。

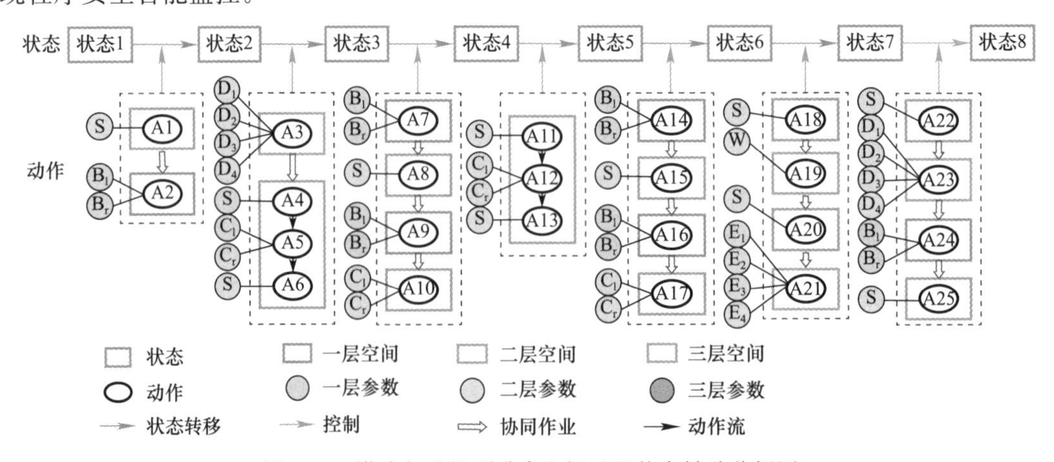

图 5-18 塔式起重机顶升多空间过程状态转移分析图

2. 机械设备监控技术参数

综合机械设备本质安全与程序安全监控技术，形成机械设备监控技术参数。以塔式起重机为例，其安全监控技术参数见表5-14。

塔式起重机安全监控技术参数 表5-14

监测目标	监测指标	监测参数	测点布设位置
结构安全	塔身强度	应力	塔身最不利截面端角
	塔身稳定性	应力	
	塔身刚度	偏斜	塔身顶端
	塔身整体牢固性	应变	塔身标准节连接截面端角连接件处
	塔臂强度	应力	塔臂弦杆最不利位置
	塔臂稳定性	应力	塔臂最不利压杆上
	塔臂刚度	挠度	起重臂尖端
	塔臂整体牢固性	应变	塔臂标准节连接截面端角连接件处
	附着装置强度	应力	附着装置各肢杆处
	附着装置稳定	应力	附着装置各肢杆处
	地基沉降	位移	基础边缘四角
	地基承载	土压力	基础各边和对角线端部和中心位置处
	抗倾覆性	土压力	
	荷载状况	风速	塔身顶部
程序安全	横梁支撑情况	开关	顶升横梁销轴保险处
	爬爪支撑情况	开关	爬爪与标准节连接处
	油缸伸出长度	位移	油缸两端
	顶升速度	位移/时间	
	套架倾角	角度	套架顶部
	套架顶部连接	开关	套架顶部连接销轴
	标准节连接	开关	标准节连接销轴
吊运安全	塔臂转角	角度	平衡臂中间位置（架空）
	小车幅度	位移	小车牵引机构卷筒
	吊钩高度	位移	塔式起重机起升卷筒
	塔身倾角	角度	塔机顶部/上回转支承平台
	环境风速	风速	塔机顶部/司机室顶
	总力矩	应力	最上一道附着主弦杆上

5.3 机械设备作业安全状态智能识别与控制技术

5.3.1 机械设备作业安全状态智能识别装置

1. 机械设备安全程序逻辑智能监控系列装置

（1）智能监控装置架构

智能监控系列装置的系统架构主要由四个层次构成（图5-19），包括：感知层、传输层、分析层和应用层。感知层为数据来源，处于整个系统构架的最底层，实现监测对象特定物理信息的动态监测，获取反映现场情况的监测数据。传输层实现监测数据从感知层到分析层的传输，根据传播介质的不同，数据传输方式可分为有线传输和无线传输两类，本装置硬件系统以无线传输作为主导传输方式。分析层实现监测数据的分析和处理，产生过程控制信息及预警信息。应用层主要包含面向用户开发的客户端，帮助用户实现与系统的交互，同时支持用户查询历史施工活动监控记录等。

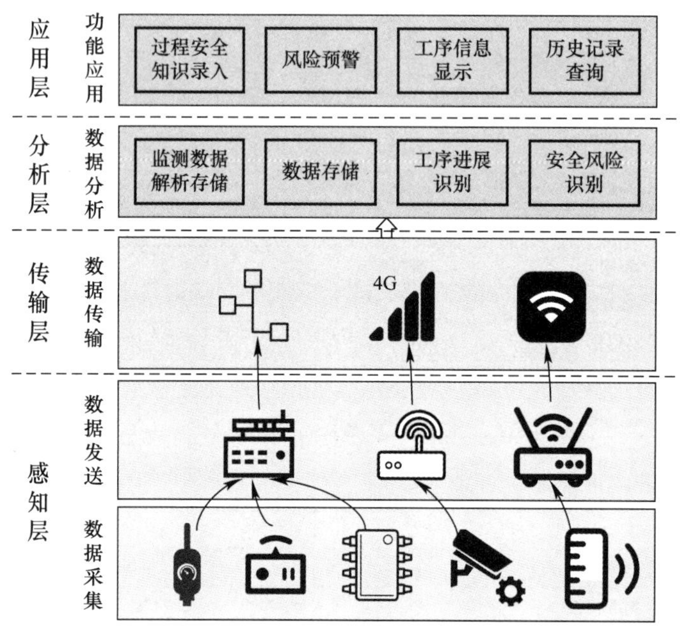

图 5-19　物联网架构

系列装置的功能实现机理为：在确定特定施工过程的监测方案并完成现场硬件的布设后，施工管理人员向配套软件录入该施工过程的监测硬件信息、传感器一监测指标数值映射关系、施工过程安全知识等数据。软件可根据用户输入的数据生成该施工过程对应的有限状态机（FSM），并基于此实现工序进展的判断和风险的识别。

（2）装置硬件系统

基于硬件系统的性能需求分析，并结合现场调研结果，对硬件系统的构架进行了设计，如图 5-20 所示。

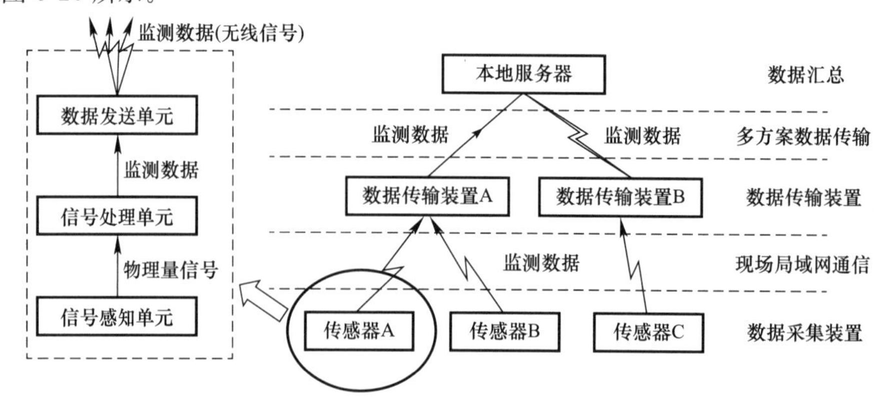

图 5-20　硬件系统构架

数据采集装置位于硬件系统的最底层，监测特定物理量信息，并将所感知到的信号以无线信号的形式向上层传输。数据传输装置持续接收来自数据采集装置的信号，并将所接收到的信号传输给本地服务器，起到现场信号的中转和汇聚作用。本地服务器承担现场数据的汇总及解析任务，位于系统的顶层，同时也为配套过程安全控制软件的运行提供硬件基础。

数据采集传输硬件系统具体由数据采集装置、数据传输装置和本地服务器三类设备构成，如图5-21所示。数据采集装置位于硬件系统的底层，完成物理量信号的采集，并将信号加工为特定格式的监测数据，随后将监测数据以RFID信号的形式向上层传输。数据传输装置持续接收来自数据采集装置的数据，并将所接收到的数据通过串口、Wi-Fi或4G通信等方式转发给本地服务器，起到中转和汇聚现场数据的作用。本地服务器承担现场数据的汇总接收任务，位于系统的顶层；同时也为配套过程安全控制软件的运行提供硬件基础。

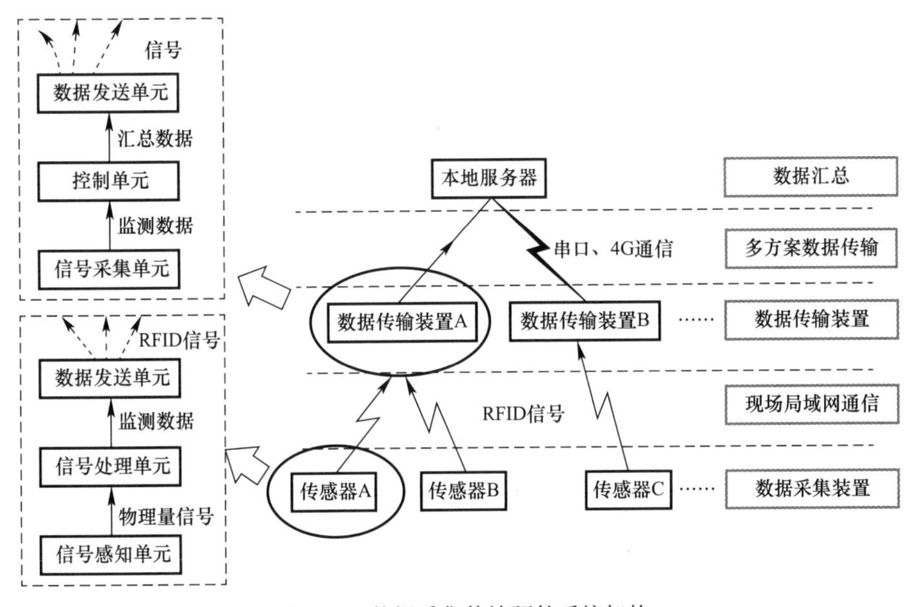

图5-21　数据采集传输硬件系统架构

(3) 装备软件系统

现场监测数据通过数据传输装置发送，由本地服务器的特定端口传入服务器内部，程序持续监测该端口传入的数据，并完成监测数据的提取。监测数据的信息流动路径如图5-22所示。

装置软件部分的程序首先对所获取的数据进行筛选，过滤掉格式错误的数据条目。随后根据每个数据条目中的类别码，采用不同的解析方式将监测数据解析为传感器测值，再将数据标识码与用户所录入的传感器信息进行比对，从而识别每个数据条目的信息源，并存储测值。在传感器测值更新后，程序根据用户录入的传感器-指标映射关系，利用最新的传感器测值完成指标值的计算，计算获取的指标值将被应用于过程安全控制。基于施工活动有限状态机中的相关规则，结合动态更新的指标值进行施工活动进展情况的判断和施工风险的辨识。

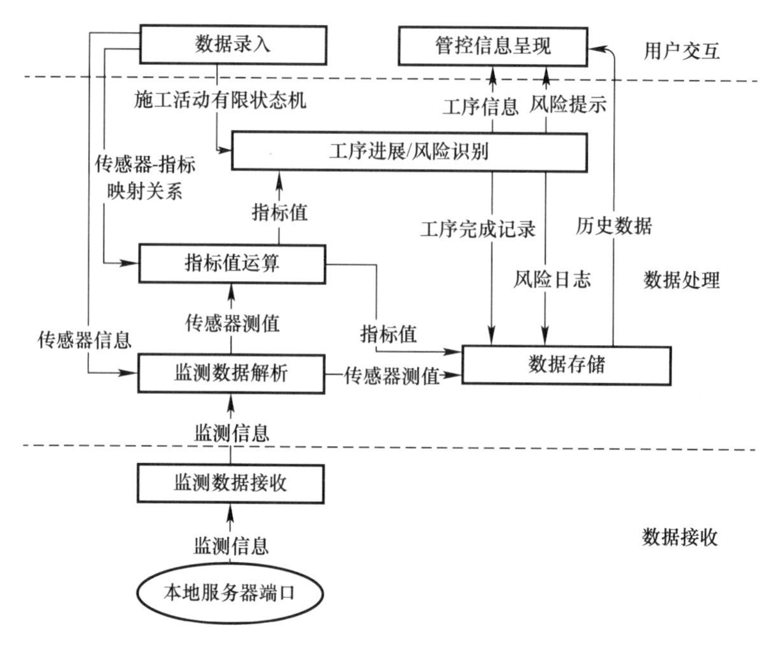

图 5-22　程序内部主要活动及信息流

基于上述步骤，能够实现施工活动进展和施工风险的自动化识别，即程序持续检验最新指标值是否满足当前工序结束条件的相关要求，由此判断当前工序的完成情况，进而更新施工活动的进展，同时，当指标值偏离当前工序的安全要求时，程序将向用户发出警示，从而实现施工风险预警。施工过程控制操作执行流程如图 5-23 所示。

2. 高精度倾角感知装置

（1）装置方案设计

高精度倾角感知装置由电源模块、驱动控制测试模块、数据采集与发送模块、数据传输模块、数据接收与显示模块、危险预警模块组成。电源模块由电源和开关组成，采用 5V 电压电源。驱动控制测试模块是测量倾角的主要元件。数据采集与发送模块由信号感知单元、信号处理单元和数据发送单元组成。数据传输采用 WLAN 式数据传输装置。数据接收与显示模块包括电脑服务端、手机服务端以及云平台、平台上的软件应用程序。危险预警模块接收数据并与阈值比对，超过规定阈值时发出声光信号预警。

驱动控制测试模块包括齿轮组箱、步进电机及驱动单元、带阻光标时针、带光电管垂球、光电感应控制器，结构示意图如图 5-24 和图 5-25 所示。齿轮组箱由秒针齿轮、分针齿轮、时针齿轮、秒分过渡齿轮、分时过渡齿轮组成。带光电管垂球与齿轮组箱的表面中心转轴光滑连接，其上部固定有光电管，下部悬挂垂球，在测量过程中始终保持铅垂状态。带阻光标时针固定于齿轮结构的时针齿轮中心转轴上，当驱动齿轮转动时与时针齿轮一起转动，在时针上与光电管相对应位置处设置阻光标。步进电机一端与驱动控制测试模块相连，另一端与所述齿轮组相连，即步进电机转轴与齿轮组中的秒针齿轮中心轴同轴刚接。光电感应控制器一端与光电管相连，另一端与步进电机测试模块相连，用于判断光电管与阻光标是否重合，并发送驱动信号控制步进电机转动。

测量原理：秒针齿轮与分针齿轮及时针齿轮的转动比例关系为 720：12：1，即秒针齿轮转动 360°，分针齿轮转动 6°，时针齿轮转动 0.5°。在测量工作中，装置和待测物固定连

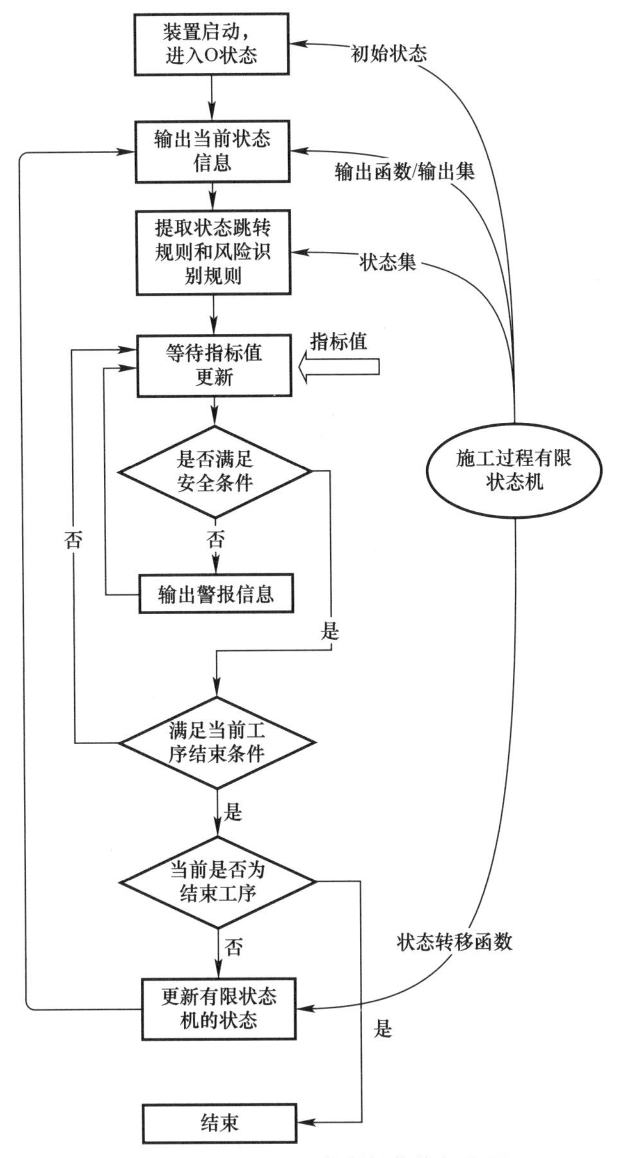

图 5-23　施工过程控制操作执行流程

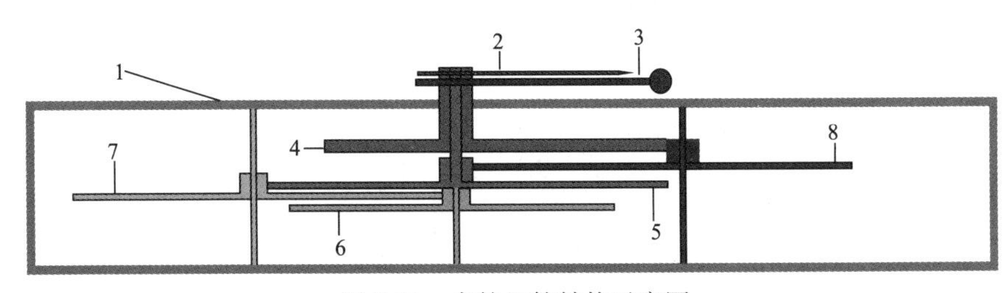

图 5-24　齿轮组箱结构示意图

1—齿轮组箱，2—带阻光标时针，3—带光电管垂球，4—时针齿轮，5—分针齿轮，6—秒针齿轮，
7—秒分过渡齿轮，8—分时过渡齿轮

接，当待测物受到外力作用发生倾斜时，装置随待测物同步变化，使得带光电管垂球与时针发生偏离，该偏离角即待测物倾角。

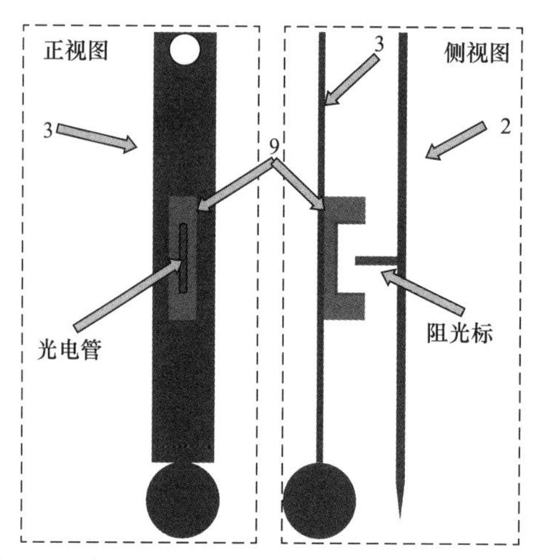

图 5-25　带光电管垂球和带阻光标时针组对示意图

（2）工作流程

如图 5-26 所示为本倾角测量装置的工作流程图。

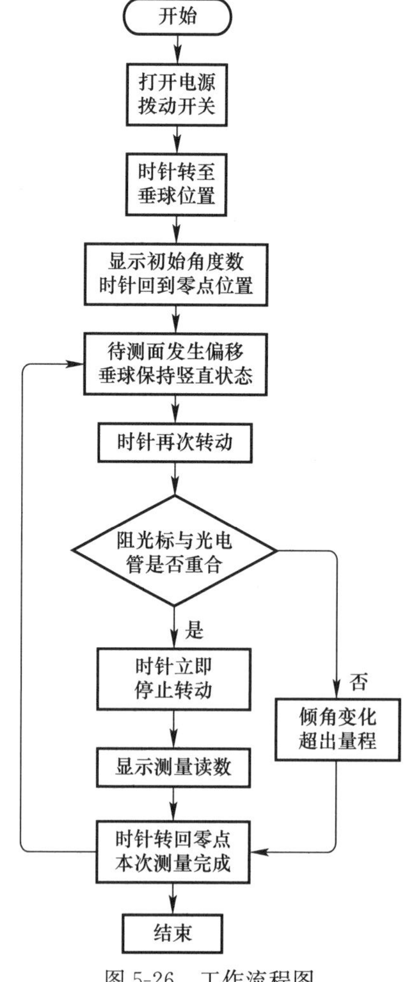

图 5-26　工作流程图

3. 连接紧固件感知装置

（1）装置架构（图 5-27）

连接紧固件感知装置主要由三个层次构成，包括：感知层、处理层、传输层。感知层是装置的数据来源，处于整个装置架构的最底层，实现监测对象特定节点信息的动态监测，获取反映现场情况的监测数据。处理层实现监测数据的分析和存储，并在数据超出阈值时进行即时预警。传输层实现数据从监测装置到服务器的传输，该装置以无线传输作为数据传输的主导方式。

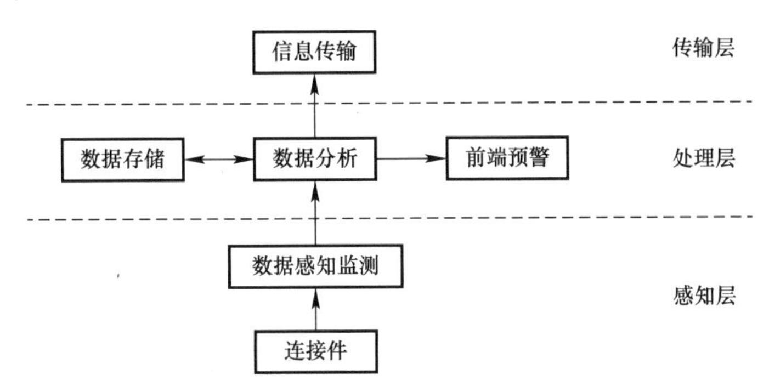

图 5-27　感知-分析-评估-预警一体化智能监控装置基本架构

（2）组成模块（图 5-28）

连接紧固件感知装置包含振弦测量模块、安全监控模块及电源。安全监控模块包括控制模块、存储模块、无线传输模块、预警模块，其中控制模块分别连接振弦测量模块、存储模块、预警模块和无线传输模块。振弦测量模块实现感知和测量，同时将信息转换为格式统一的数字信号，并将其发送至控制模块。控制模块是具有一定数据处理能力的处理

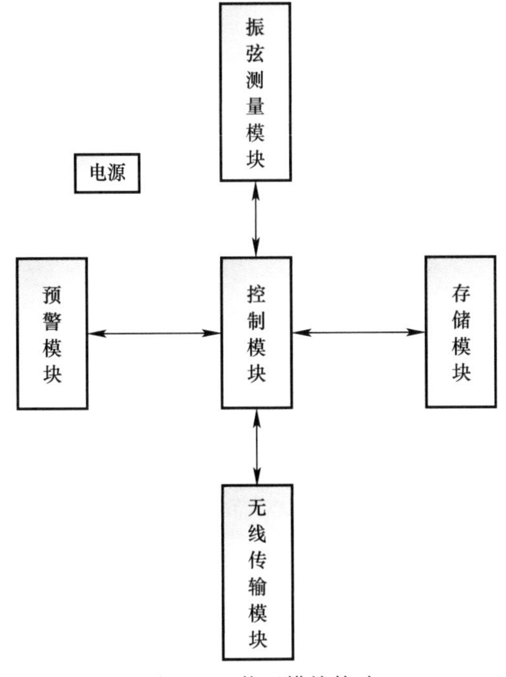

图 5-28　装置模块构造

器（如单片机等），可以解析判断测量信息是否超过阈值。当超过阈值后，控制预警模块进行前端预警。控制模块将数据传输至存储模块，存储模块进行存储数据，并实现数据的读取和调用。控制模块控制无线传输模块将数据以无线信号的形式对外传输。

振弦测量模块装置结构如图 5-29 所示，连接紧固件感知装置实物如图 5-30 所示。

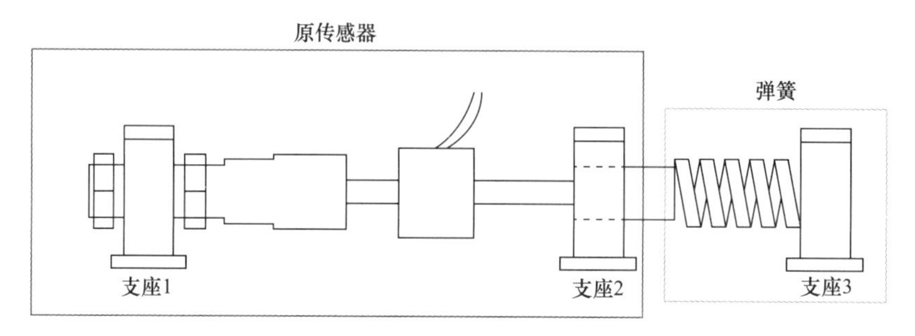

图 5-29　改进的连接件紧固状态测量模块

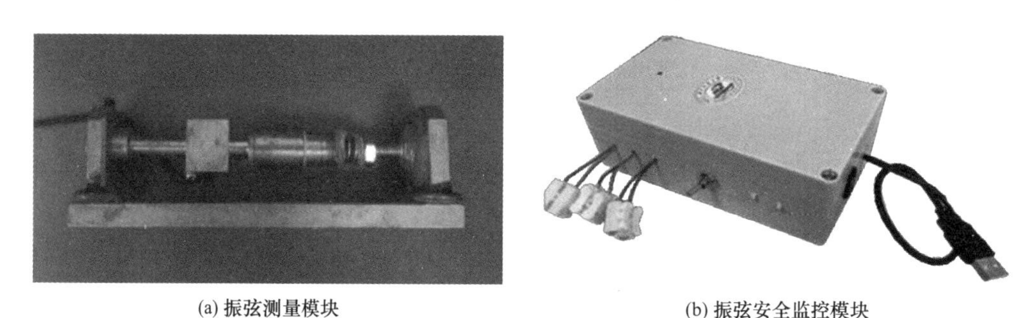

图 5-30　连接紧固件感知装置

（3）测量原理

根据测量模块的装置架构与原理，可以依据原传感器的标定曲线来推导测量模块对目标参数的物理量转换关系。传感器自带 AD 转换模块，可以将振弦振动信号转换成频率显示的数字信号。原传感器的标定曲线关系：

$$\varepsilon_{\varepsilon}=(f^2-F^2-A)K \tag{5-1}$$

式中，$\varepsilon_{\varepsilon}$ 为传感器应变量，F 为初始频率，f 为输出频率，K 为标定系数，A 为关系常数。

测量模块与待测物发生同步变形时，由于弹簧和传感器串联，弹簧和传感器所受的轴力相同，则所受轴力 $T=k_{\varepsilon}x_{\varepsilon}=k_{\varepsilon}\varepsilon_{\varepsilon}l_{\varepsilon}$，则弹簧位移 $x_{k}=\dfrac{T}{k_{k}}$，根据上述物理量关系公式可以得到总体测得的待测物变形位移 $x=x_{\varepsilon}+x_{k}=\varepsilon_{\varepsilon}l_{\varepsilon}\left(1+\dfrac{k_{\varepsilon}}{k_{k}}\right)$，最终待测物的位移量与振弦输出频率之间的关系：

$$x=(f^2-F^2-A)Kl_{\varepsilon}\left(1+\frac{k_{\varepsilon}}{k_{k}}\right) \tag{5-2}$$

其中，$\left(1+\dfrac{k_{\varepsilon}}{k_{k}}\right)$ 为测量模块与原传感器相比的放大倍率，可以据此得到装置的测量范围，弹簧弹性系数需与振弦传感器的弹性系数接近。

（4）装置工作流程

装置工作流程如图 5-31 所示。

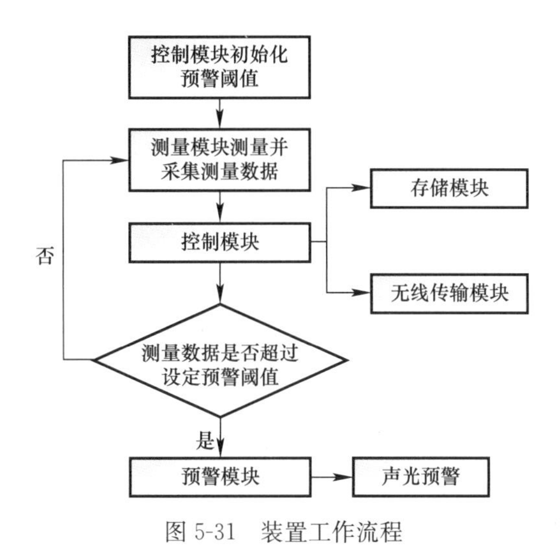

图 5-31 装置工作流程

5.3.2 垂直运输设备程序式作业安全识别与智能辅助系统

1. 系统构成

随着物联网技术的发展，各类传感器及监控技术广泛应用于施工现场的质量检测与安全监控。对施工过程的安全监控，常采用视频监控、RFID 技术、力学传感器等监控技术，对施工现场的结构、人员和环境状态进行监控，然后将监控数据传至计算机后台，经过计算分析后进行判断和预警，这些技术从监控到预警反馈耗时较长，难以满足预警控制的实时性要求，并且现有技术侧重于静态监控，在异常状态发生后才发出报警，属于事后的被动监控方式。目前，在施工过程中的工序流程动态安全管理与应对方面，主要依靠现场人员的工作经验与临场反应，缺乏实时的安全监测方法和主动安全管理的技术手段。

为解决前述问题，加强垂直运输设备程序式作业安全管控，研发了垂直运输设备程序式作业安全识别与智能辅助系统，该系统由数据采集与传输系统、导航与安全监控系统组成，可以对垂直运输设备程序式作业工作步骤进行识别和安全监控，并根据工作步骤识别结果对操作进行智能化辅助。其中，数据采集与传输系统包括传感器及其对应的前端处理模块，实现监控数据采集和单项数据预警功能；导航与安全监控系统包括数据收发模块、数据输入模块、数据处理模块、报警和导航模块、显示和操控模块，实现监控数据集成以及作业安全识别与导航功能，系统架构如图 5-32 所示。

完成系统的搭建，需要将程序式作业安全知识嵌入系统，对监控对象进行知识分解，以及程序式作业标准化，明确完成作业所需的工作步骤，以及每一工作步骤所需要保持的安全指标状态和所需要达成的技术指标状态。根据知识分解结果，即工作步骤及每一工作步骤所需保持的安全指标状态和技术指标所需要达到的状态进行传感器选配和相应的前端处理模块，完成数据采集传输系统的搭建，将监控对象程序式作业安全知识嵌入导航与安全监控系统，完成垂直运输设备程序式作业安全识别与智能辅助系统的搭建。

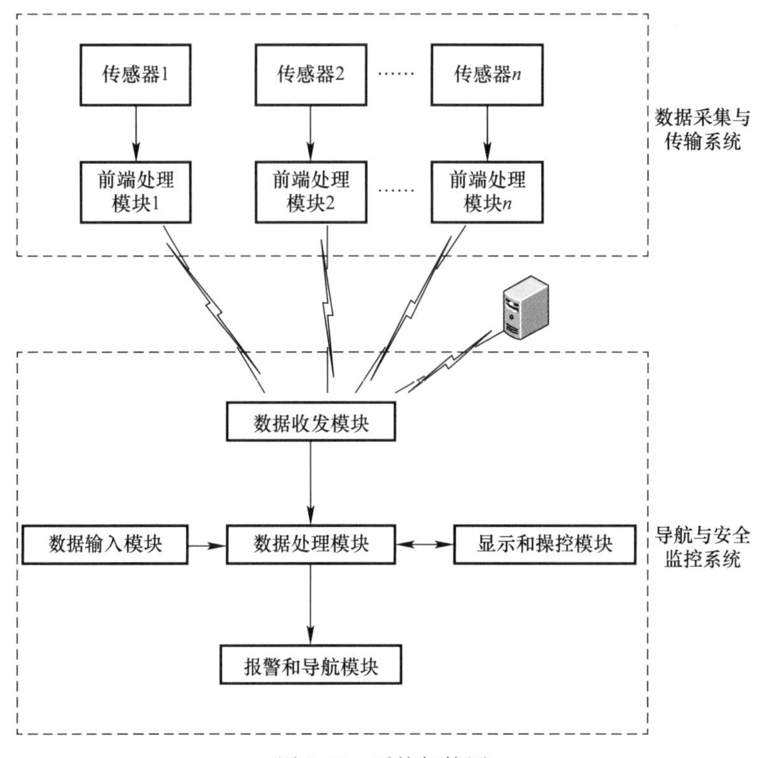

图 5-32 系统架构图

（1）数据采集与传输系统

数据采集系统由一系列多源异构的传感器及其对应的前端处理模块组成，实现数据的采集与传输功能。传感器包括风速传感器、倾角传感器、位移传感器和逻辑量传感器等，根据指标监控需求进行选用。前端处理模块具有数据接收、数据预处理以及数据发送功能，该模块将传感器监测的信号转化为对应的物理量，并进行边缘计算和分析，将预处理后的数据发送给导航与安全监控系统。

（2）导航与安全监控系统

将监控对象程序式作业安全知识通过数据输入模块嵌入导航与安全监控系统，导航与安全监控系统接收前端处理模块发出的数据，并根据嵌入的程序式作业安全知识，对当前所处工作步骤监控指标状态和工作步骤完成情况进行判断，通过报警与导航模块对异常指标进行实时报警，并通过显示部分当前所处工作步、已完成指标和未完成指标，实现对监控对象程序式作业的安全识别与智能辅助控制。其中数据收发模块用于接收数据采集传输系统发送的数据，并将监控数据记录发送至后台监控系统。

数据处理模块包括程序式作业导航应用程序，其包含程序式作业的工作步、监控指标、指标对应的传感器和阈值。监控指标包括安全指标和技术指标：安全指标表示工作步骤执行过程中其指标始终保持在阈值范围内，否则施工过程会出现异常；技术指标表示工作步完成时需处于阈值范围内，否则工作步未完成。报警和导航模块根据数据处理模块的结果，发出工作步骤状态异常的报警和工作步跳转的导航语音提示。显示和操控模块包括工序状态显示界面和操控键盘：工序状态显示界面显示当前工序步骤及监控指标状态；操控键盘可以调节工序、开始/结束监控。

系统可以对程序式作业进行多源异构传感器的集成安全监控及预警，指导程序式作业施工过程，保障工序的正确性与安全性。该系统在施工现场的抗干扰性强，响应速度快，适用于需要按固定的程序步骤进行操作的施工对象。

2. 垂直运输设备程序式作业安全识别与智能辅助系统原型机

为实现系统各项功能，开发出垂直运输设备程序式作业安全识别与智能辅助系统原型机，如图5-33所示，原型机的集成电路如图5-34所示。

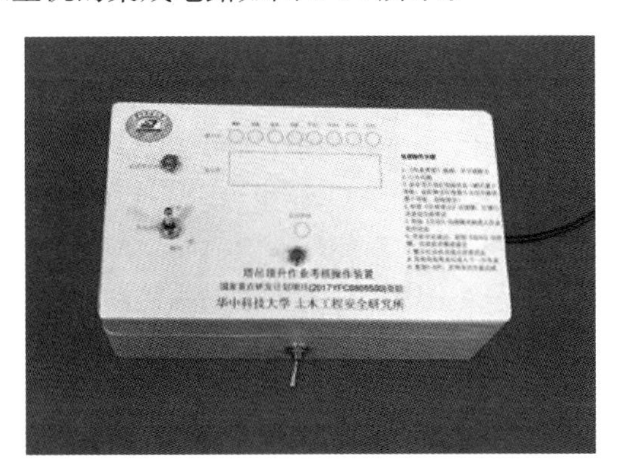

图5-33　程序式作业安全识别与智能辅助系统原型机

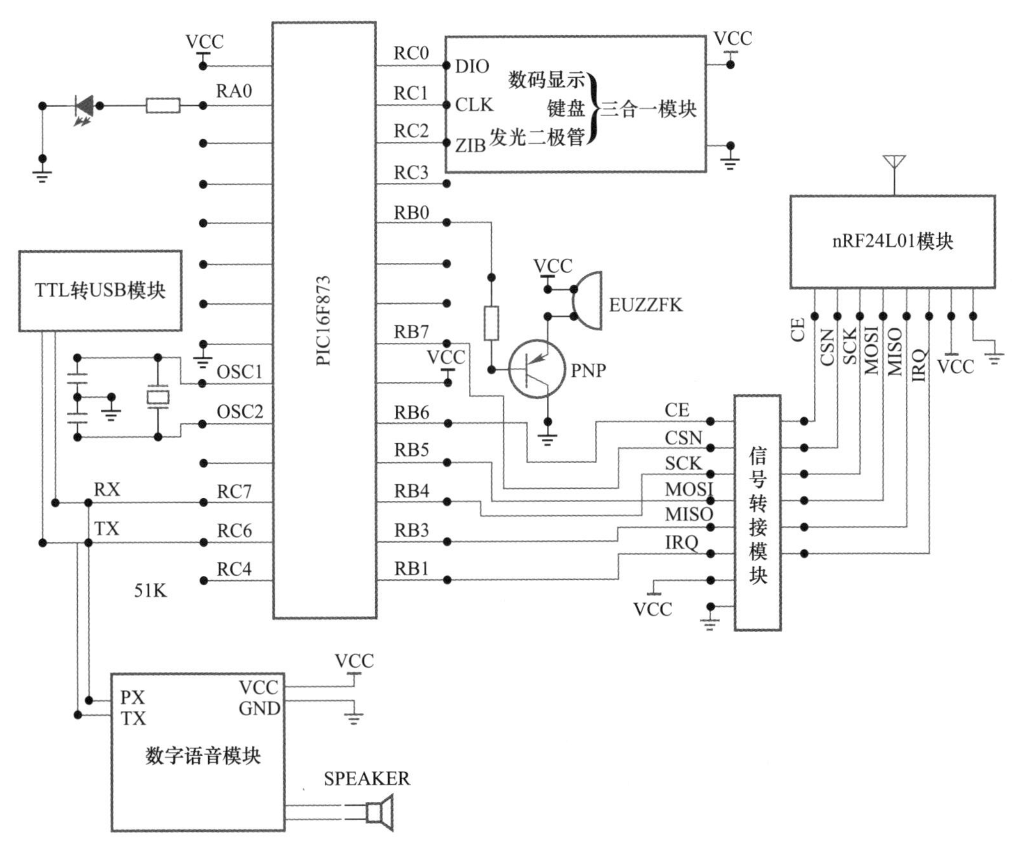

图5-34　原型机集成电路图

系统数据收发模块由无线收发芯片Nrf2401和信号转接模块组成，无线收发芯片负责接收和发送数字信息，信号转接模块为无线收发模块和数据处理模块之间的电压转换器。

数据输入模块可以与计算机 USB 串口连接，将监控对象程序式作业安全知识嵌入数据处理模块。数据处理模块为单片机，具体型号为 PIC16F873，单片机根据嵌入的程序式作业安全知识和接收的传感器信息进行程序判断，判断程序为：①监控对象程序式作业安全知识嵌入，设置需要监控的工作内容和指标阈值；②初始化工作步；③开始程序式作业，数据采集与传输系统采集传输操作信息，导航与安全监控系统判断当前所处工作步骤以及当前工作步骤安全指标监测值是否超过阈值，若超过阈值，则发出工作步异常报警；④导航与安全监控系统判断当前工作步的技术指标监测值是否达到阈值，若超过阈值，则发出工作步跳转提示，并且程序跳转至下一工作步，若未超过阈值，根据系统未完成技术指标指示，进行操作完成工作步；⑤当最后一个工作步达到完成状态时，提示本次工作已完成。

报警和导航模块为数字语音模块：当传感器测值超出阈值时，报警和导航模块发出报警提示；当工序完成即将进入下一工序时，发出工序跳转提示。

显示和操控模块，包括状态显示盘和操控键盘。状态显示盘由数码显示盘和发光二极管组成，数码显示盘展示当前工序序号、待完成指标数量、已完成指标数量，发光二极管为指标异常报警灯，操控键盘可以人工调整工序、启动/暂停/结束监控等。

垂直运输设备程序式作业安全识别与智能辅助系统原型机工作流程如图 5-35 所示。

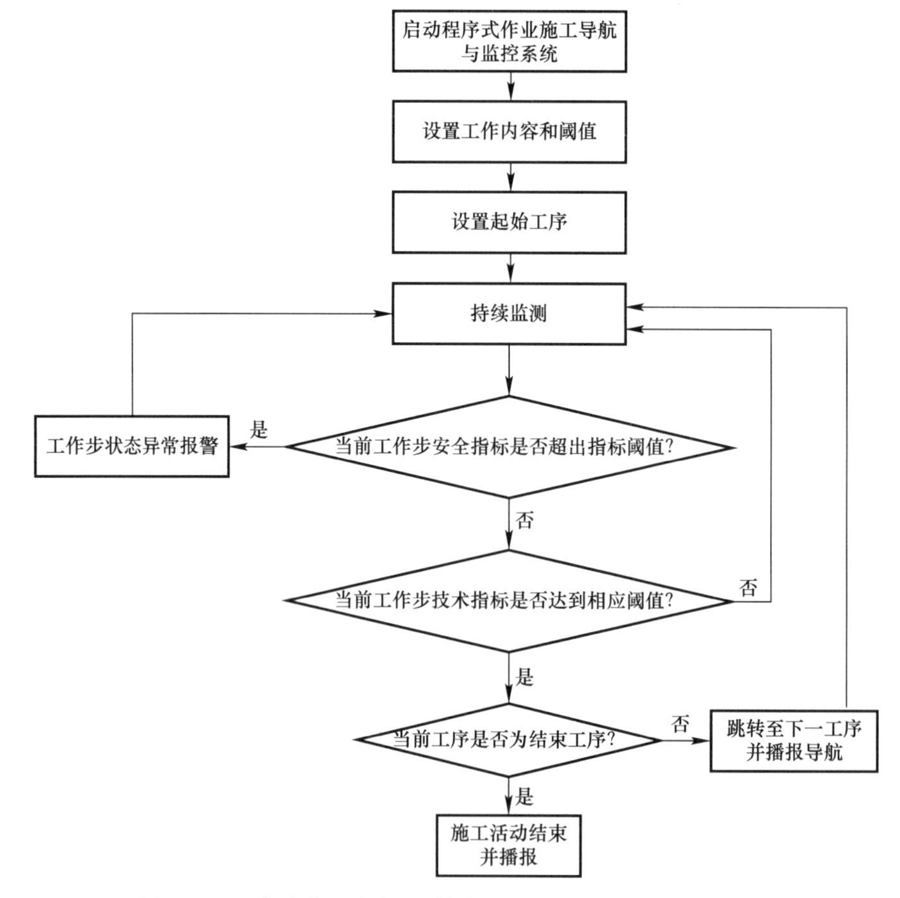

图 5-35　程序式作业安全识别与智能辅助系统原型机工作流程

5.4　机械设备安全监控平台系统

5.4.1　平台系统功能

（1）系统特征需求

1）实时性：在数据采集、传输、存储、分析、预警和反馈等各个环节，及时传递数据流和指令流，利用当前工作步、过程参数情况和安全警情状态等进行安全决策，分发控制信息驱动工人及时调整每一工作步的操作。

2）本地化：在施工现场部署本地化的计算、网络和存储资源。通过在靠近数据源的边缘增加数据处理和决策功能，提前处理冗余数据，减少施工现场与云计算中心的通信，提高系统安全预警的处理和响应速度。

3）敏捷性：硬件系统应尽量选取体积小、重量轻和无线化的传感和通信装置，装置本身不能干扰施工过程中平台系统的正常功能。

4）可靠性：设计和开发监控系统时应采取合理的架构和硬件，降低系统使用中的数据传输延迟、抖动和丢包率等，以保证安全监控业务正常开展。

5）简易性：系统的用户操作界面应该尽量简单，相关功能菜单、操作按钮和信息弹窗等应尽量友好简洁，以确保使用人员不需要经过专门培训便能快速上手操作。

（2）系统功能需求

1）数据实时感知：监控系统能够录入多类型传感设备的接口转换协议和多源异构数据标准格式，通过传感硬件实时感知设备安全监测参数。

2）数据无线传输：监控系统能够以无线网络传输方式，将施工现场传感节点感知的多源异构数据实时汇集至现场的数据计算节点，避免在设备上进行复杂的线路布设工作。

3）本地化数据处理：监控系统需要引入本地化计算资源，一方面，在施工现场将采集到的传感数据进行部分或全部预处理，过滤冗余数据；另一方面，在施工现场执行计算任务，基于预定的业务框架，实时分析和评估设备的安全状态，实现本地化的安全决策。

4）施工现场前端预警：监控系统直接通过现场设备实时发布预警信号，将设备安全警情信息实时反馈给工人和管理人员，并实现监控系统与云计算中心通信，以便于数据备份及大数据应用。

5）本地化数据留存：监控原始数据及成果数据可在本地被归档和存储，实现本地化的历史数据查询。

（3）功能清单

机械设备安全监控平台系统功能清单如表5-15所示。

功能清单表　　　　**表5-15**

功能名称	功能名称	功能页面名称	功能说明
本地服务器	数据采集	串口通信协议	通过串口读取无线通信终端设备采集的数据
		数据处理	根据数据携带的传感器信息及数据格式，对数据进行整理和分类
		数据存储控制	将整理分类后的数据存入数据库

续表

功能名称	功能名称	功能页面名称	功能说明
本地服务器	数据存储	数据归档框架	—
		物理参量数据存储	存储传感器感知数据
		指标数据存储	存储由原始数据换算得到的指标数据
		监测日志存储	存储系统运行过程中产生的日志信息，如安全风险日志、施工过程日志等
		安全知识存储	存储系统工作前，由开发人员预先录入的施工过程安全知识
	数据处理	业务流程框架	—
		安全风险识别	根据指标数据动态判断安全风险状况
		施工过程识别	根据指标数据动态判断当前开展的施工任务及其完成情况
		安全风险响应	根据安全风险存在情况，调取安全风险信息及管控措施
	数据分发	数据分发框架及协议	—
		结果反馈	服务器将当前风险信息及施工活动信息分发到各终端进行显示
		历史数据查询	终端可访问、查询存储在服务器上的历史数据
		指令分发	向特定硬件发布由终端上传的指令，硬件可以是传感器或声光报警器
		数据上传	向云平台传输本地服务器上所存储的各类信息
	管理与配置	运行参数配置	配置如采集频率等信息
		上传参数配置	配置如上传频率、上传数据内容等信息
手持终端	数据交互	数据传输协议	通过 WLAN 或 4G 与服务器通信，实现终端与服务器的数据交互
		数据获取	从服务器动态获取数据分析结果
		数据查询	通过查询，从服务器调取历史数据
		数据上传	将检查结果及指令上传至服务器
	业务实现	数据排布与显示框架	数据在界面上的基本显示形式及格式
		内容显示	将来自服务器的实时数据在界面上动态显示
		查询功能	提供查询窗口，供用户快捷访问服务器数据
		指令发布功能	提供指令发布窗口，供用户快捷发布相关指令
云平台	数据采集	通信协议	通过 4G 或 Internet 通信等方式从本地服务器获取相关数据
		数据识别及转储	识别数据的项目、时间、类别信息，对数据进行整理分类
	分布式存储	数据归档框架	实现原始数据及分析结果的归档
		原始数据归档	存储来自各本地服务器传输的数据
		成果数据归档	存储基于原始数据分析获取的各类趋势信息、统计信息
	分布式计算	业务流程框架	定义数据调用关系及处理环节
		数据处理逻辑	定义数据处理方式和分析结果
	访问支持	信息访问框架及协议	用户获取服务器信息的形式及通信方法
		历史数据查询	从宏观层次概览以项目或区域为单位的施工过程安全情况
		成果数据查询	获取大数据分析结果

5.4.2 平台系统使用说明

基于物联网技术搭建前端预警的机械设备安全监控平台系统，在数据源到云计算中心的路径之间部署计算、网络和存储资源，在靠近现场传感数据的边缘引入计算能力，提供本地化的数据感知、网络传输和数据处理等功能支撑，将设备结构安全、程序安全和作业安全监控应用在施工现场（前端），保证设备安全管理的实时性。

1. 设备管理与配置

监测对象信息管理：提供添加、修改及删除监测对象信息的功能。监控对象信息包括设备名称、设备编号、设备类型、地点以及是否监控等。以塔式起重机设备为例介绍设备管理与配置说明。

（1）设备管理与配置

点击设备管理与配置按钮，进入设备条目界面，选择其中一条双击，打开后的新窗口界面主要包括监控配置选择窗口和传感器信息配置窗口（图 5-36）。

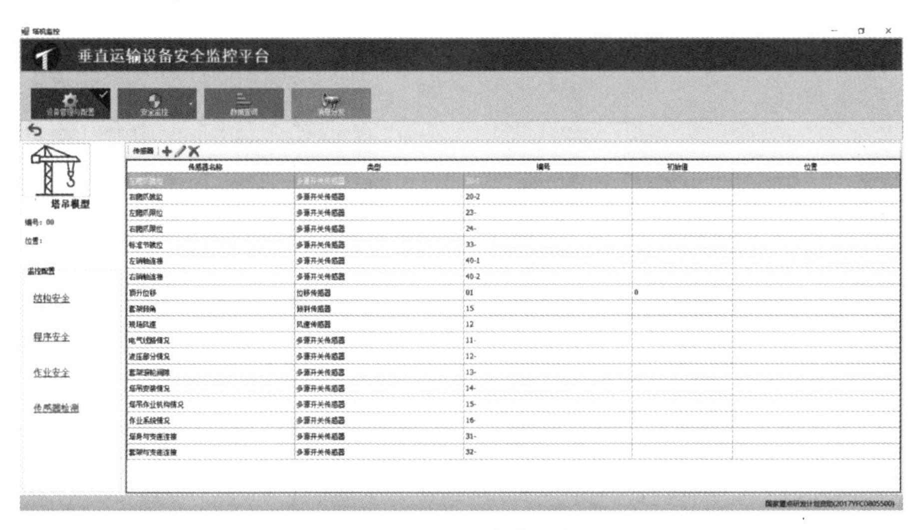

图 5-36　塔式起重机设备管理与配置界面

（2）传感器信息配置

提供编辑和显示传感器信息的窗体，窗体左上角的按钮可对传感器信息进行“增”“改”和“删”操作，传感器信息编辑窗口主要包括对传感器名称、类型、编号、初始值和位置的设置，若是多源开关传感器，还需要选择端口。

（3）结构安全配置

点击监控配置窗口下的结构安全即可进入结构安全配置窗口，结构安全配置主要是提供编辑和显示结构指标信息以及预警设置的窗体。左侧窗口可设置不同的版本，可实现对版本条目的增删改操作（图 5-37）。

指标配置分为结构系统层、构件层、性能层和监测层四层（图 5-38）。

结构系统层信息主要包括指标编号和指标名称，可实现对条目进行增删改操作；构件层信息主要包括指标编号、指标名称和所属上级指示，所属上级在结构系统层中选择，可实现对条目进行增删改操作；性能层信息主要包括指标编号、指标名称和所属上级指示，所属上级在构件层中选择，可实现对条目进行增删改操作；监测层信息不仅包括指标编号、指标名称和所属上级指示，还包括传感器配置，此时只可选择已经配备完成的传感器，所属上级在性能层中选择，可实现对条目进行增删改操作。

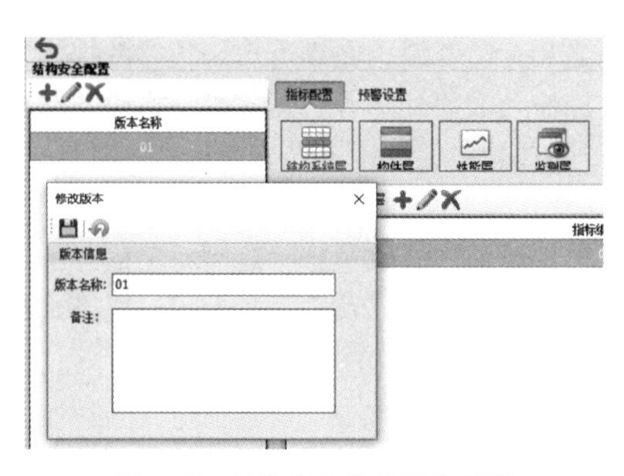

图 5-37　结构安全监控版本配置

预警设置同样对应分为结构系统层、构件层、性能层和监测层四层（图 5-39）。

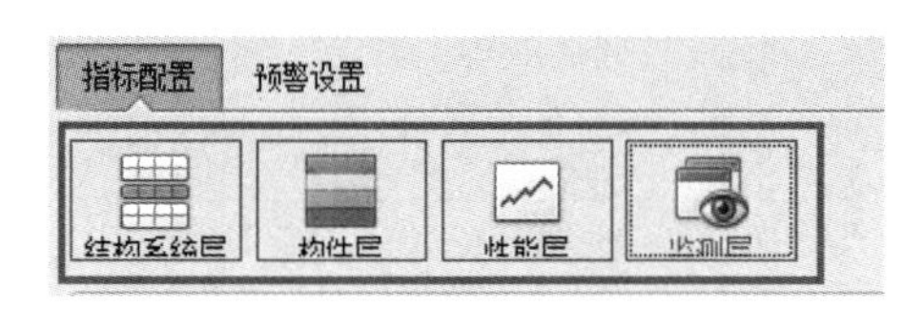

图 5-38　传感器指标配置

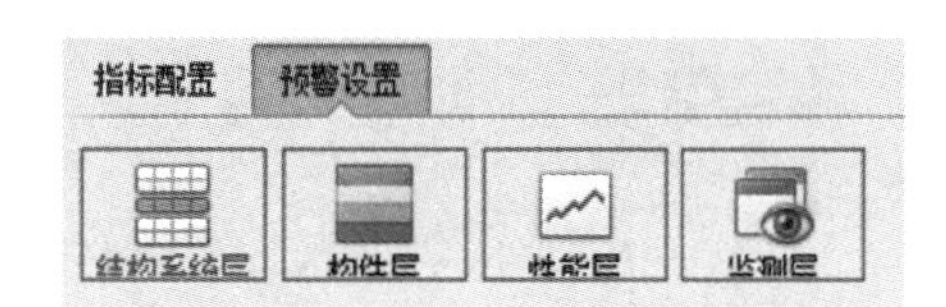

图 5-39　结构安全监控预警设置

结构系统层信息主要包括指标编号和指标名称，还有与下级指标的关系，可实现对条目进行增删改操作；构件层信息主要包括指标编号和指标名称，还有与下级指标的关系，可实现对条目进行增删改操作；性能层信息主要包括指标编号和指标名称，还有与下级指标的关系，可实现对条目进行增删改操作；监测层信息主要包括指标编号和指标名称，还有预警级别阈值设置，可实现对条目进行增删改操作。

（4）程序安全配置

点击监控配置窗口下的程序安全即可进入程序安全配置窗口，程序安全配置主要是提供编辑和显示程序指标信息以及工序预警设置的窗体。左侧窗口可设置不同的版本，可实现对版本条目的增删改操作（图 5-40）。

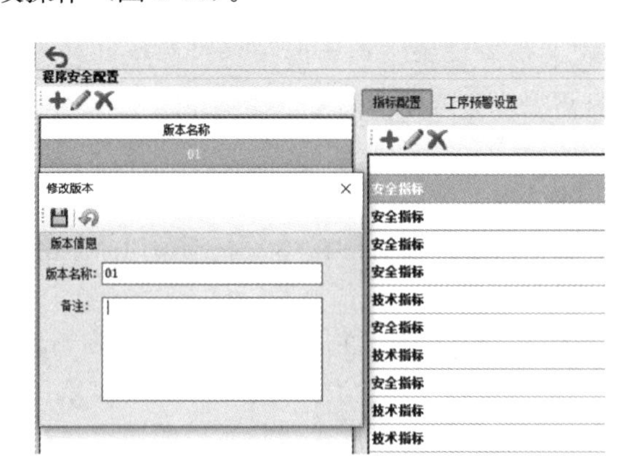

图 5-40　程序安全监控版本配置

右侧窗口指标配置里可以选择安全指标和技术指标并链接相应的传感器（图 5-41）。

右侧工序预警设置里可以对工序进行设置，包括工序名称、工序编号、紧前工序以及该工序对应的技术指标和安全指标阈值的设置（图 5-42）。

图 5-41　程序安全监控指标配置

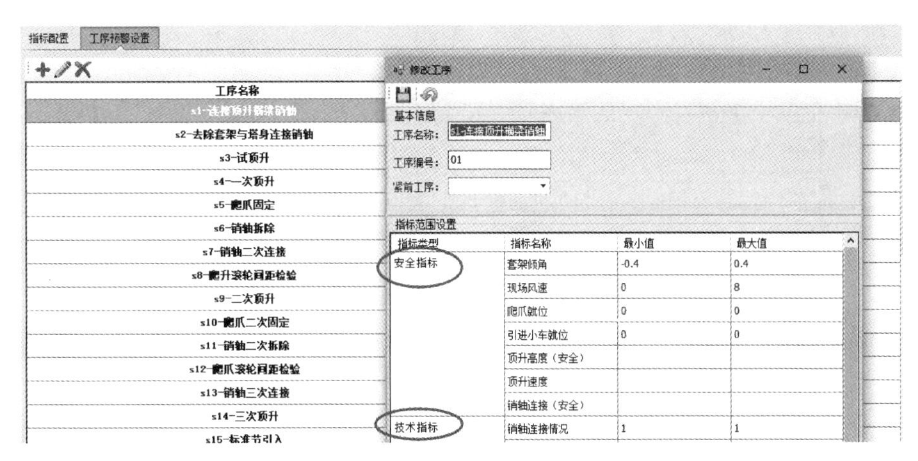

图 5-42　程序安全监控工序预警设置

（5）作业安全配置

点击监控配置窗口下的作业安全即可进入作业安全配置窗口，作业安全配置主要是提供编辑和显示作业指标信息以及作业预警信息的窗体，左侧窗口可设置不同的版本，可实现对版本条目的增删改操作（图 5-43）。

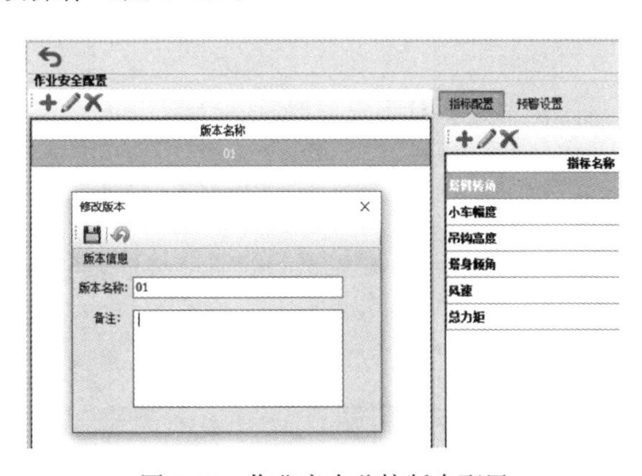

图 5-43　作业安全监控版本配置

右侧窗口指标配置里可以对作业指标进行设置，主要包括指标名称、编号和关联传感器，可实现对指标条目的增删改操作（图 5-44、图 5-45）。

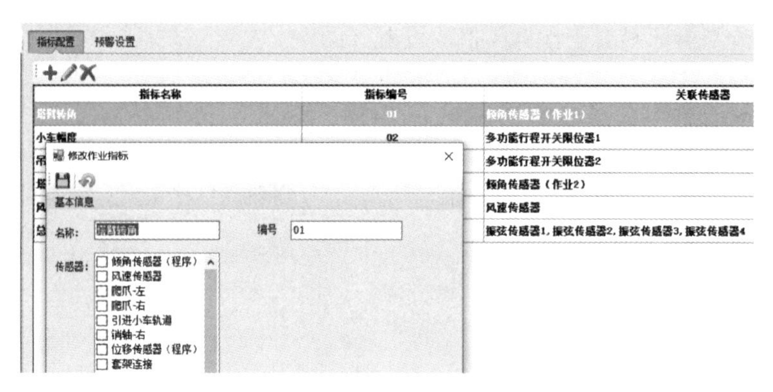

图 5-44　作业安全监控指标配置

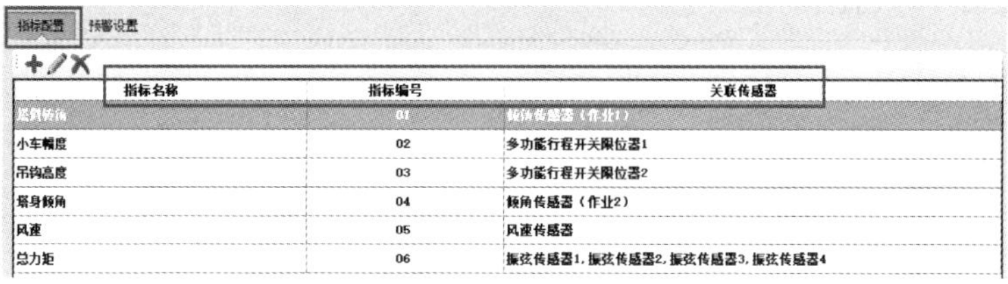

指标名称	指标编号	关联传感器
塔臂转角	01	倾角传感器（作业1）
小车幅度	02	多功能行程开关限位器1
吊钩高度	03	多功能行程开关限位器2
塔身倾角	04	倾角传感器（作业2）
风速	05	风速传感器
总力矩	06	振弦传感器1，振弦传感器2，振弦传感器3，振弦传感器4

图 5-45　作业安全监控指标信息

右侧窗口指标配置里可以进行预警设置，主要包括指标名称、编号和分级预警区间，可实现对指标条目的增删改操作（图 5-46）。

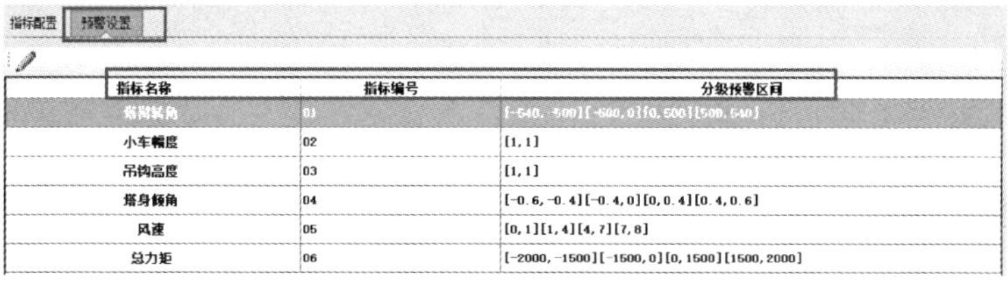

指标名称	指标编号	分级预警区间
塔臂转角	01	[-540, -500][-500,0][0,500][500,540]
小车幅度	02	[1,1]
吊钩高度	03	[1,1]
塔身倾角	04	[-0.6,-0.4][-0.4,0][0,0.4][0.4,0.6]
风速	05	[0,1][1,4][4,7][7,8]
总力矩	06	[-2000,-1500][-1500,0][0,1500][1500,2000]

图 5-46　作业安全监控预警设置

（6）传感器检测

点击传感器检测按钮，可显示传感器数据接收状态。

2. 安全监控

（1）结构监控。提供窗体显示指标信息、指标当前数值及预警等级等信息，显示最新指标值数据以及相应图表；提供窗体显示特定传感器的信息及其实时测值（图 5-47、图 5-48）。

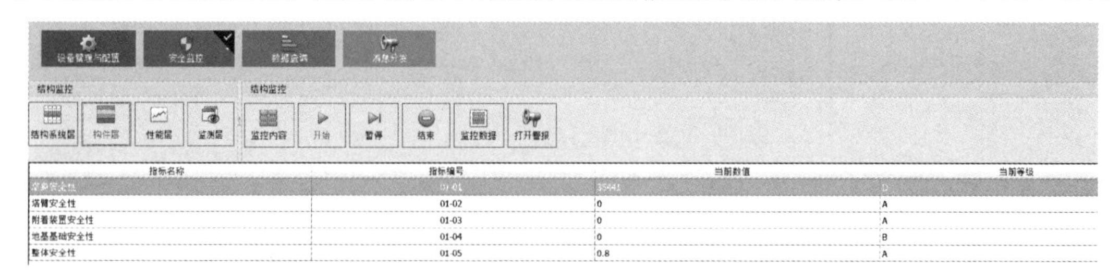

图 5-47　构件层结构安全监控

图 5-48　监测层结构安全监控

（2）程序监控。提供窗体显示已完成工序、当前工序技术指标和安全指标的完成情况；提供窗体显示指标基本信息、特定指标的限值要求或取值区间、指标所关联的传感器等信息，显示最新指标值数据以及相应图表；提供窗体显示特定传感器的信息及其实时测值（图 5-49～图 5-51）。

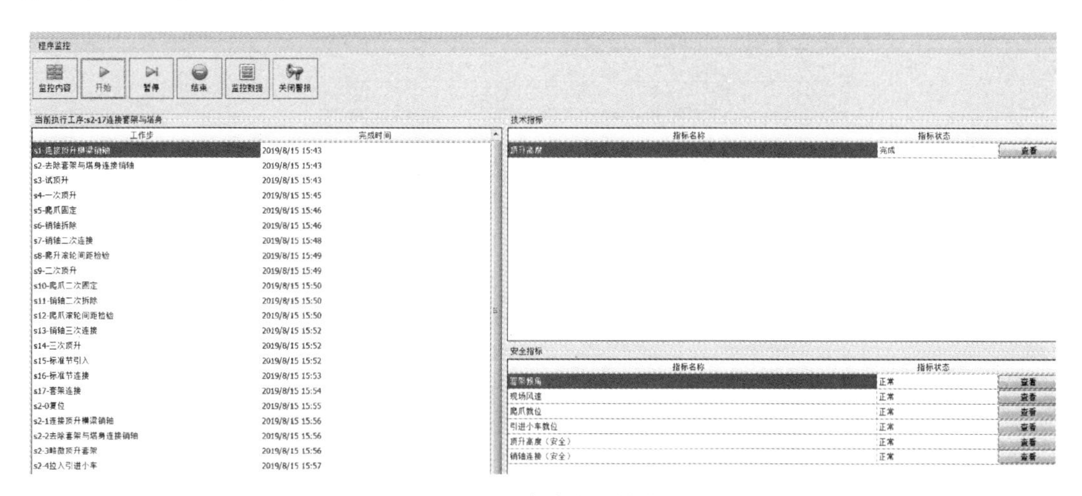

图 5-49　程序安全监控窗口

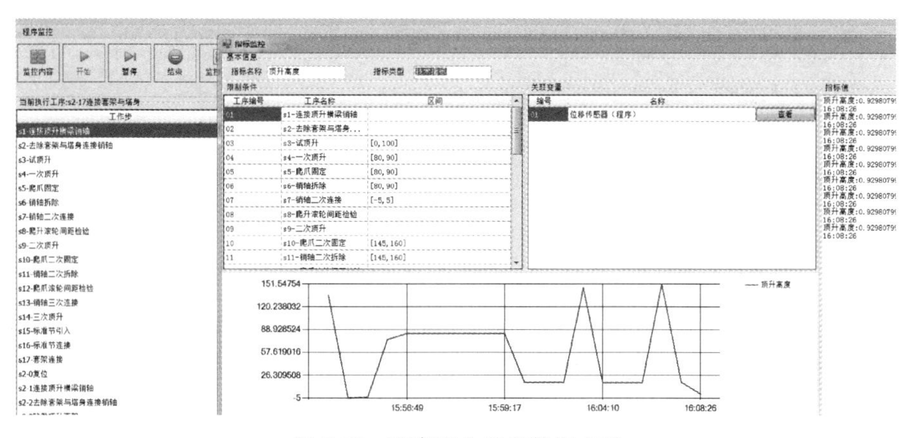

图 5-50　程序安全监控数据查看

（3）作业监控。提供窗体显示指标基本信息、特定指标的限值要求或取值区间等信息，显示最新指标值数据以及相应图表（图 5-52）。

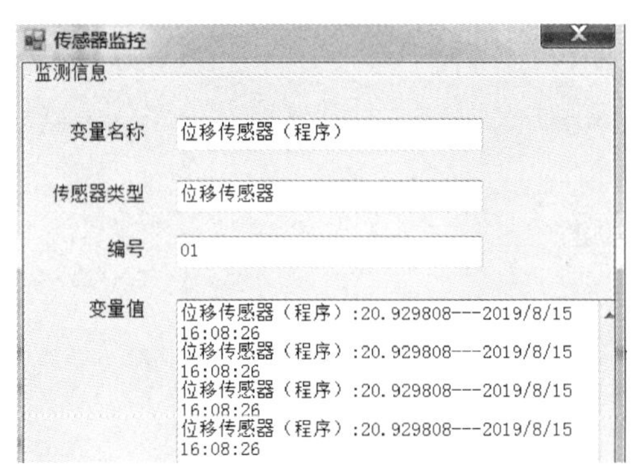

图 5-51　程序安全监控传感器监测信息窗口

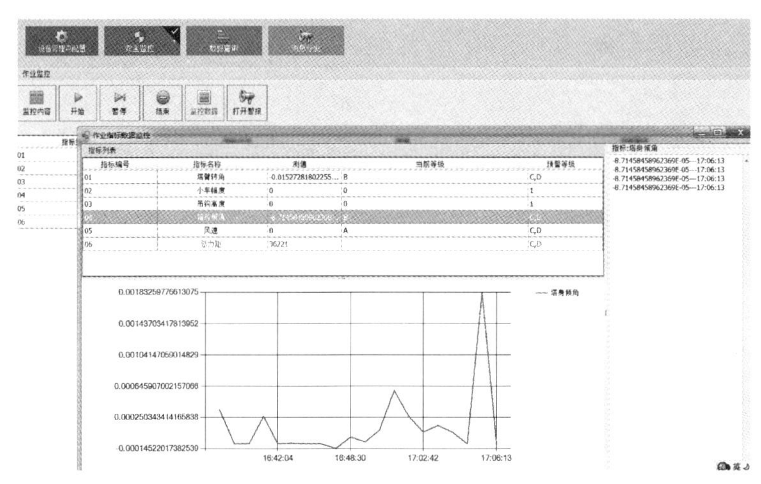

图 5-52　作业安全监控指标数据

3. 数据查询

对每次监控完成或者正在监控的数据均可在数据查询窗口查看（图 5-53）。

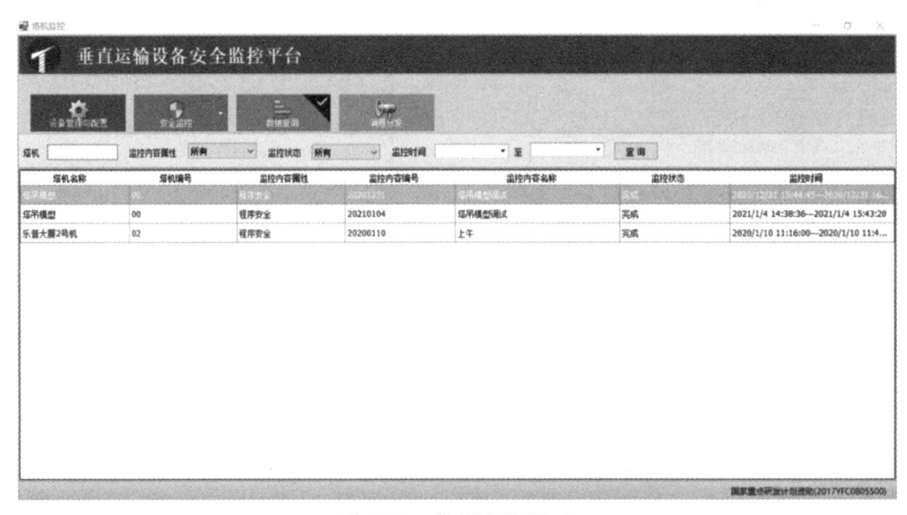

图 5-53　数据查询窗口

双击想要查看的监控条目即可弹出程序监控预警数据统计窗口，监控统计下可查看每一工作步的完成时间及其技术指标和安全指标的预警次数（图 5-54）。

图 5-54　查看历史数据

选择工作步，点击数据展示，即可显示该工序下技术指标或者安全指标的数据明细及其图示（图 5-55）。

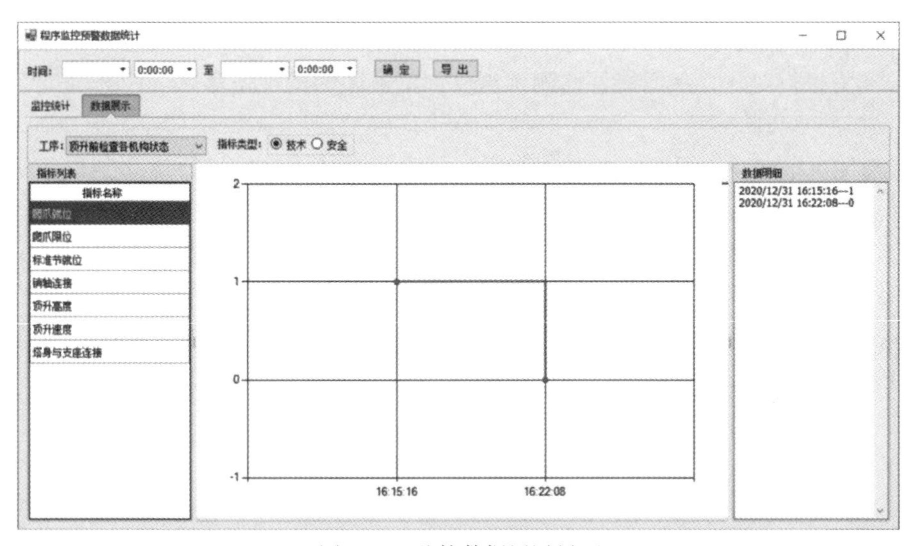

图 5-55　监控数据展示界面

5.5　超高层建筑工程的示范应用案例

5.5.1　宁波新世界

（1）项目简介

宁波新世界广场 5 号地块工程位于宁波市中心位置，为集商业、酒店和办公等功能为一体的综合性地标超高层建筑综合体。项目用地面积 10700m^2，总建筑面积 159260m^2，建筑结构高度 249.80m。其中地上部分 56 层，地下 4 层。

（2）示范内容

此次示范工程选择 1 台 ZSL750 动臂自升式塔机进行机械设备结构本质安全监测，应用塔式起重机整体牢固性理论、基于物联网的塔式起重机结构安全监控技术、前端监测预警装备、机械设备安全监控物联网系统，实现对塔式起重机与附墙一体化结构安全智慧监控，主要包含以下内容：

① 塔式起重机与附墙一体化结构本质安全监测体系示范。分析结构受力的最不利位置，利用传感设备获取不利位置的监测信息并进行传输发送，对塔式起重机与附墙一体化结构本质安全状态形成全面可靠的掌控。

② 塔式起重机整体牢固性监测手段示范。形成以标准节之间连接界面的牢固性和预埋件连接点的牢固性为对象，以连接点应变为控制指标，以振弦式应变计为主要信息获取手段的牢固性监测体系。

③ 基于物联网的塔式起重机与附墙一体化安全监测及预警系统平台示范。采用多样化的传感设备作为信息采集前端，开发了具有信息汇集、存储、查询和分析利用的后台，搭建基于物联网的塔式起重机与附墙一体化安全监测及预警系统平台。

（3）本质安全监控方案与现场装置选取

1）监测内容

内爬式塔式起重机本质安全性监测内容为塔式起重机构件、连接件和零部件的安全性，监测指标以应力、应变为主。通过实时监测预埋件和钢框架的钢梁应力，与其构件的材料极限应力进行对比，从而能够监测预埋件和钢框架的构件强度。

2）结果仿真分析

利用有限元软件 ANSYS 对塔式起重机与核心筒一体化结构进行仿真分析，获取最不利受力位置，将仿真分析结果作为指导理论来确定结构本质安全监测内容，并进一步根据监测内容的具体工作和所处环境，参考各类传感设备的特点进行选型和布设。

3）传感设备选择

① 应力、应变传感器：应选择可满足长期测量需求、抗干扰能力强且高灵敏度的振弦式应变计。

② 环境类传感器：包括风速传感器、温度传感器和无线倾角传感器等，用于实现测点风速、温度及整体倾斜度等的监测。

③ 自主研发设备：为实现传感器的前端预警功能，开发了一系列具备前端数据分析、处理及预警功能的物联网监测设备，如图 5-56 所示。

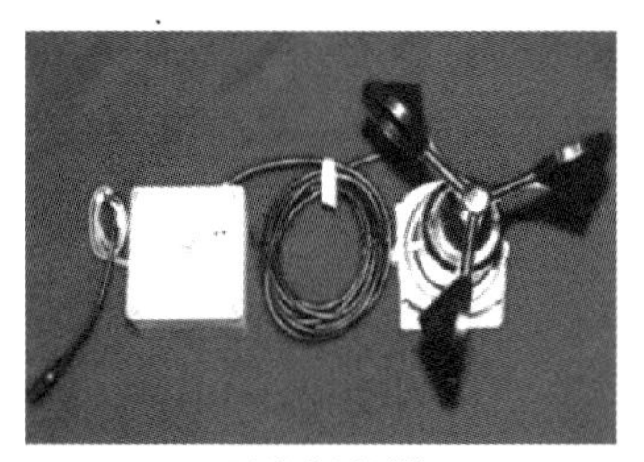

(a) 风速监测预警器

(b) 倾角监测预警器

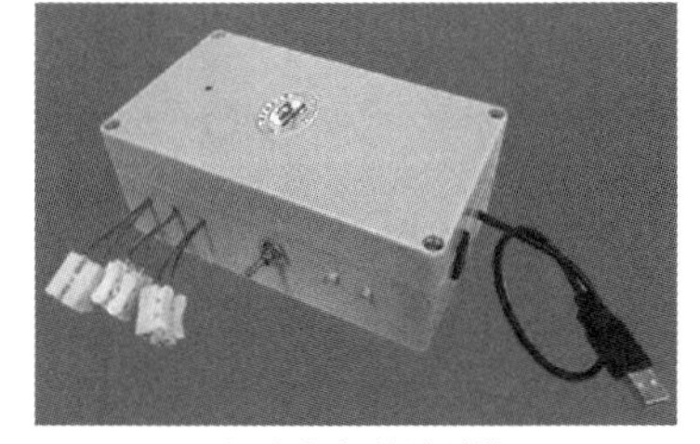

(c) 振弦应变监测预警器

图 5-56　自主研发设备

4）传输方式选取

首先，为满足现场监测的需要，在塔式起重机第二道附墙处安装远程通信 AP 节点，用于接收转发各传感器发出的数据；其次，在塔式起重机所在核心筒底部安装配套的接收 AP 节点，接收上部 AP 节点发出的数据，并转发至监控室的服务器；最后，在第二道附墙处安装 1 个数据汇总节点，用于接收转发各传感器发出的数据，与附近楼层内的处理端进行通信（图 5-57）。

图 5-57　无线访问接入点（AP）

（4）现场安装与调试

1）传感设备安装

参考示范工程实施方案，结合塔式起重机实际使用状况和现场安装环境布设以下传感设备，主要分为监测构件应力、连接牢固性和数据传输三大类别。本质安全监控传感设备汇总情况如表 5-16 所示。

本质安全监控传感设备汇总　　表 5-16

对象	传感器种类	位置	数量
构件应力	振弦式应变计	C 形框横梁跨中	4
		支撑钢梁跨中	2
		标准节主弦杆	1
连接牢固性	振弦式应变计	爬升节连接界面的连接点	4
		预埋件处连接点	1
数据传输	1 拖 6 传输模块	钢平台处的塔身横梁	2
风速	风速传感器	塔帽空旷平整处	1
倾角	倾角传感器	大臂与回转支承连接区域	1
合计	振弦式应变计×12；1 拖 6 传输模块×2；风速传感器×1；倾角传感器×1		

传感器具体安装点位、编号及初始值等信息如图 5-58 所示。

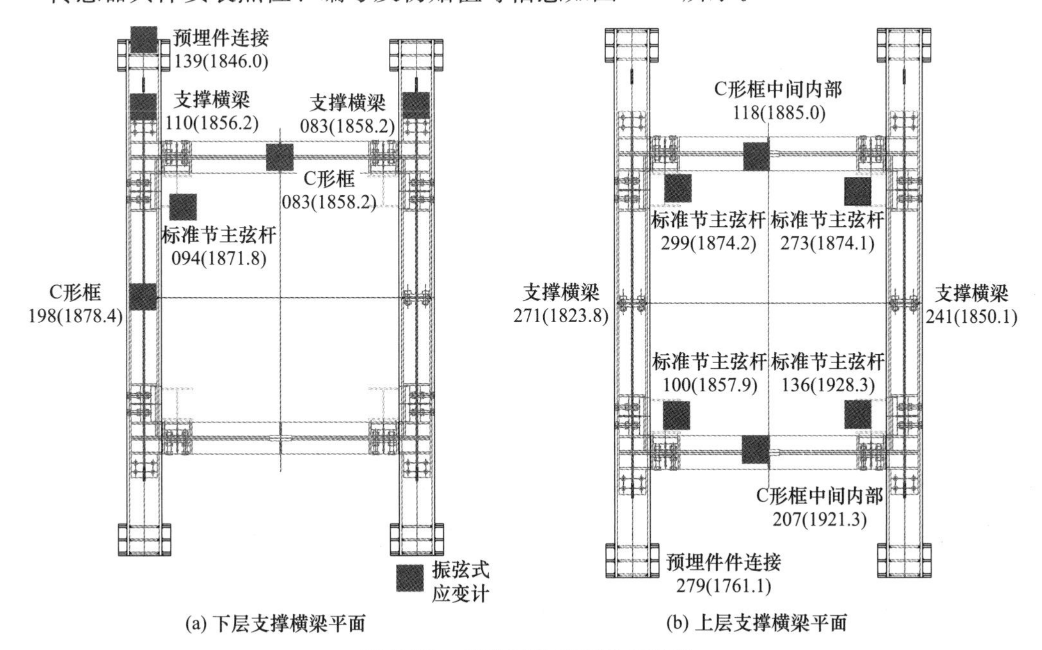

图 5-58　传感器现场布设位置图

2）传感设备测试

AP 调试结果如表 5-17 所示。

AP 调试结果 **表 5-17**

测试时间	序号	S 端位置	M 端位置	E 端位置	传输情况
5 月 29 日	1	钢平台	钢平台	钢平台	成功
	2	钢平台下一节	钢平台上两节	钢平台	成功
	3	钢梁上一节	钢平台下一节	中控室	成功
	4	钢梁上一节	钢平台	钢平台	成功
	5	钢梁上一节	28 层靠近塔式起重机侧	28 层中部	成功
	6	钢梁	28 层靠近项目部侧	28 层中部	成功
	7	钢梁	28 层靠近塔式起重机侧	1 层核心筒	成功
	8	钢梁	28 层靠近项目部侧	1 层外侧	失败
	9	钢梁	28 层靠近项目部侧	项目部	失败
10 月 20 日	10	核心筒内	45 层主体外侧	项目部	成功

（5）安全监控系统与效果展示

1）安全监控系统软件功能

安全监控软件系统可完成监测数据的采集和处理，并分析识别施工过程安全风险及施工活动进展，具体包含服务端数据处理程序及客户端程序。

① 服务端数据处理程序的功能为：对数据进行分析运算，实现施工过程安全风险的识别及施工进度的判断，并将安全风险识别结果及施工进度通过客户端向用户显示（图 5-59）。

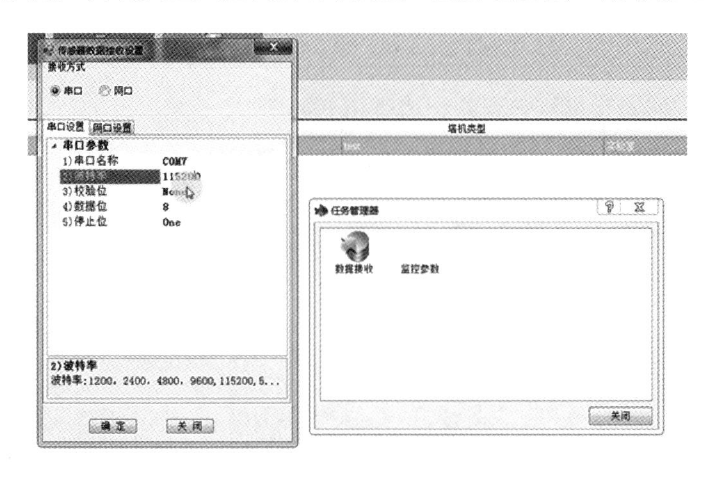

图 5-59 服务端配置界面

② 客户端程序的功能为：向用户提供录入信息的界面，并将用户录入的信息存储至数据库；同时向用户提供查看工序进展、实时风险和指标值的界面。本示范工程主要使用结构监控部分，主要包括设备管理与配置、安全监控、数据查询、消息分发四个功能模块（图 5-60）。

2）监控装置效果

本示范工程研发并采用了本质安全监控系统，内容包括选点、布设合适传感器，规划

传感器

传感器名称	类型	编号	初始值	位置
[illegible]	[illegible]	[illegible]		[illegible]
风速传感器	风速传感器	11		塔机顶部
爬爪-左	多源开关传感器			爬爪左侧支爪
爬爪-右	多源开关传感器			爬爪右侧支爪
引进小车轨道	多源开关传感器			引进小车轨道
销轴-右	多源开关传感器			横梁右侧
位移传感器（程序）	位移传感器			活塞杆
套架连接	多源开关传感器			人工确认套架连接情况
顶升安全性	多源开关传感器			人工确认顶升安全性
上部结构倾角	多源开关传感器			人工确认套架倾角
塔身连接	多源开关传感器			人工确认塔身连接情况
倾角传感器（作业1）	倾斜传感器			平衡臂中间位置（架空）
多功能行程开关限位器1	多源开关传感器			小车牵引机构卷筒
多功能行程开关限位器2	多源开关传感器			塔吊起升卷筒
倾角传感器（作业2）	倾斜传感器			塔机顶部/上回转支承平台

修改传感器
基本信息
名称：
类型：倾斜传感器
编号：01
初始值：
位置：套架顶部

图 5-60　传感器信息配置

现场线路并选择合适传输方式，以及运行配套安全监控系统，测试前端预警功能。经测试，前端预警灵敏，可实现在第一时间警示塔式起重机异常状况、给予工作人员最充足的反应时间进行处置。待管理人员反馈应对决策执行措施并消除当前异常情况后，数据传输终端恢复正常工作状态。

3）监控软件结果

物联网传输终端将警情数据及已设置的阈值一同发送至终端信息处理系统，采用 AP 传输，满足了在超高层远距离传输下的数据采集要求，实现数据的实时汇集与传输，如图 5-61 所示。

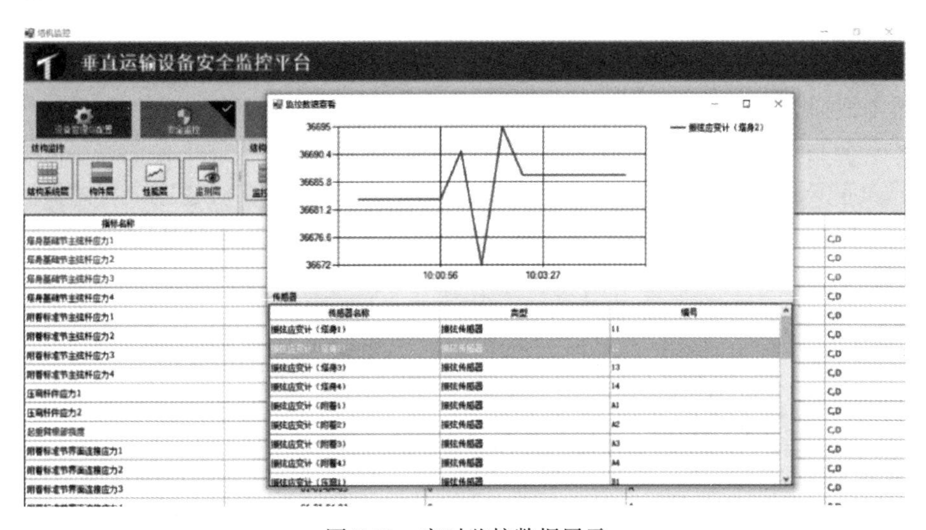

图 5-61　实时监控数据展示

5.5.2　深圳乐普大厦

（1）工程概况与示范内容

1）深圳乐普大厦项目简介

乐普大厦位于深圳市留仙洞总部基地片区二单元 02-15、02-16 地块，由 A、B 两座大厦组成，塔楼采用框架-核心筒结构体系，地下室采用框架结构体系。其中，A 座建筑高度为 148.9m，地上 32 层，地下 4 层；B 座建筑高度为 148.3m，地上 33 层，地下 4 层。

用地面积为 16384.44m²，总建筑面积为 204827.41m²，建筑用途为商业、研发用房、物业服务用房、宿舍。

2）示范内容

此次工程安装 2 台平臂 STT200（2 号、4 号）塔式起重机，每座塔楼各布置一台塔式起重机，为机械设备本质安全监控和程序安全监控技术示范提供设备载体（图 5-62）。

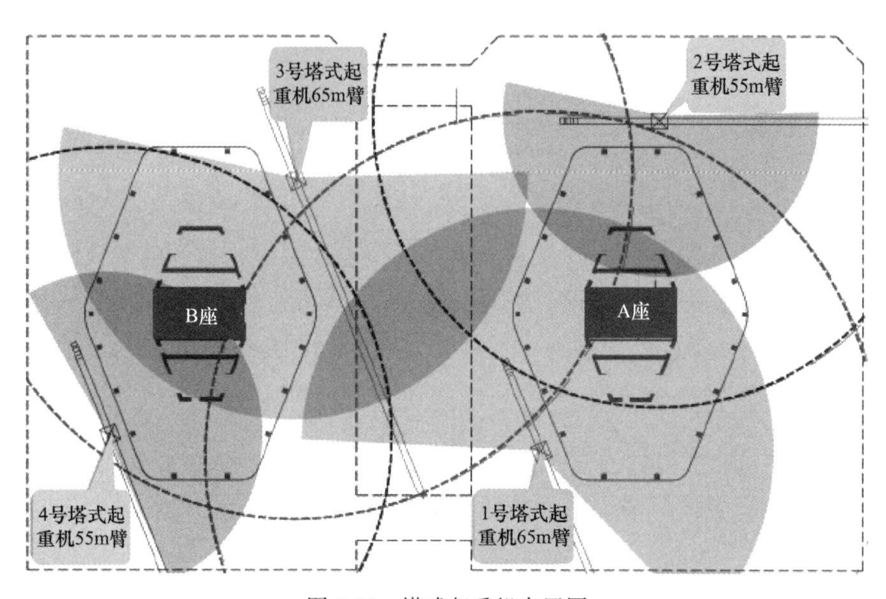

图 5-62　塔式起重机布置图

依据前期研究形成的塔式起重机与附墙一体化安全监测与评估技术、塔式起重机顶升过程程序安全逻辑监控技术和机械设备安全程序式控制装置及软件平台，建立塔式起重机顶升过程程序安全监控示范工程，实现基于物联网的塔式起重机结构安全智慧监测与预警和塔式起重机顶升过程安全智慧监测与闭环控制，具体示范内容如图 5-63 所示。

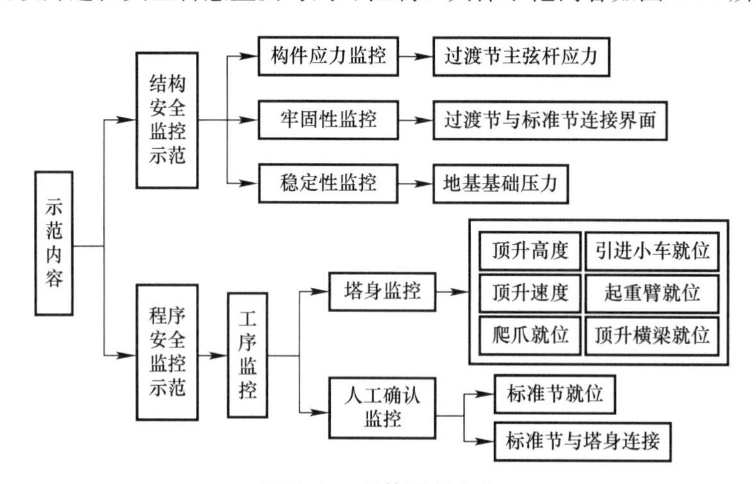

图 5-63　具体示范内容

3）结构安全监控示范

① 构件、连接件和零部件的强度监测内容：最上一道附墙杆件的应力、塔身最高标

准节主弦杆的应力、起重臂和平衡臂根部上下弦杆的应力、最上一道附墙杆件与建筑预埋连接状态、塔身最高标准节界面连接状态。

② 塔式起重机及其部件的弹性稳定性监测内容：过渡节主弦杆的应力。

③ 刚体稳定性监测内容：地基基础压力、塔式起重机整体水平静位移值。

4）程序安全监控示范

通过程序安全识别技术，针对实际项目中的塔式起重机顶升过程进行过程分解与逻辑演绎，提取顶升过程安全操作流程和参数化指标，形成标准化安全操作清单（表5-18）。

STT200型塔式起重机顶升过程关键工序清单　　表5-18

编号	顶升过程	关键工序
1	标准节就位	1）连接引进小车与待安装标准节，并放到塔式起重机引进梁下方
		2）吊起引进小车，将待安装标准节放置在引进梁上
		3）将带有平衡标准节的小车开到理论平衡位置
2	顶升横梁就位	1）检查顶升横梁与油缸连接情况
		2）检查挂靴与顶升耳座连接情况
3	塔身与套架脱离连接	拆除下回转座与标准节上的销轴
4	顶升平衡	1）启动油缸控制手柄，将塔式起重机上部顶起，使回转底座的主角钢与标准节上的主角钢离开5～10mm
		2）观察塔式起重机上部回转支座主角钢是否与下面连接的主角钢在一条直线上，校验小车的平衡位置是否正确
5	套架第一次顶升	启动油缸控制手柄，使活塞杆初次顶升行程为0.7m
6	锁靴固定	将锁靴固定在塔身顶升耳座上
7	顶升横梁回缩	1）拔下挂靴上的安全销，从顶升耳座上取下挂靴
		2）回缩活塞杆使横梁与挂靴一起升至下一个耳座上
		3）连接挂靴与顶升耳座，并用安全销将其锁好
8	套架二次顶升	1）提起操纵杆，使顶升套架上的锁靴与顶升耳座脱开
		2）启动油缸控制手柄，使活塞杆顶升一个行程
9	锁靴固定	将锁靴固定在塔身顶升耳座上
10	顶升横梁回缩	1）拔下挂靴上的安全销，从顶升耳座上取下挂靴
		2）回缩液压活塞杆使横梁与挂靴一起升到另一个耳座上
		3）把挂靴挂到另一个耳座上，并用安全销将其锁好
11	套架三次顶升	1）提起操纵杆，使顶升套架上的锁靴与顶升耳座脱开
		2）启动油缸控制手柄，使活塞杆顶升至足够引入标准节的高度
12	待安装标准节引入	放入待安装标准节
13	待安装节连接	1）用销轴将标准节与下面的标准节相联
		2）用销轴把引进的标准节与下回转支座相联
14	顶升横梁回收	1）拔下挂靴上的安全销，从顶升耳座上取下挂靴
		2）回缩活塞杆至合适位置

（2）传感器布设及安装

1）传感器安装

传感器安装位置和数量如表5-19所示。

塔式起重机监控用传感器统计 表 5-19

传感器图示			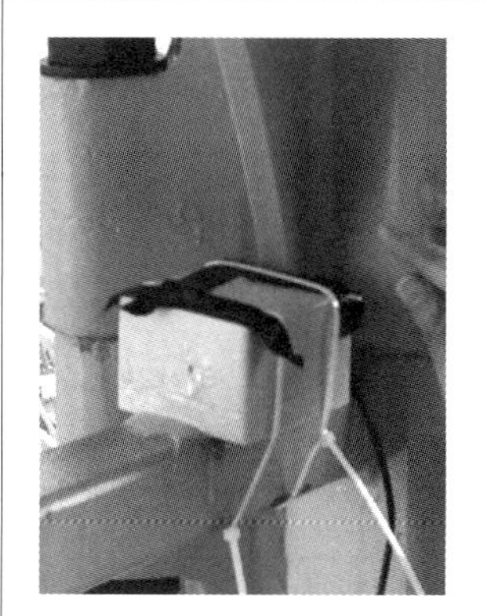
传感器名称	风速杯	风速模块	倾角传感器
安装位置	上回转	上回转	下回转（2号）和塔臂（1号）
数量	1	1	2

传感器图示	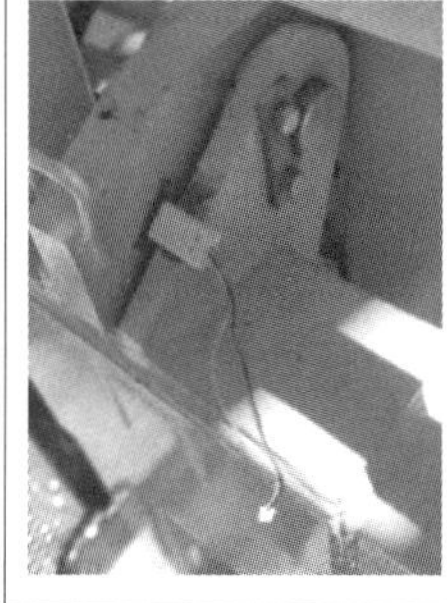 	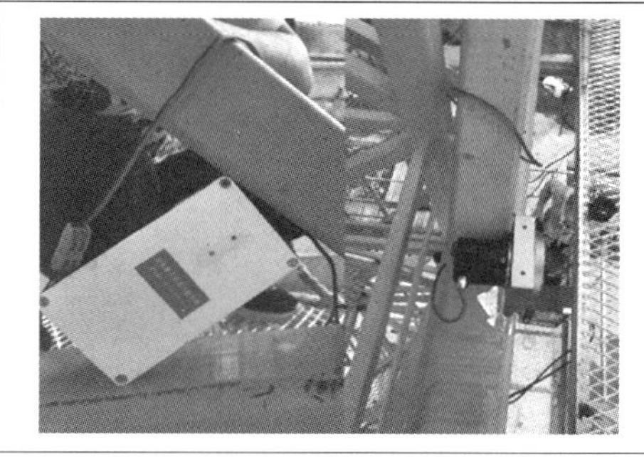
传感器名称	光电开关	位移传感器
安装位置	两侧爬爪	顶升油缸
数量	2	1

传感器图示			
传感器名称	机械开关	振弦式传感器	振弦读数与无线传输装置
安装位置	顶升横梁两侧保险栓	地基、过渡节跨中及与第一标准节连接界面（4）	第一、第二标准节连接界面
数量	2	8	2

续表

传感器图示	 
传感器名称	多元开关中继模块
安装位置	支撑横梁内侧、标准节横杆

2）传感器布设图

传感器布设位置及编号如图5-64所示。

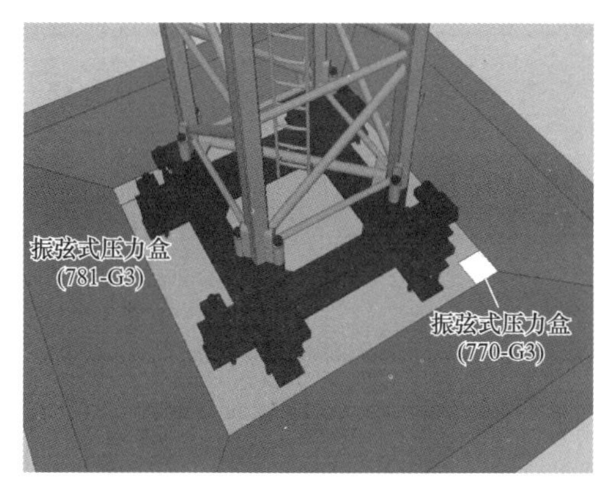

(a) 振弦式压力盒布置图

(b) 过渡节跨中振弦式应变计布置图

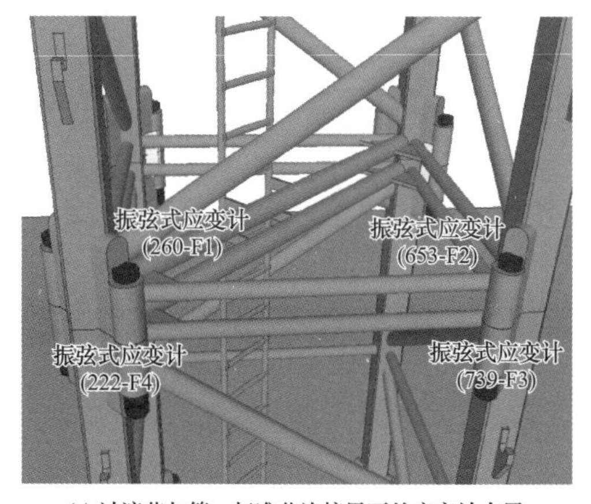

(c) 过渡节与第一标准节连接界面的应变计布置

(d) 开关传感器及位移传感器布置

图5-64　传感器布设位置及编号

(3) 装置信号传输

工程应用中采用多传输方式结合，自主研发多种传输设备，包括串口、Wi-Fi、4G、

5G、AP。各传输模块均可独立传输数据，互不干扰；联合传输数据，优势互补。

1）Wi-Fi 传输

在 Wi-Fi 接收器接通电源后，放置在塔式起重机附近，即可用手机、电脑、平板等设备在施工现场实时接收塔式起重机传感器信号（图 5-65）。

(a) Wi-Fi接收器

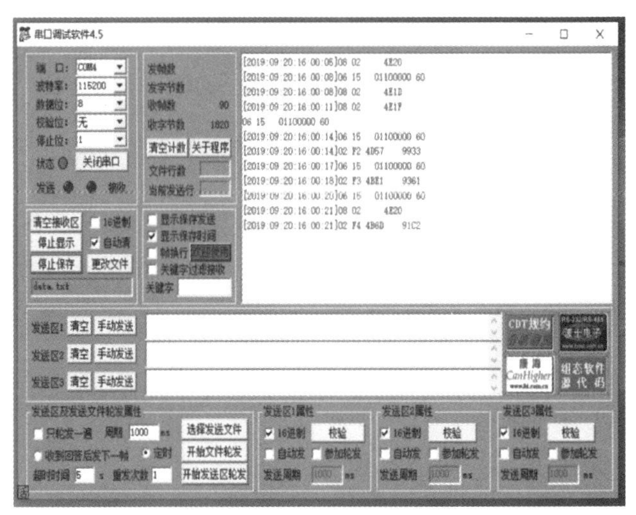

(b) 电脑Wi-Fi程序窗口显示

图 5-65　Wi-Fi 传输

2）串口传输

串口实现数据与电脑传输功能，其数据传输效率高且较为稳定（图 5-66）。

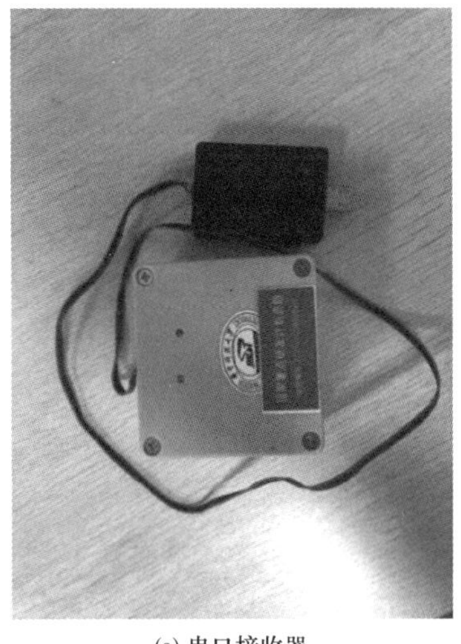

(a) 串口接收器

(b) 电脑串口程序窗口显示

图 5-66　串口传输

3）AP 传输

在项目现场安装太阳能 AP 装置（图 5-67、图 5-68），项目部技术室即可通过软件实时接收塔式起重机传感器信号。

图 5-67 现场 AP 装置 S 端图

图 5-68 现场太阳能 AP 装置 E 端图

4）4G 传输模块

在项目现场也安装有 4G、5G 传输模块（图 5-69），可随时在异地用电脑登录云平台（图 5-70），远程接收塔式起重机传感器信号。

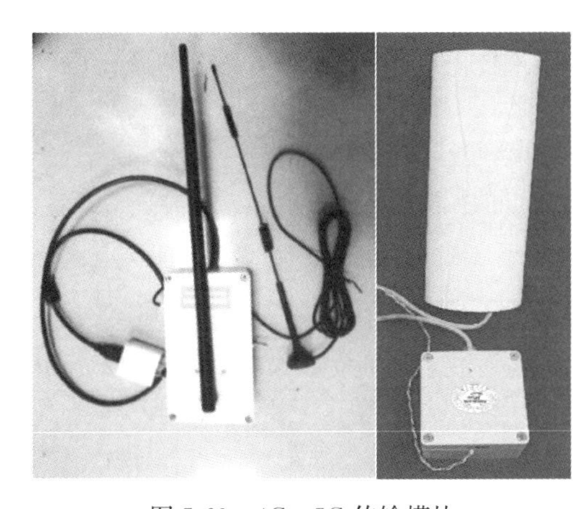

图 5-69 4G、5G 传输模块

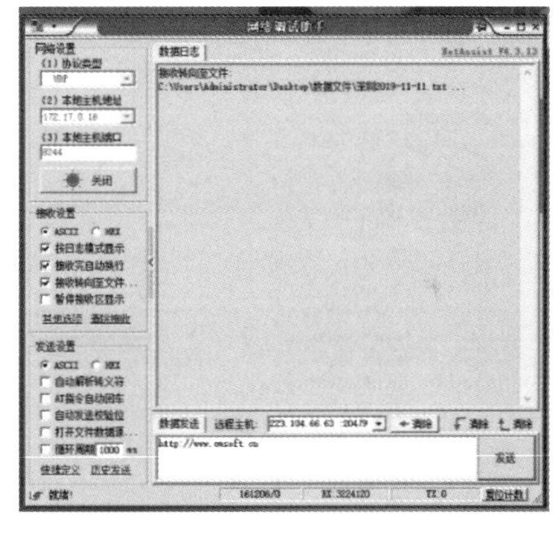

图 5-70 云平台数据接收中

（4）示范工程监控效果展示

1）装置效果

在保证塔式起重机不受限情况下，进行开关、位移等传感器的选点与安装，能够实时监测塔式起重机顶升作业的流程安全情况。利用 AP 传输与串口模块接收的形式，对传输距离进行测试。当出现超过阈值的数据时，对应的安全监控装置能够在第一时间以声光形式自动完成监测数据的超阈值预警。前端预警功能提高了风险识别的效率，能及时遏制风险向隐患与事故的转化。该示范工程安全监控系统的硬件与软件安装已一年有余，后检查发现其硬件设备仍可使用，软件能顺利接收数据，应用表明，传感器、信号传输装置及安全监控软件具有较高的可靠性，能适应现场复杂的环境（图 5-71）。

2）监控软件效果

物联网传输终端将警情数据及已设置的阈值一同发送至终端信息处理系统，采用 AP

传输，满足了在超高层远距离传输下的数据采集要求，实现数据的实时汇集与传输，如图 5-72 所示。

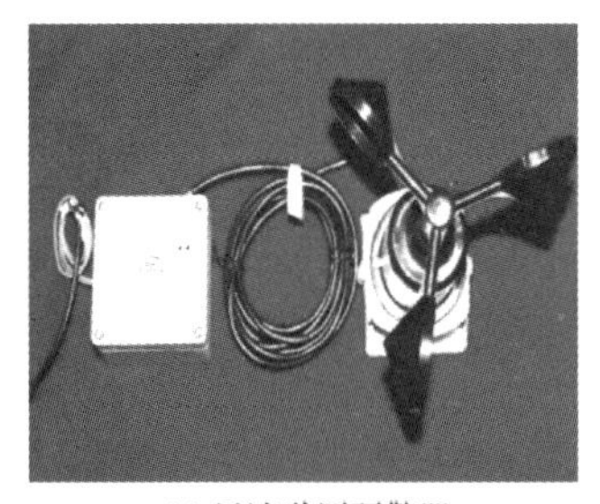
(a) 风速监测预警器

(b) 倾角监测预警器

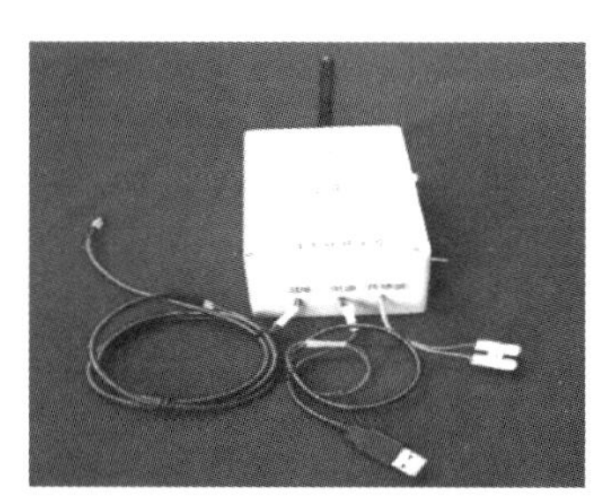
(c) 振弦应变监测预警器

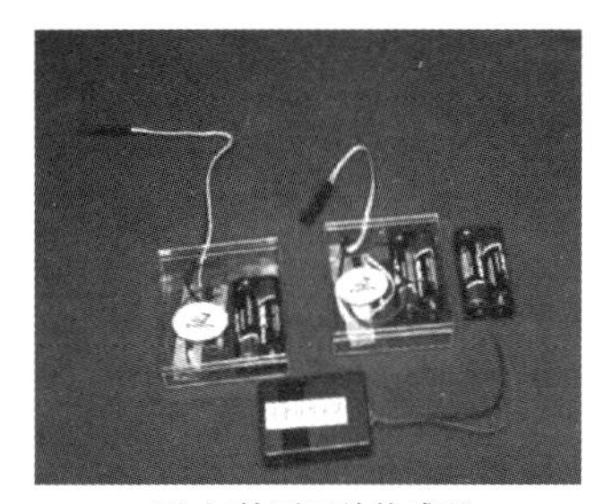
(d) 红外型开关传感器

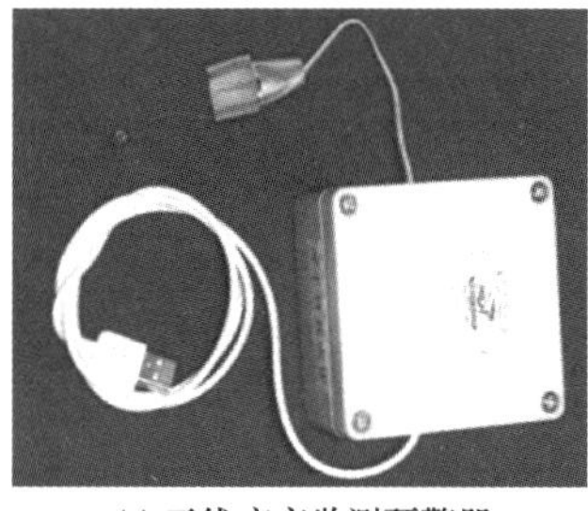
(e) 无线应变监测预警器

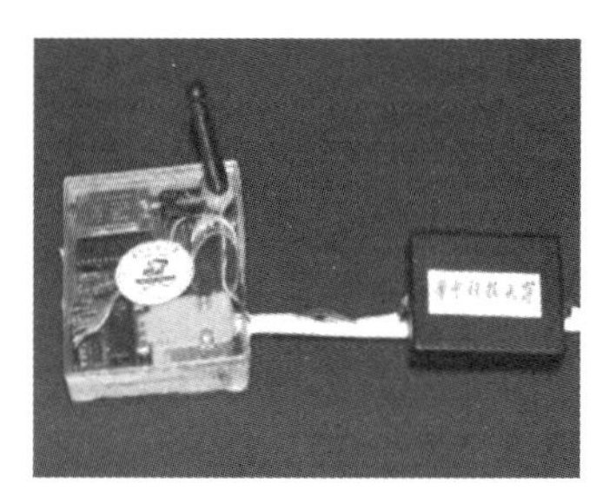
(f) 无线信号接收器

图 5-71　部分监控装置

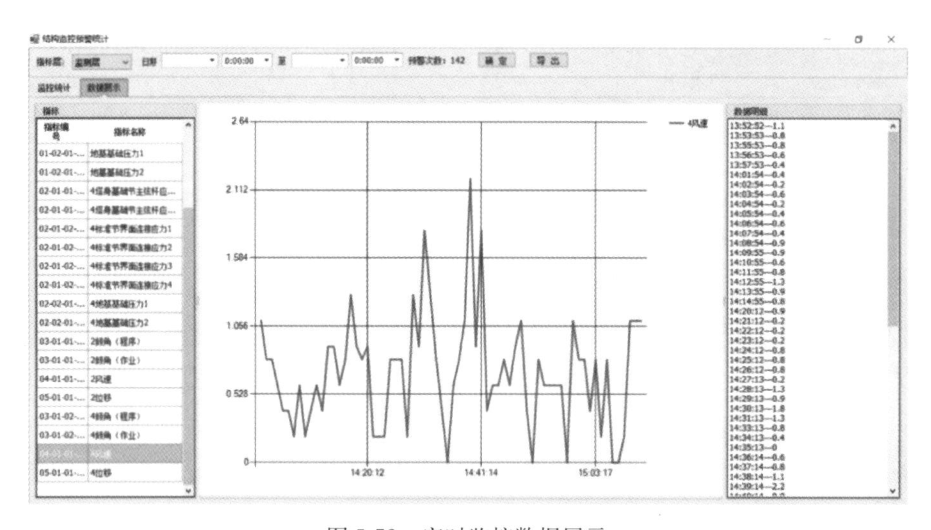

图 5-72　实时监控数据展示

第6章 施工环境安全智能监控技术

6.1 概　述

随着高层、超高层建筑日益增多，基坑工程呈现出“大、深、紧、近”的趋势，这些深基坑周边往往存在许多既有建（构）筑物，比如高层建筑、城市道路、隧道、市政管线等。针对建筑工程基础施工过程中的紧邻构筑物环境的潜在风险，为保证紧邻环境安全状态，准确的监测预警及精准而有效的控制技术是城市基础设施建设亟需解决的一个关键科学问题。

针对建筑工程施工安全风险控制形势的严峻性，国内外对建筑工程施工风险的分级标准、预警体系、智能监测技术、安全控制技术均进行了相关研究，建立了施工紧邻构筑物等环境安全评估和风险控制体系，并基于安全风险控制体系研发了安全风险监控系统。但是，常规已有监控方法存在效率低、用时长、精度低等共性问题，大多只能获取项目部分信息，不能全面反映项目的安全状态，而且无法实现工程紧邻构筑物环境安全监控的自动化和信息化。此外，现有安全监测和控制技术还不能有效地实现针对建筑工程施工环境微扰动的预警和控制，监控平台系统还不能高效地根据建筑工程施工环境安全状态的智能监测实现实时动态评估。

本章针对高层、超高层建筑施工紧邻构筑物的安全监测效率低、用时长、精度低等共性问题，为突破“互联网＋”智能信息技术在施工紧邻构筑物等环境安全状态监测预警和评估中的应用瓶颈，提出紧邻构筑物环境远程实时监控与信息识别技术及环境微扰动安全状态智能控制技术，施工环境安全监控对象和主要监测内容及推荐监测技术方法见表6-1。首先介绍施工环境安全控制理论与方法，其次介绍施工环境安全智能监测及评估、施工环境微扰动安全控制等共性技术，再次介绍集施工环境影响主动控制、安全监测预警及被动控制于一体的安全监控、评估和控制平台，最后介绍施工环境安全智能监控技术在徐家汇中心、南京NO.2016G11等超高层建筑工程的示范应用案例。通过施工环境监控共性技术的研究与示范，提升施工环境影响监控的智能化控制和管理水平，为进一步提高城市建筑工程施工紧邻构筑物等环境安全状态监测预警及控制措施的设计和施工技术等奠定基础。

施工环境安全监控对象和主要监测内容及推荐监测技术方法　　表6-1

监控对象	监控内容	监测方法	备注
基坑本体	坑外地表垂直位移	水准仪	应测
	坑外土体测斜	土体钻孔埋测斜管法/主动控制装置	应测

续表

监控对象	监控内容	监测方法	备注
基坑本体	墙顶垂直、水平位移	水准仪	应测
	围护结构测斜	墙体预埋测斜管法	应测
	立柱垂直位移	水准仪	应测
	坑底隆起	水准仪	应测
	坑内外承压水水位	水位观测孔	应测
	混凝土支撑轴力	应力计	应测
	钢支撑轴力	液压伺服控制系统/主动控制装置	选测
周边环境	周边道路沉降	水准仪	应测
	周边管线位移	水准仪	应测
	建（构）筑物沉降	水准仪	应测
地铁	隧道沉降	静力水准仪/光纤传感器	应测
	隧道收敛	静力水准仪/光纤传感器	应测
	结构水平位移	水准仪/传感器	应测

6.2 施工环境安全控制理论与方法

6.2.1 紧邻构筑物等环境安全监控指标及评估方法

21世纪以来，我国城市化进程加快，城市内部各类构筑物高度密集。在建筑工程基坑开挖施工时，周边可能受到影响的构筑物多种多样，包括地铁隧道、建筑物、市政管线、路基路面以及城市桥梁等。而上述构筑物的安全性却受到不同因素的影响，基于国家规范、行业标准以及工程经验，建立了基坑紧邻构筑物等环境安全指标体系。分别对上述构筑物建立了三项一级指标：构筑物自身状况、土质条件以及基坑开挖支护条件，再在此之下建立各自的二级指标，如表6-2～表6-6所示。

紧邻地铁隧道安全指标体系　　表6-2

一级指标	二级指标	A级	B级	C级	D级
地铁隧道状况	管片沉降值	＜7mm	（7～14） mm	（14～20） mm	＞20mm
	管片收敛	＜7mm	（7～14） mm	（14～20） mm	＞20mm
	隧道空间距离	＞40m	（30～40） m	（20～30） m	＜20m
土质条件	抗剪强度指标 c	＞40kPa	（30～40） kPa	（15～40） kPa	＜15kPa
	抗剪强度指标 φ	＞24°	（19°～24°）	（14°～19°）	＜14°
	平均地下水位	＞5m	（3～5） m	（2～3） m	＜2m
	渗透系数	＜0.25m/d	（0.25～2） m/d	（2～10） m/d	＞10m/d
支护条件	围护结构厚度	＞1.2m	（1.0～1.2） m	（0.8～1.0） m	＜0.8m
	围护插挖比	＞2.0	（1.8～2.0）	（1.6～1.8）	＜1.6
	内支撑类型与间距	混凝土＜3.5m	混凝土＞3.5m	钢支撑＜3.5m	钢支撑＞3.5m
	基坑开挖深度	＜8m	（8～15） m	（15～25） m	＞25m

注：“（”代表大于，“）”代表小于等于，下同。

紧邻建筑物安全指标体系　　表6-3

一级指标	二级指标	A级	B级	C级	D级
建筑物状况	倾斜度	＜0.1%	(0.25～0.1)%	(0.25～0.4)%	＞0.4%
	完损状况	完好	基本完好	一般损坏	严重损坏
	基础形式	桩基础	条形基础	独立基础	砖混/条石
	结构形式	框架-剪力墙	框架结构	排架结构	墙承重结构
	建筑物基坑距离	＞40m	（30～40）m	（20～30）m	＜20m
土质条件	抗剪强度指标 c	＞40kPa	（30～40）kPa	（15～40）kPa	＜15kPa
	抗剪强度指标 φ	＞24°	（19°～24°）	（14°～19°）	＜14°
	平均地下水位	＞5m	（3～5）m	（2～3）m	＜2m
	渗透系数	＜0.25m/d	（0.25～2）m/d	（2～10）m/d	＞10m/d
支护条件	围护结构厚度	＞1.2m	（1.0～1.2）m	（0.8～1.0）m	＜0.8m
	围护插挖比	＞2.0	（1.8～2.0）	（1.6～1.8）	＜1.6
	内支撑类型与间距	混凝土＜3.5m	混凝土＞3.5m	钢支撑＜3.5m	钢支撑＞3.5m
	基坑开挖深度	＜8m	（8～15）m	（15～25）m	＞25m

紧邻地下管线安全指标体系　　表6-4

一级指标	二级指标	A级	B级	C级	D级
地下管线状况	管线沉降值	＜10mm	（10～20）mm	（20～30）mm	＞30mm
	管线基坑距离	＞40m	（30～40）m	（20～30）m	＜20m
土质条件	抗剪强度指标 c	＞40kPa	（30～40）kPa	（15～40）kPa	＜15kPa
	抗剪强度指标 φ	＞24°	（19°～24°）	（14°～19°）	＜14°
	平均地下水位	＞5m	（3～5）m	（2～3）m	＜2m
	渗透系数	＜0.25m/d	（0.25～2）m/d	（2～10）m/d	＞10m/d
支护条件	围护结构厚度	＞1.2m	（1.0～1.2）m	（0.8～1.0）m	＜0.8m
	围护插挖比	＞2.0	（1.8～2.0）	（1.6～1.8）	＜1.6
	内支撑类型与间距	混凝土＜3.5m	混凝土＞3.5m	钢支撑＜3.5m	钢支撑＞3.5m
	基坑开挖深度	＜8m	（8～15）m	（15～25）m	＞25m

紧邻城市道路安全指标体系　　表6-5

一级指标	二级指标	A级	B级	C级	D级
城市道路状况	路面沉降值	＜10mm	（10～20）mm	（20～30）mm	＞30mm
	路面材料	沥青混凝土	水泥混凝土	贯入式沥青碎石	砌块路面
	路面基坑距离	＞40m	（30～40）m	（20～30）m	＜20m
土质条件	抗剪强度指标 c	＞40kPa	（30～40）kPa	（15～40）kPa	＜15kPa
	抗剪强度指标 φ	＞24°	（19°～24°）	（14°～19°）	＜14°
	平均地下水位	＞5m	（3～5）m	（2～3）m	＜2m
	渗透系数	＜0.25m/d	（0.25～2）m/d	（2～10）m/d	＞10m/d
支护条件	围护结构厚度	＞1.2m	（1.0～1.2）m	（0.8～1.0）m	＜0.8m
	围护插挖比	＞2.0	（1.8～2.0）	（1.6～1.8）	＜1.6
	内支撑类型与间距	混凝土＜3.5m	混凝土＞3.5m	钢支撑＜3.5m	钢支撑＞3.5m
	基坑开挖深度	＜8m	（8～15）m	（15～25）m	＞25m

紧邻城市桥梁安全指标体系　　表 6-6

一级指标	二级指标	A 级	B 级	C 级	D 级
城市桥梁状况	桥梁不均匀沉降	<30mm	(30～50) mm	(50～70) mm	>70mm
	桥梁基础	沉井基础	群桩基础	单桩基础	扩大基础
	桥梁基坑距离	>40m	(30～40) m	(20～30) m	<20m
土质条件	抗剪强度指标 c	>40kPa	(30～40) kPa	(15～40) kPa	<15kPa
	抗剪强度指标 φ	>24°	(19°～24°)	(14°～19°)	<14°
	平均地下水位	>5m	(3～5) m	(2～3) m	<2m
	渗透系数	<0.25m/d	(0.25～2) m/d	(2～10) m/d	>10m/d
支护条件	围护结构厚度	>1.2m	(1.0～1.2) m	(0.8～1.0) m	<0.8m
	围护插挖比	>2.0	(1.8～2.0)	(1.6～1.8)	<1.6
	内支撑类型与间距	混凝土<3.5m	混凝土>3.5m	钢支撑<3.5m	钢支撑>3.5m
	基坑开挖深度	<8m	(8～15) m	(15～25) m	>25m

集对分析理论（Set Pair Analysis，简称 SPA）又称联系数学理论，是一种基于联系度概念处理模糊不确定性问题的分析方法。集对分析理论的核心思想就是，对决策信息库中两个相关的集合进行确定性与不确定性的系统性分析，将对象集合的定性与定量关系相结合，从整体上分析其模糊不确定性与无序性，全面研究决策对象的确定性和不确定性，并发现其内在规则。具体步骤如下：

（1）紧邻构筑物环境安全评价模型的二级子系统综合评价 n 元联系数为：

$$\mu_{mp}=r_{mp1}+r_{mp2}i_1+r_{mp3}i_2+\cdots+r_{mp(n-1)}i_{n-2}+r_{mpn}j \tag{6-1}$$

式中 $r_{mpl}\in[0,1]$，是紧邻构筑物环境安全评价模型样本 t_{mp} 相对于稳定性评价等级的联系度分量；i_1，i_2，…，i_{n-2} 代表构筑物样本指标与各级评价标准的不确定性差异度系数；$j=-1$，为对立系数。样本评价指标 t_{mp} 随着评价等级的增大而增大（减小）的指标，称为正向（反向）指标，评价标准为单一值的指标，称为明确指标，则样本评价指标 t_{mp} 与评价等级的联系数 μ_{mp} 具体公式如表 6-7 所示。

二级评价指标的 n 元联系数计算公式　　表 6-7

n 元联系数 μ_{mp}	正向指标体系	反向指标体系
$1+0i_1+\cdots+0i_{n-2}+0j$	$t_{mp}\leqslant a_{mp1}$	$t_{mp}\geqslant a_{mp1}$
$\frac{\lvert t_{mp}-a_{mp2}\rvert}{\lvert a_{mp1}-a_{mp2}\rvert}+\frac{\lvert t_{mp}-a_{mp1}\rvert}{\lvert a_{mp1}-a_{mp2}\rvert}i_1+i_2+\cdots+0j$	$a_{mp1}\leqslant t_{mp}\leqslant a_{mp2}$	$a_{mp1}\geqslant t_{mp}\geqslant a_{mp2}$
$0+\cdots+\frac{\lvert t_{mp}-a_{mp(s+1)}\rvert}{\lvert a_{mps}-a_{mp(s+1)}\rvert}i_{s-1}+\frac{\lvert t_{mp}-a_{mps}\rvert}{\lvert a_{mps}-a_{mp(s+1)}\rvert}i_s+0i_2+\cdots+0j$	$a_{mps}\leqslant t_{mp}\leqslant a_{mp(s+1)}$	$a_{mps}\geqslant t_{mp}\geqslant a_{mp(s+1)}$
$0+\cdots+0i_{n-3}+\frac{\lvert t_{mp}-a_{mpn}\rvert}{\lvert a_{mp(n-1)}-a_{mpn}\rvert}i_{n-2}+\frac{\lvert t_{mp}-a_{mp(n-1)}\rvert}{\lvert a_{mp(n-1)}-a_{mpn}\rvert}j$	$a_{mp(n-1)}\leqslant t_{mp}\leqslant a_{mpn}$	$a_{mp(n-1)}\geqslant t_{mp}\geqslant a_{mpn}$
$1+0i_1+\cdots+0i_{n-2}+j$	$t_{mp}\geqslant a_{mpn}$	$t_{mp}\leqslant a_{mpn}$

注：a_{mp1}～a_{mpn} 分别为二级子系统评价标准等级的 1～n 级限值。

（2）紧邻构筑物环境安全评价模型的一级子系统综合评价 n 元联系数为：

$$\mu_m=r_{m1}+r_{m2}i_1+r_{m3}i_2+\cdots+r_{m(n-1)}i_{n-2}+r_{mn}j \tag{6-2}$$

其中

$$r_{ml}=\sum\nolimits_{p=1}^{k}\omega_{mp}r_{mpl}，(1\leqslant l\leqslant n) \tag{6-3}$$

r_{ml} 是紧邻构筑物环境安全评价样本的一级子系统指标相对于稳定性评价等级的联系度分量，ω_{mp} 为求得的二级子系统评价指标权重。

(3) 紧邻构筑物环境安全评价模型总指标综合评价 n 元联系数为：

$$\mu=r_1+r_2i_1+r_3i_2+\cdots+r_{n-1}i_{n-2}+r_nj \tag{6-4}$$

其中

$$r_l=\sum\nolimits_{m=1}^{k}\omega_m r_{ml}，(1\leqslant l\leqslant n) \tag{6-5}$$

r_l 是紧邻构筑物环境安全评价样本相对于稳定性评价等级的联系度分量，ω_m 为求得的一级子系统评价指标权重。

(4) 建立紧邻构筑物环境安全评价模型评分表

将隶属于 [−1, 1] 的总指标综合评价 n 元联系数 μ 进行规格化处理，得到 [0, 100] 的评分表，如表6-8所示。

紧邻构筑物环境安全评价模型评分表　　表6-8

安全等级	安全	良好	危险	破坏
得分	(0.5, 1)	(0, 0.5)	(−0.5, 0)	(−1, −0.5)
规格化	(75, 100)	(50, 75)	(25, 50)	(0, 25)

6.2.2　施工环境监测信息智能识别理论

监测信息一般为时间序列数据，相邻测点的监测信息相似度较高，单个测点的时间跨度长，全体测点的数据一般难以拟合为正态分布，数据缺失的情况往往为多个测点同时发生缺失。缺失数据一般可分为机械缺失和人为缺失，机械缺失是指机械原因导致的数据收集或保存的失败造成的数据缺失，例如数据存储失败、数据丢失，或者数据收集过程中设备故障等，人为缺失是指由于人主观的错误导致的数据缺失，如施工人员漏测或者漏录了相关数据。针对上述情况，基于对不同的缺失数据处理方法的优缺点和适用范围的分析，提出了适用于深基坑紧邻环境监测信息处理的缺失监测数据综合处理方法。与大多数数据相差甚远的点被称为异常数据或“离群点”，异常数据的来源是多种多样的，对于深基坑紧邻环境监测而言，离群点可能是由于多种原因造成的，例如监测设备和线路的故障也会产生错误的监测数据，对于这类离群点，需要将其筛选出后进行校正或删除。处理缺失和异常数据的具体操作流程如图6-1、图6-2所示。

随着施工环境越来越复杂，监测信息量越来越庞大，对所有监测数据进行分析预测是不现实的，因此需要先对监测信息进行一定的筛选识别，形成对海量监测信息的智能识别技术。高斯混合聚类（Gaussian Mixture Mode，简称GMM）算法通过考虑测点之间的位置关系、测点与深基坑之间距离，以及测点监测值变化趋势等因素对紧邻环境监测点进行了聚类，获得了多个聚类，每个聚类中的测点存在较大的相似性。然而，在使用GMM进行聚类时，为了防止陷入局部最优的伪结果，需要进行多次聚类，并将每次聚类的结果进行对比才能得到稳定的最佳结果，极大地增加了计算量。为了提高监测数据智能识别效率，提出了适用于紧邻环境监测的核心测点确定方法，在采取手肘法确定数据集的最佳聚

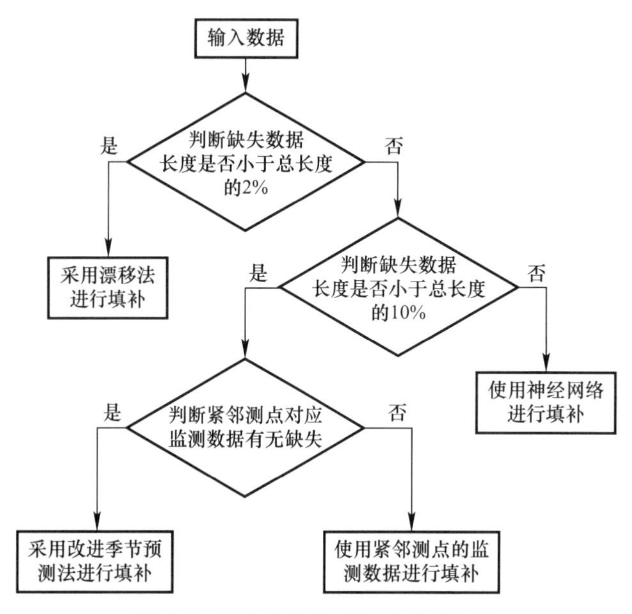

图 6-1　缺失监测数据综合处理方法

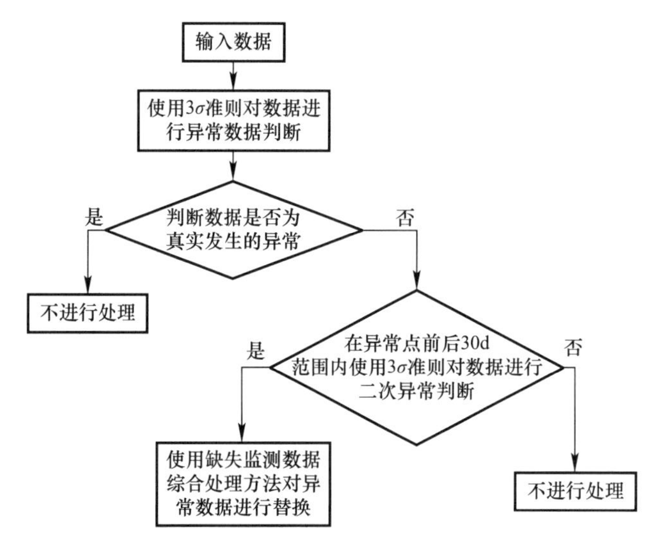

图 6-2　改进异常数据处理方法

类数后，根据监测点的位置布置情况对测点进行分组，然后在每一组中选取靠近中心位置的测点，将其作为初始核心测点进行 GMM 聚类，以提高 GMM 聚类效率和准确度。

针对选取的上海徐家汇中心项目紧邻的 9 号线地铁结构垂直位移监测数据，使用所提出的核心测点确定方法。根据测点布置位置将测点划分为 9 个测组，例如，西侧 10 个测点 9XJ-001～9XJ-010 可视为一个测组，这些测点均位于深基坑的东北角并且距离接近，可以选取 9XJ－005 作为一个初始核心测点。同理，基于测点位置情况，选取 9XJ-013、9XJ-025、9XJ-030、9XJ-035、9XJ-043、9XJ-055、9XJ-080、9XJ-098、9XJ-110 作为初始核心测点。将所有测点信息和核心测点数据输入程序进行聚类分析，进行多次聚类并比较聚类结果，排除明显异常的聚类结果，然后从相似度较高的聚类结果中选取最佳结果。得到的最佳聚类结果如表 6-9 所示，所需的平均迭代次数为 27 次。

优化后的地铁 9 号线隧道垂直位移测点聚类结果　　表 6-9

测点	所属聚类	测点	所属聚类	测点	所属聚类	测点	所属聚类	测点	所属聚类
9XJ-001	1	9XJ-024	2	9XJ-047	5	9XJ-070	6	9XJ-093	8
9XJ-002	1	9XJ-025	3	9XJ-048	4	9XJ-071	6	9XJ-094	8
9XJ-003	1	9XJ-026	3	9XJ-049	4	9XJ-072	7	9XJ-095	8
9XJ-004	1	9XJ-027	4	9XJ-050	4	9XJ-073	7	9XJ-096	9
9XJ-005	1	9XJ-028	5	9XJ-051	2	9XJ-074	7	9XJ-097	9
9XJ-006	1	9XJ-029	5	9XJ-052	1	9XJ-075	7	9XJ-098	8
9XJ-007	1	9XJ-030	5	9XJ-053	6	9XJ-076	7	9XJ-099	8
9XJ-008	1	9XJ-031	5	9XJ-054	6	9XJ-077	7	9XJ-100	8
9XJ-009	1	9XJ-032	4	9XJ-055	6	9XJ-078	7	9XJ-101	8
9XJ-010	1	9XJ-033	4	9XJ-056	6	9XJ-079	7	9XJ-102	8
9XJ-011	1	9XJ-034	4	9XJ-057	6	9XJ-080	7	9XJ-103	8
9XJ-012	1	9XJ-035	4	9XJ-058	6	9XJ-081	7	9XJ-104	8
9XJ-013	1	9XJ-036	2	9XJ-059	6	9XJ-082	7	9XJ-105	8
9XJ-014	2	9XJ-037	2	9XJ-060	6	9XJ-083	7	9XJ-106	8
9XJ-015	2	9XJ-038	2	9XJ-061	6	9XJ-084	7	9XJ-107	9
9XJ-016	2	9XJ-039	3	9XJ-062	6	9XJ-085	7	9XJ-108	9
9XJ-017	2	9XJ-040	3	9XJ-063	6	9XJ-086	7	9XJ-109	8
9XJ-018	2	9XJ-041	4	9XJ-064	6	9XJ-087	7	9XJ-110	9
9XJ-019	2	9XJ-042	4	9XJ-065	6	9XJ-088	7	9XJ-111	9
9XJ-020	2	9XJ-043	4	9XJ-066	6	9XJ-089	7	9XJ-112	9
9XJ-021	2	9XJ-044	4	9XJ-067	6	9XJ-090	7	9XJ-113	9
9XJ-022	2	9XJ-045	5	9XJ-068	6	9XJ-091	6	9XJ-114	9
9XJ-023	2	9XJ-046	5	9XJ-069	6	9XJ-092	6	9XJ-115	9

优化后的算法使聚类内部的相似性更高，可得到更佳的聚类结果。同时，对比达到最佳结果的平均迭代次数，改进算法的迭代次数相较于优化前减少了 59.7%。使用 GMM 聚类算法对深基坑紧邻环境监测数据进行识别时，根据工程经验和现场情况先确定其核心测点再聚类，可以有效优化测点的聚类结果并提高计算效率。

6.2.3　施工环境动态安全态势预判理论

1. 数据小波降噪

在对基坑监测数据的智能识别中，实测数据本身的完整性和可信性是至关重要的。在实际的工程中，监测数据的获取过程中或多或少会存在一定的干扰，如测量员在测量过程中操作不规范造成的误差、空气的湿度温度和气压的不稳定、仪器的老化和损坏、降雨降雪、周边环境影响（行人、车辆、渗流等）、生物扰动、化学物理反应等。微小的扰动会对预测准确度造成不良影响，通常较小的、可接受的测量误差不影响预测结果的使用，但是如果测量误差较大，就会降低数据的可预测性，使得预测结果不具有工程意义。

小波分析是一种关于时间-频率的分析方法，由 Morlet 提出，是在傅里叶变换的基础上通过一系列运算，对信号（数据）进行不同尺度的分析。小波分析已在信号处理等领域取得了大量的研究成果，它能够将信号分解成多尺度成分，放大各个频率的微小细节并实现提取不同频率信号的功能。

小波分析的特点是将窗口大小固定，而形状不固定。假设 $\psi(t) \in L^2(R)$，$L^2(R)$ 为平方可积的实数空间，代表能量有限的空间信号，$\psi(t)$ 的傅里叶变换为 $\hat{\psi}(\omega)$，当其满足式（6-6）时，$\psi(t)$ 被称为基小波或母小波。

$$C_\psi = \int_R \frac{|\hat{\psi}(\omega)|^2}{|\omega|} d\omega < \infty \tag{6-6}$$

此时，将 $\psi(t)$ 进行压缩平移可以得到子小波：

$$\psi_{a,b}(t) = \frac{1}{\sqrt{|a|}} \psi\left(\frac{t-b}{a}\right) \qquad a, b \in R; a \neq 0 \tag{6-7}$$

式中，a 能实现对小波的伸缩，被称为伸缩因子或尺度因子；b 能实现对小波的平移，被称为平移因子。

由此可以将信号 $f(t)$ 进行小波变化：

$$W_\psi f(a,b) = \frac{1}{\sqrt{|a|}} \int_{-\infty}^{+\infty} f(t) \overline{\psi}\left(\frac{t-b}{a}\right) dt \tag{6-8}$$

Daubechies 构造的 Daubechies Wavelet（db$N$）函数是目前最常用的小波分析函数之一，具有较好的正则性。db$N$ 函数的尺度函数定义为：

$$\psi(t) = \sum_k g_k \varnothing(2t - k) \tag{6-9}$$

式中，N 为小波函数消失矩的阶数，N 越大，高频子带的小波系数就越小，小波逼近光滑信号的能力越强；k 取值为 $2-2N-1$。采用 db$N$ 函数对监测数据进行多尺度分解。因各序列的时频特征相差较大，故采用了不同阶数的 db$N$ 函数进行分解。去噪参数均选用固定形式软阈值和无标度白噪声。

2. 基于长短时记忆网络的数据预测

长短时记忆神经网络（LSTM）的基本单元结构如图 6-3 所示，其中，f 为遗忘门（forget gate），决定哪些信息被丢弃；i 为输入门（input gate），决定输入中的哪些值用来更新记忆状态；o 为输出门（output gate），根据输入和单元内存决定输出。

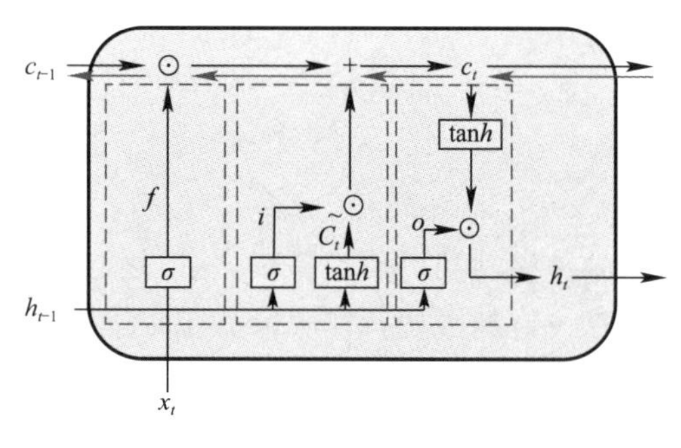

图 6-3　LSTM 原理示意图

LSTM 通过门控状态进行传输控制，留下需要长期记忆的信息，丢弃不重要信息，适合用于需要对数据进行长时记忆的问题。如图 6-3 所示，LSTM 结构中，从左到右虚线部分依次为输入门、遗忘门和输出门。

其中，输入门的表达式为：

$$f_t = \sigma(W_f \cdot [h_{t-1}, x_t] + b_f) \tag{6-10}$$

遗忘门的表达式为：

$$i_t = \sigma(W_i \cdot [h_{t-1}, x_t] + b_i) \tag{6-11}$$

$$\widetilde{C}_t = \sigma(W_c \cdot [h_{t-1}, x_t] + b_c) \tag{6-12}$$

输出门的表达式为：

$$o_t = \sigma(W_o \cdot [h_{t-1}, x_t] + b_o) \tag{6-13}$$

细胞状态更新表达式为：

$$h_t = o_t \cdot \tanh(C_t) \tag{6-14}$$

$$C_t = f_t \cdot C_{t-1} + i_t \cdot \widetilde{C}_t \tag{6-15}$$

式中，W_f，W_i，W_c 以及 b_f，b_i，b_c 为各单元共有的参数，需要通过神经网络学习得到；c_{t-1}，h_{t-1} 表示接收到的上一节点的输入；c_t，h_t 表示传递到下一个节点的输出，通常情况下，c 的变化幅度较小，而 h 的变化幅度较大。LSTM 上层的 c 在传输的过程中，只与这些门限的值进行数值变换，而不用跟整个网络参数 W 进行矩阵相乘，从而避免了上述 RNN 回传梯度时可能发生的梯度爆炸或梯度消失的问题。

6.3 施工环境安全智能监测及评估技术

6.3.1 智慧基坑自动化监测技术

1. 系统初识

智慧基坑监测系统，基于精密的振弦、倾角、图像算法处理等多类型传感器，利用最新的物联网技术，实现传感器数据自动采集，并对采集后的数据进行实时处理，反馈到数据中心。支持智能识别异常设备，并实时预警。针对已采集的数据进行历史存档，实现数据随时可查可溯。利用短信以及其他即时通信工具，实时发送预警信息，实现安全施工。

2. 功能简介

（1）多方整合，统一数据网关

基坑监测是个多类型监测的聚合体，包含应变、水位计、轴力计、钢筋计、测斜计、位移计等传感器。这些传感器的供电、采集协议各不相同，经过多次试验最终得到均衡且弹性的方案，其主要特征有：1）数据独立采集，互不干扰；2）报文发送采用 MQTT 协议，规范且技术稳定成熟；3）报文解析，弹性可配置、可扩展。

（2）7×24h，安全部署，实时监控

充分考虑工地现场复杂性及安全性，统一采用低功耗传感器，创新采用电源多次降压稳压方案，实现设备安全操作、稳定运行。数据服务云端部署，7×24h 稳定运行，采集数据持久化，不丢失数据。

（3）智能分析，多方预警

数据中心存档传感器数据的同时，对水位、测斜、位移、应变等传感器数据进行智能分析。当出现异常情况，通过智能化分析，确认有安全隐患时，立即发送预警通知。通知方式多样化，如短信、微信、钉钉、邮件、APP 消息等，保证预警可靠送达。

（4）化繁为简，体验顺畅

智慧基坑监测系统支持 WEB 控制台、微信小程序、微信公众号及手机 APP 等方式进行操作查看。后端系统不需要安装软件，通过浏览器即可操作。WEB 控制台主要用于设备的录入管理、参数的配置、传感器数据实时监控、历史数据的查阅，一般由专业的管理员操作。微信、APP 等终端为项目管理、监测安全人员使用，操作简单直观。预警消息及时送达，排除隐患后 APP 直接上报处理过程（图 6-4～图 6-7）。

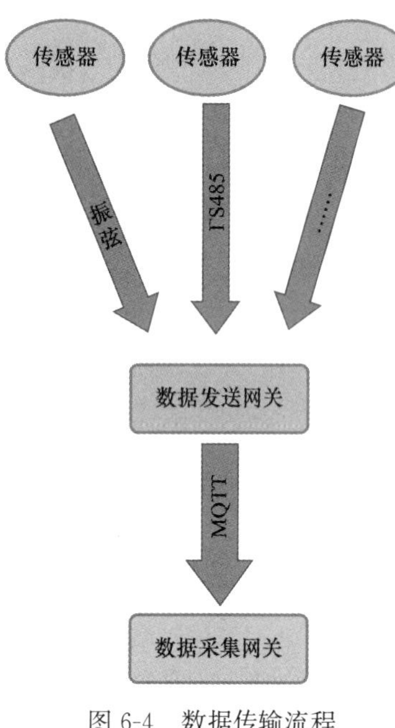

图 6-4　数据传输流程

6.3.2　紧邻基坑周边环境自动化监测技术

以南京市某基坑工程为案例，介绍紧邻基坑周边环境自动化监测技术。案例采用一种新的纵向光纤及光纤传感网络监测方案，对既有盾构隧道近距离大开挖时的受力状态进行了监测。该方案的基础是测量隧道的纵向应变分布。所提出的光纤传感器网络能够将隧道纵向运动分解为具有环间水平空间分辨率的剪切和弯曲分量，可以较好地分析隧道的变形性能。

1. 既有地铁结构变形和病害

外部基坑施工前，对隧道既有垂直位移进行普查。既有垂直位移数据采用南京地铁二号线汉油段永久结构沉降监测第 023 期成果。总体而言车站比区间隧道稳定，其中车站北端比南端沉降略大，对兴集区间隧道 476 环管片（左线 831～1066 环；右线 837～1076 环）进行逐环收敛数据观测，并与标准隧道（内径 5.5m）

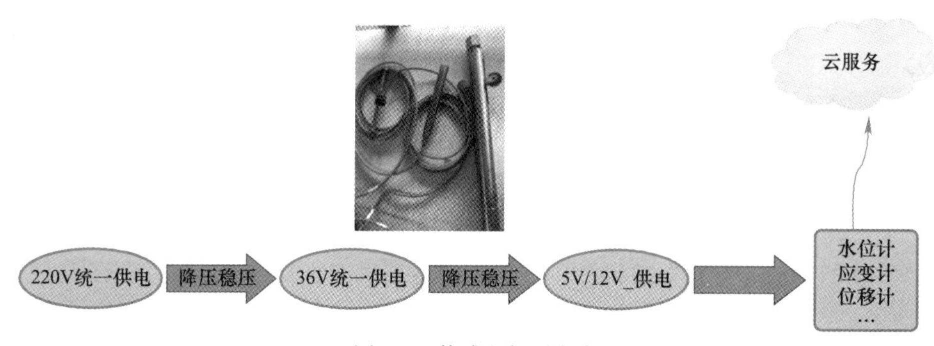

图 6-5　传感器部署方案

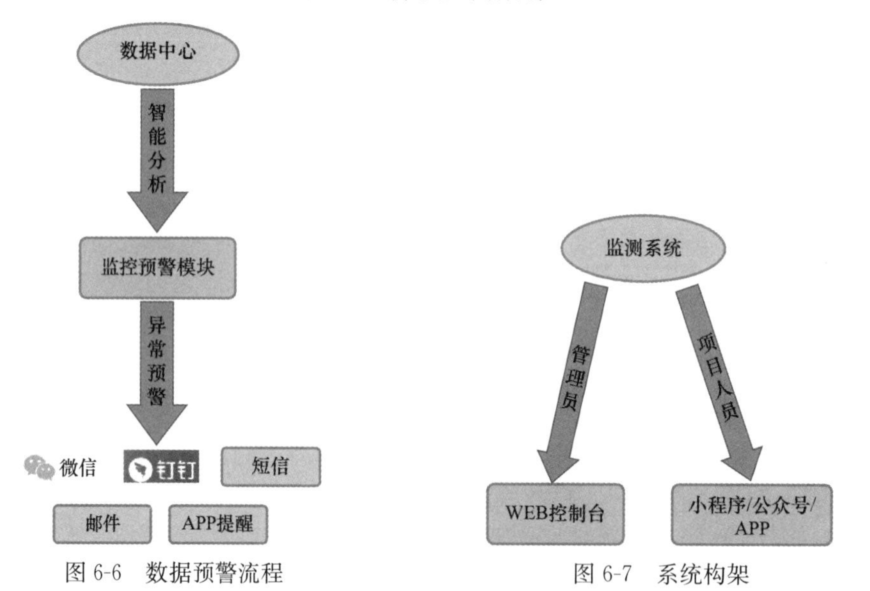

图 6-6　数据预警流程

图 6-7　系统构架

进行对比，发现本区段的收敛值与设计值的差值在 2.5～67.7mm，盾构管片均为水平直径外扩。

2. 监测方法

对于选取的基坑开挖影响区段的盾构隧道进行横断面监测，选择 6 个重点断面首先分别布设 2mm 和 0.9mm 光纤传感器，再从这 6 个重点断面中选择 3 个典型重点断面，其中两个在管片接缝处布设单个光栅传感器，其他部分采用分布式光纤传感器连接，另外一个采用全分布光纤光栅串传感监测方案。

对于选取的基坑开挖影响区段的盾构隧道，纵向断面变形监测采用全分布式光纤传感监测方案，隧道纵向分布式光纤传感采用“Z”字形布设与直线型布设相结合的总体布设方案。

3. 监测方案

横断面监测采用全分布式光纤传感器，布设方案见图 6-8。纵断面部分，传感器沿纵向安装在所需监测的地铁区间段内，全长大约 100m，在所需监测隧道的左右侧布置，如图 6-9 所示。

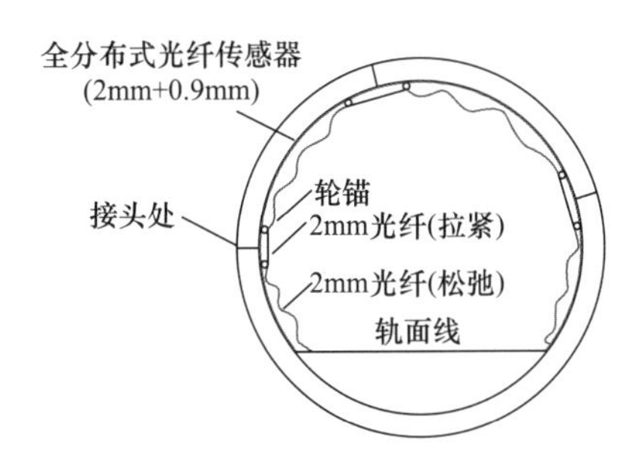

图 6-8　横断面传感器布设示意图

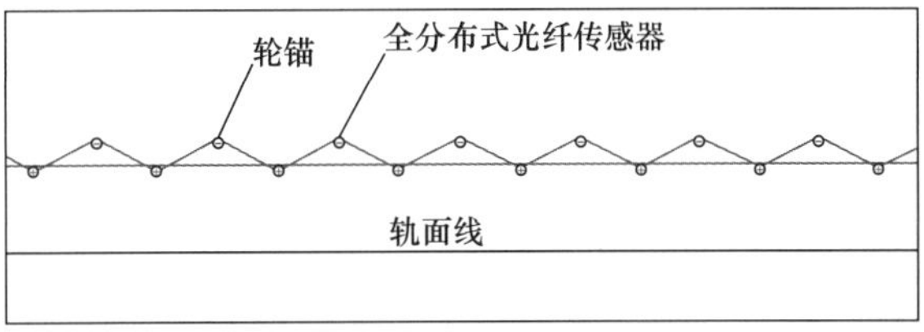

轮锚
全分布式光纤传感器
轨面线

图 6-9　纵向监测纵断面布置图

通过在关键典型截面处及沿纵向长度布设分布式光纤传感器，监测隧道管片环向内侧接缝及纵向环间接缝宽度的变化。布设一条光纤传感器兼做横向和纵向的温度补偿传感器，采用定点粘贴的方式，用环氧树脂胶粘贴在隧道内壁上，具体布设方式如图 6-10 所示。

4. 信号处理和监测频率

监测信号通过线路传输到集庆门大街地铁站，在地铁站内进行数据的采集和处理，光纤光栅传感器得到的数据通过相应解调器进行采集处理，实现监测数据实时传输；光纤部分使用 BOTDR 设备进行采集，需要定期（一般一个月一次，或根据工程进展情况适时加大频率）进行数据的采集处理，完成安装后即可开始监测。

5. 监测结果分析

基于上述光纤光栅布设方案，在基坑开挖期间进行监测和数据采集工作，得到的分布式光纤传感器的应变如图 6-11 所示。从原始分布应变可以看出，施加在装置上的预张力在 1200～7000$\mu\varepsilon$。直线传感器的每个应变剖面的总体趋势相似，显示出一致的轮廓形状，在不同时间采集的应变在形状上是相似的。与本次监测得到的“之”字形传感器相比，左侧直线布设传感器的波动更大。

采用自行编制的算法对隧道管片的应变进行转换求解，求得隧道管片水平和数值剪切位移，如图 6-12 和图 6-13 所示。可以看出，第 1023～1047 环竖向和水平向剪切位移明显，说明这段隧道是整个监测段隧道管环水平剪切变形较大的部分，需要予以重点关注。

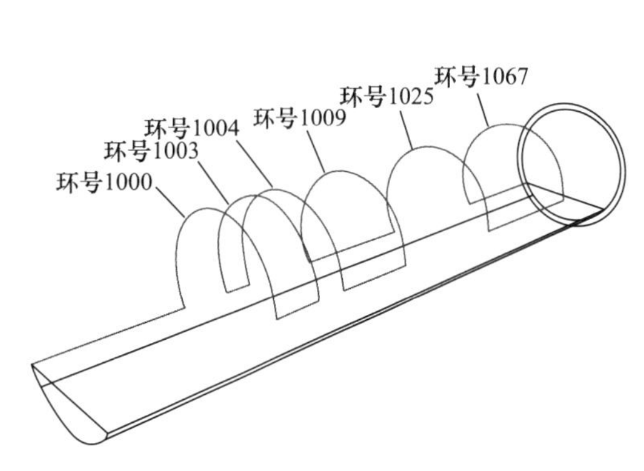

图 6-10　温度补偿传感器布设图

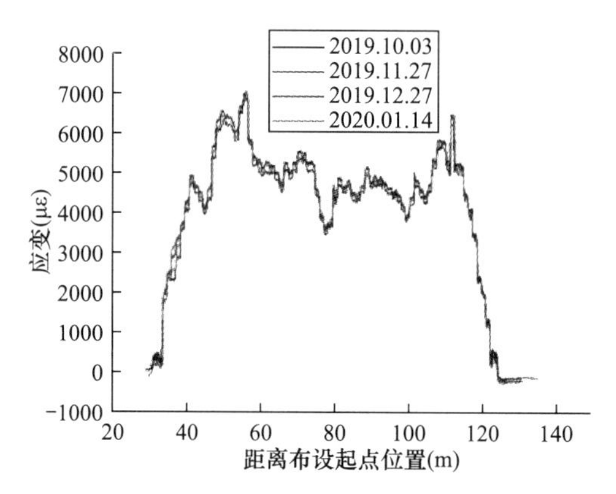

图 6-11　左侧直线布设的传感器应变值

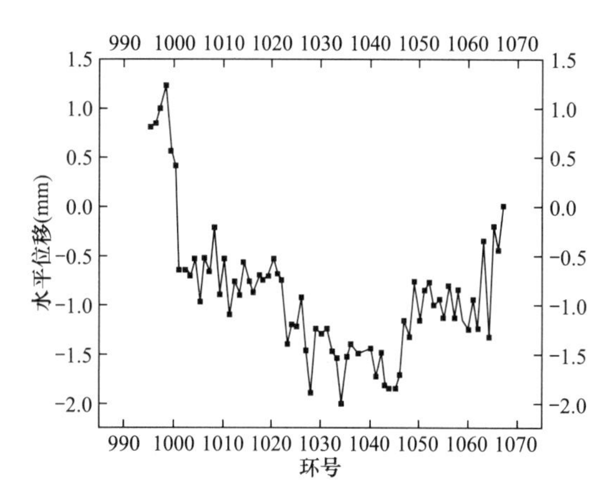

图 6-12　隧道管片水平剪切位移

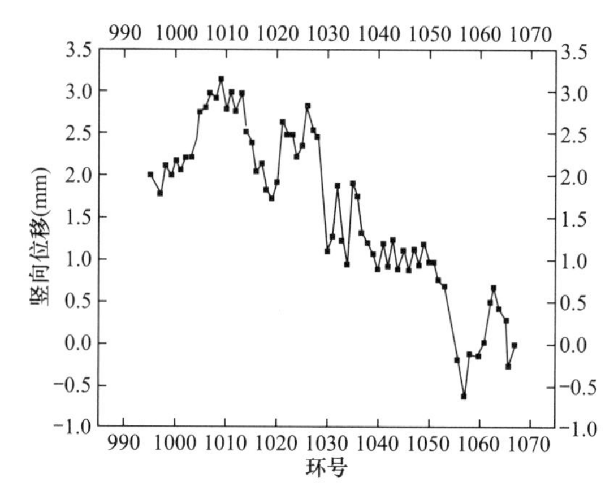

图 6-13　隧道管片竖向剪切位移

6.3.3　环境安全状态动态评估技术

基于建筑工程施工环境动态安全态势预判理论，融合层次分析法和改进模糊综合评价法建立深基坑工程紧邻环境安全态势的评价体系，综合考量地表沉降、支撑轴力、土体测斜、地铁结构位移等多种监测数据，实现对基坑紧邻环境未来安全态势的定量分析。

1. 数据选择

依托上海徐家汇中心项目深基坑工程，对多种深基坑紧邻环境风险要素的监测信息展开预测，主要包括深基坑坑外紧邻地表沉降、坑外地下潜水以及基坑支护结构位移。对上述要素的监测数据开展缺失与异常数据处理，运用改进 GMM 聚类算法进行聚类运算，统计分析得到各聚类的代表性测点和概率参数，使用小波去噪算法进行去噪。最终选取的代表性测点为：DB10-7、DB11-2、DB11-7、DB12-1、DB12-3、SW3、SW9、SW14、W2-2、W2-9、W2-23。

2. 试验评价指标

关于预测准确度的评判标准，选取均方根误差（Root Mean Squared Error，RMSE）作为评判标准。均方根误差可根据平均绝对误差（Mean Absolute Error，MAE）计算得到。MSE 和 RMSE 的表达式为：

$$\mathrm{MSE}=\frac{1}{n}\sum_{t=1}^{n}(A_t-F_t)^2 \tag{6-16}$$

$$\mathrm{RMSE}=\sqrt{\frac{1}{n}\sum_{t=1}^{n}(A_t-F_t)^2} \tag{6-17}$$

其中，A_t 为 t 时刻的真实值，F_t 为 t 时刻的预测值。

3. 超参数寻优

为了得到模型的最优超参数，需要利用验证集对不同的超参数组合进行筛选寻优，常用的超参数寻优方法有网格搜索法和随机搜索法。采用随机搜索法对超参数进行寻优，根据每种超参数的特点，设置不同的搜索范围，从而确定出合适的超参数值。由于隐层单元个数、训练子集大小对最终收敛情况有很大影响，因此首先对每种网络结构进行参数寻优，然后在最优参数组合下对比不同网络结构的预测性能。对每一种参数组合，考虑其在验证集上 RMSE 最低时与最后一次迭代结束时两种情况，选取两种情况下测试集上 RMSE 的较小值作为最终结果。

4. 构建多特征长短时记忆神经网络模型

多特征长短时记忆网络模型是指将不同测点的监测数据同时输入一个模型中共同预测，其流程如图 6-14 所示。输入项可以为同一环境的不同测点，也可以为不同环境的不同测点。在输入项的选择中，首先要考虑测点间的相关性大小，从中提取相关性高的特征，按单特征处理方法进行预处理和模型参数寻优。

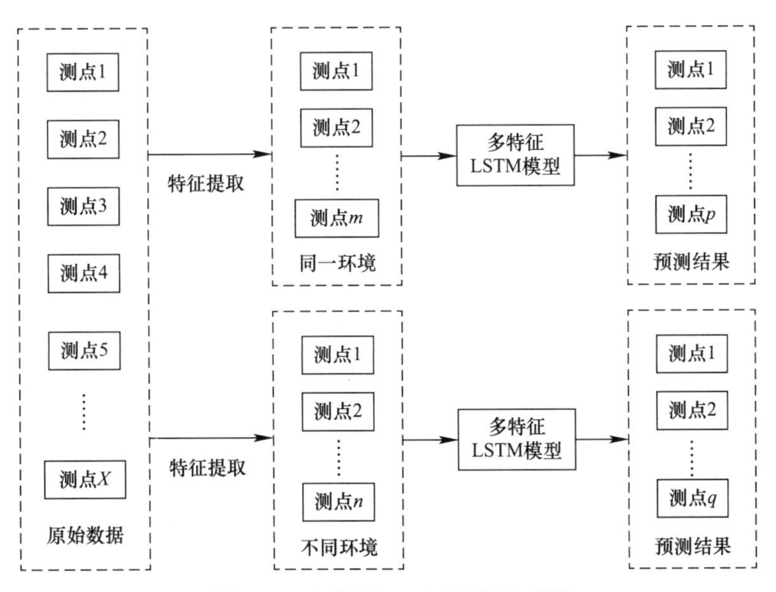

图 6-14　多特征 LSTM 预测流程图

使用皮尔森相关性系数作为分析工具，以［−1，1］区间衡量相关性强度，−1 为完全负相关，0 为不相关，1 为完全相关。对深基坑监测数据间的相关性进行初步分析及筛选。以 XTX25-2～XTX25-12 数据为例，−1 为蓝色，1 为红色，0 为白色，颜色越深表明相关性越强，绘制相关性热力图如图 6-15 所示。

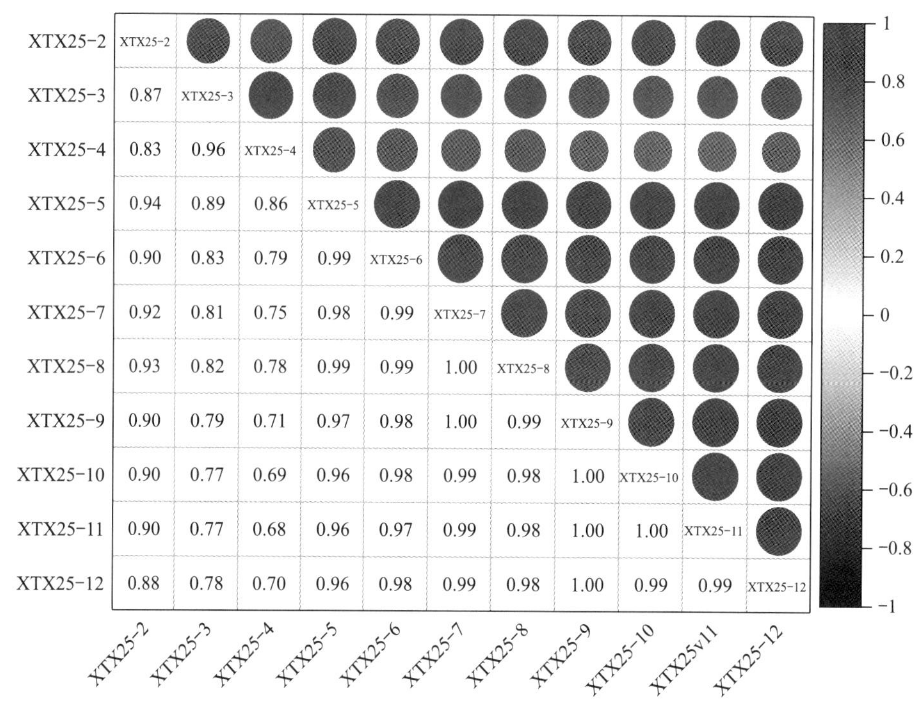

图 6-15　XTX25-2～XTX25-12 相关性热力图

5. 更新预测与直接预测

基于最优的模型对测试集的数据进行更新预测，预测时将每日的最新沉降监测值输入训练完成的神经网络模型进行更新，一次预测一天的数据。代表性测点的预测结果如图 6-16、图 6-17 所示，整体预测效果较好，更新预测可以准确地反映测点沉降发展的规律，仅在部分时间节点处误差有略微的上升。

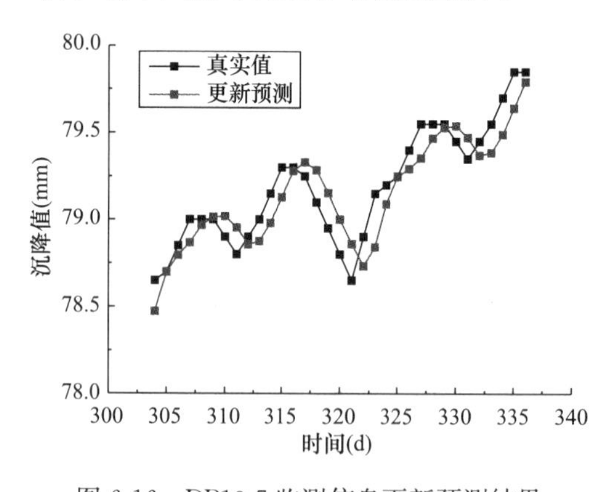

图 6-16　DB10-7 监测信息更新预测结果

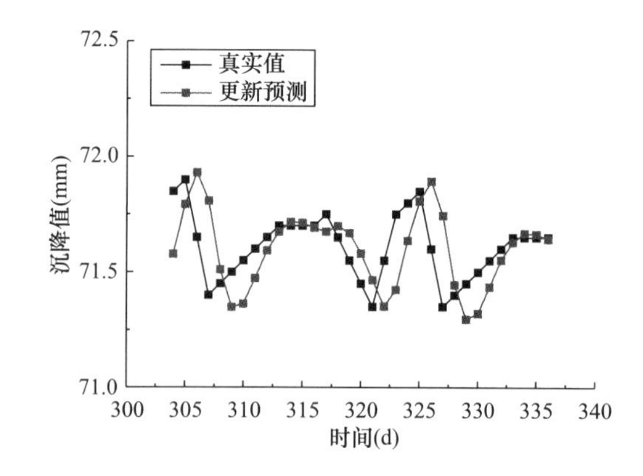

图 6-17　DB11-7 监测信息更新预测结果

基于上述更新预测模型，同时结合皮尔逊相关性系数，考虑深基坑紧邻环境之间的影响关系。可以看出，同一环境下的不同测点具有相似的相关性特点，不同环境间的相关性差别较大。具体有：坑外土体测斜（XTX）与地表沉降、墙体测斜强呈正相关，与围护墙顶、立柱垂直位移强呈负相关，与地下水位、地铁结构垂直位移呈弱相关。地下水位 SW33 测点与所有测点相关性均不强，SW11 测点与其他测点的相关性绝对值普遍在 0.7～

0.9。地表沉降（DB）与除 SW33 以外的测点相关性绝对值均在 0.8～1。围护墙顶位移、立柱垂直位移、地下水位与其他测点均呈负相关。地铁结构垂直位移（9XJ、9SJ）与坑外土体测斜、墙体测斜呈弱相关，与地表沉降、围护强顶、立柱垂直位移均呈强相关（图 6-18）。

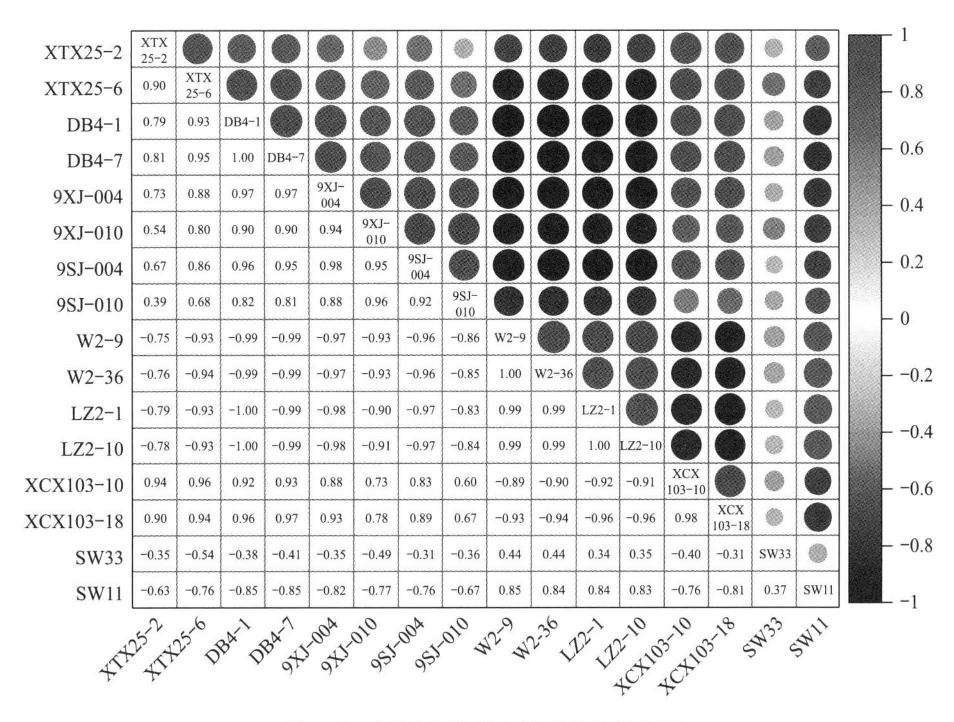

图 6-18　不同环境测点的相关性热力图

根据相关性分析结果，在更新预测的 LSTM 模型中加入相关性强的输入项，不同于单特征长短时记忆神经网络模型适用单层网络，多特征 LSTM 的网络层数的增加对训练效果的提升较为明显，但同样会增加网络的不稳定性，使得网络对参数更为敏感。对于 3 个特征和 4 个特征的模型，2 层和 3 层结构的稳定性较高；6 个特征以上的模型，3 层和 4 层的结构训练结果更佳，5 层以上模型会出现较为严重的过拟合情况因而舍弃。节点数的可调范围较大，一般在 32～100 均能达到较高的准确度。对于不同的输入对象，都需要重新进行节点数寻优。与单特征网络结构相比，多特征 LSTM 模型需要更高的层数和更多的节点数。

将去噪后的监测数据依次输入单特征和多特征 LSTM 模型，依据所提出的预测原理，确定模型关键设置：He 初始化器、Adam 优化器、tan*h* 激活函数。根据不同监测对象的特点选用不同的模型超参数，如网络层数、节点数、训练批次大小、迭代次数等。由于单特征模型和多特征模型各具优势，对两类模型均进行了训练，综合考虑两种模型的最不利预测值作为后续安全态势分析的源数据。单特征模型均采用单层隐含层，稳定性较高，超参数的小幅变化不影响预测准确度，表 6-10 列举了单特征模型的可用超参数，其中的稳定迭代次数为损失函数近似稳定时的次数。

多特征模型的输入组合较多，以测点的实际位置为初步筛选依据，选用空间上距离相近的点作为分析对象，而后使用皮尔森相关性系数分析法对这些测点数据的相关性进行比较，选用相关性较大的点作为试验的输入待选项。以绝对累计值最大的测点作为最不利测点进行分析，择优选取多特征模型输入及相关参数，结果如表 6-11 和图 6-19、图 6-20 所示。

单特征 LSTM 预测参数 **表 6-10**

评价因子	节点数	稳定迭代次数	批次大小
立柱垂直位移（LZ）	100	40	100
支撑轴力（ZL）	200	90	112
地表沉降（DB）	100	20	42
地铁垂直位移（9SJ/9XJ）	100	30	42
坑外土体测斜（XTX）	100	60	64

多特征 LSTM 模型输入及参数 **表 6-11**

最不利测点	输入项（相关性系数）	层数	节点数	批次大小
LZ2-6	DB6-1（1-0），LZ2-1（1-0）	2	64，64	100
ZL1-22	ZL1-21（0.95）	3	100，32，32	112
DB6-1	9XJ-004（0.97），W2-27（0.99）	2	100，100	42
9SJ-006	9XJ-006（0.93）	2	100，100	42
XTX25-21	DB6-1（0.97）	3	100，64，64	64

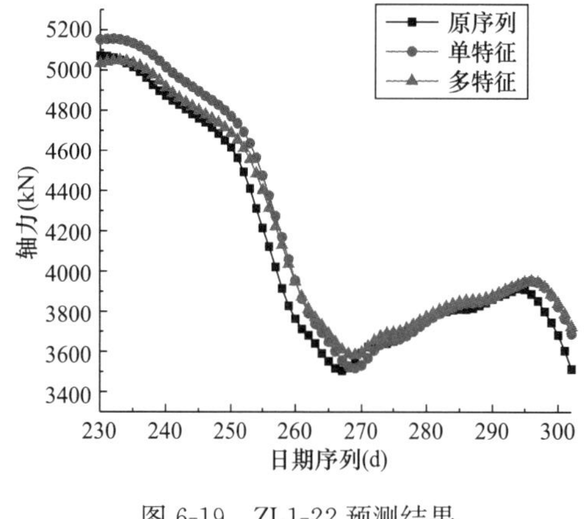

图 6-19　ZL1-22 预测结果

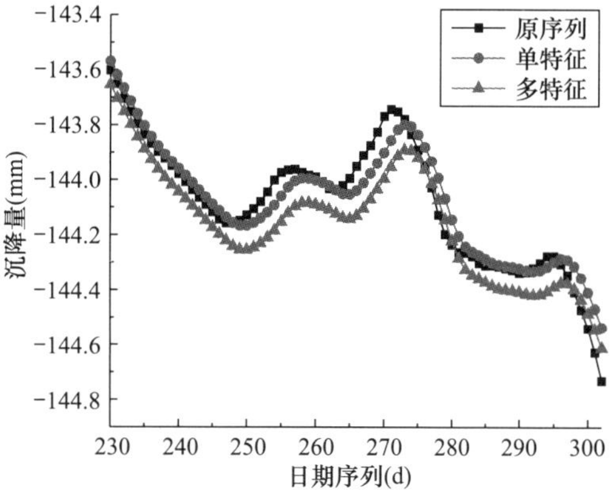

图 6-20　DB6-1 预测结果

根据上述相关性分析结果，考虑了多个测点关联性的多特征长短时记忆神经网络模型，在预测准确度上与单特征模型相似，在参数寻优上要求更为严格，但由于同时输入了多个测点数据，因而降低了单一测点存在异常测量数据时会发生预测值异常偏差的可能性。

6. 深基坑紧邻环境安全态势评价等级

结合国家现行规范《建筑基坑支护技术规程》JGJ 120—2012 中关于基坑的深度、地质情况、周边环境，以及对基坑的支护等级划分等要求，深基坑紧邻环境安全态势评价等级的四级标准定性见表 6-12。

7. 隶属度函数

隶属度函数是因素集 $\boldsymbol{U}$ 到评价集 $\boldsymbol{V}$ 的模糊转换中的重要控制函数，影响着各因子的模糊评价等级。隶属度函数的确定尚未形成一套较为成熟的理论，一般是根据不同的分析对象灵活选用，常用的函数有线性的梯形函数、尖角函数和非线性的抛物线型函数、伽马函数等。采用图 6-21 所示的抛物线型隶属度函数组，不同于线性隶属度函数，抛物线型对隶属区间的模糊程度更深，也可根据不同模糊程度需要调节不同的曲率大小。

深基坑紧邻环境安全态势评价等级　　表 6-12

等级	环境安全态势
A 级	基坑及紧邻环境处于安全稳定状态，所有监测点的实测数据和明日预测数据均符合监测要求，未出现危险点
B 级	基坑及紧邻环境基本处于安全稳定状态，个别监测点的实测数据或明日预测数据异常，存在安全隐患
C 级	基坑或紧邻环境处于轻微危险状态，个别监测点的实测数据或明日预测数据超限
D 级	基坑或紧邻环境处于危险状态，需立即采取工程措施

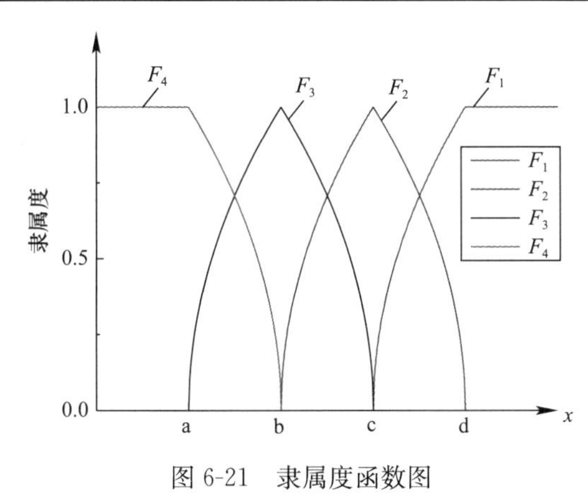

图 6-21　隶属度函数图

其中，F_1、F_2、F_3、F_4 分别为 A 级、B 级、C 级、D 级评价的隶属度函数，具体定义如下：

$$F_1=\begin{cases}0 & x<c\\ \sqrt{\dfrac{x-c}{d-c}} & c\leqslant x<d\\ 1 & x\geqslant d\end{cases}\qquad F_2=\begin{cases}0 & x<b\\ \sqrt{\dfrac{x-b}{c-b}} & b\leqslant x<c\\ \sqrt{\dfrac{d-x}{d-c}} & c\leqslant x<d\\ 0 & x\geqslant d\end{cases}\tag{6-18}$$

$$F_3=\begin{cases}0 & x<a\\ \sqrt{\dfrac{x-a}{b-a}} & a\leqslant x<b\\ \sqrt{\dfrac{c-x}{c-b}} & b\leqslant x<c\\ 0 & x\geqslant c\end{cases}\qquad F_4=\begin{cases}1 & x<a\\ \sqrt{\dfrac{b-x}{b-a}} & a\leqslant x<b\\ 0 & x\geqslant b\end{cases}\tag{6-19}$$

8. 深基坑紧邻环境安全评价因子

基于徐家汇中心项目的监控方案和现场获得的监测数据，以及《建筑基坑工程监测技术标准》GB 50497—2019，将安全评价因子分为基坑部分和周边环境部分，基坑部分主要由支护结构及基坑本身变形量组成，周边环境部分主要由地下水位、地表沉降、地铁结构垂直位移组成。除支撑轴力外，各评价因子均由实测累积量、实测日变化量、预计日变化量组成，此处取三者权重比为 3∶7∶2 计算综合隶属度指数。支撑轴力由实测累积量、预计日变化量组成，此处取两者权重比为 3∶2 计算综合隶属度指数。

通过查询国内基坑开挖施工典型案例，对比上海徐家汇中心项目基坑规模，制定出不同等级下的立柱垂直位移限值。上海徐家汇中心项目基坑围护采用的是“地下连续墙＋三轴搅拌桩＋高压旋喷桩＋工法桩”的围护形式，支撑体系采用“钢筋混凝土对撑结合角撑”“边桁架＋钢支撑”形式。对 4-2 基坑分区的支撑轴力报警值设定见表 6-13。

分区支撑轴力报警值 **表 6-13**

支撑	第一道	第二道	第三道	第四道	第五道	第六道	第七道
报警值	6000kN	12000kN	15000kN	15000kN	20000kN	20000kN	15000kN

对于紧邻地铁的基坑项目，一般都要求严格控制周边地铁隧道结构的变形量和位移量，必须保证地铁结构设施的水平和竖向位移均要小于 20mm 控制值，且设定了预警值为 10mm。最后选择地表沉降的监测数据和坑外土体测斜数据作为深基坑紧邻环境安全评判的因子最后两项。

如上所述构造因素集 **U**＝{立柱垂直位移；支撑轴力；地表沉降；地铁结构垂直位移；坑外土体水平位移}，并对其隶属度分段函数进度参数设定（表 6-14），其中 X 为支撑轴力设计报警值。

深基坑紧邻环境安全评价因子及隶属度参数 **表 6-14**

隶属度参数		a	b	c	d
立柱垂直位移（mm）	实测累计	30	60	90	120
	实测日变化	0.5	1	1.5	2
	预计日变化	0.5	1	1.5	2
支撑轴力（kN）	实测累计	$0.6X$	$0.8X$	X	$1.2X$
	预计日变化	100	200	300	400
地表沉降（mm）	实测累计	30	60	90	120
	实测日变化	0.5	1	1.5	2
	预计日变化	0.5	1	5.1～5	2
地铁结构垂直位移（mm）	实测累计	4	6	8	10
	实测日变化	0.5	1	1.5	2
	预计日变化	0.5	1	1.5	2
坑外土体水平位移（mm）	实测累计	20	35	50	65
	实测日变化	0.5	1	5.1～5	2
	预计日变化	0.5	1	5.1～5	2

9. 安全态势评估的权重确定

依据层次分析法对因素集 **U**＝{立柱垂直位移；支撑轴力；地表沉降；地铁结构垂直位移；坑外土体水平位移} 进行两两对比，构造出判断矩阵，如表 6-15 所示。

深基坑紧邻环境安全评价因子判断矩阵　　表 6-15

评价因子	立柱垂直位移	支撑轴力	地表沉降	地铁结构垂直位移	坑外土体水平位移
立柱垂直位移	1	3/2	2/3	1/4	3/5
支撑轴力	2/3	1	1/2	1/6	2/5
地表沉降	3/2	2	1	1/2	4/5
地铁结构垂直位移	4	6	2	1	5/2
坑外土体水平位移	5/3	5/2	5/4	2/5	1

求得上述判断矩阵的最大特征值为 5.019，对应的特征向量为｛－0.216，－0.148，－0.331，－0.829，－0.367｝。归一化后得到权重向量：$\boldsymbol{W}$＝｛0.115，0.078，0.175，0.438，0.194｝。验证判断矩阵一致性，得到随机一致性比率 $C.R.$＝0.0043，该值小于 0.1，因此可认为该判断矩阵满足一致性要求。

10. 上海徐家汇中心深基坑紧邻环境的安全态势评估

根据神经网络的预测，获得五类评价因子的单特征和多特征预测结果，使用最不利预测结果进行安全态势分析。汇总五类评价因子在 2019 年 11 月 7 日的预测值如表 6-16 所示，其中日变化量取绝对值。

五类评价因子的实测值与预测值　　表 6-16

评价因子（最不利测点）	单特征预测	多特征预测	最不利预测	11 月 6 日累计	11 月 6 日变化量	预计日变化量
立柱垂直位移（LZ2-6/mm）	101.28	101.29	101.29	101.23	0.03	0.06
支撑轴力（ZL1-22/kN）	3688.36	3723.94	3723.94	3604.82	78	119.12
地表沉降（DB6-1/mm）	－144.54	－144.61	－144.61	－144.63	0.8	0.02
地铁结构垂直位移（9SJ-006/mm）	－3.35	－3.19	－3.35	－3.25	0.02	0.1
坑外土体水平位移（XTX25-21/mm）	－26.30	－26.41	－26.41	－26.61	0	0.2

根据隶属度函数和隶属度参数，求得安全态势评估的隶属度矩阵如下：

$$\boldsymbol{R}_1=(0.25\quad 0.58\quad 0.17)\begin{pmatrix}0 & 0 & 0.79 & 0.61\\ 1 & 0 & 0 & 0\\ 1 & 0 & 0 & 0\end{pmatrix}=(0.75\quad 0.00\quad 0.20\quad 0.15) \tag{6-20}$$

$$\boldsymbol{R}_2=(0.6\quad 0.4)\begin{pmatrix}1 & 0.06 & 0 & 0\\ 0.9 & 0.44 & 0 & 0\end{pmatrix}=(0.96\quad 0.21\quad 0.00\quad 0.00) \tag{6-21}$$

$$\boldsymbol{R}_3=(0.25\quad 0.58\quad 0.17)\begin{pmatrix}0 & 0 & 0 & 1\\ 0.63 & 0.77 & 0 & 0\\ 1 & 0 & 0 & 0\end{pmatrix}=(0.54\quad 0.45\quad 0.00\quad 0.25) \tag{6-22}$$

$$\boldsymbol{R}_4=(0.25\quad 0.58\quad 0.17)\begin{pmatrix}1&0&0&0\\1&0&0&0\\1&0&0&0\end{pmatrix}$$
$$=(1.00\quad 0.00\quad 0.00\quad 0.00)\tag{6-23}$$

计算最终评语集 $\boldsymbol{B}$：

$$\boldsymbol{B}=\boldsymbol{W}\cdot\boldsymbol{R}=(0.115\quad 0.078\quad 0.175\quad 0.438\quad 0.194)\cdot\begin{bmatrix}0.75&0.00&0.20&0.15\\0.96&0.21&0.00&0.00\\0.54&0.45&0.00&0.25\\1.00&0.00&0.00&0.00\\0.94&0.17&0.00&0.00\end{bmatrix}$$
$$=(0.87\quad 0.13\quad 0.02\quad 0.06)\tag{6-24}$$

根据最大隶属度原则，可认为上海徐家汇中心项目的深基坑紧邻环境在 2019 年 11 月 6 日处于 A 级环境安全等级，即基坑和紧邻环境均处于安全稳定状态，所有监测点的实测数据和明日预测数据均符合监测要求，未出现危险点。

6.4 施工环境微扰动安全控制技术

6.4.1 施工环境影响微扰动被动控制技术

以上海市徐汇区徐家汇中心基坑工程为案例介绍施工环境影响微扰动被动控制技术，该工程地铁 9 号线区间隧道横穿地块北部，基地东侧紧贴地铁 11 号线，如图 6-22 所示。基坑共分为 16 个分区，编号为 1～16。分区 4、11、12、13、14 以及分区 16 紧邻地铁 11 号线，如图 6-23 所示。这些分区基坑开挖容易对紧邻地铁 11 号线产生较大的影响，变形控制要求较高。

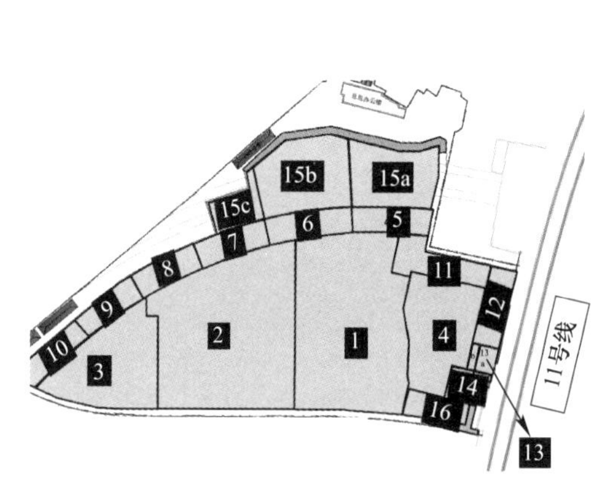

图 6-22 基坑分区示意图

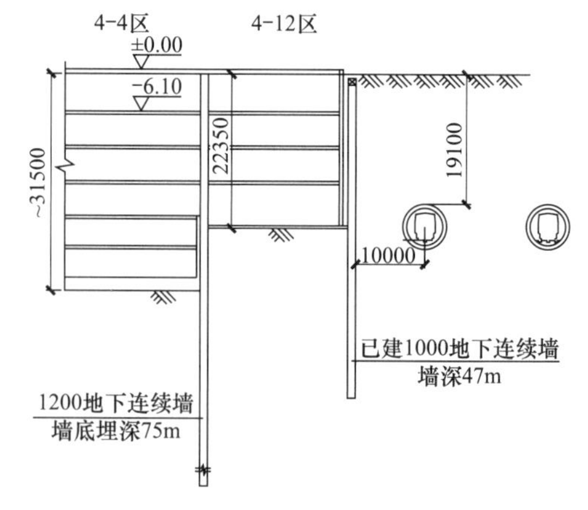

图 6-23 地铁 11 号线与基坑相对位置关系图

为提高计算机计算效率，在不影响研究目的的前提下将基坑进行简化，分区与隧道相对位置关系和基坑简化计算模型分别如图 6-24 和图 6-25 所示。基坑宽 76m，长 129m，最深开挖深度是 31.5m。计算模型宽度取 396m，长度取 446m，深度取 110m。土体本构模型采用土体硬化模型；地下连续墙采用板单元，弹性模型；支撑采用梁单元，弹性模型。

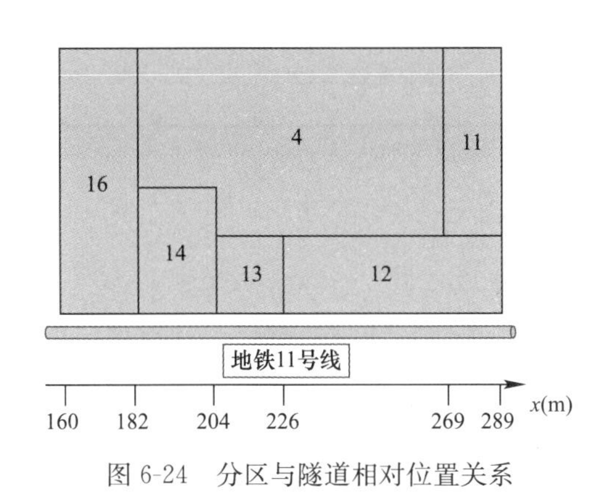

图 6-24　分区与隧道相对位置关系

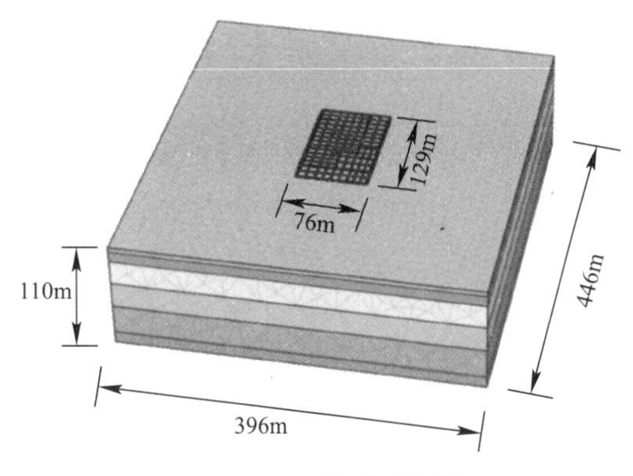

图 6-25　基坑简化计算模型

为研究基坑群分区开挖顺序对紧邻隧道的影响，设置 5 个工况进行分析：(1) 由远到近对称开挖，即按照 4-16-11-14-13-12 的顺序开挖；(2) 由近及远，单侧依次推进开挖，即按照分区 16-14-13-12-11-4 的顺序开挖；(3) 按照分区 12-13-4-11-14-16 开挖；(4) 按照分区 11-12-13-14-4-16 开挖；(5) 分层整体开挖。

如图 6-26 所示，不同的开挖顺序对紧邻隧道变形的影响具有很大的差异性，采用分区开挖且合理选择开挖顺序可以有效降低基坑开挖对紧邻隧道的影响。选择由远及近对称开挖的顺序开挖，分区开挖变形控制效果最好，此时隧道的最大位移约为 75mm，是分层整体开挖导致的隧道最大位移 (135mm) 的 55.6%，隧道整体变形曲线平缓，曲率均匀且较小；选择由近及远且由单侧向另一侧开挖，此时隧道的最大位移约为 150mm，隧道的最大位移较大，变形控制效果最差，甚至对紧邻隧道的影响大于分层整体开挖对紧邻隧道的影响。基坑分区的开挖顺序除了会影响紧邻隧道的最大位移值，还会影响最大位移值发生的部位。按照 4-16-11-14-13-12 的开挖顺序最大位移值发生在 $x=215$m 附近，而按照 11-12-13-14-4-16 的开挖顺序导致的隧道最大位移发生在 $x=245$m 附近，隧道最大位移发生部位右移，具体见表 6-17。即隧道先开挖一侧导致该部分土体形成薄弱带，后开挖分区对隧道的影响会向先开挖一侧移动。因此，通过开挖顺序被动控制技术，可实现施工环境影响微扰动控制。

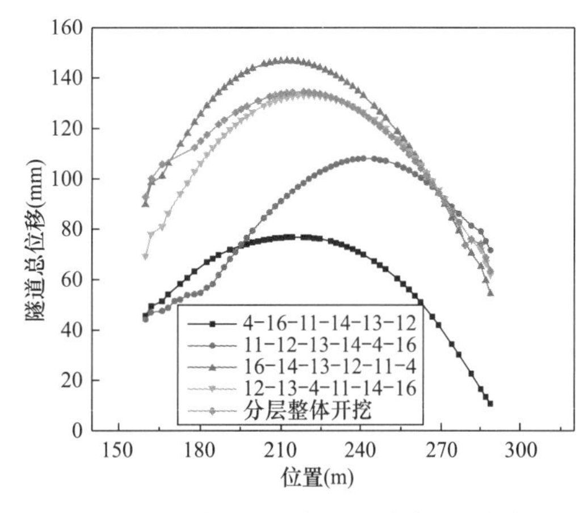

图 6-26　不同开挖顺序对应隧道变形曲线

不同开挖顺序对应隧道最大位移值及发生部位　　**表 6-17**

开挖顺序	最大位移值 (mm)	最大位移值发生部位
4-16-11-14-13-12	75	$x=215$m
16-14-13-12-11-4	150	$x=213$m
12-13-4-11-14-16	130	$x=230$m

续表

开挖顺序	最大位移值（mm）	最大位移值发生部位
11-12-13-14-4-16	110	x=245m
分层整体开挖	135	x=215m

6.4.2 基于土体变形的全自动注浆主动控制装置

建筑工程施工环境微扰动安全控制装置，旨在提供一种基坑安全防治备用手段，其应用场景为基坑周边存在重要设施或构筑物，且土体适用于注浆加固的情况。针对基坑重点部位，解决传统基坑支护手段面对突发状况的问题，同时不影响基坑支护结构。装置研发目标包含以下几点：

（1）装置能够实现对基坑工程重点部位关键监测指标的连续不间断监测；

（2）主动控制装置通过其自身生效，达到增强基坑支护结构安全系数的目的；

（3）装置的自动化控制模块通过接收来自监测装置的数据，实现启动/停止主动控制装置的功能。

1. 技术概况

基于现有监测技术、主动控制技术的调研，为实现上述研发目标，提出基于土体变形的全自动注浆主动控制装置，其功能示意图如图 6-27 所示。装置包括监测模块、制/注浆模块以及控制模块。

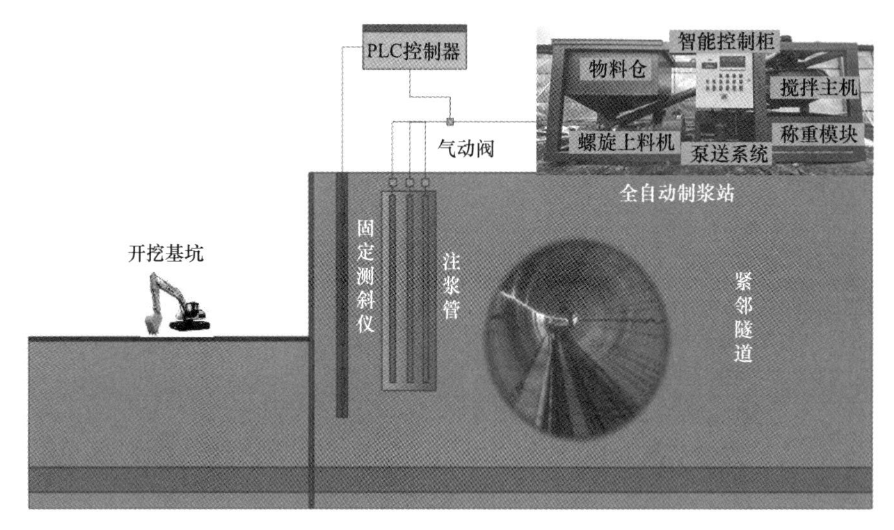

图 6-27　建筑工程施工环境微扰动安全控制装置功能示意图

监测模块：采用固定式测斜仪，可实现对深层土体位移的连续不间断监测。

制/注浆模块：集成料斗、水箱、上料器、搅拌桶、注浆泵等设备，可实现自动上料、搅拌、注浆等功能。

控制模块：采用可编程逻辑控制器（PLC）作为控制模块，PLC 接收监测模块，接收来自测斜仪的数据信息并进行处理，转换为土体水平位移数据；同时，PLC 控制制/注浆模块中各类设备，使其协调工作，实现自动注浆功能。

2. 技术特点

全自动注浆主动控制装置如图6-28所示。

(1) 制浆系统：通过PLC控制各部分协同工作，配制出满足设定水胶比要求的水泥浆液，并实现整个过程的自动化。

(2) 注浆管分路设计：设计一套注浆系统，可实现若干注浆管同时或分别注浆，提升设备工效。

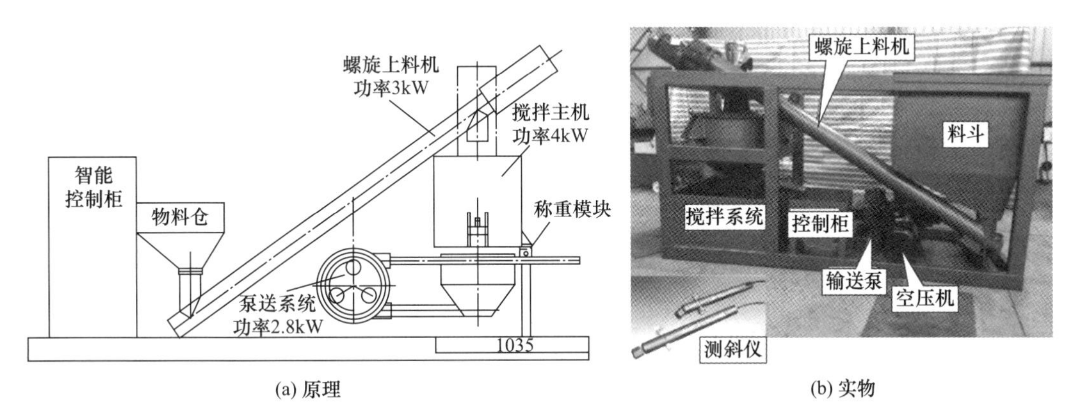

(a) 原理　　(b) 实物

图6-28　全自动注浆主动控制装置

3. 技术实现方案

(1) 深层土体位移实时监测

控制装置采用的MI600型硅微式固定倾斜（倾角）仪，输出485信号。采用直接接入计算机（PC）或者PLC的数据处理方式，通过PLC编程实现测斜仪数据转化。通过MI600型硅微式单轴固定倾斜仪的地址编号，可以在系统外部寻址时响应系统发出的命令，实现一次测量。

(2) 水泥浆制备

采用累计称量方法制成指定水胶比的水泥浆。首先根据指定水胶比和制浆量计算出水和干料质量分别为m_1和m_2；其次启动水箱，往搅拌桶注水，搅拌桶底部设置称重模块，达到设定重量m_1后停止加水；再次启动螺旋上料机，往搅拌桶内输送干料，达到(m_1+m_2)后停机；最后启动搅拌主机，搅拌水、水泥混合物，得到指定水胶比和体积的水泥浆液。该方法操作简单且上料误差可控。

(3) 注浆管注浆

注浆泵外接总管，分管通过分流器与总管相连，每根分管上设置1个启动阀门。启动注浆泵前，PLC控制打开总管阀门及1号注浆管阀门，然后开启注浆，通过设置于总管上的流量计计量，达到设定注浆量后停泵。至此1号注浆管注浆完成。进行2号注浆管注浆时，关闭1号阀门，开启2号阀门，启动注浆泵，实现注浆过程。3号注浆管同理实现注浆操作。

4. 技术优势

(1) 丰富监测手段。装置采用固定式测斜仪作为坑外土体深层位移监测手段，土体位移监测具有普适性，可以反映出监测点周边环境的变化趋势。

（2）拓展应用场景。土体注浆加固不仅适用于基坑工程，也适用于地基处理、止沉纠偏等工程。

（3）注浆浆液升级。装置研发初期采用水泥浆液作为注浆液。注浆技术不仅应用于基坑领域，通过对装置进行改造，如增加料斗数量，配制出更多种类的浆液，可将装置扩展应用于其他注浆加固领域。

6.4.3 施工环境影响微扰动自适应控制装置

针对建筑深基坑施工、基坑变形规律及基坑周边管线等建（构）筑物的保护要求，尤其针对高敏感饱和软土地层基坑边已运行地铁生命线的严格保护要求，将高精度传感器、数据通信、机电自动化控制、计算机处理以及远程网络等技术有机集成，提出“易移植、深兼容、全实时”的基坑围护体结构位移变形智能监控系统（图 6-29）。本系统主要应用于建筑工程深基坑工程基坑围护体结构位移变形的全程实时监测与控制，有效控制和减少基坑的变形，确保运行地铁等紧邻建（构）筑物的安全。

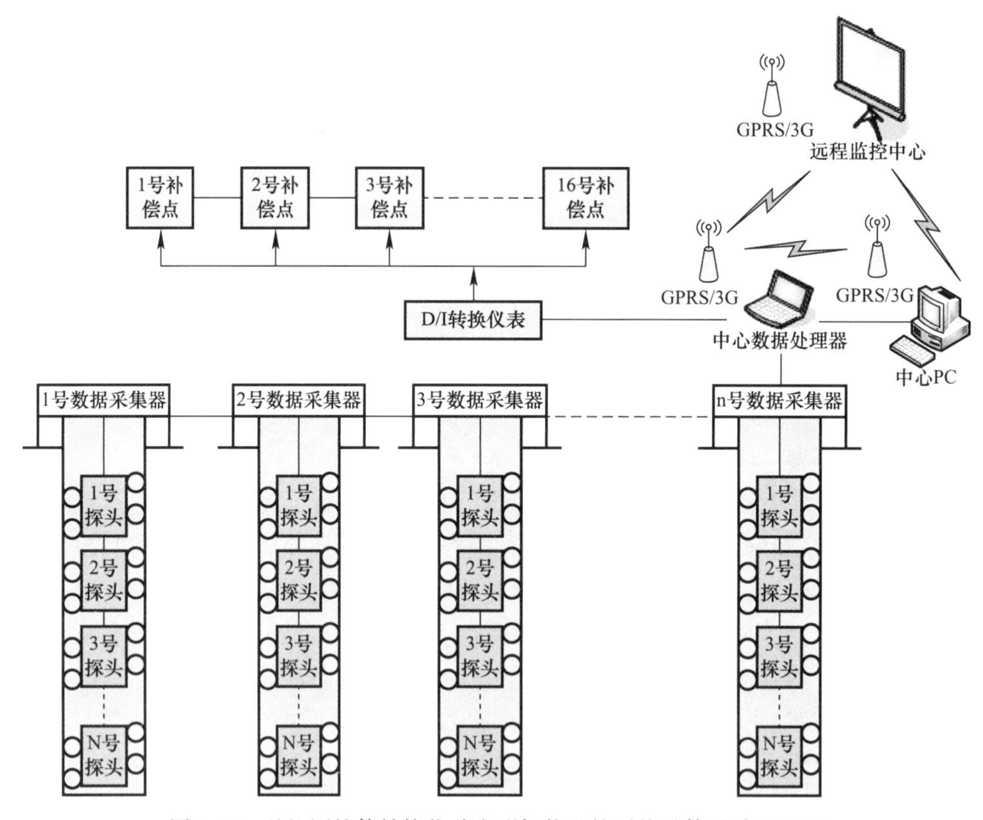

图 6-29 基坑围护体结构位移变形智能监控系统总体设计原理图

基坑围护体结构位移变形智能监控系统主要由中心数据处理器、中心 PC（中心管理电脑）、D/I 转换仪表、基坑围护体结构位移变形实时监测系统、数据采集器、远程监控中心、网络系统以及钢支撑轴力补偿系统（图 6-30）等组成。其工作原理为：数据采集器实时全自动采集预埋于基坑围护体结构测斜管内的探头测得的各测量点倾斜角数据，中心数据处理器根据各测量点倾斜角数据计算对应的位移变形数据，从而得到每根测斜管的变形曲线以及各支撑点对应补偿数据，D/I转换仪表把来自中心数据处理器的补偿数据转换为电流环信号，用于控制PLC（可编程逻辑控制器）或其他工业控制器对基坑围护体若干带轴力位移补偿器系统的支撑进行轴力实时自动补偿，从而实现及时、有效、精确地控制基坑围护体的变形，大大提高基坑施工的安全性。

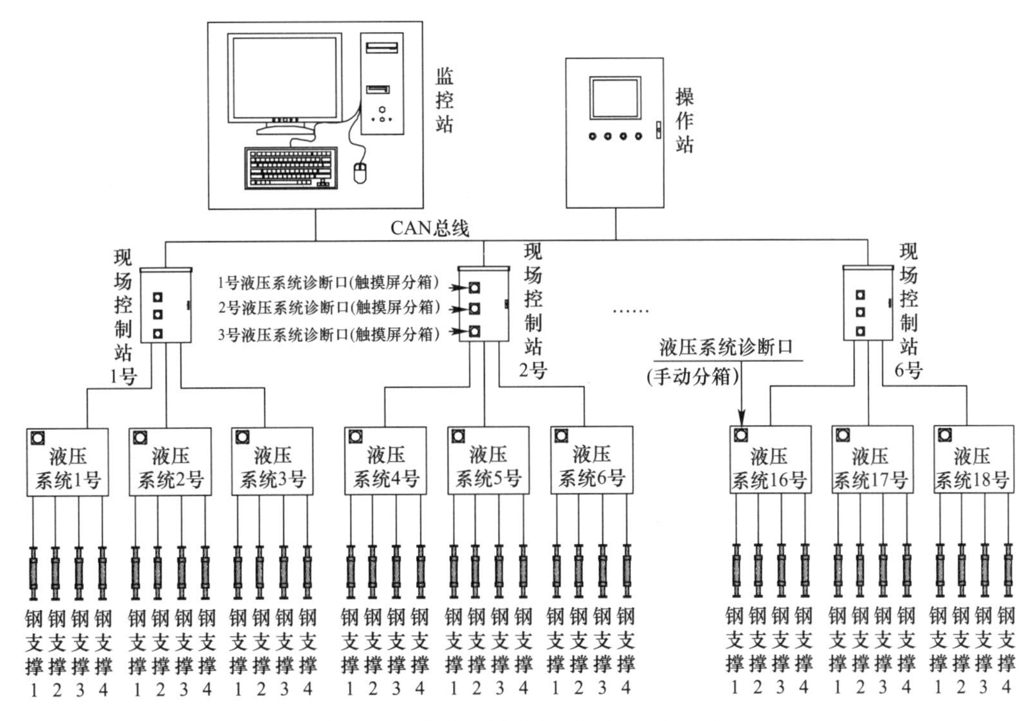

图6-30　钢支撑轴力补偿系统工作原理

6.5　施工环境安全远程监控平台系统

6.5.1　安全管控系统需求分析

施工环境安全远程监控平台系统包含信息平台、专业分析、风险预报、主动防御、数据仓库5个基本功能模块，如图6-31所示。其中，信息平台属于应用服务层，主要功能包括项目信息的收集、查询、展示和统计；专业分析、风险预报、主动防御、数据仓库属于数据应用层，其核心为工程数据的综合分析、主动控制和大数据应用。

施工环境安全远程监控平台系统为实现上述功能，其具体的系统架构分为基础资源层、数据采集层、标准接口层、数据应用层和用户访问层，其中用户访问层分为Web端和移动端。系统架构如图6-32所示。

6.5.2　监控平台系统关键技术

为实现建筑工程施工及环境变化相关信息高度集成、施工紧邻构筑物等周边环境安全状态的远程监测预警与智能控制，施工环境安全远程监控平台系统需解决以下技术难点。

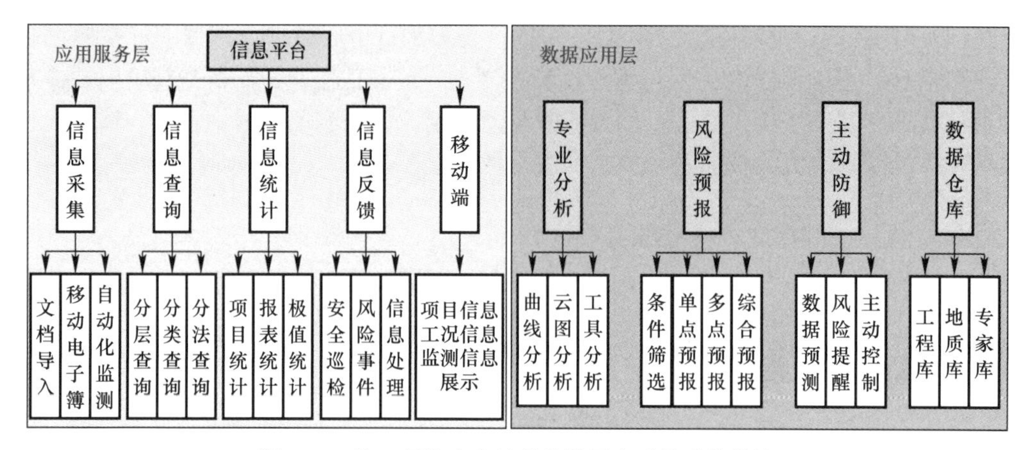

图 6-31　施工环境安全远程监控平台系统功能模块

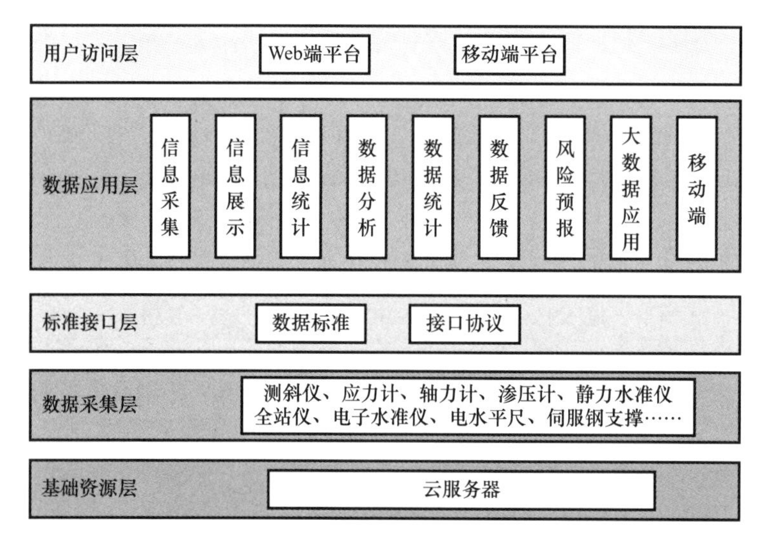

图 6-32　施工环境安全远程监控平台系统架构

（1）基于“互联网+”的大数据传输管理技术

传统的数据（如测斜数据）管理模式为人工处理模式，这种方式效率低、实时性差、数据易丢失、管理难，仅适用于少量数据管理；面对大型工程（尤其是超大、超深基坑工程），产生的海量施工监测数据，人工处理根本难以应对。为此，开发了多模式监测数据传输方法（图 6-33），包括文档批量导入、移动端实时网络传输、自动化监测数据传输。

1）文档批量导入：建立 Excel 电子文档标准监测数据处理模板，实现数据批量上传；具有传输速度快、准确率高的优点；适用于采集批量监测数据。

2）移动端实时网络传输：可实现人工监测数据的实时录入并发送至云端进行实时处理，自动生成成果；具有现场直接采集并即时导入和直接查阅监测分析结果的优点。

3）自动化监测数据传输：通过监测传感器的实时无线数据采集并发送至云端进行处理，自动生成成果；无需人工干预，可实现全天候高密度信息采集。

（2）基坑及紧邻构筑物环境变化规律动态监测技术

结合基坑本体及紧邻构筑物环境变化状态监测的实际需求和现场实施的技术可行性，

提出人工监测、自动化监测、光纤监测等多种监测方法相结合的紧邻构筑物安全性态动态监测技术。同时，明确基坑施工过程中施工环境风险监测关键要素，标准化、专业化、可视化与主动化的数据采集、分析、展示与推送的流程管控流程（图 6-34）。

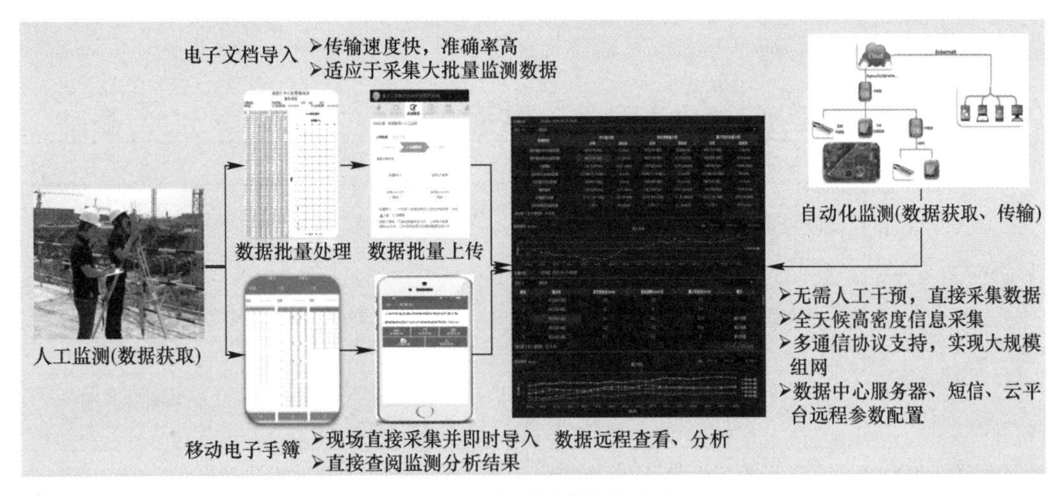

图 6-33　监测数据传输方法

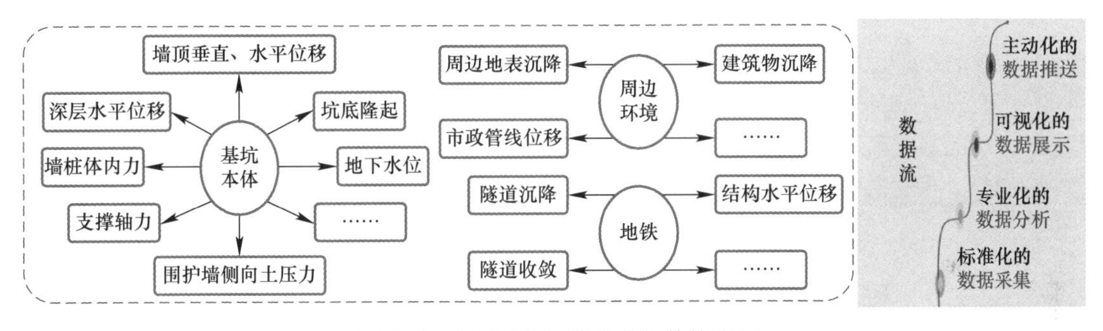

图 6-34　监测关键要素及数据管控流程

为了即时分析基坑开挖紧邻隧道、建筑物、地下管线、道路、桥梁等构筑物状态监测数据，梳理明确了关键预警指标体系，可根据监测数据动态预测紧邻构筑物风险等级。

（3）施工环境影响主动控制方法

为实现建筑施工环境影响被动控制与主动控制相结合的多级控制技术体系，建立闭环化管理流程（图 6-35），通过施工环境安全远程监控平台系统与施工现场主动控制装备系统的联动，实现施工风险闭环化管控。主要的工作流程如下：参数输入——自动提取数据库监测数据；数据判断——设置工况和时间进行监测数据预判；措施建议——根据判断结果提出建议措施；主动防御——将系统建议措施及预警提示信息发送至现场主动控制端；现场控制响应——现场根据系统提示及建议，结合当下具

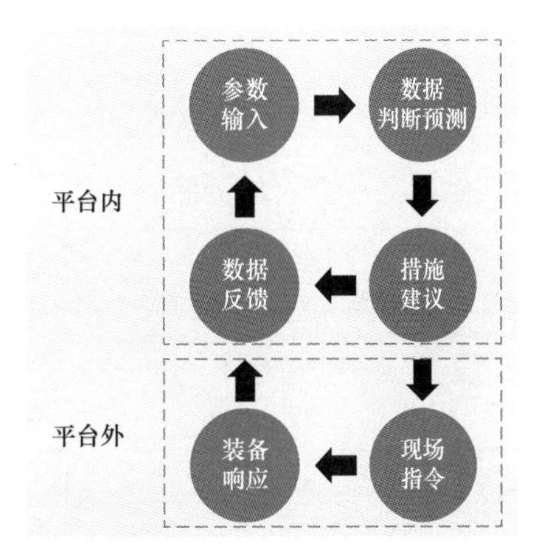

图 6-35　基于 PDCA 的施工环境影响控制方法

体工况进行控制响应；数据反馈——系统根据现场控制后的监测数据进行响应效果反馈。

6.5.3 平台系统功能

施工环境安全远程监控平台系统功能包括安全管控数据展示、数据管理、专业分析等内容，用户可通过 Web 端（表 6-18）和移动端（表 6-19）分别进行访问应用。

平台系统 Web 端主要功能列表　　表 6-18

序号	模块	功能	功能详细说明
1	数据展示	项目概况	项目分级信息、项目概况、参建单位、施工许可证、地质剖面图等信息展示
		监测数据	筛选每日监测数据特征值（如累计变形最大值、每日变形最大值），自动生成监测数据总评价表；不同颜色显示各监测点风险预警等级；提供各监测项目曲线
		动态布点图	基于 ArcGIS 服务的监测点位布置图；可对基坑测点根据监测项类别进行显示或隐藏；监测点位和数据曲线动态关联
		风险预警	单测点多级预报警；基坑整体风险等级提示
		施工工况	基于 BIM 模型的三维工况输入及显示方案；基于表单的工况输入及显示
		可视化数据分析	提供单监测项（测斜等）多测点多维分析，展示单项多点数据集群曲线；实现具有位置关联关系的测斜-支撑轴力-地表剖面-井水位多监测数据联合曲线分析，实现多测点关联关系分析；提供方便快捷的测斜项分析工具，实现同深度测斜点曲线图形结合工况比对显示分析
		文档报表公告	显示现场巡查记录数据；显示数据管理系统中上传的项目相关工程文档，提供下载查看；监测报表显示，发布/查看相关公告信息
2	数据管理（工作平台）	项目信息	项目相关信息资料编辑上传；建立测项、测点
		数据管理	提供人工监测数据 Excel 模板下载、上传、查询、导出、计算统计、操作记录等功能
		报表文档管理	根据监测数据生成监测报表，包括日报表、阶段报告、总结报告；在 Web 端进行日常巡查记录添加；通过表单、文字添加分阶段工况；支持重要工程文档、通知公告上传、编辑、删除
3	专业分析	管线分析工具	实现基坑项目管线曲率分析和预警功能
4	智能研判	主动控制	进行支撑轴力、地下水位等判断分析、预警、发送相关的防御或控制提示信息
5	数据仓库	工程库	汇集深基坑工程案例及相关监测数据，自定义筛选条件，快速定位所要参考项目，基于工况信息查看已建项目各类数据，为当前项目风险判断提供工程依据

平台系统移动端主要功能列表　　表 6-19

序号	模块	功能	功能详细说明
1	数据展示	项目概况	基于登录账户类别建立分级信息展示模式；以地图形式显示基坑分布情况；提供根据施工区域设置基坑项目不同分区功能；汇总显示该项目当前风险情况、最新动态（监测综述等内容）
		GIS 测点图	基于 ArcGIS 服务的监测点位布置图；可对基坑测点根据风险类别进行显示或隐藏；实现监测点位和数据曲线的动态关联

续表

序号	模块	功能	功能详细说明
1	数据展示	监测数据	筛选每日监测数据特征值，自动生成监测数据总评价表；监测点位和数据曲线动态关联
		风险预警	以开挖阶段日历上每天不同颜色（表示不同风险级别）展示该基坑分区风险预警情况
		文档报表公告	支持现场巡查人员使用移动端上传现场巡查情况文字记录以及现场照片；监测数据上传次数统计；工程文档、通知公告发布数量统计；显示基坑施工工况表单

6.5.4　平台系统使用说明

1. 施工环境安全远程监控平台系统 Web 端

在下面的自动化测点主要实现自动化监测项目的测点设置与监测项目新建（图 6-36）。具体步骤分为：添加分组→添加项目→添加测点→测点批量导入（模板）→绑定传感器→导入传感器配置信息→配置检查，如图 6-37～图 6-44 所示。

图 6-36　添加自动化监测工程

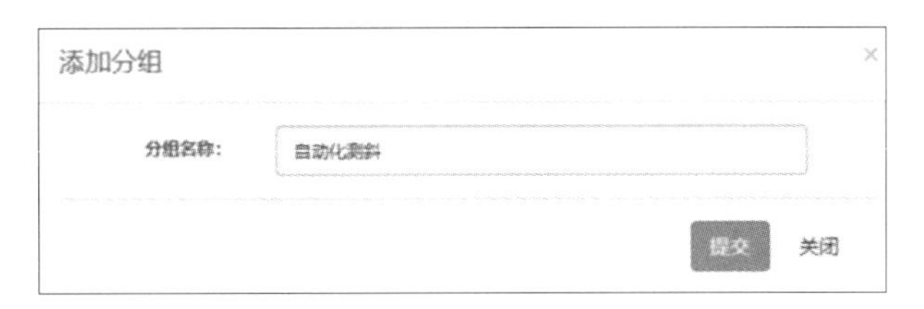

图 6-37　添加分组

2. 施工环境安全远程监控平台系统移动端

移动端 APP（安卓版）实现在施工环境安全远程监控平台系统的基础上对监测数据及相关信息的即时查看和展示。

（1）首页及项目地图

首页界面（图 6-45），可根据不同权限查看到权限范围内基坑数量及预警情况，通过首页进入项目地图界面，地图上基坑分区以不同颜色的标识显示。

（2）项目详情

在项目地图界面点击基坑标识（或通过项目列表选择工程名），进入项目详情页（图 6-46）。

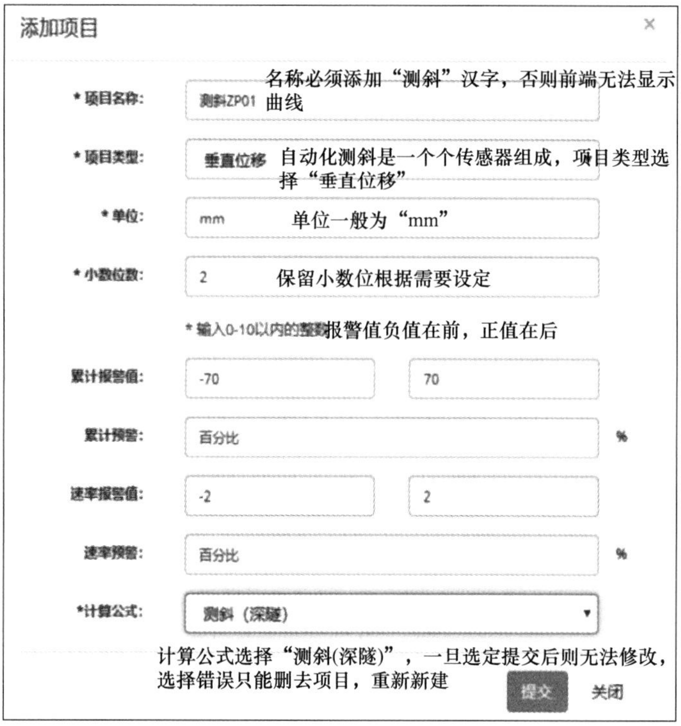

添加项目 ×

* 项目名称：测斜ZP01 名称必须添加"测斜"汉字，否则前端无法显示曲线

* 项目类型：垂直位移 自动化测斜是一个个传感器组成，项目类型选择"垂直位移"

* 单位：mm 单位一般为"mm"

* 小数位数：2 保留小数位根据需要设定

* 输入0-10以内的整数 报警值负值在前，正值在后

累计报警值：-70 70

累计预警：百分比 %

速率报警值：-2 2

速率预警：百分比 %

*计算公式：测斜（深隧）

计算公式选择"测斜(深隧)"，一旦选定提交后则无法修改，选择错误只能删去项目，重新新建

提交 关闭

图 6-38 添加项目

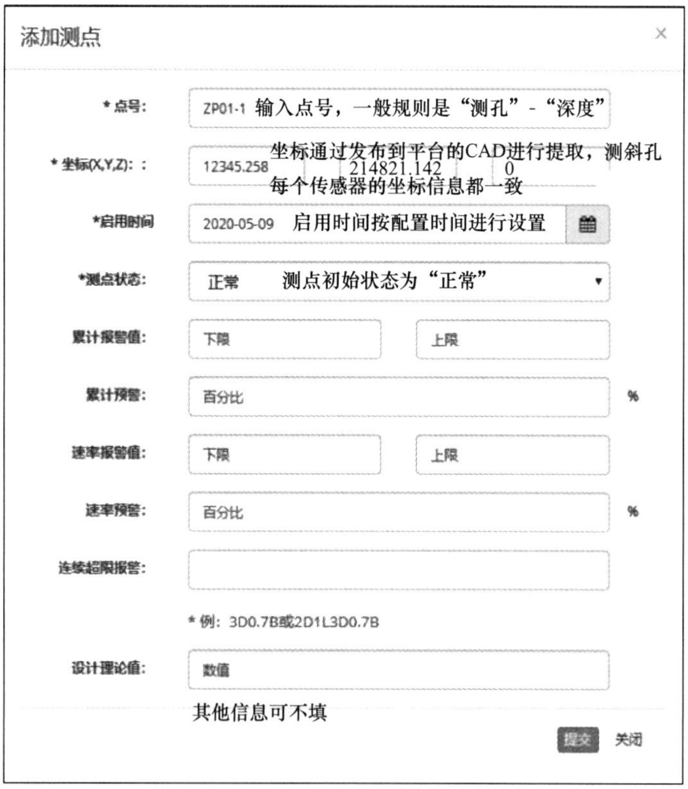

添加测点 ×

* 点号：ZP01-1 输入点号，一般规则是"测孔"-"深度"

* 坐标(X,Y,Z)：：12345.258 214821.142 0 坐标通过发布到平台的CAD进行提取，测斜孔每个传感器的坐标信息都一致

*启用时间 2020-05-09 启用时间按配置时间进行设置

*测点状态：正常 测点初始状态为"正常"

累计报警值：下限 上限

累计预警：百分比 %

速率报警值：下限 上限

速率预警：百分比 %

连续超限报警：

* 例：3D0.7B或2D1L3D0.7B

设计理论值：数值

其他信息可不填

提交 关闭

图 6-39 添加测点

点号	坐标X	坐标Y	坐标Z	启用时间	测点状态	停用时间	累计报警值	累计预警%	速率报警值	速率预警%	连续超限报警	设计理论值
zp01-top	4833508.71	2775123.56	0.00	2020/5/9	正常	孔口测点						
zp01-1	4833508.71	2775123.56	0.00	2020/5/9	正常							
zp01-2	4833508.71	2775123.56	0.00	2020/5/9	正常							
zp01-3	4833508.71	2775123.56	0.00	2020/5/9	正常							
zp01-4	4833508.71	2775123.56	0.00	2020/5/9	正常							
zp01-5	4833508.71	2775123.56	0.00	2020/5/9	正常							
zp01-6	4833508.71	2775123.56	0.00	2020/5/9	正常							
zp01-7	4833508.71	2775123.56	0.00	2020/5/9	正常							
zp01-8	4833508.71	2775123.56	0.00	2020/5/9	正常							
zp01-9	4833508.71	2775123.56	0.00	2020/5/9	正常							
zp01-10	4833508.71	2775123.56	0.00	2020/5/9	正常							
zp01-11	4833508.71	2775123.56	0.00	2020/5/9	正常							
zp01-12	4833508.71	2775123.56	0.00	2020/5/9	正常							
zp01-13	4833508.71	2775123.56	0.00	2020/5/9	正常							
zp01-14	4833508.71	2775123.56	0.00	2020/5/9	正常							
zp01-15	4833508.71	2775123.56	0.00	2020/5/9	正常							
zp01-16	4833508.71	2775123.56	0.00	2020/5/9	正常							
zp01-17	4833508.71	2775123.56	0.00	2020/5/9	正常							

图 6-40　测点批量导入（模板）

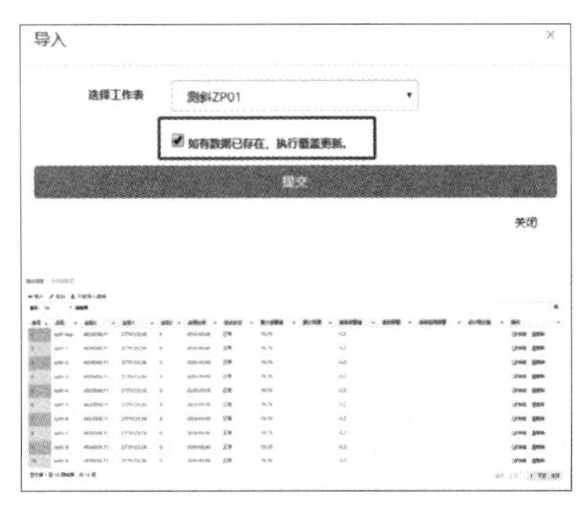

图 6-41　测点批量导入

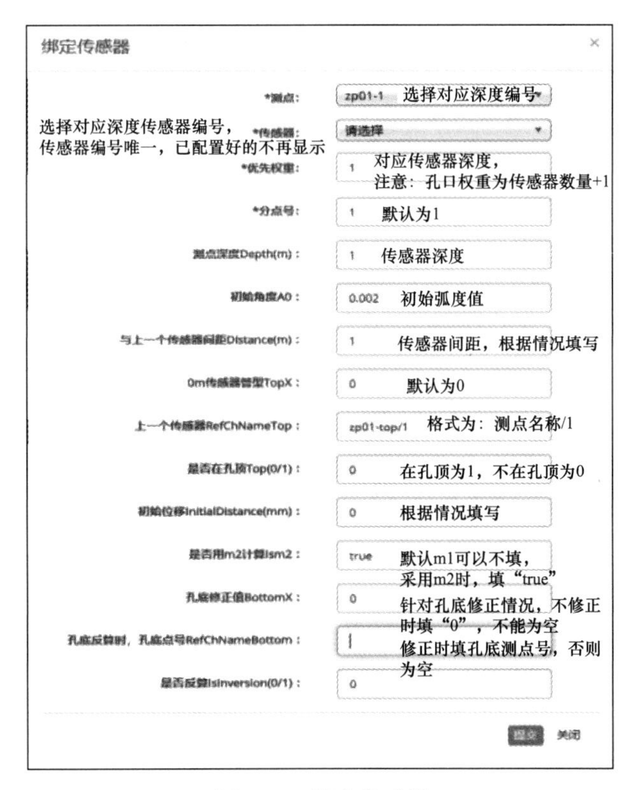

图 6-42　绑定传感器

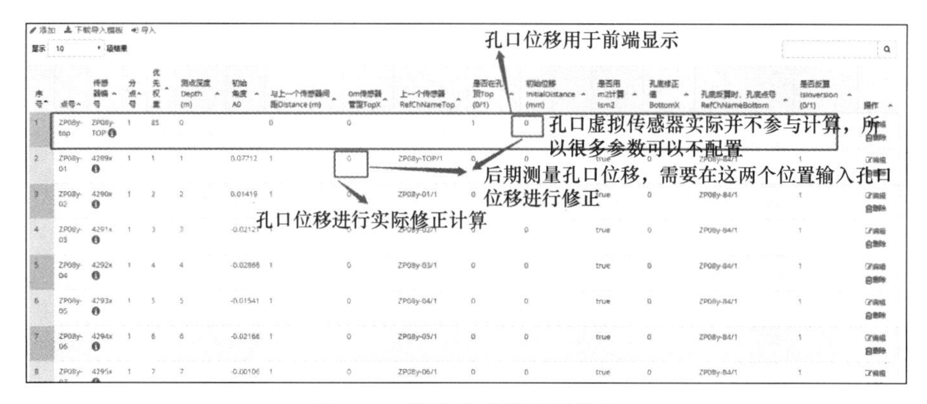

图 6-43　导入传感器配置信息

图 6-44　配置检查

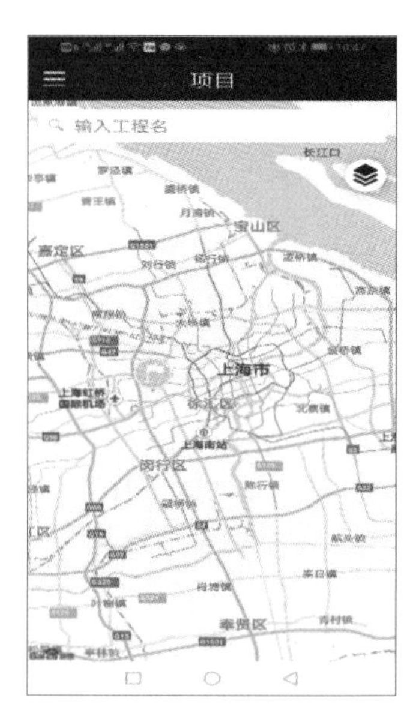

图 6-45　移动端登录及首页看板

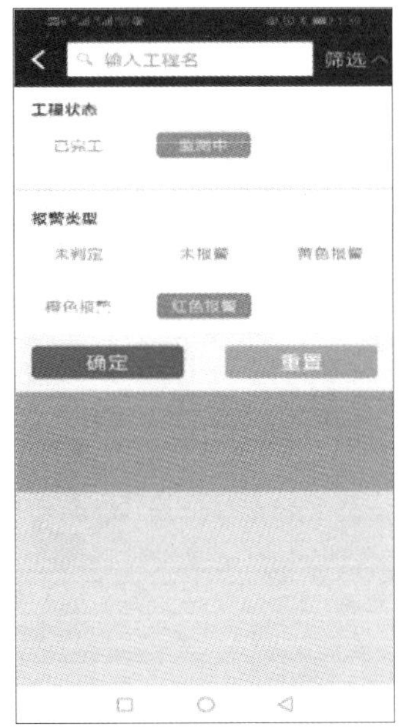

图 6-46　移动端项目详情

（3）监测数据

可查看人工监测数据、自动化监测数据（如有自动化监测项）、提前设置的关注项。人工监测数据（图 6-47）可查看其测点监测数据及数据曲线。

（4）施工工况

施工工况（图 6-48）可查看以表单形式输入的施工工况信息。

图 6-47　人工监测数据

图 6-48　施工工况

（5）发布统计

发布统计（图 6-49）可对项目发布的监测数据、工程文档、通知公告等信息进行统计。

（6）风险预警

风险预警（图 6-50）以日历形式查询显示该基坑分区每天的风险预警提示信息。

图 6-49　发布统计

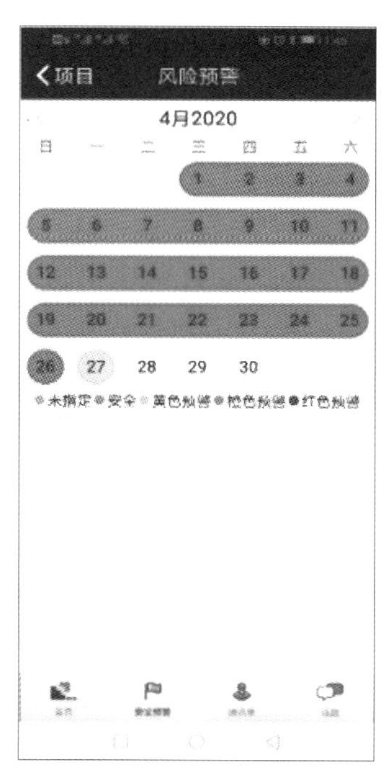

图 6-50　风险预警

6.6　超高层建筑工程的示范应用案例

6.6.1　徐家汇中心

1. 工程概况

工程位于上海市徐汇区徐家汇商圈核心地带，东至恭城路、南至虹桥路、西北至宜山北路、北临名仕苑住宅区，总用地面积 66017m^2；地铁 9 号线区间隧道横穿地块北部，基坑东侧紧贴地铁 11 号线车站。工程平面与地理位置如图 6-51 所示。

基坑东侧为恭城路，路宽约 12m，道路距离围护体最近约 21m。基坑南侧为虹桥路，路宽约 40m，道路边距离围护体最近约 10m。基坑西侧为宜山北路，路宽约 15m，道路边距离围护体最近约 19m。基坑北侧为规划路，路宽约 20m，道路边距离围护体最近约 6m。

基坑占地面积达 5.5 万 m^2，周边环境复杂，对周边构筑物、管线及地铁隧道区间等保护要求高。综合多方面的考虑，基坑共分为 16 个区（图 6-52），编号为 4-1～4-16。其中 4-13 区分为 4-13a、4-13b 两块，4-15 区分为 4-15a、4-15b、4-15c 三块。

地铁 9 号线盾构隧道横穿 4-15 区基坑，隧道直径约 6.2m，上行线、下行线中心间距约 11m，隧道顶覆土埋深 7～14m，4-15 区地下室土方开挖深度 3～6m。根据围护图纸，地铁 9 号线隧道上方需设置 3 座跨线桥，环通场内施工道路。场地东侧为地铁 11 号线车

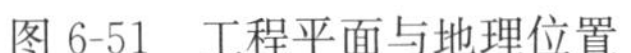
图 6-51　工程平面与地理位置

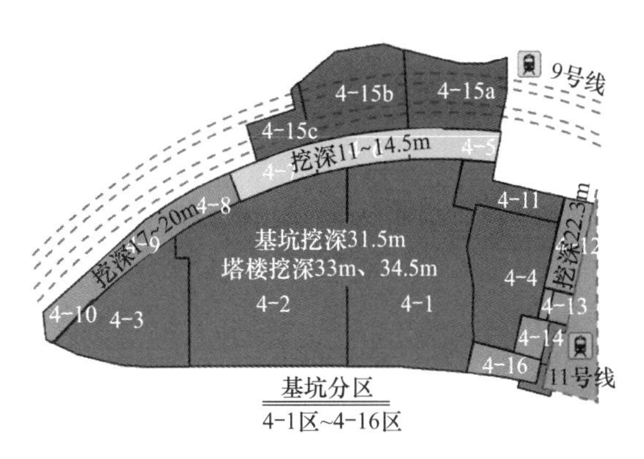

图 6-52　基坑分区图

站，地下 4 层，埋深约 19.1m，车站紧贴基坑 4-12、4-13 区，4-12、4-13 区东侧利用原有地铁车站地下连续墙作为围护墙。18 号出站口位于 4-15 区东侧，19、20 号出站口位于基坑 4-12、4-14 区内。

2. 工程难点

根据基坑工程的实际情况及场地条件，基坑降水及土方开挖对周边环境的影响、出土点数量及土方外运对工期的影响、土方开挖和支撑形成的搭接流程，以及其他工程自身具体情况，总结出示范工程基坑有以下难点：

（1）工程位于市中心徐家汇商圈繁华地带，周边高楼林立，对周边建构筑的保护要求高。

（2）工程周边管线众多，对市政管线保护要求高。

（3）地铁 9 号线穿越场地，地铁 11 号线紧邻基坑 4-12～4-14 区，对地铁隧道区间的保护要求高。

（4）基坑占地面积大，考虑对周边环境的保护，整个基坑被地下连续墙分为 16 个分区，分坑之间的施工顺序十分复杂。

（5）基坑超深，承压水含水层厚度大，地下连续墙的深度不能隔断承压水层，基坑施工降水对周边环境影响大。

3. 工程应用内容

通过建筑工程施工环境安全监控平台系统的应用将与建筑工程施工及环境变化相关的信息高度集成，实现对建筑施工紧邻构筑物等周边环境安全状态的远程监测预警、智能控制的信息集成和可视化，具体示范内容包括以下几个方面：

（1）建筑施工紧邻构筑物等环境安全精细化预警指标体系；

（2）建筑施工紧邻构筑物等环境远程自动实时监控与信息识别技术；

（3）建筑施工紧邻构筑物等环境安全状态智能控制技术；

（4）建筑工程施工环境安全监控平台系统应用；

（5）建筑施工环境影响微扰动主动控制装置。

4. 系统工程应用效果

施工环境安全远程监控平台系统于 2018 年 3 月 8 日基坑开挖至 2020 年 11 月 2 日 4-12 区大底板浇筑完成，期间共进行了 1014 次施工监测，通过系统自动安全分级技术触发施工风险预警，有效确保了基坑本体和紧邻施工环境安全，具体的工程示范应用效果如下。

（1）建筑施工紧邻构筑物等环境安全精细化预警与风险评估

徐家汇中心基坑开挖阶段需要重点关注周边轨道交通、建筑物和市政管线等紧邻构筑物的安全。以 4-1 区基坑开挖为例，在基坑开挖阶段 9 号线上行线风险评价等级为 B 级（图 6-53），在施工期间需要重点加强对地铁 9 号线的监测，并制定相应的风险应急预案，及时调整现场施工部署，使风险处于可控状态。由于 4-1 区紧靠虹桥路，在基坑开挖期间重点分析了虹桥路及其上的燃气、上水、雨水等重要管线的安全风险，经分析可知在基坑开挖对虹桥路及其上的燃气、上水、雨水管线的施工扰动可控，风险评价等级均为 A 级。

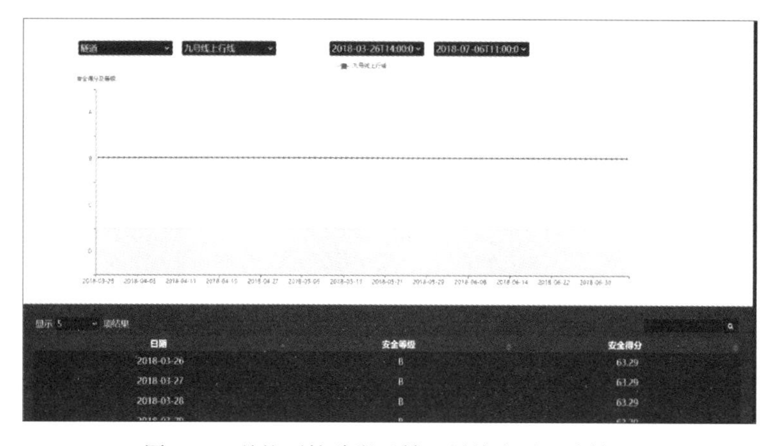

图 6-53　基坑开挖阶段地铁 9 号线实时风险等级

（2）建筑施工紧邻构筑物等环境远程自动实时监控

1）基于“互联网＋”的大数据传输管理技术

监控平台系统在徐家汇中心工程应用中对海量监测数据采用文档形式批量导入，通过建立 Excel 电子文档标准监测数据处理模板，实现数据批量上传，具有传输速度快、准确率高等优点。通过该数据管理功能（图 6-54）实现了监测综述、监测数据管理、计算统计、查询数据和操作记录等。

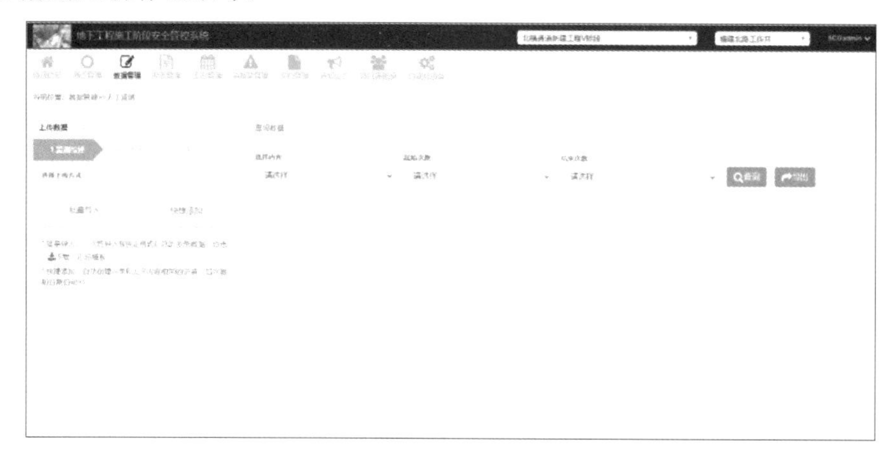

图 6-54　数据管理

2）基坑及紧邻构筑物环境变化规律动态分析

监控平台系统提供有关徐家汇中心的 GIS 地图浏览和交互操作，进入系统平台后可在地图界面直接查看项目工地所在位置，点击项目工地所示标志，悬浮窗中可查看该项目安全状态信息（图 6-55）。

图 6-55　徐家汇中心项目地图浏览

监控平台系统提供有关徐家汇中心所有监测项目的监测综述（图 6-56），可以直观显示监测项目每次监测最大值、变化速率最大值及累计变化量最大值的点号与变化量，通过点击相应的点号可弹出相应曲线的变化，直观显示测点的本次变化量、变化速率、累计变化量。

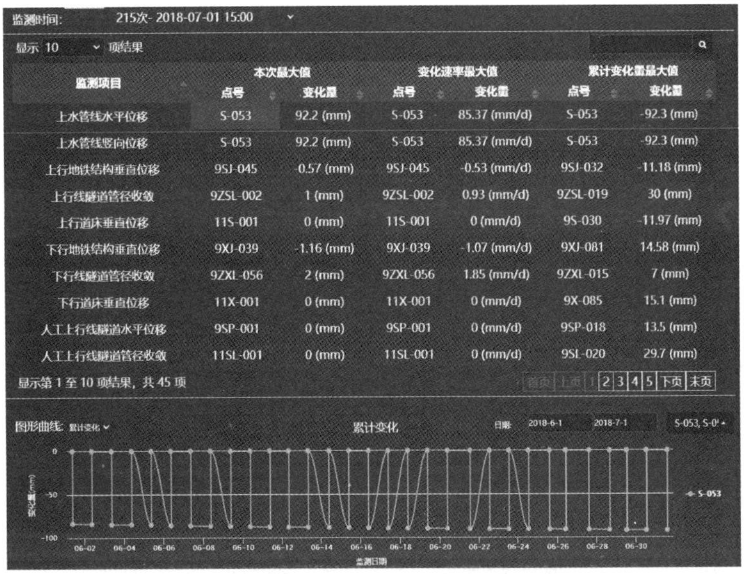

监测时间：215次- 2018-07-01 15:00

显示 10 项结果

监测项目	本次最大值		变化速率最大值		累计变化量最大值	
	点号	变化量	点号	变化量	点号	变化量
上水管线水平位移	S-053	92.2 (mm)	S-053	85.37 (mm/d)	S-053	-92.3 (mm)
上水管线竖向位移	S-053	92.2 (mm)	S-053	85.37 (mm/d)	S-053	-92.3 (mm)
上行地铁结构垂直位移	9SJ-045	-0.57 (mm)	9SJ-045	-0.53 (mm/d)	9SJ-032	-11.18 (mm)
上行线隧道管径收敛	9ZSL-002	1 (mm)	9ZSL-002	0.93 (mm/d)	9ZSL-019	30 (mm)
上行道床垂直位移	11S-001	0 (mm)	11S-001	0 (mm/d)	9S-030	-11.97 (mm)
下行地铁结构垂直位移	9XJ-039	-1.16 (mm)	9XJ-039	-1.07 (mm/d)	9XJ-081	14.58 (mm)
下行线隧道管径收敛	9ZXL-056	2 (mm)	9ZXL-056	1.85 (mm/d)	9ZXL-015	7 (mm)
下行道床垂直位移	11X-001	0 (mm)	11X-001	0 (mm/d)	9X-085	15.1 (mm)
人工上行线隧道水平位移	9SP-001	0 (mm)	9SP-001	0 (mm/d)	9SP-018	13.5 (mm)
人工上行线隧道管径收敛	11SL-001	0 (mm)	11SL-001	0 (mm/d)	9SL-020	29.7 (mm)

显示第 1 至 10 项结果，共 45 项　首页 上页 1 2 3 4 5 下页 末页

图形曲线：累计变化　累计变化　日期 2018-6-1 2018-7-1　S-053

图 6-56　徐家汇中心监测项目监测综述

监控平台系统提供有关徐家汇中心单个监测项目所有监测点总评价表，可以直观显示

监测项目每个测点的本次变化量、变化速率和累计变化量，通过点击相应的点号可查看相应的变化曲线（图 6-57）。

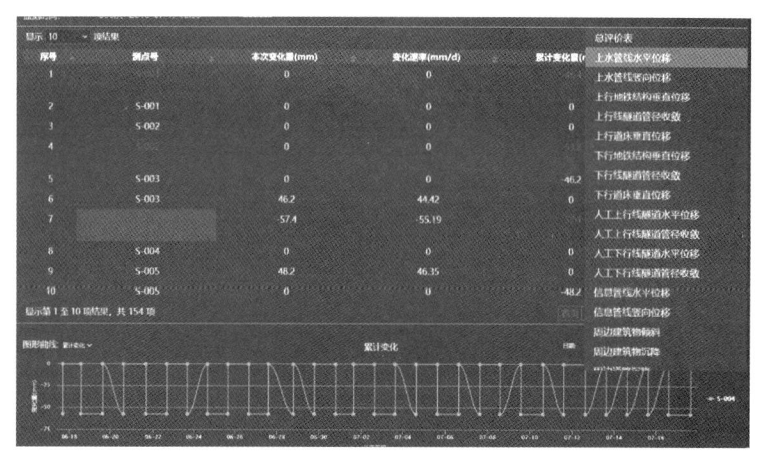

图 6-57　单测项各测点变化量统计及曲线展示

监控平台系统通过上传有关徐家汇中心基坑监测点布置图等基坑本体及周边环境的监测图纸，在此基础上建立互动式 GIS 测点图，可实现不同监测项的展示、测点监测数据一键关联，通过点击布点图的相关测点，实时查看相应的工程监测信息（图 6-58 和图 6-59）。

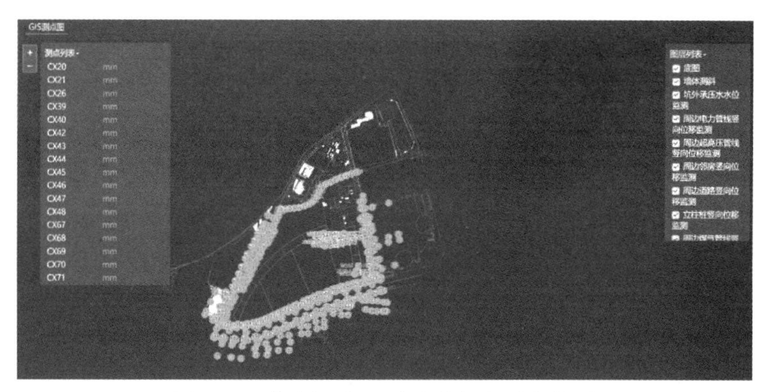

图 6-58　徐家汇中心项目动态监测布点图

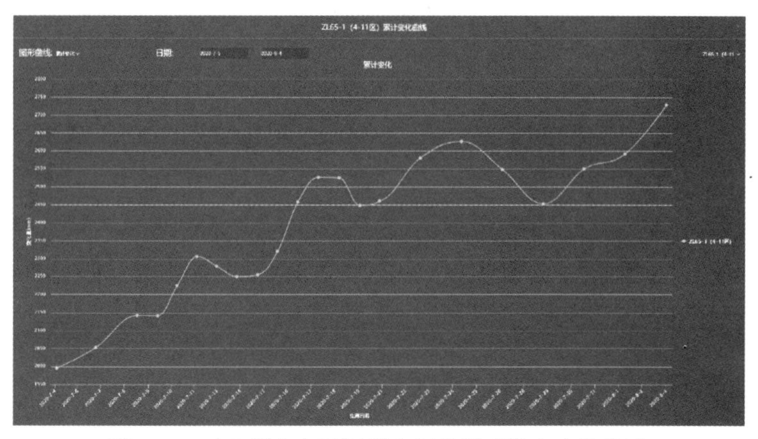

图 6-59　动态测点布置图弹出相关测项测点变化曲线

监控平台系统系统提供了监测数据可视化分析功能，具体包括单点多项、多点多项和特殊曲线分析功能。

单点多项可对固定时间节点下某一地层断面测斜、地表沉降、水位、立柱隆沉等分别进行规律性分析，将不同测点的监测数据汇总到一起进行分析，对同一深度处的数据进行对比，通过整个断面上监测信息可视化分析展示，可准确分析基坑开挖施工影响范围、影响程度以及最不利位置，从整体上把握施工安全性及对周围环境的影响程度。以徐家汇中心 4-1 区为例，该区基坑开挖时间为 2018 年 4 月 7 日～2018 年 7 月 31 日，通过单项多点功能可以对基坑开挖影响范围内的测斜、地表沉降、地下水水位和立柱隆起或沉降等情况进行直观的对比分析。

由图 6-60 可以确定在基坑开挖的某一时点土体深层水平位移最大值的空间位置。由图 6-61 可以确定基坑开挖某一时点下地表区域沉降最大值的空间位置。由图 6-62 可以确定基坑开挖某一时点下坑底承压水区域分布状况，直观了解承压水降水情况，为按需降水提供一定参考依据。

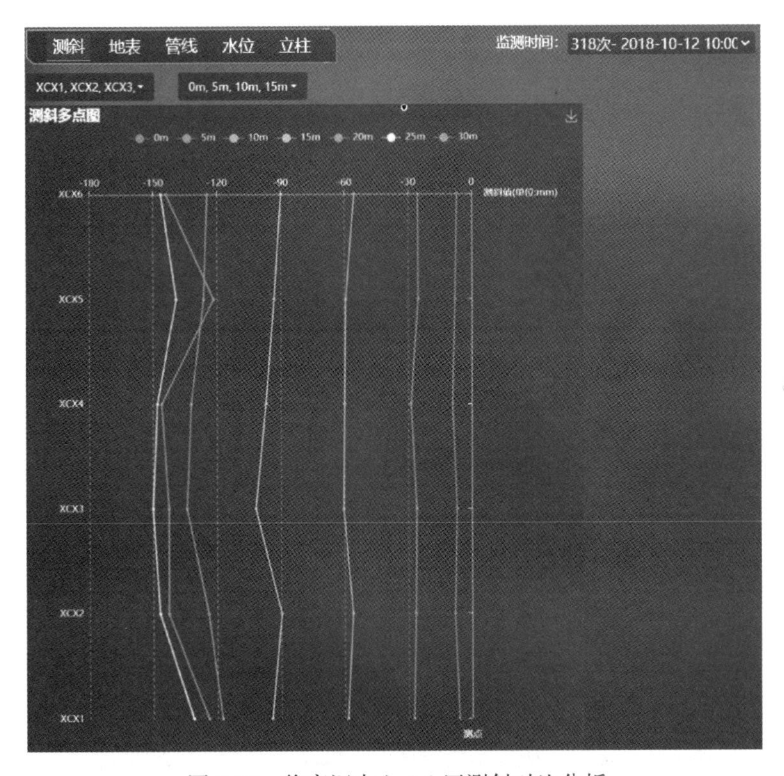

图 6-60　徐家汇中心 4-1 区测斜对比分析

由图 6-63 可以确定基坑开挖某一时点下受施工影响变形最大的管线以及变形点的位置。由图 6-64 可以确定基坑开挖某一时点下基坑坑底土体变形情况，直观了解由于土方卸载导致的坑底土体变形空间分布情况，为施工工况调整提供依据。通过以上单因素的对比分析，可以直观了解基坑施工对单一因素区域范围内的影响程度，为施工风险控制提供有效指导。

多项多点针对基坑施工过程中基坑本体和周边环境影响比较关键的监测信息，建立了

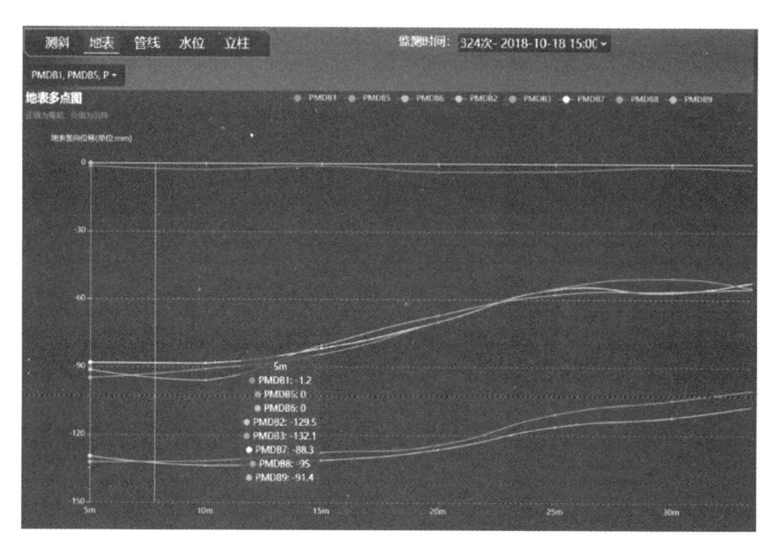

图 6-61 徐家汇中心 4-1 区地表沉降对比分析

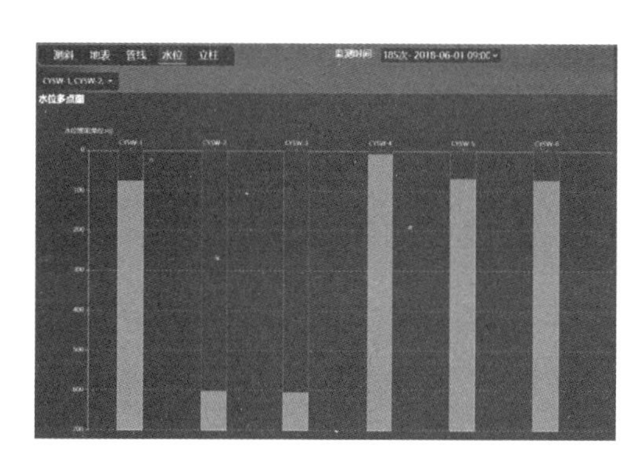

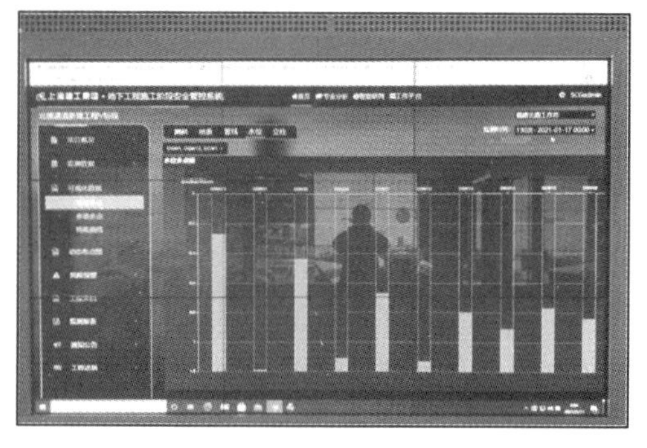

图 6-62 徐家汇中心 4-1 区承压水水位降深对比分析

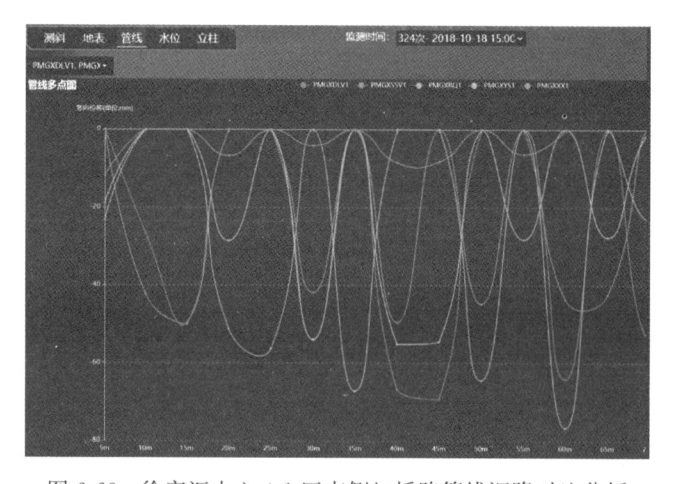

图 6-63 徐家汇中心 4-1 区南侧虹桥路管线沉降对比分析

测斜、轴力、水位、地表沉降等监测项目在内的多测项集群剖面分析，通过多信息综合可视化展示（图 6-65），确定关键信息的变化规律、预测变化趋势，通过多指标综合分析，辅助管理人员判断施工风险。特殊曲线分析将关键工况（支撑施工、土方分级分层开挖、大底板施工、支撑拆除等）与关键监测项目融合进行历程分析，可实现不同施工工况环境影响动态分析与评价。图 6-66 为 4-1 区土体测斜随工况的变化曲线。

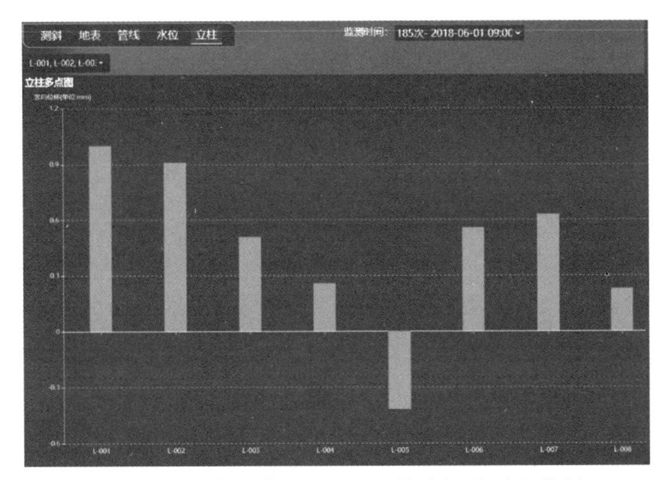

图 6-64 徐家汇中心 4-1 区立柱隆沉量对比分析

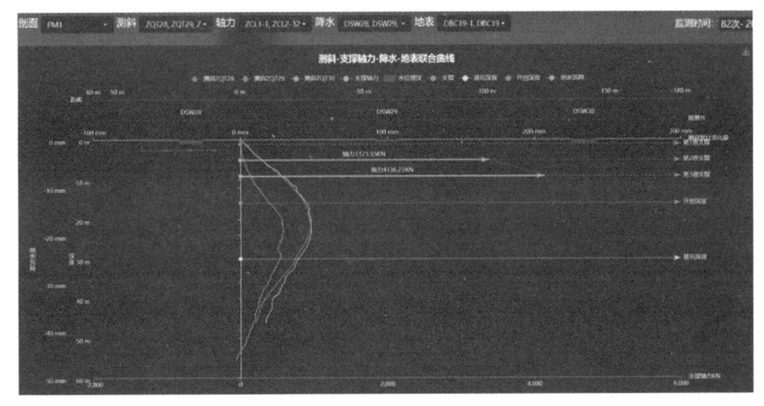

图 6-65 多项多点可视化分析

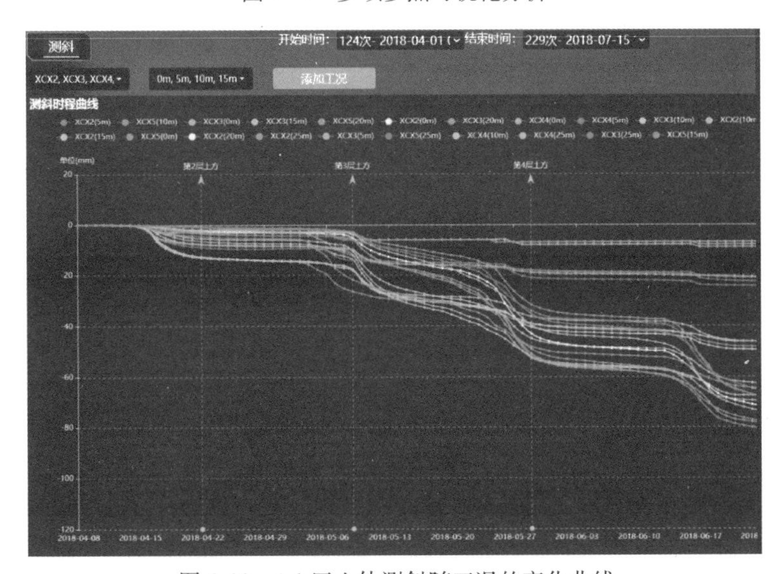

图 6-66 4-1 区土体测斜随工况的变化曲线

监控平台系统提供多种监测风险预警方式。徐家汇中心采用根据工程设计及施工要求的标准预报条件，通过系统后台设置后进行测点每日预警，可直观统计每日预警数量、预警监测项目、点号、累计变化量、本次变化量、变化速率及预警等级关键信息；同时系统也提供了查询功能，方便快速实现关键测点风险查询（图 6-67）。

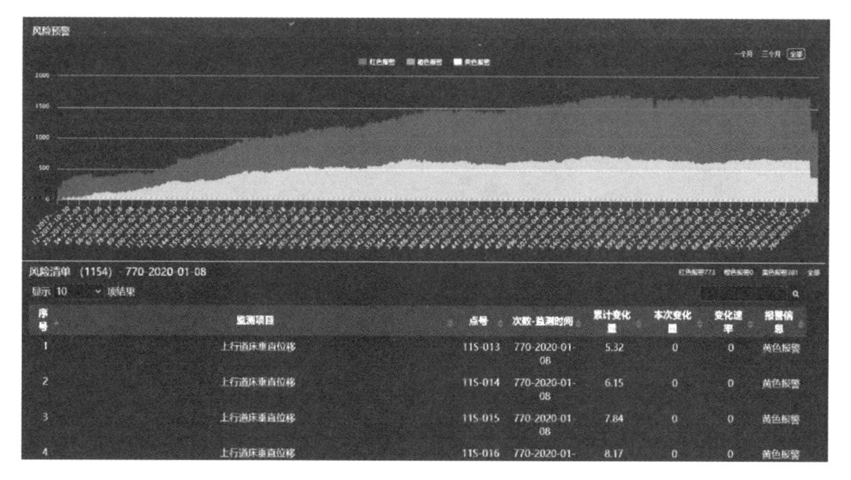

图 6-67　徐家汇中心项目风险预警

3）施工环境影响风险主动防控

选取 4-12 区基坑的钢支撑（图 6-68）进行分析，钢支撑安装有施工环境影响微扰动自适应控制装置。4-12 区第一道支撑为钢筋混凝土支撑，第二～第五道支撑为钢支撑；钢支撑均为 ϕ609×16 钢管，共 212 根，第二～第五道各 53 根；轴力加载用分部逐级加载，每部施加力为 500kN、1000kN、1500kN、2000kN 等逐级加载到设计所需轴力，轴力补偿精度在±100kN 以内。

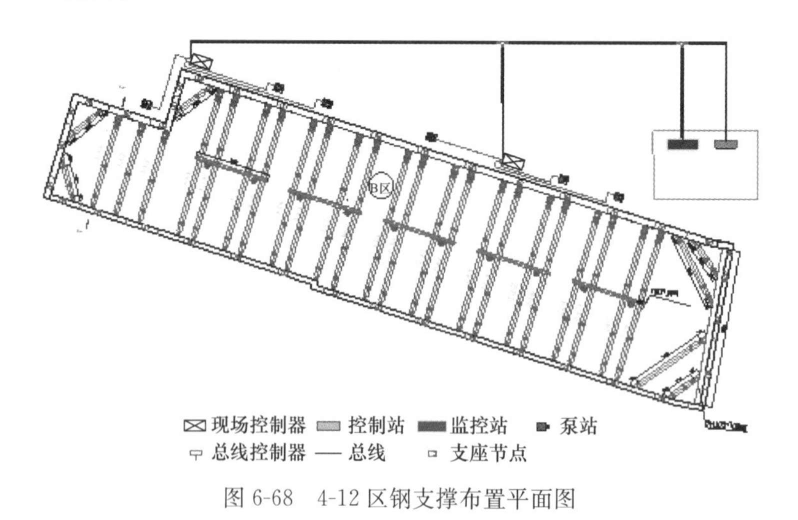

图 6-68　4-12 区钢支撑布置平面图

建立的系统智能分析预警与液压伺服支撑系统联动体系（图 6-69），通过支撑系统轴力的动态调控，有效减小了基坑开挖对地铁 11 号线地下车站等重要构筑物的扰动，确保了紧邻环境的安全。

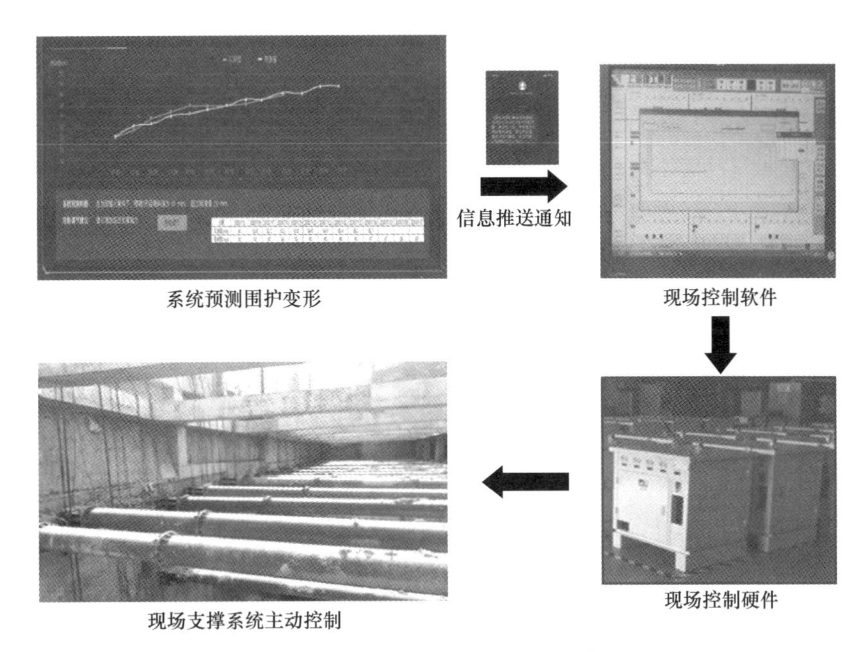

图 6-69　环境影响风险主动防控

6.6.2　南京 NO. 2016G11

1. 工程概况

示范工程监控区域为南京地铁 2 号线兴隆大街站～集庆门大街站区间 NO. 2016G11 地块基坑工程项目段地铁保护区，建筑面积 36 万 m^2，建筑高度 300m。工程位于南京市江东中路与集庆门大街交叉口东南侧，基坑的西侧紧邻南京地铁 2 号线兴隆大街站～集庆门大街站区间隧道与集庆门大街站，基坑的东侧为云锦路，基坑的南侧为幸福河与所街主变电站（所街办公楼）。

图 6-70　基坑周边环境示意图

项目基坑围护结构外边线距地铁 2 号线集庆门大街站最近距离约为 17.1m，距区间隧道最近距离约为 18.0m，距集庆门大街站 1 号出入口最近距离约 48.8m，距所街主变电站最近距离约为 55.5m；对应地铁 2 号线左线里程为 K8＋374m～K8＋576m，长度 202m，对应右线里程为 K8＋364m～K8＋576m，长度 212m。基坑周边环境示意图见图 6-70。

基坑对应段集庆门大街站底板标高约为－16.55m，基坑二层地下室底板标高－11.15m，四层地下室底板标高－20.0m，车站底板比基坑二层地下室底板低 5.4m，比四层地下室底板高 3.45m；基坑对应段区间隧道顶标高为－12.56～－10.33m，隧道底标高为－18.76～－16.53m，隧道顶比基坑二层地下室底板高－1.41～0.82m，隧道底比基坑四层地下室底板高 1.24～3.47m。

2. 智慧基坑监测系统应用

采用所提出的智慧基坑自动化监测技术，研发南京 NO. 2016G11 项目的智慧基坑监测系统。根据系统的监测目标和监测参数，采用云计算、无线通信、物联网等技术，进行实时数据采集、上传与数据处理，多方位了解基坑的健康状态。

（1）监测系统构成

智慧基坑监测系统架构如图 6-71 所示，可分为三层，分别为采集层、边缘层和中心层。采集层包括位移计、轴力计、视觉识别仪、振弦钢筋计、数字测斜仪、振弦式水位计和应变计等，实现支撑轴力、锚杆应力、周边建筑物沉降及倾斜、周边地表沉降、深度水平位移、土压力监测、地下水位和降雨量监测等信息的采集。边缘层为数据网关，包括数据采集网关、数据发送网关以及数据传输，采集层的数据传输至数据采集网关，继而实现各采集仪表数据的处理、分析和上传。中心层为智慧基坑监测系统平台，为云端部署，网关上传数据至系统平台，实现多个基坑数据的汇集、处理、分析、集中监控和报警。

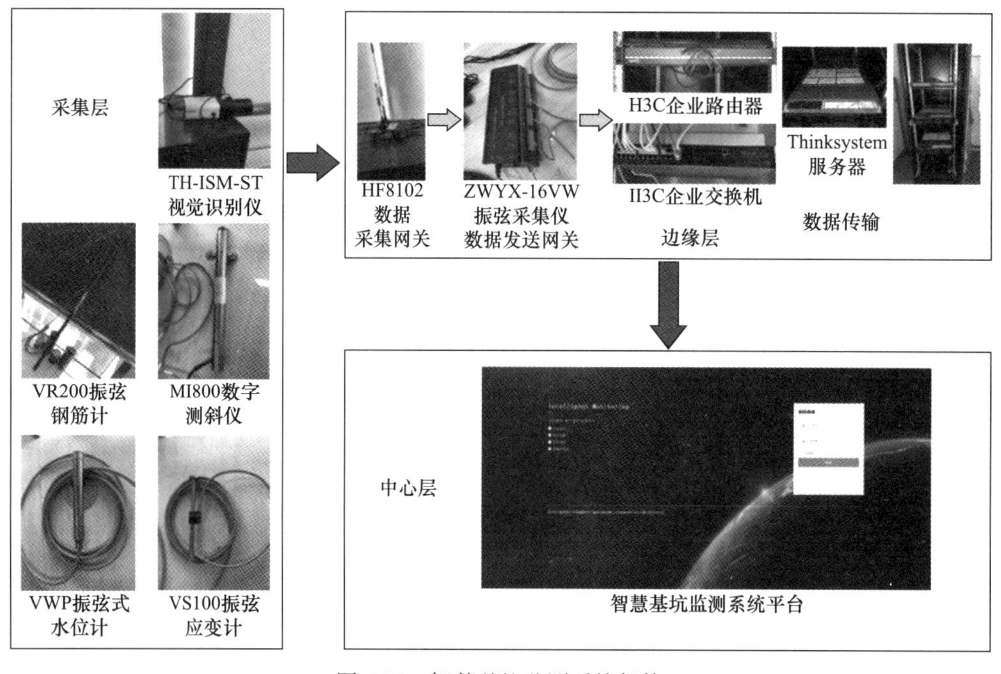

图 6-71　智慧基坑监测系统架构

（2）平台应用展示

1）首页

见图 6-72。

2）项目概览

见图 6-73。

3）实时监控

见图 6-74。

4）平台展示

见图 6-75。

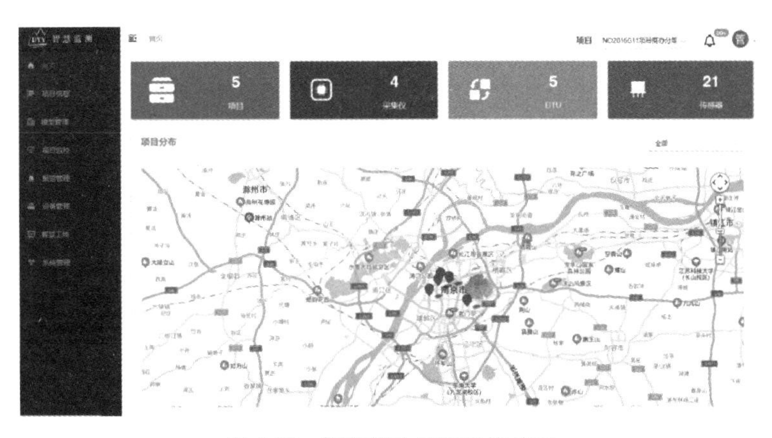

图 6-72　智慧基坑监测系统首页

图 6-73　项目概览

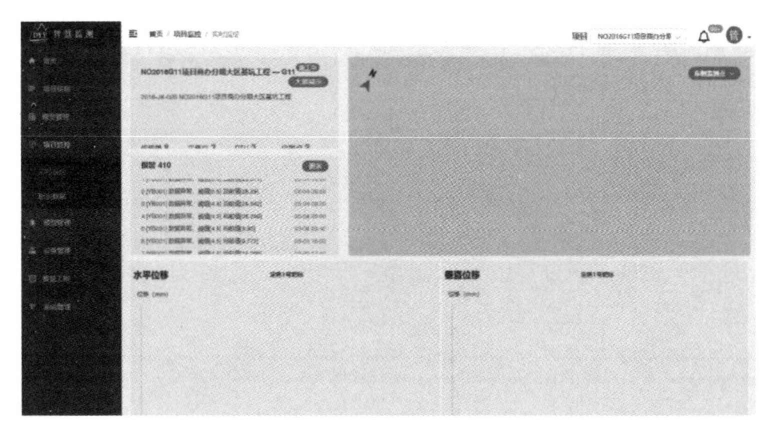

图 6-74　实时监控

5）小程序

①查看相关项目信息；②设备实时监控；③传感器遥感测试；④预警消息接收、处理等功能。见图 6-76。

6）预警通知

可实现预警消息的列表展示，并对异常消息进行处理，同时备注原因。见图 6-77。

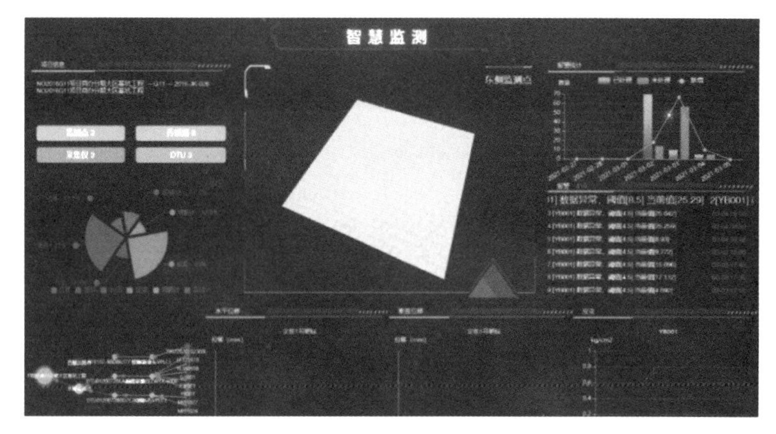

图 6-75 平台展示

图 6-76 小程序

图 6-77 预警通知

通过智慧基坑监测系统的应用，有效保证了南京 NO. 2016G11 基坑施工期间基坑本体和隧道等紧邻施工环境的安全。

第7章 施工安全智能监控集成平台

7.1 概　　述

我国综合建造能力已经处于国际先进水平，部分达到国际领先水平。但是，超高层施工过程安全管理方法仍然非常传统，控制手段薄弱。世界主要发达国家将安全监控平台开发视为施工控制不可缺少的一部分，在我国，安全监控平台在施工环节同样得到广泛重视。经过近几年的研究和经验积累，已有多种施工安全监控平台和基础设施被运用于建筑工程施工的安全管控，如人脸识别系统、劳务管理系统、结构监测系统、环境监测系统等，可支撑超高层建筑工程施工的人员常规管理、结构安全评估、施工日常环境监测等应用。但是，这些监控平台和技术的管控对象未涵盖建筑工程施工安全管理的全部要素，也没有考虑多因素耦合对施工安全的影响，并且我国施工安全监控平台的整体智能化水平仍与发达国家有较大的差距，大部分软件系统只是针对特定工程开发，数据源较为单一，很难与其他系统共享监测信息，“信息孤岛”现象比较明显，并且缺乏系统完善的安全监控集成平台。

基于前述风险监控理论及人、机、环专项安全监控技术的研究成果，随着物联网、人工智能、多源信息采集自动化及传输无线化、预警和安全管理系统等关键技术的不断发展，分布式环境下多种数据源兼容技术兴起。各种控制参数和信息可以通过统一接口存储在同一数据库中，各种要素监控应用系统可以在统一的操作界面进行管理，并且各监控系统之间可以实现联动控制，这为安全智能监控集成平台的成功开发提供了可能性。

本章首先介绍施工安全风险三维可视化虚拟仿真、多因素耦合风险评估与预警控制等共性技术，其次介绍一体化协同控制的施工安全监控集成平台，最后介绍施工安全智能监控集成平台在宁波新世界、深圳雅宝大厦、董家渡金融城、徐家汇中心、杭州之门等超高层建筑工程的示范应用案例。通过施工安全智能监控集成平台的研究与示范应用，改变了传统施工安全管控模式，实现了施工安全风险协同一体化控制，提升数字化风险控制能力，支撑建筑行业数字化转型发展。

7.2 施工安全风险三维可视化虚拟仿真技术

三维虚拟仿真系统及技术是开展安全监控集成平台的基础，依据施工现场实际情况，建立基于安全风险要素控制的人员、设施、设备、环境、结构等要素与工程现场实际相吻合的虚拟模型，通过数字化和信息化的手段反映工程现场实际情况。

7.2.1 虚拟仿真模块化快速建模技术

1. 二维图纸快速三维模型化

通过建立安全风险强相关模型标准库和扩展库，实现参数化、标准化快速建模以及模型与工程现场场景同步。以BIM模型作为数据支撑，采用基于CAD平面图的Revit二次开发技术进行三维模型快速建模。

基于Revit软件的模型转换技术，通过二次开发API接口调用转换程序完成二维CAD到三维模型的转换。建模过程分为三步：①识别链接的CAD图纸中的图元构件及类型；②为识别出的构件选择族类型；③利用快速建模软件创建BIM模型，如建筑、模架、设备和环境的建模。

（1）构件识别算法

识别链接进Revit中的CAD图纸中的各图层，并从各图层中提取各类CAD几何图元，按照图层进行图元分类。软件内置各类构件的识别规则，可调用构件识别规则对各类构件进行匹配识别，也可通过识别构件的标注字段来确定构件类型。

（2）模型生成算法

通过链接CAD图纸中识别的各类建筑构件的数据信息（轴线起点、终点、轴号，墙体起点、终点、墙宽，梁柱形状尺寸及门窗宽、高、位置信息等）和用户在软件交互界面上输入、选择的相关参数（建筑构件族类型、扣减规则等）生成轴线、墙、柱、梁、门窗等BIM建筑构件。

基于Revit二次开发的快速建模软件提供批量创建包括轴网、墙、梁、柱等构件在内的多类型构件功能和编辑调整工具，避免手工建模的烦琐重复性工作。软件利用轴线、模型线等批量生成墙、柱、梁等构件，大幅度提高CAD图纸到BIM模型的转换效率。

2. 模块化建模技术

为提高建模效率，避免在同一项目或不同项目中重复建模工作，针对规格标准统一、重复使用的模型，建立标准构件库。

（1）标准库建立的原则

标准库的建立从提高建模效率、标准构件利用率的角度出发，具有良好的扩展性和重复利用性。模型标准库主要包括工程装备和机械设备，如模架装备、塔式起重机、升降梯等。模架装备是核心筒施工的主要装备，其构件标准化率已达到90%，针对模架装备的标准化部件建立标准构件库更适于三维虚拟模型的建立。塔式起重机和升降梯均为标准化的生产构件，可根据厂家规格建立模型，在三维虚拟仿真系统中直接调用。

（2）标准库的建立

为了使标准构件具有广泛的通用性，可直接用于不同的项目三维虚拟模型的建立，采用最常用的标准构件导入族库的创建方式进行标准库的构建。在系统中，模架装备的各种标准构件、液压千斤顶、塔身标准节、扶墙件、塔臂、升降梯标准节、轿厢等都可列入标准族库，作为标准构件供后续项目建模调用，如图7-1～图7-3所示。

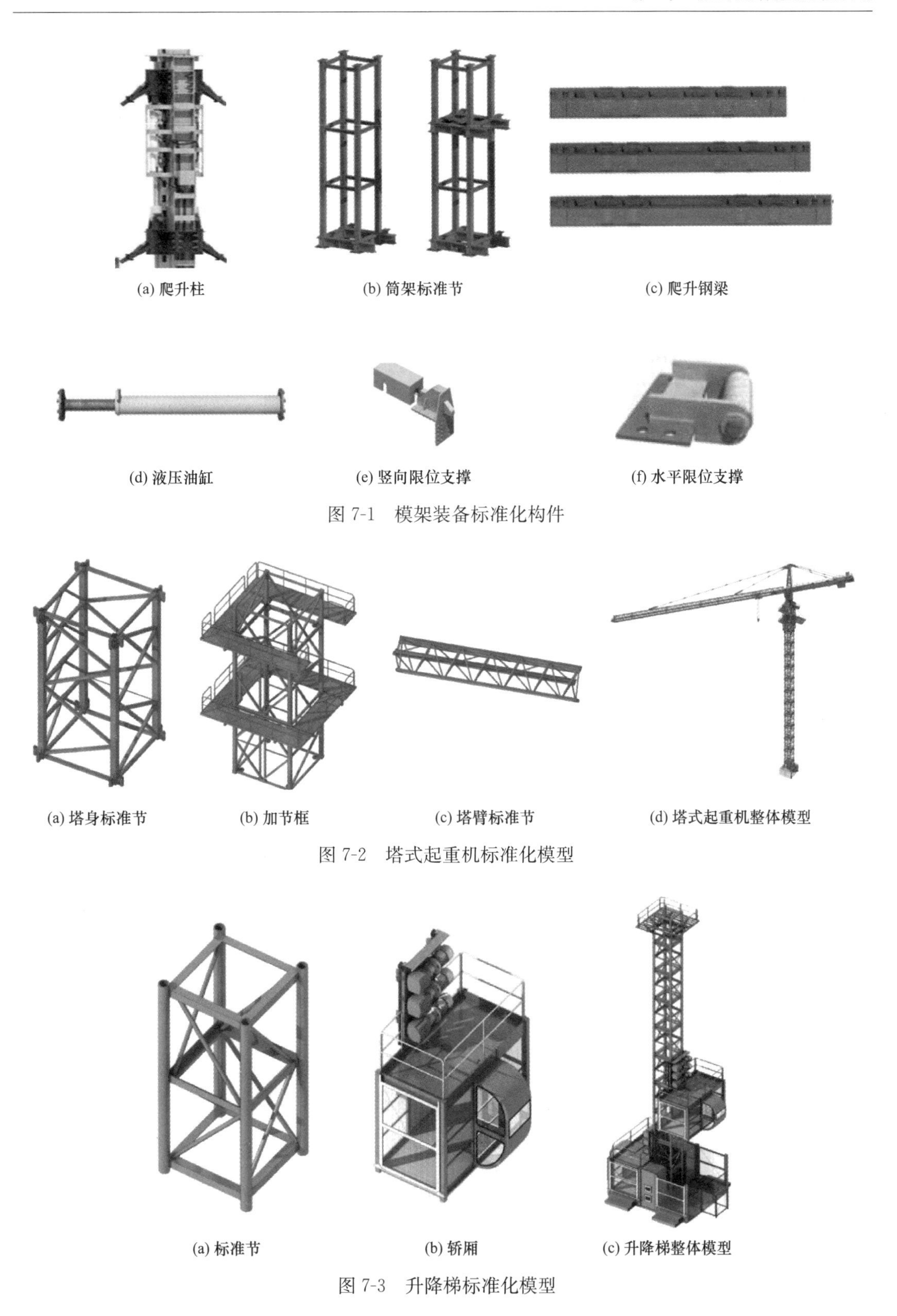

(a) 爬升柱　(b) 筒架标准节　(c) 爬升钢梁

(d) 液压油缸　(e) 竖向限位支撑　(f) 水平限位支撑

图 7-1　模架装备标准化构件

(a) 塔身标准节　(b) 加节框　(c) 塔臂标准节　(d) 塔式起重机整体模型

图 7-2　塔式起重机标准化模型

(a) 标准节　(b) 轿厢　(c) 升降梯整体模型

图 7-3　升降梯标准化模型

基于 Web3D 和数据库技术建立 BIM 模型标准库，BIM 模型标准库集模型展示、数据搜索、三维预览、BIM 数据下载等多种功能于一体，提供上百种规格的标准模型及临时设施，用户可以直接调用 BIM 模型标准库中的模型进行快速建模。由于系统支持的 BIM 模型均具有参数化特性，用户可以在调用模型前，修改标准模型的参数值（模型大小、位置及材质等），快速创建适合当前场景的模型，从而减少重复建模的工作量，帮助工程师提高设计品质和效率，加快项目实施进程。BIM 模型标准库中的标准模型除了具有标准的 BIM 属性外，平台还对各个标准模型配置了属性扩展库，用户可以为各个标准模型增加风险要素以及人员、设备、模架等自定义参数。标准构件建模示意图如图 7-4 所示。

图 7-4　标准构件建模示意图

3. 基于 BIM 4D 的结构模拟更新

BIM 4D 是施工现场管理的高效工具，具有可视化仿真模拟功能。该技术是将建筑模型与施工进度相匹配，在三维模型信息的基础上添加进度信息，给三维模型赋予时间维度，能够通过时间推移来展示三维模型外形和属性的变化。

超高层主体结构施工有核心筒施工和外框架施工 2 个主要作业面。在开展三维虚拟仿真过程中，人员、垂直运输设备、模架装备等由实时传感设备驱动模型更新。结构模型采用基于 BIM 4D 的结构模型更新方法，根据施工方案和施工计划与模型关联，通过 4D 施工模拟驱动模型更新，当施工方案和施工计划发生改变时，则需对模型进行修改和更新。

基于 BIM 4D 的建筑工程施工安全风险三维虚拟仿真，首先要建立结构模型，并根据施工方案确定进度信息；然后划分构件组，给每个构件组赋予施工开始时间和施工结束时间，将模型与进度计划一一对应关联，完成 4D 施工模型的创建。当出现实际施工进度与计划进度不符时，能够快速对施工计划进行修改和关联，实现施工安全风险的可靠仿真。

7.2.2　三维模型轻量化技术

三维模型轻量化技术是一种全新的大型 BIM 模型数据组织格式，在将原始模型文件转换成文件体积更小的流格式文件的同时，并未丢弃原始模型的任何细节数据。使用该方法生成的轻量化模型能够保持原有的模型外观及构件信息，并且由于保存了实例树信息，该轻量化模型可以支持模型构件选择功能。

三维模型轻量化技术对原始模型的数据进行重构，共用重复的几何信息，并将渲染数据创建为小包文件，以流格式生成文件，故能在压缩模型文件的同时，保证不丢失原始信息。它将大型BIM模型文件，按照渲染信息类型拆分成多种文件，每种文件又按照文件大小标准切割成小文件，为流化模型文件创造数据基础，最终将模型文件按照流模式进行序列化。

轻量化模型文件格式系统由顶层清单文件和渲染数据文件组成。顶层清单文件保存了所有渲染数据文件的索引信息，每个索引信息包括ID、类型、文件地址、文件大小，地址使用URI格式。渲染数据文件包括：实例树、片段列表、光线列表、相机列表、场景节点、材质、光线定义、相机定义、几何信息、贴图文件、元数据。

轻量化模型文件格式系统使用实例树来组织渲染数据，在实例树中每条从根节点到叶子节点的路径都被独立表示，每个叶子节点表示一个构件，每个实例树节点均含有一个路径ID。实例树的节点不允许共享，但几何定义可以共享。本格式文件系统会把整个场景切割成多个片段，同时如果单个逻辑构件太大或包含复合几何类型，该构件也会被切割成多个片段。每个片段包含一个包围盒、局部坐标到世界坐标转换矩阵、材质引用和几何引用的数据。每个实例树叶子节点对应唯一的一套片段数据。片段列表文件包含了渲染一个场景的所有片段，该文件被序列化为二进制形式，并被压缩成.ZIP格式。片段列表中的每一个片段根据几何表面积大小进行排序，渲染端可以顺次进行渲染展示。流文件由多个片段组成，根据片段的几何表面积来确定各个片段的渲染顺序，因为片段包含了独立的渲染信息，故每个片段可以依次被渲染，进而保证随着模型文件的不断下载，用户可以连贯地浏览模型。轻量化模型几何信息包括三角mesh数据，按照OpenCTM标准序列化，三角面片包含顶点、法线、RGBA颜色及UV坐标。在模型转换过程中，将具有相同形状的几何对象用同一数据块表示，然后使用索引号来引用形状数据的实际数据。大型BIM模型文件中会保存多份相同几何形状的数据，而实际上只需要保存一份相同的几何描述数据，不同的构件可以通过索引号来引用共享这些数据。通过这种优化算法可以大大减少几何体数据块的数量，压缩模型文件的大小，进而降低模型显示时GPU的占用率。

1. 大型3D模型切割技术

三角mesh的几何信息按照以下规则切割和排序：

（1）实现边下载边渲染的浏览模式，提升用户在线实时浏览大型BIM模型的体验，将非常大的三角mesh切割成小块，保证每个mesh所含顶点数小于64K。使用该大小限制方法可以保证一个mesh的顶点索引在GPU上用16位整型取地址读取，加快三角mesh渲染数据读取的速度。

（2）考虑到内存分页大小的限制，将几何数据文件大小控制在4MB以下，保证访问内存的高效率。

（3）快速使用共享的几何数据，将几何数据按照片段列表的排序方法进行排序，即表面积降序排列。

该方法将原始模型文件的信息进行了重组，但不丢失相应信息，故能保持原有的外观及内部细节信息。轻量化流程图如图7-5所示。

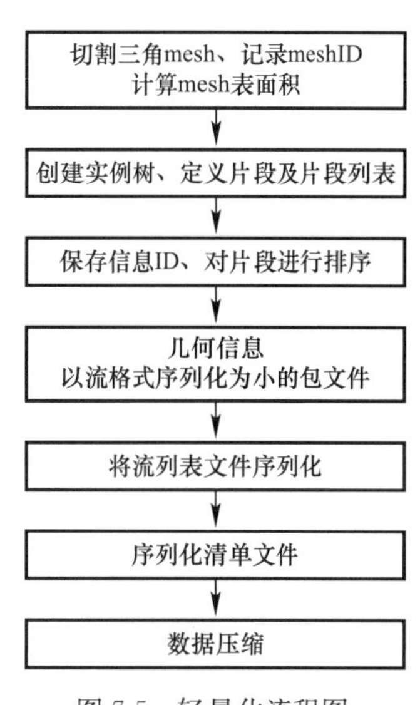

图7-5　轻量化流程图

2. 模型数据流技术

模型数据流技术实现了各类软件 BIM 模型的轻量化，该技术可以让在线浏览三维模型的体验与在线播放视频一样，连接网络之后，用户可以在下载模型的同时浏览模型，无需待整个模型数据都下载到本地后再浏览模型。通过模型数据流的方式，用户可以快速浏览已经下载的模型。通过优化算法，系统先下载可以显示在应用视口的模型数据，用于直接渲染，待应用视口中的模型数据都下载好后，系统再下载应用视口外周边的模型数据供以后显示。

3. 模型快速渲染技术

渲染端可采用相关空间划分、图元剔除及排序算法来选择性地渲染对场景影响大的片段，从而实现快速的渲染，所用到的技术包括场景空间八叉树划分、增量渲染、绘制对象内存池和图元合并。

(1) 场景空间八叉树划分：空间八叉树是一种高效的三维空间数据组织方式，可加速可见性判断的视锥裁剪、加速射线投射、进行快速邻近查询，使用八叉树算法可快速剔除不可见图元，降低渲染管线的渲染压力，提高实时渲染流畅度。该技术一般用于大规模场景、复杂模型渲染以及 LOD 优化策略中。八叉树划分示意图见图 7-6。

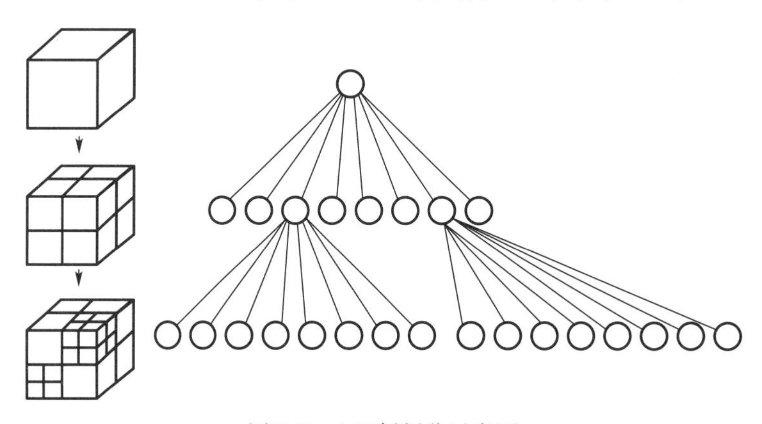

图 7-6　八叉树划分示意图

(2) 增量渲染：三维模型渲染效率和应用视口场景中需渲染的对象数量紧密相关。模型构件越多，渲染效率越低，而渲染效率又会影响平台用户的实际交互体验。因此，在渲染对象达到一定数量的时候，最佳方式是利用增量渲染技术来降低渲染压力，提高交互响应速度，保证渲染画面流畅。

(3) 绘制对象内存池：使用对象池可以最大限度地减少对象分配，降低内存使用，从而减少垃圾回收产生的负担。

(4) 图元合并：应用于结构相对复杂和顶点、面数据较大的大模型，通过算法根据权重剔除相应的顶点、面，从而到达轻量化模型效果。

该项技术可实现每个顶点法线、UV 坐标和自定义顶点属性的存储；可以存储非常大的几何图形（数十亿个三角 mesh 和顶点）；使用了高效的 entropy-reduction 技术对 3D 图形进行压缩处理，一个 STL 文件能被压缩到源文件大小的 5%～6%；支持用户可控精度无损压缩；系统不需要把整个模型数据下载到本地后再进行渲染，而是将大模型数据以数据流的形式下载到本地，边下载边渲染，保证系统可以实时地为用户显示模型；轻量化格式存储了足够多的信息，支持搜索/识别唯一构件，为后端应用提供稳定的搜索服务；轻量化格式支持版本控制，且具有较强的可扩展性，用户可以任意添加定制数据。

7.2.3　多源异构数据与模型实时交互技术

安全风险三维虚拟仿真系统涉及工程项目数据采集、现场设施设备状态监测、设备人员空间定位、现场实时数据统计分析和多种传感器及移动互联设备的数据采集、控制与交互等。在三维地理信息系统（3DGIS）地形和建筑信息模型（BIM）一体化底层引擎平台基础上，能够方便快捷地实现项目现场海量数据实时采集、设施设备实时监测与控制等应用，同时可将实时采集的设施设备运行数据反馈到三维可视化虚拟仿真系统中，驱动三维虚拟模型展示项目实时进展状态，进而实现对项目现场的实时管理与监控。

安全风险三维虚拟仿真系统可对现场施工人员、塔式起重机、钢平台等设施设备进行实时监控，并通过与现场施工人员佩戴的GPS安全帽、塔式起重机上的“黑匣子”系统、模架装备上的传感设备等第三方系统对接，实时地获取上述系统的运行物理参数，同时利用三维实时交互技术（即模型参数化驱动）将这些参数应用到仿真模型上，进行三维模型的实时状态调整，如在三维空间中实时展示施工人员的位置，调整塔式起重机的高度及运行角度，驱动模架装备爬升等。与此同时，将实时采集的运行数据与设备标准运行数据进行比对，如果实时数据超出标准数据的区间，就通过可视化的手段推送报警信息，并在三维可视化界面上高亮显示运行异常的设施设备，以此消除风险隐患，降低工程安全事故风险。

1. 数据类型与来源

建筑工程施工安全风险因素的监测数据由多种类型传感器采集获取，主要包括：应力数据、变形数据、倾斜数据、压力数据、风速数据、风向数据、油压数据、油缸行程数据、人员身体健康状态数据、人员位置数据、振动数据、塔式起重机载荷数据、塔式起重机吊臂角度数据、管理人员巡查后通过报表填报的数据等，常用的数据类型见表7-1～表7-4。

人员管控数据　　**表7-1**

序号	监测对象	数据来源
1	人员职业能力	现场人工打分输入系统
2	人员身体状况	现场人工打分输入系统
3	人员心理状态	现场人工打分输入系统
4	人员专业能力	现场人工打分输入系统
5	人员安全意识	现场人工打分输入系统
6	钢平台整体状态	现场人工打分输入系统
7	塔式起重机整体状态	现场人工打分输入系统
8	风速风向	超声波测风传感器
9	噪声	噪声在线监测仪
10	温湿度	温湿度传感器
11	现场杂物堆放	现场人工打分输入系统
12	临边洞口防护	现场人工打分输入系统
13	高处作业防护	现场人工打分输入系统
14	上部防护	现场人工打分输入系统
15	踩踏面防护	现场人工打分输入系统

续表

序号	监测对象	数据来源
16	人员行为	传输图片形成连续画面
17	人员位置	UWB定位标签（输出X/Y/Z相对坐标）
18	人员健康状态	腕表输出人员心跳

环境安全监测数据 **表7-2**

序号	监测对象	传感器类型	获取方式
1	地下管线垂直、水平位移	精密水准仪	人工表格导入
2	周边建筑物沉降、倾斜	精密水准仪	人工表格导入
3	周边道路沉降	精密水准仪	人工表格导入
4	坑外地表垂直位移	精密水准仪	人工表格导入
5	坑外土体测斜	测斜仪	自动化监测
6	墙顶垂直、水平位移	精密水准仪	人工表格导入
7	墙身测斜	测斜仪	自动化监测
8	立柱垂直位移	精密水准仪	人工表格导入
9	混凝土支撑轴力	钢筋应力计	自动化监测
10	桩身应力	应变计	自动化监测
11	连续墙侧压力	土压力盒	自动化监测
12	坑外潜水水位	钢尺水位计	自动化监测
13	坑内承压水水位	钢尺水位计	自动化监测
14	坑外承压水水位	钢尺水位计	自动化监测
15	道床沉降人工测量	电子水准仪	人工表格导入
16	地铁结构水平位移人工测量	型全站仪	人工表格导入
17	隧道管径收敛人工测量	型全站仪	人工表格导入
18	附属结构沉降人工测量	电子水准仪	人工表格导入
19	侧墙倾斜人工测量	全站仪	人工表格导入
20	地铁结构沉降自动化测量	静力水准仪	人工表格导入
21	隧道管径收敛自动化测量	GLS-B70测距仪	自动化监测
22	车站侧墙倾斜自动化测量	NJX11-B电子水平尺	自动化监测

垂直运输设备监测数据 **表7-3**

序号	监测对象	传感器类型	获取方式
1	塔身受力	振弦传感器	自动化监测
2	塔臂受力		
3	总力矩		
4	塔身变形	位移传感器/全站仪	自动化监测
5	塔臂变形		
6	地基基础承载力	土压力盒	自动化监测
7	地基基础不均匀沉降	倾角传感器/全站仪	自动化监测
8	塔臂转角	倾角传感器	自动化监测
9	塔身倾角		
10	吊重	旁压式张力传感器	自动化监测

续表

序号	监测对象	传感器类型	获取方式
11	风速	风速传感器	自动化监测
12	小车幅度	开关传感器（告知是否达到该状态）	自动化监测
13	吊钩高度		
14	平衡节就位状态		
15	标准节引入状态		
16	爬爪就位状态		
17	销轴就位状态		
18	塔身-塔顶连接状态		
19	塔身-待安装节连接状态		
20	安装节挂载状态		
21	顶升高度	位移传感器	自动化监测
22	顶升速度		

模架安全监测数据　　**表 7-4**

序号	监测对象	传感器类型	获取方式
1	钢平台水平度	光纤光栅静力水准仪	自动化监测
2	筒架应力	光纤光栅应变计	自动化监测
3	爬升立柱垂直度	无线倾角传感器	自动化监测
4	风向风速监测	超声波风向风速仪	自动化监测
5	筒架柱垂直度	光纤光栅倾角计	自动化监测
6	混凝土强度	温度传感器	自动化监测
7	承力销压力	压力传感器	自动化监测
8	承力销行程	磁致式位移传感器	自动化监测
9	顶升油缸位移	拉线式位移传感器	自动化监测
10	钢平台应力	光纤光栅应变计	自动化监测
11	筒架柱应力	光纤光栅应变计	自动化监测
12	牛腿伸缩状态监控	牛腿监控摄像头	自动化监测
13	顶升油缸负载	压力传感器	自动化监测

2. 自动化监测数据接入

(1) 跨系统数据接入

系统采用 webservice 接口的方式和异构系统进行数据对接，支持调用异构系统的 webservice 接口获取数据和提供 webservice 接收异构系统数据的推送。

(2) 报表数据导入

支持 xml 和 xlsx 格式的数据导入。

(3) 传感器数据接入

根据传感器的设备接口开发数据接收中间件，然后中间件再以 webservice 的方式和系统进行数据对接，中间件支持扩展。

(4) 数据接入处理

安全监控集成平台在单个施工项目中可满足长时间监测要求且接入传感器不少于 2000 个，数据采集包括静态低频采集模式和动态高频采集模式，因此平台所接收的数据量巨大，远远超过普通监测项目的数据规模。

最新数据与历史数据区别存放：系统将最新的数据（本天/本周）放在一张独立的数据表便于快速的数据查询，将历史数据放到历史数据表中以便日后数据追踪，大大提高最新数据的查询效率。

垃圾数据筛选清除：在采集到的大量传感数据中存在重复、错误和不必要的数据，可通过算法进行筛选，从而降低数据库的数据容量，提高数据监控效率。

（5）视频监控接入

在视频系统接口的支持下，接入施工现场的实时视频，实现对施工现场的远程安全管理。同时，可在BIM模型中进行视频和构件的管理，实现在三维环境下所见即所得的现场管理。

3. 模型人机交互

（1）地形、地图显示

通过操作鼠标或键盘实现多种方式、多种角度的场景浏览和漫游，实现建筑工程施工现场的场景显示：支持三维模型、遥感影像、DEM数据、相关矢量多层叠加显示；可以通过键盘，“↑”“↓”“←”“→”“r”“f”等按键对三维场景进行模拟地面浏览；同时，可实现对3D视窗显示区中对象的放大（缩小）显示操作，另可通过向前（向后）滑动鼠标滚轮实现连续放大作用。GIS与BIM结合如图7-7所示，建筑施工现场三维模型如图7-8所示。

图7-7　GIS与BIM结合

图7-8　建筑施工现场三维模型

（2）模型选择与移动

双击场景中任意模型，系统自动显示出被选中模型的属性信息。同时，未被选中的模型在场景中以灰色进行区分显示，突出显示被选中的模型。还原功能可使当前场景恢复到最初打开场景所设置中的位置，以最初指定的视点为场景中心点显示场景。

模型移动功能与视野调整功能类似，可满足用户的交互操作需求，用户可以通过鼠标直接拖拽到所关心的范围；用户可以通过鼠标拖动场景，实现海量三维数据的平滑移动；同时，场景在显示全部图层的状态下，可保证快速的平移滑动。模型选择移动与调整如图 7-9 所示。

图 7-9 模型选择移动与调整

（3）模型导入

结构 BIM 模型：为满足模型无障碍导入的需求，安全监控集成平台提供了模型导入工具，支持在线导入 rvt 等格式的 BIM 模型，模型导入后可根据模型构件的属性信息进行竖向切分。

机械设备模型：塔式起重机、升降机、大型机械设备模型由于工作状态相对特殊，需要模型与监控数据进行联动。通过建立骨骼动画，并将其导入系统的模型库中，从而实现模型在与监控数据交互时的重复调用，提高模型和数据联动的效率。

4. 基于监测数据的模型重构

建筑工程施工过程中建筑结构自身随时间不断发生变化，施工现场安全风险因素也在时刻发生变化，如垂直输运设备状态、模架装备状态、人员状态，以及安全风险等级。针对结构主体具有随时间改变的特点，采用通过进度激活构件的方式实现模型的重构，即根据不同工况、不同施工顺序激活相应的构件，实现结构主体模型的更新与重构。三维虚拟展示模块逻辑关系图如图 7-10 所示。

（1）机械设备

三维虚拟展示模块可实现参数化驱动机械设备模型（塔式起重机和垂直升降机），通过参数设置监控塔式起重机、升降机等主要垂直运输设备的位置和状态。在主要设备上布置多种传感器，通过传感器实时获取机械设备的工作状态，主要包括塔式起重机的转角、吊重、大臂角度、升降梯位置等参数。通过 4G/5G 通信将传感器获取的数据上传至安全监控集成平台数据库，并与模型关联，实现监测数据对模型的驱动，进而实现三维虚拟场景的更新，将现场机械设备真实状态展现在远程终端。机械设备更新示意图如图 7-11 和图 7-12 所示。

（2）施工人员

三维虚拟展示模块支持用标注和任务模型的方式显示位置，用线段的方式显示任务轨迹。采用高精度无线定位系统实现建筑工程施工现场人员的高效精确定位与跟踪，通过在

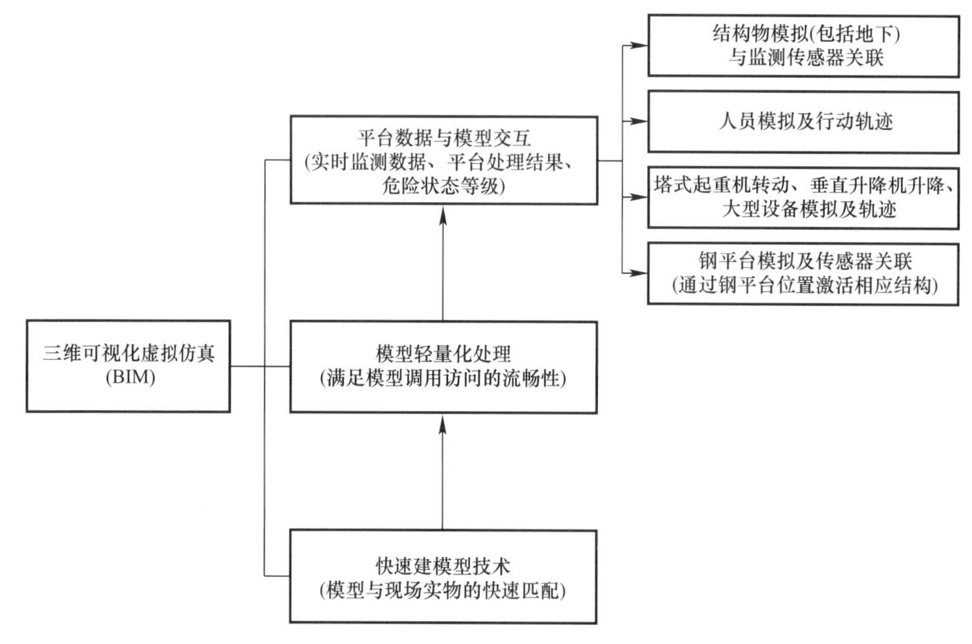

图 7-10 三维虚拟展示模块逻辑关系图

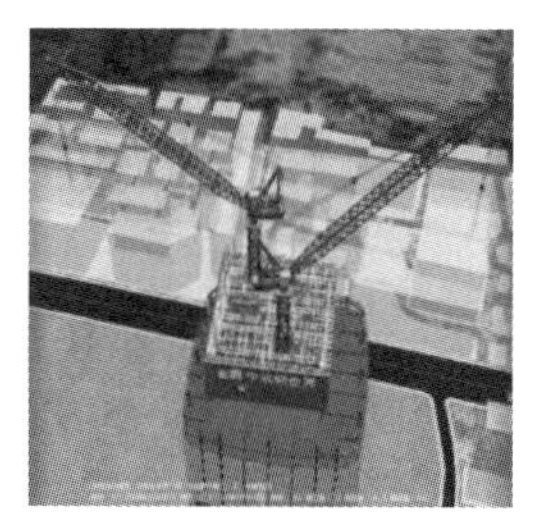

图 7-11 塔式起重机状态更新示意图

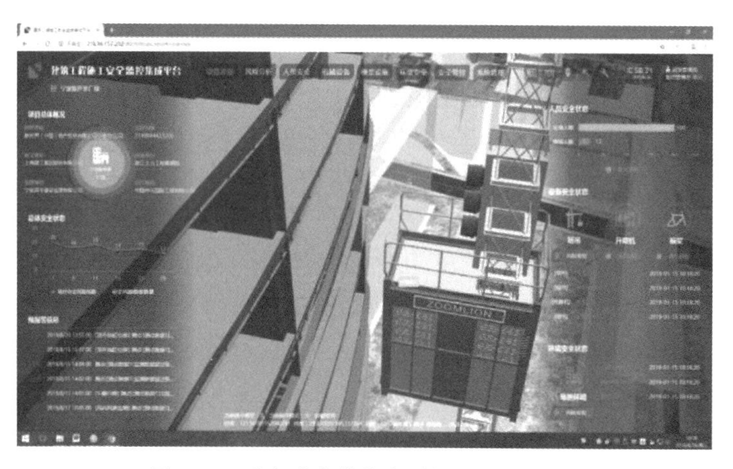

图 7-12 垂直升降梯状态更新示意图（一）

图 7-12　垂直升降梯状态更新示意图（二）

建筑施工现场设置人员高精度定位标签终端和定位基站，实时获取并显示施工现场人员的位置、轨迹及状态信息，实现厘米级的施工现场人员定位。

高精度无线定位系统包含高精度定位基站与信息传输设备。其中，高精度定位基站之间通过发送同步信息完成各个基站的时间同步，各个定位基站收集定位标签上 UWB 信号发射装置所发出的 UWB 信号，采用 TDOA 方式，并将接收到的时间戳打包，通过信息传输设备发送至信息处理系统。

在三维虚拟仿真平台模型相应位置建立定位基站，然后将施工现场建筑物与模型中的坐标相统一，定位基站将各人员携带的标签所在位置坐标发送至安全监控集成平台，然后将标签位置在模型中进行展示，并记录相应轨迹，最终实现施工现场人员位置信息和移动轨迹在三维虚拟仿真平台上的可视化展示。

平台中可以根据需求查找任意工种、单位的人员历史活动轨迹，在某个位置的活动时间以及人员所处区域等，也可以通过表格形式或者移动轨迹形式显示出所查询人员的活动详细信息。通过活动轨迹判断施工人员的工作状态、活动状态，为管理人员对施工人员的管理提供数据支撑和手段。同时通过人员的定位功能，可以间接监测人员状态，例如某施工人员在某一个位置长时间保持静止，或者未出现在规定的位置，即可将施工人员视为非正常状态，可间接判断其未在岗或者未戴安全帽等。也可以通过平台快速查找到危险区域的人员，获取危险区域人员数量，并判断是否有人员长期滞留在危险区域等。人员行走模拟示意图如图 7-13 所示。

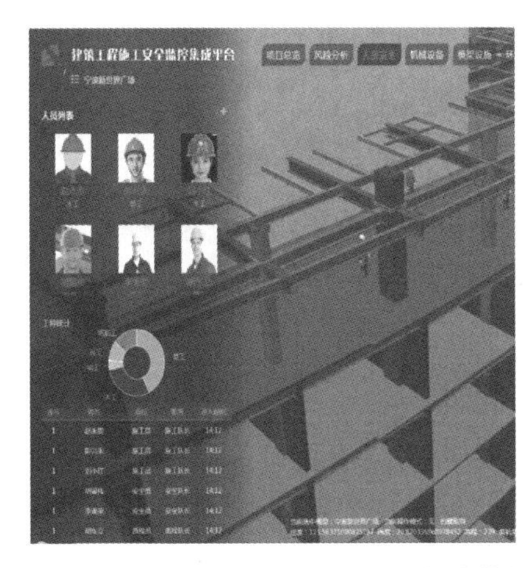
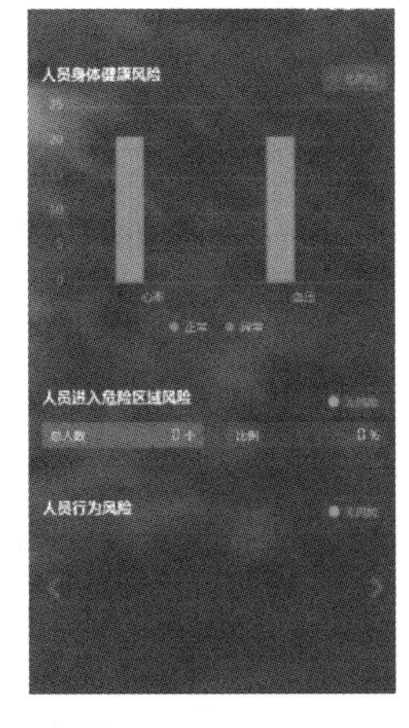

图 7-13　人员行走模拟示意图

7.3 多因素耦合风险评估与预警控制技术

7.3.1 多因素耦合风险动态评估技术

如何分析风险事件间的耦合关系对于超高层建筑工程施工过程安全风险控制十分必要。超高层建筑工程施工中的各类风险并不会以相同概率发生，因此风险导致损失程度大有不同。基于研究的施工耦合风险监控基础理论，提出了多因素耦合风险评估与预警控制技术，为施工安全监控集成平台的开发和应用奠定基础，即通过敏感性分析判断方法，确定施工风险控制关键要素。依据风险事件的发生概率与损失程度，制定不同层级的安全风险控制策略，通过安全风险评估、预警过程制定施工现场最优控制策略，可通过风险事件影响要素分析方法确定风险监测对象，利用传感设备获取风险事件物理参数，进而建立实测数据与风险事件发生概率间关联，通过实测数据修正风险事件发生概率及损失程度。以风险事件概率与事故损失程度为判别指标，建立基于多因素耦合风险评估技术的风险事件链接方法，结合拉格朗日插值修正的趋势外推预测方法，将施工风险处理为时间序列，实现超高层建筑工程施工安全风险动态评估与风险发展趋势的动态预测。

1. 耦合风险评估理论

现有超高层施工风险评估方法，在开展多因素耦合风险评估时主要依赖专家问卷调查，缺乏实测数据的支撑，风险耦合的量化处理与传递规律常被忽略。为提高超高层施工多因素耦合风险评估的准确性，可将耦合风险分析与数据挖掘方法、复杂网络分析方法、贝叶斯网络动态分析方法相结合，从量化角度实现基于大数据的多因素耦合风险动态评估。表 7-5 列出了常用的风险分析模型和分析方法，并给出各自优缺点和适用范围。

常用的风险分析模型特性 **表 7-5**

类别	方法	优势	不足	适用范围
定性风险分析	安全检查表	同时具有层次分析法和模糊数学综合评判法的优点	只能对现有对象进行定性评估； 安全检查表的确定困难	适用于分析操作程序和识别已知类型的风险因素
	专家调查方法	易于操作，可以依靠专家经验解决不确定性的问题	主观性太强，可能造成偏差	适合在样本数据缺乏的情况下进行
	失效模式效应分析	可针对性地详细分析产生故障模式； 可获得风险危害造成后果及严重性	只能用于考虑非危险故障，而不考虑综合因素	可以在整个系统的任何级别使用，以分析某些复杂的重要设备
定量分割线分析	模糊层次分析法	同时具有层次分析法和模糊数学综合评判法的优点	对于多因素多层次的复杂评价计算较为复杂	适用任何系统的任何环节，适用范围比较广
	故障树分析	可以识别潜在的风险因素，并提供其逻辑关系的全面描述	有效处理事件的依赖性，更新概率和应对不确定性； 无法进行动态风险分析	可用于在工程设计阶段评估事故的安全性，适用于风险识别

续表

类别	方法	优势	不足	适用范围
定量分割线分析	贝叶斯网络	可表达依赖关系、更新概率、整合多状态变量，实现动态风险管理； 适用于基于大规模样本数据培训的风险分析	需要大量数据来训练和测试分类模型； 在处理小频率风险时会产生较差的分类结果	处理大规模样本数据培训时，适合基于大量数据的风险分析
	支持向量机	可获得高水平分类精度； 在数据处理过程中经过简单的归一化处理后，可以将收集的数值数据用于模型训练	难以计算大规模的训练样本数据； 只能提供风险状态，不能给出相同风险状态的具体和准确概率	在考虑样本大小和数据的可用性或限制时，适用于小规模样本数据培训，处理线性可分的问题
	随机森林	可以依靠客观样本数据进行风险预测	难以计算大规模的训练样本数据； 只能进行风险分类，不能给出相同风险状态准确概率	在考虑样本大小和数据的可用性或限制时，适用于非线性可分的问题
	神经网络	可以依靠客观样本数据进行风险预测并具有较强的学习能力	无法进行大规模样本数据训练； 存在过拟合问题，难以在高度复杂的项目中进行准确预测	适用于小规模样本数据训练以及预测和模式识别中的问题； 适用于模糊信息的情况

超高层工程多因素耦合风险评估是建立在复杂网络理论、物联网技术、信息化技术、安全风险演化模型等基础之上实现的。利用复杂网络的描述方法，综合考虑超高层工程项目施工过程中人员密集、大型施工设备多、作业环境多变的特点，通过对人流、物流和信息流在复杂四维时空内紧密的相互作用进行量化描述，可实现施工过程多因素共同作用下系统安全风险的合理管控。复杂网络描述方法可呈现多个风险事件之间的因果关系网，图7-14所示为超高层工程施工项目中10个主要风险事件组成的因果网络关系，但是图中风险事件之间任意两个连接节点间的发生可能性并未量化表示。通过大量的同类型建筑施

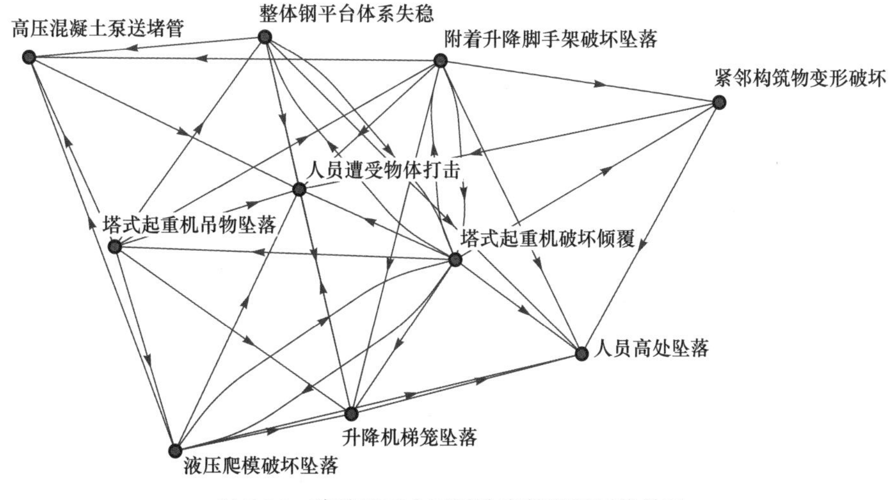

图7-14　建筑施工主要风险事件因果网络关系

工项目案例统计，结合专家采访调查的方法，可得到主要风险事件之间的因果关系，并以概率熵进行表示，表 7-6 为图 7-14 对应的风险事件因果网络关系的量化，即表示建筑施工过程中 10 个主要风险事件的因果网络关系概率熵，表中记录的数据形成了风险熵矩阵。E1～E10 记为 10 个主要风险事件的名称。E1：人员高处坠落；E2：人员遭受物体打击；E3：整体钢平台体系失稳；E4：液压爬模破坏坠落；E5：附着升降脚手架破坏坠落；E6：塔式起重机破坏倾覆；E7：塔式起重机吊物坠落；E8：升降机梯笼坠落；E9：高压混凝土泵送堵管；E10：紧邻构筑物变形破坏。

建筑施工主要风险事件之间的因果网络关系概率熵（风险熵矩阵）　　表 7-6

风险事件	E1	E2	E3	E4	E5	E6	E7	E8	E9	E10
E1	0.000	0.000	0.000	0.000	0.000	0.000	0.000	0.000	0.000	0.000
E2	0.000	0.000	0.000	0.000	0.000	0.000	0.000	0.000	0.000	0.000
E3	0.631	0.396	0.000	0.000	0.000	4.804	0.000	4.699	9.490	0.000
E4	0.311	0.639	0.000	0.000	0.000	3.249	0.000	7.082	7.040	0.000
E5	0.601	0.389	0.000	0.000	0.000	6.970	0.000	3.278	9.502	9.531
E6	0.189	2.691	4.946	6.964	4.788	0.000	0.638	9.503	0.000	4.816
E7	0.000	0.609	4.789	3.177	3.313	0.000	0.000	3.402	9.449	0.000
E8	1.085	0.639	0.000	0.000	0.000	0.000	0.000	0.000	0.000	0.000
E9	0.000	3.275	0.000	0.000	0.000	0.000	0.000	0.000	0.000	0.000
E10	3.378	3.583	0.000	0.000	0.000	0.000	0.000	0.000	0.000	0.000

2. 耦合风险动态评估

超高层建筑工程施工现场风险事件多，耦合风险评估分析复杂，可将众多风险事件中的若干主要风险事件，作为中心的主要风险事故网络，简化风险事故网络的人工描述，从而降低超高层工程施工耦合风险评估的复杂程度。图 7-14 属于主要风险事件之间的因果网络关系，而每一个主要风险事件与它直接相关的次要风险事件之间也存在因果网络关系。因此，可采用表 7-6 所示“主要-主要事件因果网络关系”和 10 个“主要-次要事件因果网络关系”表示全局的所有风险事件之间的因果网络关系。主要风险事件 E2 与次要风险事件之间的因果网络关系可按图 7-15 所示形式描述，各相邻事件之间的可能性采用概率熵表示。

类似地，E1、E3、E4……E10 与次要风险事件之间的因果网络关系及其风险熵矩阵均为多因素耦合风险动态评估分析的输入参数。利用网络理论相关算法，通过表 7-6 所示“主要-主要事件”风险熵矩阵以及 10 个“主要-次要事件”风险熵矩阵，可进行主要风险事件与次要风险事件耦合于一体的全局风险熵矩阵的计算。图 7-16 所示为全局风险熵矩阵对应的因果网络关系图，从图中可得到任意给定起点事件和终点事件条件下，可能存在的路径以及每条路径所跨越的概率熵之和，即每条路径发生的概率熵，从而，从概率意义上得到任意起点至任意终点的风险事件发生概率。

依据前述对风险事件路径发生概率熵的定义，在实际工程施工风险评估过程中，在确定了工程中特定的主要风险事件和次要风险事件后，便可利用概率统计方法获得各主要风险事件由多种不同次要风险事件所引发的风险概率，并将此风险概率与主要风险事件对应的平均损失程度相乘，获得此主要风险事件产生的损失程度。对于整个工程项目而言，则

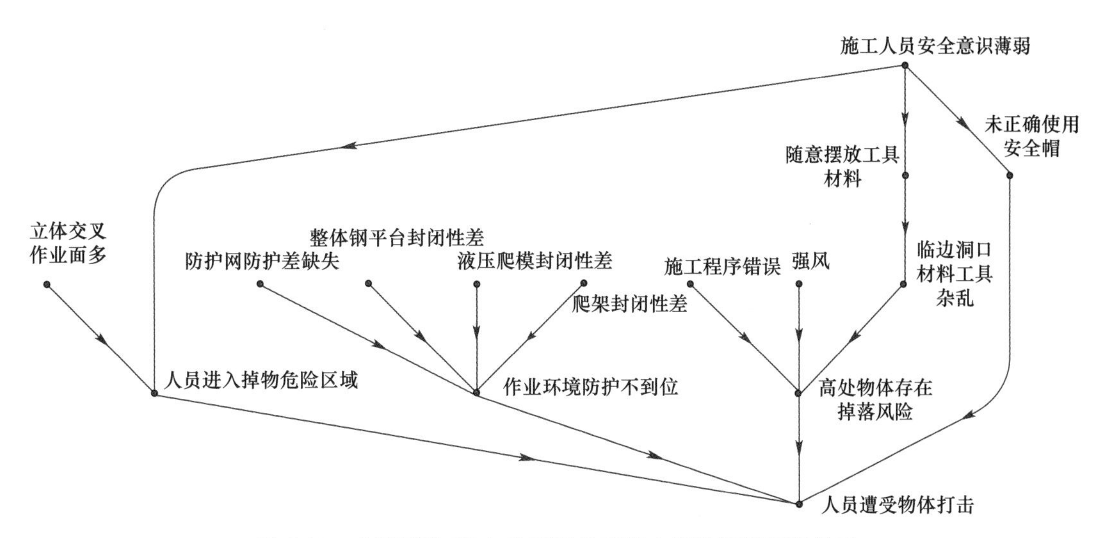

图 7-15　主要风险 E2 与次要风险事件之间的因果网络关系

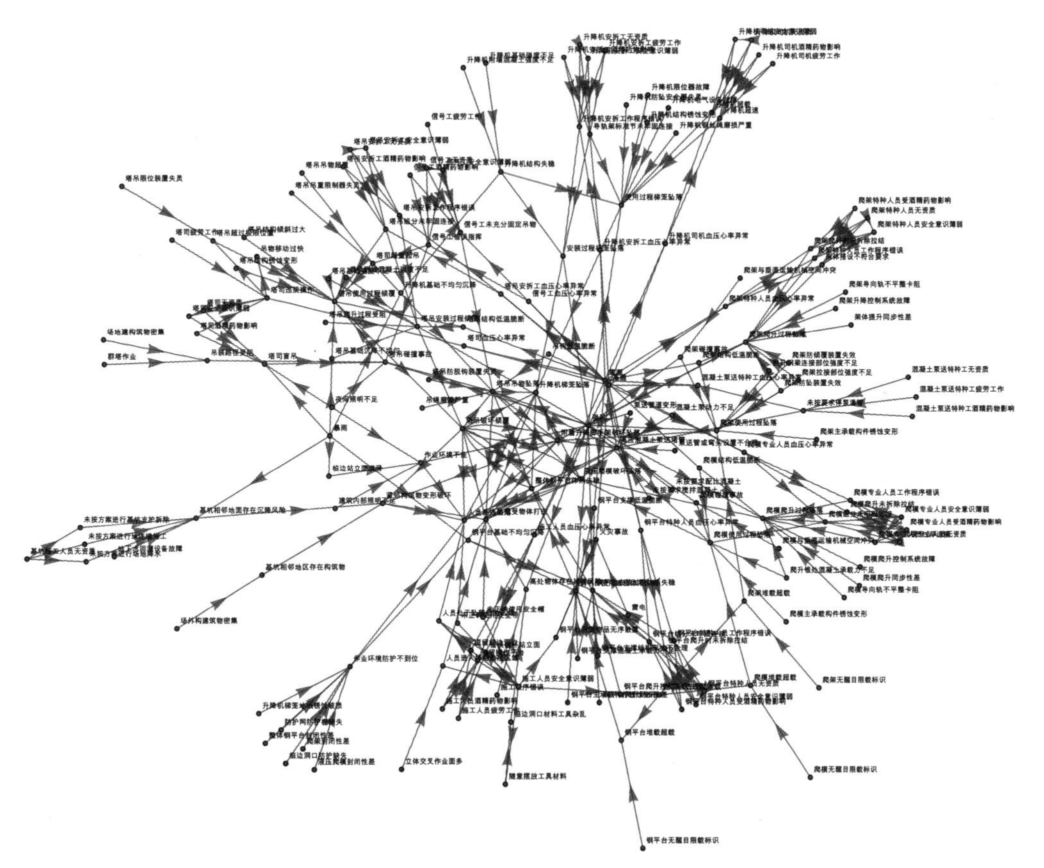

图 7-16　所有主要风险事件与所有次要风险事件之间的因果网络关系

可将所有主要风险事件发生导致的累计损失程度及其风险概率作为评判依据，进行工程项目的风险等级评估。

超高层工程多因素耦合风险动态评估主要可分为以下 7 个步骤（图 7-17），首先根据案例收集、统计分析结果确定工程施工风险事件。依据风险事件特征选取合适的监测传感

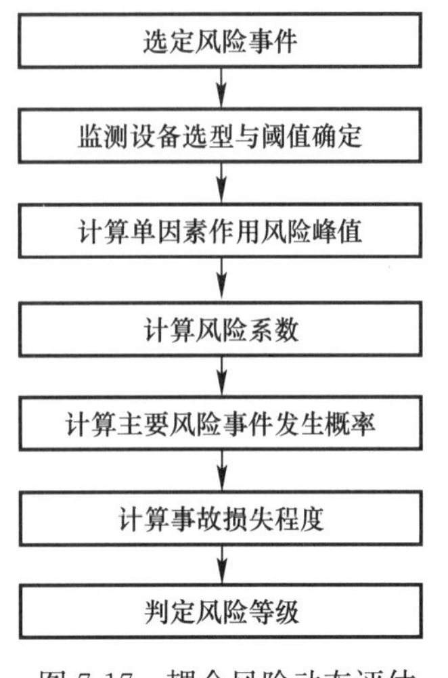

图 7-17 耦合风险动态评估流程框图

设备，并确定风险监测阈值，将风险事件进行量化和数值化描述。选定可导致重大安全事故的风险事件作为关键因素，确定单因素作用风险峰值，即仅当某一个监测值大于风险峰值时，风险等级便直接升级为重大等级（最高风险）。通过引入风险系数 α 来建立实际监测数据与风险事件发生概率的联系，实现风险评估结果随实测数据的变化而变化，真实反映风险状态随施工进度推进的动态变化。依据每项监测数据计算次要风险事件发生的概率 P_i，并依据不同风险发生路径计算次要风险事件导致主要风险事件发生的概率 P_{ij}，最后再将不同的次要风险事件 i 诱发的同一个主要风险事件 j 发生的风险概率累加，得出该主要风险事件的风险概率 P_j。将主要风险事件风险概率 P_j 与主要风险事件对应的平均损失程度相乘，得出每个主要风险事件的损失程度 SR/D_j，再将每个主要风险事件的损失程度进行累加，获得项目整体的损失程度 SR/D。最终，根据前述计算得出的每个主要风险事件的风险概率 P_j、损失程度 SR/D_j 及项目整体损失程度 SR/D，可判定各主要风险事件的风险等级 R_j 和项目整体风险等级 R_z。

通过基于实时监测的多因素风险动态评估技术，可有效解决超高层工程施工中“人-机-环”多因素动态耦合评估复杂的问题，通过引入风险系数，建立实测数据与多因素耦合评估之间的联系，对既有案例库安全风险数据进行修正与优化，可实现基于实时监测数据的多因素耦合风险闭环动态评估。

7.3.2 多因素耦合风险预警技术

1. 预警方法综述

耦合风险预警技术的核心问题属于时间序列的预测问题。目前常见的时间序列预测方法主要有以下几类：基于机器学习的时间序列预测方法、基于参数模型的在线时间序列预测方法、传统的时间序列预测方法。其中，传统的时间序列预测方法已有大量的积累，包括简单平均方法、滑动窗平均方法、简单指数平滑方法、Holt’s 线性趋势方法、Holt-winters 方法、Arima 方法、PROPHET 方法等。基于机器学习的方法包含支持向量机（SVM）时间序列预测方法、基于贝叶斯网络的时间序列预测方法、基于矩阵分解的时间序列预测方法、基于高斯过程的时间序列预测方法、基于深度学习的时间序列预测方法、基于混合模型的时间序列预测方法等。支持向量机（SVM）是以统计学习理论为基础的机器学习方法，其主要以 VC 维理论和结构风险最小化原理为基础，同时也是首个建立在几何距离基础上的学习算法。支持向量机坚实的理论基础保证了其在解决小样本、高维数据和非线性问题等方面展现出特有的优势。贝叶斯网络（Bayesian Network，BN）本质上是一个有向无环图，使用概率网络进行不确定性推理。这个有向无环图中的节点表示随机变量，节点之间的有向弧代表变量之间的直接依赖关系。利用贝叶斯网络进行时间序列预测工作，主要是针对给定数据集学习出贝叶斯网络结构，这部分工作是构建整个预测模型的基础，其目的就是找出一个最适合数据的网络结构。矩阵分解（Matrix Factorization，MF）也是机器学习中的一项重要工作，其在协同过滤、协作排序和社会网络分析等领域都发挥了重要作用。MF 本质就是针对原始矩阵找出两个小规模矩阵，使得这两个小矩阵的乘积最大程度地近似拟合原始矩阵。高维时间序列的表示可以采用矩阵形式，其每一列对应的是时间点，每一行对应的是一维的时间序列特征。

上述算法均存在模型固定、自我修正能力不足等问题，并且其预测模型是固定的，不会随着历史数据的变化特征进行修正。因此，上述大部分的时间序列预测模型在风险预测中均存在预测精度不高的问题。

2. 基于拉格朗日插值修正的外推预测方法

为了更好地预测建筑工程施工现场耦合风险发生概率的发展趋势，提出了一类基于拉格朗日插值修正的外推预测方法，该方法假设时间序列数据为（t_1，f_1），（t_2，f_2），…，（t_{i-1}，f_{i-1}），（t_i，f_i）。t_k 和 f_k 分别表示第 k（$k=1$，2，…，i）个时刻和对应的实测历史，（t_i，f_i）表示当前时刻测得实测记录。上述时刻满足：$t_1<t_2<\cdots t_{i-1}<t_i$，且任何相邻时刻间距任意，不一定需要保持等间距。提出的预测算法期望在预测下一个时刻 t_{i+1} 的实测值 f_{i+1}。预测方法中 f_{i+1} 可由下式计算：

$$f_{i+1}=c_1n_1f_{i-2}+c_2n_2f_{i-1}+c_3n_3f_i \tag{7-1}$$

其中，n_1，n_2 和 n_3 分别为关于时刻节点 t_{i-2}，t_{i-1} 和 t_i 的拉格朗日插值基在时刻 t_{i+1} 的值，具有如下计算公式：

$$n_1=\frac{(t_{i+1}-t_{i-1})(t_{i+1}-t_i)}{(t_{i-2}-t_{i-1})(t_{i-2}-t_i)}，n_2=\frac{(t_{i+1}-t_{i-2})(t_{i+1}-t_i)}{(t_{i-1}-t_{i-2})(t_{i-1}-t_i)}，n_3=\frac{(t_{i+1}-t_{i-2})(t_{i+1}-t_{i-1})}{(t_i-t_{i-2})(t_i-t_{i-1})} \tag{7-2}$$

不同于拉格朗日插值，在预测公式中引入修正系数 c_1，c_2 和 c_3。修正系数由历史数据决定，具体计算公式为：

$$\begin{bmatrix}c_1\\c_2\\c_3\end{bmatrix}=\begin{bmatrix}n_{11}f_{i-3} & n_{12}f_{i-2} & n_{12}f_{i-1}\\n_{21}f_{i-4} & n_{22}f_{i-3} & n_{23}f_{i-3}\\n_{31}f_{i-5} & n_{32}f_{i-3} & n_{33}f_{i-3}\end{bmatrix}\begin{bmatrix}f_i\\f_{i-1}\\f_{i-2}\end{bmatrix} \tag{7-3}$$

其中，n_{11}，n_{12} 和 n_{13} 表示关于时刻节点 t_{i-3}，t_{i-2} 和 t_{i-1} 的拉格朗日插值基在时刻 t_i 的值；n_{21}，n_{22} 和 n_{23} 表示关于时刻节点 t_{i-4}，t_{i-3} 和 t_{i-2} 的拉格朗日插值基在时刻 t_{i-1} 的值；n_{31}，n_{32} 和 n_{33} 表示关于时刻节点 t_{i-5}，t_{i-4} 和 t_{i-3} 的拉格朗日插值基在时刻 t_{i-2} 的值。由式（7-4）可见，f_{i+1} 的计算公式不是直接应用三节点拉格朗日插值公式进行外插预测 t_{i+1} 时刻的测量值 f_{i+1}，而是每个拉格朗日插值基 n_1，n_2 和 n_3 均被实时修正。上述算法中，仅采用了三节点拉格朗日插值作为示范，实际应用中可以适当增加和减少插值点数，如四节点预测公式为：

$$f_{i+1}=c_1n_1f_{i-3}+c_2n_2f_{i-2}+c_3n_3f_{i-1}+c_4n_4f_i \tag{7-4}$$

其中，n_1、n_2、n_3、n_4 分别为关于时刻节点 t_{i-3}、t_{i-2}、t_{i-1}、t_i 的拉格朗日插值基在时刻 t_{i+1} 的值，c_1、c_2、c_3 为修正系数。

$$n_1=\frac{(t_{i+1}-t_{i-2})(t_{i+1}-t_{i-1})(t_{i+1}-t_i)}{(t_{i-3}-t_{i-2})(t_{i-3}-t_{i-1})(t_{i-3}-t_i)} \tag{7-5}$$

$$n_2=\frac{(t_{i+1}-t_{i-3})(t_{i+1}-t_{i-1})(t_{i+1}-t_i)}{(t_{i-2}-t_{i-3})(t_{i-2}-t_{i-1})(t_{i-2}-t_i)} \tag{7-6}$$

$$n_3=\frac{(t_{i+1}-t_{i-3})(t_{i+1}-t_{i-2})(t_{i+1}-t_i)}{(t_{i-1}-t_{i-3})(t_{i-1}-t_{i-2})(t_{i-1}-t_i)} \tag{7-7}$$

$$n_4=\frac{(t_{i+1}-t_{i-3})(t_{i+1}-t_{i-2})(t_{i+1}-t_{i-1})}{(t_i-t_{i-3})(t_i-t_{i-2})(t_i-t_{i-1})} \tag{7-8}$$

$$\begin{bmatrix} c_1 \\ c_2 \\ c_3 \\ c_4 \end{bmatrix}=\begin{bmatrix} n_{11}f_{i-4} & n_{12}f_{i-3} & n_{13}f_{i-2} & n_{14}f_{i-1} \\ n_{21}f_{i-5} & n_{22}f_{i-4} & n_{23}f_{i-3} & n_{24}f_{i-2} \\ n_{31}f_{i-6} & n_{32}f_{i-5} & n_{33}f_{i-4} & n_{34}f_{i-3} \\ n_{41}f_{i-7} & n_{42}f_{i-6} & n_{43}f_{i-5} & n_{44}f_{i-4} \end{bmatrix}\begin{bmatrix} f_i \\ f_{i-1} \\ f_{i-2} \\ f_{i-3} \end{bmatrix} \tag{7-9}$$

n_{11}、n_{12}、n_{13}、n_{14} 表示关于时刻节点 t_{i-4}，t_{i-3}，t_{i-2} 和 t_{i-1} 的拉格朗日插值基在时刻 t_i 的值；n_{21}、n_{22}、n_{23}、n_{24} 表示关于时刻节点 t_{i-5}，t_{i-4}，t_{i-3} 和 t_{i-2} 的拉格朗日插值基在时刻 t_{i-1} 的值；n_{31}、n_{32}、n_{33}、n_{34} 表示关于时刻节点 t_{i-6}，t_{i-5}，t_{i-4} 和 t_{i-3} 的拉格朗日插值基在时刻 t_{i-2} 的值；n_{41}、n_{42}、n_{43}、n_{44} 表示关于时刻节点 t_{i-7}，t_{i-6}，t_{i-5} 和 t_{i-4} 的拉格朗日插值基在时刻 t_{i-3} 的值。

3. 基于外推预测方法的施工风险预测

在施工实时监测的基础上，结合拉格朗日插值修正的外推预测方法，可有效实现超高层工程施工多因素耦合施工风险的动态预测和预警，可通过有限的监测传感设备达到管控施工现场复杂风险事件的目的。随着施工过程的推进，重要设施传感器数据实时更新，从而带动概率熵矩阵的更新，相应的重要风险事件的概率也随之更替。传感器监测数值的渐变性特点，决定了主要风险事件发生概率的渐变性，这一特性为耦合风险的预警提供了时机。通过将耦合风险事件发生概率处理为时间序列信号，并采用前述基于拉格朗日插值修正的外推方法可实现信号预测，提前感知风险的发展趋势，预测未来的风险状况。图 7-18 给出某一实测数据下的风险趋势预测，由图可见，使用基于拉格朗日插值修正的外推方法所预测的结果比较符合风险发展的直观趋势，有效预测了风险的发展。

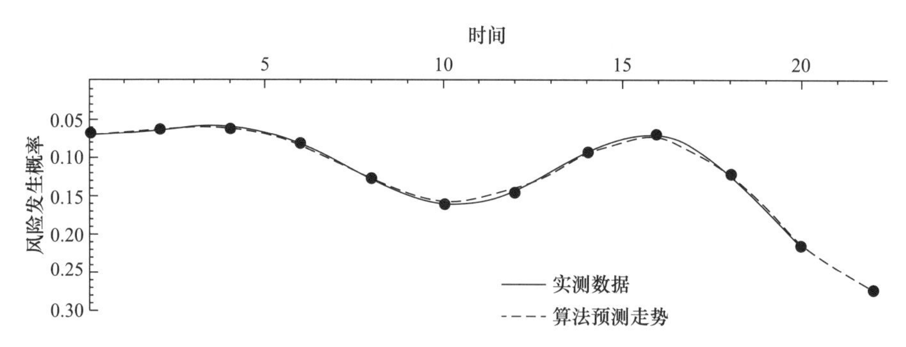

图 7-18　风险事件概率预测曲线

通过基于拉格朗日插值修正的趋势外推预测方法，可将施工风险处理为时间序列，实现风险发展趋势的动态预测预警。

7.3.3　施工安全耦合风险控制策略和技术

1. 超高层工程耦合风险解耦方法

施工安全管理过程是一个多因素、不定性、正耦合的动态可变系统，施工安全系统主要包括人、物、环、管四大类的因素风险，它们之间的耦合作用关系纷繁复杂，耦合风险的大小也与参与耦合作用的风险种类数目有关，耦合因素种类越多，耦合风险越大，造成风险事故的后果以及破坏性也就越强。耦合风险具有不可逆性，一旦形成将无法回到之前的状态。因此，在进行耦合风险控制之前，首要任务便是针对耦合风险进行风险的解耦，将耦合风险变成孤立的子风险，然后再对子风险加以控制。这种通过一定方法或手段去打破耦合风险形成的过程称为风险解耦。风险解耦就是通过一些技术或管理上的措施降低耦合因素风险间的关联程度，使得正向耦合关系转为负向耦合或零耦合关系，这是施工安全风险管控系统设计中的一个重要环节。

（1）解耦原则

基于解耦思想的施工安全风险控制主要是针对耦合过程中的风险流来进行有效的管控，旨在通过风险流爆发释放时间、风险耦合速率以及风险耦合过程中发生由量到质改变的风险控制管理，从而消除施工安全系统的整体风险状态。所以，在设计施工安全耦合风险的解耦系统时应遵循以下几个基本原则。1）安全性：要求在对风险解耦原理进行设计时，应避免在解耦的过程中，因不当操作或其他原因使得风险发生二次耦合，应尽量将解耦后的独立子风险弱化、消除，以保证施工安全；2）系统性：在开展风险控制管理过程应是全方位的主动控制管理，将潜在的危险因素消灭或将其风险水平控制在可接受范围内，以避免风险事故的发生；3）可操作性：施工安全风险控制策略的设计应与建筑施工安全系统的实际情况相结合，充分考虑施工作业人员对风险的敏感度以及处理风险的准确度，同时根据施工规范的具体要求，借鉴相关行业耦合风险控制技术，设计出切实可行的风险解耦方法，易于风险控制者操作；4）柔韧性：所设计的施工安全风险控制策略需要具备快速适应各种风险的变化，有效处理风险变化的能力；对于风险的处理应是提前主动找到风险源，了解风险的动态发展趋势；风险控制策略应具有柔韧性，对系统耦合风险加以有效控制。阻断风险因果链是防止风险事故发生的有效途径，风险事故阻断模型如图7-19所示。

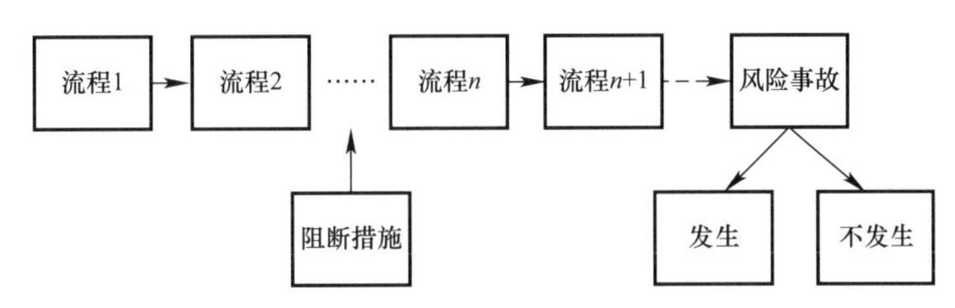

图7-19　风险事故阻断模型

（2）解耦原理

目前已有的风险解耦原理主要可以分为以下几类。

1）消阻解耦原理。消阻解耦是对施工安全风险耦合前展开的一种预防原理，风险在发生耦合前，人为加入一些解耦项，减弱甚至阻断风险耦合作用的发生和蔓延，以达到控制施工安全耦合风险的目的。其详细的解耦过程如图7-20所示。

2）波动解耦原理。波动解耦是对施工安全风险耦合过程展开的一种解耦操作，风险发生耦合作用的时候，人为采取措施，使得风险波峰间的耦合被延缓或错开，从而减小耦合风险对施工带来的不良干扰。其详细的解耦过程如图7-21所示。

3）积极解耦原理。积极解耦是在风险耦合发生之后实施的解耦操作，通过采取合理的措施，积极地使耦合风险产生分流，避免其突破施工安全系统的薄弱环节，从而避免不安全事件的发生。其详细的解耦过程如图7-22所示。

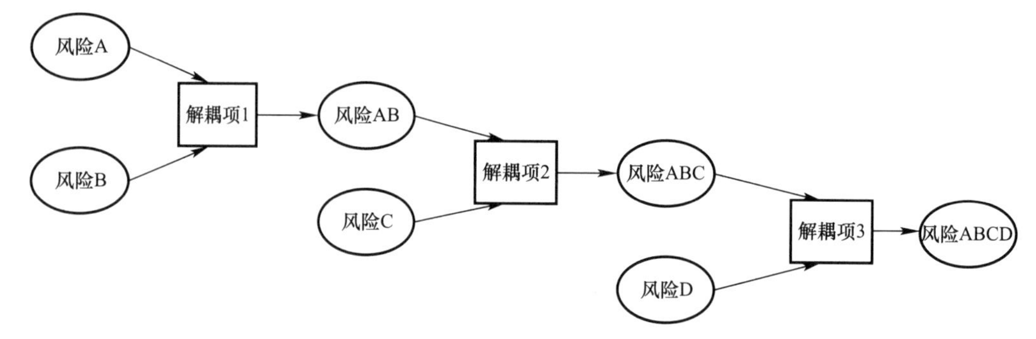

图 7-20　消阻解耦原理示意图

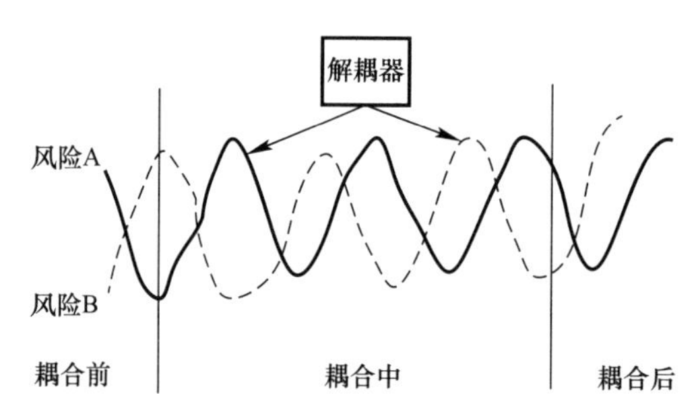

图 7-21　波动解耦原理示意图

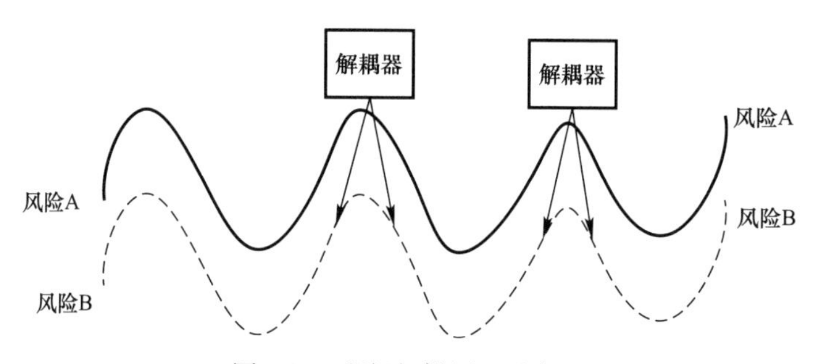

图 7-22　积极解耦原理示意图

2. 施工安全最优控制策略

基于前述多因素耦合风险动态评估与风险动态预警技术，可预测得到施工现场重要风险事件发生概率的数值结果，在此量化结果基础上如何进行施工风险控制可理解为是关于施工现场整改措施的数值优化问题，该问题的关键在于找寻诱发高风险的风险源，并针对风险源实施整改控制。通过将用于观测风险的传感器监测值作为优化变量，各主要风险事件的风险概率预测值作为目标函数进行优化分析。同时采用自动微分算法进行复杂目标函数关于优化变量的梯度快速计算，可保障在风险预警算法争取得到的短暂安全期内搜索对风险预测值具有最大影响力的优化变量，即需要整改的监测点风险源。

建筑施工安全多因素耦合风险控制流程如图 7-23 所示。算法流程依靠多因素耦合风险评估和预警技术得到主要风险事件发生概率预测数据，当风险概率预测值超出限值时，风险控制算法针对超限传感器对应的风险系数进行梯度计算，以确定风险源贡献程度。控制算法依据最大风险贡献项确定风险源，从而给出最佳的风险处置方案。例如，钢结构应力监测数据对应的风险系数对风险预测值具有最大的贡献，那么钢结构应力超限项将成为多因素耦合风险控制的指标之一。

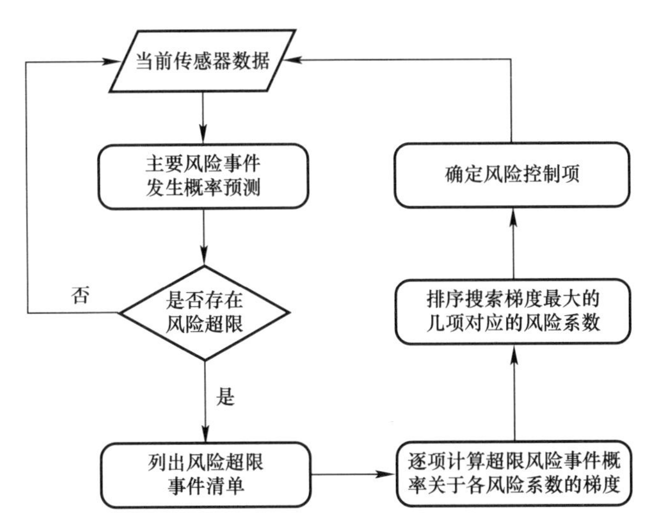

图 7-23　建筑施工安全多因素耦合风险控制流程示意图

以图 7-24 所示施工现场施工人员耦合风险控制策略为例进行分析。图中，现场作业工人经受了 3 类风险的耦合效应：工人身处场地具有 2 个危险洞口、1 个塔式起重机吊物扫描圈以及施工范围边界危险区域。为了监测工人的实时活动位置，示范现场采用了 4 个 UWB 定位基站，实现全场无死角获取人员坐标。利用塔式起重机作业参数（吊臂转角、吊点半径），实现塔式起重机吊点水平投影坐标的精确计算。分析过程吊点投影点即为 P_0，具有坐标（x_0，y_0）；工人 $i(i=1, 2, 3)$ 的点位记为 P_i，具有坐标（$x_i y_i$）。人员高处坠落风险的直接导致因素为人员与洞口区域 1、洞口区域 2 以及施工范围边界的距离小于警戒值。上述分析过程可通过编译程序自动计算，其中人员高处坠落的单项风险发生概率由人员与危险区域的距离确定，可采用图 7-25 所示风险曲线计算获得。

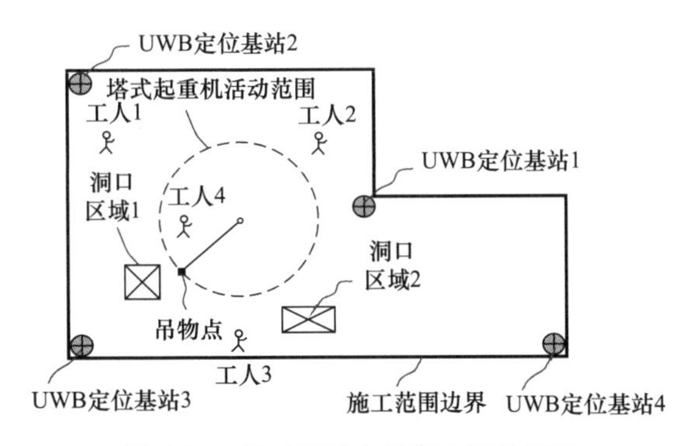

图 7-24　施工现场人员耦合风险控制策略分析案例示意图

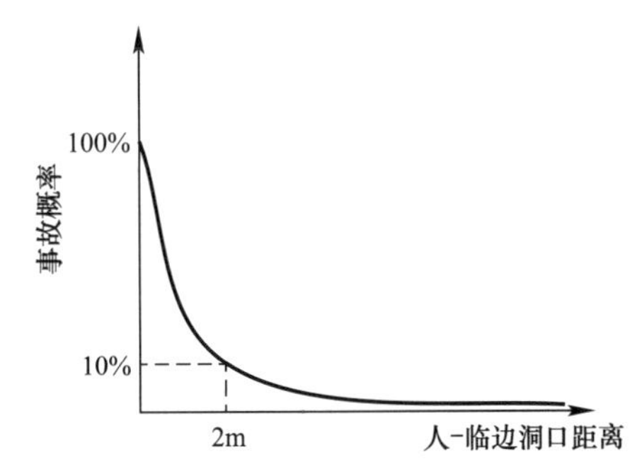

图 7-25　人员高处坠落单项风险事故概率与人-临边洞口距离的关系

3. 施工安全耦合风险控制效果评估

（1）评价原则

施工风险控制效果评价主要评价风险控制措施是否降低了风险事故发生的概率，是否降低了风险事故造成的损失，这是风险控制效果评价的首要任务。如果已经采取的风险控制措施对于防止、减少损失发挥了很大的作用，则采取的风险控制措施是可行的；反之，则是不可行。

（2）评价方法

关于风险控制效果的评价主要从经济损失、人员损失、事故链总信息量三个角度进行。

1）经济损失

经济损失通过风险来临时采用控制策略后的经济损失率与未使用控制策略的经济损失率的差值表示，未使用控制策略的经济损失率采用以往工程项目的风险事故损失率的期望表示，表达式如式（7-10）所示：

$$E_{C}=\frac{1}{i}\sum_{i}\frac{C_{a}^{i}}{C_{A}^{i}} \tag{7-10}$$

式中，E_{C} 为损失期望，表示一个工程项目中由于安全风险带来的经济损失的期望；C_{a}^{i} 表示第 i 个项目的安全事故经济损失值；C_{A}^{i} 表示第 i 个项目的总造价，事故数据依据已有的工程项目资料统计查询。

当前项目的经济损失率表达式如式（7-11）所示：

$$I_{C}=\frac{C_{c}}{C_{C}} \tag{7-11}$$

式中，I_{C} 表示当前项目的经济损失率；C_{c} 表示当前项目由于安全事故造成的经济损失；C_{C} 表示当前项目的总造价。所以，最终的经济损失变化量 ΔC 为：

$$\Delta C=I_{C}-E_{C} \tag{7-12}$$

2）人员损失

人员损失变化量通过采用控制策略后的人员损失率与未使用控制策略的人员损失率的差值表示，未使用控制策略的人员损失率用以往工程事故人员损失的期望表示，表达式如式（7-13）所示：

$$E_{p}=\frac{1}{i}\sum_{i}\frac{\sum_{j}\alpha_{j}^{i}+D_{p}^{i}}{P_{i}} \tag{7-13}$$

式中，E_{p} 为人员损失率的期望；α_{j}^{i} 为第 i 个项目第 j 个受伤人员伤情系数，依据伤情判定，且 $\alpha_{ji}\in(0,1)$；D_{p}^{i} 为第 i 个项目的死亡人数；P_{i} 为第 i 个项目的工程总人数事故数据依据已有的工程项目资料统计查询。

当前项目的人员损失率表达式如式（7-14）所示：

$$I_{p}=\frac{\sum_{j}\alpha_{j}+D_{p}}{P} \tag{7-14}$$

式中，I_{p} 为当前项目人员损失率；α_{j} 为当前工程项目第 j 个受伤人员伤情系数，依据伤情判定，且 $\alpha_{j}\in(0,1)$；P 为当前工程项目总人数。所以，最终的人员损失变化量 ΔP 为：

$$\Delta P=I_{p}-E_{p} \tag{7-15}$$

3）事故链总信息量

事故链总信息量为系统内由单一监测指标的变化引起的所有事故链信息量的总和，该指标可以衡量该系统发生变化时的可靠性，如果同一变化引起的事故总信息量变化越小，则表明该系统可靠性越高。采用工程项目在面对风险时事故链的总信息量与以往工程项目面对同一风险时的事故链总信息量的差值作为衡量控制策略的标准。

定义事故链信息量，具体为事件 x 诱发事件 y 时，其信息量 I_{xy} 为：

$$I_{xy}=-\log_2(p_{xy}) \tag{7-16}$$

式中，p_{xy} 为 x 事件发生时，引发 y 事件的概率。假设发生事件 a，则 a 总信息量为 a 诱发的所有事件信息量的总和，如式（7-17）所示：

$$I_a=-\sum_k[\ln(p_{aby})+\ln(p_{bck})+\cdots+\ln(p_{ijk})] \tag{7-17}$$

所以，事故总信息量的变化量为：

$$\Delta I=I_a-\frac{1}{i}\sum_i I_{ai} \tag{7-18}$$

式中，I_{ai} 为第 i 个工程项目的事件 a 发生时的信息量。

7.4 一体化协同控制的施工安全监控集成平台

7.4.1 安全监控平台无障碍接入与集成平台融合技术

超高层工程施工风险控制涉及人员、设备、模架、环境等多因素，风险监测类型复杂多变，风险感知传感设备多种多样，监测数据多源异构，控制要求各有异同，需运用多个专业安全监控子平台开展针对性的风险控制。监控子平台虽然可对单因素风险开展针对性管控，但无法实施多因素耦合风险的评估和控制，对于整个工程项目而言，施工过程中风险往往是多源耦合的，因此需要通过多因素耦合风险管控的施工安全监控集成平台开展有效的施工多因素耦合风险的管控。在建立多种专业化安全监控子平台的基础上，通过设计优化多源风险一体化协同控制的施工安全监控集成平台架构，构建安全监控子平台的集成融合架构，进行子平台无障碍接入和多源异构数据处理，搭建集多因素耦合风险动态评估、预警及控制于一体的三维可视化协同工作平台，开展施工现场建筑工程人员、设备、模架、环境等多因素安全管控，最终避免安全事故的发生，保证工程的安全生产。

1. 集成平台融合架构

集成平台总体采用 SOA（Service Oriented Architecture，面向服务的架构）技术架构，利用模板定义和基于三维空间信息平台的信息分析与应用等思想和技术进行架构设计。采用微服务架构实现底层支撑，结合 BIM+GIS 引擎进行设计。微服务架构和传统单体的系统模式不同，其将单体系统进行服务化，形成一个个更小维度的服务单元，基本原则为：小到一个模块，只要该模块所依赖的资源和其他业务模块都没有关联，就可以拆分为一个微服务。弱化服务之间的依赖关系，降低彼此之间的业务耦合，从而弥补了单体系统的不足，同时也满足了平台整合的要求，为系统的高扩展性奠定了基础。

微服务架构的优点表现为以下几个方面：

（1）将复杂的业务拆分成多个小的业务，每一个业务形成一个服务单元，把复杂的问题简单化，可以充分利用分工，从而达到降低开发成本、缩短开发周期的目的。

（2）分布式的服务使得业务与业务之间的关系解耦，并可随着业务的拓展，再按照业务进一步拆分，增强了平台的横向扩展能力。在面对高并发的场景时，可以把业务服务进行集群化部署，从而提高系统负载能力。

（3）服务之间采用 HTTP 协议通信，服务与服务之间彼此完全独立，每个服务可以根据业务场景选择不同的编程语言和存储数据库。

（4）每个服务独立部署，可保证单个服务的修改和部署不会对其他服务造成影响，从而保证系统运行的稳定性。

集成平台的总体架构如图 7-26 所示，安全监控集成平台分为支撑层、传输层、应用层、展示层四个部分。

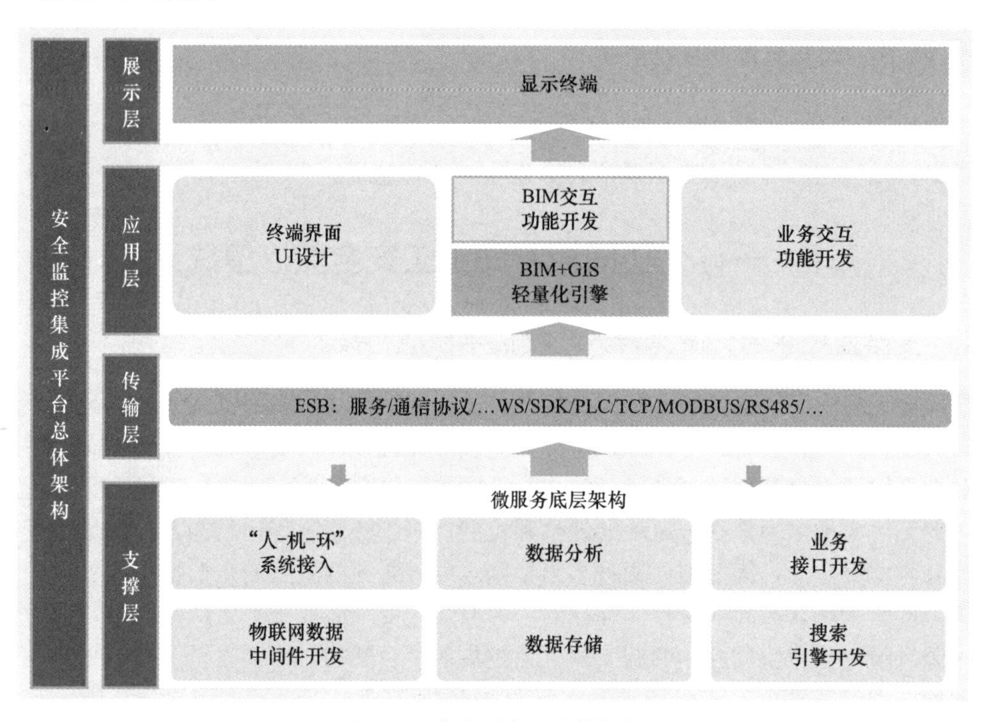

图 7-26　集成平台的总体架构

施工安全监控集成平台不仅要完成与各子平台数据、业务逻辑、控制理论对接，还需实现网页端大型模型轻量化展示及预警报警等功能。平台接入的传感数据类型多达数十种，同时根据场景不同传感器类型、点位等存在频繁变化的情况，为保证系统功能及展示效果，施工安全监控集成平台依据功能类型可划分为前端硬件设备、安全管控平台维护端、安全管控集成平台展示端三大部分。通过安全管控平台维护端进行多用户多项目管理、模型数据导入、传感器及设备的增删改查、模型点位匹配、预报警参数配置等；安全管控集成平台展示端可在网页端实现大型模型的轻量化展示、各项监测数据的实时展示、预报警数据展示等。施工安全监控集成平台依据管控因素可划分为：施工重大风险定量评估与预警子平台、施工现场人员安全监控子平台、爬升模架设备远程可视化安全监控子平台、垂直运输设备安全监控子平台、施工环境安全监控子平台 5 个子平台，子平台与集成平台之间的关系如图 7-27 所示。

2. 子平台无障碍接入

施工安全监控集成平台需要具备子平台集成融合架构，确保子平台数据无障碍接入，同时具备多源异构数据预处理的功能，保障海量数据分析的稳定性。子平台的无障碍接入

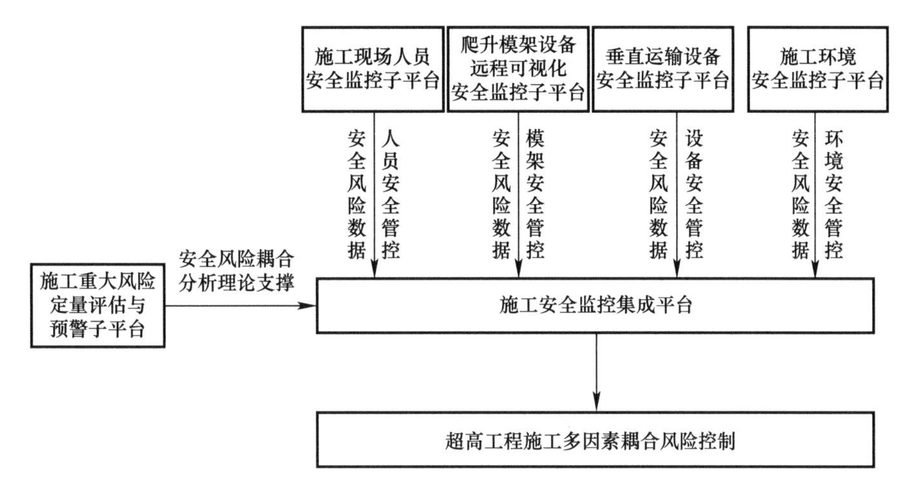

图 7-27　子平台与集成平台的关系框图

是子平台集成融合框架的功能之一，其中子平台的源数据接收和预处理是子平台无障碍接入的关键，源数据通过数据网关进入数据中间件后，接入一个多线程数据处理队列中，通过分布式运算进行智能处理，主要包括：数据完整性校验、时序校准、数据清洗、数据转换等。

（1）数据完整性校验

通过验证监测设备和子平台上传数据后缀的 MD5 值，来校验数据的完整性，防止传输过程中的字节意外丢失和劫持篡改。

（2）时序校准

时序校准是对由于网络问题造成的顺序倒置的数据，重新计算分析。例如，在数据分析中，需要根据地表沉降的变化速率来控制风险预警。假设 t_1、t_2、t_3 时间的监测数据依次发生，但由于传输时的网络异常，服务端先接收到 t_1、t_3 时间的数据，并据此计算速率值，得到的数据无法真实反馈现场实际的变化。通过时序校准机制，在收到 t_2 时间的数据后，对前后时间的数据进行重新计算，覆盖原来的错误数据。

（3）数据清洗

平台应用过程中接收到的数据常常是不完全的、有噪声的、存疑的。数据清洗过程包括遗漏数据处理、噪声数据处理以及存疑数据处理。

1）遗漏数据处理是对监测数据测点进行异常监测，一旦出现如数据缺省情况，则在后台进行记录，积累到一定数量后向平台开发人员推送数据缺省报警，平台开发人员接收到信息则安排技术人员进行现场维护。

2）针对噪声数据采用聚类分析结合曲线拟合的方法进行双重验证和平滑降噪。首先，将原始数据根据不同功能维度进行聚类分析，排除聚类集合以外的数据；然后，对同一个聚类下的数据，使用线性回归方法进行分析，建立多个关联因素之间的拟合关系，对不符合拟合特征的数据进行修正或删除，达到平滑数据、降低噪声的目的。

3）对于存疑数据，采用一致性判别标注、人工复核校验的方式进行去除或置信，同时，安排技术人员进行现场维护。

（4）数据转换

数据转换就是处理接收数据中属性或信息不一致的过程。数据转换一般包括以下两类。

第一类：数据名称及格式的统一，即数据粒度转换、业务规则计算以及统一的命名、数据格式、计量单位等。例如基坑测斜，对于不同的项目、不同的地质条件，其超标阈值各不相同，如果单纯使用绝对数值进行数据分析，有失偏颇，可以通过一定的数值修正和权限系数处理，将其转换为标准的风险因子，有助于实现跨项目的大数据分析。

第二类：数据仓库中包含源数据库中可能不存在的数据，因此需要进行字段的组合、分割或计算。例如地层损失率等复合数据，无法直接通过监测手段得到，只能通过关联数据计算获得。

完成上述数据处理工作后，数据被集成装载到数据仓库，经过清洗后的干净的数据集按照物理数据模型定义的表结构装入目标数据仓库的数据表中，并允许人工干预，同时提供错误报告、系统日志、数据备份与恢复功能。

7.4.2 海量数据实时在线分析和多源异构数据快速处理技术

施工安全监控集成平台中数据处理问题，集中在海量数据情况下，如何存储、处理、分析、读取数据，由于数据量太大，一般的系统无法在短时间内响应处理，分析计算耗时过长，内存也无法一次性加载全部数据，导致处理过程中断或失败。

1. 海量多源异构数据快速处理机制及方法

施工安全监控集成平台融合了人员、设备、模架、环境四个子平台，以及几十种数据类型，且大部分数据都是在工人施工时段集中发生的。传统的数据处理分析方式显然无法满足如此高的数据并发量，需要针对性的处理方法和技巧来解决这个难题。在监控集成平台的数据处理中间件内，使用以下处理方法来对处理性能进行优化。

（1）子平台源数据解析。在数据表结构的设计阶段，针对四个子平台上传的几十种数据类型进行数据解耦，最大限度将业务拆细颗粒度，单类数据放在一类数据表结构中，跨类的数据关联通过中间表和数据视图来实现，这样可以分散磁盘 I/O，同时最大限度地降低数据复杂度，将单个数据分析和计算的维度降低到 1 维或 2 维，为后续分布式计算打下坚实的基础。

（2）海量数据存取分区。由于平台中存在大量的高频监测数据，且这些数据在线计算分析跨度一般不超过一个月，因此按月度来进行分区，将数据进行分散，有效降低了系统负荷。按照分子平台、分月、分监测类型的原则，建立了相应的索引，以提高查询效率。

（3）建立数据缓存。对于较高量级的数据，处理过程中都需要考虑数据缓存，通过使用 Redis 结构处理关键数据缓存，减轻数据库压力，提高系统的并发量。Redis 可以理解为内存数据库，其处理速度快，支持数据的持久化，可以将内存中的数据保存在磁盘中，重启时可以再次加载使用大量数据，Redis 缓存的访问架构如图 7-28 所示。Redis 的分布式集群化部署，也为后续分布式计算提供了框架基础，可以根据实际业务的拆分，给每一路从子平台接入的数据配发一台有备份的 Redis。然后通过对 Redis 端口的监听，获取对应的热键，通知业务系统对缓存数据进行处理。

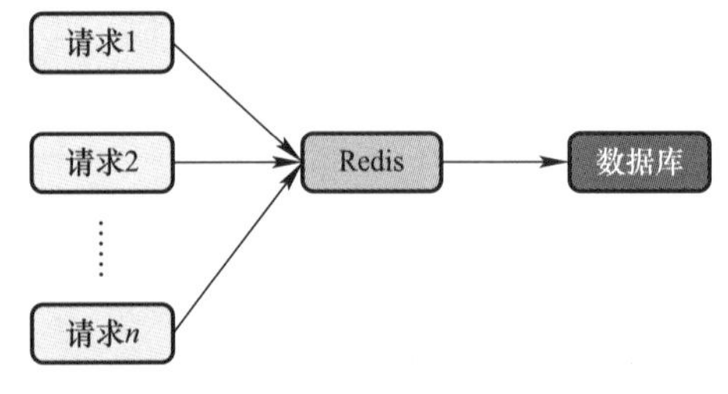

图 7-28　Redis 缓存的访问架构

（4）分批处理数据。数据量巨大时，一般可以通过减小单次计算的数据量来解决，也可以对一个大数据集分批处理，再进行合并操作。这项工作需要根据数据解耦和数据分区的结果来进行调整。在施工安全监控集成平台开发中，分布式的拆解主要依据数据的时间维度进行，遵循分而治之的大数据处理理念。数据转发程序依据设定的时序，通过外域网络定时向后台监测系统发送缓存中的数据帧。数据帧的发送过程严格按照每个数据帧所对应的帧序号依次进行，每当一个帧序号对应的数据帧发送至后台监测系统时，后台监测系统向本地 PC 端的数据转发程序返回接收指令，数据转发程序确认接收指令后便进行下一帧序号对应的数据帧传输，同时将后面帧序号对应的数据帧暂存于缓存中，等待下次发送。当一条数据处理业务接入多路数据，或者发生网络阻塞时，极有可能出现缓存被“塞满”的情况，影响到业务系统的正常运行，因此有必要将大数据并发处理可能出现的业务单元，按照时序规则拆分为多个处理单元。为防止出现阻塞故障，还可以利用分布式框架，运行多个容器同步处理，提升处理效率。

（5）数据预处理。将一些校验、转换、合并操作前置到子平台中处理，可以有效降低数据中间件的计算压力。由于监测过程中某些监测指标需多基站联合处理，且存在硬件设备数据交互频繁的情况。倘若现场监测设备直接与服务器交互，由于网络时延及服务器响应滞后等问题，会导致数据出现较大误差情况。例如，为实现高精度人员定位功能，需要四台及以上基站同时工作才能达到较好的定位效果，若通过服务器进行数据处理，则会大大降低定位精度。因此，在具体实施过程中，将现场基站通过交换机相连，将交换机与主机相连，在现场主机中进行数据处理，监测主机将数据结果推送至服务器，运算过程不参与数据交互。同样，升降机楼层及人员的监控过程中也存在数据交互频繁的问题，采用类似方式进行数据处理，将减轻计算压力，降低服务器端数据处理压力，保证系统流畅运行。

2. 海量数据实时在线分析和快速处理方法

施工安全监控集成平台中存在的海量数据主要有以下五种：（1）人员相关的健康腕表实时数据、UWB 定位秒级实时数据；（2）模架等设备的多监测点、多监测指标实时数据；（3）塔式起重机相关的多指标监测秒级实时数据；（4）基坑环境相关的监测点实时和人工上传的数据；（5）加速度等其他专项的毫秒级实时数据。

通过分析发现，在施工安全监控集成平台中的海量数据主要是以时序数据的形式存在。通过调研大量相关的开源软件（如 Elasticsearch、Druid、Storm、Kafka、Hbase、Flink、OpenTSDB、Atlas、MongoDB 等）发现，开源软件的组合是在不考虑系统的运营成本和数据的处理速度延迟的情况下解决接入计算问题，在海量数据时间序列线情况下，经常会出现查询超时、内存溢出等问题，并且需要大量服务器的投入，成本高昂。因此，为了能够实现平台内海量数据的实时在线分析和快速处理，针对基于开源的高性能的时序型数据库 InfluxDB 进行二次开发，海量数据处理分析系统的架构如图 7-29 所示。

通过数据采集中间件，可从各项目、各子平台的多类传感器中收集实时数据，通过 Http、Tcp/Ip 等协议将数据统一发送到平台数据接收服务器集群，由数据接收服务器负责将数据存储到时序数据库 InfluxDB 中，然后基于时序数据库 InfluxDB 的二次开发的分析服务会按照平台系统要求的数据格式和汇总要求进行数据处理。处理后的数据除了存储到 MongoDB 用于系统对外的数据接口访问之外，还要通过 RabbitMQ 消息队列排队进入数据最终持久化存储的 MySql 服务器。

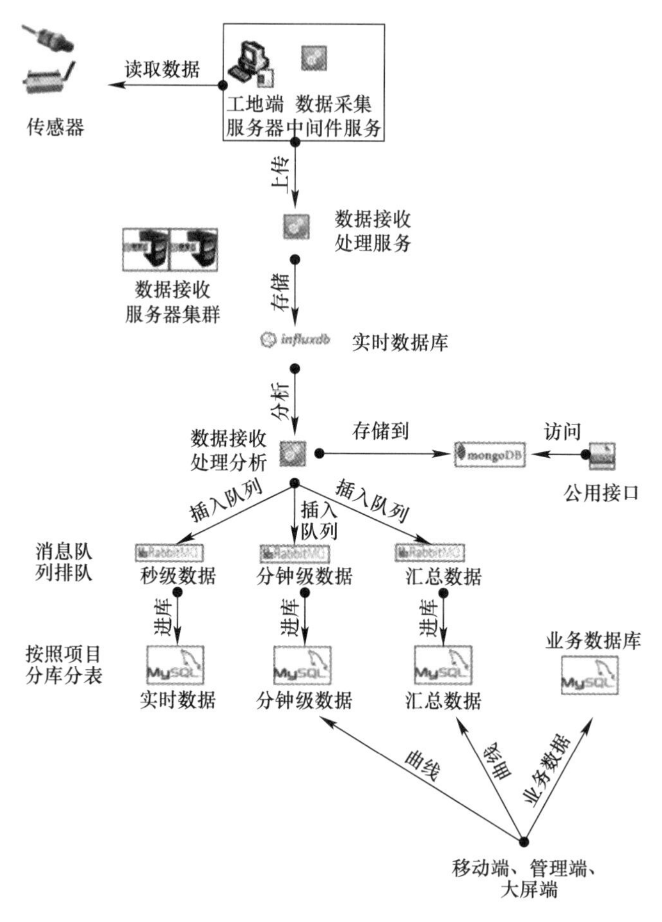

图 7-29 海量数据处理分析系统架构

基于以上架构和处理方式，可使系统保留 InfluxDB 原生优势，主要体现在以下几个方面：

（1）专为时序存储和高性能读写而设计：计算机虚拟世界的各种系统和应用，以及物理世界的 IoT 设备等都在创建海量的时序数据，每秒千万级的数据吞吐量是很常见的，而且这些数据还需要可以以非阻塞方式接收并且可压缩以节省有限的存储资源。

（2）专为实时操作而设计：具有预测能力和实时决策能力，需要收到数据后，就能实时输出最新的数据分析结果，执行预定义的操作。

（3）专为高可用性而设计：现代软件系统需要全天候可用，除了基本的集群能力，还需要根据需求自动扩容和缩容，支持柔性可用等。

（4）跨集群数据分片功能、聚合运算和采样功能、数据生命周期管理功能。

（5）丰富的 API 接口。

（6）实时处理模块，并可用于监控和警报。

（7）具有可视化引擎以向用户显示时序数据。

同时，还对安全监控集成平台进行了相关的高可用的扩展，实现了与数据采集中间件以及整个业务子平台的无缝衔接，从而做到了对平台中海量数据的实时访问、在线分析和快速处理以及存储。

7.4.3　平台系统功能

开发了建筑工程施工可视协同的数字化安全监控集成平台。集成平台按管控要素可分为项目总览、人员安全风险监控、设备安全风险监控、模架安全风险监控、环境安全风险监控五个模块。可针对各监测安全风险源进行风险展示、评估、预测以及控制，针对工程现场人员开展实时定位和健康风险监控，满足项目级和企业级的“人-机-环”多因素耦合风险管控要求。

1. 项目总览

项目总览模块包含：项目总体概况、今日重点、施工状态、气象条件、安全状态、风险评估、未处置风险、报警信息、风险统计等内容，项目总览界面如图 7-30 所示。

图 7-30　施工安全监控集成平台项目总览界面

（1）项目总体概况：展示当前工程项目的建筑高度、层数、面积、目前施工层数、建设单位、施工单位、设计单位等基本信息。

（2）今日重点：包含本日施工现场重点关注内容，即本日是否存在吊装时间、是否存在动火作业情况、是否有大风雷电等恶劣天气、模架是否爬升，项目管理人员可随时查看施工当日需要重点关注内容，以便提高管理效率。

（3）施工状态：显示目前项目所处的施工状态。

（4）气象条件：包含当前温度、风速风向、相对湿度、空气质量等信息，同时可链接到工程当地气象台数据，提前获取该区域内极端天气情况，对雷电及大风等极端天气进行预警，并采用滚动播报的形式进行报警。

（5）安全状态：记录项目总体风险等级及项目无安全事故天数。

（6）风险评估：记录项目人员风险、设备风险、环境风险、模架风险指标，并根据各个模块具体情况的不同给出各监测要素的风险等级，根据等级不同，点击具体风险按钮，跳转至具体事件。

（7）未处置风险：显示未处置的报警事件，包含风险类型、等级和事件详情，待管理人员处置后，该风险信息自动消除。

（8）报警信息：显示系统累计报警数、已处置报警数、报警升级为风险次数、24 小时报警次数、待处理报警次数。管理人员可在第一时间得到报警信息，并进行及时处理。

(9) 风险统计：包含风险总数、报警自动升级个数、报警手动升级个数（人工判断）、巡查风险个数（人工录入），点击具体按钮均可链接到具体时间。

2. 人员安全风险监控

人员安全风险监控包含项目每日人员总计、工种统计、现场动态、健康风险、位置风险、行为风险、滚动播报。人员安全风险监控界面如图 7-31 所示。

图 7-31 人员安全风险监控界面

(1) 每日人员总计：包含在场人数和出入场人次，其中在场人数按作业区域分为地面人数、建筑区域人数、模架人数、重点区域人数。点击可查看项目每日人员的详细信息，包括人员的姓名、年龄、作业区域、入场时间、风险等级。

(2) 工种统计：将项目现场所有人员分成五类，分别为管理人员、安全干事、特殊工种、机械操作工、普通工种，并依据工种分类统计人员数量。

(3) 现场动态：显示项目每日人员进场信息并滚动播报，包含人员进场时间、进场地点、人员年龄及人员风险等级。

(4) 健康风险：展示人员健康报警次数、处置情况、人员健康报警信息。点击可查看健康风险列表，包含风险类型、级别、内容、处置状态、发生时间等。

(5) 位置风险：对危险位置进行分类，划分为危险区域、临边洞口、垂直交叉作业、塔式起重机覆盖区域。显示各危险位置发生风险的情况，可查看人员位置风险的具体信息并处置。如垂直交叉作业界面，能显示人员进入风险区域的具体信息。

3. 设备安全风险监控

超高层施工设备主要有塔式起重机、升降机、围挡、电箱、混凝土传送泵五类，在该模块中能显示各种施工设备在场数量、设备运行情况及其操作人员信息。点击任一设备，可查看设备具体信息。设备安全风险界面包含设备统计信息、报警统计、报警类型统计、滚动播报，如图 7-32 所示。

塔式起重机详细信息界面包括养护周期、工作参数、结构参数、责任人、报警信息、下次保养时间等。其中工作参数包括回转角度、幅度、吊钩高度、吊重、安全吊重、力矩百分比、风速和塔机倾斜角度，如图 7-33 所示。通过对施工设备的结构构件和工作参数进行实时监测，并开展数据分析，可实时掌握施工设备的工作状态，实现对施工设备工作状态安全评估。

图 7-32 设备子平台总览界面

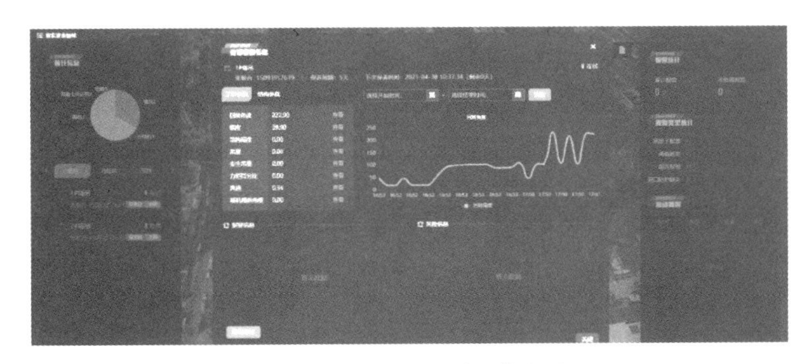

图 7-33 塔式起重机详细信息界面

升降机详细信息界面包括养护周期、工作参数、责任人、报警信息、下次保养时间等。其中工作参数包括监测应力、倾斜角度、上下行状态等，如图 7-34 所示。

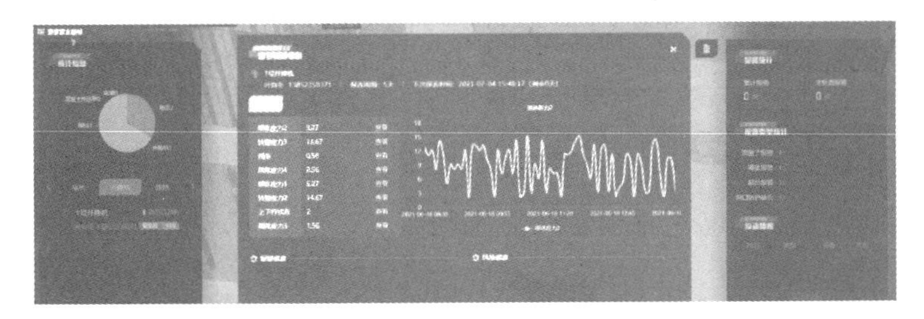

图 7-34 升降机详细信息界面

开发基于物联网技术结构姿态参数的数据驱动模型技术，实现了塔式起重机和升降机实时同步仿真模拟。通过该软件界面实现了垂直运输设备运行数据的可视化管理。此外，混凝土泵管信息界面包括泵管振动监测等，涵盖堵塞预测、泵管堵塞位置判别等子模块接入功能。

4. 模架安全风险监控

模架安全风险监控包括对模架水平度、液压油缸行程、油缸压力、主要构件应力等的监控，并根据监控结果进行安全风险状态的实时评估和预警。如图 7-35 所示，给出了钢平台水平度监测值采集数据的可视化页面。图中所采集的数据来源于钢平台下侧的静力水准仪。系统给出了安装的所有静力水准仪的所在点位的监测数据查询按钮。为了便于用户观察钢平台的平整度状况，系统页面还给出了钢平台的水平度实时监测数据。

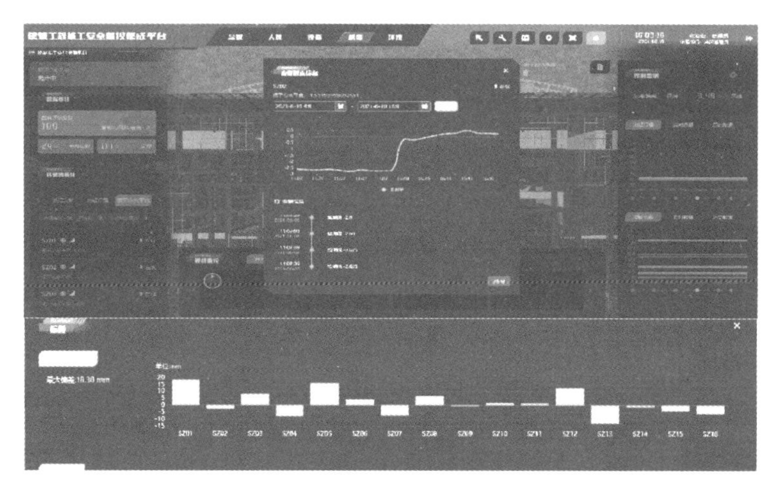

图 7-35　钢平台水平度图

图 7-36、图 7-37 从油缸行程与负载的角度监测钢平台的运行状态，在页面的左侧系统提供了其他油缸的数据查询按钮，系统还给出了不同油缸的负载之间的对比状况。图 7-38 为模架爬升过程中风速监测时程曲线。

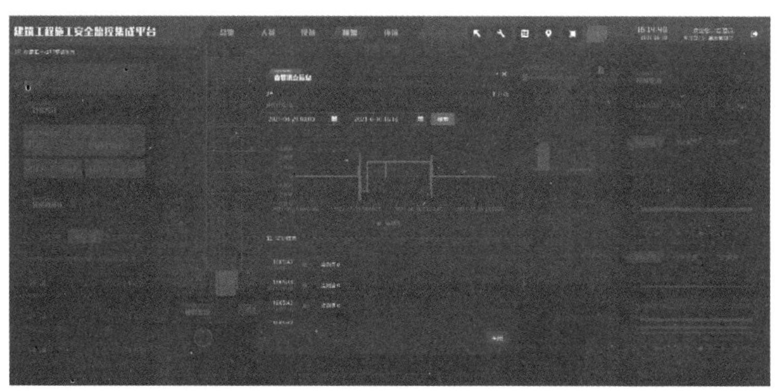

(a) 油缸行程曲线图

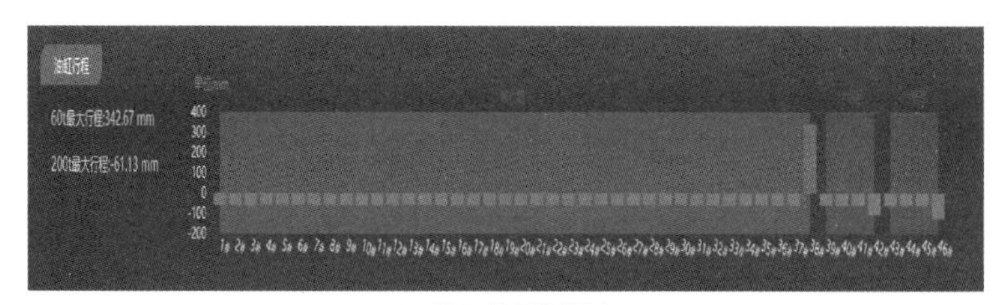

(b) 油缸行程柱状图

图 7-36　油缸行程图

系统可通过设置在牛腿支撑部位的监控摄像头监控支撑状态。图 7-39 给出了监控集成平台提供的筒架柱应力监测数据采集和查询界面。系统支撑图形与数据查询点的几何绑定，用户通过点击需要查询的结构几何点，便可以得到图 7-40 所示的应力曲线。系统可基于应力查询结果和预警指标判断构件的安全状态。

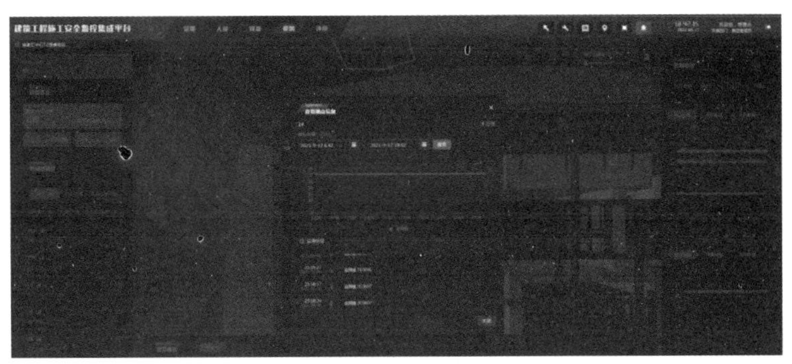

(a) 油缸负载曲线图

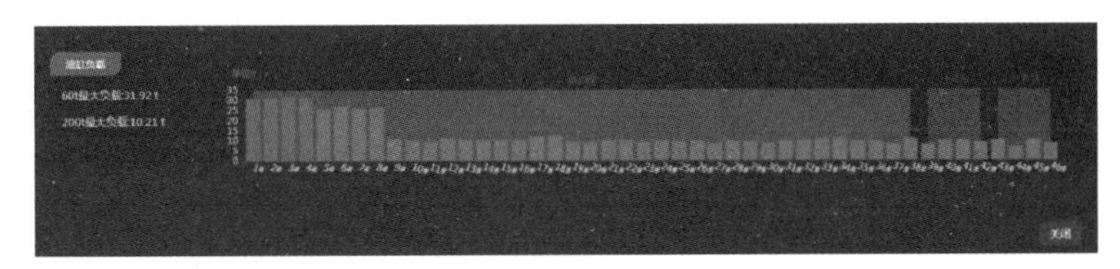

(b) 油缸负载柱状图

图 7-37 油缸负载

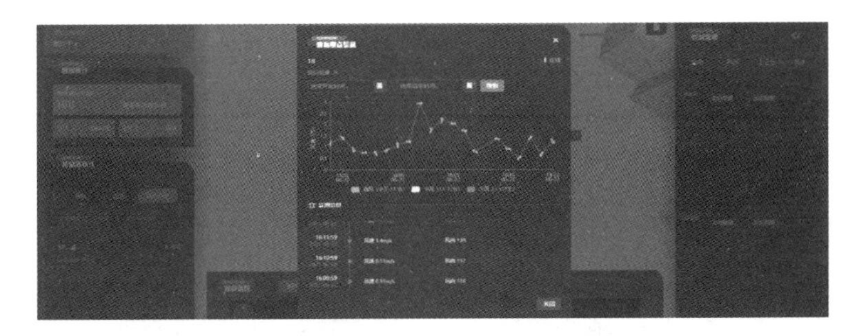

图 7-38 模架爬升过程中风速监测时程曲线

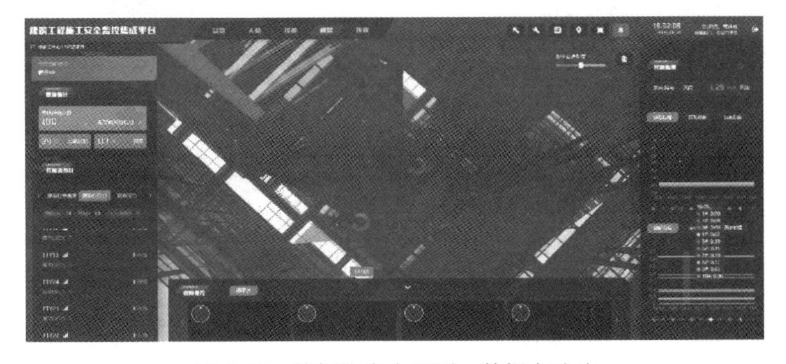

图 7-39 筒架柱应力监测：数据点选取

5. 环境安全风险监控

环境安全风险界面包含传感器统计、视频监控、控制监测等。传感器统计包含：温度传感器、钢梁应力计、土压力计、地表沉降计等。该模块显示传感器总数量、在线数量、未处置报警数量，可查看测点监测信息，如图 7-41～图 7-43 所示。

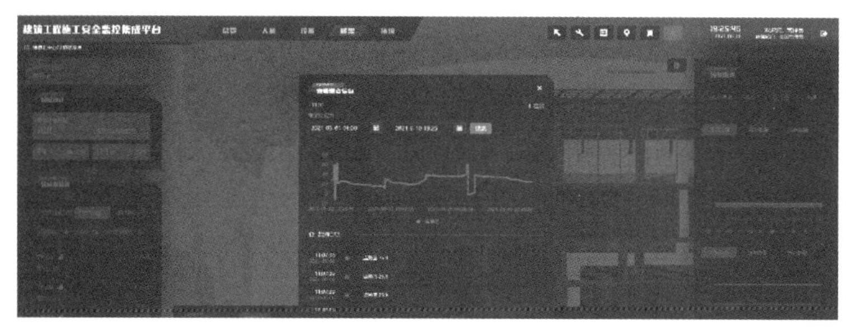

图 7-40　筒架柱应力监测：应力时程曲线查询

图 7-41　传感器统计界面

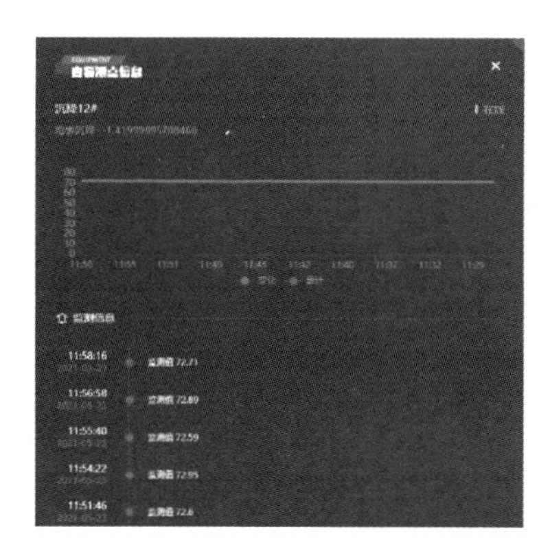

图 7-42　地表沉降监测时程曲线和监测信息

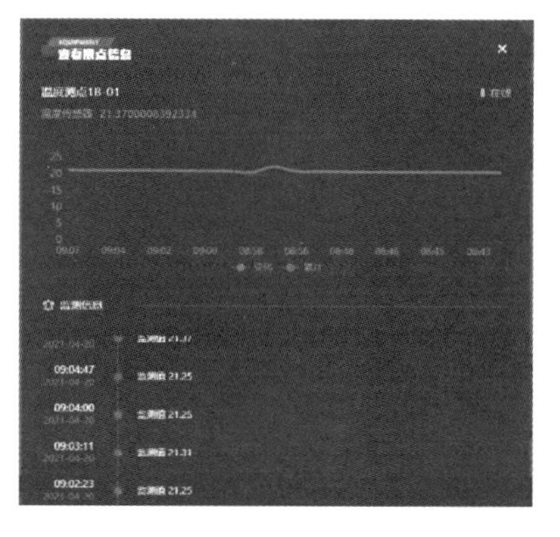

图 7-43　温度监测历史数据与信息

7.4.4　平台系统使用说明

1. 系统配置

通过施工安全监控集成平台开展工程项目风险管控时，首先应按需求建立/导入施工场景仿真模型用于风险可视化展示，同时在施工现场安装特定的传感器及数据采集传输硬件设备，在硬件端完成所有设置工作，然后在施工安全监控集成平台的配置端进行上位机配置，将监控要素与监测传感设备关联，具体配置过程如下。

（1）三维虚拟仿真模型导入

首先将几何模型按照施工进度进行分组或分块，然后通过施工安全监控集成平台的配置端导入采用商业软件（如 Revit、Tekla 等）建立的三维建筑模型。图 7-44 为平台导入超高层工程项目三维模型后的效果。

图 7-44　三维虚拟仿真模型导入

（2）人员管理配置

人员信息管理页面（图 7-45）主要对人员姓名、编号、身份证号码、岗位信息、工种、安全教育等信息进行管理，管理员可通过手动形式或批量导入形式进行人员信息的维护，同时可将该人员与闸机或工卡进行绑定。在添加人员页面中配置过程中，可填写用户编码、姓名、身份证号码、出生年月、所属机构等信息，点击保存即完成施工现场人员信息录入，也可通过采用身份证读卡器辅助进行身份信息录入。

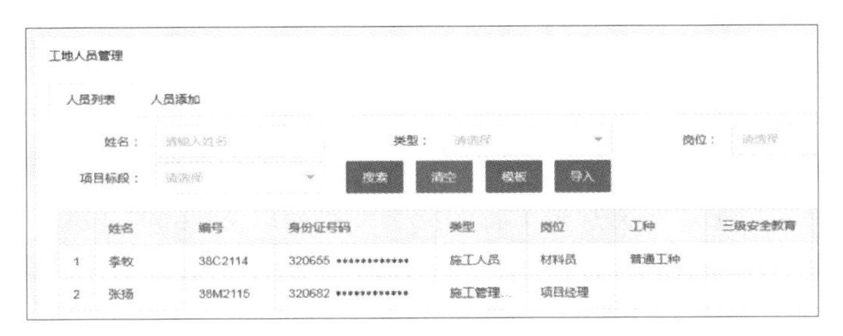

工地人员管理

人员列表　人员添加

姓名：　类型：　岗位：

项目标段：　搜索　清空　模板　导入

	姓名	编号	身份证号码	类型	岗位	工种	三级安全教育
1	李牧	38C2114	320655 ************	施工人员	材料员	普通工种	
2	张扬	38M2115	320682 ************	施工管理...	项目经理		

图 7-45　人员信息列表

如图 7-46 所示，人员位置安全管控模块配置主要针对 UWB 基站位置进行管理，通过精确测量施工现场各个基站的实际点位信息，并在后台添加相应的测点组、基站编号、点位等信息，同时可支持基站信息的增删和改查。

UWB基站管理

UWB基站记录　UWB基站添加

基站名称：　基站组：请选择　搜索

	基站名称	基站编号	所在楼栋
1	7458基站	7458	T2塔楼
2	7178基站	7178	T2塔楼
3	7198基站	7198	T2塔楼
4	5678基站	5678	T2塔楼
5	8754基站	8754	T2塔楼
6	6576基站	6576	T2塔楼
7	6574基站	6574	T2塔楼
8	7465基站	7465	T2塔楼

图 7-46　人员定位基站列表

如图 7-47 所示，人员行为安全管控模块配置主要采用现场摄像头及双目相机进行管理，完成现场全部调试工作后，在配置端输入摄像头基本信息，点击提交即完成摄像头的录入，通过图像处理技术实现人员安全帽佩戴状态识别以及人员进入危险区域报警，通过双目相机完成人员跑、跳、摔倒等危险动作的捕捉。

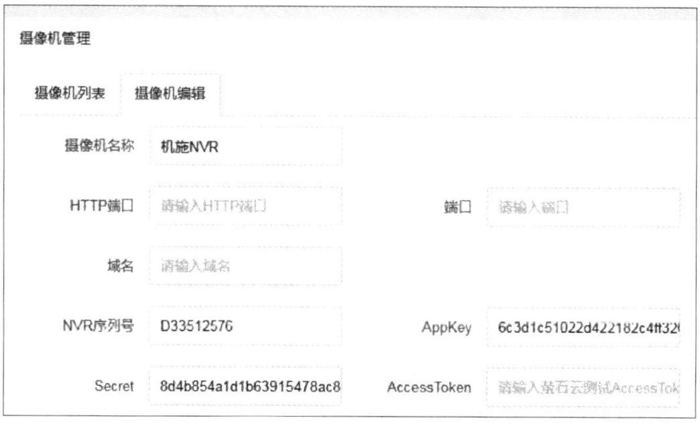

摄像机管理

摄像机列表　摄像机编辑

摄像机名称　机施NVR

HTTP端口　请输入HTTP端口　端口　请输入端口

域名　请输入域名

NVR序列号　D33512576　AppKey　6c3d1c51022d422182c4ff32

Secret　8d4b854a1d1b63915478ac8　AccessToken　请输入萤石云测试AccessTok

图 7-47　摄像头录入

人员健康安全管控主要采用子平台数据推送形式实现，无需进行手动配置。

（3）机械设备管理配置

升降梯楼层管控与配置如图 7-48 和图 7-49 所示，在界面中可实现 RFID 基站与升降梯之间的匹配，以及标签与人员及楼层之间的匹配，通过基站采集到的标签的变化判断升降梯所处楼层情况及人员的进出。

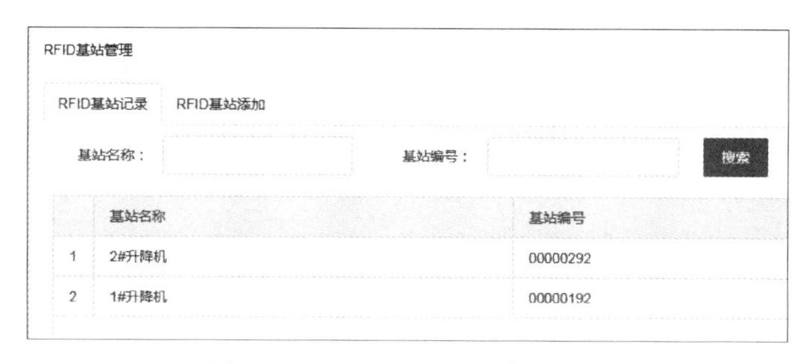

图 7-48　RFID 基站与升降梯配置

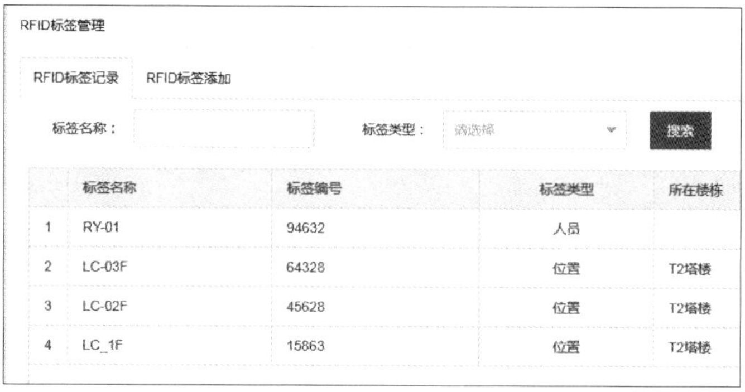

RFID标签管理

RFID标签记录　RFID标签添加

标签名称：　标签类型：请选择　搜索

	标签名称	标签编号	标签类型	所在楼栋
1	RY-01	94632	人员	
2	LC-03F	64328	位置	T2塔楼
3	LC-02F	45628	位置	T2塔楼
4	LC_1F	15863	位置	T2塔楼

图 7-49　RFID 标签与楼层及人员配置

塔式起重机安全管控模块配置主要针对塔式起重机的使用阶段及安拆阶段，其中使用阶段针对各品牌塔式起重机的 PLC 模块参数进行对接，如图 7-50 所示，配置参数包含高度、风速、幅度、风速、风向、应力等参数指标，安拆阶段主要配置各个工序的开关量传感器。通过点选方式关联具体测点，并可通过监测类型和测组名称的关联进行检索，如图 7-51 所示。

图 7-50　塔式起重机运营期监测数据

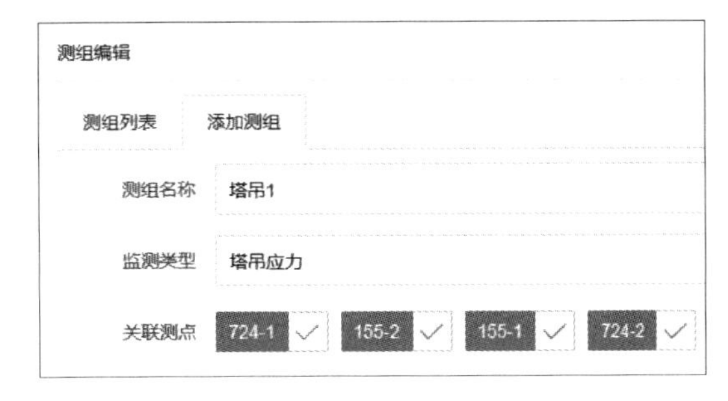

图 7-51　塔式起重机数据关联

（4）模架装备管理配置

如图 7-52 所示，模架安全管控模块配置主要用于配置钢平台所布置的传感器信息，如油缸负载、牛腿行程、钢平台水平度、钢梁应力、风速、风向等信息，通过点选方式关联具体测点（图 7-53），并可通过测组类型和测组名称的关联进行检索（图 7-54）。

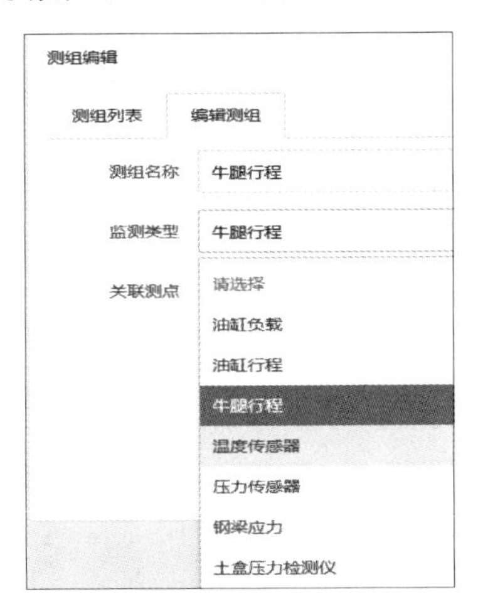

图 7-52　编辑测组界面

图 7-53　点选关联测点界面

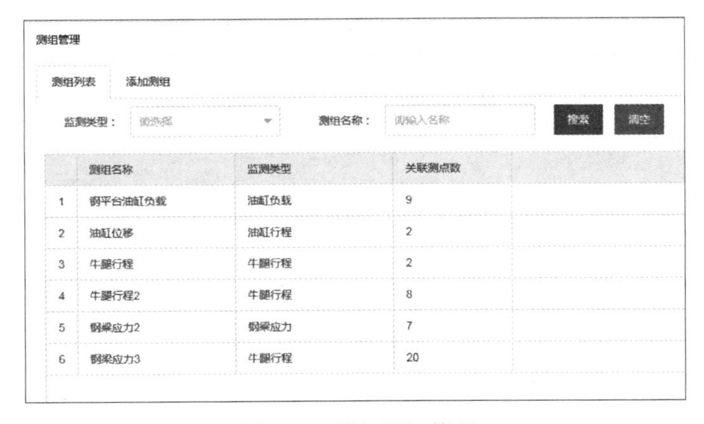

	测组名称	监测类型	关联测点数
1	钢平台油缸负载	油缸负载	9
2	油缸位移	油缸行程	2
3	牛腿行程	牛腿行程	2
4	牛腿行程2	牛腿行程	8
5	钢梁应力2	钢梁应力	7
6	钢梁应力3	牛腿行程	20

图 7-54　模架测组管理

（5）环境安全管理配置

环境安全管控包括温湿度等环境信息以及施工对周边建构筑物体环境的管控，数据采集方式包括传感器自动采集和人工采集两种，其中通过人工采集数据时，为了方便操作，点击模板按钮下载特定格式 excel 文件模板，批量处理后，点击导入按钮即可完成人工采集数据的导入（图 7-55），并可通过测点编号和设备号进行检索。

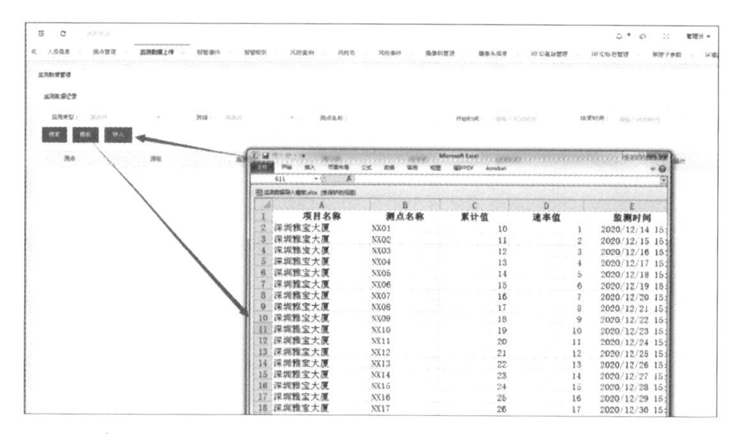

图 7-55　数据导入功能

2. 平台系统管控使用

施工安全监控集成平台的用户端界面主要分为 5 个功能区域，如图 7-56 所示。

（1）三维模型展示区域：可实现虚拟场景可视化展示以及模型交互，支持通过鼠标点击或滚动进行施工作业场景中任意构件的消隐/激活和场景缩放，查看所关心的作业区域或监控要素。

（2）项目基本信息区域：展示项目结构类型、施工进度、当日高风险作业工况信息。同时，可通过点击各要素按钮查看项目详情。

（3）评估结果展示区域：展示项目分项与总体风险状态，滚动显示报警信息。可通过该区域了解当前工程项目的人、机、环各管控要素的风险等级，以及当前施工现场所发生的重要风险事件，及时通知管理人员进行风险事件的处置。同时，可通过点击风险状态（风险等级）按钮查看各管控要素的风险发生可能性和后果严重等级，如图 7-57 所示。

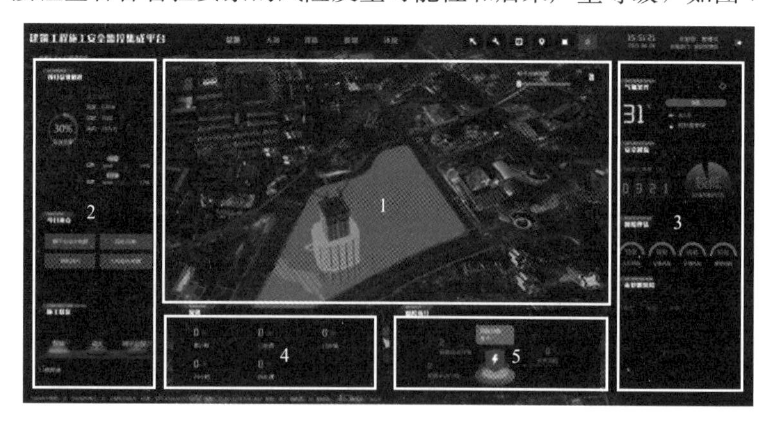

图 7-56　集成平台界面分区图

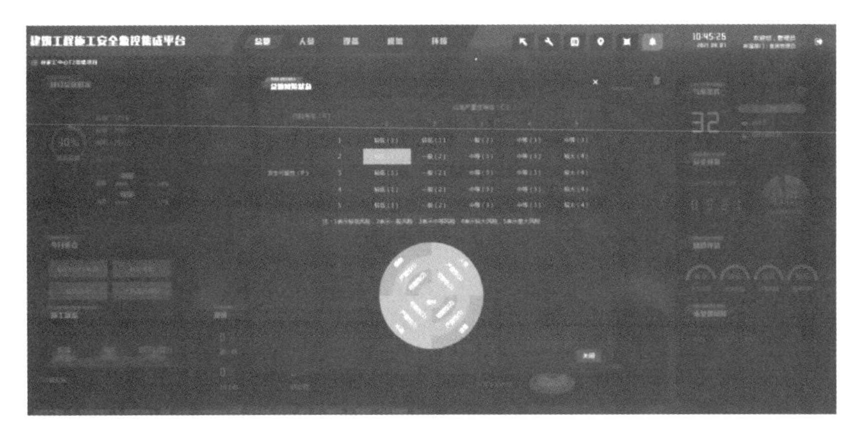

图 7-57 风险评估界面

(4) 报警信息统计区域：展示项目报警数量统计，告知管理人员当前工程项目所发生的累计报警次数、当日报警次数、已处理报警次数和未处理报警次数，通过点击各报警类型统计次数按钮，可查询该类型下报警事件的详情。

(5) 风险信息统计区域：展示项目不同等级风险事件数量统计，告知管理人员当前工程项目所发生的风险事件数量。

7.5 超高层建筑工程的示范应用案例

7.5.1 宁波新世界

1. 工程简介

宁波新世界广场 5 号地块工程项目（图 7-58）总建筑面积 15.9 万 m^2，建筑结构高度 249.8m。塔楼采用钢管混凝土框架柱＋钢梁＋两道腰桁架＋钢筋混凝土核心筒结构体系。

图 7-58 宁波新世界超高层建筑工程

2. 应用内容

以施工安全监控集成平台为基础，在宁波新世界项目上进行了施工安全风险三维可视化虚拟仿真技术、施工安全多因素耦合风险动态评估与预警技术和施工安全耦合风险控制技术的应用。

3. 实施方案

(1) 界定危险源

分析了基坑工程、施工人员、塔式起重机、模架等工程现场可能出现的危险因素，以及这些因素之间的耦合关系。

(2) 确定监测要素

结合施工过程中重点、难点以及现有监测技术确定需要监测的物理参数，针对人员、机械、模架、环境等进行监测，监测要素包括人员位置、人员状态、塔式起重机结构状态、吊臂回转、钢平台水平度、油缸位移、油缸负载、周边结构沉降等。

(3) 场地优化及设备安装

根据项目施工方案和危险源的分布和活动范围信息，通过耦合风险评估理论以及最优化算法，计算得出最佳的施工通道路径曲线，分析各工种人员的活动范围，明确风险监测关键区域，并在关键区域进行现场设备安装。

(4) 三维仿真模型建立及模型轻量化

根据施工现场实际建立三维仿真模型，采用模型标准库和扩展库快速建立模架模型，并开展模型轻量化处理，通过模型数据的压缩、过滤和优化、属性信息归并处理压缩模型规模，实现复杂模型在功能逻辑层面的轻量化加载、切换、过渡、联动，在维持模型信息规模的同时，减少模型数据传输，增强终端访问与控制的时效性，形成安全风险监控集成平台展示环境，实现多维立体直观的安全风险展示平台。

(5) 多源异构数据与安全风险三维虚拟仿真模型实时交互

采用安全风险三维虚拟仿真模型实时交互技术，引入风险源物理参数和数据逻辑，建立多维模型实时交互机制，开发交互接口，实现模型属性自动更新与重构。

4. 应用效果

该工程采用了3DGIS与BIM无缝无损集成、基于SOA整体架构设计、三维空间+时间+内容的5D数据库、基于物联网和移动互联的数据采集和智能控制、海量异构数据高效组织和管理、海量数据一体化融合可视化、大数据云计算等技术，实现了对超高层建筑物、周边场地、机械设备（塔式起重机、升降梯）、模架装备的三维仿真模拟展示，并实现了基于远程网页端的施工现场浏览和安全管控（图7-59）。系统可快速实现测点与结构构件模型关联，以及测点与相应物联网传感器数据端口关联，通过测点可以查看相应传感器数据。同时，制定了针对多因素风险事件的监控手段，并通过对风险事件监测数据分析判断，实现施工过程多因素耦合的安全风险动态有效管控。

图7-59 宁波新世界安全监控集成平台界面

7.5.2 深圳雅宝大厦

1. 工程简介

深圳雅宝大厦（图7-60）位于深圳市中轴线中心区北，建筑面积约32.5万m^2，高度356m，超高层建筑核心筒施工采用整体爬升钢平台模架设备，配2台动臂式塔式起重机。

2. 应用内容

图 7-60　深圳雅宝大厦超高层建筑工程

针对基于实时监测的多因素耦合风险动态评估技术、建筑工程多因素耦合风险动态预警技术、多源风险一体化协同控制的施工安全监控集成平台进行了应用。通过超高层施工模架装备监测模块与人员安全监控模块的对接，实现了多源监测数据的无障碍接入与可视化展示，进行多种风险源的集成管控。针对基于精确定位的人员安全管控进行动态预警展示，通过精确定位与电子围栏的结合，实现施工现场危险区域的管控，通过平台反向指令输出与穿戴设备的提醒，实现安全风险的动态预警。

3. 实施方案

（1）界定危险源及场地优化布置

分析了基坑工程、施工人员、塔式起重机、模架装备等工程现场可能出现的危险因素，以及这些因素之间的耦合关系，计算了最佳的施工通道路径曲线，确定了各工种人员的活动范围。

（2）数据采集

项目开展实施之前，提前安装调试各类传感器，包括声学传感器、加速度传感器、光学传感器、温度传感器、湿度传感器等和定位终端；通过上述各类传感器捕捉各种危险源和施工人员的工作和健康状态，并采用数据无线传输功能汇集于网络云平台，以供计算和分析。

（3）理论和模型可靠性验证

在项目施工执行之前，测试和检验耦合风险评估理论以及各类数据采集装置、传输装置、数学分析模型的可靠性，确保基于数据分析的风险评估理论分析结果与实测风险状态最佳逼近。

（4）数据分析

基于网络云平台采集的危险源状态实时数据，进行人员安全状态和生产施工设备状态的监控和评估。为提高数据检索和分析效率，各类数据将使用结构化数据存档，以数据库的形式读写，开展施工作业人员的轨迹趋势分析和风险概率估计，得出每位施工人员的作业规范指标和工作健康分值，依此进行风险预报。

（5）风险预警

基于高效预警算法，确立了适合该工程的多因素耦合风险预警等级，借助预警硬件或多媒体设备（移动通信终端、液晶显示屏、信号指示灯、警报扩音器等）予以推送经数据分析得出的危险警告信息。

4. 应用效果

针对超高层建筑施工风险特点，通过大数据分析技术结合耦合风险评估理论，提出了适用于建筑工地复杂环境下的多因素耦合风险划分聚类算法，通过集成平台实时分析建筑工地中“人-机-环”多因素耦合风险监测数据，实现了基于实时监测的多因素耦合风险动态评估，并以图形可视化的方式显示，根据分析结果的变化趋势，实现动态预警和进行施工管控。集成平台界面如图 7-61 所示。

图 7-61　深圳雅宝大厦安全监控集成平台界面

示范应用中采用海量数据实时在线分析和快速处理、耦合风险评估等技术，实现了对超高层建筑物、施工人员、周边环境、塔式起重机、模架装备的三维仿真模拟展示与快速建模浏览。结合多源异构数据预处理技术，实现了基于远程网页端的施工模型、安全管控信息浏览以及风险预警信息自动推送。

7.5.3　董家渡金融城

1. 工程简介

董家渡金融城项目（图 7-62）位于上海市黄浦区董家渡地区，董家渡路将本工程分为南北两个地块，北地块总占地面积 6.9 万 m^2，总建筑面积 58.3 万 m^2，其中地上部分建筑面积 3.5 万 m^2，建筑高度 300m。采用型钢混凝土框架＋核心筒＋伸臂桁架结构体系。外框架柱为劲性混凝土柱，采用钢梁与混凝土剪力墙连接，楼板采用钢筋桁架楼承板和压型钢板组合楼板。塔楼采用爬模施工，配置 2 台动臂式塔式起重机，以及 3 台升降梯。

图 7-62　董家渡金融城超高层建筑工程

2. 应用内容

针对监测多风险状态的高效率自动化采集设备、安全监测平台中子系统集成融合架构、子平台接入和多源异构数据预处理技术以及三维可视化协同平台进行了示范应用。

3. 应用效果

示范应用的高效率自动化采集设备在工程中取得良好的效果。针对施工现场复杂环境下的多类型风险源的物理参数进行了监测，实现了多传感海量数据的实时采集和在线远程传输，保证了传感器数据采集传输的实时性和稳定性。高效率自动化采集设备的休眠-唤醒机制、低功耗传输技术等方面的优化设计保证了施工现场复杂环境下海量数据的长期实时在线远程传输，解决了施工现场的设备供电困难、数据传输不稳定等难题。

示范应用的建筑工程施工安全监控集成平台（图 7-63 和图 7-64）通过高效率自动化采集设备获取风险源数据；采用安全监测子系统集成融合架构，完成子系统与集成平台之间的数据交互，实现了多源风险数据融合；采用统一标准的全局数据模型，构建多源异构数据库，实现了子平台无障碍接入和多源异构数据预处理，为建筑工程施工多因素耦合风险的动态评估提供了数据支撑。

图 7-63　董家渡金融城安全监控集成平台-人员管控界面

图 7-64　董家渡金融城安全监控集成平台-设备管控界面

工程应用示范实施过程中，成功应用了高效率自动化采集设备和多因素耦合风险动态评估预警及控制于一体的三维可视化协同平台，验证了高效率自动化采集设备运行的稳定性、安全监测子系统集成融合架构设计的合理性、子平台无障碍接入和多源异构数据预处理方法的可靠性，并协助工程现场提高了施工风险管控的智能化和自动化水平。

7.5.4 徐家汇中心

1. 工程简介

徐家汇中心项目（图 7-65）占地面积 9.9 万 m^2，建筑面积达 78.3 万 m^2，T1 塔楼高 220m，T2 塔楼 370m。

图 7-65 徐家汇中心超高层建筑工程 T2 塔楼

2. 应用内容

针对建筑工程的风险评估、预警、控制以及虚拟仿真技术，以施工安全监控集成平台为载体开展了示范应用。工程示范过程中，主要应用物联网、传感器应用、数据云存储与分析、BIM 轻量化、三维图形快速驱动等技术，最终以施工安全监控集成平台的形式进行工程安全状态可视化展示。

徐家汇中心工程从多方面对施工安全监控集成平台的性能进行示范应用，对以下具体的对象进行监控：人员、设备、模架、人货梯。人员的管控主要包括身体状态、行为以及位置；动臂式塔式起重机的风险管控主要包括塔式起重机构件应力、转角、倾角以及吊重；环境风险的管控主要包括施工建筑周边地基的沉降等数据。监控集成平台基于物联网技术，实现数据的通信和分析，以网页端进行可视化展示，实现人机交互操作。

3. 应用效果

针对三维虚拟仿真、多因素耦合风险动态评估与预警、安全耦合风险控制、一体化协同控制的施工安全监控集成平台（图 7-66 和图 7-67）进行了应用。在工程实施过程中，通过标准族库实现工程主体及安全管控要素的快速建模；通过模型的压缩过滤以及模型调用展示技术的创新实现了模型流畅展示；通过多因素风险耦合机理及预警技术的支撑，实现了子平台的无障碍接入和多达 20 余种多源异构数据的高效处理。在实现海量数据实时在线分析和快速处理的基础上，应用了多因素风险耦合机理，进行多因素耦合风险的评估与预警。针对多因素耦合风险事件开展了准确预警，有效弥补传统安全管控只能进行单因素控制的不足，实现了基于实测数据的多风险因素耦合安全风险管控。

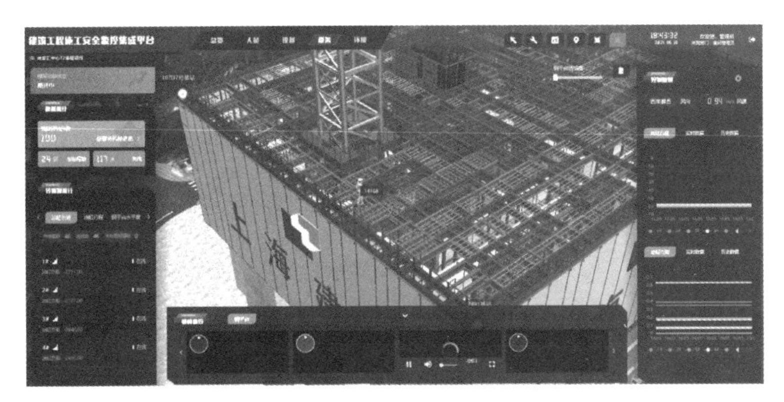

图 7-66　徐家汇中心施工场景的在线虚拟仿真

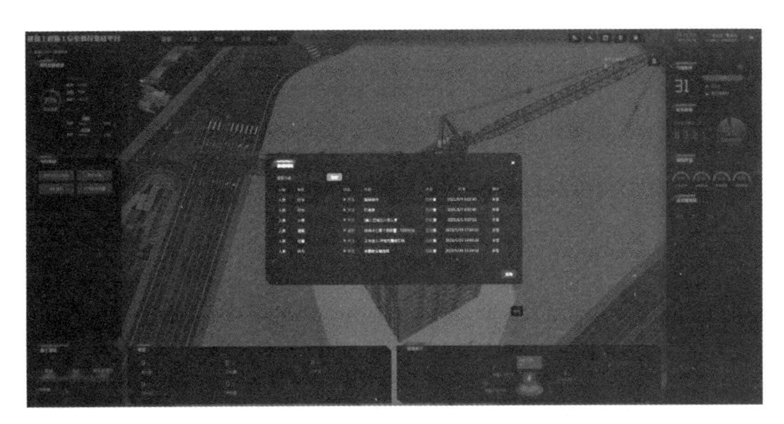

图 7-67　徐家汇中心安全监控集成平台的风险事件预警信息

7.5.5　杭州之门

1. 工程简介

杭州之门位于杭州市萧山区钱江世纪城，建筑面积达 51.3 万 m^2，为对称双塔结构，两幢塔楼高为 302m，地上 63 层，地下 3 层，采用框架核心筒结构。双塔底部由钢连廊及悬垂网架屋面将两幢塔楼相连接，东西两栋塔楼均采用模架装备施工，每栋塔楼配置了 1 台动臂式塔式起重机，以及 2 台升降梯。

2. 应用内容

针对建筑工程的风险评估、控制技术开展应用示范。工程对施工多因素耦合风险预警技术、施工安全多因素耦合风险控制策略、多源风险一体化协同控制的施工安全监控集成平台进行了应用。基于物联网技术，实现安全管控要素的监测数据通信和分析，以网页端进行可视化展示，实现人机交互和工程施工风险的自动化预警（图 7-68～图 7-70）。

3. 应用效果

示范应用所研发的建筑工程施工安全监控集成平台采用了大数据分析、高效预警算法、平台集成融合架构、海量数据实时在线分析和快速处理、耦合风险评估等技术，实现了对超高层建筑物、施工人员、周边环境、塔式起重机的三维仿真模拟展示，并通过大数据分析技术结合耦合风险评估理论，实现了施工安全多因素耦合风险控制策略分析，通过多源异构数据预处理、海量数据实时在线分析和快速处理，实现了基于远程网页端的施工模型、安全管控信息浏览以及风险预警信息自动推送。

(a) 外立面工程施工

(b) 主体结构封顶

图 7-68　杭州之门超高层建筑工程

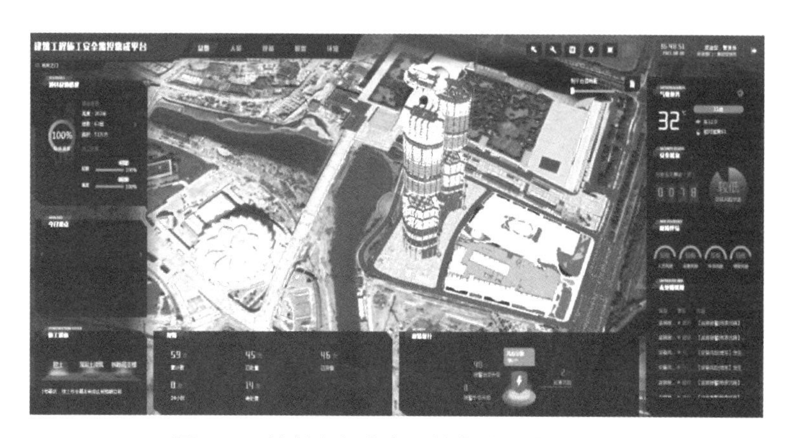

图 7-69　杭州之门安全监控集成平台主界面

图 7-70　杭州之门安全监控集成平台的设备管控界面

通过示范工程的应用表明，研发的集成平台具备较好的扩展性与稳定性，采用的技术具有较高的前瞻性与可靠性，对后续超高层建筑工程的安全管控具有良好的借鉴意义和推广价值。

第8章 超高工程安全风险控制集成平台应用

安全风险控制集成平台已在上海徐家汇中心、宁波新世界等5个超高层工程中进行了示范应用，主要体现在技术应用及功能应用两个方面。技术应用包含：安全风险三维可视化虚拟仿真、多因素耦合风险动态评估与预警控制、多维多级立体控制技术、一体化协同控制的施工安全集成监控等；功能应用包含：总览功能模块、人员功能模块、设备功能模块、模架功能模块、环境功能模块等。针对施工场景安全管理人员开发的集成平台，界面友好，操作方便，易于掌握，主要技术创新体现在：集成平台融合了“人-机-环”安全风险管控要素，实现了可视化协同安全监控目标；集成平台可接入两千多个传感元件进行监控，覆盖施工现场安全风险控制关键要素；集成平台利用监测数据与虚拟仿真模型交互技术，实现了安全施工场景的动态孪生；集成平台构建了基于微服务的扩展架构，可根据管控要素实现监控能力的不断延展。

聚焦超高层施工过程安全管理人为干预多的传统模式开展系统研究，形成系列超高层、高层建筑工程施工风险监控成果，基于物联网的施工现场安全监测软硬件系统的产品化，极大方便了工程应用，基于互联网的数字化安全风险管控集成平台的规模应用，验证了成果的可复制性。研发的软硬件、平台及关键技术具有广阔的应用前景，除示范工程以外，已在全国百余项超高建筑工程中得到推广应用，并可扩大推广应用于智慧工地、智慧城市和数字中国的建设。

针对施工现场人员、设施、设备、环境等安全管控因素，通过传感器系统、数据采集传输系统、数据处理系统和安全管控系统相互融合的创新性管控方式，实现作业人员、设备设施、环境影响等多因素的安全风险精细化控制，并形成多因素耦合风险的安全管控与多维多级的预警报警机制，为施工的安全管控提供全新的方法，可有效促进数字化技术与建筑行业的深度融合，提升建筑工程施工数字化安全风险管控水平，保障人民生命财产安全。

8.1 控制技术应用

1. 安全风险三维可视化虚拟仿真

针对施工场景与结构、施工人员、机械设备、模架装备、环境等关键要素，采用构件标准库和扩展库进行高效快速建模，支撑施工现场各关键要素模型状态更新，应用效果如图8-1～图8-3所示。通过快速建模与模型轻量化处理技术相结合实现了虚拟模型与真实场景的联动，实现在不改变网络环境及电脑硬件条件下远程网页端的大型模型可视化展示，应用效果如图 8-4 和图 8-5 所示。

图 8-1　主体结构模型

图 8-2　设备模型

图 8-3　模架及内部模型

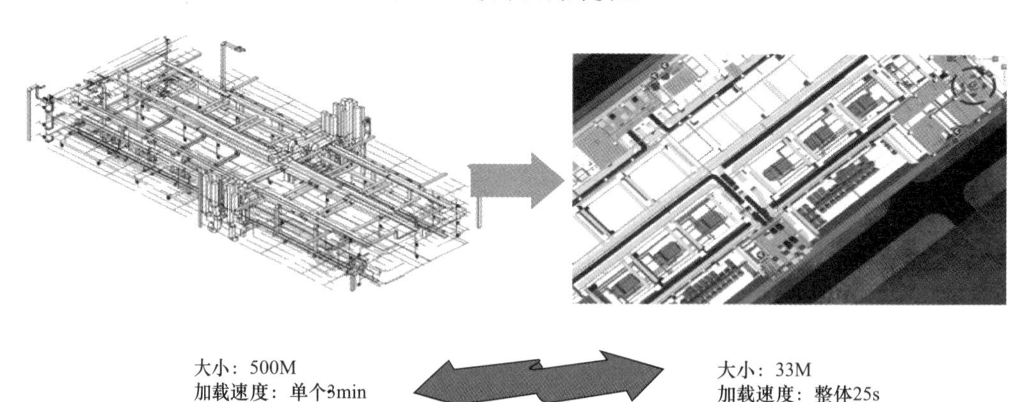

图 8-4　模型轻量化

超高层工程安全风险控制集成平台通过实测数据与模型的关联展示了施工现场的各种风险因素的状态信息以及位置信息（例如：主体结构的变化、人员实时位置及行动轨迹、塔式起重机运行轨迹、升降梯运行、模架爬升等），实现了物理场景与虚拟场景的关联与统一以及三维虚拟模型的更新与重构，应用效果如图 8-6 和图 8-7 所示，从而使平台整体实现了施工现场安全风险的三维虚拟仿真，达到了施工安全风险远程可视化和实时管控的应用效果。

图 8-5 实时虚拟仿真

2. 多因素耦合风险动态评估与预警控制

超高层工程安全风险控制集成平台以专业子平台为主要数据来源，在获得各个子平台单项风险因素的基础上，依据安全风险因素耦合分析理论进行耦合分析，获得项目施工过程中人员、机械设备、模架装备、周边环境等风险因素耦合作用下的整体风险状态。集成平台应用效果表明：以人员管控为例，在人员和机械设备之间耦合状态下，当人员未在塔式起重机覆盖范围时，人员风险等级较低；当人员位于塔式起重机覆盖范围时，人员风险等级急剧升高；当风险等级超过一定限值后，集成平台进行预警，并向管理人员推送预警信息。集成平台应用过程中，保障项目在各危险源耦合作用下，未发生较大的安全风险。应用效果如图 8-8 所示。

图 8-6 人员轨迹数据交互

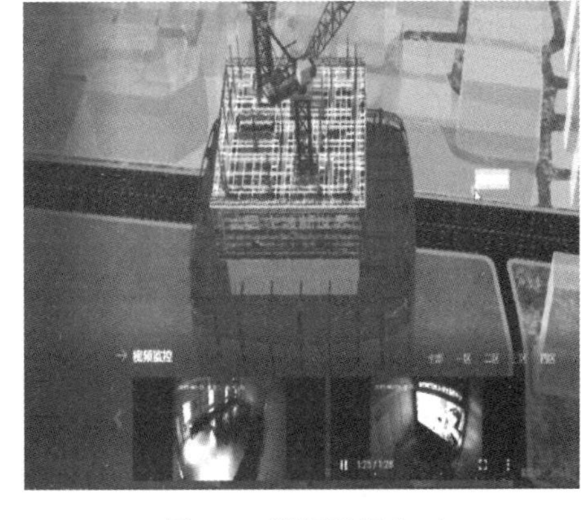

图 8-7 视频数据交互

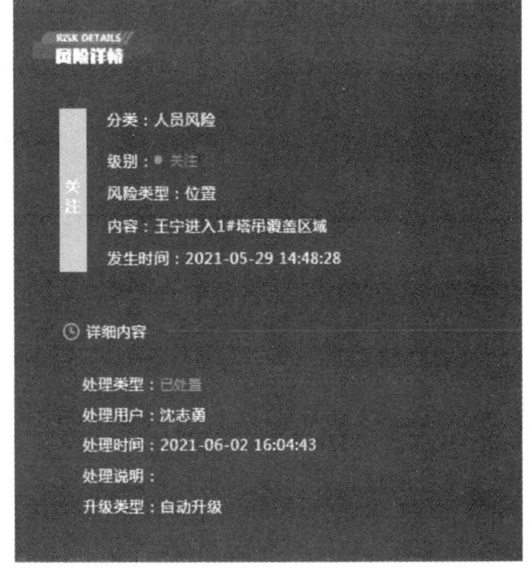

图 8-8 塔式起重机-人员耦合风险预警信息

3. 多维多级立体控制

以研发的洞口临边立体防护安全设施为例，介绍多维多级立体控制技术应用。针对传统的施工围挡进行了改造，将被动防护的施工围挡改造为具有主动防护功能的新型围挡，其具备状态自感知，危险状态报警的功能。通过将新型施工围挡的状态监测数据发送至超高层工程安全风险控制集成平台进行分析，确定施工围挡工作状态，并通过显示终端界面将安全状态分析结果直观地显示出来，管理人员可快速获取施工现场围挡异常（破坏、拆除）位置及数量。集成平台在进行可视化风险提示的同时，还配有另外两种预警控制措施，一种是将分析结果向预定的管理人员推送，另一种是激活现场风险播报扬声器，对过往人员进行主动提醒。应用效果如图 8-9～图 8-11 所示。

图 8-9　施工围挡状态数据发送设备

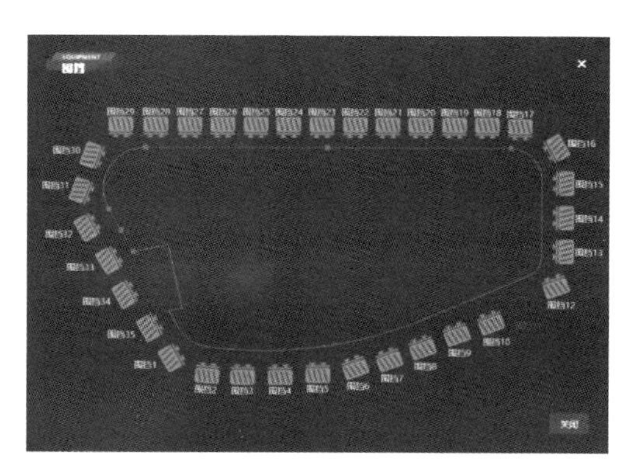

图 8-10　施工围挡预警系统界面

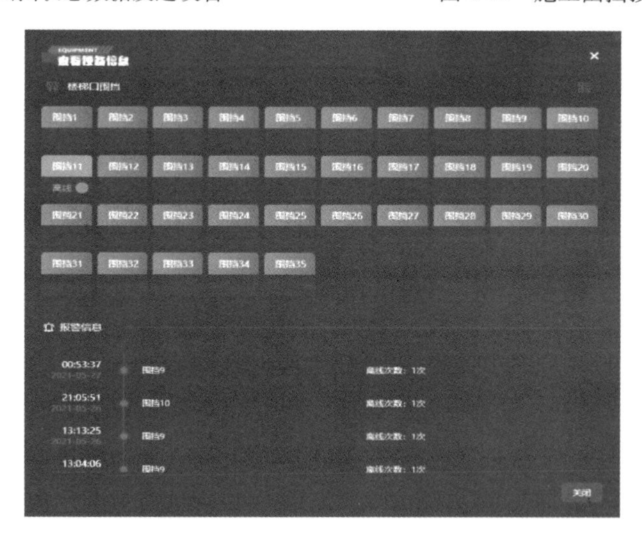

图 8-11　施工围挡异常报警

4. 平台集成应用

超高层建筑工程安全风险控制集成平台使用中主要集成应用三维虚拟仿真、多因素耦合风险动态评估与预警、安全耦合风险控制等功能。示范应用中，利用各专业子平台为集成平台提供各类数据支撑，结合海量数据实时在线采集和快速处理开展安全多因素耦合风险分析，获得分析基础数据；同时通过多因素耦合风险机理方法获得施工现场实际安全风险状态，针对特定安全风险隐患进行最优控制策略分析，开展安全控制。应用效果如图 8-12 所示。

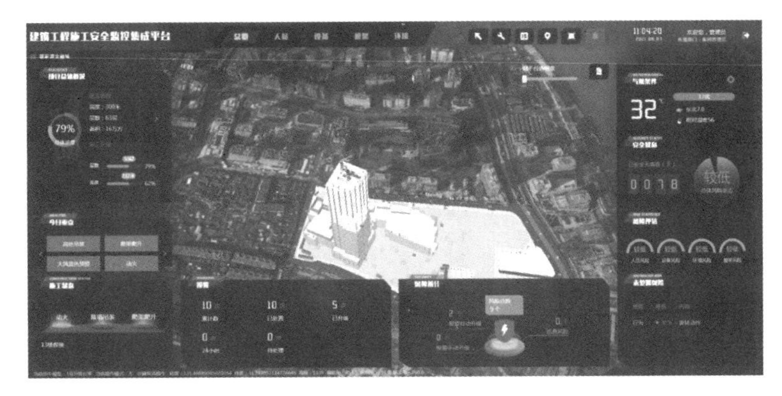

图 8-12　集成平台耦合风险评估一体化界面

8.2　管控功能应用

超高层建筑工程安全风险控制集成平台包含总览模块以及四大功能模块（人员模块、设备模块、模架模块、环境模块）。在总览模块中，系统基于四类风险因素（人员风险、设备风险、模架风险和环境风险）的风险评估等级并经耦合分析之后给出了项目的总体风险等级，并提供三维 GIS+BIM 的几何模型人机互动功能，用户通过鼠标点选和拖拽实现三维模型的几何操作和监测数据访问。应用效果如图 8-13 所示。

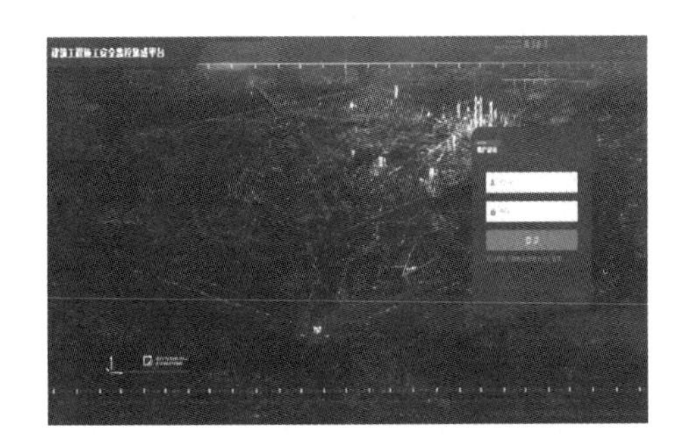

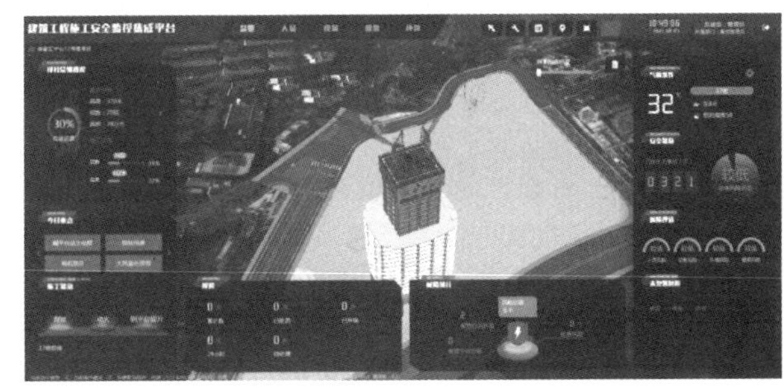

图 8-13　集成平台登录及总览界面

在人员功能模块中，平台以人员定位、摄像头图像识别等技术为基础，对施工过程人员安全状态进行智能识别与管控（图 8-14～图 8-19），用户可进行数据查看和可视化预览，管控功能的主要应用如下：

（1）将人员位置标识与精确定位标签信息绑定，实现作业人员高精度定位与行动轨迹展示；

（2）采用人员安全风险的区域划定和三维虚拟模拟模型的风险预警，实现人员安全状态的虚拟仿真，实时监测人员位置与危险区域的相对关系，根据距离趋势进行安全预警；

（3）通过采集人员位置、人员行为、生理指标等信息，实现人员区域位置、行为状态、身体健康的多级立体管控；

（4）实时分析人员行为的规范性，计算危险动作概率，实现安全主动预警；

（5）形成基于安全分值评估的人员主动安全控制方法；

（6）形成施工场地-建筑物-重点区域的逐级递缩的安全管控模式。

图 8-14　人员安全监控界面

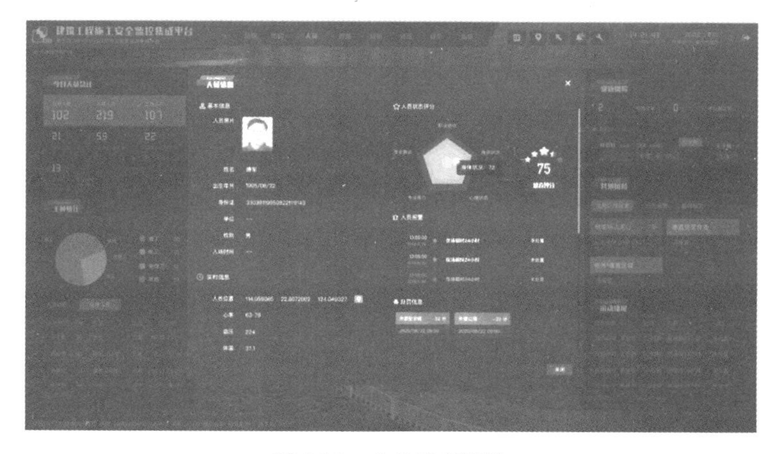

图 8-15　人员状态评估

图 8-16　人员图像 AI 智能识别

图 8-17　人员位置与运动轨迹

在设备功能模块中，平台提供了设备的安全监测相关数据与风险状态查询功能，用户可以查询塔式起重机、升降机、高压泵送管道、围挡等设备的实时运行状况和风险预报警

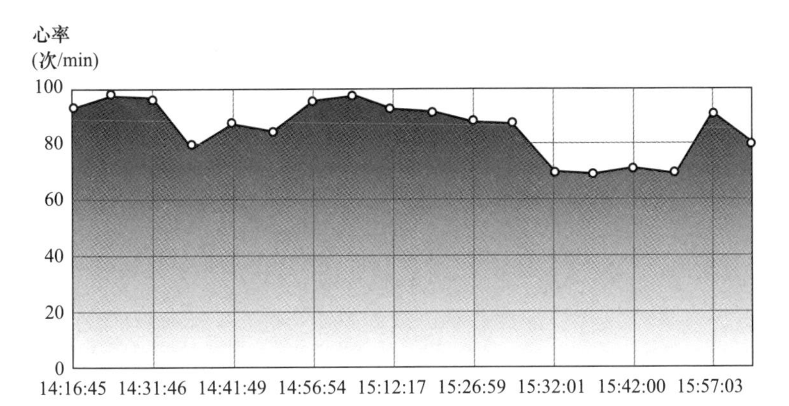

图 8-18　人员身体状态指标

信息。以机械设备为例，管控功能的主要应用如下：

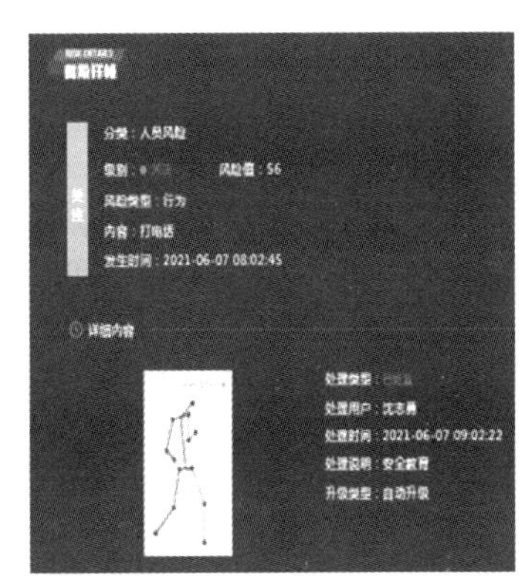

图 8-19　人员行为识别

（1）通过实测数据与模型的关联实现了三维虚拟模型的更新与重构，实现了物理场景与虚拟场景的关联与统一，以及设备状态的虚拟可视；

（2）通过对混凝土浇筑过程中高压泵送管道的声音识别及位置定位，建立了基于声频识别的混凝土高压输送管道安全监控系统；

（3）通过对升降机的人员数量、运行状态等参数实时监控，实现了升降机安全风险状态实时评估和预警；

（4）通过对塔式起重机塔身倾斜、塔身与钢平台间隙、塔身跨节点力学状态、塔臂转角等参数实时监控，实现了塔式起重机安全风险状态的实时评估和预警；

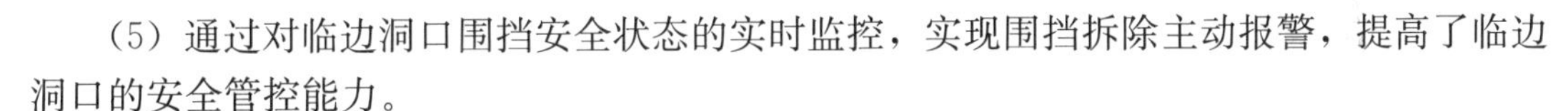

（5）通过对临边洞口围挡安全状态的实时监控，实现围挡拆除主动报警，提高了临边洞口的安全管控能力。

应用效果如图 8-20～图 8-23 所示。

图 8-20　设备安全监控界面

在模架功能模块中，平台主要针对模架设施运行状态进行监控。用户可对模架装备状态进行查询，主要包括液压系统油缸的压力和行程、钢平台的不均匀沉降和不平整度、钢

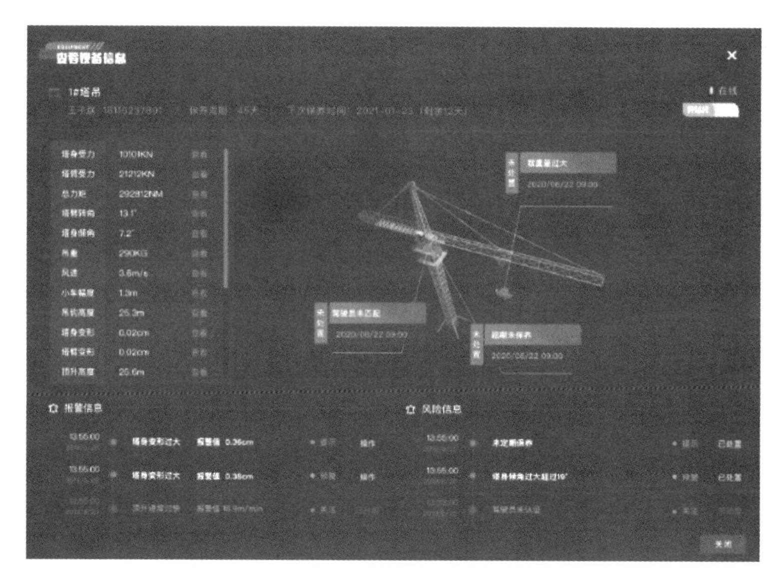

图 8-21　塔式起重机工作状态

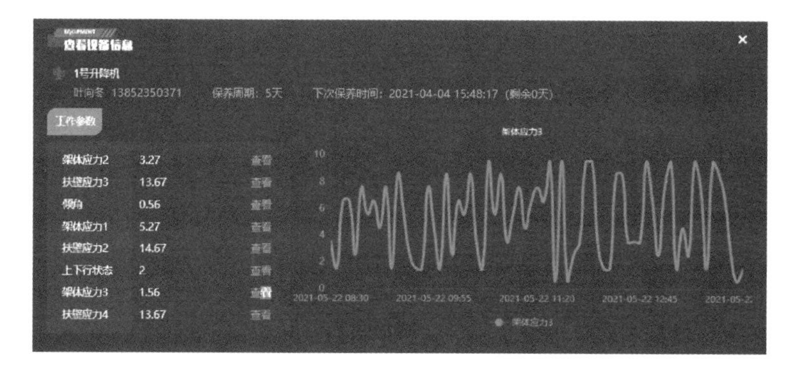

图 8-22　升降梯工作状态

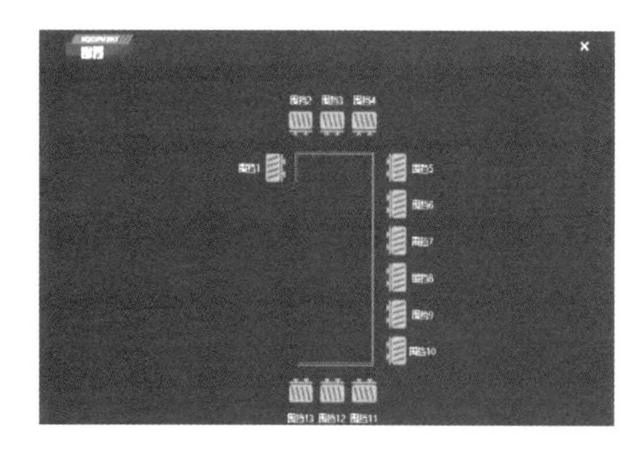

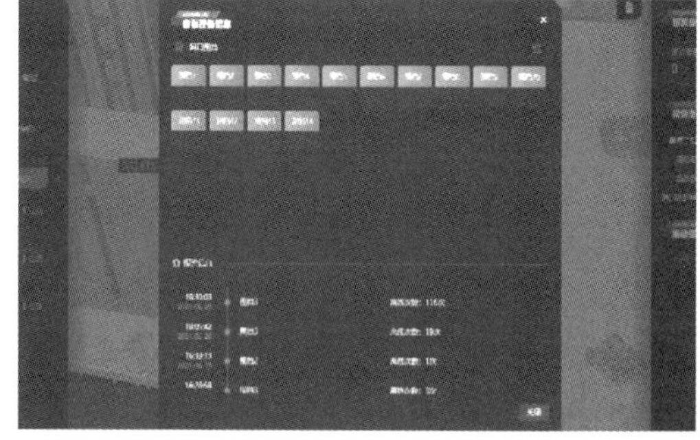

图 8-23　围挡安全状态

平台的倾斜度、塔式起重机垂直度、塔式起重机覆盖区域等，可为多因素耦合风险评估和预警提供数据基础。管控功能的主要应用如下：

（1）通过多类型传感设备及监控设备，实现了模架装备爬升状态的远程可视化实时监控；

（2）通过实测数据与模型关联交互，实现了模架装备的三维仿真模拟可视化展示；

（3）通过对钢平台水平度、液压油缸行程、油缸压力、主要构件应力进行监测及数据分析，实现了模架装备安全状态的监测预警和控制。

应用效果如图 8-24～图 8-28 所示。

图 8-24　钢平台安全监控界面

图 8-25　油缸高亮显示

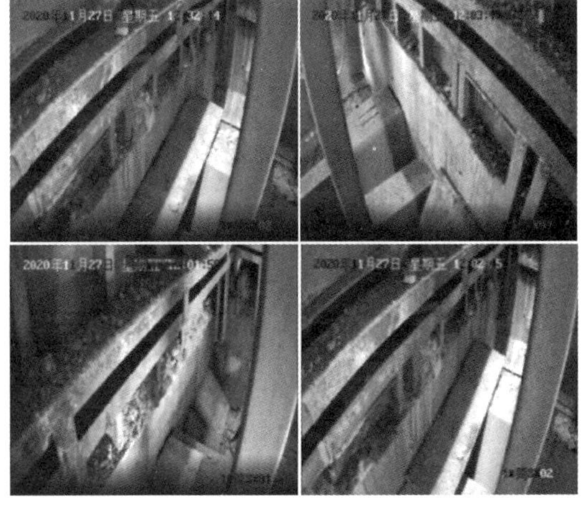

图 8-26　视频监控

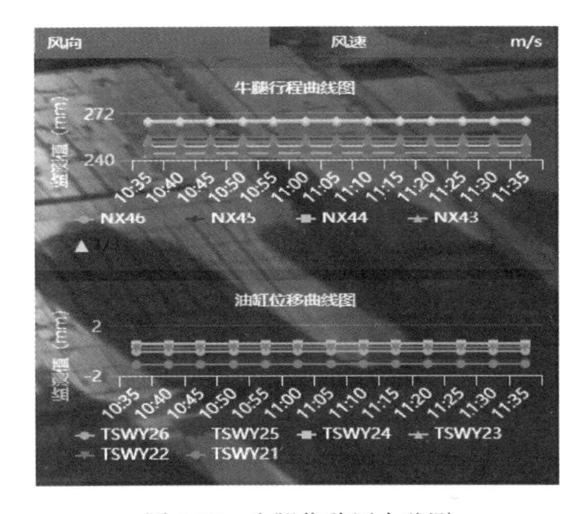

图 8-27　牛腿位移压力监测

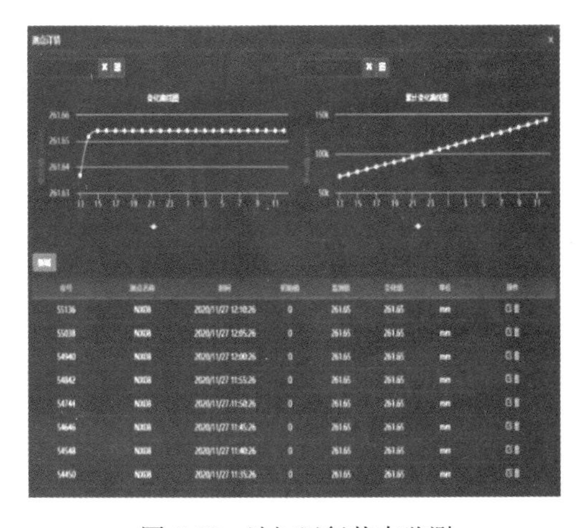

图 8-28　油缸运行状态监测

在环境功能模块中，平台提针对项目周边地表、建筑物、构筑物等周边环境安全状态进行监控，提供地下结构物的位移以及岩土构筑物的状态参数（如地下水位）监测结果。应用效果如图 8-29 和图 8-30 所示。

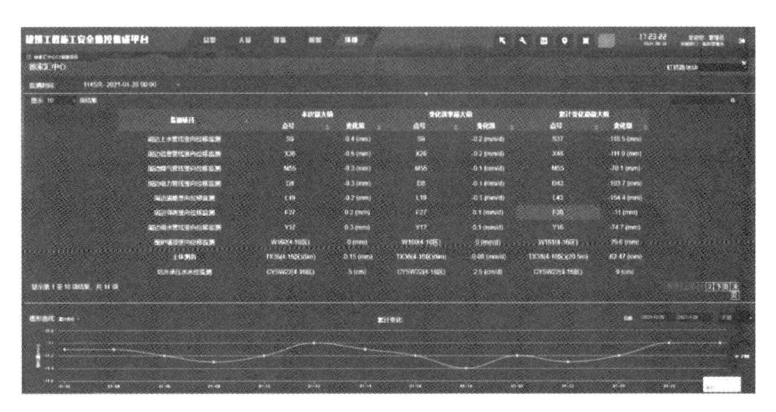

图 8-29　环境安全监控界面

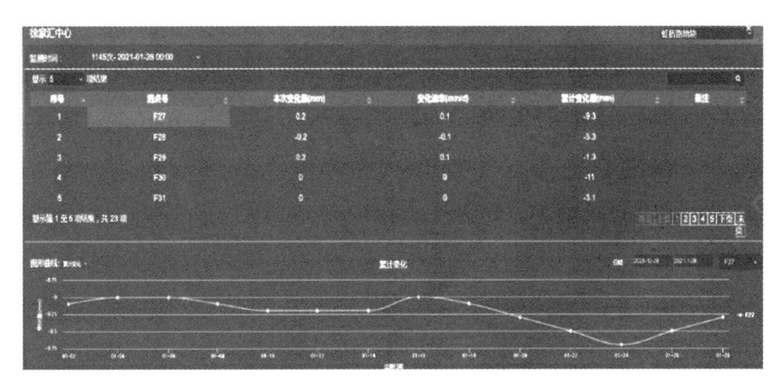

图 8-30　周边临房竖向位移监测

附　录

人员风险因素清单　　**附表 1**

一级	二级	三级风险因素清单
人员的不安全行为 R_h	生理心理缺陷 R_{h1}	施工人员血压心率异常 R_{h1-1}；施工人员疲劳工作 R_{h1-2}；施工人员酒精药物影响 R_{h1-3}；钢平台特种人员血压心率异常 R_{h1-4}；钢平台特种人员受酒精药物影响 R_{h1-5}；爬模专业人员血压心率异常 R_{h1-6}；爬模专业人员受酒精药物影响 R_{h1-7}；爬架特种人员血压心率异常 R_{h1-8}；爬架特种人员受酒精药物影响 R_{h1-9}；塔司血压心率异常 R_{h1-10}；信号司索工血压心率异常 R_{h1-11}；塔式起重机安拆工血压心率异常 R_{h1-12}；塔司疲劳工作 R_{h1-13}；塔司酒精药物影响 R_{h1-14}；信号司索工酒精药物影响 R_{h1-15}；塔式起重机安拆工酒精药物影响 R_{h1-16}；升降梯司机血压心率异常 R_{h1-17}；升降梯安拆工血压心率异常 R_{h1-18}；升降梯司机疲劳工作 R_{h1-19}；升降梯安拆工疲劳工作 R_{h1-20}；升降梯司机酒精药物影响 R_{h1-21}；升降梯安拆工酒精药物影响 R_{h1-22}；混凝土泵送特种工血压心率异常 R_{h1-23}；混凝土泵送特种工疲劳工作 R_{h1-24}；混凝土泵送特种工酒精药物影响 R_{h1-25}
	安全意识薄弱 R_{h2}	施工人员安全意识薄弱 R_{h2-1}；钢平台特种人员安全意识薄弱 R_{h2-2}；爬模专业人员安全意识薄弱 R_{h2-3}；爬架特种人员安全意识薄弱 R_{h2-4}；塔司安全意识薄弱 R_{h2-5}；信号司索工安全意识薄弱 R_{h2-6}；塔式起重机安拆工安全意识薄弱 R_{h2-7}；升降梯司机安全意识薄弱 R_{h2-8}；升降梯安拆工安全意识薄弱 R_{h2-9}
	专业水平不足 R_{h3}	钢平台特种人员无资质 R_{h3-1}；爬模专业人员无资质 R_{h3-2}；爬架特种人员无资质 R_{h3-3}；塔司无资质 R_{h3-4}；信号司索工无资质 R_{h3-5}；塔式起重机安拆工无资质 R_{h3-6}；升降梯司机无资质 R_{h3-7}；升降梯安拆工无资质 R_{h3-8}；混凝土泵送特种工无资质 R_{h3-9}；基坑施工人员无资质 R_{h3-10}
	错误违规操作 R_{h4}	错误破坏站立面 R_{h4-1}；施工程序错误 R_{h4-2}；随意摆放材料工具 R_{h4-3}；施工人员违规堆载 R_{h4-4}；钢平台专业人员工作程序错误 R_{h4-5}；施工人员过早退模 R_{h4-6}；爬模专业人员工作程序错误 R_{h4-7}；爬架特种人员工作程序错误 R_{h4-8}；塔司超重起吊 R_{h4-9}；塔司盲吊 R_{h4-10}；信号司索工错误指挥 R_{h4-11}；塔式起重机安拆工作程序错误 R_{h4-12}；信号司索工未充分固定吊物 R_{h4-13}；升降梯司机违规操作 R_{h4-14}；升降梯安拆工作程序错误 R_{h4-15}；未按要求配比混凝土 R_{h4-16}；未按要求搅拌混凝土 R_{h4-17}；未按要求停泵清管 R_{h4-18}；未按方案进行地连墙施工 R_{h4-19}；未按方案进行场地降水 R_{h4-20}；未按方案进行基坑支护拆除 R_{h4-21}
	进入危险区域 R_{h5}	逗留临边洞口 R_{h5-1}；滞留操作平台 R_{h5-2}；进入交叉作业区域 R_{h5-3}
	未正确使用防护用品 R_{h6}	未正确使用安全带 R_{h6-1}；未正确使用安全帽 R_{h6-2}

机械装备风险因素清单 **附表 2**

一级	二级	三级风险因素清单
机械设备的不安全状态 R_m	结构功能缺陷 R_{m1}	整体钢平台封闭性差 R_{m1-1}；液压爬模封闭性差 R_{m1-2}；爬架封闭性差 R_{m1-3}；升降机梯笼地板锈蚀破损 R_{m1-4}；钢平台主承载构件锈蚀变形 R_{m1-5}；钢平台爬升控制系统故障 R_{m1-6}；钢平台组分未牢固连接 R_{m1-7}；爬模主承载构件锈蚀变形 R_{m1-8}；爬模爬升控制系统故障 R_{m1-9}；爬模组分未牢固连接 R_{m1-10}；爬架主承载构件锈蚀变形 R_{m1-11}；爬架升降控制系统故障 R_{m1-12}；架体搭设不符合要求 R_{m1-13}；塔式起重机结构锈蚀变形 R_{m1-14}；塔式起重机组分未牢固连接 R_{m1-15}；塔式起重机结构倾斜过大 R_{m1-16}；吊绳磨损严重 R_{m1-17}；升降梯结构锈蚀变形 R_{m1-18}；升降梯钢丝绳磨损严重 R_{m1-19}；升降梯电气设备故障 R_{m1-20}；导轨架标准节木牢固连接 R_{m1-21}；泵送管或弯头设置不合理 R_{m1-22}；混凝土泵动力不足 R_{m1-23}；地下水回灌设备故障 R_{m1-24}
	支撑系统不足 R_{m2}	钢平台支撑混凝土承载力不足 R_{m2-1}；钢平台支撑结构形状不合理 R_{m2-2}；爬升锥处混凝土承载力不足 R_{m2-3}；爬架拉接部位强度不足 R_{m2-4}；提升钢梁连接部位强度不足 R_{m2-5}；塔式起重机附墙混凝土强度不足 R_{m2-6}；塔式起重机基础强度不足 R_{m2-7}；升降梯附墙混凝土强度不足 R_{m2-8}；升降梯基础强度不足 R_{m2-9}
	超负荷运转 R_{m3}	钢平台堆载超载 R_{m3-1}；爬模堆载超载 R_{m3-2}；爬架堆载超载 R_{m3-3}；塔式起重机吊物超重 R_{m3-4}；吊物移动过快 R_{m3-5}；升降梯超载 R_{m3-6}；升降梯超速 R_{m3-7}
	运动过程受阻 R_{m4}	钢平台爬升同步性差 R_{m4-1}；钢平台爬升时未拆除拉结 R_{m4-2}；爬模爬升同步性差 R_{m4-3}；爬模爬升未拆除拉结 R_{m4-4}；爬模导向轨不平整卡阻 R_{m4-5}；架体提升同步性差 R_{m4-6}；爬架爬升时未拆除拉结 R_{m4-7}；爬架导向轨不平整卡阻 R_{m4-8}；吊装路径受阻 R_{m4-9}；塔式起重机爬升过程受阻 R_{m4-10}
	安全保护装置失效 R_{m5}	爬架防坠装置失效 R_{m5-1}；爬架防倾覆装置失效 R_{m5-2}；塔式起重机限位装置失灵 R_{m5-3}；塔式起重机吊重限制器失灵 R_{m5-4}；塔式起重机防脱钩装置失灵 R_{m5-5}；升降梯限位器故障 R_{m5-6}；升降梯防坠安全器失灵 R_{m5-7}

环境风险因素清单 **附表 3**

一级	二级	三级风险因素清单
不利的环境条件 R_e	施工场地狭窄 R_{e1}	立体交叉作业面多 R_{e1-1}；爬模与垂直运输机械空间冲突 R_{e1-2}；爬架与垂直运输机械空间冲突 R_{e1-3}；场地建构筑物密集 R_{e1-4}；群塔作业 R_{e1-5}；场外构建筑物密集 R_{e1-6}
	施工场地杂乱 R_{e2}	临边洞口材料工具杂乱 R_{e2-1}；钢平台易燃物品无序散置 R_{e2-2}
	缺少防护和警示 R_{e3}	临边洞口防护缺失 R_{e3-1}；防护网防护棚缺失 R_{e3-2}；钢平台无醒目限载标识 R_{e3-3}；爬模无醒目限载标识 R_{e3-4}；爬架无醒目限载标识 R_{e3-5}
	照明光线不良 R_{e4}	夜间照明不足 R_{e4-1}；建筑内部照明不足 R_{e4-2}
	地面湿滑 R_{e5}	临边站立面湿滑 R_{e5-1}
	台风 R_{e6}	强风 R_{e6-1}
	雷雨 R_{e7}	暴雨 R_{e7-1}；雷电 R_{e7-2}
	高温 R_{e8}	高温 R_{e8-1}
	寒潮 R_{e9}	寒潮 R_{e9-1}

风险复杂网络关键路径（TOP5） **附表 4**

风险事件	关键路径
人员高处坠落	临边洞口防护缺失→人员高处坠落
	施工人员安全意识薄弱→逗留临边洞口→人员高处坠落
	爬架封闭性差→人员高处坠落
	升降机梯笼地板锈蚀破损→人员高处坠落
	整体钢平台封闭性差→人员高处坠落
人员遭受物体打击	立体交叉作业面多→人员遭受物体打击
	防护网防护棚缺失→人员遭受物体打击
	施工人员安全意识薄弱→人员遭受物体打击
	强风→人员遭受物体打击
	爬架封闭性差→人员遭受物体打击
整体钢平台体系失稳	钢平台爬升同步性差→钢平台安装过程体系失稳→整体钢平台体系失稳
	钢平台爬升控制系统故障→钢平台安装过程体系失稳→整体钢平台体系失稳
	钢平台支撑混凝土承载力不足→钢平台安装过程体系失稳→整体钢平台体系失稳
	钢平台支撑结构形状不合理→钢平台安装过程体系失稳→整体钢平台体系失稳
	钢平台主承载构件锈蚀变形→钢平台使用过程体系失稳→整体钢平台体系失稳
液压爬模破坏坠落	爬模导向轨不平整卡阻→爬模爬升过程坠落→液压爬模破坏坠落
	爬模爬升控制系统故障→爬模爬升过程坠落→液压爬模破坏坠落
	爬模爬升同步性差→爬模爬升过程坠落→液压爬模破坏坠落
	爬模专业人员安全意识薄弱→爬模组分未牢固连接→爬模使用过程坠落→液压爬模破坏坠落
	爬升锥处混凝土承载力不足→爬模使用过程坠落→液压爬模破坏坠落
附着升降脚手架破坏坠落	爬架导向轨不平整卡阻→爬架爬升过程坠落→附着升降脚手架破坏坠落
	架体提升同步性差→爬架爬升过程坠落→附着升降脚手架破坏坠落
	爬架防倾覆装置失效→爬架爬升过程坠落→附着升降脚手架破坏坠落
	爬架防坠装置失效→爬架爬升过程坠落→附着升降脚手架破坏坠落
	爬架拉接部位强度不足→爬架爬升过程坠落→附着升降脚手架破坏坠落
塔式起重机破坏倾覆	塔式起重机安拆工安全意识薄弱→塔式起重机安拆工作程序错误→塔式起重机安装过程倾覆→塔式起重机破坏倾覆
	塔式起重机安拆工无资质→塔式起重机安拆工作程序错误→塔式起重机安装过程倾覆→塔式起重机破坏倾覆
	塔式起重机附墙混凝土强度不足→塔式起重机使用过程倾覆→塔式起重机破坏倾覆
	塔式起重机基础强度不足→塔式起重机使用过程倾覆→塔式起重机破坏倾覆
	塔式起重机结构锈蚀变形→塔式起重机使用过程倾覆→塔式起重机破坏倾覆
塔式起重机吊物坠落	信号司索工安全意识薄弱→信号司索工未充分固定吊物→塔式起重机吊物坠落
	信号司索工无资质→信号司索工未充分固定吊物→塔式起重机吊物坠落
	吊绳磨损严重→塔式起重机吊物坠落
	强风→塔式起重机碰撞事故→塔式起重机吊物坠落
	信号司索工酒精药物影响→信号司索工未充分固定吊物→塔式起重机吊物坠落
升降机梯笼坠落	升降梯安拆工无资质→升降梯安拆工作程序错误→安装过程梯笼坠落→升降机梯笼坠落
	升降梯安拆工安全意识薄弱→升降梯安拆工作程序错误→安装过程梯笼坠落→升降机梯笼坠落
	升降梯钢丝绳磨损严重→使用过程梯笼坠落→升降机梯笼坠落
	升降梯安拆工疲劳工作→升降梯安拆工作程序错误→安装过程梯笼坠落→升降机梯笼坠落
	升降梯电气设备故障→使用过程梯笼坠落→升降机梯笼坠落

续表

风险事件	关键路径
高压混凝土泵送堵管	未按要求搅拌混凝土→高压混凝土泵送堵管
	未按要求配比混凝土→高压混凝土泵送堵管
	寒潮→高压混凝土泵送堵管
	泵送管或弯头设置不合理→高压混凝土泵送堵管
	混凝土泵动力不足→高压混凝土泵送堵管
紧邻构筑物变形破坏	未按方案进行场地降水→基坑相邻地面存在沉降风险→紧邻构筑物变形破坏
	未按方案进行地连墙施工→基坑相邻地面存在沉降风险→紧邻构筑物变形破坏
	未按方案进行基坑支护拆除→基坑相邻地面存在沉降风险→紧邻构筑物变形破坏
	暴雨→基坑相邻地面存在沉降风险→紧邻构筑物变形破坏
	场外构建筑物密集→基坑相邻地区存在构筑物→紧邻构筑物变形破坏

整体钢平台系统失效模式 **附表 5**

子系统	部件	失效模式	失效原因	失效后果
钢平台系统	主梁	主梁下挠超标	内应力的影响	影响钢平台顶部平整度，影响施工平顺度及施工人员安全
			温度的影响	影响钢平台顶部平整度，影响施工平顺度及施工人员安全
		搭接焊缝疲劳裂缝	疲劳使用，焊缝缺陷或应力集中	刚度和稳定性降低
			材质缺陷	刚度和稳定性降低
		主梁腐蚀	防护不足	稳定性降低
		主梁塑性变形	刚度或强度不足	主梁变形
			施工过程中超载	主梁变形
		刚性不足	设计裕度不够	主梁变形
		跨度超差	钢平台拼装时测基不准，工艺不严格	钢平台运行歪斜，影响施工平顺度及施工人员安全
	次梁	次梁下挠超标	内应力的影响	影响钢平台顶部平整度，影响施工平顺度及施工人员安全
			温度的影响	影响钢平台顶部平整度，影响施工平顺度及施工人员安全
		搭接焊缝疲劳裂缝	疲劳使用，焊缝缺陷或应力集中	刚度和稳定性降低
			材质缺陷	刚度和稳定性降低
		次梁腐蚀	防护不足	稳定性降低
		次梁塑性变形	刚度或强度不足	次梁变形
			施工过程中超载	次梁变形
		刚性不足	设计裕度不够	次梁变形
		跨度超差	钢平台拼装时测基不准，工艺不严格	影响钢平台顶部平整度，影响施工平顺度及施工人员安全
	连系梁	搭接焊缝疲劳裂缝	疲劳使用，焊缝缺陷或应力集中	刚度和稳定性降低
			材质缺陷	刚度和稳定性降低

续表

子系统	部件	失效模式	失效原因	失效后果
钢平台系统	连系梁	连系梁腐蚀	防护不足	稳定性降低
		连系梁塑性变形	刚度或强度不足	连系梁变形
			施工过程中超载	连系梁变形
		跨度超差	钢平台拼装时测基不准，工艺不严格	影响钢平台顶部平整度
	走道板	搭接固定不稳	拼装时控制不准，工艺不严格	影响钢平台顶部平整度，影响施工平顺度，危及施工人员安全
		走道板腐蚀	防护不足	稳定性降低
		走道板塑性变形	刚度或强度不足	走道板变形
			施工过程中超载	走道板变形
	防坠闸板	搭接固定不稳	拼装时控制不准，工艺不严格	可能造成高空坠物，影响地面安全，危及施工人员安全
		固定搭接松动脱落	风载或施工动载	防坠闸板掉落，影响地面安全，危及施工人员安全
		防坠闸板腐蚀	防护不足	稳定性降低
		防坠闸板塑性变形	刚度或强度不足	防坠闸板变形
			风载或施工动载	防坠闸板变形
	侧向挡板	搭接固定不稳	拼装时控制不准，工艺不严格	可能造成高空坠物，影响地面安全，危及施工人员安全
		固定搭接松动脱落	风载或施工动载	侧向挡板掉落，影响地面安全，危及施工人员安全
		侧向挡板腐蚀	防护不足	稳定性降低
		侧向挡板塑性变形	刚度或强度不足	侧向挡板变形
			风载或施工动载	侧向挡板变形
	提升系统固定座	固定座歪斜	拼装时控制不准，工艺不严格	稳定性降低，影响提升系统竖直度，引起提升装置报废
		固定搭接松动脱落	施工动载	稳定性降低，引起提升装置报废
		腐蚀	防护不足	稳定性降低
外挂脚手架系统	竖向吊架	竖向吊架歪斜	拼装时控制不准，工艺不严格	稳定性降低，影响竖直度
		固定搭接松动脱落	风载与施工动载	稳定性降低
		腐蚀	防护不足	稳定性降低
		竖向吊架塑性变形	刚度或强度不足	竖向吊架变形
			风载或施工动载	竖向吊架变形
	横向连系梁	横向连系梁歪斜	拼装时控制不准，工艺不严格	稳定性降低，影响竖直度
		固定搭接松动脱落	风载与施工动载	稳定性降低
		腐蚀	防护不足	稳定性降低
		横向连系梁塑性变形	刚度或强度不足	横向连系梁变形
			风载或施工动载	横向连系梁变形

续表

子系统	部件	失效模式	失效原因	失效后果
外挂脚手架系统	走道板	搭接固定不稳	拼装时控制不准，工艺不严格	影响施工平顺度，危及施工人员安全
		走道板腐蚀	防护不足	稳定性降低
		走道板塑性变形	刚度或强度不足	走道板变形
			施工过程中超载	走道板变形
	底板	搭接固定不稳	拼装时控制不准，工艺不严格	影响施工平顺度，危及施工人员安全
		底板腐蚀	防护不足	稳定性降低
		底板塑性变形	刚度或强度不足	底板变形
			施工过程中超载	底板变形
	防坠闸板	搭接固定不稳	拼装时控制不准，工艺不严格	可能造成高空坠物，影响地面安全，危及施工人员安全
		固定搭接松动脱落	风载或施工动载	防坠闸板掉落，影响地面安全，危及施工人员安全
		防坠闸板腐蚀	防护不足	稳定性降低
		防坠闸板塑性变形	刚度或强度不足	防坠闸板变形
			风载或施工动载	防坠闸板变形
	侧向挡板	搭接固定不稳	拼装时控制不准，工艺不严格	可能造成高空坠物，影响地面安全，危及施工人员安全
		固定搭接松动脱落	风载或施工动载	侧向挡板掉落，影响地面安全，危及施工人员安全
		侧向挡板腐蚀	防护不足	稳定性降低
		侧向挡板塑性变形	刚度或强度不足	侧向挡板变形
			风载或施工动载	侧向挡板变形
内挂脚手架系统	竖向承重吊架	竖向吊架歪斜	拼装时控制不准，工艺不严格	稳定性降低，影响竖直度
		固定搭接松动脱落	风载与施工动载	稳定性降低
		腐蚀	防护不足	稳定性降低
		竖向吊架塑性变形	刚度或强度不足	竖向吊架变形
			风载或施工动载	竖向吊架变形
	底部承重梁	底部承重梁挠度超标	内应力的影响	影响施工平顺度及施工人员安全
			温度的影响	影响施工平顺度及施工人员安全
		搭接焊缝疲劳裂缝	疲劳使用，焊缝缺陷或应力集中	刚度和稳定性降低
			材质缺陷	刚度和稳定性降低
		次梁腐蚀	防护不足	稳定性降低
		次梁塑性变形	刚度或强度不足	底部承重梁变形
			施工过程中超载	底部承重梁变形
		刚性不足	设计裕度不够	底部承重梁变形
		跨度超差	拼装工艺不严格	影响施工平顺度及施工人员安全

续表

子系统	部件	失效模式	失效原因	失效后果
内挂脚手架系统	横向连系梁	横向连系梁歪斜	拼装工艺不严格	稳定性降低
		固定搭接松动脱落	风载与施工动载	稳定性降低
		腐蚀	防护不足	稳定性降低
		横向连系梁塑性变形	刚度或强度不足	横向连系梁变形
			风载或施工动载	横向连系梁变形
	施工便梯	施工便梯歪斜	拼装工艺不严格	稳定性降低，影响施工平顺度，影响施工人员安全
		固定搭接松动脱落	风载与施工动载	稳定性降低
		腐蚀	防护不足	稳定性降低
	走道板	搭接固定不稳	拼装时控制不准，工艺不严格	影响施工平顺度，危及施工人员安全
		走道板腐蚀	防护不足	稳定性降低
		走道板塑性变形	刚度或强度不足	走道板变形
			施工过程中超载	走道板变形
	防坠闸板	搭接固定不稳	拼装时控制不准，工艺不严格	可能造成高空坠物，影响地面安全，危及施工人员安全
		固定搭接松动脱落	风载或施工动载	防坠闸板掉落，影响地面安全，危及施工人员安全
		防坠闸板腐蚀	防护不足	稳定性降低
		防坠闸板塑性变形	刚度或强度不足	防坠闸板变形
			风载或施工动载	防坠闸板变形
	外伸牛腿	塑性变形超标	刚度或强度不足	钢平台塌落，重大安全事故
			超载运行	钢平台塌落，重大安全事故
		焊缝疲劳裂缝	疲劳使用、应力集中	刚度和稳定性降低
	承重牛腿销壳	塑性变形超标	刚度或强度不足	钢平台塌落，重大安全事故
			超载运行	钢平台塌落，重大安全事故
		焊缝疲劳裂缝	疲劳使用、应力集中	刚度和稳定性降低
模板系统	钢大模	搭接固定不稳	拼装时工艺不严格	影响施工平顺度，危及施工人员安全
		钢大模腐蚀	防护不足	稳定性降低
	拼接木模	搭接固定不稳	拼装时工艺不严格	影响施工平顺度，危及施工人员安全
	手拉捯链	固定不稳	拼装时工艺不严格	影响施工平顺度，危及施工人员安全
		塑性变形超标	刚度或强度不足	稳定性降低
			超载运行	稳定性降低
	对拉螺栓	搭接固定不稳	拼装时工艺不严格	影响施工平顺度，危及施工人员安全
		对拉螺栓腐蚀	防护不足	稳定性降低
提升系统	工具式格构钢柱	工具式格构钢柱歪斜	拼装工艺不严格，提升过程产生偏心荷载	稳定性降低，影响竖直度
		固定搭接松动脱落	施工动载	稳定性降低
		腐蚀	防护不足	稳定性降低
		工具式格构钢柱塑性变形	刚度或强度不足	工具式格构钢柱变形
			风载或施工动载	工具式格构钢柱变形

续表

子系统	部件	失效模式	失效原因	失效后果
提升系统	提升架	固定搭接松动脱落	施工动载	稳定性降低
		腐蚀	防护不足	稳定性降低
		提升架塑性变形	刚度或强度不足	提升架变形
			风载或施工动载	提升架变形
	液压提升机	液压提升机振动或整机过热	液压油压力过高	无法正常工作，影响钢平台结构稳定性，危及施工人员安全
			液压油缸通风不良	影响钢平台结构稳定性，危及施工人员安全
		液压油缸压力不稳	液压油渗漏	无法正常工作
			伺服阀过载	无法正常工作
			控制器损坏	无法正常工作
	液压油源	油源系统报警	三相电压不稳	无法正常工作
			电机过载	无法正常工作
			电机通风不良	无法正常工作
			油温过高或过低	无法正常工作
			齿轮泵机磨损	无法正常工作
		分油器报警	液压油油压不稳	无法正常工作
			伺服阀短路	无法正常工作
		油箱泄漏	油管裂缝	液压油泄漏，危及施工人员安全
			阀门断裂	液压油泄漏，危及施工人员安全
	操作间	顶部坠物	操作间顶部未进行有效防护	操作人员受伤
		仪表柜带电	线缆绝缘不良	触电事故，操作人员受伤
			电源接地不良	触电事故，操作人员受伤
	提升卡扣装置	固定搭接松动脱落	施工动载	稳定性降低
		腐蚀	防护不足	稳定性降低
		塑性变形	刚度或强度不足	提升卡扣装置变形，造成钢平台提升失稳
			施工动载	提升卡扣装置变形，造成钢平台提升失稳

徐家汇中心 T1 塔楼超高层项目重大安全风险因素清单 **附表 6**

一级	二级	三级风险因素清单
人员的不安全行为 R_{h}	生理心理缺陷 R_{h1}	施工人员血压心率异常 R_{h1-1}；施工人员疲劳工作 R_{h1-2}；施工人员酒精药物影响 R_{h1-3}；爬架特种人员血压心率异常 R_{h1-8}；爬架特种人员受酒精药物影响 R_{h1-9}；塔司血压心率异常 R_{h1-10}；信号工血压心率异常 R_{h1-11}；塔式起重机安拆工血压心率异常 R_{h1-12}；塔司疲劳工作 R_{h1-13}；塔司酒精药物影响 R_{h1-14}；信号工酒精药物影响 R_{h1-15}；塔式起重机安拆工酒精药物影响 R_{h1-16}；升降梯司机血压心率异常 R_{h1-17}；升降梯安拆工血压心率异常 R_{h1-18}；升降梯司机疲劳工作 R_{h1-19}；升降梯安拆工疲劳工作 R_{h1-20}；升降梯司机酒精药物影响 R_{h1-21}；升降梯安拆工酒精药物影响 R_{h1-22}；混凝土泵送特种工血压心率异常 R_{h1-23}；混凝土泵送特种工疲劳工作 R_{h1-24}；混凝土泵送特种工酒精药物影响 R_{h1-25}；信号工疲劳工作 R_{h1-26}

续表

一级	二级	三级风险因素清单
人员的不安全行为 R_h	安全意识薄弱 R_{h2}	施工人员安全意识薄弱 R_{h2-1}；爬架特种人员安全意识薄弱 R_{h2-4}；塔司安全意识薄弱 R_{h2-5}；信号工安全意识薄弱 R_{h2-6}；塔式起重机安拆工安全意识薄弱 R_{h2-7}；升降梯司机安全意识薄弱 R_{h2-8}；升降梯安拆工安全意识薄弱 R_{h2-9}
	专业水平不足 R_{h3}	爬架特种人员无资质 R_{h3-3}；塔司无资质 R_{h3-4}；信号工无资质 R_{h3-5}；塔式起重机安拆工无资质 R_{h3-6}；升降梯司机无资质 R_{h3-7}；升降梯安拆工无资质 R_{h3-8}；混凝土泵送特种工无资质 R_{h3-9}；基坑施工人员无资质 R_{h3-10}
	错误违规操作 R_{h4}	错误破坏站立面 R_{h4-1}；施工程序错误 R_{h4-2}；随意摆放工具材料 R_{h4-3}；施工人员违规堆载 R_{h4-4}；施工人员过早退模 R_{h4-6}；爬架特种人员工作程序错误 R_{h4-8}；塔司超重起吊 R_{h4-9}；塔司盲吊 R_{h4-10}；信号工错误指挥 R_{h4-11}；塔式起重机安拆工作程序错误 R_{h4-12}；司索工未充分固定吊物 R_{h4-13}；升降梯司机违规操作 R_{h4-14}；升降梯安拆工作程序错误 R_{h4-15}；未按要求配比混凝土 R_{h4-16}；未按要求搅拌混凝土 R_{h4-17}；未按要求停泵清管 R_{h4-18}；未按方案进行地连墙施工 R_{h4-19}；未按方案进行场地降水 R_{h4-20}；未按方案进行基坑支护拆除 R_{h4-21}
	进入危险区域 R_{h5}	逗留临边洞口 R_{h5-1}；滞留操作平台 R_{h5-2}；进入交叉作业区域 R_{h5-3}
	未正确使用防护用品 R_{h6}	未正确使用安全带 R_{h6-1}；未正确使用安全帽 R_{h6-2}
机械设备的不安全状态 R_m	结构功能缺陷 R_{m1}	爬架封闭性差 R_{m1-3}；升降机梯笼地板锈蚀破损 R_{m1-4}；爬架主承载构件锈蚀变形 R_{m1-11}；爬架升降控制系统故障 R_{m1-12}；架体搭设不符合要求 R_{m1-13}；塔式起重机结构锈蚀变形 R_{m1-14}；塔式起重机组分未牢固连接 R_{m1-15}；塔式起重机结构倾斜过大 R_{m1-16}；吊绳磨损严重 R_{m1-17}；升降梯结构锈蚀变形 R_{m1-18}；升降梯钢丝绳磨损严重 R_{m1-19}；升降梯电气设备故障 R_{m1-20}；导轨架标准节未牢固连接 R_{m1-21}；泵送管或弯头设置不合理 R_{m1-22}；混凝土泵动力不足 R_{m1-23}；地下水回灌设备故障 R_{m1-24}
	支撑系统不足 R_{m2}	爬架拉接部位强度不足 R_{m2-4}；提升钢梁连接部位强度不足 R_{m2-5}；塔式起重机附墙混凝土强度不足 R_{m2-6}；塔式起重机基础强度不足 R_{m2-7}；升降梯附墙混凝土强度不足 R_{m2-8}；升降梯基础强度不足 R_{m2-9}
	超负荷运转 R_{m3}	爬架堆载超载 R_{m3-3}；塔式起重机吊物超重 R_{m3-4}；吊物移动过快 R_{m3-5}；升降梯超载 R_{m3-6}；升降梯超速 R_{m3-7}
	运动过程受阻 R_{m4}	架体提升同步性差 R_{m4-6}；爬架爬升时未拆除拉结 R_{m4-7}；爬架导向轨不平整卡阻 R_{m4-8}；吊装路径受阻 R_{m4-9}；塔式起重机爬升过程受阻 R_{m4-10}
	安全保护装置失效 R_{m5}	爬架防坠装置失效 R_{m5-1}；爬架防倾覆装置失效 R_{m5-2}；塔式起重机限位装置失灵 R_{m5-3}；塔式起重机吊重限制器失灵 R_{m5-4}；塔式起重机防脱钩装置失灵 R_{m5-5}；升降梯限位器故障 R_{m5-6}；升降梯防坠安全器失灵 R_{m5-7}
不利的环境条件 R_e	施工场地狭窄 R_{e1}	立体交叉作业面多 R_{e1-1}；爬架与垂直运输机械空间冲突 R_{e1-3}；场地建构筑物密集 R_{e1-4}；群塔作业 R_{e1-5}；场外构建筑物密集 R_{e1-6}
	施工场地杂乱 R_{e2}	临边洞口材料工具杂乱 R_{e2-1}
	缺少防护和警示 R_{e3}	临边洞口防护缺失 R_{e3-1}；防护网防护棚缺失 R_{e3-2}；爬架无醒目限载标识 R_{e3-5}

续表

一级	二级	三级风险因素清单
不利的环境条件 R_e	照明光线不良 R_{e4}	夜间照明不足 $R_{e4\text{-}1}$；建筑内部照明不足 $R_{e4\text{-}2}$
	地面湿滑 R_{e5}	临边站立面湿滑 $R_{e5\text{-}1}$
	台风 R_{e6}	强风 $R_{e6\text{-}1}$
	雷雨 R_{e7}	暴雨 $R_{e7\text{-}1}$；雷电 $R_{e7\text{-}2}$
	高温 R_{e8}	高温 $R_{e8\text{-}1}$
	寒潮 R_{e9}	寒潮 $R_{e9\text{-}1}$

徐家汇中心 T1 塔楼超高层项目风险复杂网络关键路径　　附表 7

风险事件	关键路径
人员高处坠落	临边洞口防护缺失→人员高处坠落
	施工人员安全意识薄弱→未正确使用安全带→人员高处坠落
	爬架封闭性差→人员高处坠落
	升降机梯笼地板锈蚀破损→人员高处坠落
	建筑内部照明不足→人员高处坠落
人员遭受物体打击	立体交叉作业面多→人员遭受物体打击
	防护网防护棚缺失→人员遭受物体打击
	施工人员安全意识薄弱→人员遭受物体打击
	强风→人员遭受物体打击
	爬架封闭性差→人员遭受物体打击
附着升降脚手架破坏坠落	爬架导向轨不平整卡阻→爬架爬升过程坠落→附着升降脚手架破坏坠落
	架体提升同步性差→爬架爬升过程坠落→附着升降脚手架破坏坠落
	爬架防倾覆装置失效→爬架爬升过程坠落→附着升降脚手架破坏坠落
	爬架防坠装置失效→爬架爬升过程坠落→附着升降脚手架破坏坠落
	爬架拉接部位强度不足→爬架爬升过程坠落→附着升降脚手架破坏坠落
塔式起重机破坏倾覆	塔式起重机安拆工安全意识薄弱→塔式起重机安拆工作程序错误→塔式起重机安装过程倾覆→塔式起重机破坏倾覆
	塔式起重机安拆工无资质→塔式起重机安拆工作程序错误→塔式起重机安装过程倾覆→塔式起重机破坏倾覆
	塔式起重机附墙混凝土强度不足→塔式起重机使用过程倾覆→塔式起重机破坏倾覆
	塔式起重机基础强度不足→塔式起重机使用过程倾覆→塔式起重机破坏倾覆
	塔式起重机结构锈蚀变形→塔式起重机使用过程倾覆→塔式起重机破坏倾覆
塔式起重机吊物坠落	司索工安全意识薄弱→司索工未充分固定吊物→塔式起重机吊物坠落
	司索工无资质→司索工未充分固定吊物→塔式起重机吊物坠落
	吊绳磨损严重→塔式起重机吊物坠落
	强风→塔式起重机碰撞事故→塔式起重机吊物坠落
	司索工酒精药物影响→司索工未充分固定吊物→塔式起重机吊物坠落
升降机梯笼坠落	升降梯安拆工无资质→升降梯安拆工作程序错误→安装过程梯笼坠落→升降机梯笼坠落
	升降梯钢丝绳磨损严重→使用过程梯笼坠落→升降机梯笼坠落
	升降梯安拆工安全意识薄弱→升降梯安拆工作程序错误→安装过程梯笼坠落→升降机梯笼坠落
	升降梯安拆工疲劳工作→升降梯安拆工作程序错误→安装过程梯笼坠落→升降机梯笼坠落
	升降梯电气设备故障→使用过程梯笼坠落→升降机梯笼坠落

续表

风险事件	关键路径
高压混凝土泵送堵管	未按要求搅拌混凝土→高压混凝土泵送堵管
	未按要求配比混凝土→高压混凝土泵送堵管
	寒潮→高压混凝土泵送堵管
	泵送管或弯头设置不合理→高压混凝土泵送堵管
	混凝土泵动力不足→高压混凝土泵送堵管
紧邻构筑物变形破坏	未按方案进行场地降水→基坑相邻地面存在沉降风险→紧邻构筑物变形破坏
	未按方案进行地连墙施工→基坑相邻地面存在沉降风险→紧邻构筑物变形破坏
	未按方案进行基坑支护拆除→基坑相邻地面存在沉降风险→紧邻构筑物变形破坏
	暴雨→基坑相邻地面存在沉降风险→紧邻构筑物变形破坏
	场外构建筑物密集→基坑相邻地区存在构筑物→紧邻构筑物变形破坏

参 考 文 献

[1] 龚剑，黄玉林，周红波，等. 最终科技报告：建筑工程施工风险监控技术研究 631189305—2017YFC0805500/01 [R]. 中华人民共和国科学技术部，2021.

[2] 中国建筑业协会. 建筑业技术发展报告（2022）[M]. 北京：中国建筑工业出版社，2022.

[3] 龚剑，房霆宸，冯宇. 建筑施工关键风险要素数字化监控技术研究 [J]. 华中科技大学学报（自然科学版），2022，50（8）：50-55.

[4] Zhou Z，Irizarry J，Li Q. Using network theory to explore the complexity of subway construction accident network（SCAN）for promoting safety management [J]. Safety Science，2014，64：127-136.

[5] 孟祥坤，陈国明，朱红卫. 海底管道泄漏风险演化复杂网络分析 [J]. 中国安全生产科学技术，2017，13（4）：26-31.

[6] 孟祥坤，陈国明，郑纯亮，等. 基于风险熵和复杂网络的深水钻井井喷事故风险演化评估 [J]. 化工学报，2019，70（1）：388-397.

[7] 董海波，顾学康. 基于模糊故障树方法的钻井平台井喷概率计算 [J]. 中国造船，2013，54（1）：155-165.

[8] 苟竞，刘俊勇，刘友波，等. 基于能量熵测度的电力系统连锁故障风险辨识 [J]. 电网技术，2013，37（10）：2754-2761.

[9] 沈阳，徐磊，王少纯. 基于风险管理的整体钢平台变形预警指标研究 [J]. 中国安全科学学报，2021，31（6）：56-63.

[10] 杨奇，周红波，唐强达. 考虑系统特征的概率风险分析方法在塔吊施工安全风险评估中的应用 [J]. 安全与环境学报，2020，20（5）：1637-1644.

[11] 周红波，杨奇，杨振国，等. 基于复杂网络和 N-K 模型的塔吊安全风险因素分析与控制 [J]. 安全与环境学报，2020，20（3）：816-823.

[12] 张兵，詹锐，关贤军，等. 基于 CBR 的超高层建筑的施工安全事故研究 [J]. 土木工程与管理学报，2019，36（6）：92-98.

[13] 姚浩，陈超逸，宋丹妮. 基于复杂网络的超高层建筑施工安全风险耦合评估方法 [J]. 安全与环境学报，2021，21（3）：957-968.

[14] 沈阳，徐磊，郑冠雨，等. 考虑风险因素耦合的超高层施工预警方法研究 [J]. 郑州大学学报（工学版）2021，42（4）：98-104.

[15] T/CECS 671—2020. 超高层建筑施工安全风险评估与控制标准 [S]. 北京：中国建筑工业出版社，2020.

[16] 周红波，蔡来炳，徐磊，等. 建筑工程施工重大风险耦合机理与事故预测预警方法研究与工程示范 913100007397542650—2017YFC0805501/03 [R]. 中华人民共和国科学技术部，2021.

[17] 张晓林，陈利利，赵金成，等. “建筑工程施工现场人员安全状态智能识别与行为控制技术研究与工程示范”科技报告 12100000425006790C—2017YFC0805502/03 [R]. 中华人民共和国科学技术部，2021.

[18] 华莹，何军，赵金城，等. 基于风险的超高层施工钢平台疏散模型及应用 [J]. 上海交通大学学报，2021，55（11）：1380-1391.

[19] 华莹，何军，赵金城. 高层建筑施工现场危险区域识别及评估方法研究 [J]. 施工技术，2019，48（6）：100-104.

[20] 华莹. 考虑高层建筑施工现场危险区域影响的人员疏散行为研究 [D]. 上海：上海交通大学，2019.

[21] 中国建筑股份有限公司. 施工现场危险源辨识与风险评价实施指南 [M]. 北京：中国建筑工业出版社，2008.

[22] Burstedde C，Klauck K，Schadschneider A，Zittartz J. Simulation of pedestrian dynamics using a two-dimensional cellular automaton [J]. Physica A，2001；295：507-525.

[23] Liu P L，Der Kiureghian A. Multivariate distribution models with prescribed marginals and covariances [J]. Probabilistic Engineering Mechanics，1986，1 (2)：105-112.

[24] 刘小蕊，周志刚，韩冬生. 基于模糊数学的高层建筑施工安全评价模型的建立 [J]. 科技资讯，2011，(14)：67-68.

[25] 熊超华，骆汉宾. 施工现场作业环境监测数据融合预警方法研究 [J]. 施工技术，2018，47 (23)：125-129.

[26] Kim H，Lee H S，Park M，et al. Automated Hazardous Area Identification Using Laborers' Actual and Optimal Routes [J]. Automation in Construction，2016，65：21-32.

[27] DGJ 13-91—2007. 建设工程施工重大危险源辨识与监控技术规程 [S]. 北京：中国建筑工业出版社，2008.

[28] Aryal A，Ghahramani A，Becerik-Gerber B. Monitoring fatigue in construction workers using physiological measurements [J]. Automation in Construction，2017，82：154-165.

[29] 周志华. 机器学习 [M]. 北京：清华大学出版社，2016.

[30] Fang D，Jiang Z，Zhang M，et al. An experimental method to study the effect of fatigue on construction workers' safety performance [J]. Safety Science，2015，73：80-91.

[31] Borg G A V. Psychophysical bases of perceived exertion [J]. Medicine & Science in Sports & Exercise，1982，14：377-381.

[32] 林尧清. 高层建筑项目施工危险源管理 [D]. 厦门大学，2014.

[33] 王凯全，邵辉. 事故理论与分析技术 [M]. 北京：化学工业出版社，2004.

[34] 左自波，潘曦，黄玉林，等. 高大结构混凝土强度实时监测精度影响因素试验研究 [J]. 新型建筑材料，2021，48 (5)：42-46.

[35] 龚剑. 超高结构建造整体钢平台模架装备技术 [M]. 北京：中国建筑工业出版社，2018.

[36] 张龙龙. 电液比例同步系统在整体钢平台爬升中的应用 [J]. 建筑施工，2021，43 (5)：863-866.

[37] ASTM-C1074-11，Standard practice for estimating concrete strength by the maturity method [S].

[38] Shah S P，Popovics J S，Subramaniam K V，et al. New directions in concrete health monitoring technology [J]. Journal of Engineering Mechanics，2000，126 (7)：754-760.

[39] Zuo Z B，Huang L Y，Pan X，et al. Experimental research on remote real-time monitoring of concrete strength forhighrise building machine during construction [J]. Measurement，2021，178：109430.

[40] Pan X，Zuo Z B，Zhang L L，Zhao T S. Research on dynamic monitoring and early warning of the high-rise building machine during the climbing stage [J]. Advances in Civil Engineering，2023，9326791.

[41] 张龙龙. 超高层建筑转换层整体钢平台施工安全监控技术 [J]. 建筑施工，2022，44 (12)：2998-3001.

[42] Lee C H，Hover K C. Compatible datum temperature and activation energy for concrete maturity [J]. ACI Mater J，2016，113 (2)：197-206.

[43] JGJ/T 104—2017. 建筑工程冬期施工规程 [S]. 北京：中国建筑工业出版社，2017.

[44] ASTM-C1074-11. Standard practice for estimating concrete strength by the maturity method [S]. ASTM International，2011.

[45] Wade S A，Schindler A K，Barnes R W，Nixon J M. Evaluation of the maturity method to estimate concrete strength. Research report No. 1 [R]. Alabama Department of Transportation，AL-DOT Research Project，2006：930-950.

[46] Lee C H，Hover K C. Influence of datum temperature and activation energy on maturity strength predictions [J]. ACI Mater J 2015，112（6）：781-790.

[47] Kim D K，Lee J J，Lee J H ，Chang S K. Application of probabilistic neural networks for prediction of concrete strength [J]. J Mater Civil Eng 2005，17（3）：353-362.

[48] JGJ 459—2019. 整体爬升钢平台模架技术标准 [S]. 北京：中国建筑工业出版社，2019.

[49] 张龙龙，黄玉林，左自波，等. 超高层巨型整体钢平台模架称重监测单元开发与试验 [J]. 建筑结构，2021，51（S1）：2258-2264.

[50] 黄玉林，张龙龙，左自波，等. 基于实时监测的整体钢平台模架控制技术 [J]. 空间结构，2021，27（2）：83-89.

[51] 左自波，潘曦，黄玉林，等. 超高层 ICCP 安全监测与控制的预警指标研究 [J]. 中国安全科学学报，2020，30（1）：53-60.

[52] 黄玉林，夏巨伟. 超高结构建造的钢柱筒架交替支撑式液压爬升整体钢平台模架体系计算分析 [J]. 建筑施工，2016，38（6）：743-746.

[53] Jocher G，Stoken A，et al. ultralytics/yolov5：v5.0—YOLOv5-P6 1280 Models，AWS，Supervise. ly and YouTube Integrations，version 5.0，CERN Data Centre & Invenio.：Prévessin-Moëns，France，2021.

[54] Jocher G. Ultralytics/Yolov5 [EB/OL]. [2020-08-10]. https：//github.com/ultralytics/yolov5.

[55] 黄玉林，左自波，张龙龙，等. 最终科技报告-建筑工程施工爬升模架设备安全状态监测预警及控制技术研究与工程示范 631189305--2017YFC0805503/03 [R]. 中华人民共和国科学技术部，2021.

[56] 鲁惠敏，杜婷，王本武. 基于组合赋权的混凝土泵送施工堵管风险模糊综合评价 [J]. 土木工程与管理学报，2020，37（2）：129-135.

[57] Yanming Li，Liu Chengliang. Integrating field data and 3D simulation for tower crane activity monitoring and alarming [J]. Automation in Construction，2012，27111-119.

[58] 赵挺生，张伟，周炜，等. 最终科技报告：建筑工程施工垂直运输设备及其作业安全状态监测预警及控制技术研究与工程示范 12100000441626842D--2017YFC0805504/02 [R]. 中华人民共和国科学技术部，2021.

[59] 周炜. 建筑工程施工塔吊安全风险分析与监控研究 [D]. 武汉：华中科技大学，2020.

[60] 张宇辉. 基于时变理论的附着式塔吊服役全周期本质安全研究 [D]. 武汉：华中科技大学，2018.

[61] 任玲玲. 建筑施工塔吊全过程安全风险动态演化研究 [D]. 武汉：华中科技大学，2018.

[62] 陈昱锟. 基于物联网的施工升降机安全风险评价与监测方法研究 [D]. 武汉：华中科技大学，2018.

[63] 贺凌云. 建筑施工塔吊安全管理知识库研究 [D]. 武汉：华中科技大学，2019.

[64] 张森. 塔吊安拆特种作业人员实操培训体系研究 [D]. 武汉：华中科技大学，2019.

[65] 江倩. 塔机安装过程程序化安全管理方法与应用研究 [D]. 武汉：华中科技大学，2019.

[66] 鲁惠敏. 混凝土泵送施工堵管风险评价研究 [D]. 武汉：华中科技大学，2019.

[67] 王本武. 混凝土泵送管道振动和应力监测及数值模拟研究 [D]. 武汉：华中科技大学，2019.

[68] 张潇. 塔式起重机安全事故致因与风险预警研究 [D]. 武汉：华中科技大学，2020.

[69] 廖阳新. 基于物联网的塔吊安全监控系统的研究 [D]. 武汉：华中科技大学，2020.

[70] 姜玲. 施工升降机吊笼坠落事故分析与风险防控研究 [D]. 武汉：华中科技大学，2020.

[71] 徐凯. 塔吊作业安全监控研究 [D]. 武汉：华中科技大学，2020.

[72] 杨东山. 塔吊倒塌事故机理与监控方案研究 [D]. 武汉：华中科技大学，2021.

[73] 张充. 塔吊标准节连接松动规律及检测技术研究 [D]. 武汉：华中科技大学，2021.

[74] 王鑫. 塔吊结构螺栓连接完整性评估与安全监控 [D]. 武汉：华中科技大学，2021.

[75] 况宇琦. 基于数据挖掘的塔吊事故案例分析研究 [D]. 武汉：华中科技大学，2021.

[76] 王月峰. 深基坑开挖紧邻构筑物安全指标体系与风险评价研究 [D]. 南京：东南大学，2021.

[77] 仲志煜. 基于神经网络的深基坑紧邻环境安全态势多因素分析 [D]. 南京：东南大学，2021.

[78] 仲志煜，李建春，张琦，等. 基于神经网络的基坑紧邻环境多因素预测 [J]. 水利与建筑工程学报，2021，19（3）：7.

[79] 周钊，赵学亮，韩天然，等. 盾构隧道监测数据三维可视化研究 [J]. 地下空间与工程学报，2021，17（S2）：10.

[80] 周钊. 基坑开挖地铁隧道微扰动控制及监测可视化 [D]. 南京：东南大学，2020.

[81] 赵挺生，周炜，徐凯，等. 塔吊使用阶段安全风险分析与贝叶斯建模 [J]. 科学技术与工程，2019，19（11）：350-356.

[82] Zhou W，Zhao T S，Liu W，et al. Tower crane safety on construction sites：A complex sociotechnical system perspective [J]. Safety Science，2018，10995-108.

[83] 杜婷，王本武，叶豪，等. 混凝土泵送管道振动监测与分析 [J]. 中南大学学报（自然科学版），2020，51（8）：2143-2151.

[84] 殷复莲. 数据分析与数据挖掘实用教程 [M]. 北京：中国传媒大学出版社，2017.

[85] 晔沙. 数据缺失及其处理方法综述 [J]. 电子测试，2017（18）：65-67.

[86] Tukey J W. Exploratory Data Analysis [M]. Pearson，1997.

[87] 张斌. 深基坑紧邻环境的监测信息智能识别及预测方法研究 [D]. 南京：东南大学，2020.

[88] 王慧琴. 小波分析与应用 [M]. 北京：北京邮电大学出版社，2011.

[89] Hochreiter S，Schmidhuber J. Long Short-Term Memory [J]. Neural Computation，1997，9（8）：1735-1780.

[90] Chang-Guk Sun. Determination of mean shear wave velocity to 30m depth for site classification using shallow depth shear wave velocity profile in Korea [J]. Soil Dynamics and Earthquake Engineering 2015，73（Jun）：17-28.

[91] Bergstra J，Bengio Y. Random Search for Hyper-Parameter Optimization [J]. Journal Of Machine Learning Research，2012，13：281-305.

[92] JGJ 120—2012. 建筑基坑支护技术规程 [S]. 北京：中国建筑工业出版社，2012.

[93] GB 50497—2019. 建筑基坑工程监测技术标准 [S]. 北京：中国计划出版社，2019.

[94] DG/TJ 08-2001—2016. 基坑工程施工监测规程 [S]. 上海：同济大学出版社，2016.

[95] 李建春，吴小建，卫海，等. 最终科技报告：最终科技报告-建筑工程施工紧邻构筑物等环境安全状态监测预警及控制技术研究与工程示范 12100000466006770Q--2017YFC0805505/04 [R]. 中华人民共和国科学技术部，2021.

[96] 龚剑，李鑫奎，李红词，等. 最终科技报告-建筑工程施工安全监控集成平台开发与工程示范 631189305--2017YFC0805506/04 [R]. 中华人民共和国科学技术部，2021.

附　　图

图 2-45　施工风险定量评估与预警平台系统首页

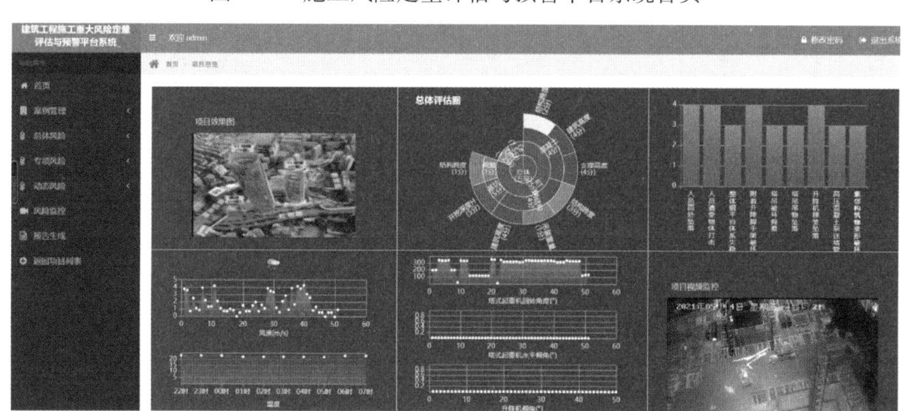

图 2-47　平台单项目系统首页

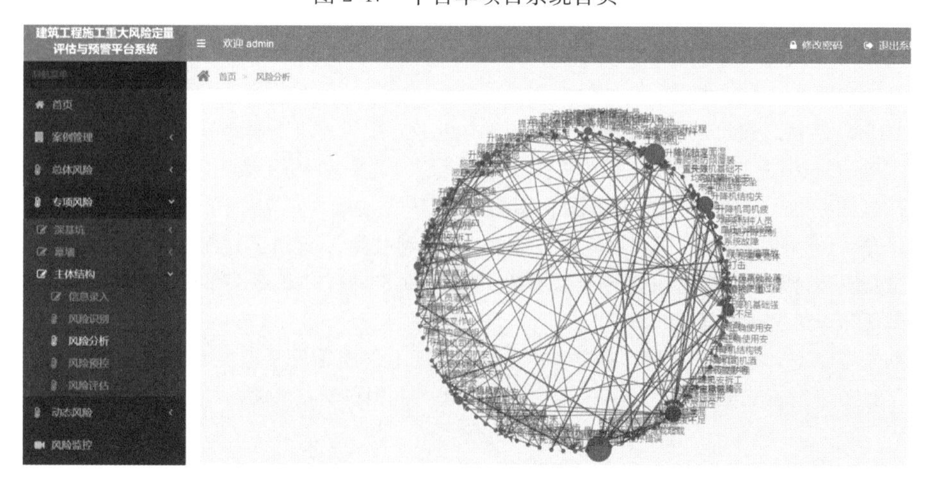

图 2-51　平台项目复杂网络图

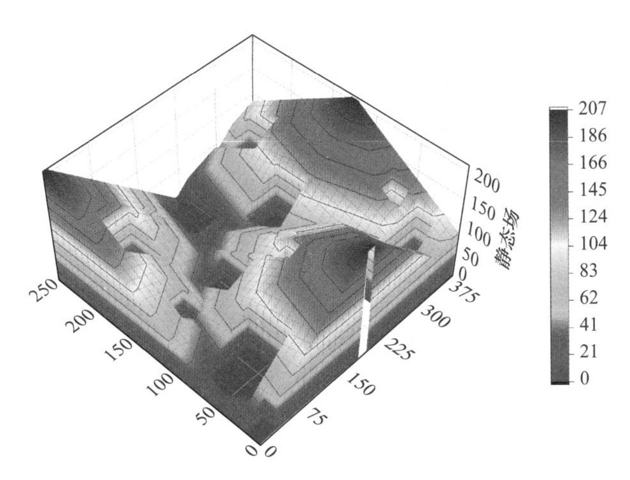

图 3-10　仿真模型的静态场

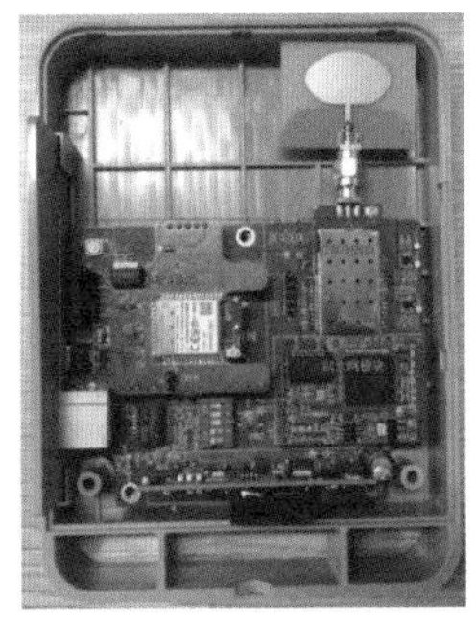

图 3-27　定位基站实物及内部结构

图 3-29　定位标签实物及内部结构

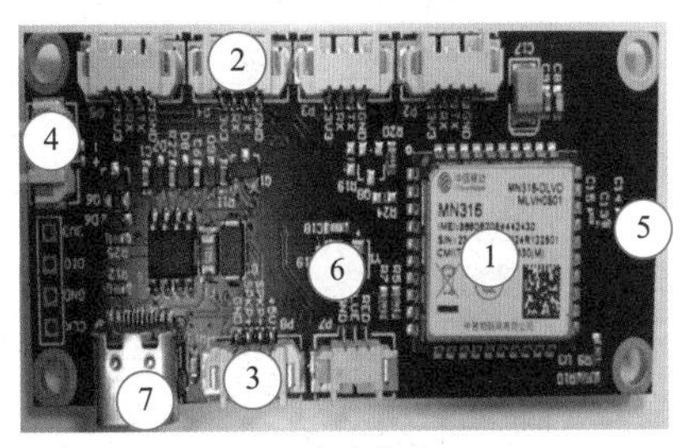

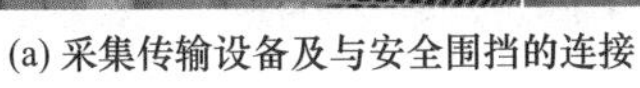
(a) 采集传输设备及与安全围挡的连接

(b) 电路芯片

图 3-33　采集传输设备实物及内部电路芯片图

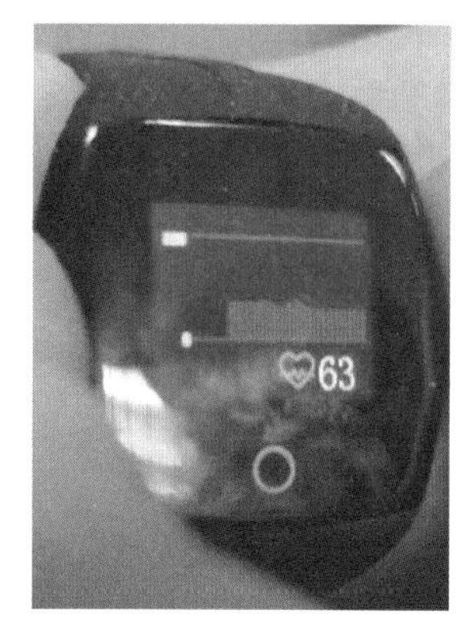

(a) 心率测试

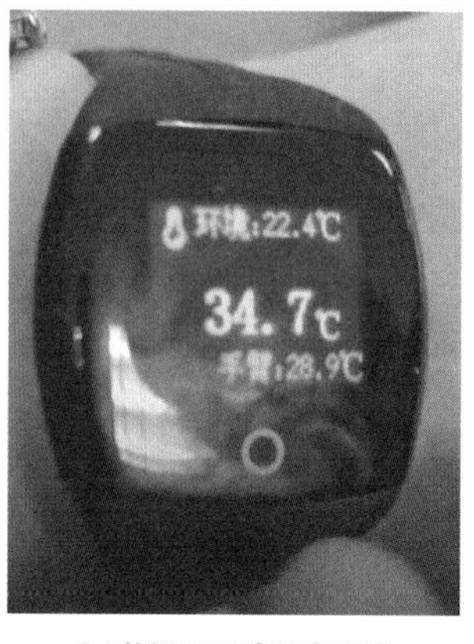

(b) 体温及环境温度测试

(c) 装置内部电路

图 3-46　装置及其功能测试

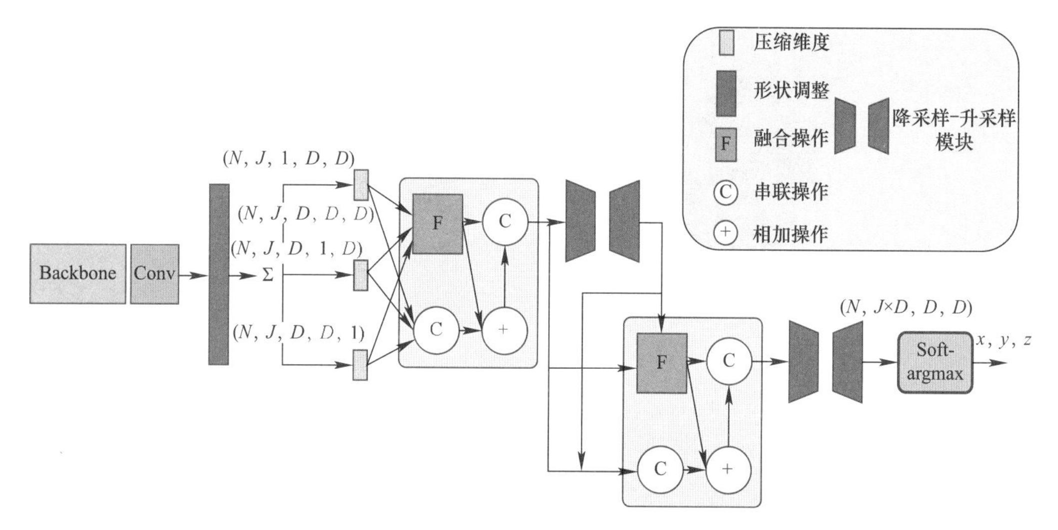

图 3-53　3D 姿态估计算法流程

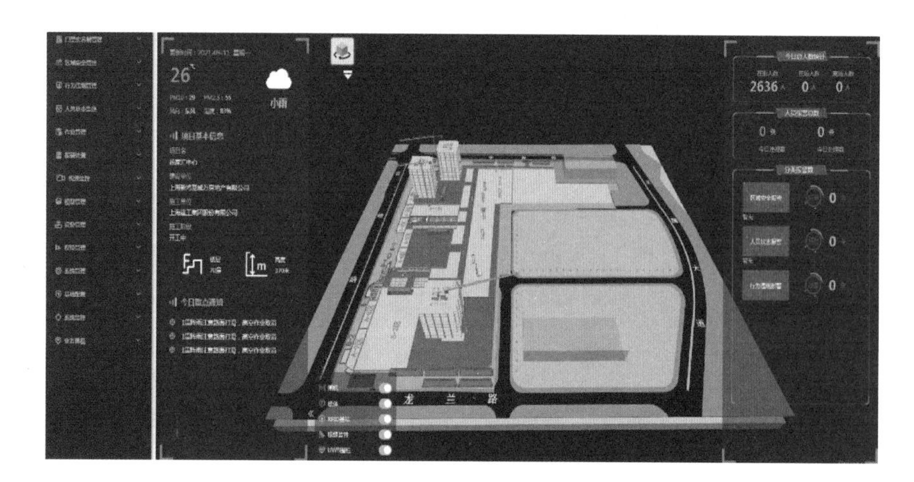

图 3-65　施工现场人员安全监控平台首页

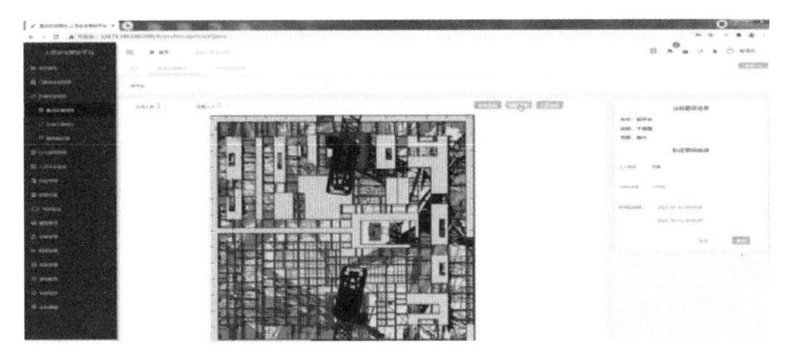

图 3-66　区域安全管控界面

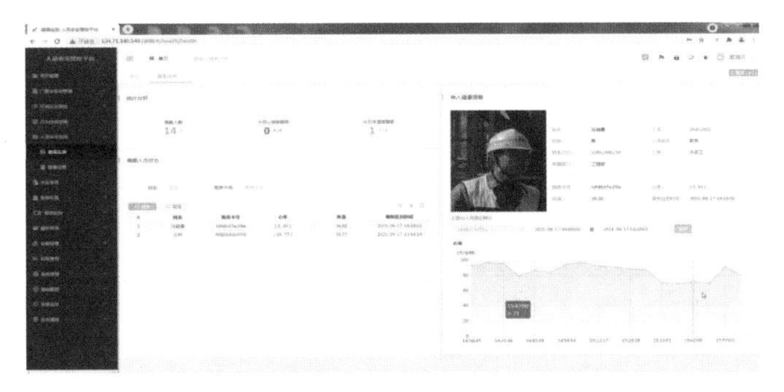

图 3-67　人员状态监控界面

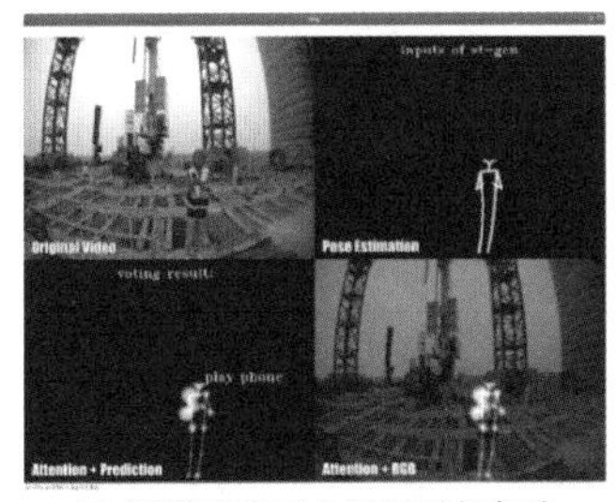

(a) 识别到施工人员玩手机行为

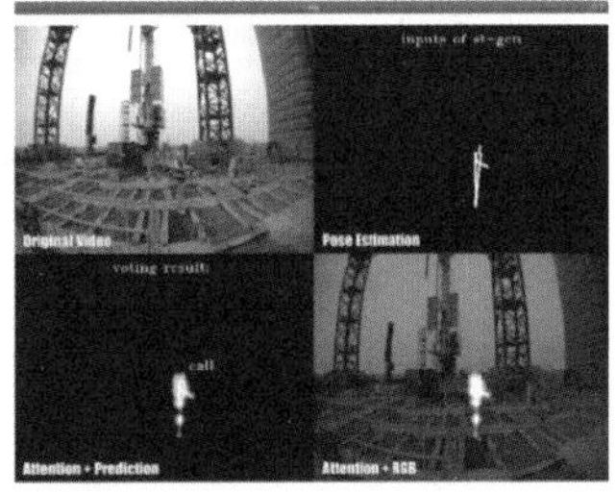

(b) 识别到施工人员打电话行为

图 3-87　终端行为识别结果显示

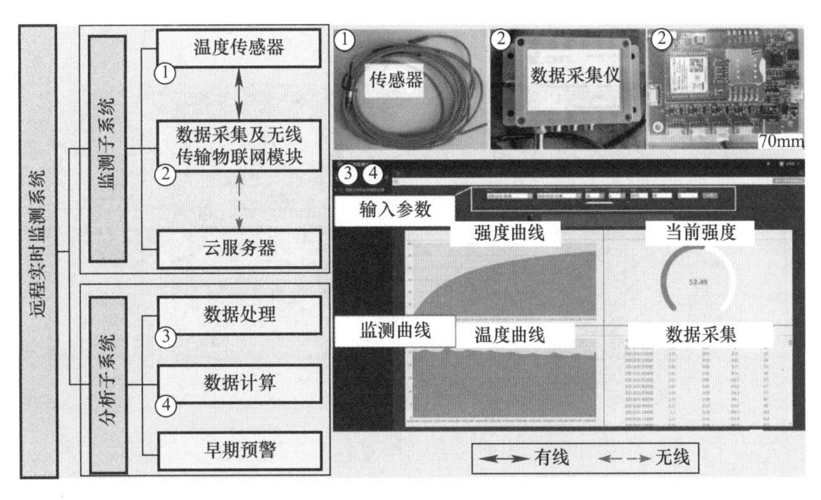

图 4-1　混凝土强度远程实时监测系统原理

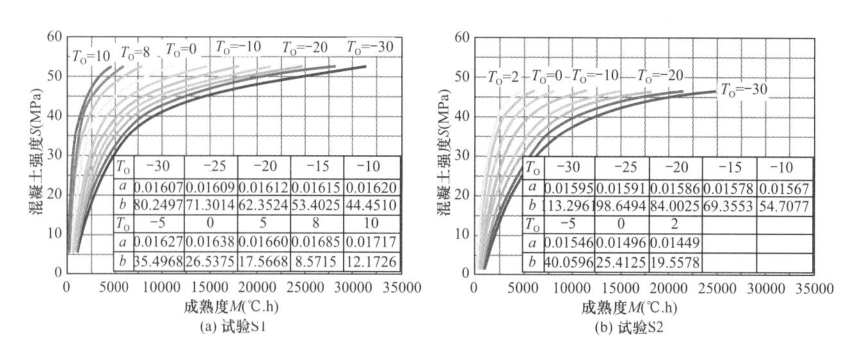

(a) 试验S1

T_O	-30	-25	-20	-15	-10
a	0.01607	0.01609	0.01612	0.01615	0.01620
b	80.2497	71.3014	62.3524	53.4025	44.4510
T_O	-5	0	5	8	10
a	0.01627	0.01638	0.01660	0.01685	0.01717
b	35.4968	26.5375	17.5668	8.5715	12.1726

(b) 试验S2

T_O	-30	-25	-20	-15	-10
a	0.01595	0.01591	0.01586	0.01578	0.01567
b	113.2961	98.6494	84.0025	69.3553	54.7077
T_O	-5	0	2		
a	0.01546	0.01496	0.01449		
b	40.0596	25.4125	19.5578		

图 4-10　不同基准温度混凝土成熟度-强度的关系

图 4-28　一体化的工具式智能支撑装置

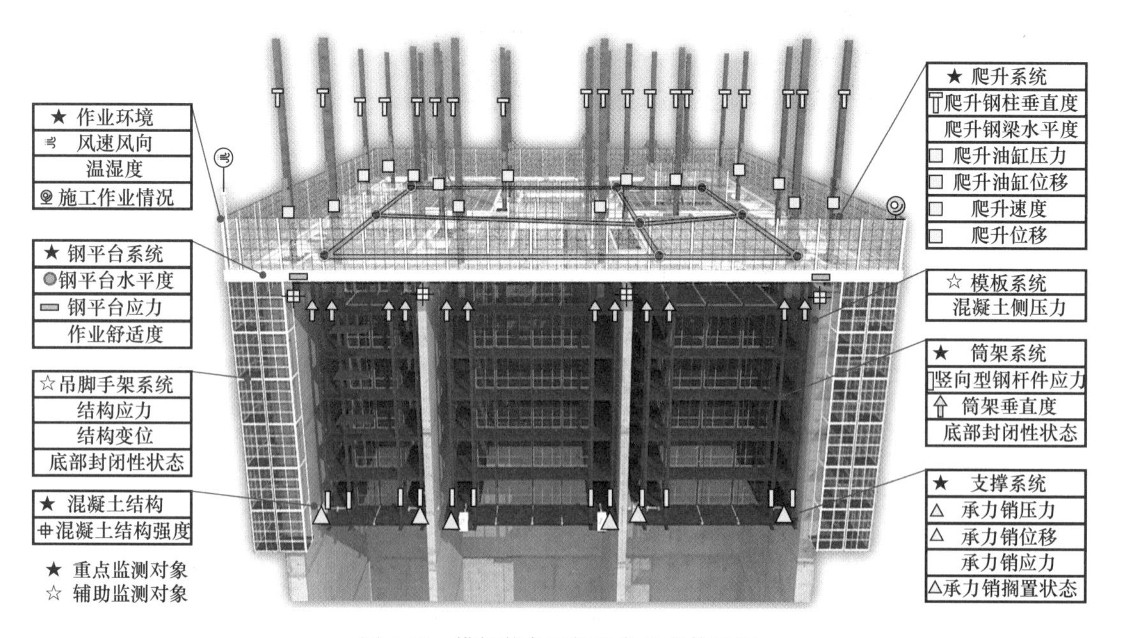

图 4-46　模架装备监控对象及总体原则

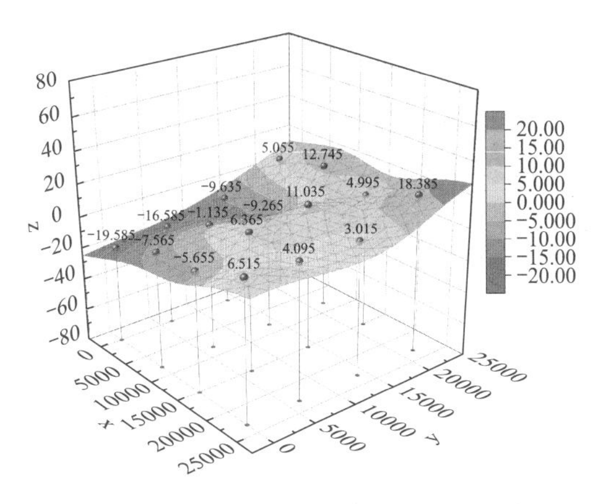

图 4-79　单次爬升钢平台水准仪实测值

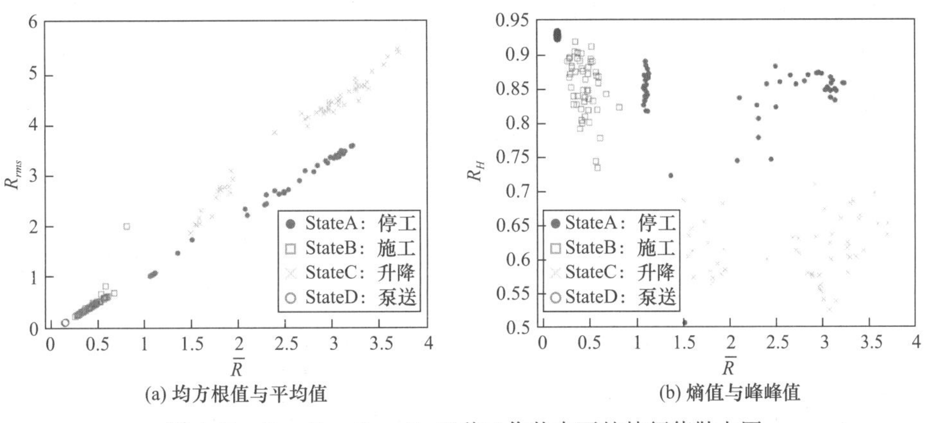

图 4-90　S_A、S_B、S_C、S_D 四种工作状态下的特征值散点图

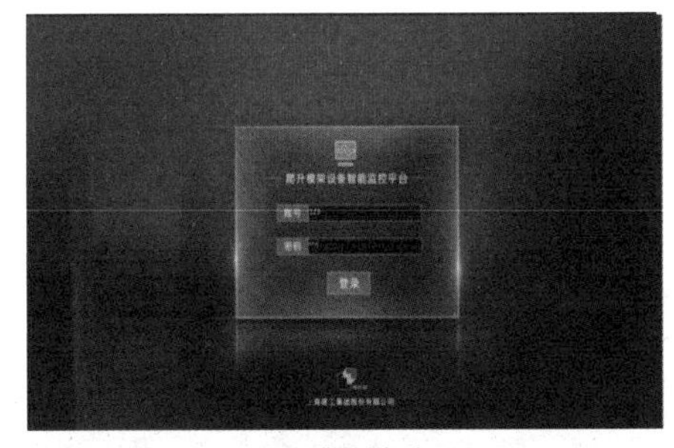

(a) 登录界面

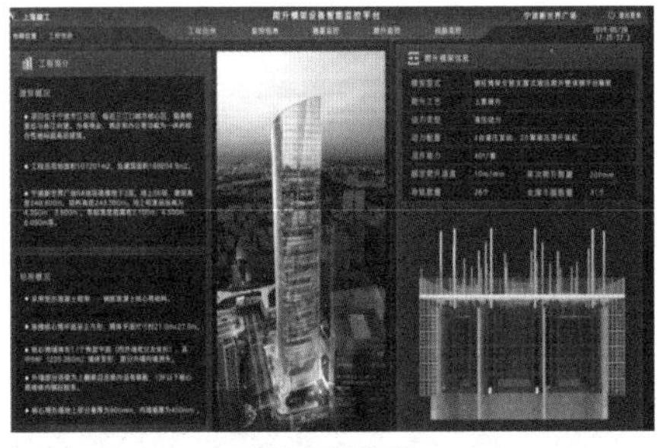

(b) 工程信息

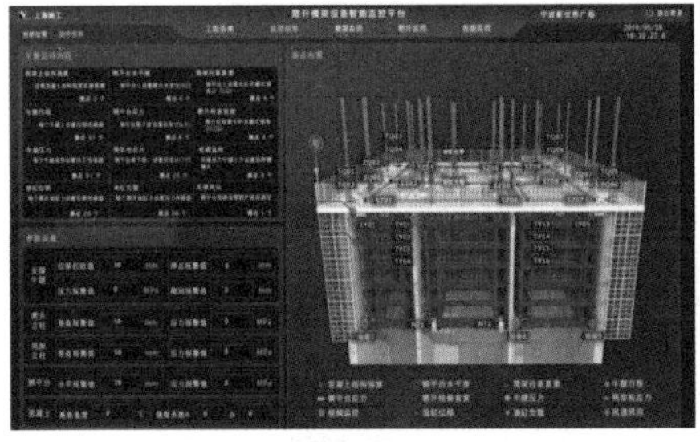

(c) 监控信息

(d) 搁置监控

图 4-96　爬升模架设备远程可视化安全监控平台 V2.0（一）

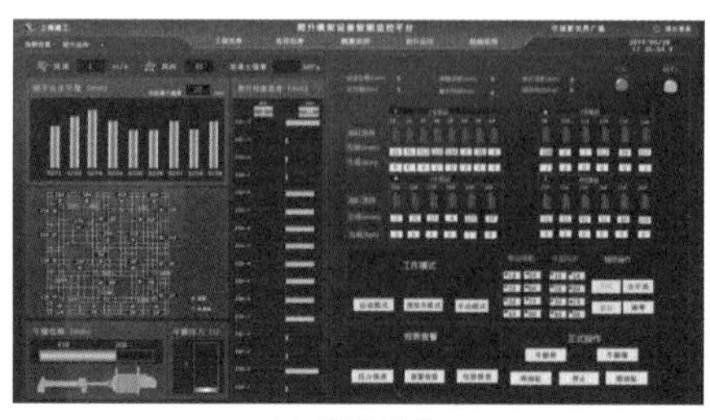
(e) 爬升监控

(f) 视频监控

图 4-96　爬升模架设备远程可视化安全监控平台 V2.0（二）

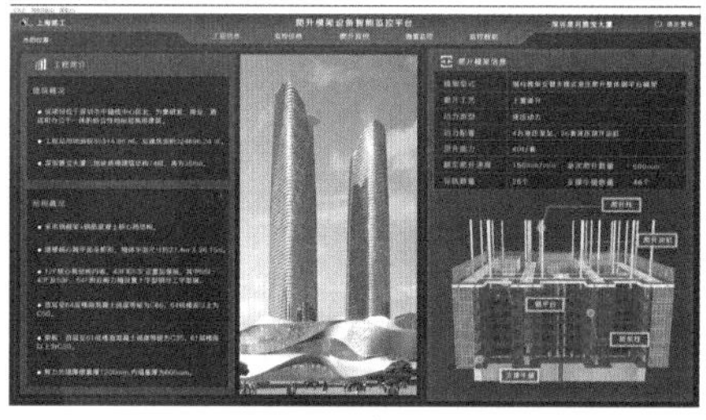
(a) 工程信息

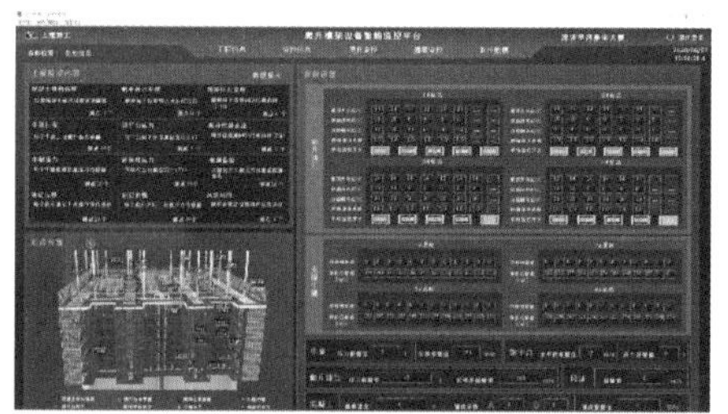
(b) 监控信息

(c) 爬升监控

(d) 支撑监控

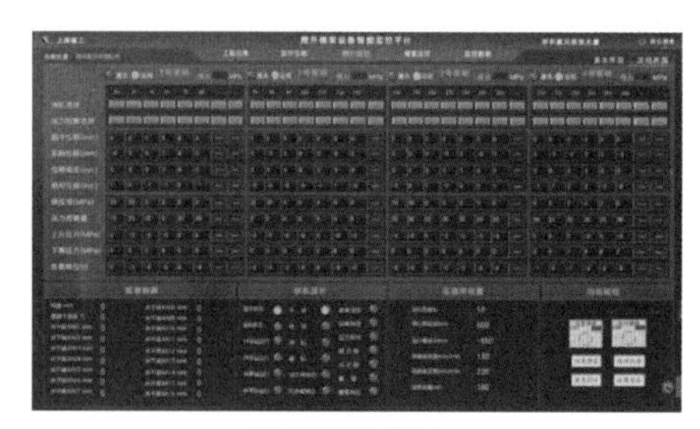
(e) 精细化控制

(f) 搁置监控

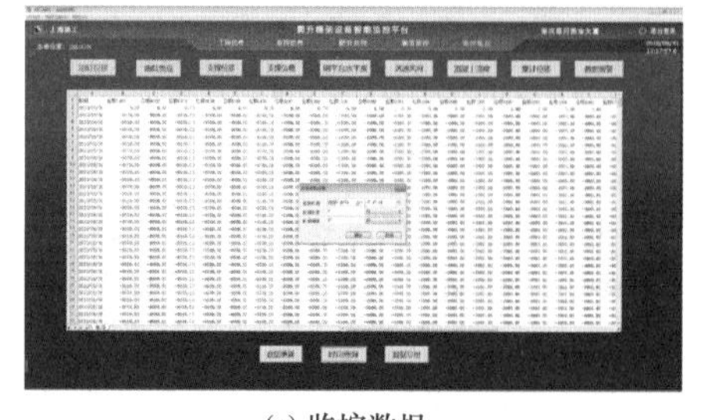
(g) 监控数据

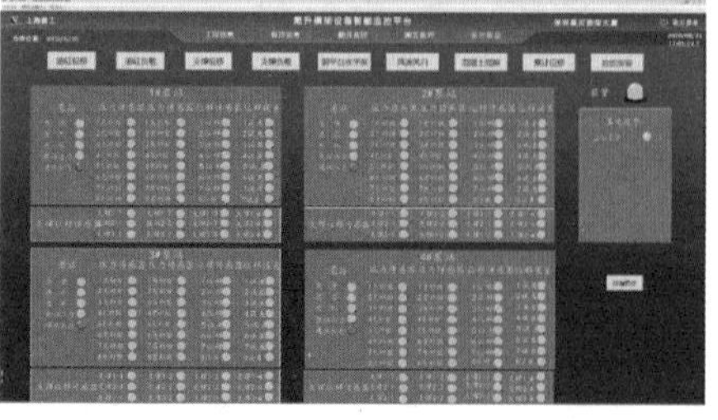
(h) 监控数据

图 4-97　爬升模架设备远程可视化安全监控平台 V3.0

图 4-103　深圳雅宝大厦远程可视化安全监控平台应用

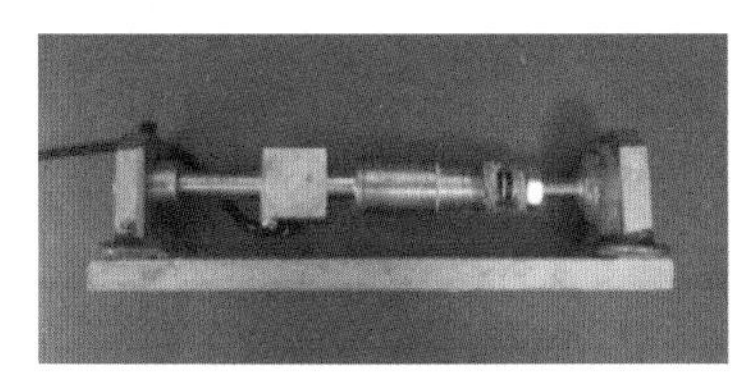

(a) 振弦测量模块

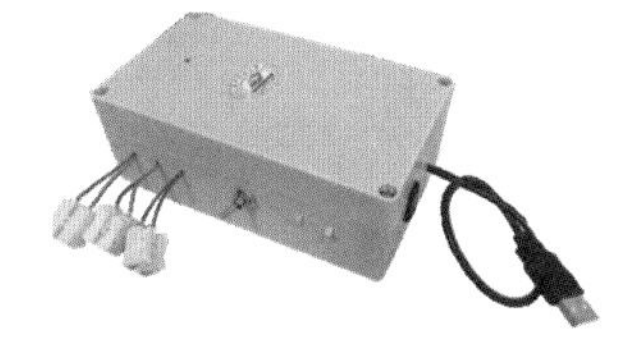

(b) 振弦安全监控模块

图 5-30　连接紧固件感知装置

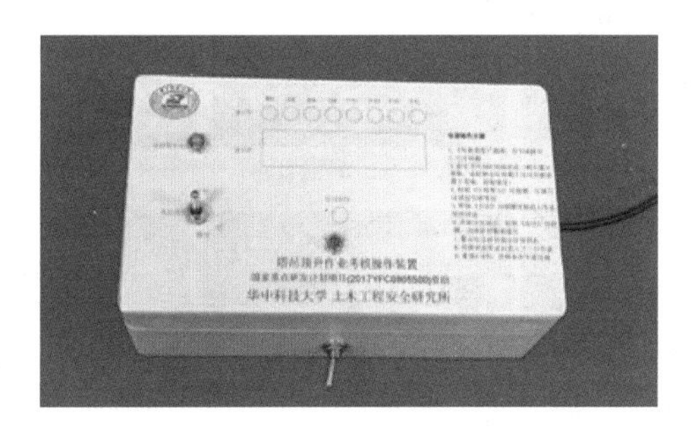

图 5-33　程序式作业安全识别与智能辅助系统原型机

图 5-36　塔式起重机设备管理与配置界面

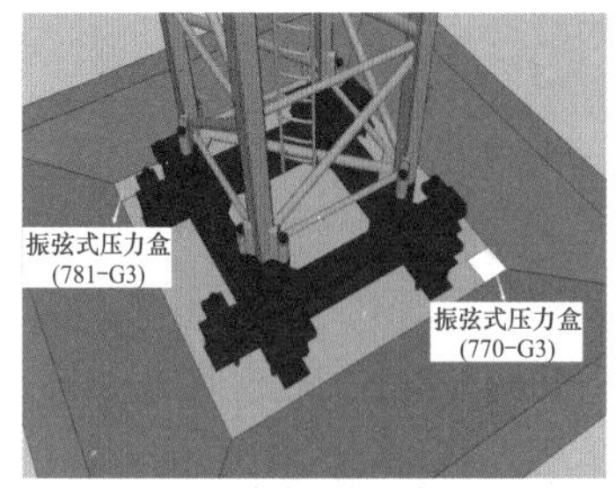

(a) 振弦式压力盒布置图

(b) 过渡节跨中振弦式应变计布置图

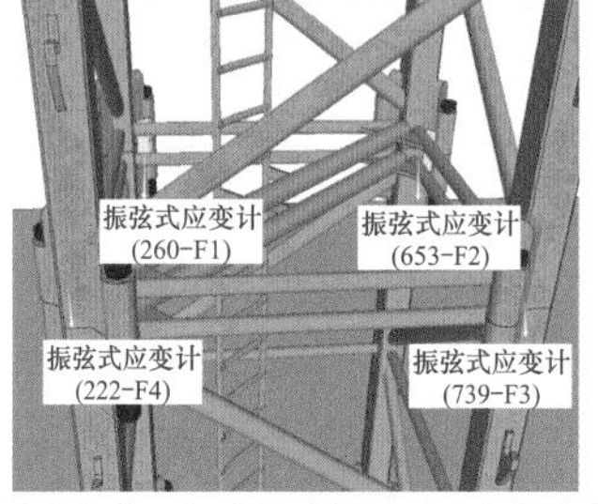

(c) 过渡节与第一标准节连接界面的应变计布置

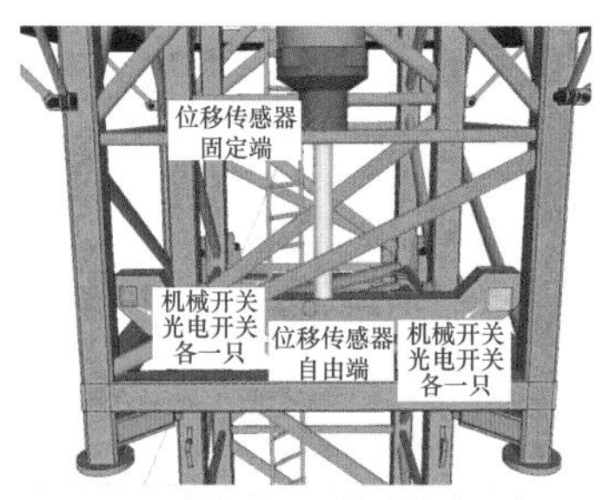

(d) 开关传感器及位移传感器布置

图 5-64　传感器布设位置及编号

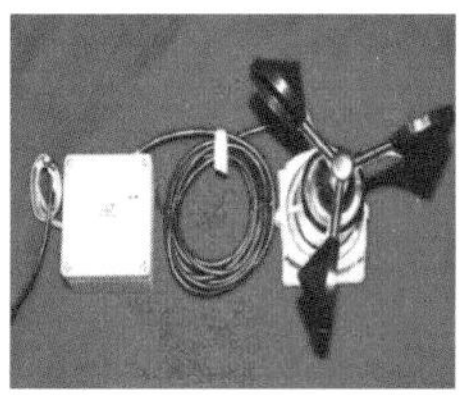

(a) 风速监测预警器

(b) 倾角监测预警器

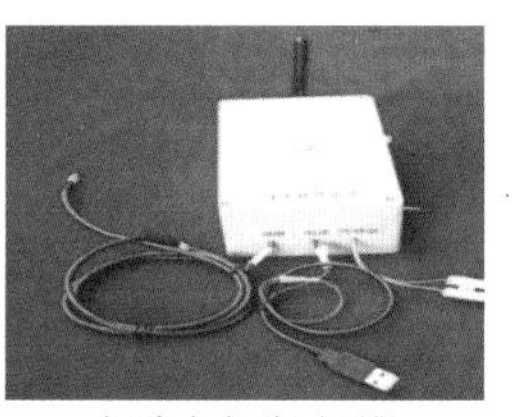

(c) 振弦应变监测预警器

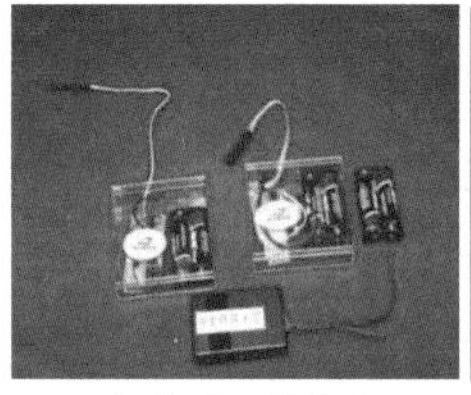

(d) 红外型开关传感器

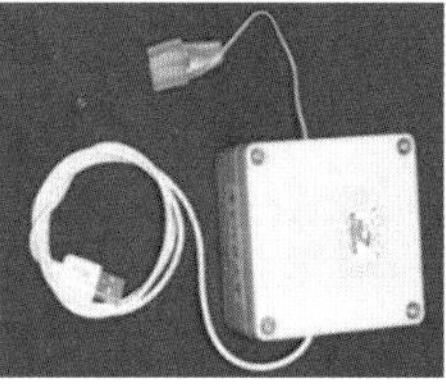

(e) 无线应变监测预警器

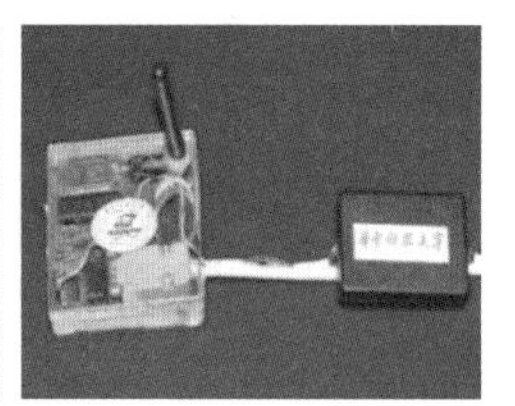

(f) 无线信号接收器

图 5-71　部分监控装置

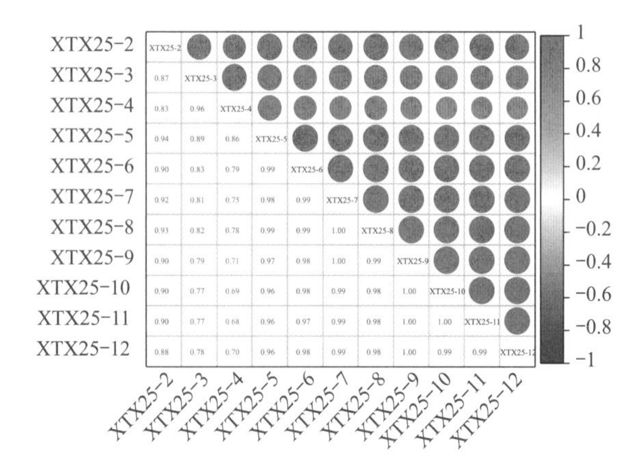

图 6-15　XTX25-2～XTX25-12 相关性热力图

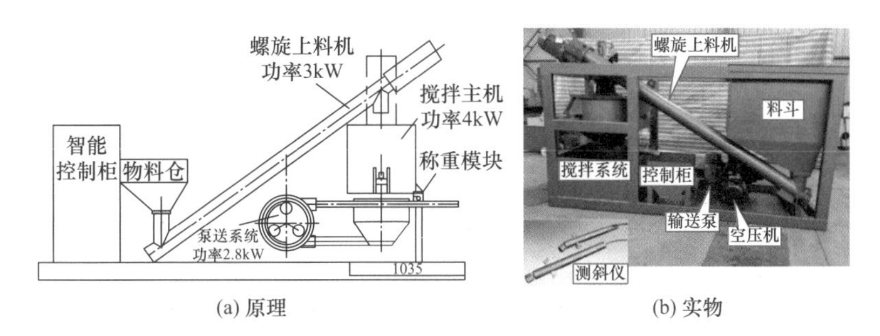

(a) 原理　　(b) 实物

图 6-28　全自动注浆主动控制装置

图 6-55　徐家汇中心项目地图浏览

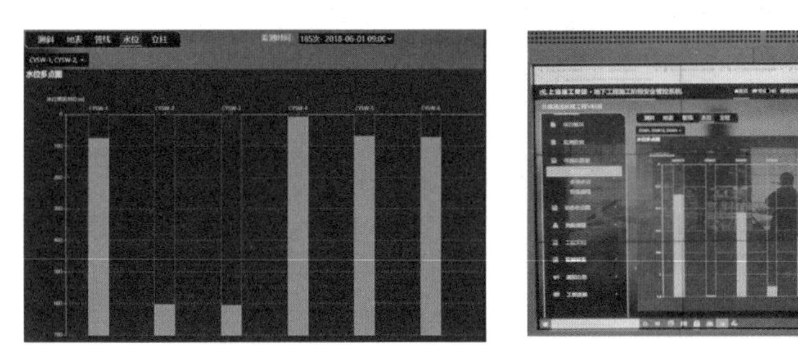

图 6-62　徐家汇中心 4-1 区承压水水位降深对比分析

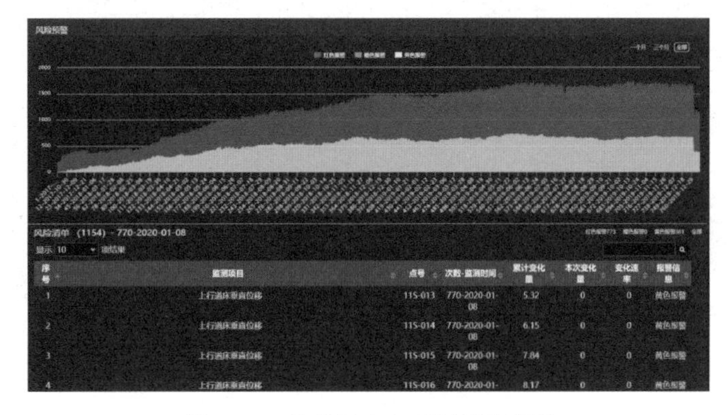

图 6-67　徐家汇中心项目风险预警

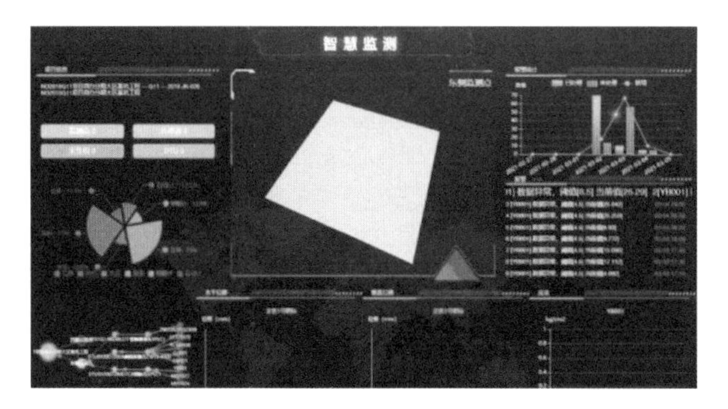

图 6-75　平台展示

图 7-12　垂直升降梯状态更新示意

图 7-30　施工安全监控集成平台项目总览界面

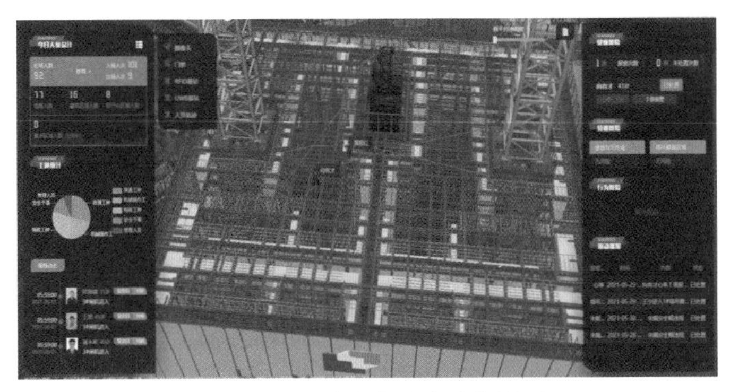

图 7-31　人员安全风险监控界面

图 7-32　设备子平台总览界面

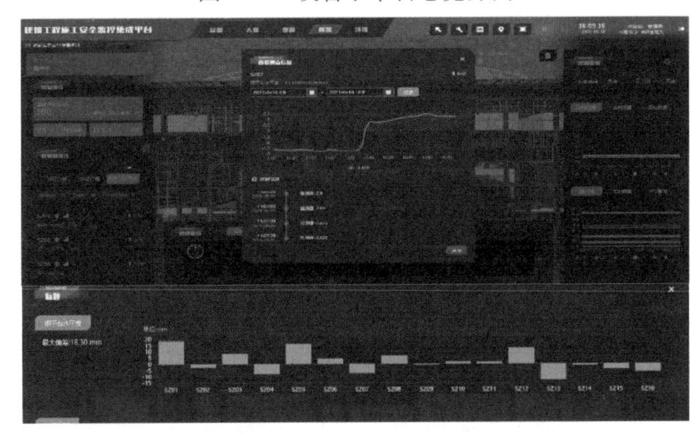

图 7-35　钢平台水平度图

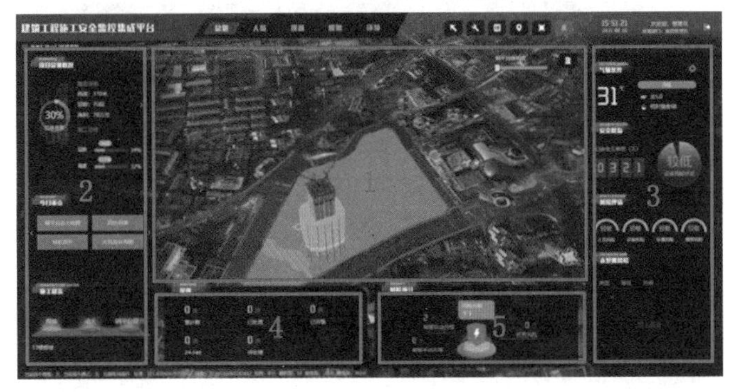

图 7-56　集成平台界面分区图

图 7-57　风险评估界面

图 7-59　宁波新世界安全监控集成平台界面

图 7-61　深圳雅宝大厦安全监控集成平台界面

图 7-63　董家渡金融城安全监控集成平台-人员管控界面

图 7-66　徐家汇中心施工场景的在线虚拟仿真

图 7-69　杭州之门安全监控集成平台主界面

图 7-70　杭州之门安全监控集成平台的设备管控界面

图 8-12　集成平台耦合风险评估一体化界面

图 8-14　人员安全监控界面

图 8-20　设备安全监控界面

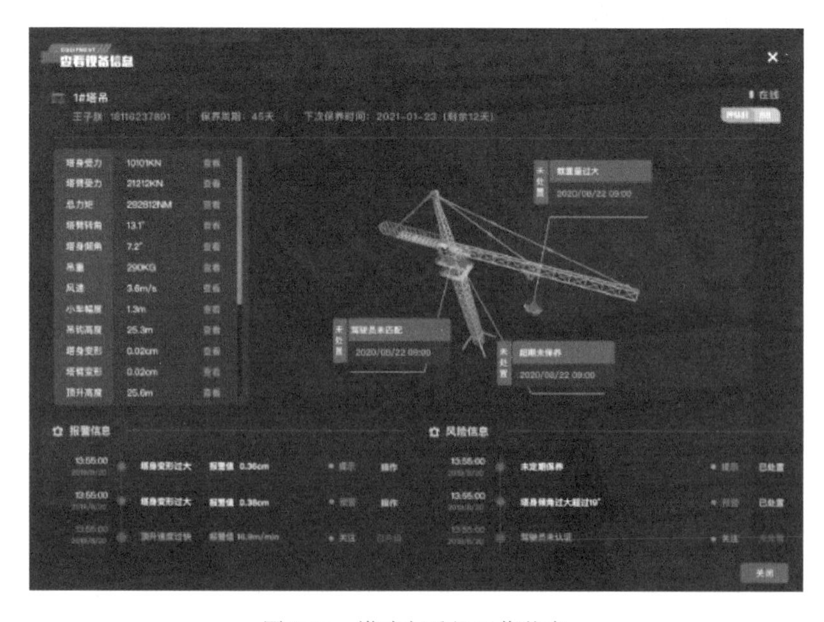

图 8-21　塔式起重机工作状态

(a) 宁波新世界　(b) 徐家汇中心　(c) 深圳雅宝大厦

(d) 吴江太湖新城　(e) 杭州之门　(f) 董家渡金融城

(g) 深圳乐普大厦　(h) 南京NO.2016G11　(i) 苏河湾塔楼

超高层工程建造中的示范应用（工程实景图）